Informatik aktuell

Herausgeber: W. Brauer
im Auftrag der Gesellschaft für Informatik (GI)

AF154482

Springer-Verlag Berlin Heidelberg GmbH

Kurt Mehlhorn   Gregor Snelting (Hrsg.)

Informatik 2000

Neue Horizonte im neuen Jahrhundert

30. Jahrestagung
der Gesellschaft für Informatik
Berlin, 19. – 22. September 2000

Springer

Herausgeber

Kurt Mehlhorn
Fachbereich Informatik, Universität des Saarlandes
Am Stadtwald, 66123 Saarbrücken

Gregor Snelting
Lehrstuhl für Softwaresysteme
Fakultät für Mathematik und Informatik
Universität Passau
Innstraße 33, 94032 Passau

Die Deutsche Bibliothek - CIP-Einheitsaufnahme

Informatik ... : ... Jahrestagung der Gesellschaft für Informatik. -
1997[?]-. - Berlin ; Heidelberg ; New York ; Barcelona ; Hongkong ;
London ; Mailand ; Paris ; Singapur ; Tokio : Springer, 1997[?]
  (Informatik aktuell)
  Früher u.d.T.: Gesellschaft für Informatik: GI-Jahrestagung. -
  Erscheint jährl. - Bibliographische Deskription nach 1999

CR Subject Classification (2000): A.0, D.0, E.0, F.0, I.0, J.0, K.0, K.3, K.7

ISSN 1431-472-X
ISBN 978-3-540-67880-9   ISBN 978-3-642-58322-3 (eBook)
DOI 10.1007/978-3-642-58322-3

© Springer-Verlag Berlin Heidelberg 2000
Originally published by Springer-Verlag Berlin Heidelberg New York in 2000
Satz: Reproduktionsfertige Vorlage vom Autor/Herausgeber

Gedruckt auf säurefreiem Papier   SPIN: 10719546   33/3142-543210

Vorwort

Die Gesellschaft für Informatik (GI) veranstaltet ihre 30. Jahrestagung, die Informatik 2000, vom 19.-22. September 2000 in Berlin. Die Jahrestagung 2000 ist geprägt durch drei Themen. Zentral für die Tagung, aber auch zentral für die Weiterentwicklung der Informatik sind Fragen zur Verbesserung und Orientierung von Ausbildung und Forschung. Daher wurde dem Thema *Zukunft der Informatik-Ausbildung* mit Beiträgen zu Inhalt und Struktur unseres Ausbildungssystems, aber auch zur technischen Weiterentwicklung durch den Einsatz neuer Medien, sehr viel Aufmerksamkeit gewidmet. Themen wie die Angleichung der universitären Ausbildungsgänge an die international verbreiteten Bachelor-/ Master-Studiengänge, das Verhältnis zwischen Universitäten, Fachhochschulen und Privatuniversitäten sowie neue Lehrformen und neue curriculare Strukturen wurden durch eingeladene Vorträge und Podiumsdiskussionen aufgegriffen. Die Bioinformatik wurde als ein neuer Forschungsssschwerpunkt vorgestellt.

Der zweite zentrale Teil ist die *Junge Informatik.* Wir haben die jungen Informatiker/innen aufgefordert, ihre Ergebnisse vorzustellen und damit aktuelle Trends deutlich zu machen, die sie z.B. im Rahmen ihrer Dissertationsvorhaben an zukunftsweisenden Themen erarbeitet haben.

Aus Sicht der Praxis stellt die Softwaretechnik ein zentrales Forschungsthema in der Informatik dar. Die Integration der Fachtagung *Softwaretechnik* in die GI-Jahrestagung soll einem breiten Publikum über neue Trends und Entwicklungen berichten, wobei der Charakter dieser Tagung als wichtigstes deutsches Forum für Softwaretechnik beibehalten wurde.

Die Tagung wird abgerundet durch Workshops und Tutorials zu aktuellen Themen, u.a. *Electronic Government, Sicherheit in Mediendaten, Unternehmen Hochschule.*

Der erste Teil des vorliegenden Bandes enthält Abstracts und ausgearbeitete Beiträge der eingeladenen Vortragenden und der Teilnehmer der Sitzung "Neue Studienangebote in der Informatik". Wir haben uns entschlossen, diese Beiträge wegen der Aktualität der Themen mit in den Tagungsband aufzunehmen, den Autoren allerdings freizustellen, ob sie mit einer ausführlichen Kurzfassung oder einer Langfassung im Tagungsband erscheinen wollen.

Am Ende des Bandes wurde den Veranstaltern der Workshops Gelegenheit gegeben, ihre Veranstaltung mit einer Kurzbeschreibung zu repräsentieren.

Im Zentrum stehen die Beiträge zur Jungen Informatik und zur Softwaretechnik. Für die *Junge Informatik* wurden 18 Beiträge eingereicht. Das Programmkomitee hat sich entschieden, alle Beiträge anzunehmen. Es hat sich klar gezeigt, dass schon die Betreuer der Arbeiten eine starke Vorbegutachtung vorgenommen hatten, so dass die Arbeit des Komitees recht einfach war. Die Beiträge überspannen ein weites Spektrum von Themen, z.B. Computerarchitektur, Softwaretechnik, Algorithmik, Computerlinguistik, Realzeitsysteme, ..., und repräsentieren so recht gut die Breite der von Promovent(inn)en behandelten Themen. Das Programmkomitee hat die Hoffnung, dass die Junge Informatik zu einer ständigen Einrichtung der GI-Jahrestagung wird.

Zur *Softwaretechnik 2000* wurden 33 Beiträge eingereicht, das sind etwa so viele wie auf den letzten Konferenzen der Softwaretechnik-Reihe. Der GI-Fachausschuss 2.1 „Softwaretechnik und Programmiersprachen" als Ausrichter der Konferenz zielt seit einigen Jahren verstärkt auf eine hohe Qualität der Beiträge, und deshalb wurden nur 7 Beiträge angenommen. Diese lassen sich grob in die Kategorien „Prozess" und „Objektorientierung" gliedern und repräsentieren damit die Hauptinteressengebiete deutscher Softwaretechnologen. Zwei eingeladene Beiträge zum Thema „Requirements Engineering" und „Stochastische Qualitätssicherung" stellen den Stand der Technik in diesen wichtigen Bereichen dar.

Das Programmkomitee der *Softwaretechnik 2000* hat bewusst sowohl eher theoretische Beiträge als auch Praxisberichte aus der Industrie ausgewählt. Denn die in der Vergangenheit zu beobachtende starke Polarisierung zwischen „Theorie" und „Praxis" ist völlig nutzlos: es gibt heute keine „theoretische" oder „praktische" Informatik mehr, sondern nur noch gute oder schlechte.

Kurt Mehlhorn
Programmkomitee
Junge Informatik

Stefan Jähnichen
Tagungsleitung

Gregor Snelting
Programmkomitee
Softwaretechnik

Inhalt

Softwaretechnik 2000

Workshops

Informatik-Ausbildung

Möglichkeiten und Grenzen der Virtualisierung des Informatikstudiums

Th.Ottmann

Institut für Informatik
Georges-Köhler-Allee, Gebäude 051
79110 Freiburg

1 Vorbemerkungen

Wie eine ganze Reihe von bereits abgeschlossenen oder noch laufenden Verbundprojekten zeigt, ist es recht naheliegend, einen Teil des Studiums im Fach Informatik „virtuell", d.h. im Distanzlehrmodus über Netze anzubieten. Gerade für die Informatik ist ja das Studium über Netze und am Computer insofern besonders angemessen, weil Computer für in der Informationstechnik tätige Personen ohnehin das übliche Arbeitsmittel sind. So wundert es nicht, dass sowohl auf Hochschul- wie auch auf Fachhochschulebene die Grenzen und Möglichkeiten multimedialen und netzgestützten Lehrens und Lernens besonders für das Fach Informatik erprobt werden. Wir nennen hier exemplarisch die *School of Computing* der Virtuellen Hochschule Bayern [9], das BMBF Leitprojekt *Virtuelle Fachhochschule* [8] mit den beiden Studiengängen Wirtschaftsingenieurwesen und Medieninformatik sowie das Verbundprojekt *VIROR* [10]. Auch die Fernuniversität Hagen [7] setzt die von ihr entwickelte Plattform *Virtuelle Universität* vor allem im Studiengang Informatik ein.

Wir wollen in diesem Beitrag über die eigenen Erfahrungen aus dem Verbundprojekt VIROR berichten und zeigen, dass es in der Tat zahlreiche Möglichkeiten für Präsenzuniversitäten gibt, ihr – üblicherweise nur am Studienort in traditioneller Weise vermitteltes – Lehrangebot über Netze auch Studenten zugänglich zu machen, die daran aus verschiedenen Gründen nicht teilnehmen können.

Dabei gehen wir von den traditionellen universitären Unterrichtsformen Vorlesung, Übung, Seminar und Praktikum aus. Diese sind für verschiedene Phasen innerhalb des Lehr-Lernzyklus typische Veranstaltungsformen, die sich in der universitären Ausbildung, auch in einem so schnell sich entwickelnden und ändernden Fach wie der Informatik, durchaus bewährt haben. Die erste Phase der Ausbildung, die *Konzeptionsphase*, ist charakterisiert durch „Ex Cathedra"-Vorlesungen oder das Studium von Lehrbüchern und Skripten. Die zweite Phase, die *Dialogphase*, ist gekennzeichnet durch Übungen, Praktika und Tutorien. Die dritte Phase, die *Konstruktionsphase*, spielt vor allem am Ende des Studiums bei Studien- und Diplomarbeiten eine größere Rolle. Neben den traditionellen Unterrichtsformen gibt es allerdings in zunehmendem Maße auch ganz neue Formen, die erst durch den Einsatz vernetzter Computer möglich sind. Dazu gehören Web-basierte Kurse, Online-Seminare und andere Lehrveranstaltungen, die insbesondere das selbstgesteuerte, problemorientierte und kooperative

Lernen unterstützen. Es ist zu erwarten und zu wünschen, dass gerade diese Unterrichtsformen in Zukunft eine wichtige Rolle auch in der Informatikausbildung spielen werden.

2 Austausch von Vorlesungen

Gerade die traditionellen Vorlesungen, zum Teil vor einem größeren Zuhörerkreis, gehören sowohl für Dozenten als auch Studenten zu einem typischen Merkmal universitärer Lehre. Vorlesungen bestimmen in der Regel nicht nur die zeitliche Taktung der Wissensvermittlung, sondern bilden auch, über die Wochenstundenzahl, die Maßeinheit für den Stoffumfang und die Lehrverpflichtung der Dozenten. Weil gerade im Grundstudium die Ausbildungsinhalte stark standardisiert sind, hat es immer wieder Versuche und Anreizsysteme gegeben, wenigstens diese Inhalte gemeinsam multimedial möglichst perfekt aufzubereiten und wechselseitig zu nutzen. Das widerspricht allerdings der – insbesondere in der deutschen Hochschultradition begründeten – ausgeprägten Neigung der Hochschullehrer zur Individualisierung ihrer Lehrinhalte. Diese steht offensichtlich im Konflikt mit dem Bestreben, Lehrinhalte wechselseitig mehrfach zu nutzen. So ist es nicht überraschend, dass es außerordentlich schwierig ist, die wechselseitige Nutzung von multimedialen Lehrinhalten, welcher Granularität auch immer, über die Grenzen von Universitäten hinweg zu erreichen. Die komplette Übernahme von Lehreinheiten (ganze Vorlesungen, Seminare, Praktika) funktioniert höchstens in besonderen Einzelfällen. Denn Vorlesungen gleichen Inhalts oder ähnlichen Titels haben selten völlig identische Inhalte. Üblicherweise sind Lehrveranstaltungen in einen größeren Kanon eingebunden und manche Inhalte werden an einem Ort in anderen Lehrveranstaltungen behandelt als am anderen Ort. Die unveränderte Übernahme von Lehrveranstaltungen anderer Hochschulen und die Einpassung in vorhandene Curricula ist also höchstens teilweise möglich. Ferner sollte man die Wünsche der Fachkollegen nach Individualisierung von Lehrinhalten ernst nehmen. Es kann durchaus vorteilhaft sein, wenn ein kompetenter Fachmann seine persönliche, aus der Forschung begründete Sicht der Dinge unmittelbar in seine Lehre einfließen läßt, da diese die Basis bildet für neue Forschungen.

3 Synchrones Teleteaching

Im Rahmen des Verbundprojekts VIROR wurden mehrfach Informatikvorlesungen zwischen den an diesem Projekt beteiligten Standorten Mannheim, Heidelberg, Freiburg und Karlsruhe im synchronen Teleteaching-Szenario, also von Hörsaal zu Hörsaal, übertragen. Ähnliche Versuche sind auch an vielen anderen Hochschulen durchgeführt worden. Technisch ist das inzwischen relativ einfach zu realisieren. In unseren Versuchen haben wir die MBone-Tools für die Übertragung des Whiteboard-Aktionsstromes, des Audiostromes des Dozenten und ggfs. der Zuhörer sowie des Videostromes benutzt. Dabei zeigt sich, dass die störungsfreie Übertragung des Audiostromes bei Weitem am Wichtigsten ist.

Danach kommt die Übertragung des Whiteboard-Aktionsstromes. Das Videobild des Dozenten bzw. der Zuhörer im entfernten Hörsaal kann eine wichtige Rolle spielen, um die „Awareness" zu erhöhen und ein gewisses Maß an sozialer Kontrolle in beiden Hörsälen zu garantieren. Jedenfalls haben wir die Erfahrung gemacht, dass das üblicherweise verwendete H263-Bild mit geringer Framerate nur dann als ausreichend angesehen wird, wenn sich Dozent und Studenten auch an den entfernten Standorten schon mal persönlich begenet sind. Experimente mit MPEG2-Hardware-Codecs, die Bilder in PAL-Qualität zu übertragen erlauben, zeigen, dass auch eine gute Videoqualität über das Internet erreichbar ist und die Akzeptanz dieser Form des Teleteaching erheblich erhöht. Sie sollte daher künftig für das „Hörsaal zu Hörsaal Szenario" zum selbstverständlichen Standard gehören. Nur dann können wir erwarten, dass diese Form der Telepräsentation auch von Nichtinformatikern akzeptiert wird.

Das synchrone Teleteaching verlangt natürlich, dass der Dozent bereit ist, seine Vorlesung direkt am Rechner zu halten und ein (Tele-)Präsentationstool zu benutzen. Das ist gewöhnungsbedürftig und führt leicht zu einer sehr statischen Vortragsweise, die die Zuhörer am Ort und erst recht diejenigen an den entfernten Standorten schnell ermüden läßt. Gute Erfahrungen haben wir mit einem großen interaktiven Display (Smartboard) gemacht, dass es dem Dozenten erlaubt, Sachverhalte fast wie gewohnt handschriftlich zu entwickeln. Dennoch muss man insgesamt ernüchtert feststellen, dass die Benutzungsschnittstelle für den Dozenten alles andere als befriedigend ist! Eine genauere Untersuchung der Probleme findet man beispielsweise in [11].

Es hat sich gezeigt, dass der Import und Export kompletter Lehrveranstaltungen über Hochschulgrenzen hinweg (im synchronen Teleteaching-Szenario) gut funktioniert, wenn dadurch eine am Importstandort nicht vorhandene Kompetenz für Studenten verfügbar gemacht wird. Hier ist der Zusatznutzen für Studenten offensichtlich! In Ausnahmefällen, bei sehr großer Kooperationsbereitschaft der beteiligten Fachkollegen, kann auch die gemeinsame Entwicklung und Nutzung eines multimedialen Kurses gelingen, wenn es Überschneidungen in den Arbeits- und Kompetenzbereichen an verschiedenen Hochschulen gibt. Meiner Einschätzung nach wird sich das aber auf breiter Front nicht durchsetzen, geschweige denn erzwingen lassen.

Als durchaus interessantes Nebenergebnis einer Begleitstudie zu dieser Form des Teleteaching hat sich herausgestellt, dass manche Studenten – in selbstverständlicher und für uns sehr überraschender Weise – ganz neuen Formen der Teilnahme an solchen Veranstaltungen praktizieren [2].

4 Modularisierung

Aus der Erkenntnis, dass die komplette Übernahme von Lehreinheiten höchstens in besonderen Einzelfällen funktioniert, wird meist der Schluss gezogen, es sei nur sinnvoll, sehr feingranulare Module (einzelne Animationen und Simulationen) gemeinsam zu entwickeln und verfügbar zu machen. So sollen Bibliotheken von multimedialen Bausteinen entstehen, aus denen sich jeder nach Bedarf bedienen kann. Ihr Aufbau ist zweifellos sinnvoll und sollte auch weiter betrieben werden. Die Erfahrung aus dem Projekt VIROR zeigt allerdings, dass dabei Fragen der langfristigen Archivierung und Auszeichnung mit Metadaten stärker berücksichtigt werden müssen.

Soll der Austausch und die Nutzung von Lehrveranstaltungen verschiedener Universitäten langfristig gesichert werden, so ist letztlich eine Modularisierung von am Verbund beteiligten Studiengängen und die Einführung studienbegleitender Prüfungen und des ECTS-Systems nötig. Auch hier sind von VIROR Impulse ausgegangen, die, jedenfalls in Freiburg, dazu geführt haben, dass voraussichtlich in Kürze das ECTS-System für den Studiengang Informatik rechtswirksam sein wird.

Open-Content-Initiativen im Fach Informatik sind also in jedem Fall sinnvoll und nützlich. Allerdings werden der Aufbau und die gemeinsame Nutzung von multimedialen Lehr-Lernbibliotheken nicht dazu führen, dass ein virtuelles oder teilvirtuelles Informatikstudium aus den Universitäten heraus möglich wird. Um dieses Ziel zu erreichen, muss das Lehrangebot vielmehr in wechselseitig nutzbare Module (Themen) neu gliedert werden. Die Granularität dieser Untergliederung muss unterhalb der Einheit „Vorlesung" liegen, aber deutlich oberhalb der Modulebene von Einheiten, die in einer digitalen Bibliothek gespeichert sind.

Wir glauben, dass eine solche Gliederung des Fachs Informatik durchaus möglich sein wird, weil alle Informatikstudiengänge ähnlich strukturiert sind und in den Kerninhalten weitgehend übereinstimmen. Jedoch müssten die angebotenen Lehreinheiten stärker in selbständig nutzbare Einheiten, kleiner als die sonst üblichen Vorlesungseinheiten, gegliedert werden. Wenn dann diese Einheiten mit Kreditpunkten entsprechend dem ECTS System gewichtet würden, wäre eine wechselseitige Anerkennung und Einpassung in vorhandene Curricula wesentlich leichter. Für das Gebiet *Algorithmen und Datenstrukturen* könnten solche weitgehend unabhängig voneinander nutzbare Themen (Module) im Umfang von etwa je zwei bis vier Vorlesungsstunden unter anderem sein: Lineare Listen, Stapel und Schlangen, Bäume, insbesondere natürliche Suchbäume, balanzierte Bäume, Suchen, Sortieren, Hashverfahren.

5 Inhaltserstellung

Die Hochschullehrer im Fach Informatik an den Präsenzuniversitäten haben in den letzten Jahren damit begonnen, ihr gesamtes Lehr- und Lernmaterial, also Skripten, Foliensammlungen, Übungsaufgaben und Lösungen, bis hin zu elektronischen Versionen von Lehrbüchern, systematisch im WWW verfügbar zu machen. Darüberhinaus gibt es inzwischen im Fach Informatik eine Fülle an multimedial aufbereitetem Unterrichtsmaterial, das aber in der Regel nur am Ort der Entstehung und von den an der Entwicklung beteiligten Personen eingesetzt wird. Vereinzelte Initiativen zur Überwindung dieser Situation, wie beispielsweise im Rahmen des Verbundprojekts VIROR, ändern daran bisher wenig. Das ist umso erstaunlicher, als es in den Curricula der Studiengänge Informatik an den Universitäten durchaus große Überschneidungen gibt. Ein Grund für die geringe überörtliche Nutzung ist, dass es schwer ist, sich eine verläßliche Übersicht über das vorhandene Material zu verschaffen, die Qualität und Eignung für den Einsatz im eigenen Unterricht, wenn überhaupt, so nur mit großer Mühe und viel Zeit beurteilbar ist und dass vielfach die Systemumgebungen verschieden sind. Hinzu kommen ungeklärte Copyright-Fragen. Dennoch kann man feststellen, dass bereits umfangreiches Lehrmaterial vorliegt, das sofort auch externen Nutzern über Netze angeboten werden kann. Natürlich hat dieses Material in aller Regel nicht die Qualität und Reife der mit hohem Aufwand erstellten multimedialen Kurse und ist für das Selbststudium ohne intensive Betreuung in der Regel wenig geeignet. Es kann aber zumindest die erste Phase der Wissensvermittlung (Konzeptionsphase) auch im Distanzlehrmodus durchaus wirksam unterstützen. Es hat darüber hinaus den Vorteil, in der Regel sehr aktuell zu sein, also dem jeweils neuesten Stand der wissenschaftlichen Erkenntnis zu entsprechen, und laufend aktualisiert zu werden.

Präsenzuniversitäten bieten insbesondere im Wahlbereich typischerweise Lehrveranstaltungen an, deren Inhalte sich außerordentlich rasch ändern, weil sie immer wieder an neue wissenschaftliche Erkenntnisse angepasst werden oder aktuelle Interessen und Bedürfnisse berücksichtigen. Dafür lohnt sich in der Regel die aufwendige multimediale Aufbereitung nicht. Dennoch sind gerade solche Inhalte häufig auch von überörtlichem Interesse und gute Kandidaten für Distanzlehrkurse. Hier seien nur einige aktuelle Beispiele gegeben: Algorithms for Internet Applications, Sicherheit in Rechnernetzen, Objektorientierte Programmierung in Java, Data Mining.

Wenn sich die aufwendige multimediale Aufbereitung nicht lohnt, stellt sich natürlich sofort die Frage, wie solches Material dennoch kostengünstig für ein (teil-)virtuelles Studium und ggfs. auch für die wissenschaftliche Weiterbildung eingesetzt werden kann. Wir skizzieren hier einen Weg, der insbesondere im Rahmen des Verbundprojektes VIROR ausgiebig erprobt worden ist.

6 Elektronisches Notetaking

Es ist heute üblich, eine Vielzahl neuer Medien in Präsentationen, Vorträge oder Vorlesungen zu integrieren. Das beginnt bei vergleichsweise einfachen Powerpoint-Präsentationen und reicht bis zur Integration von Audio- und Videoclips, Animationen, Simulationen und Online-Zugriffe auf im WWW verfügbares Material. Vorlesungen können in traditioneller Weise mit Tafel und Kreide, mit Overheadfolien oder auch direkt mit dem Rechner mit Hilfe eines Präsentationstools (meist Powerpoint) oder mit elektronischen Tafeln (sogenannten Whiteboards) gehalten werden. Sie können darüberhinaus in synchroner Weise über Netze (z.B. im MBone-Netz) an entfernte Orte übertragen, nach verschiedenen Verfahren aufgezeichnet und so einer Offline-Nutzung zugänglich gemacht werden. In Mannheim wurde zu diesem Zweck der *MBone VCR on Demand (MVoD-)*Dienst [4], in Freiburg wurde das *Authoring on the Fly (AOF-)*Verfahren entwickelt [12]. Daneben gibt es zahlreiche weitere Möglichkeiten zum sogenannten elektronischen Notetaking. Erwähnt seien exemplarisch das an der School of Computer

Science der CMU entwickelte System *Just-in-Time-Lectures* [3], das *MANIC*-System [14] der University of Massachusetts, der *Cornell Lecture Browser* [13] und das *eClass*-Projekt [1] am Georgia Institute of Technology. Die verschiedenen Verfahren unterscheiden sich u.a. danach, welchen Grad der Vollständigkeit und Ähnlichkeit die Aufzeichnung verglichen mit dem Original erreicht, wie die aufgezeichneten Daten repräsentiert werden, welche Navigations- und Retrievalmöglichkeiten in den Aufzeichnungen bestehen, wie Aufzeichnungen in Web-basierte Lehr- und Lernumgebungen integriert werden können, ob die Aufzeichnungen auch über schmalbandige Netze komfortabel geladen und genutzt werden können, welcher Grad der Automatisierung bei der Aufzeichnung und Nachbearbeitung erreicht wird. Für die Wahl des richtigen Notetaking Verfahrens muß natürlich auch berücksichtigt werden, welche Quellformate und Medien bei der Online-Präsentation eingesetzt werden. Ein typischer Fall ist beispielsweise die Nutzung von Powerpoint in einer Präsenzveranstaltung. In seltenen Fällen mag sogar der Wunsch nach einer Aufzeichnung einer traditionellen „Tafel und Kreide"-Vorlesung bestehen. Prinzipiell sind alle diese Wünsche durchaus erfüllbar. Allerdings besteht das Hauptproblem darin, den Aufzeichnungsprozess so weit wie möglich zu automatisieren. Denn eine zeitaufwendige Nachbearbeitung von Dokumenten, die mit Hilfe des elektronischen Notetaking erzeugt wurden, ist nicht sinnvoll und führt nur dazu, dass die Kosten- und Zeitvorteile dieses Verfahrens wieder verloren gehen.

Im Rahmen des VIROR Projekts wurde das AOF-Verfahren bisher dazu benutzt, um fünf komplette Vorlesungen aufzuzeichnen (*Rechnernetze*, Effelsberg, MA, *Multimediatechnik*, Effelsberg, MA, *Algorithmentheorie*, Ottmann, Heinz, FR, *Geometrische Algorithmen*, Ottmann, Schuierer, FR, *Kombinatorische Grundlagen der Bioinformatik*, Schuierer, FR). Darüberhinaus wurden mehrere Dutzend Einzelvorträge am Rechner gehalten und ebenfalls nach dem AOF-Verfahren aufgezeichnet. Als alternatives Aufzeichnungsverfahren wurde die Vorlesung über Geometrische Algorithmen auch als Folge von Folien mit dazu synchronisiertem Audio und Video auf einem Real-Server bereitgestellt.

Im Sommersemester 2000 wurden erstmals die Vorlesungen über *Geometrische Algorithmen* und über *Rechnernetze* in veränderter Form durchgeführt: An Stelle der traditionellen Vorlesung des Dozenten wurden die Teilnehmer aufgefordert, sich den jeweiligen Stoff aus der im vergangenen Jahr erstellten Aufzeichnung oder aus begleitenden Lehrbüchern selbständig zu erarbeiten. Dazu wurden dann wöchentlich eine Präsenzübung bzw. eine Teleübung (im synchronen Modus) durchgeführt, in der Probleme besprochen oder ergänzendes Material diskutiert wurde.

7 Übungen

Präsenzuniversitäten haben in der Regel keine oder nur sehr begrenzte Erfahrung in der Durchführung der übrigen Phasen der Wissensvermittlung (Dialog- und Konstruktionsphase) über Netze. D.h. sie wissen nicht, wie man einen vorlesungsbegleitenden Übungsbetrieb orts- und zeitunabhängig über Netze sinnvoll organisiert und Fernstudenten in den, in der Regel am Hochschulort durchgeführten, Übungsbetrieb einbezieht. Wir haben daher in Freiburg, parallel zu unseren „virtuellen" Kursen, in denen AOF-Aufzeichnungen eingesetzt wurden, reguläre Präsenzübungen durchgeführt. Hier gibt es also noch ein erhebliches Defizit, nicht nur im Bereich der dafür eingesetzten Technik, sondern auch im Bereich der Didaktik bei der Durchführung von Tutorien und Übungen über Netze.

8 Seminare

Ganz ausgezeichnet bewährt haben sich über Hochschulgrenzen hinweg durchgeführte Seminare. Solche Veranstaltungen werden seit nunmehr fast drei Jahren regelmäßig von verschiedenen Fachkollegen durchgeführt. Dabei kommt eine neue, an jeweils einem einzigen Standort so nicht vorhandene Vielfalt und Sachkompetenz zusammen. Darüberhinaus leidet diese Veranstaltungsform unter den typischen Beschränkungen des Mediums unserer Einschätzung nach am wenigsten. Wenn die Tonübertragung einwandfrei ist und ein „Shared Whiteboard" als gemeinsames Interaktionsmedium zur Verfügung steht, wird ein schlechtes Videobild eher toleriert. Wir haben allerdings die Erfahrung gemacht, dass man ein solches virtuelles Seminar nicht so durchführen sollte, wie vielfach Seminare ablaufen, nämlich als eine Art verteilter Vorlesung mit wöchentlichen Einzelvorträgen von Studenten. Abgesehen davon, dass es unbedingt erforderlich ist, dass sich alle Seminarteilnehmer vor Beginn der inhaltlichen Diskussion mit den benutzten Werkzeugen vertraut machen, sollte eine neue Form der Diskussionskultur gepflegt werden. D.h. alle Teilnehmer sollten sich wenige Arbeiten gemeinsam erarbeiten und darüber, mit Hilfe der in Netz verfügbaren Werkzeuge, diskutieren lernen. Es versteht sich von selbst, dass Themen und Inhalte hinreichend anspruchsvoll sein müssen, um den Aufwand zu rechtfertigen, der sicher höher ist als bei der direkten, persönlichen Kommunikation. Dann kann sich aber ein wirkliches Gruppenbewusstsein und eine für alle Beteiligten lohnende Form des Wissenserwerbs herausbilden. Es ist überdies offensichtlich, dass hier eine neue Form des Lehrens und Lernens eingeübt werden kann, die auch für die spätere berufliche Tätigkeit nützlich ist.

Wir haben in unseren Seminaren gute Erfahrungen damit gemacht, die gemeinsame Diskussion nicht nur auf die wöchentlichen Präsenzphasen zu beschränken. Es wurde ein CSCW-Tool, der BSCW-Server der GMD [6], eingesetzt, um das für das Seminar relevante Material allen Teilnehmern zugänglich zu machen und auch eine Offline-Diskussion zu seminarrelevanten Themen zu organisieren.

9 Lehr-Lernplattform

Für die langfristige Archivierung feingranularer, mehrfach nutzbarer multimedialer Lehr-Lernmodule ist die Auszeichnung mit Metadaten und ein Qualitätssicherungsverfahren zwingend erforderlich. Obwohl noch kein verbindlicher Standard für die Auszeichnung digitaler Dokumente existiert, erscheint aus gegenwärtiger Sicht die offene ARIADNE-Plattform [5] die sinnvollste Wahl für eine nach dem „Open Content" Modell konzipierte Lehr-Lernbibliothek. Die unterliegende Oracle-Datenbank und der „Local Knowledge Pool" sind am Rechenzentrum der Univesität Karlsruhe installiert und werden dort gepflegt. Die Einstellung von Dokumenten hat gerade begonnen. Die Universitätsbibliotheken sind in den Prozess der Archivierung (Verschlagwortung) elektronischer Dokumente eingebunden. Sollte sich irgendwann eine andere Plattform für digitale Dokumente nach dem LOM oder IMS Standard durchsetzen, werden wir (hoffentlich) leicht umsteigen können.

Im VIROR Projekt wurde bisher die Festlegung auf eine Lehr-Lernplattform (wie Lotus Learning Space, WebCT, TopClass oder Gentle) vermieden, weil bisher keine Notwendigkeit für den Einsatz einer solchen Plattform gesehen wurde und einzelne Erfahrungen mit solchen Plattformen wenig positiv waren.

Es ist jedoch klar, dass man für die Abwicklung von Distanzlehrkursen eine Lehr-Lernplattform braucht. Wir planen, hier die offene Plattform der Fernuniversität Hagen [7] zu nutzen. Sie bietet Content-Management-Werkzeuge (Kurs-Entwicklung, Online-Bibliothek, Verwaltung aller kursrelevanten Materialien), regelt das Kursmanagement und die Administration (Online-Registrierung, Authentifizierung, Dozenteninformation, Leistungskontrolle und Bewertung), bietet Werkzeuge und Dienste für Dozenten (Kursplanung und Überwachung, Testerstellung und Auswertung) und für Studenten (persönliche Arbeitsbereiche, News, E-Mail und elektronische Diskussionsforen, Online-Chat, Lernfortschrittskontrolle) und liefert Unterstützung bei der technischen Administration (Installations Werkzeuge, Ressource-Monitoring, Remote-Access, Help-Desk). Die Lehr-Lernplattform der Fernuniversität geht insofern deutlich über verbreitete kommerzielle Produkte wie WebCT, TopClass oder Lotus Learning Space hinaus, als sie die speziellen Anforderungen von Hochschullehre in besonderer Weise berücksichtigt. Die kommerziellen Produkte sind eher auf den Weiterbildungsbedarf in Unternehmen ausgerichtet und bieten für typische Lehrformen in Universitäten, etwa für den Übungsbetrieb oder für virtuelle Seminare, nur unzureichende oder gar keine Unterstützung. Überdies hat der *Virtuelle Campus* den Vorteil der „Open-Source"-Eigenschaft, die es erlaubt, die Plattform an die jeweils örtlichen Bedürfnisse der Präsenzuniversitäten anzupassen.

10   Schlussbemerkung

Es ist wohl klar, dass viele wesentliche Ausbildungsinhalte der Informatik sich überhaupt nicht oder nur sehr schlecht virtualisieren lassen. Dazu gehören Laborübungen, viele Praktika, aber auch Gruppenarbeiten und Projekte, in denen die Arbeit im Team und die enge persönliche Abstimmung der Lehrenden untereinander oder von Dozenten mit Studenten erforderlich sind. Auch handeln sich die Universitäten, die einen Teil ihres Lehrangebotes über Netze anbieten, neue Probleme ein, von denen sie bisher verschont waren. Andererseits nimmt gerade auch unter Informatikstudenten die Zahl derer zu, die aus den verschiedensten Gründen nicht in der Lage sind, ein Vollzeitstudium an einer Präsenzhochschule durchzuführen. Hier kann eine teilweise Virtualisierung des Lehrangebotes dazu beitragen, diesen Studenten entgegenzukommen und ihnen zugleich ein lernförderliches Umfeld am Studienort zu bieten. Damit können möglicherweise einige typische Probleme des reinen Fernstudiums, wie Motivationsprobleme oder Studienabbrüche, vermieden werden. Wenn die Hochschulen diese Studenten nicht allein den ausländischen oder gar kommerziellen Anbietern überlassen wollen, müssen sie unverzüglich damit beginnen, auf dem Gebiet der Virtualisierung ihres Angebots Erfahrungen zu sammeln und sich im globalen Bildungswettbewerb entsprechend positionieren.

Literatur

1. Brotherton, J.A., Bhalodia, J.R., Abowd, G.D.: Automated Capture, Integration and Visualization of Multiple Media Streams. In Proceedings of IEEE Conference on Multimedia Computing and Systems. Austin. (1998)
2. Buchholz, A.: Von rollenden Schreibtischstühlen zu virtuellen Studenten. Tagungsband zur D-CSCL. Darmstadt. (2000)
3. Dannenberger, R.B., Capell, P.: Are Just-In-Time Lectures Effective at Teaching. Technical Report. School of Computer Sciente. Carnegie Mellon University. (1997)
4. Holfelder, W.: Interactive Remote Recording and Playback of Multicast Videoconferences. In Proceedings of 4th International Workshop on Interactive Distributed Multimedia Systems and Telecommunication Services. Springer, LNCS. **1309** (1997) 450–463
5. http://ariadne.unil.ch/
6. http://bscw.gmd.de/
7. http://www.fernuni-hagen.de/
8. http://www.vfh.de/
9. http://www.vhb.org/
10. http://www.viror.de/
11. Hürst, W.: User Interface Issues for Telepresentations. In Proceedings of ED-Media. Conference of Educational Multimedia and Hypermedia. Seattle. (1999)
12. Müller, R., Ottmann, T.: The „Authoring on the Fly"-System for Automated Recording and Replay of (Tele)-Presentations. Spezial Issue on „Multimedia Authoring and Presentation Techniques" of ACM/Springer Multimedia Systems Journal. Vol.8. **3** (2000)
13. Mukhopadhyay, S., Smith, B.: Passive Capture and Structuring of Lectures. In Proceedings of ACM Multimedia. Orlando. (1999)
14. Stern, M., Steinberg, J., Lee, H.I., Padhye, J.: MANIC: Multimedia Assynchronous Networked Individualized Courseware. In Proceedings of ED-Media. Calgary. (1997)

Interaktive Lernsysteme im Fernstudium: Betrachtung eines Programmierkurses im Zeitraffer

Bernd J. Krämer

FernUniversität, 58084 Hagen
Bernd.Kraemer@FernUni-Hagen.de,
http://www.fernuni-hagen.de/DVT

Kurzfassung

Die FernUniversität und andere Fernstudieneinrichtungen in Europa bedienen seit etwa 25 Jahren eine zunehmende Anzahl überwiegend berufstätiger Studierender. Sie suchen die Möglichkeit, variabel in der Freizeit und am Ort ihrer Wahl zu studieren, um keinen beruflichen Stillstand während der Aus- oder Weiterbildung in Kauf nehmen zu müssen. Sie brauchen maßgeschneiderte, selbstinstruierende Lernmaterialien und flexible tutorielle Unterstützung, auf die sie bei Bedarf zurückgreifen können.

Im traditionellen Fernstudiensystem hat dieses selbstorganisierte Lernen jedoch auch seinen Preis: Die Studierenden erhalten nur selten die Gelegenheit zur direkten Kommunikation mit Dozenten, und persönliche Kontakte mit Kommilitonen und Tutoren sind eher rar. Der Zugang zu Laborgeräten und professionellen Werkzeugen ist eingeschränkt. Experimentelle Erfahrung kann im Rahmen des Studiums nur unter engen Zeitbedingungen erworben werden, und die Studierenden leben in einer isolierten Lernsituation ohne regelmäßige Übungs- und Lerngruppen.

Das Internet, kostengünstige Multimediatechnik und breitbandige Kommunikationsnetze eröffnen nun völlig neue Möglichkeiten, das zeit- und ortsungebundene Lernen zu gestalten und dabei einige der Nachteile des traditionellen Fernstudiums zu überwinden. Diese Möglichkeiten betreffen:

- interaktive Lernsysteme und neuartige Lehrveranstaltungen,
- Kommunikations- und Kooperationsmöglichkeiten (Chat, News-Group, Videokonferenz, Whiteboard u.a.),
- Vermittlungs- und Verteilfunktionen (Internet, CD-ROM, DVD, Mobiltelefon),
- Informationsdienste (digitale Bibliotheken, Internet) und
- Verwaltungsfunktionen (auf Kurs-, Fachbereichs- und Universitätsebene).

Lehrinhalte können unter Nutzung aller verfügbaren Medienarten (Text, zwei- und dreidimensionale Graphik, Ton, Bildfolgen, Simulation) verschiedenartig dargestellt werden, um die kognitiven und interpretativen Fähigkeiten und Intentionen verschiedener Lernertypen besser anzusprechen. Inhaltskomponenten können zu multimodalen Präsentationen gekoppelt werden, um etwa den bewegten Ablauf eines komplexen Verfahrens durch einen gesprochenen Kommentar zu erläutern. Interaktive Medien können gezielt eingesetzt werden, um Wissen beim Lerner durch eigene Handlung oder durch Versuch-und-Irrtum-Situationen zu aktivieren. Simulationen und dynamische Modelle realer Systeme unterstützen das Lernen in Modellwelten [Sch97]. Interaktives Multimedia-Kursmaterial kann durch die nahtlose Verknüpfung von Text, Ton, Graphik, Bewegtbild, Animation und Interaktion wichtige Faktoren des Lernens im Vergleich zu gedrucktem Fernlehrstoff verstärken:

- Motivation,
- Rückkopplung und
- Übung.

Verschiedene Formen der Interaktion wie auswählen, setzen von Parameterwerten, Objekte erzeugen und animieren oder konstruieren sowie motivierende Lerninhalte können das Interesse der Studierenden am Lernstoff anregen und nachhaltig wach halten. Dieses Ziel wird aber nur dann erreicht, wenn das Interaktionsverhalten des Lernsystems die Annahmen und Intentionen der Benutzer trifft.

Eine direkte Rückkopplung im Lernprozess ist entscheidend für die Bewertung des individuellen Lernfortschritts und die Auswahl sinnvoller, dem Lernfortschritt entsprechender Folgeaktivitäten. Übungen und ein explorativer Umgang mit dem Gelernten an praxisnahen Problemstellungen sind zur Verbesserung des Verständnisses und der Fertigkeiten der Studierenden unabdingbar.

Lernkonzepte und geeignete Darstellungselemente können netzartig zu Ontologien und Hypermediasystemen verknüpft werden. Erste Forschungsergebnisse weisen sogar nach, dass es möglich ist, sinnvolle Fragen zu einem Lehrthema automatisch aus einer geeigneten Ontologie abzuleiten [FS00]. Verweise aus dem Hypermedia-Lernsystem heraus auf eine Vielzahl weiterer Quellen geben dem Lerner die Gelegenheit, unterschiedliche Zugänge zu einem Thema, vielfältige Meinungen und Sichtweisen zu reflektieren.

Mit Hilfe flexibler Navigations- und Suchmechanismen können sich die Studierenden ihren Interessen, Vorkenntnissen und individuellen Bedürfnissen gemäß im Informationsraum bewegen und ihren eigenen Lernpfad verfolgen[1]. Handlungssequenzen und bevorzugte Lernpfade können aufgezeichnet, ausgewertet und bei Bedarf reaktiviert werden. Die Studierenden können eigene Verweisstrukturen und Inhalte einfügen und persönliche Notizen am Kursmaterial anbringen [Fak00]. Lernsysteme können Annahmen über den Kenntnisstand der Studierenden aufbauen, um der individuellen Situation und den verfolgten Lernzielen entsprechend geeignete Lerninhalte anzubieten [HN99].

Fernlehrveranstaltungen können durch den Einsatz und die Weiterentwicklung synchroner und asynchroner Kooperationswerkzeuge ergänzt werden [KW99]. Sie ermöglichen neue Formen der tutoriellen Betreuung und unterstützen die Zusammenarbeit in verteilten Projekt- und Lerngruppen. Die Abwicklung des

---

[1] http://www.multibook.de

Übungsbetriebs und die Selbsteinschätzung durch die Studierenden kann durch geeignete Web-unterstützte Übungsumgebungen extrem vereinfacht, beschleunigt und verbessert werden [BHS99,PK00].

Anders als für das traditionelle Lehrbuch gibt es für multimediale Lehr- und Lernumgebungen aber noch keine allgemein anerkannten Gestaltungsprinzipien und Entwurfsrichtlinien. Evaluative Studien, die gesicherte Ergebnisse über die Wirksamkeit bestimmter Lösungen liefern könnten, gibt es kaum. Passende Antworten auf Fragen der Art: „Welcher Inhalt und welche Darstellungsformen sind in einem gegebenen Zusammenhang am besten geeignet?", „Wie organisiere ich meine Inhalte?" oder „Welche Orientierungsmechanismen braucht der Lerner?" zu finden, bleibt den Autoren überlassen. Vielen Studierenden hilft zu Anfang einer Lernsituation das Lernen aus Lösungsbeispielen. Aber auch hier gibt es keine gesicherte Erkenntnis über die Korrelation zwischen unterrichtstechnischen Maßnahmen und Selbsterklärungsstil.

Die Erstellung multimedialer Inhalte hat zwar viel gemein mit der Entwicklung herkömmlicher Software, sie wird bisher aber nicht durch Werkzeuge vergleichbar professionellen CASE-Werkzeugen durchgängig unterstützt. Bei der Entwicklung interaktiver multimedialer Lernsysteme kommen darüber hinaus Anforderungen hinzu, die bei der Entwicklung herkömmlicher Software keine oder nur eine wesentlich geringere Rolle spielen. Dazu gehören: die Instruktionsgestaltung, die Entwicklung von Inhalten, die Informationsstrukturierung nach inhaltlichen, didaktischen und lernerbezogenen Gesichtspunkten, der Navigationsentwurf, die Gestaltung der Benutzungsschnittstellen und die Präsentationsgestaltung.

An der FernUniversität, wie an anderer Stelle auch, wird in zahlreichen Projekten an einer Verbesserung dieser Situation gearbeitet. Verschiedene Entwicklungen zu virtuellen Studienumgebungen[2] [KR99], das Internet-gestützte Übungssystem WebAssign [BHS99] oder ein Katalog wiederverwendbarer Multimediabausteine [KS99] sind bereits im Einsatz und werden von einer wachsenden Zahl von Studierenden und Autoren benutzt. Trotz erster positiver Ergebnisse sind im Bereich der interaktiven Lernmaterialien jedoch noch substantielle Forschungs- und Entwicklungsergebnisse bei hohem finanziellem Aufwand zu erbringen.

Im Vortrag wollen wir am Beispiel eines neuen Kurses zur objektorientierten Programmierung persönliche Antworten zu einigen der oben aufgeworfenen Fragen und Anforderungen liefern. In einer Abfolge von Schnappschüssen sollen verschiedene Ereignisse und Tätigkeiten, die im Verlauf eines Studienquartals zu beobachten sind, nachgestellt werden – wenn möglich, in einem verteilten Szenario. Dabei werden wir ausgewählte didaktische, unterrichtstechnische, kommunikative und administrative Situationen vorführen und unsere Gestaltungsüberlegungen und partiellen Einsatzerfahrungen erläutern.

---

[2] http://www.fernuni-hagen.de/FeU/Virtuell/

Literatur

[BHS99] Brunsmann, J. Homrighausen, A., Six, H.-W., Voss, J.: Assignments in a Virtual University - The WebAssign-System. 19th World Conference on Open Learning and Distance Education, Vienna, Austria (1999)

[Fak00] Fakher, S.: ALIS: An Adaptable Learning and Information System. ED-MEDIA 2000, Montreal, Quebec, Canada (2000)

[FS00] Fischer, S., Steinmetz, R.: Automatic Generation of Exercises from Concept Spaces. ACM Hypertext 2000, San Antonio, Texas (2000)

[HN99] Henze, N., Nejdl, W.: Adaptivity in the KBS Hyperbook System. 2nd Workshop on User Modeling and Adaptive Systems on the WWW, Toronto (1999)

[KR99] Kaderali, F., Rieke, A.: The Virtual University – FernUniversität Online. Library of the Future - Improving the Quality of Continuing Education and Teaching, Berlin: Deutsches Bibliotheksinstitut (1998) 108–114

[KS99] Krämer, B.J., Steinmann, U.: A market place for multimedia components. 19th World Conference on Open Learning and Distance Education, Vienna, Austria (1999)

[KW99] Krämer, B.J., Wegner, L.: Beyond the Whiteboard: Synchronous Collaboration in Shared Object Spaces. 7th IEEE Workshop on Future Trends of Distributed Computing Systems (FTDCS '99), Cape Town, South Africa (1999) 131–136

[PK00] Poerwantoro, N., Krämer, B.J.: An XML-based Approach for Web-based Self Assessment. ED-MEDIA 2000, Montreal, Quebec, Canada (2000)

[Sch97] Schulmeister, R.: Grundlagen hypermedialer Lernsysteme. R. Oldenbourg Verlag (1997)

Anwendungsorientierung in der Informatik-Ausbildung

- Anmerkungen zu neuen Empfehlungen der GI -
Wilfried Brauer, Technische Universität München

1. Die Informatik ist per se anwendungsorientiert. Sie entstand ja aus dem Bedürfnis, Mathematiker und Ingenieure bei langwierigen, langweiligen Rechenarbeiten durch Rechenroboter (Computer) zu unterstützen. Sie wuchs schnell, weil man erkannte, daß solche Geräte nicht bloß rechnen, sondern ganz generell nach vorgegebenen Regeln digitalisierte Informationen verarbeiten, logische Schlüsse ziehen und Entscheidungen treffen können, daß sie mittels Sensoren und Aktuatoren auch direkt mit ihrer Umwelt in Kontakt treten können, und daß sie durch Kommunikationstechnik miteinander vernetzt werden können. Wesentlicher Antrieb für die rasante Entwicklung der Informatik war immer ihr Nutzen in der Anwendung, der wiederum ganz entscheidend auf den enormen Fortschritten der Computer- und Kommunikationstechnik beruhte.

2. Die Bedeutung der Anwendungsorientierung der Informatik hat sich stetig verändert - entsprechend der Entwicklung der Computernutzung in immer mehr Bereichen unserer Zivilisation. Zunächst ging es naturgemäß darum, das neue Konzept der Informationsverarbeitung zu begründen, auszubauen und mit bisherigen Vorgehensweisen in den jeweils entstehenden Anwendungsbereichen in Beziehung zu bringen. Sehr bald zwang der rasante Fortschritt der Technik die Informatik zusätzlich dazu, sich intensiv um die Möglichkeiten einer vernünftigen Nutzung und um die Beherrschbarkeit der technischen Systeme zu kümmern. Da die Informatik eine völlig neue Wissenschaft ist, fehlten natürlich auch die Grundlagen, auf denen Anwendungsorientierung hätte basieren können. Diese Grundlagen konnten zunächst nur aus Mathematik und Logik heraus entwickelt werden – aufbauend auf folgender Grundvorstellung vom Computer als Zeichenverarbeitungsmaschine: Rationales Denken läßt sich sprachlich formulieren, sprachliche Information kann mittels Zeichen (des Alphabets) aufgeschrieben werden und Zeichenfolgen können vom Computer verarbeitet werden [Br1]. Über die Einschränkung auf Zeichenverarbeitung (und damit auf diskrete Mathematik und Logik) ist die Informatik weit hinaus gewachsen – Konzepte und Modellvorstellungen aus Physik, Regelungstechnik, Biologie, Psychologie, Sprachwissenschaft, Philosophie etc. spielen in der Informatik-Forschung und -Anwendung eine immer wichtigere Rolle [Br2], [MC].

3. Die Informatik ist heute Kooperationspartnerin für jede Wissenschaft; sie ist aber vor allem eine Ingenieurwissenschaft, ohne die Wirtschaft, Verwaltung, Gesundheitswesen, Verkehr, Ausbildung und viele weitere Bereiche des täglichen Lebens nicht mehr auskommen. Anwendungsorientierung kann sich da nicht mehr, wie früher, auf spezielle Anwendungsgebiete beziehen, die man in Ergänzung zur Informatik (oder die man, mit Informatikinhalten angereichert,) studiert (um dann sein Leben lang als angewandter XY-Informatiker arbeiten zu können). In der Praxis spielen immer mehr menschliche, soziale Kompetenzen, allgemeine berufsbezogene Fähigkeiten und generelles Anwendungswissen eine Rolle. Deshalb hat sich schon an manchen Universitäten die früher übliche Nebenfachausbildung für Informatiker hin zu einer integrierten, breit angelegten anwendungsorientierten Ausbildung gewandelt.

4. Die neuen GI-Empfehlungen [EAI] „zur Stärkung der Anwendungsorientierung in Diplomstudiengängen der Informatik an Universitäten" (Inhaltsangabe in der Anlage) sollen diesen Trend unterstützen und öffentlicher machen – es geht ja auch darum, die Öffentlichkeit außerhalb der Universitäten auf diese wichtige Weiterentwicklung der Informatikausbildung aufmerksam zu machen. Diese Empfehlungen sind also auch interessant für

- Studierende der Informatik, weil sie lernen können, wie sie ihr Studium ausrichten sollten, um das Richtige für ihren Beruf zu lernen,
- Schüler und ihre Eltern, weil sie erfahren können, wie die Informatikausbildung aussehen wird, wenn die Wahl des Studienfaches ansteht,
- Führungskräfte in Wirtschaft und Verwaltung, weil sie erfahren können, wie Informatiker und Informatikerinnen an Universitäten ausgebildet werden,
- Informatiker in der Praxis, um zu sehen, was ihre künftigen jüngeren Kollegen wissen werden,
- Politiker, weil sie daraus entnehmen können, daß Umfrageergebnisse in Zeitungen und Zeitschriften nur eine recht eingeschränkte Information liefern und daß zumindest im Bereich der Hochschulinformatik vernünftige politische Forderungen durchaus erfüllt werden.

5. Die neuen GI-Empfehlungen plädieren nicht für eine Einschränkung des grundlagenorientierten Teils der Informatikausbildung, (auch nicht für eine starke Kürzung des Mathematikanteils), denn die schnelle Entwicklung der Informatik macht es nötig, daß das Studium die Basis für eine regelmäßige Weiterbildung vermittelt, so daß die Aneignung von kurzfristig wichtigem Fachwissen sowie von speziellen Methoden, Techniken und Werkzeugen ständig von den Informatikern selbst (im Rahmen der Berufstätigkeit) geleistet werden kann.

Natürlich hätten manche Firmen gerne Hochschulabsolventen, die nur auf die speziellen Produkte, die die Firma selbst entwickelt hat oder speziell nutzt, getrimmt sind – weil solche Schmalspurspezialisten keine Einarbeitungszeit benötigen und auf die Firma festgelegt sind (also auch bei geringerem Gehalt nicht weggehen). Aber wir Hochschullehrer können solche Einseitigkeit, die bei der schnellen Entwicklung der Informatik notwendig zu früher Arbeitslosigkeit führt, nicht verantworten – auch wenn uns unverständige Politiker schelten. Auf so dumme (oder böswillige?) Bemerkungen wie die folgende [Ca], fällt hoffentlich kein Mensch mehr rein: „Viele Firmen schauen gar nicht mehr aufs Fachdiplom. Patchwork-Karrieren mit verschiedenen Berufsstationen sind ihnen lieber. Wer mit dem Computer auf Du ist, darf ruhig Taxifahrer oder Theologiestudent gewesen sein".

Literatur:

[Br1] Brauer, W.: Mathematik und Informatik, Mitteilungen der Mathematischen
      Gesellschaft Hamburg, Band 19, 2000
[Br2] Brauer, W.: Informatikbetrachtungen, Versuch einer Beschreibung des Fachs
      Informatik. In: Desel, J. (Hrsg.), Themen der Angewandten Informatik, Springer-
      Verlag, Berlin, 2000,
[EAI] Empfehlungen der Gesellschaft für Informatik e.V. zu Stärkung der
      Anwendungsorientierung in Diplomstudiengängen der Informatik an
      Universitäten.
      Kurzfassung in: Informatik-Spektrum, Band 22, Heft 6, Dezember 1999,
      SS. 405, 444-447.
      Langfassung unter www.gi-ev.de/bibliothek/GI-1999-001.zip
[MC] Mensch & Computer 2000, Information, Interaktion, Kooperation.
      Informatik-Spektrum, Band 22, Heft 3, Juni 1999, SS. 212-214.
[Ca] Gegen-Check: Unis blockieren Computerfans. Capital, Heft 13, 2000,
      S. 46, (gezeichnet: dih)

ANLAGE
INHALTSVERZEICHNIS DER GI-EMPFEHLUNGEN

Erfolg macht Spaß:
Softwaretechnik an der Universität Stuttgart

Jochen Ludewig

Institut für Informatik der Universität Stuttgart
Breitwiesenstr. 20-22, D-70565 Stuttgart
Tel. 0711-7816-354, Fax 0711-7816-380
ludewig@informatik.uni-stuttgart.de

Zusammenfassung

Die Fakultät Informatik der Universität Stuttgart bietet seit 1996 neben dem Diplomstudiengang Informatik den neuen Studiengang Softwaretechnik an; er wird in diesem Beitrag vorgestellt.

Der Studiengang Softwaretechnik ist inhaltlich innovativ, formal aber konventionell angelegt. Darum wird hier auch eine Diskussion darüber geführt, ob es – für die Lehrenden wie für die Lernenden – sinnvoll ist, sich gegen den politischen Druck in Richtung auf Bachelor- und Master-Studiengänge zu stellen.

Der Erfolg, den der neue Studiengang bisher auf allen Ebenen hatte, erhöht seine Attraktivität. Den im Titel des Beitrags angesprochenen Spaß haben die Lernenden (weil sie sehen, dass sie – bei beträchtlicher Anstrengung – in relativ kurzer Zeit eine sehr gute Qualifikation erwerben) wie die Lehrenden (weil sie sehen, dass sich die Aufbauarbeit gelohnt hat). Auch dieser Aspekt wird hier betrachtet.

Vorbemerkungen

Rollenbezeichnungen wie „Student" oder „Hochschullehrer" sind geschlechtsneutral gemeint. Wo von Informatikern gesprochen wird, sind die Studenten und Absolventen der Softwaretechnik eingeschlossen.

„Industrie" wird hier in einem sehr umfassenden Sinne für alle Unternehmen gebraucht, die gewinn-orientiert arbeiten und Informatiker beschäftigen, also auch für Banken, Versicherungen usw.

Nachdem der Studiengang im Winter 1999/2000 evaluiert wurde, stehen einige Veränderungen an, auch die Umwandlung des Modellstudiengangs in einen regulären Studiengang. Der Beitrag geht, wo nichts anderes gesagt ist, von der (sehr wahrscheinlichen) Situation *nach* diesen Änderungen aus; sie werden voraussichtlich im Herbst 2000 wirksam.

Wo implizit oder explizit Vergleiche angestellt werden, beziehen sie sich in der Regel auf Informatik-Studiengänge an wissenschaftlichen Hochschulen in Deutschland.

Die Entstehung des Modellstudiengangs Softwaretechnik

Mitte der 90'er Jahre gab es in den technischen und naturwissenschaftlichen Fächern so wenig Studienanfänger, dass die betroffenen Fakultäten alarmiert waren und auf Abhilfe sannen. An der Universität Stuttgart wurde ein interdisziplinärer Studiengang diskutiert, angesiedelt zwischen Informatik, Elektrotechnik und Maschinenwesen.

Nach einigen Monaten, in denen Studienpläne entworfen und diskutiert worden waren, stellte sich heraus, dass dieses Konzept ungeliebt war. Es gab in mehreren Fakultäten einen „not *completely* invented here"-Effekt. Die Initiative drohte abzusterben.

In der Fakultät Informatik war die Zustimmung nicht uneingeschränkt, aber stärker als in den anderen Fakultäten gewesen. Darum wurden die Überlegungen nicht einfach begraben, sondern in Richtung auf einen neuen, *nicht* interdisziplinären Studiengang weiterentwickelt. Vielleicht, so unsere Überlegung, ist es ja ein Vorteil, keine Kompromisse suchen zu müssen, sondern ohne Rücksicht auf Proporz und Geschichte das Sinnvolle tun zu dürfen. So wurde die Idee eines Studiengangs Softwaretechnik geboren.

Rückblickend sieht man, dass die Voraussetzungen für einen solchen Neuanfang 1996 besonders günstig waren. Alle Rollen in der Fakultät waren vorteilhaft besetzt, um die Sache zu fördern, und die Evaluation der Lehre, die 1995/96 in den Informatik-Fakultäten der Universitäten Karlsruhe und Stuttgart als Pilotprojekt für Baden-Württemberg durchgeführt wurde, verstärkte den Impuls. Die Politik wartete auf Initiativen.

So liefen die Vorbereitungen überraschend glatt: Im Januar 1996 wurden die Pläne im kleinsten Kreise diskutiert, im April hatten sie bereits das Plazet der Fakultät und lagen dem Senatsausschuss Lehre vor, im Juli waren sie bis ins Ministerium gelangt und schon Anfang August mit Vorbehalten genehmigt. Wir waren mehr als verdutzt, wir hatten nicht im Ernst damit gerechnet, noch 1996 beginnen zu können.

Aber nach hektischer Werbung und rascher Organisation waren zu Beginn des Wintersemesters für 60 genehmigte Studienplätze 75 Studienanfänger der Softwaretechnik immatrikuliert. Bald darauf war auch die Prüfungsordnung abgesegnet, und dieses Werk weniger Nächte hat sich seitdem gut bewährt, es wurde nur in drei kleinen Punkten geändert, bevor die Generalrevision 2000 größere Eingriffe notwendig machte.

Die Ideen hinter dem neuen Studiengang

Natürlich war die Definition des neuen Studiengangs keine Arbeitsbeschaffungsmaßnahme. Vielmehr erschien sie als Chance, viele Ideen für einen besseren Informatik-Studiengang auf einen Schlag zu realisieren. Sie war wesentlich attraktiver als eine Modernisierung des bestehenden und bewährten Diplomstudiengangs Informatik, denn diese wäre unvermeidlich zwischen den in der Fakultät und in ihrem Umfeld präsenten (und wohl begründeten) Positionen zerrieben worden, so dass erhebliche Mühen letztlich kaum mehr als ein Reförmchen hervorgebracht hätten („ ... *nascetur ridiculus mus"*). Ein neuer Studiengang, zumal einer mit Zugangsbeschränkung, gefährdet den alten nicht und nicht diejenigen, die ihn favorisieren..

Ziele des Neuanfangs waren vor allem:

- Ausrichtung nach dem Vorbild technischer Studiengänge (z.B. Elektrotechnik, Maschinenbau). Das Studium dient also weniger der Vorbereitung einer wissenschaftlichen Laufbahn als der einer Ingenieur-Karriere in der Industrie. Damit ist *keine inhaltliche* Angleichung an die Ingenieurfächer verbunden, in der Softwaretechnik geht nicht um Stahl und Elektronik, sondern um Information.

- Wesentlich stärkere Vorbereitung auf die industrielle Praxis, als es sonst in Informatik-Studiengängen üblich ist, vor allem durch Projektarbeit, aber auch durch die Auswahl der Studieninhalte. Hiervon war und ist – für viele überraschend – speziell die Theorie betroffen.

- Durchführung möglichst vieler Lehrveranstaltungen in Gruppen, also Abkehr vom Einzelkämpfer; damit verbunden auch implizite (und gelegentlich explizite) Pflege und Förderung sozialer Fähigkeiten (Kommunikation, Organisation, Konfliktlösung).

- Straffung des Studienplans, so dass die mittlere Studiendauer die Regelstudienzeit nicht mehr wesentlich überschreitet.

- Natürlich – entsprechend der Bezeichnung des Studiengangs – eine obligate Ausbildung in den Gebieten der Softwaretechnik, weit gründlicher, als es sonst in den Informatik-Studiengängen üblich ist.

Diesen Zielen stehen konservative Vorgaben gegenüber:

- Die formale Struktur des Studium sollte an den älteren Studiengang angelehnt sein, so dass einige Lehrveranstaltungen in beiden Fachrichtungen genutzt werden können. Damit war auch die Gliederung in Grundstudium, Hauptstudium und Diplomarbeit vorgegeben. Ein Bachelor oder Master stand 1996 – zum Glück – noch nicht zur Diskussion, das Thema kam gerade erst auf.

- Auch dies sollte ein universitärer Studiengang der Informatik sein, konform mit der Rahmenordnung, ungeschmälert, was den Anteil der Theorie betrifft, und nicht darauf ausgerichtet, ein pfannenfertiges Wissen und Können mit kurzer Verfallsfrist zu vermitteln. Der erfolgreiche Absolvent erhält wie in der Informatik den Titel Dipl. Inf.

---

* Horaz: *Parturiunt montes, nascetur ridiculus mus.* Die Berge kreißen, aber geboren wird nur eine possierliche Maus.

Der Studienplan (Stand Herbst 2000)

Die nachfolgende Beschreibung betrifft vor allem die Besonderheiten des Studiengangs. Die Diagramme weisen benotete Prüfungen durch Balken aus, Scheine durch punktierte Balken, Praktika durch Schattierung.

Das Grundstudium

Sem.	Mathem. und BWL	Theore- tische Informatik	Grundlagen der Informatik	Grundlagen und Praktika	Techische Informatik, Technik allgemein	
1.	5V 2Ü HM für Inf. I	3V 2Ü Logik	4V 2Ü Einf. i.d. Inf. I	4 P Progr. kurs		22
2.	5V 2Ü HM für Inf. II	3V 1Ü Theor. Inf. I	4V 2Ü Einf. i.d. Inf. II	2Ü Eng- lisch	3V 1Ü Techn. Inform. I	23
3.	4V 2Ü Grundl. d. BWL	2V 1Ü Theor. Inf. II	3V 1Ü Einf. i.d. ST I	2V 1Ü PE	3V 1Ü Techn. Inform. II	20
4.	2V 1Ü Statistik	3V 1Ü Theor. Inf. III	2V 1Ü Einf. i.d. ST II	6 P Software- Praktikum	2V Techn. Grdlgn	18
	20 (o. Statist.) 19		19	15	10	83

Das Grundstudium ist nicht wesentlich anders angelegt als üblich. Hervorzuheben sind folgende Punkte:

- Programmierkurs zusätzlich zur Einführung I
  Die Benennung ist ungenau, denn die Einführungsvorlesung schließt die Programmierung ein. Der Kurs gewöhnt die Studierenden früh daran, strikt nach Richtlinien zu codieren und zu kommentieren. Es handelt sich also um einen Kurs in *disziplinierter* Programmierung.

- Softwaretechnik beginnt im zweiten Studienjahr
  Die Vorlesung „Einführung in die Softwaretechnik" setzt im 3. Semester ein. Das begleitende Praktikum knüpft an den Programmierkurs an; hier werden elementare Techniken, z.B. Reviews, intensiv geübt.

- Kein Nebenfach
  Das Nebenfach des Informatik-Studiums ist in Stuttgart inhaltlich mit der Informatik nicht verbunden. Im Studiengang Softwaretechnik wurde es durch ein Anwendungsfach ersetzt (siehe unten).

- Theoretische Informatik über das gesamte Grundstudium
  Wie in technischen Disziplinen üblich wird hier die – für diesen Studiengang neu konzipierte – Theorie weitgehend abgeschlossen.

- Betriebswirtschaftslehre, Englisch und Technologische Grundlagen
  BWL und Englisch wurden allgemein als wichtige Kompetenzen für unsere Absolventen eingestuft und darum als geprüfte Fächer in den Studienplan aufgenommen. Allerdings war es zunächst nicht möglich, Englisch auch wirklich anzubieten; das ändert sich im Herbst 2000. Die technologischen Grundlagen sollen unseren Studenten eine technische Allgemeinbildung vermitteln.
  Das (freiwillige) Kolloquium „Durchführung wissenschaftlicher Arbeiten" mit Vortragstraining besuchen viele „Softies" im 4. Semester.

- Erster Teil des Vordiploms nach dem ersten Studienjahr
  Die beträchtlichen Hürden, die am Ende des 2. Semesters aufgebaut sind, veranlassen tatsächlich viele der Studienanfänger, das Studium von Beginn an ernst zu nehmen. Inzwischen (2000) ist diese Idee in Baden-Württemberg für alle Studiengänge obligatorisch geworden.

Praktisch ist das Grundstudium so organisiert, dass Informatik- und Softwaretechnik-Studenten im ersten Jahr überwiegend zusammen im Hörsaal sitzen. Im zweiten Jahr gibt es keine gemeinsamen Lehrveranstaltungen mehr. Die Prüfungen sind schriftlich, eine mündliche Nachprüfung gibt es nur für diejenigen, die endgültig zu scheitern drohen.

Das Hauptstudium

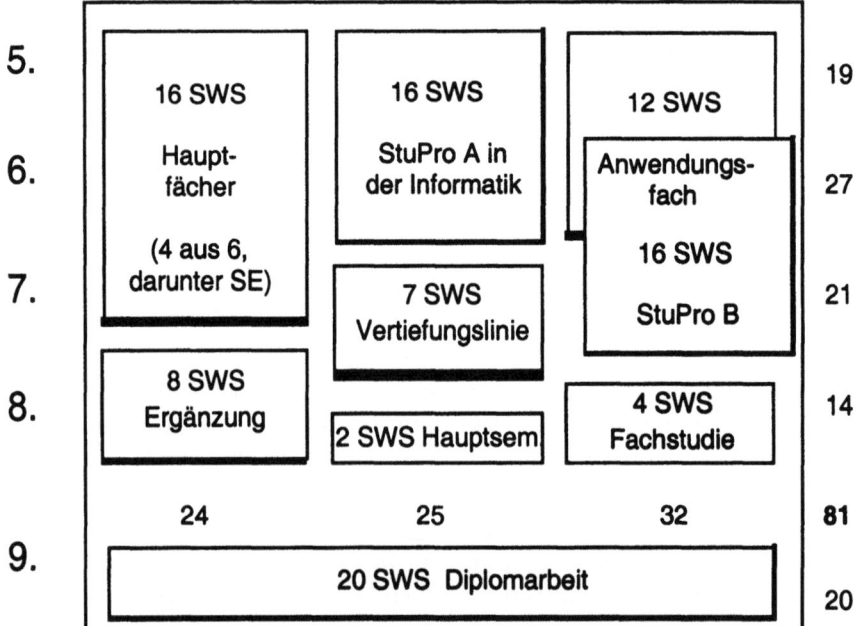

Im Schema oben ist das Hauptstudium dargestellt; naturgemäß verläuft es wesentlich weniger geordnet, als das Bild suggeriert. Das Hauptstudium ist durch das Anwendungsfach und die Projekte geprägt. Im Übrigen handelt es sich um ein normales Informatik-Hauptstudium mit relativ geringen Wahlmöglichkeiten. Die wichtigsten Punkte sind:

- Anwendungsfach
  Den Studierenden wird eine kleine, durch Kontingentierung der Plätze (siehe unten) weiter eingeschränkte Auswahl von Anwendungsfächern geboten (bislang Automatisierung, Technologie, Verkehr). Im Anwendungsfach wird auch eines der Studienprojekte durchgeführt.

- Studienprojekte
  Im Studienprojekt bearbeitet eine Gruppe von 6 bis 12 Studenten in zwölf Monaten eine vollständige Entwicklungs- oder Wartungsaufgabe. Bei einem normalen Entwicklungsprojekt gehören dazu das Vorprojekt und das Angebot, dann die Phasen Spezifikation, Entwurf, Codierung, Test und Integration, Abnahme. Projektleitung, Qualitätssicherung und Configuration Management liegen ebenfalls in den Händen der Studierenden, Professoren und Mitarbeiter wirken nur beratend und in der außerordentlich wichtigen Rolle des Kunden mit.
  Aufgrund der Evaluation wurde die Zahl der Studienprojekte von drei auf zwei reduziert, der Umfang der realen Belastung angeglichen. Damit besteht ein Studienprojekt typisch aus 10 SWS (Semesterwochenstunden) Praktikum, 4 SWS Vorlesungen und 2 SWS Seminar. Die Noten in diesen drei Teilen gehen mit der Gewichtung 5 : 3 : 2 in die Gesamtnote des Studienprojekts ein. Rechnet man die praktischen Arbeiten in Zeitstunden um, so ergibt sich ein Aufwand von 460 h pro Kopf und Studienprojekt.

- Haupt- und Ergänzungsfächer
  Die Hauptfächer sind *fast* obligatorisch, vier aus sechs, darunter Software Engineering, müssen im Hauptdiplom durch Klausuren absolviert werden. Die Ergänzungsfächer bilden den Wahlbereich.

- Vertiefungslinie
  Dieses Konzept wurde bei der Revision 2000 aus dem Informatik-Studiengang übernommen, um die Wahlmöglichkeiten zu erweitern. Praktisch bietet jeder Lehrstuhl eine Vertiefungslinie an, also eine Art Hauptfach, dessen Umfang auf 7 SWS erweitert ist. Natürlich fällt das betreffende Fach ggf. aus der Liste der wählbaren Hauptfächer.

- Fachstudie
  Hier werden in kleinen Gruppen Untersuchungen durchgeführt, wie sie im Software-Alltag oft notwendig sind: z.B. Machbarkeitsstudien, Bewertungen von Werkzeugen oder Verfahren, Vorbereitung von Entscheidungen zwischen Wartung und Neuimplementierung.

Industrie-Praktika

Im Laufe des Studiums werden zwei mindestens zweimonatige Praktika gefordert. Alternativ reicht nach den Änderungen 2000 auch ein einziges, dreimonatiges Praktikum aus. Die Anforderungen an das Praktikum sind bescheiden, gefordert wird nur, dass in einem echten Unternehmen eine Arbeit *an* (und nicht nur *mit*) Software geleistet und ein Berichtsheft geführt wird. Die soziale und fachliche Erfahrung im Betrieb steht im Vordergrund, darum werden Nebentätigkeiten nicht anerkannt.

Erfahrungen, Evaluation, Änderungen 2000

Die ersten Jahrgänge

Die „Besiedelung" des neuen Studiengangs verlief unspektakulär. Jahr für Jahr wurden die verfügbaren 60 Plätze belegt (und meist etwas überbelegt), 1999 mussten erstmals 41 Bewerber abgewiesen werden.
   Probleme im Studium gab es vor allem in drei Richtungen:

- Der Studienplan ist eng, und die Forderung nach zwei Praktika in der Industrie kollidiert mit den Aufgaben im Studium, die auch in der vorlesungsfreien Zeit kaum Pausen bieten. Zudem war die zeitliche Belastung in den Studienprojekten oft zu hoch.

- Die Zahl der Teilnehmer in jedem Studienprojekt sollte weder zu niedrig sein (weil dann die typischen Effekte der Gruppenarbeit ausblieben) noch zu hoch (weil dann die Organisation und die Betreuung erschwert wären). Darum war Planwirtschaft nicht immer zu vermeiden. Das rief den verständlichen Unwillen der Betroffenen hervor.

- Besonders da, wo die Fakultät Informatik Leistungen anderer Fakultäten in Anspruch nimmt, ist die Flexibilität eingeschränkt. Dadurch entstehen Konflikte zwischen dem straffen Studienplan hier und der teilweise eher lockeren Organisation dort.

Diese Probleme waren nicht ohne weiteres lösbar, sie bestehen zum Teil noch immer. Gleichwohl war die Stimmung unter den Softwaretechnikern von Beginn an auffällig gut, und in den regelmäßig durchgeführten Befragungen kam neben deutlicher Kritik immer wieder zum Ausdruck, dass fast niemand seine Entscheidung für die Softwaretechnik in Frage stellte. Im Gegenteil dominiert bis heute das Gefühl, im richtigen Zug zu sitzen.
   Die Gruppenarbeiten stärken den Zusammenhalt der Studierenden. Dies wird allgemein als Vorteil erlebt. Die Studenten bemühen sich, in der Gruppe zu bleiben, nicht in Rückstand zu geraten und aus dem Takt zu kommen. Dadurch ist die Zahl der Studenten, die ihre Hürden strikt nach Studienplan nehmen, auffällig hoch.
   Für den Studiengang wurde eine „Beratende Kommission Softwaretechnik" eingerichtet, die völlig informal unterhalb der im Universitätsgesetz verankerten Studienkommission operiert, aber praktisch deren Aufgaben

wahrnimmt. Neben wenigen Professoren und Mitarbeitern sind Vertreter der Fachschaft und die in allen Jahrgängen gewählten Semestersprecher darin vertreten; es war sehr erfreulich zu sehen, dass sich regelmäßig mehrere Leute fanden, die diese Aufgabe zu übernehmen bereit waren, so dass jeweils drei Personen als Repräsentanten ihres Jahrgangs zur Verfügung stehen.

Die stabile Unterstützung auch durch jene Lehrenden und Lernenden, die nicht im engeren Sinne zur Softwaretechnik gehören, war außerordentlich erfreulich und letztlich für den Erfolg ausschlaggebend. Der Studiengang musste sich nicht gegen den stärkeren Bruder behaupten, sondern wurde von diesem gefüttert und unterstützt. Die sehr aktive Fachschaft Informatik, jetzt Informatik und Softwaretechnik, hat ständig und zuverlässig mitgearbeitet, die Professoren und Mitarbeiter, ob mit oder ohne Vorkenntnisse in der Softwaretechnik, haben bereitwillig Praktika und Studienprojekte durchgeführt. Die Abteilung (der Lehrstuhl) Software Engineering übernahm für einige Jahre eine Doppelfunktion, nämlich die initiale Durchführung der spezifischen Lehrveranstaltungen und die Beratung der übrigen Lehrenden. Das alles lief nicht immer von selbst, aber letztlich ohne wirkliche Probleme ab.

Natürlich gab auch der Preis des Stifterverbandes für die deutsche Wissenschaft Anfang 1997 den Beteiligten Anerkennung und Bestätigung.

Wechselwirkungen mit dem Studiengang Informatik

Die Koexistenz zweier verwandter Studiengänge mit sehr unterschiedlicher Geschichte bietet die Chance, voneinander zu borgen und zu lernen. Zunächst war es die Softwaretechnik, die von der Informatik einige Lehrveranstaltungen importierte und viele Regelungen mit mehr oder minder erheblichen Modifikationen übernahm, beispielsweise die Prüfungsordnung. Inzwischen ist das Pendel zurückgeschlagen, die Informatik übernimmt Verbesserungen der Softwaretechnik. Dazu gehören wieder formale Regelungen, aber auch Lehrveranstaltungen. Die Rechnerarchitektur ist bereits auf dem neuen Gleis wiedervereinigt, die neue Theorie und das neue Praktikum im 4. Semester sind weitere Kandidaten. Mit der Revision 2000 werden erneut Konzepte des Informatik-Studiengangs in der Softwaretechnik eingebaut (Vertiefungslinie, Hauptseminar)

Natürlich ist die Konvergenz kein Selbstzweck; nur dort, wo sich eine Lösung als klar besser erwiesen hat, wird die andere verworfen. Die vollständige „Wiedervereinigung" ist nicht das Ziel, vielmehr wollen wir auf Dauer zwei Studiengänge mit klar unterscheidbarem Profil anbieten.

Die Evaluation

Mit der bis 2001 befristeten Genehmigung war bereits die Auflage verbunden, den Studiengang innerhalb dieser Zeit durch externe Fachleute

(„Peers") überprüfen zu lassen. Dieser Prozess wurde im Mai 1999 in Gang gesetzt und im Mai 2000 abgeschlossen. Eine solche Evaluation bringt im günstigsten Falle dreierlei Nutzen:

- Die Anfertigung des Lehrberichts, der den Peers vorgelegt wird, fördert viele Fakten zu Tage, die als Stimmung oder Vermutung schon lange präsent, aber nicht klar nachgewiesen waren.

- Die Begehung durch die kritischen und von jeder Betriebsblindheit freien Peers bringt weitere Erkenntnisse und vor allem Anregungen für Verbesserungen.

- Das Gutachten der Peers rüstet diejenigen, die für den Studiengang eintreten, mit Munition aus. Denn selbst Aussagen, die nicht neu sind, erhalten größeres Gewicht und mehr Respekt, innerhalb der Fakultät, auf Ebene der Universität und im Ministerium.

Bei uns sind zum Glück alle drei Effekte eingetreten. Der Lehrbericht brachte uns ein präzises Bild der Lage. Beispielsweise ist die gute Stimmung der Studierenden heute ebenso belegt wie die Schwierigkeit, die Praktika zeitlich einzuplanen. Unsere Peers, die Herren Barth, Glinz, Leineweber, Parnas, Nagl und Thoma, prüften sorgfältig und machten eine Reihe konkreter Vorschläge. Ihr Gutachten hat uns nicht nur bestätigt, sondern auch gestärkt. Es wird mit folgenden Aussagen zusammengefasst:

Empfehlungen

Wir empfehlen dem Ministerium für Wissenschaft und Kunst des Landes Baden-Württemberg mit Überzeugung und ohne Einschränkungen, den Modellstudiengang Softwaretechnik an der Universität Stuttgart in einen regulären Studiengang zu überführen. Wir glauben, dass dieser Studiengang ein Vorbild für ähnliche Studiengänge an anderen Universitäten abgeben wird.

Im Grundstudium sollten entsprechend unseren Befunden und entsprechend den Feststellungen im Lehrbericht leichte Anpassungen vorgenommen werden.

Im Hauptstudium empfehlen wir
- *die Anzahl der Studienprojekte auf zwei zu reduzieren,*
- *ein größeres Angebot an Wahl- und Vertiefungsvorlesungen zu schaffen,*
- *für mehr Flexibilität im Studienplan zu sorgen,*
- *die Industriepraktika zu kompaktifizieren oder Projektarbeit in einer Softwaretechnik-bezogenen Nebentätigkeit unter festzulegenden Randbedingungen auf eines der Praktika anzurechnen.*

Die Ressourcen, insbesondere das Lehrpersonal, müssen entsprechend den Bedürfnissen eines Ingenieur-Studiengangs berechnet und zugewiesen werden. Die Lehrkapazität ist soweit auszubauen, dass auf den gegenwärtig bestehenden Numerus Clausus verzichtet werden kann.

Soweit die vorgeschlagenen Änderungen innerhalb der Fakultät umgesetzt werden können, war dies bereits im Mai 2000 fast vollständig beschlossen und im Abschlussbericht, der auch den Lehrbericht und das Gutachten enthält, dokumentiert (Ludewig, 2000). Der empfohlene Ausbau wurde in Aussicht gestellt; in der aktuellen Situation ist auch ein Verzicht auf weitere Einsparungen ein Erfolg. Der NC steigt 2000 von 60 auf 100 Plätze.

Ist der Bachelor unausweichlich?

Die Diskussion der letzten Jahre wurde vom Bachelor dominiert: Bachelor sofort oder später, Bachelor allein oder mit Master (oder *nur* Master), Bachelor als eigener Studiengang oder als Variante des Diplomstudiengangs, usw. usw. Anscheinend wurde dabei die Frage, *ob* und *warum überhaupt* ein Bachelor-Abschluss eingeführt werden sollte, vergessen.

Natürlich gibt es Konstellationen, in denen sich diese Frage nicht stellt. Wer in Deutschland eine Hochschule aufbaut, in der vornehmlich ausländische Studenten für begrenzte Zeit zu Gast sind, kommt am Bachelor nicht vorbei. Solche Gründe haben aber die wenigsten Universitäten.

In fast allen Fällen wird ein Bachelor-Studiengang eingeführt, um auf diese Weise das Wohlwollen (und dann die Förderung) der Ministerien zu erhalten. Das ist nicht verwerflich. Aber werden wir wirklich unserer Verantwortung gerecht, wenn wir unsere begründeten Einwände herunterschlucken und uns demütig vor der Politik verbeugen?

Um Kompatibilität mit ausländischen Zwischen- und Endzeugnissen herzustellen, wäre es ausreichend, einige internationale Abkommen zu schließen und an wenigen Informatik-Standorten gesonderte Bachelor-Studiengänge einzurichten. Eine generelle Umstellung ist dafür nicht nötig.

Denn es gibt sehr gewichtige Gegengründe: Wer mit Professoren aus der Bachelor-Welt spricht, hört überrascht, dass man dort händeringend nach Wegen sucht, um die Qualifikation der Absolventen zu steigern und um bei den Graduates, die in die Universitäten zurückkehren, um einen Master-Titel zu erwerben, mit der sehr heterogenen, aber stets theorie-armen Vorbildung zurechtzukommen. Und wenn man schließlich das deutsche Modell erläutert, dann ist die Verwunderung sehr groß, warum man denn daran etwas ändern will. (Zitat: *Tell your minister that he should be glad to have the German system!*)

Ja, wir haben ein Problem: Die mittlere Studiendauer ist zu lang. Im Plan stehen 9 Semester, aber der Median liegt (bundesweit) etwa 50 % höher. Das ist zu viel. Und es gibt dafür keine Rechtfertigung, denn die wenigen „Turbo-Absolventen" sind sicher nicht schlechter als ihre Kollegen. Vielen wird das Studium zum Dauerzustand, zu einer Art Hintergrund-Aktivität, die nur so viel Aufmerksamkeit erhält, wie die „Nebentätigkeiten", die Hobbys und die sonstigen Ziele zulassen. Das müssen wir ändern.

Die Politiker wollen den Bachelor, weil sie erwarten, dass er die mittlere Studiendauer senkt, selbst dann, wenn ein Master angehängt wird. Das ist etwa so, als ob man sich im Restaurant eine Roulade bestellt, um in den

Besitz des Zahnstochers zu kommen, der die Roulade zusammenhält. Und am Ende ist sie womöglich mit einem Faden verschnürt!

Warum kaufen wir nicht Zahnstocher? Die Studiendauer können wir senken, indem wir im Rahmen der bestehenden Strukturen ein zügiges Studieren *ermöglichen, fordern* und *durchsetzen*. Freilich, das läuft – wie der Bachelor – auf eine Verschulung hinaus. Unsere Erfahrung zeigt, dass diese letztlich im Sinne der Studierenden ist. Wenn wir bei der Suche nach Verbesserungen des Studiengangs Vorschläge gemacht haben, die das Studium verlängern, haben die Studierenden widersprochen. Sie haben begriffen, dass sie mit einem schnellen Diplom besser bedient sind als mit einem durch Jobs und unnötige Verzögerungen aufgeweichten Studium.

Die Straffung ist ohne Verzicht auf Lehrinhalte nicht zu machen. Aber der Bachelor bedeutet weitaus härteren Verzicht. Vor allem die Theorie, das Markenzeichen der universitären Ausbildung, gerät dabei unter die Räder. Kurz: Der Bachelor bedeutet Selbstmord aus Angst vor dem Tode. Überlassen wir den Fachhochschulen dieses Modell, denn dort passt es gut und schärft ihr Profil. Und bieten wir an den Universitäten weiterhin eine Ausbildung, die unsere Stärken erhält und unseren Absolventen Weg-zehrung für ein langes Berufsleben mitgibt. Wenn es die Diplomstudien-gänge nicht längst gäbe, dann müssten sie schleunigst erfunden werden!

Spaß an der Softwaretechnik

Studieren kann kein reines Vergnügen sein, dazu sind die Anforderungen zu hoch. Es ist aber möglich, das Studium so zu gestalten, dass die Stu-denten in überschaubaren Zeiträumen kleine und größere Erfolge einsam-meln, in Übungen, in Prüfungen, in Praktika und Projekten. Das Prinzip aus Spörls Feuerzangenbowle (*Bitter muss sie sein, sonst hilft sie nicht!*) ist überholt. Die Medizin, die wir anbieten, soll schmecken, *so* gut schmecken, dass die „Patienten" freiwillig schlucken. Dann macht ihnen das Studium Spaß. In der Softwaretechnik ist das anscheinend bei einem großen Teil der Studenten gelungen.

Dieser Spaß überträgt sich auch auf die Lehrenden: Viele Dozenten haben bei den Befragungen für den Lehrbericht übereinstimmend berichtet, in der Softwaretechnik besonders motivierte und interessierte Studenten angetroffen zu haben. Das ist der Erfolg, den *wir* brauchen.

Und der Zuspruch aus der Industrie und aus der Politik ist sehr ange-nehm, zumal die Universitäten aus diesen Richtungen nicht immer nur Nettes gehört haben.

Thesen zum Informatik-Studium

Die folgenden Thesen folgen zum Teil aus den Aussagen dieses Beitrags, zum Teil fassen sie Überlegungen zusammen, die in früheren Publikatio-nen ausführlicher dargelegt sind (Ludewig, Claus, 1999).

- Das *richtige* Informatik-Curriculum gibt es nicht. Vermittelt es Einsichten und Kenntnisse, die für eine führende Tätigkeit in der Informatik langfristig nützlich sind? Das ist die entscheidende Frage.

- Die Informatik-Curricula schwanken zwischen Wissenschaft (im Sinne von *Science*, erkenntnisorientiert) und Technik (zur Problemlösung strebend), die allermeisten Absolventen gehen in die Praxis, d.h. zur Technik. Software-Leute sind Ingenieure oder sollten Ingenieure sein.

- Softwaretechnik ist kein Spezialgebiet der Informatik, sondern ein Arbeits- und Denkansatz, der die Informatik durchdringt, soweit sie mit der Bereitstellung brauchbarer Software in begrenzter Zeit und zu begrenzten Kosten befasst ist. Die Softwaretechnik hat darum ihren angemessenen Platz im Grundstudium und in allen Praktika.

- Nur die Form des Diplomstudiengangs bietet Raum für eine Serie praxisnaher Projekte zunehmender Komplexität. Sie ist darum gerade für die Softwaretechnik prädestiniert.

- So gut wie alle universitären Studienpläne lassen sich verschlanken, ohne dass dadurch ihr Wert grundsätzlich in Frage gestellt wird.

- Projektarbeit verhindert die Vereinzelung der Studenten und verkürzt dadurch die Studienzeit.

- Die beste Strategie, um die Studierenden zum Studienabschluss zu führen, ist, damit im ersten Semester anzufangen.

- Viele Studenten neigen dazu, das Studium zugunsten von Nebentätigkeiten zu vernachlässigen. Ein konsistentes, deutlich getaktetes Curriculum wirkt dieser Entwicklung entgegen.

- Eine reale und sichtbare Beteiligung der Studierenden an der Gestaltung des Studiums nützt allen Beteiligten.

- Diszipliniertes Studieren erfordert disziplinierte Professoren. (*Der Verfasser ergreift seine Nase ...*)

Quellen und Verweise

Ludewig, J., V. Claus (1999): Softwaretechnik. in: Wechselwirkungen, Jahrbuch der Universität Stuttgart, Dezember 1999, S. 64-77.

Ludewig, J. (Hrsg.): Bericht über die Evaluation des Modellstudiengangs Softwaretechnik. Fakultät Informatik, Universität Stuttgart, Juni 2000.

Weitere und aktuelle Angaben zum Studiengang finden sich auf den Web-Seiten der Fakultät Informatik:
http://www.informatik.uni-stuttgart.de/msst.html

Audio – Video – DISCO :
Alltagstaugliche Konzepte für
das Lernen mit neuen Medien

Reinhard Keil-Slawik

Heinz Nixdorf Institut
Fachbereich Mathematik/Informatik
Universität Paderborn
rks@uni-paderborn.de

Einleitung

Der Einsatz von Multimedia in der Hochschullehre steckt trotz der vielfältigen Initiativen und Projekte, die in den letzten Jahren entstanden sind, noch in den Kinderschuhen. Die Verankerung in der Alltagspraxis der Hochschule liegt noch in weiter Ferne. Angesichts der hohen Investitionen und des enormen Arbeitsaufwandes ist es wichtig, realistische Einschätzungen über die Entwicklungsmöglichkeiten und den damit verbundenen Zeitrahmen zu gewinnen, um unproduktive Frustrationen und Fehlinvestitionen zu verhindern. Eine genaue Analyse der Rolle von Technik in Lehr- und Lernprozessen ist dabei ebenso unerlässlich wie der Aufbau lernförderlicher Infrastrukturen und ihre Evaluation unter alltagspraktischen Bedingungen.

In bezug auf Multimedia ist davon auszugehen, dass die Erfolgschancen in hohem Maße von Integration und Abstimmung abhängig sind. Integration bedeutet, dass Technik, Didaktik und curriculare Entwicklung nicht isoliert betrachtet werden dürfen: Neue Qualitäten ergeben sich erst, wenn alle Komponenten im Kontext der allgemeinen Hochschulentwicklung gleichermaßen berücksichtigt werden. Dabei wird zunehmend deutlich, dass das eigentliche Problem und der eigentliche Aufwand weiterhin in der sozialen Organisation von Lernprozessen und der Produktion angemessener Bildungsmaterialien liegen wird. Nur wenn auch hier die entsprechenden Verbesserungen stattfinden, kann sich das Rationalisierungspotential von Multimedia entfalten.

Die damit verbundenen Möglichkeiten und Konsequenzen sollen nachfolgend anhand einer teilweise chronologischen Darstellung der Forschungs- und Entwicklungsaktivitäten der Arbeitsgruppe Informatik und Gesellschaft zum Thema *lernförderliche Infrastrukturen* am Beispiel der Paderborner DISCO (Digitale InfraStruktur für COmputerunterstütztes kooperatives Lernen) verdeutlicht werden.

Innovation und Alltagstauglichkeit

Ausgangspunkt für viele Aktivitäten und zugleich theoretischer Rahmen für die Bewertung und Einschätzung neuer Medien ist eine grundlegende Auseinandersetzung mit der Frage, worin denn die spezifische Unterstützungsleistung von interaktiven Systemen in Bezug auf geistige Leistungen wie Denken, Lernen und Informationsverarbeitung beruhen. Diese Arbeiten im Themenfeld Software-Ergonomie lieferten zu Beginn sowohl die Inhalte für den Aufbau einer lernförderlichen Infrastruktur[1] als auch zugleich wichtige Kriterien und Randbedingungen für die Gestaltung der Lernumgebung selbst[2]. Im Zentrum steht die These, dass man mit Technik grundsätzlich nur technische Probleme lösen kann; didaktische und pädagogische Probleme erfordern entsprechend pädagogische Lösungen bzw. Herangehensweisen.[3]

So sehr eine solche Trennung hilft, sich von falschen Annahmen und Mythen zu befreien[4], so sehr verdeutlicht sie auch, dass die Frage des Einsatzes neuer Medien in Lehr- und Lernprozessen nicht auf technische Aspekte reduziert werden kann. Das erfordert jedoch, technische und nicht-technische Probleme im Zusammenhang zu betrachten. Der Vorteil des Fachgebietes Informatik und Gesellschaft besteht dabei darin, dass es nicht den üblicherweise rein technisch orientierten Innovationserwartungen in der Informatik unterworfen ist, sondern sich mit den Wechselwirkung zwischen Informatiksystemen und ihrem Einsatzumfeld befasst und dadurch unter diesem Blickwinkel Alltagspraxis als Forschungsstrategie gewählt werden kann.

Alltagspraxis bedeutet, komplexe technische Konfigurationen zu entwickeln und sowohl ihre Herstellung als auch ihre Nutzung unter Alltagsbedingungen zu evaluieren. Ziel ist es dabei, die Erfolgsfaktoren für Alltagstauglichkeit Übertragbarkeit und Nachhaltigkeit komplexer technischer Arrangements zu ermitteln. Dabei handelt es sich bei den eingesetzten Komponenten im wesentlichen um bereits ausgereifte oder marktgängige Produkte, das jeweilige Arrangement jedoch ist hinsichtlich Aufbau, Konfigurierung und Leistungsvermögen neu. Alltagstauglichkeit wird damit selbst zum Innovationsziel, das gerade im Bereich des Lehrens und Lernens mit neuen Medien einen hohen Stellenwert hat.

In einem solchen Umfeld ist es möglich, innovative lernförderlicher Infrastrukturen aufzubauen und zugleich ihre Übertragbarkeit, Nachhaltigkeit und Alltagstauglichkeit zu untersuchen. Auch wenn dabei die Entwicklung eigener Systeme und Werkzeuge nicht im Vordergrund steht, zeigt sich schnell, dass zum einen oftmals technische Innovationen erforderlich sind, um verschiedene Komponenten miteinander verknüpfen zu können und sie jeweils so ins Anwendungsumfeld zu integrieren, dass dabei Medienbrüche vermieden werden. Die dabei gemachten Erfahrungen geben zugleich neue Impulse für die technische Weiterentwicklung lernförderlicher Infrastrukturen.

Doch zunächst geht es darum, Anspruch und Wirklichkeit multimediagestützten Lehrens und Lernens näher zusammenzubringen.

---

[1] Siehe Keil-Slawik (1990) sowie die Kurzdarstellung in Engbring, Keil-Slawik, Selke (1995).
[2] Brennecke, Keil-Slawik (1995 und 1997).
[3] Eine Bewertung multimedialer Ansätze findet sich in Keil-Slawik, Selke (1998a).
[4] Siehe Keil-Slawik, Selke (1998b).

Multimedia als Steinbruch des Lernens

Bei der Betrachtung von Multimedia steht meist der Aspekt der Lernwirksamkeit im Vordergrund, weil hier der größte Effekt in Bezug auf die Qualitätssteigerung und damit auf verbesserte Möglichkeiten der Selbstaneignung des Lehrmaterials erwartet wird. Zwar ist es richtig, dass durch verbesserte sinnliche Qualitäten in der Aufbereitung des Lehrmaterials Aneignungs- und Behaltensprozesse besser unterstützt werden können, doch ist dies keine generelle Qualität von Multimedia, die sich z.B. durch die Verknüpfung von Ton, Text und Bewegtbild gewissermaßen von alleine einstellt. Vielmehr kommt es meist darauf an, diese Materialien geeignet in die sozialen Lernprozesse der Lernenden und Lehrenden einzubetten. Die besondere Betonung der Lernwirksamkeit zielt jedoch auf die individuelle Aneignung vorgefertigter Materialien. Das selbstgesteuerte Lernen an einem interaktiven System, losgelöst von den zeitlichen und räumlichen Beschränkungen der Präsenzlehre, wird zum bestimmenden Paradigma und leitet die Vorstellungen von einem Rationalisierungseffekt durch den Ersatz von Lehrpersonal. Tatsächlich weichen die diesbezüglich hochgesteckten Erwartungen allmählich der Ernüchterung und der Einsicht, dass sich die hohen Kosten für die Entwicklung der Lehrmaterialien nur unter ganz bestimmten Bedingungen lohnen.[5]

Gleichzeitig gibt es zwei andere Gesichtspunkte, die den Ausbau multimedialer Infrastrukturen gegenüber der Produktion hochwertiger Lehrmaterialien auf Vorrat betonen. Zunächst ist unumstritten, dass Medien in Bezug auf Denk- und Lernprozesse nicht nur Rezeptions-, sondern vor allem auch Ausdrucksmittel sind. Das heißt, der aktive Umgang mit dem Material ist sowohl in Bezug auf die elementaren Kulturtechniken wie Schreiben, Rechnen oder Zeichnen von entscheidender Bedeutung als auch für den Gebrauch fortgeschrittener Medien wie Simulationen, Animationen oder wissenschaftliche Visualisierungen. Um hier unnötige Medienbrüche zu vermeiden, ist es notwendig, die verschiedenen Materialien miteinander verknüpfen und bearbeiten zu können und sie an jedem Lernort verfügbar zu haben. Dies aber lassen klassische Autorensysteme nicht zu.

Der zweite Gesichtspunkt bezieht sich auf die zunehmende Dynamisierung von Lehrinhalten insbesondere in der Aus- und Weiterbildung, aber auch im universitären Bereich. Hier kommt es darauf an, Lehrmaterialien schnell anzupassen und zu aktualisieren bzw. mit anderen Materialien zu verknüpfen. Hinzu kommt, dass mit einer zunehmenden Anzahl multimedialer Unterlagen die effiziente Verwaltung, Pflege und Aktualisierung der Materialien in den Vordergrund drängt und so auch auf der Seite der Lehrenden eine integrierte Lehr-/Lernumgebung erfordert, die das Erzeugen, Präsentieren, Verteilen und Pflegen von Hilfsmitteln und Dokumenten verschiedenster Art ermöglicht. Das Ziel ist dabei, durch die Wiederverwendung eigenen Materials wie auch die Einbeziehung von Fremdtexten (z.B. Normen und Gesetzestexte) den Aufwand zur Erstellung und Pflege zu reduzieren und damit Multimedia zu einem Hilfsmittel zu machen, das den Aufwand sowohl für die Erstellung als auch für die Erschließung von Materialien verringert.

---

[5] Siehe hierzu Riehm, Wingert (1995) sowie Salomon, Kaden, Kirste, Laske, Mißbach (1996).

In Zusammenarbeit mit dem Laboratorium für Technische Mechanik können wir beispielsweise zeigen, dass die Erstellung von multimedialen Materialien nicht auf die Lehrenden beschränkt bleiben muss, sondern vor allem als eine neue Möglichkeit des produktiven Lernens erschlossen werden kann. Indem die Studierenden selbst beispielsweise Animationen und multimediale Materialien für Grundprobleme der Mechanik entwickeln, erschließen sie sich den jeweils zugrunde liegenden Problembereich in all seinen Dimensionen. Unter fachkundiger Betreuung durch die Informatik ist dies im Rahmen von Studien- und Diplomarbeiten auch dann möglich, wenn die Studierenden nicht über umfangreiche Informatikgrundkenntnisse verfügen. Die Produktion und Integration all dieser Materialien in eine hypermediale Lernumgebung (MechANIma) ist Ziel eines interdisziplinären Projekts zwischen dem Fachbereich Maschinenbau und dem Fach Informatik zur Verbesserung der Qualität der Lehre.[6] Diese Lernumgebung wird gegenwärtig durch hochgradig interaktive Bausteine - sogenannte Explorationen - angereichert und ausgebaut.[7]

Basis für alle Aktivitäten im Bereich der Mechanik- und der Informatikausbildung bildet von Anfang eine objektorientierte Hypermedia-Datenbank (Hyperwave, vormals Hyper-G), deren Inhalte über Standardbrowser gepflegt und erschlossen werden können. Der Zugriff erfolgt also über das World Wide Web, so dass für die Benutzung seitens der Studierenden keine lizenzpflichtige Software beschafft werden muss. Sämtliche Lehrveranstaltungsunterlagen sind auf dem Hyperwave-Server zum Zugriff bereitgestellt. Sie können von den Studierenden genutzt und um eigene Materialien bereichert werden. Auch der Übungsbetrieb wird vollständig über den Server abgewickelt. Flexible Zugriffsrechte sorgen dafür, dass das entsprechende Material nur für die jeweils berechtigten Personen zugreifbar ist. Komfortable Suchfunktionen (Volltext und Dateiattribute) sowie eine konsistente Verwaltung von Verweisen über den gesamten Dokumentenraum sorgen dafür, dass nicht nur Studierenden das Lernen erleichtert wird, sondern dass vor allem auch die Lehrenden bei der Erstellung und langfristigen Pflege der Materialien unterstützt werden. Bei mehr als 3000 Dokumenten, die allein für drei Hauptstudiumslehrveranstaltungen verwaltet und gepflegt werden müssen, sind solche Verwaltungsfunktionen von unschätzbarem Wert.

Je mehr ein solches Arbeiten mit Multimedia zum Alltag der Ausbildung wird, desto stärker tritt die Idee von großen, mit hohem Aufwand erstellten Lehrmodulen in den Hintergrund. Multimedia wird zum Steinbruch des Lernens, in dem sowohl Lehrende als auch Lernende sich jeweils das Material zeit- und bedarfsgerecht heraus brechen und bearbeiten, das in der jeweiligen Situation benötigt wird. Der jederzeitige Zugang zu diesem Steinbruch und die durchgängige Verfügbarkeit der Werkzeuge und Materialien an allen Lernorten werden zu entscheidenden Qualitätsmerkmalen einer solchen Lehr-/Lernumgebung. Das erforderte sowohl den Ausbau der technischen Infrastruktur als auch die Entwicklung neuer Methoden und Ansätze.

---

[6] Siehe hierzu Hampel, Keil-Slawik, Ferber, Müller (1998).
[7] Weitere Informationen zu den Explorationen finden sich am Ende des nächsten Abschnitts.

Vom interaktiven System zu kooperativen Medien

Die durchgängige Verfügbarkeit und Bearbeitbarkeit scheint zunächst mit dem Durchbruch des World Wide Web gelöst zu sein. Allerdings zeigt sich sehr schnell, dass ohne spezielle Server mit spezifischer Funktionalität zur Verwaltung von Zugriffsrechten, der Pflege und Verwaltung langlebiger Dokumentenbestände sowie zur Recherche und Navigation das World Wide Web nur beschränkt tauglich ist. Erst mit der Einrichtung eines entsprechenden Servers und der Entwicklung kleiner Werkzeuge zur Integration verschiedener Materialien sind hier entscheidende Fortschritte möglich.[8]

Als gravierender aber erweist sich der Umstand, dass gerade dort, wo die jeweiligen Materialien Gegenstand intensiver Diskussionen und kommunikativer Prozesse sein sollten, die durchgängige Verfügbarkeit in der Regel nicht gegeben ist: Vorlesungsräume sind unzureichend ausgestattet; Seminar- und Übungsräume haben überhaupt keine entsprechende Ausstattung.

Mit einfachsten Mitteln, einem umgestürzten Schrank, auf dem sechs in Reihe geschaltete Monitore kreisförmig angeordnet sind, wurde mit Hilfe von Trapeztischen ein kreisförmiges Lernarrangement geschaffen, dessen entscheidendes Qualitätsmerkmal es ist, dass sich hier nicht Mensch und Maschine gegenüber sitzen, sondern Lernende und Lehrende. Die Technik ist so platziert, dass sie zwar im Blickfeld ist, jedoch nicht das Zentrum der Wahrnehmung bildet. Dieses Arrangement, das sich mittlerweile vielfältig bewährt hat, ist später zum elektronischen Seminarraum ausgebaut worden, in dem nun mehrere vernetzte PCs es gestatteten, kooperativ Materialien zu bearbeiten und zu präsentieren. Der Einsatz dieser Infrastruktur hat jedoch aufgrund seines Erfolgs ein weiteres Manko offenbart. Als einzige Einrichtung ihrer Art stellt sie eine technische Insellösung dar, die noch nicht die Anforderungen an eine durchgängige Infrastruktur erfüllt.

Um dieses Defizit zu beseitigen, hat das Heinz Nixdorf Institut 1995 beschloss, ein interdisziplinäres Vorhaben zu starten, mit dem eine durchgängige multimediale Infrastruktur für Forschung und Lehre geschaffen werden sollte. Unter der Bezeichnung KONTAKT (Kooperationsunterstützende Arbeits- und Konferenztechnologie) arbeiten 11 Forschergruppen aus fünf Fachbereichen zusammen, um diese Infrastruktur aufzubauen. Kernstück ist der im Mai 1998 feierlich eröffnete interaktive Hörsaal mit 30 vernetzten PCs und das Multimedialabor.

Parallel zu diesem Vorhaben werden in Zusammenarbeit mit Dr. Ferber vom Laboratorium für technische Mechanik und der Firma Werner GmbH aus Paderborn neue Möbel konzipiert, um den Anforderungen an kooperatives Lernen bei begrenzten Raumverhältnisses nachkommen zu können. Der erste Prototyp eines integrierten Seminar- und Arbeitsraumes wird 1997 auf der Leipziger Buchmesse präsentiert[9] und fungiert nun als Internet-Café im Fachbereich Maschinenbau (Fig. 1).

---

[8] Vgl. hierzu Brennecke, Engbring, Keil-Slawik, Selke (1997).
[9] Siehe Paderborner Universitätszeitung Nr. 2/97, S. 24f.

Fig. 1. Integration von Möbel und Technik

Mit Hilfe der Einrichtung des elektronischen Seminarraumes und des Interaktiven Hörsaals ist es so gelungen eine vollständig integrierte Lehr-/Lehrumgebung aufzubauen, die die durchgängige Verfügbarkeit multimedialer Lehrveranstaltungsunterlagen an allen Lernorten sichert.[10]

Mit der Paderborner DISCO steht erstmals eine durchgängige Infrastruktur für die Nutzung von Multimedia an allen Lernorte bereit und wird im Routinebetrieb der Hochschule eingesetzt (siehe Fig.2). Sämtliche Materialien unserer Veranstaltungen im Grund- und im Hauptstudium werden zudem allen Teilnehmern jeweils am Ende eines Semesters auf einer CD-ROM zur Verfügung gestellt.

Auch wenn es noch viele Wünsche bezüglich der weiteren Ausgestaltung der DISCO gibt, lässt sich doch feststellen, dass es gelungen ist, eine nachhaltige Infrastruktur aufzubauen, die es gestattet, durchgängig multimedial zu arbeiten und die Lehrveranstaltungen vollständig netzbasiert abzuwickeln.

Doch nicht nur Möbel und Netzwerkinfrastrukturen müssen für den durchgängigen Einsatz von Multimedia entwickelt und angepasst werden, sondern auch die Unterrichtskonzepte. In einem interaktiven Hörsaal kann das technische Potenzial nur zur Entfaltung kommen, wenn die klassische Konstellation einer Vorlesung – ein Produzent, viele Rezipienten – verändert wird, indem alle Anwesenden potenziell Produzenten wie auch Rezipienten sind. Hier sind neue Formen des Umgangs mit Wissensvielfalt erforderlich, und zwar sowohl auf der Seite der Lehrenden wie auch auf der Seite der Studierenden.

Der weitere Ausbau der DISCO und ihre kontinuierliche Evaluation unter alltagspraktischen Bedingungen soll langfristig die durchgängige Verfügbarkeit an allen

---

[10] Für eine etwas ausführlichere Darstellung siehe Keil-Slawik (1998)

Lernorten sichern und damit Multimedia zu einem integralen Bestandteil des Lernens machen, der sowohl für die Lehrenden als auch für die Lernenden die Qualität verbessern und den Aufwand verringern hilft.

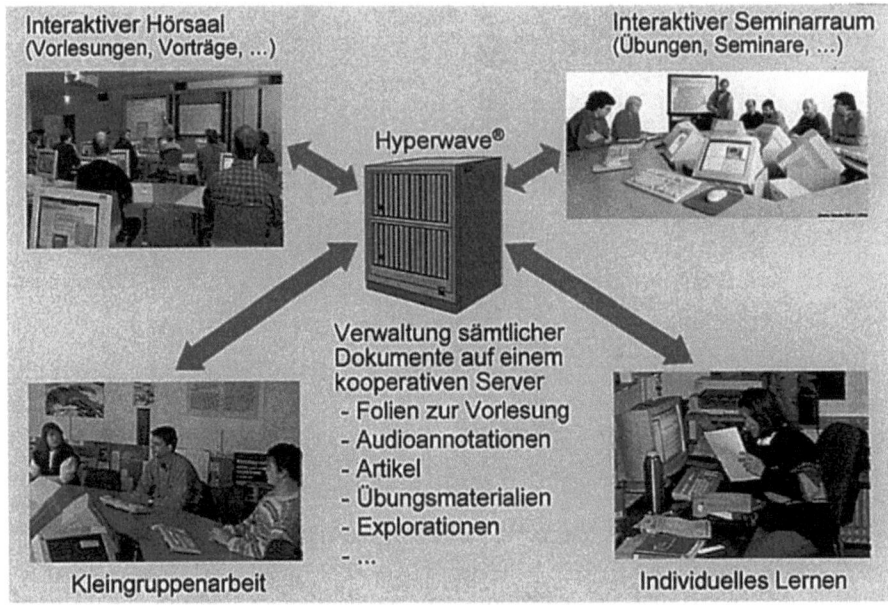

Fig. 2. Lehren und Lernen in der Paderborner DISCO

Qualitätsverbesserung und Rationalisierung stehen dabei potenziell im Widerspruch zueinander. Sie kreieren einen Designkonflikt, der sich zwar nicht grundsätzlich aufheben, aber durch neue innovative Entwicklungen verschieben oder auch abmildern lässt. Zwei Beispiele sollen dieses kurz veranschaulichen:

- Audio-Annotationen: Folien der Vorlesungen liegen bereits vor Beginn der Veranstaltung zum Download und in verkleinerter Fassung zum Ausdrucken bereit und können während der Vorlesung im interaktiven Hörsaal annotiert werden. Zusätzlich wird der Vortrag des Dozenten mit einem Minidisc-Rekorder digital aufgezeichnet und unmittelbar im Anschluss an die Vorlesung in ein Standardformat verwandelt und gefiltert und als Audio-Annotation mit der jeweils gezeigten Folie verknüpft. Auf diese Weise kann der gesamte Vorlesungsinhalt nachträglich und selektiv erschlossen werden, ohne dass auf der Seite der Dozenten ein erheblicher Mehraufwand entsteht.[11]

- Explorationen: Dabei handelt es sich um hochgradig interaktive Anwendungen, die sich jeweils auf ein Schlüsselkonzept in der Ausbildung beziehen. Als modulare Einheiten können sie flexibel in unterschiedlich didaktisch aufbereiteten Veranstaltungen, an geeigneter Stelle in der jeweiligen Arbeitsumgebung oder im Selbststudium eingesetzt werden. Explorationen sind Anwendungen, die Aspekte der Kon-

---

[11] Grimm, Hoff-Holtmanns (1999); ausführlichere Informationen finden sich im PDF-Format unter http://iug.uni-paderborn.de/iug/veroeffentlichungen/arbeiten/.

struktion, Modellierung und Simulation vereinen. Sie ermöglichen es dem Lernenden aktiv Konstruktionen zu erstellen, ihr Verhalten zu simulieren und sich mittels der Simulationsergebnisse und ihrer Visualisierung die inhaltlichen Zusammenhänge zu verdeutlichen. Die Konstruktion eigener Modelle gestattet es, ein Konzept auf unterschiedlichen Schwierigkeitsniveaus zu erschließen. Sie sind aufwendiger in der Erstellung, eröffnen aber als vielfach einsetzbare Bausteine vom Selbststudium bis zur Präsentation in der Vorlesung neue Möglichkeiten der Mehrfachverwendung.[12]

Ob bzw. inwieweit sich Qualitätsverbesserungen und Rationalisierungseffekte miteinander verbinden lassen, hängt nicht zuletzt davon ab, wie differenziert eine nutzungsabhängige, d.h. selektive Nutzung möglich ist. So erweist sich die Online-Annotation mit Tastatur und Maus als zu umständlich und das Ergebnis als zu wenig transportabel, wenn es nicht mit einem Notebook angefertigt wird, da es sonst nicht möglich ist, beispielsweise in der Cafeteria über die Vorlesung zu diskutieren. Die Audio-Annotationen haben demgegenüber zu verbesserten Prüfungsleistungen geführt, weil sich die Studierenden jeweils die besonders schwierigen Passagen heraussuchen können und mit diesen dann gezielt arbeiten.

Insgesamt lässt sich feststellen, dass auch an Präsenzuniversitäten Lernprozesse räumlich und zeitlich verteilt sind. Entsprechend wichtig ist es, alle Formen von individuellen und sozialen Lernprozessen zu unterstützen, die im Rahmen des Studiums auftreten. Die vorherrschende Sicht von Multimedia orientiert sich an der individuellen Nutzung interaktiver Systeme. Der Einsatz von Multimedia im universitären Alltag verschiebt diesen Ansatz jedoch deutlich in Richtung auf die Nutzung kooperativer Medien und öffnet damit den Blick auf neue Formen des Wissensmanagements.

Verteilte Wissensorganisation

Der mittlerweile fast schon als klassisch zu bezeichnende Ansatz für den Einsatz neuer Medien in der Bildung zielt auf die Bereitstellung multimedialer Bildungsmaterialien auf CD-ROM bzw. auf einem Server. Auch wenn dabei neue Qualitäten wie Explorationen und Audio-Annotationen zum Einsatz kommen, werden die Lernenden doch zu Konsumenten degradiert. Der Server fungiert lediglich als Zwischenspeicher auf dem Weg vom Produzenten zum Rezipienten; die aufgebaute Infrastruktur erhält den Charme eines elektrifizierten Nürnberger Trichters. Zwar ist es auf der Basis von Hyperwave möglich, weit flexiblere Kooperationsformen zu verwirklichen, doch bleibt der jeweilige Server mit seiner von den Dozenten vorgegebenen Dokumentenstruktur bestimmend. Hier müssen in methodischer, technischer und inhaltlicher Sicht neue Aspekte der verteilten Wissensorganisation und zwar sowohl auf der Seite der Lehrenden wie auch der Lernenden entwickelt und erprobt werden.

---

[12] Hampel, Keil-Slawik, Ferber (1999) und Hampel, Nowaczyk (1999)

Strukturieren von Informationen im Team (sTeam)

Kooperation stellt einen wesentlichen Bestandteil von Lernprozessen dar und ist nicht nur eine Ergänzung individuellen Lernens. Gemeinsames Lernen erfordert die flexible Verknüpfung kooperativer und individueller sowie synchroner und asynchroner Aktivitäten. Außerdem sollten Studierende in der Lage sein, den Zugriff auf Materialien verschiedener Server lokal neu strukturieren, um auf diese Weise beispielsweise auch eigene und fremde Materialien miteinander verknüpfen zu können.

sTeam soll es Gruppen von Studierenden und Lehrenden ermöglichen, individuelle und kooperative Lernräume aufzubauen und zu strukturieren. Sowohl Studierende als auch Lehrende sollen eine aktive Rolle bei der Konstruktion von Wissen übernehmen. Dazu treffen sie sich in virtuellen Räumen und reorganisieren die semantische Struktur des Lernraums durch Austausch und Bewegung von Dokumenten während der Kommunikation mit anderen Lernenden. Die Konzeption des sTeam-Systems umfasst einen effizienten objektorientierten Server, der mit einer Datenbank und Java-Clients verbunden ist. Der Ereignis gesteuerte Server verwaltet sämtliche Benutzerobjekte sowie die Kommunikation zwischen den angeschlossenen Clients. Letztere sind als nutzbare Java-Komponenten ausgelegt, die ohne großen Aufwand an individuelle Bedürfnisse angepasst werden können. Eine wichtige Eigenschaft der Konzeption des sTeam-Servers ist die Möglichkeit der Erweiterung während des Betriebes durch Objekte, die durch die Benutzer programmiert werden können.[13] Dieser Ansatz eröffnet bezüglich des technologischen Potenzials die Möglichkeit, neben der klassischen Gegenüberstellung von Präsenz- und Tele-Lernen eine Fülle von neuartigen multimediagestützten Zwischenstufen zu kreieren.

Verteilte Multimediaskripten

Auch auf der Seite der Lehrenden gibt es neue Anforderungen an kooperationsunterstützende Werkzeuge, denn ein Bestand auf dem Server von gegenwärtig weit mehr als 3000 Dokumenten muss gepflegt, erweitert und aktualisiert werden. Aufgrund der zunehmenden Notwendigkeit, Themen interdisziplinär zu bearbeiten, und dank der technischen Struktur von Hyperwave, das als internetbasiertes verteiltes Hypermedia-System ausgelegt ist, bietet es sich an, aufwendige Unterlagen gemeinsam mit Kollegen an anderen Fachbereichen oder Hochschulen arbeitsteilig zu entwickeln und zu pflegen. Die so entstehenden Unterlagen können jeweils für die einzelnen Lehrveranstaltungen angepasst und entsprechend den lokalen Gegebenheiten eingesetzt werden. Dazu müssen Konzepte entwickelt werden, wie die arbeitsteilige Erstellung und Pflege so organisiert werden kann, dass auf der einen Seite Änderungen entsprechend mitgeteilt und wahrgenommen werden, auf der anderen Seite aber auch der prüfungsrelevante Stoff möglichst in einer verbindlichen Form zugänglich bleibt. In Zusammenarbeit mit dem Fachbereich Wirtschaftsinformatik der FH Brandenburg wird im Rahmen eines BLK-Projektes ein solches verteiltes Skript zum Themenbereich „Gestaltung interaktiver Systeme" prototypisch erarbeitet.[14]

---

[13] Vgl. Bollmeyer (1997), Hampel (1999) sowie Hampel, Selke (1999).
[14] Vgl. Meier, Holl (2000) und Brennecke, Selke (2000)

Erwägen und Lernen

In Zusammenarbeit mit Soziologen und Pädagogen werden neue Lehrformen, wie z. B. erwägungsorientierte Seminare entwickelt und erprobt.[15] Statt wie bisher Lehrprozesse als ergebnis- oder lösungsorientiertes Vermitteln von Wissen zu betrachten, sollen sich die Studierenden das erforderliche Wissen im Rahmen von Erwägungsprozessen selbst aneignen. Im Vordergrund steht dabei der Umgang mit Wissensvielfalt und mit einer Vielfalt von Wissensquellen. Bisher gibt es keine zufriedenstellende medientechnische Unterstützung, die es gestattet, Repräsentationen von Alternativen kooperativ zu erarbeiten, zu verändern und bezüglich möglicher Wertungen zu gruppieren, zu reihen usw. Hier gilt es, Konzepte zu entwickeln und umzusetzen, die es erlauben, kooperative Erwägungsprozesse im Rahmen der vorhandenen Infrastruktur zu unterstützen und mit der vorhandenen Medienwelt zu verknüpfen.

Zusammenfassung und Ausblick

Betrachtet man rückblickend den Ausgangspunkt für die aktuelle Entwicklung vor etwa sechs Jahren, so fällt auf, dass sich viele der ursprünglichen Annahmen und Zielsetzungen inzwischen verändert haben und neue, vorher nicht bedachte Aspekte hinzugekommen sind. Die Entwicklung lernförderlicher Infrastrukturen und der Einsatz von Multimedia in der eigenen Lehre gerät selbst zu einem kontinuierlichen Lernprozess, der, obwohl sich allmählich Konturen abzeichnen, bezüglich der alltagstauglichen Umsetzung noch auf absehbare Zeit nicht abgeschlossen sein wird.

Schlagwortartig lassen sich die dabei gemachten Erfahrungen in Bezug auf die Betonung der verschiedenen Aspekte wie folgt beleuchten. Von vorrangigem Interesse sind:

- weniger die in sich geschlossene Multimediaanwendung einer gesamten Lehrveranstaltung, als vielmehr die selektive Entwicklung und Erschließung multimedialer Bausteine über das Netz,
- weniger die Lernwirksamkeit einzelner Anwendungen, als vielmehr die Integration und durchgängige Verfügbarkeit multimedialer Materialien an allen Lernorten,
- weniger die einmalige Erstellung eines aufwendigen Produktes, als vielmehr die kontinuierliche Fortschreibung und Aktualisierung vorhandener Materialien,
- weniger die individuelle Konsumtion von Multimedia, als vielmehr Multimedia als Mittel zur Unterstützung der aktiven Bearbeitung von Unterlagen in sämtlichen sozialen und individuellen Formen des Lernens,
- weniger der Aufbau umfangreicher Lernserver, als vielmehr die kooperative Erschließung verteilten Wissens,
- weniger die individuellen Lernfortschritte, als vielmehr der rationelle Gebrauch von Medien an allen Produktions- und Lernorten.

Unter diesem Blickwinkel ist es auch weniger sinnvoll, von einem Multimediaskript oder einer Multimediavorlesung zu sprechen. Vielmehr geht es um *vernetzte multimediale Arbeitsumgebungen* für Lehrende und Lernende. Eine weitere Konsequenz ist,

---

[15] Siehe hierzu Blanck (1996) sowie Loh (1996).

dass sich ein gewisses Einsparungspotenzial erst einstellen kann, wenn die entsprechenden Maßnahmen zum Aufbau einer auch außerhalb der Hochschule vorhandenen und durchgängigen Infrastruktur erfolgreich abgeschlossen sind, entsprechende Standards in der Produktion und Erschließung von Multimediamaterialien sich durchgesetzt haben und neue Formen der Produktion und Erschließung von multimedialen Lehrmaterialien greifen.

Charakteristisch dabei ist, dass der Aufbau und die Nutzung alltagstauglicher Infrastrukturen alle Facetten berührt. Hardware und Netze, Möbel und Raumausstattungen, Inhalte und Methoden. Erst wenn es gelingt, all diese Faktoren angemessen aufeinander abzustimmen, kann Multimedia sich zu dem entwickeln, was es eigentlich sein soll, ein Mittel, um Lehr- und Lernprozesse zu erleichtern. Diese Abstimmung erfordert ein hohes Maß an Kooperation und ist ohne eine entsprechende Zusammenarbeit und einen regen Erfahrungsaustausch kaum zu bewältigen.

Literatur

Blanck, B.: Erwägung und Didaktik. Arbeitspapier Nr. 1996-4, Forschungsgruppe Erwägungskultur, Universität Paderborn 1996.

Bollmeyer, J.: HyperMUD. In: *ACM SIGGROUP Bulletin* 18(1), April 1997, S. 35–36

Brennecke, A., Engbring, D., Keil-Slawik, R., Selke, H.: Das Lehren mit elektronischen Medien lernen – Erfahrungen, Probleme und Perspektiven bei multimediagestütztem Lehren und Lernen. *Wirtschaftsinformatik* 39 (6), 1997 , 563–568.

Brennecke, A., Keil-Slawik, R.: Alltagspraxis der Hypermediagestaltung: Erfahrungen beim Einsatz des World Wide Web und Mosaic in der Lehre. In: Böcker, H.-D. (Hg.): Software-Ergonomie '95 – Mensch – Computer – Interaktion – Anwendungsbereiche lernen voneinander. Teubner: Stuttgart 1995, S. 129–135.

Brennecke, A., Keil-Slawik, R.: Einsatz elektronischer Lehr- und Lernumgebungen in der Software-Ergonomie-Ausbildung. In: Liskowsky, R., Velichkovsky, B.M., Wünschmann, W. (Hg.): Software-Ergonomie '97. Teubner: Stuttgart 1997, S: 83 – 92

Brennecke, A., Selke, H.: Individuell, Arbeitsteilig und Kooperativ – Ein integrierter Ansatz zur Erstellung, Pflege und Nutzung multimedialer Lehrmaterialien. In: Uellner, S., Wulf, V. (Hg.): Vernetztes Lernen mit digitalen Medien. Proc D-CDSL 2000, Physika: Heidelberg 2000, S. 129–143.

Engbring, D., Keil-Slawik, R., Selke, H.: Neue Qualitäten in der Hochschulausbildung – Lehren und Lernen mit interaktiven Medien. Technischer Bericht Nr. 45, Heinz Nixdorf Institut, Universität Paderborn 1995

Grimm, R., Hoff-Holtmanns, M.: Evaluating a Simple Realization of Combining Audio and Textual Data in Educational Material – Making Sense of Nonsense. In: Collis, B., Oliver, R. (Hg.): Proceedings of ED-MEDIA 99. Charlottesville (Va.): Association for the Advancement of Computing in Education 1999, S. 1390 – 1391.

Hampel, T.: STeam - Cooperation and Structuring Information in a Team. In: de Bra, P., Leggett, J. (Hg.): Proceedings of WebNet 99, 1999, S. 469 - 474.

Hampel, T., Keil-Slawik, R., Ferber, F.: Explorations – A New Form of Highly Interactive Learning Materials. In: de Bra, P., Leggett, J. (Hg.): Proc of WebNet 99, 1999, S. 463 - 468

Hampel, T., Keil-Slawik, R., Ferber, F., Müller, W.H.: Hypermedia-teaching of mechanics – mechANIma. In: Proc of 3rd Annual Conference on Integrating Technology into Computer Science Education, ITiCSE '98, 18th - 21st August 1998, Dublin, Ireland

Hampel, T., Nowaczyk, O.: Explorationen für die Mechanikausbildung – eine neue Dimension interaktiver Lehrmaterialien. 44th International Scientific Colloquium, 3. Workshop Multimedia für Bildung und Wirtschaft, Technische Universität Ilmenau, S. 101 - 103

Hampel, T., Selke, H.: Customizing the Web – Two Tools for individual and collaborative use of hypermedia course material. In: Collis, B., Oliver, R. (Hg.): Proc of ED-MEDIA 99. Charlottesville (Va.): Association for the Advancement of Computing in Education, 1999, pp. 634–639

Meier, J., Holl, F.-L.: HyperSkript - Eine multimediale Intranet-Lernumgebung. In: Uellner, S., Wulf, V. (Hg.): Vernetztes Lernen mit digitalen Medien. Proc D-CDSL 2000,. Physika: Heidelberg 2000, S. 103 -116

Keil-Slawik, R.: Konstruktives Design. Ein ökologischer Ansatz zur Gestaltung interaktiver Systeme. Forschungsbericht des Fachbereichs Informatik, Nr. 90-14, TU Berlin 1990

Keil-Slawik, R.: Multimedia in der Hochschullehre. In: Simon, H.v. (Hg.): Virtueller Campus: Forschung und Entwicklung für neues Lehren und Lernen. Waxmann: Münster 1997, S. 27–42.

Keil-Slawik, R.: Multimedia als Steinbruch des Lernens. In: Hauff, M. (Hg.): media@uni – multi.media? Entwicklung – Gestaltung – Evaluation neuer Medien. Waxmann: Münster 1998, S. 81 - 99

Keil-Slawik, R., Selke, H.: Forschungsstand und Forschungsperspektiven zum virtuellen Lernen von Erwachsenen. In: Arbeitsgemeinschaft Qualifikations-Entwicklungs-Management Berlin (Hg.): Kompetenzentwicklung '98 – Forschungsstand und Forschungsperspektiven. Waxmann: Münster 1998, S. 165-208 (a)

Keil-Slawik, R., Selke, H.: Mythen und Alltagspraxis von Technik und Lernen. In: Informatik-Forum 2/98, März 1998, S. 9-17 (b)

Loh, W.: Erwägungsorientierte Sozialwissenschaft. Lukács Institut für Sozialwissenschaften e.V., Arbeitspapier 1996-2, Universität Paderborn 1996.

Riehm, U., Wingert, B.: Multimedia. Mythen, Chancen und Herausforderungen. Arbeitsbericht Nr. 33.: Büro für Technikfolgen-Abschätzung beim Deutschen Bundestag. Bonn 1995

Salomon, J., Kaden, V., Kirste, W., Laske, M., Mißbach, P.: Multimedia in der betrieblichen Weiterbildung. Möglichkeiten, Grenzen und Perspektiven. QUEM-report, Heft 41/Teil II, Arbeitsgemeinschaft Qualifikations-Entwicklungs-Management, Geschäftsstelle der Arbeitsgemeinschaft Betriebliche Weiterbildungsforschung e.V., Berlin 1996

Some Misunderstandings about the Anglo-Saxon Graduation System

J. Leslie Keedy

Department of Computer Structures, University of Ulm
D-89069 Ulm, Germany
keedy@informatik.uni-ulm.de

Abstract. Universities and institutes of higher education throughout Germany are currently introducing new degree structures based on the "anglo-american" bachelor/master system. However, in reality there is no completely uniform system in the English speaking world. Different countries have developed different traditions. This paper attempts to clarify some of the more significant frequent German misunderstandings about the anglo-saxon systems.

Introduction

The 1998 revision of the German Federal Hochschulrahmengesetz (HRG) has opened the way for German universities and other institutes of higher education to introduce bachelor and master degrees on an experimental basis. It is laid down that bachelor degrees have a "regular" study time of three to four years and master degree one to two years. When consecutive bachelor/master degrees are offered the combination must not exceed five years. Those who drafted this law appear to have had in mind something akin to a U.S. model for bachelor and master degrees (although it would be an exaggeration to assume that there is single model for bachelor and master degrees in the U.S.A.). The other basic assumption appears to be the widely held opinion in Germany that a Diplom (or Magister) is equivalent to a master degree.

The oversimplifications behind such assumptions can lead to difficulties in future, and it is the purpose of this paper to show that although there is much more common ground between the various anglo-saxon systems than these have in common with the current German system, there are nevertheless substantial differences which are often surprising to Germans, who often have only a limited experience of one or other of the various bachelor and master systems.

It is impossible in this short paper to discuss all the misunderstandings which I have encountered in Germany. The selection presented here is inevitably somewhat arbitrary, but it is nevertheless hoped that some of the most significant misunderstandings are addressed.

Misunderstanding 1: "There is a uniform bachelor/master system in the English speaking world"

In reality one finds a large variety of bachelor/master models in the English speaking world. Generally speaking, different models have developed in different countries, whereby the most significant difference is certainly that between the U.S.A. and those countries which have been more directly influenced by Great Britain. However, even within Great Britain there are very substantial differences between the English, the Scottish and the Irish higher education systems.

Why bachelor/master systems differ from each other

One of the fundamental reasons for these differences is the different educational approach adopted in individual countries in the final school years, i.e. in the pre-university level of education which leads to entry into a university or institute of higher education. The system which least prepares students for entry into what Germans normally regard as university entry level is the U.S. system, and consequently the initial stages of a bachelor degree there can probably fairly be compared with the final years of school in Germany. This fact is widely recognised in Germany, but it is often accompanied by the false assumption that bachelor degrees from the anglo-saxon countries are similar in this respect.

Generally speaking the anglo-saxon school leaving certificates, like the German Abitur, are fairly generalist in character, and despite the extraordinary 13th school year in Germany the level of education achieved in these systems is about equivalent. The exception is England, where a considerably greater level of specialisation already occurs. We shall see shortly that this difference has a substantial effect on bachelor degrees.

In the following I shall mainly use the Australian and English systems as examples. There are several reasons for this. First, these are the systems in which I have substantial experience. Second, the Australian system is a good example of a bachelor/master model which follows a more generalist school system, while the English system is a prime example of a more specialist approach in school. Third, it is rapidly becoming recognised within Germany that the Australian system is a highly successful model, as evidenced for example by its remarkable success in attracting fee paying foreign students. As my experience with the U.S. system(s) is more limited I shall refer where appropriate to "anglo-saxon" rather than to "anglo-american" systems.

What they have in common

In contrast with the German Diplom there are several important common features shared by the bachelor/master systems in the English speaking world.

(i) The bachelor degree is almost always the first degree, and this takes between three and four years to complete. In this respect it appears to reflect the view found in the HRG, but we shall see in section 3 that the latter nevertheless greatly oversimplifies the situation.

(ii) The bachelor degree qualifies students to enter a profession or take a job. Consequently between 70 % and 80 % of students leave the university on completion of a bachelor degree.

(iii) The bachelor degree is *not* regarded as an "Abbrecher-Zertifikat", but is widely recognised throughout society as the normal achievement expected of students.

Misunderstanding 2: "The bachelor degree (with honours) is equivalent to a Fachhochschuldiplom"

This misunderstanding appears in a position paper of the Hochschulrektorenkonferenz [1], where it is asserted – purely on the basis of the length of the degree courses (apparently from different systems) – that a bachelor degree *with honours* is equivalent to a Fachhochschuldiplom of 3.5 to 4 years and that a master degree is equivalent to a university Diplom. The facts do not support these assertions.

(i) An "honours degree" (a bachelor degree with honours) indicates a special recognition of a high quality student in a British or Australian university. It is awarded to only about 20 % to 30 % of students who qualify for a bachelor degree.

(ii) In the Australian system it is usually awarded after a four year period of study. There are two separate cases.

– Many normal bachelor degrees (including for example a Bachelor of Arts, a Bachelor of Science, a Bachelor of Computer Science) require three years of study, after which a "pass" degree is awarded to successful students. In such cases the "honours" degree is taken in a special follow-on year, called the "honours year". Only students who have achieved high marks (about equivalent to a German 2,0 or better) are permitted to enrol in the honours year. This honours year consists of about 50 % for coursework and 50 % for a project (which is equivalent to a German Diplomarbeit).

– Some bachelor degrees in Australia (often described as "professional" degrees), such as the Bachelor of Engineering, Bachelor of Architecture, Bachelor of Medicine and more recently the Bachelor of Software Engineering, require a normal study time of four years (or in a few cases longer). In such degrees the award may be with or without honours (i.e. an "honours" or a "pass" degree). For such degrees there is no separate honours year.

(iii) In the English system (but not all British systems) a normal "pass" degree and an "honours" degree can both be awarded in three or four years. In this system there is no separate honours year, even for three year degrees, but the duration of the course varies according to whether a professional degree is involved. Thus for non-professional degrees in England the award of an honours degree after three years is quite normal. *This is generally possible as a consequence of the fact that the English school system is more specialised.*

(iv) Independently of the length of the degree, the award of an honours degree in both systems is normally dependent on the honours student completing more work than a pass degree student and on his achieving high marks in his work. Normally only about 20 % to 30 % of students under any system are awarded an honours degree.

It should be clear to readers from this (and the next) section that the assumed equivalence of a Fachhochschuldiplom and an honours degree represents a total misunderstanding of the anglo-saxon systems.

Misunderstanding 3: "The master degree is a necessary prerequisite for enrolment in a doctorate"

This assumption completely fails to recognise that there are many different kinds of master degrees, but in addition it is incorrect, at least with respect to the anglo-saxon tradition. This becomes clear when we consider what kinds of master degrees are available in the English speaking world.

(i) Almost all anglo-saxon universities (but see (ii) below) offer master degrees *by research* (sometimes called *by thesis*). These are the traditional master degrees, such as Master of Arts and Master of Science. The entry requirement for a research master degree is a bachelor honours degree, awarded with at least "upper second class"[1] honours. There is *no* coursework associated with a research master degree; it is comparable with a doctorate, except that the required level of research quality is not so high as for a Ph.D.

The research master is typically used as a testing ground for a Ph.D. If after about a year a student shows promise, his supervisor usually recommends that he transfer to a Ph.D. enrolment. In this case he is *not* awarded a master degree.

In the anglo-saxon tradition (in contrast with the German doctoral tradition) there are no grades associated with a successful doctorate, only "pass" of "fail". In practice a successful Ph.D. can be considered the equivalent of a German doctorate awarded with the grade 1 (magna cum laude or summa cum laude). A lower level of German doctorate is more equivalent to a research master degree.

Thus a research master degree is *not* a prerequisite for enrolment in a Ph.D. On the contrary it is unusual to find a British or Australian graduate who has both a master degree and a doctorate.

(ii) The Universities of Oxford and Cambridge have a tradition which differs from that in other anglo-saxon universities. An undergraduate first enrols as a *Bachelor of Arts* (B.A.) student (regardless of discipline, even if this is a science area). Several years after he has graduated as a B.A. he is awarded a *Master of Arts* (M.A.) degree *without completing any further study*. If he enters the equivalent of a research master degree (see (i) above), this is called a *bachelor* degree (e.g. B.Litt = M.A.; B.Sc. = M.Sc. etc). Also in this system the best candidates transfer directly into the Ph.D. (which in Oxford is called a D.Phil) without completing the higher bachelor degree.

Thus the Oxbridge M.A. also is not a prerequisite for a doctorate.

(iii) Another special case is the Master of Engineering degree (but not other degrees) in some English universities, which is in reality the equivalent of a four year *bachelor* degree; it is not preceded by a bachelor degree.

(iv) Other master degrees are usually called master *by coursework* degrees. These require two, three or four semesters of study. Usually the final semester takes the form of a project (equivalent to a German Diplomarbeit), while the others consist of lecture courses, etc. The entry requirement for a coursework master degree is normally a bachelor *pass* degree – NOT an *honours* degree. In practice a master by coursework can in some cases be considered as the equivalent of an honours degree, but students are often accepted for a coursework master with qualifications which would not give them entry to an honours degree. The explanation for this becomes clear by a consideration of the purpose of such degrees.

In the U.S.A. - where the first year or two of a bachelor degree usually has a very general character – the master by coursework can be used as an extension of the bachelor degree (i.e. an "Aufbaustudium"). Elsewhere in the English speaking world such coursework master degrees do not serve this purpose, which is already achieved by the bachelor degree with honours.

---

[1] Honours degrees are usually awarded with one of the classes 1 ("first"), 2A ("upper second"), 2B ("lower second") or 3 ("third"). A "third" is scarcely better than a pass degree and at the honours level is almost considered to be a "fail".

In countries influenced by the anglo-saxon tradition coursework master degrees have a relatively short history. Another kind of qualification, known as the "graduate diploma", was previously popular. This served as a route for entry into a research master degree (see (i)), often known as "masters qualifier" or similar, for students who had a bachelor *pass* degree. Such graduate diplomas were often used as

– *conversion* courses (e.g. to qualify a B.Sc. graduate in physics as a computer scientist, or a B.A. graduate in languages as a journalist), or

– *interdisciplinary specialisations* (e.g. to qualify B.Sc. or B.Comp.Sc. students in neural sciences).

Since the advent of fees and the sharp competition for international students there has been a tendency to rename such courses as "master" courses, to make them more attractive. Thus many master by coursework courses in the anglo-saxon world are either conversion courses or interdisciplinary courses.

This has not changed the fact that in the anglo-saxon tradition the entry requirement for a Ph.D. degree is a *bachelor degree with honours* (class 2A or better), NOT a master by coursework degree, although in some cases a good result in the latter can also be accepted, depending on the nature and content of the master degree.

Misunderstanding 4: "Bachelor of Arts and Bachelor of Science degrees are more theoretical than other degrees"

This misunderstanding is found for example in a recent decision of the German Conference of Education Ministers [2], according to which "strongly theoretical" degrees must be called B.A. (and M.A.) or B.Sc. (and M.Sc.) *without further qualification*, while practical or applied degrees must have more detailed names such as Bachelor/Master of Engineering, Bachelor/Master of Computer Science, Bachelor/Master of Design, etc.

This rule indicates a serious misunderstanding of the international bachelor/master systems. It is interesting to consider the typical situation with these degree names in the anglo-saxon world.

(i) B.A. and B.Sc. degrees are traditionally very flexible and allow a much *wider* range of study than is possible in traditional German Diplom/Magister situations. This has been illustrated by several examples in [3, 4]. It is possible for example within a B.Sc. degree to study three or four sciences in the first year of an Australian bachelor course (including computer science) and then eventually specialise in the seond year in two or three and in the third year in one or two of these. Hence the B.Sc. is wider in scope (and much more flexible) than a Diplom Physik or a Diplom Biologie, etc. However, it is certainly not more (or less) *theoretical* because of the name.

(ii) Until fairly recently most degrees in the anglo-saxon world were called B.A. or B.Sc. or B.Eng, or similar, depending on the *faculty* name. One of the developments in the 1980s and 1990s which has affected the introduction of newer degree names, such as B.Comp.Sc. or B.Design – as with the change of name from graduate diploma to master (see 4 (iv) above) – is to make these degrees more marketable internationally. At present no fees are planned for international students in Germany, but it will be interesting to see what negative effects arise from this misunderstanding if and when Germany eventually decides to introduce fees for international students.

(iii) According to the German Conference of Education Ministers edict engineering degrees can be called B.Sc. or B.Eng. according to whether they are more theoretical or more practical. However, one should certainly not fall into the trap of thinking that this reflects the situation in anglo-saxon countries, where an engineering course almost always results in the award of a B.Eng. or M.Eng. degree. Such a misunderstanding is not merely of academic interest, because only B.Eng./M.Eng. qualifications (and not B.Sc./M.Sc. qualifications) are recognised by the relevant professional engineering bodies as the legal qualification for an engineer.

Misunderstanding 5: "Modularity of courses is only relevant within a particular degree or subject area"

One of the main differences between typical anglo-saxon and German university courses is in the modular structure of the former. In Germany professors have the "freedom" to offer courses as say 4 + 2 (four lecture hours plus two tutorial hours) or as 2 + 2, or 3 + 2, etc. One of the effects of this is that some courses are very long and in that sense not modular. While this is true, it is not the most important sense in which German university courses are not modular. As explained more fully in [3] the most important aspect of modularity is that it requires standard course structures which are implemented university-wide. In other words an entire university in the anglo-saxon world normally provides a basic course structure into which individual lectures and subjects (related groups of lectures) fit. All such units (either at an individual year level in a bachelor course or throughout all the years) are fully equivalent in terms of the amount of workload which they demand of a student taking the unit.

Furthermore, the idea of special "export" courses (e.g. "computer science for non-computer scientists") with a content that differs from that taken by the standard students are extremely rare in the anglo-saxon world.

These two differences make it much easier in anglo-saxon universities to organise timetables; the subsidiary subjects (Nebenfächer) which a student takes are easier to organise; it becomes easier for a student to transfer from one degree course to a different degree course with related subjects, etc. Furthermore the organisation of a fair workload for students in their subsidiary subjects, and the spreading of this workload fairly across semesters, is unproblematic. In contrast, the organisation of Nebenfächer in the German system is generally haphazard and often unfair for students (e.g. because there is no joint planning of students' workloads across different faculties), and becomes one of the factors which contribute to the long actual study times which are the norm in German universities.

Misunderstanding 6: "Students register for exams as they do in Germany"

An even more significant factor in creating long average study times in German universities is the method by which students register their studies, and this is a further point which is widely misunderstood in Germany.

It is often simply assumed in Germany that the German registration procedure, which expects a student to register for examinations, is "normal" and reflects a world-wide standard practice Nothing is further from the truth. What is normal in the anglo-saxon world is that students register for *courses*, and that the students' participation in the examinations for these courses is automatically fixed (usually at the end of the semester or year in which the course takes place). If a student does not take part in such an examination an automatic result of "fail" is recorded (unless there is some provable, satisfactory reason for the absence, such as illness). Students who fail an examination (through inadequate knowledge or through absence) usually have the opportunity take part in a further examination which usually takes place *towards the end of the semester break in which the examination was failed*. Failure in the second examination for a subject usually has very serious consequences. However, those who pass this examination have not lost time in their degree course, in contrast with the usual German practice of repeating failed examinations at least a semester later.

The German model, whereby students register for *examinations* – in practice at a point in time when the student feels prepared to take the examination, has serious consequences for the duration of a study, because psychologically students rarely feel prepared for an examination; this is clear from the fact that in practice hardly any students in the Hauptstudium register for examinations at the earliest point.

The German model also has a serious effect on the (subconscious) thinking of professors and of university or ministerial administrations. Because a student need not complete an examination directly after the corresponding course there is no pressure on professors to make their courses genuinely *studiable* in the time frame officially available. Similarly there is no pressure on administrators to make the necessary resources (such as laboratory places) available. Nor is there pressure on ministries for example to confirm the appointment of professors in a short time scale, with the result that courses may not be offered when they are needed tp allow students to complete their studies in the official time scale.

Misunderstanding 7: "Anglo-saxon students are less mature than their German counterparts."

This is a misunderstanding which is frequently heard in Germany and which is often used to defend the German university system. What is undoubtedly correct is that an-glo-saxon students are on average much *younger* than German students. There are several reasons for this. First, German children generally begin school at the age of six, which is about a year later than is normal in most anglo-saxon countries. Then school lasts in Germany for 13 years, while the norm elsewhere is twelve years. Add to this that German males have about a year of national service or equivalent and the result is that many students in anglo-saxon countries complete a three year bachelor degree at about the same age as many German youths are just about to embark on a university course.

When we add to this the extraordinary long study times in Germany it is quite clear that the average German student is very much older than the average anglo-saxon student. Assuming that the average study length in Germany is about sixteen semesters while the majority of anglo-saxon students complete a bachelor degree in six semesters, then we are talking about German university leavers with an average age of about 28 but anglo-saxon school leavers aged about 20 to 21. It would be remarkably surprising if the latter were to have the same level of maturity as the former!

It is much fairer to ask whether Germans starting university at the age about 20 have the same level of maturity as bachelors graduating at about the same age in the anglo-saxon world. Similarly we must compare the maturity levels of the average 28 year old anglo-saxon bachelor graduate, who has typically being working in industry or commerce for about seven or eight years, with that of the average university graduate just leaving the university at about the same age.

I am not in a position to provide sociological or other evidence which might help to make such comparisons objectively. However, I have extensive experience of students in both systems and of young people in the work force. There is no doubt in my mind that the anglo-saxon system produces – at a comparable age – much maturer citizens than the German system. In fact one of the more depressing aspects of working in a German university is to see how immature many students approaching the age of thirty really are – and through no fault of their own.

Misunderstanding 8: "Part time study is a concept associated with particular courses"

One of the (several) reasons why study in Germany takes so long is the fact that most students in the Hauptstudium are in practice part time students. But until now there is no generally accepted concept of a part time student in Germany. On the other hand this concept has been well established for many years in the anglo-saxon world.

Even with such a simple idea misunderstandings can easily arise. For example the new University Law in Baden-Württemberg has introduced a concept of part-time study whereby "universities can in appropriate cases introduce courses of study in part time form"[2] [5]. This is a totally different approach from that normally found abroad, where *students* – not *courses* - are part-time. In other words the normal anglo-saxon implementation allows students in any course (with some exceptions) to be enrolled on a full time or on a part time basis (semester by semester or year by year).

The Baden-Württemberg concept of part-time courses is unlikely to help clarify or improve the situation of the very many de facto part time students in German universities. Such a misunderstanding has further consequences. For example statistics about the average length of courses in German universities will continue to ignore de facto reality of part time study and thus continue to be misleading. It will also mean that part time students in Baden-Württemberg will have to pay the penalty fees imposed on students who exceed 13 semesters of study.

In practice it is very difficult under present rules to introduce into Germany the anglo-saxon system of part time study. There are at least two reasons for this. First there are many facets of other German laws which would have to be changed or reconsidered, e.g. those regulationg child allowance (Kindergeld), tax allowances (e.g. Kinderfreibetrag, Ausbildungsfreibetrag, Kinderwohngeld), student maintenance assistance (BAföG), etc.

The second reason is associated with Misunderstanding 6 – the issue of enrolment. So long as students enrol for examinations rather than for courses it is extremely difficult to distinguish formally between part time and full time study on the basis of individual students rather than on the basis of courses.

---

[2] UG § 42 (6): "Mit Zustimmung des Wissenschaftsministeriums können die Universitäten in geeigneten Fällen Studiengänge in Teilzeitform einrichten".

Final Remarks

There are many reasons why it is not easy to make comparisons between the university systems of different countries in an objective way. Facts and figures usually do not reveal the whole truth. For example a comparison of average completion times for degree courses in different countries will certainly show for example that in Germany students spend much longer at university, but only in conjunction with further facts (e.g. about average starting ages, statistics about part time students) will such figures indicate the real nature of the different systems. Similarly such comparisons will not indicate the quality of the end results. They will not answer questions such as: Is the average computer science graduate in Germany more competent than his counterpart in anglo-saxon countries?

In this paper I have deliberately tried to avoid issues concerning quality and have not relied heavily on statistics. Instead I have attempted to shed a little light on some of the misunderstandings about the anglo-saxon system which continue to have a wide currency in German political and academic circles. If it is thought desirable to attempt to remodel some aspects of the German university system on bachelor/master models then the first stage is to understand how these models work in practice.

References

1. "Zur Einführung von Bachelor- und Masterstudiengängen/ -abschlüssen", Hochschulrektorenkonferenz, Entschließung des 183. Plenums vom 10.11.1997.
2. "Strukturvorgaben für die Einführung von Bachelor-/Bakkalaurius- und Master/Magisterstudiengängen", Beschluß der 285. Kultusministerkonferenz vom 05.03.1999.
3. J. L. Keedy "In Stufen zum Ziel: zur Einführung von Bachelor- und Master-Graden an deutschen Universitäten", DUZ Editon, Raabe Verlag, Stuttgart, 1999.
4. J. L. Keedy "Überlegungen zur Einführung von Bachelor- und Master-Graden für die Informatik an deutschen Universitäten", GI-Fachtagung 98, Informatik und Ausbildung, in "Informatik und Ausbildung", ed. V. Claus, Stuttgart, 1998, pp.258-267.
5. Gesetz über die Universitäten im Lande Baden-Württemberg in der Fassung vom 1. Februar 2000, Baden-Württemberg.

Bioinformatik

Perspektiven der Bioinformatik in der Funktionellen Genomforschung

Hans-Jürgen Thiesen, Institut für Immunologie, Medizinische Fakultät, Universität Rostock, Schillingallee 70, 18055 Rostock.

Die Bioinformatik gilt zurzeit als die Schlüsseltechnologie im Life-Science Bereich. Die Bioinformatik übernimmt das Informationsmanagement, simuliert einzelne Prozessabläufe, beschreibt Molekülstrukturen (dreidimensionale Faltungen), Molekül-Molekül Interaktionen, metabolische und regulatorische Netzwerke, Zellorganellen, ganze Zellen und ihre Interaktionen, bishin zu ganzen Organismen. Hiermit rücken makroskopische und mikroskopische Biowissenschaften zusammen und werden somit einer ganzheitlichen Betrachtung zugeführt. In der Suche nach neuen Medikamenten (Drug-compound-screening) werden im Hochdurchsatzverfahren (High-throughput-Screening (HTS)) u.a. biologische Prozesse (Rezeptor-Ligand-Interaktionen) parametrisiert und quantifiziert. Um dieses zukünftig noch effizienter unter Einbindung einer genom- und proteomorientierten Bioinformatik in den Forschungs- und Entwicklungsabteilungen der Wirtschaft und den akademischen Instituten zu realisieren, sind hohe Anforderungen auch an die Lehrinhalte der zukünftigen Studiengänge für Bioinformatik und der Qualifikation ihrer Lehrstuhlinhaber zu stellen.

I. Genomforschung und Informatik

I.1 Die Strukturelle Genomforschung

Grundlage des Lebens ist die Erbinformation, die sich aus der Abfolge der Nukleinsäurebasen Adenin (A), Cytosin (C), Guanin (G) und Thymidin (T) in der Erbsubstanz, der Desoxyribonukleinsäure (DNA), zusammensetzt. Das Erbgut eines Lebewesens setzt sich aus dieser Erbsubstanz zusammen, in der die Nukleinsäurebasen über Wasserstoffbrückenbindungen einen DNA-Doppelstrang mit den Basenpaarungen (Adenin-Thymidin, Guanin-Cytosin) bilden. Die Erbinformationen sind linear angeordnet und verteilen sich beim Menschen auf 23 Chromosomen (Gesamtlänge des menschlichen DNA-Stranges: ca. 2 m). Die kodierenden Bereiche (Gene) tragen die Erbinformation für die Genprodukte (Proteine/Eiweiße). Je drei linear angeordnete Nukleinsäurebasen kodieren für individuelle Aminosäuren (genetischer Code), die in ihrer linearen Abfolge die Aminosäuresequenz der Proteine bestimmen. Während der Transkription und Translation, der Überführung der Erbinformation von der DNA über die Boten-RNA (messenger-RNA, mRNA) in Proteine, werden von der Zelle Peptide und Proteine synthetisiert. Die menschliche Erbsubstanz umfaßt bis zu 140 000 Gene, die auf der Proteinebenen aufgrund von translationalen und posttranslationalen Modifikationen der Genprodukte eine Komplexität erreichen kann, welche die der Erbsubstanz um das 3- bis 8-fache übersteigen könnte. Einige dieser Proteine steuern wiederum die Genexpression über eine direkte Bindung an die DNA, oftmals in Regionen der Erbsubstanz, die nicht zu den kodierenden Bereichen zählen.

Mit Beginn der routinemäßigen DNA-Sequenzierung Anfang der 80-ziger Jahre wurden anfangs Datenspeicher zur Abspeicherung der Sequenzdaten, später umfassende Datenbanken mit entprechenden Annotationen erstellt und Programme zum Sequenzvergleich (sequence alignment) entwickelt. Mit der Bereitstellung von DNA-Sequenzinformationen über Sequenzierautomaten erhielt die Bioinformatik ihre Existenzberechtigung. Mittlerweile erfordert die wissenschaftliche Projektplanung einen uneingeschränkten Zugang zum Weltwissen der Life-Science-Wissenschaften, die ohne den zeitgleichen Ausbau der Bioinformatik nicht mehr zu gewährleisten ist.

I.2   Die Postgenom-Ära

Mit der vollständigen Sequenzierung des menschlichen Genoms (2.9×10^9 Basenpaare) Anfang des 21. Jahrhunderts erhält die Wissenschaft erstmalig Zugang zum individuellen genetischen Code eines jeden Menschen. Es wird in Fachkreisen spekuliert, dass die genetische Individualität eines Menschen sich auf Unterschiede in der Kombination von mehr als 200 000 einzelnen Basenpaaren (Single Nucleotide Polymorphisms (SNPs) beziehen läßt. Daraus ergeben sich Informationen über die phylogenetische Herkunft eines jeden Einzelnen und seine prognostische Zukunft. Damit sind auch die Grundlagen für wissenschaftliche Fragestellungen geschaffen, die sich damit beschäftigen, individuelle Eigenschaften wie Gesundheitszustand, intellektuelle Entwicklung, soziale Kompetenz, Verhalten und Vorlieben eines Einzelnen langfristig mit der Basenabfolge eines individuellen Genoms korrelieren bzw. über die Expression von bis zu 140 000 Genen in Verbindung bringen zu wollen. Informationen dieser Art können ohne eine Einbindung der Bioinformatik nicht verwaltet und ausgewertet werden.

I.3   Die Proteomforschung

Die Proteomforschung ist ein Teilgebiet der funktionellen Genomforschung. Die Proteomforschung erhebt den Anspruch die Gesamtheit aller Proteine einer Entität (Körperflüssigkeiten, Biopsien, Organismen) quantitativ erfassen zu wollen. Hierzu sind Methoden zur Probenaufbereitung, zur Probentrennung (u.a. 2-dimensionale Gel-Elektrophorese), zur Proteinvisualisierung (z.B. Fluoreszenzfärbungen), zur Proteinisolierung (Picking-Robot) und zur Proteinidentifikation (MALDI-TOF-Massenspektrometrie) zu verwenden. Diese Analytik erfordert den direkten Zugriff zu den international verfügbaren Protein- und Genomdatenbanken der Welt.

I.4 Medizin in der Postgenom-Ära

Mit der Sequenzierung des menschlichen Genoms ergibt sich für die klinische Forschung erstmalig die Möglichkeit, die molekularen Ursachen jeder der 30 000 menschlichen Krankheiten zu untersuchen. Mit der Vorgehensweise genombasierter Methoden der funktionellen Genomforschung (Mikroarray-Chiptechnologie, massenspektrometrische Proteom-Analytik) können nicht nur Krankheiten, ihre Stadien und Verläufe (Autoimmunprozesse, Tumorerkrankungen (Tumorprogression, Metastasierungen)) auf molekulare Prozesse zurückgeführt werden, sondern auch Reaktionen externer Faktoren (Stress, Medikamente, Pathogene, Noxen u.s.w.) auf den menschlichen Organismus untersucht werden. In letzter Konsequenz führt die genomorientierte molekulare Medizin zu einer patientenorientierten individualisierten Medizin, die in Verbindung mit der Entwicklung einer **Evidenz-basierten Individualisierten Medizin (EBIM)** individualverträglicher, sozialverträglicher und leistungsfähiger sein sollte (zukünftiger Forschungsschwerpunkt: Funktionelle Genomforschung an der Medizinischen Fakultät der Universität Rostock).

II. Funktionelle Genomforschung und Bioinformatik

II.1 Die Funktionelle Genomforschung

Die funktionelle Genomforschung hat sich zum Ziel gesetzt, die Funktionsweise einzelner Gene aufzuklären, deren Interaktionen zu beschreiben, bzw. sogenannte Gen-Netzwerke der Genregulation darzustellen. Hierzu werden methodische Ansätze aus den experimentellen und theoretisch-empirischen Wissenschaftsdisziplinen (u.a. Medizin, Biologie, Physik, Chemie, Informatik, Mathematik) eingesetzt. Die Expressionsanalysen werden sowohl auf Transkriptom-(RNA-Ebene) als auch auf Proteom-Ebene (Gesamtheit aller Proteine) durchgeführt. Mit Hilfe der genom- und proteomorientierten Bioinformatik können langfristig Gen-Netzwerkstrukturen beschrieben werden, die in letzter Konsequenz die Funktionsweise des ganzen Genoms (Physiom) beschreiben sollen. Entsprechende Modelle und Konzepte sind dann in In-vitro-Systemen (zelluläre und subzelluläre Assayverfahren) bzw. In-vivo-Tiermodellen (Knockout- bzw. Knockin-Tiermodelle, transgene Tiermodelle) zu überprüfen bzw. zu validieren.

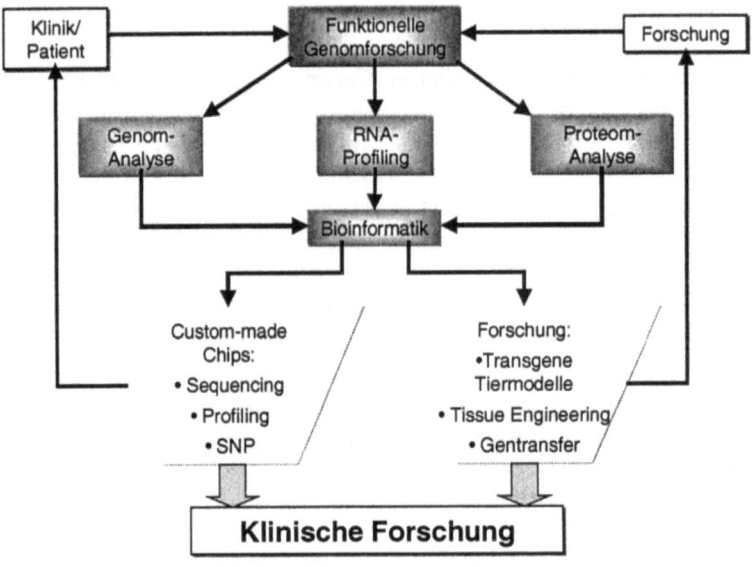

Fig. 1. Von der Funktionellen Genomforschung zur Klinischen Forschung

II.2 Die Rolle der Bioinformatik

Die Bioinformatik hat u.a. die Aufgabe alle Daten aus der funktionellen Genomforschung zu verwalten, bzw. sie in Beziehung zum Weltwissen (internationale Datenbanken, Publikationen) zu setzen. Mittels der Bioinformatik wird es möglich, die Protein-Expressionsdaten mit dem Transkriptom, also dem RNA-Expressionsmuster (RNA-Profiling), zu vergleichen und in Beziehung zu den weltweit verfügbaren Daten zu setzen. Gleichzeitig sind individuelle Patientendaten (Anamnese) - unter Beachtung des Datenschutzgesetzes - den experimentell gewonnenen Daten hinzuzufügen. Unter Einbindung eines Laboratory-Information-Management-Systems (LIMS) werden die Gerätschaften und Datenflüsse überwacht und gesteuert und eine hohe Qualitätskontrolle im Prozessablauf ermöglicht; eine weitere Aufgabenstellung der Bioinformatik in enger Zusammenarbeit mit den Experten aus dem Bereich Netzwerkadministration und Datenbank-Management.

II.3 Die systematische Versuchsprojektplanung

Mittels der Bioinformatik lassen sich zur Durchführung von Forschungsprojekten aus dem Bereich der funktionellen Genomforschung prinzipiell 3 Phasen mit jeweils unterschiedlichen methodischen Schwerpunkten beschreiben:

Phase I: **Die Datenerhebung**
Zugriff auf Polymorphismen (Genom), auf Mikroarray-Chiptechnologien (Transkriptom), auf Proteinexpressionsmuster (Proteom), auf die Morphologie (Histologie) bzw. auf Patientendaten.

Phase II: **Die Datenauswertung bzw. die Hypothesengenerierung**
Einsatz der Datenverarbeitung (Qualitätssicherung und Prozesssteuerung), Genom- und Proteomorientierte Bioinformatik, Chip-Bioinformatik, Hypothesenbildung, Entwicklung von Zielvorgaben, Entwicklung und Unterstützung von Drittmittelprojekten.

Phase III: **Umsetzung von wissenschaftlichen Fragestellungen**
Notwendigkeit von Tiermodellen (Transgene, Knockout und Knockin Mausmodelle), Möglichkeiten des Gentransfers (Vektorkonstruktionen, virale Vektoren), Vernetzung zur Transplantationsmedizin (Tissue-Engineering) bzw. zur Evidenz-basierten Individualiserten Medizin (EBIM).

II.4 Der Studiengang Bioinformatik

Zurzeit wird in zahlreichen Initiativen versucht, die Bioinformatik in Deutschland zu fördern und weiterzuentwickeln. Die Bioinformatik wird als Nebenfach in der Medizin, der Biochemie und der Biologie angeboten. Der Fachbereich Informatik selbst bietet Diplomstudiengänge, bzw. Bachelor und Masterstudiengänge sowohl an Universitäten als auch Fachhochschulen an.

C4-Professur für Bioinformatik Universität Rostock
Die Universität Rostock wird einen C4-Lehrstuhl für Bioinformatik ausschreiben. Die Professur wird im Fachbereich Informatik angesiedelt sein und den zukünftigen Bachelor / Masterstudiengang „Bioinformatik" maßgeblich betreuen. Dieser Lehrstuhl soll sich landesweit (Mecklenburg-Vorpommern) mit den biowissenschaftlichen Arbeitsgruppen der Fachhochschulen, Universitäten und der BioRegio Greifswald-Rostock vernetzen und eine Postgraduiertenausbildung experimentell arbeitender Wissenschaftler unterstützen.

Der große Bedarf an Experten für Bioinformatik erwächst aus seiner Notwendigkeit im Bereich der Biowissenschaften. Eine systematische Versuchs- und Projektplanung ist ohne Mittel der Bioinformatik nicht mehr möglich.

II.5 Von der molekularen Medizin zur individualisierten Medizin.

An der Universität Rostock wurde von den Erfahrungen des BMBF-Leitprojektes „Die Proteom-Analyse des Menschen" ausgehend die Konzeption einer Evidenz-basierten Individualisierten Medizin (EBIM) entwickelt. Zur Unterstützung dieser Konzeption werden fakultätsspezifische Module (FSM) geschaffen bzw. weiter ausgebaut werden, die in Ergänzung zu bestehenden Forschungszentren wie das Proteom-Zentrum Rostock Querschnittstechnologien vorhalten, die projektbezogen von allen Wissenschaftlern der Medizinischen Fakultät genutzt werden. Die Schaffung fakultätsspezifscher Module führt dazu, dass Institutsgrenzen abgebaut werden können und in den Zentren vorgehaltene Großgeräte für alle effizient nutzbar werden. Die fakultätsspezifschen Module wiederum sollen untereinander vernetzt sein. Dadurch dass die fakultätsspezifischen Module professionell geleitet werden, siehe C3-Professur für Proteomforschung (Proteom-Zentrum Rostock), bzw. in bestehende Strukturen eingebunden werden (z.B. das Proteom-Zentrum Rostock im Institut für Immunologie), wird gewährleistet, dass Initiatoren einzelner Forschungsprojekte bzw. interner Forschungsverbünde langfristig eine Infrastruktur vorfinden, die es Ihnen erlaubt, alle vorhandenen Ressourcen und Expertisen der Medizinischen Fakultät für ihre Zielstellung nutzbar zu machen. Indem morphologische, molekular- und zellbiologische Daten mit genetischen Daten (SNPs) korreliert und in Beziehung zu klinischen Daten gebracht werden, ergeben sich mit großer Wahrscheinlichkeit neue Erkenntnisse, die ihrerseits in die Therapie (Pharmaco- / Toxicogenomics) als auch in die experimentelle Medizin (z.B. Tiermodelle) einfliessen werden. Alle diese Forschungsprojekte benötigen fortwährend eine enge Kommunikation mit Experten der Bioinformatik, um ihre Daten vollständig erfassen und auswerten zu können.

II.6 Das Proteom-Zentrum Rostock

Die derzeitige Situation der Proteomforschung wurde ausführlich in der Zeitschrift Nature auf Seite 720 in der Ausgabe vom 16. Dezember 1999 diskutiert. Das BMBF-Leitprojekt „Proteom-Analyse des Menschen" (Koordinator: Prof. Thiesen) hat sich zum Ziel gesetzt, die Leistungsfähigkeit der massenspektrometrischen Proteomanalytik anhand des Krankheitsbildes der Rheumatoiden Arthritis nachzuweisen und somit die Proteomforschung beispielhaft zur Charakterisierung menschlicher Erkrankungen zu nutzen. Hierzu werden in einem nationalen Verbund (*www.proteome-alliance.de*), bundesweit neue Technologien zur Proteom-Analyse erarbeitet und im Proteom-Zentrum Rostock in der klinischen Anwendung erprobt. Das Proteom-Zentrum Rostock bietet als Kompetenz-Zentrum Wissenschaftlern aus dem akademischen und nicht-akademischen Bereich Zugang zur Transkriptom- und Proteom-Analytik. Das mit dem Proteom-Zentrum Rostock assoziierte Steinbeis-Transfer-Zentrum für Proteom-Analyse bietet u.a. als offizieller Service-Provider der Firma Affymetrix kommerziell ausgerichteten Institutionen Zugang zu der Affymetrix-Mikroarray-Chiptechnologie.

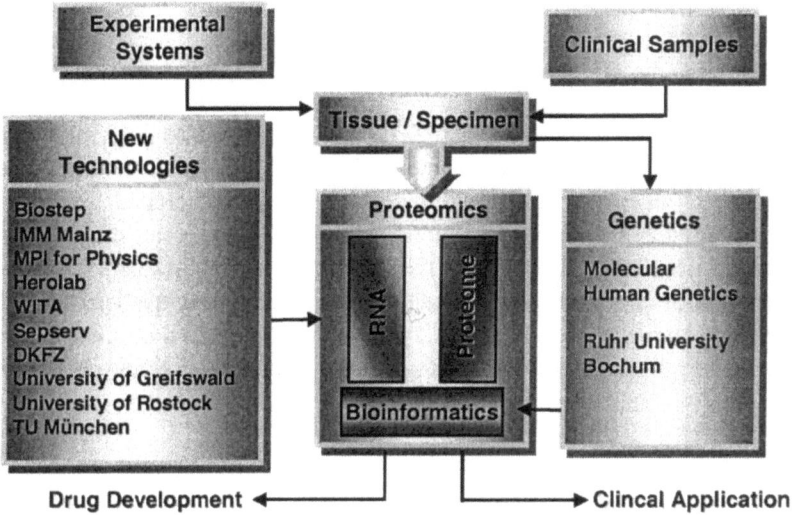

Fig. 2. Darstellung des BMBF-Leitprojektes „Proteom-Analyse des Menschen"

II.7 Vernetzungen

Die funktionelle Genomforschung erfordert ein interdisziplinäres Forschungsmanagement. Über eine stärkere interdisziplinäre Vernetzung vorhandener Kompetenzen können Institutsgrenzen überwunden werden. Die Medizinische Fakultät der Universität Rostock bietet hierzu zukünftig eine attraktive Infrastruktur, so dass Nachwuchswissenschaftler analog zu Arbeitsgruppen der MPI-Gesellschaft eigenständig und unabhängig unter Nutzung aller Ressourcen (Fakultätsspezifische Module) arbeiten können. Durch Einbindung des Proteom-Zentrums Rostock (vgl. BMBF-Leitprojekt "Proteom-Analyse des Menschen") und weiterer fakultätsspezifischer Module (z.B. FSM Genom-und Proteomorientierte Bioinformatik) soll eine umfassende funktionelle Genomforschung zum Nutzen erkrankter Menschen durchgeführt werden. Langfristig könnten diese Einheiten zu „Profit-Centern" erweitert werden, die auch Service - Funktionen im Verbund mit der regionalen Wirtschaft (Biotechnologie-Firmen der BioRegio Rostock-Greifswald) übernehmen könnten.

Baltic Center for Functional Genomics

Das Land Mecklenburg-Vorpommern beabsichtigt zur Stärkung der funktionellen Genomforschung einen „Kompetenz-Cluster" für zukünftige Unternehmensansiedlungen auf dem Gebiet der funktionellen Genomforschung in Rostock zu schaffen. Hierzu wurde die Gründung des **Baltic Center for Functional Genomics** initiiert.

III. Langfristige Perspektiven

Langfristig wird die Bioinformatik sich zunehmend von einer unterstützenden Wissenschaftsdisziplin zu einer eigenständigen Disziplin fortentwickeln. Die vollständige Simulation einer lebenden Zelle bzw. Organismus mit all seinen Funktionen in Raum und Zeit wird eine große intellektuelle Herausforderung für die nächsten Generationen sein. Zurzeit ist es nicht einmal möglich, Proteinfaltungsstrukturen eindeutig vorherzusagen, geschweige denn die Funktion eines Proteins oder dessen Interaktion mit anderen Makromolekülen. Obgleich experimentell jede Aminosäurekombination (Sequenz) im Labor synthetisiert werden könnte, verfügen wir bisher nicht über den „Newton der modernen Biologie", der uns das entsprechende Regelwerk zum Design dieser De-Novo-Proteine (Enzyme) überlässt.

Junge Informatik

Neue Wege in der Exploration

Stefan Edelkamp

Institut für Informatik
Georges Köhler Allee
79110 Freiburg
eMail: edelkamp@informatik.uni-freiburg.de

Zusammenfassung Exploration ist eine der fundamentalen Methoden in der Informatik allgemein und der Künstlichen Intelligenz im speziellen. Wesentliche Erfolge reichen von der Bezwingung von Weltmeistern in nicht trivialen Spielen bis hin zu vielfältigen Handlungsablaufsplänen. Allerdings benötigen die komplexen Anwendungen von heute und morgen mehr und mehr neue und ausgefeilte Methoden, um die inhärente kombinatorische Explosion des zugrunde liegenden Zustandsraumes zu umgehen. In diesem Artikel stellen wir einige vielversprechende Ansätze vor und diskutieren ihre praktische Anwendbarkeit.

1 Suchverfahren in der Künstlichen Intelligenz

Der Begriff *Künstliche Intelligenz* (KI) verleitet sehr zu Fehlinterpretationen des Fachgebietes der Informatik, in dem sich maschinelle Such- und Lernverfahren mit Fragestellungen bei der automatischen Verarbeitung von Informationen aus dem engeren menschlichen Umfeld verbinden. Zwar ist das Interesse geprägt von Berechnungsverfahren, die es ermöglichen, wahrzunehmen, schlußzufolgern und zu handeln, doch werden vielmehr Datenstrukturen innerhalb des Rechnerspeichers aufgebaut, die es erlauben, auf andere Probleme übertragbare Informationen zu verwalten.

Mensch und Maschine verarbeiten Informationen, und der Unterschied in den zu bewältigenden Aufgaben nimmt langsam ab. Ob und inwieweit die eingesetzten Verfahren dem menschlichen Denken adäquat sind und somit den Begriff Intelligenz rechtfertigen, ist jedoch sehr umstritten. Die Strategien bei der automatischen Lösung von Problemen sind häufig durch menschliches Lösungsverhalten inspiriert und der Computer wird zur Modellierung von menschlichen Denkprozessen eingesetzt. Aufgrund der unterschiedlichen Fähigkeiten von Mensch und Maschine sind die Grundvoraussetzungen für eine direkte Übertragung allerdings nahezu nie gegeben. Gute Problemlösungen in der Informatik setzen sich deutlich von den der Natur abgeschauten Erkenntnissen ab und versuchen, die Vorteile des Rechners, wie die schnelle Verarbeitung von einfach-strukturierten Daten und die verläßliche Speicherung angesammelter Information, explizit zu nutzen. Gerade hier scheint eine Rücktransformation fraglich. Dennoch kann man es allgemein anerkannt ansehen, daß auf Suche basierende Verfahren Probleme lösen können, von denen Menschen sagen, daß sie Intelligenz benötigen. Ein- oder Mehrpersonenspiele sind hier das wohl die besten Beispiele.

Genau so schwer greifbar wie der Name der Mutterdisziplin ist auch der Begriff *Heuristische Suche*, denn innerhalb der Informatik gibt es recht große Bedeutungsunterschiede. In der theoretischen Informatik, die die Bereiche *Datenstrukturen, Effiziente Algorithmen* und *Komplexitätstheorie* umfaßt, wird unter einer Heuristik ein Rechenverfahren schwer beweisbarer Güte bezeichnet. Viele heute komplexitätstheoretisch klassifizierte Algorithmen waren ehemals Heuristiken. In der KI ist eine Heuristik hingegen nichts weiteres als eine simple Schätzung des Abstandes der gegenwärtigen Position zum Ziel. Eine Unterschätzung dieses Abstandes heißt *optimistisch* und ist Grundannahme nahezu aller in diesem Bereich entwickelten Suchalgorithmen. In der theoretischen Informatik spricht man in diesem Fall von einer *unteren Schranke*.

Exploration betrifft also den algorithmischen Kern der KI. Hier wird das Problemlösen als Suche in einem Zustandsraum modelliert, daß heißt, man geht aus von einem Startzustand, der das gegebene Problem beschreibt und hat Übergangsregeln, um von einem Zustand zu einem oder mehreren Nachfolgezuständen zu kommen. Diese Übergangsregeln müssen dann solange angewandt werden, bis schließlich ein gewünschter Endzustand erreicht ist. In der Regel ist man an einer kürzestmöglichen Folge derartiger Übergänge interessiert. Zwar kann man relativ einfach zeigen, daß es kein allgemeines Verfahren gibt, das für eine Menge von Übergangsregeln feststellt, ob der Zielzustand vom Startzustand mit Hilfe der Übergangsregeln überhaupt erreichbar ist. In der Praxis hat sich aber diese Problemsicht insbesondere zur Lösung von Ein-Personen-Spielen bewährt, und man hat Techniken entwickelt, um in konkreten Fällen zu einer Lösung zu kommen.

Zustandsraumprobleme zeichnen sich durch die implizite Beschreibung eines unterliegenden Problemgraphen aus. In diesem Graphen suchen wir den kürzesten Weg von einem ausgezeichneten Startzustand zu einem als Zielposition klassifizierten Endzustand. Es läßt sich leicht nachweisen, daß der zentrale KI-Suchansatz A^* im wesentlichen nichts anderes ist als die implizite Version des Graphsuchverfahrens von Dijkstra. Die erzielten Forschungsleistungen in der *Heuristischen Suche* sind jedoch dadurch beachtenswert, daß sie sich intensiv mit inhärent beweisbar schwierigen (NP-vollständigen) Problemen befassen, die den gesamten Bereich der Informatik umfassen.

Ein negatives Resultat vorweg. Wolpert und Macready [24] zeigen mit ihrem *No-Free-Lunch (NFL)* Theoremen, daß alle eine Kostenfunktion optimierenden Suchalgorithmen sich im Mittel über alle Kostenfunktionen exakt gleich verhalten. Wenn ein Algorithmus A einen Algorithmus B auf der einen Kostenfunktion übertrumpft, so wird B zwingend A auf einer anderen Kostenfunktion schlagen. Demnach ist der mit einem Problem beauftragte Informatiker gut beraten, einen Vorrat an Suchansätzen zu besitzen, um diese dann gezielt einsetzen zu können.

Da das gesamte Spektrum von Suchverfahren sehr groß ist, beschränken wir uns auf eine geringe Auswahl (vergl. [5]). Die vorgestellten Ansätze zeichnen sich durch hohe Generalisierbarkeit, Aktualität und praktische Relevanz aus. Wir erläutern die folgenden Ideen: Speicherplatzsparende Repräsentation und Exploration großer Zustandsmengen, Suchraumbeschneidungsansätze, Musterdatenbanken, Realzeitanforderungen und Lokalität der Verfahren.

2 Symbolische Repräsentation

Der Hauptnachteil des A*-Verfahrens [16] ist der hohe Speicheraufwand, da alle einmal generierten Knoten im Hauptspeicher verwaltet werden müssen. Im Gegensatz dazu lassen sich mit binären Entscheidungsdiagrammen (BDDs) eine große Menge von Zuständen sehr kompakt beschreiben [2]: Die einzelnen Problemsituationen werden binär codiert und die charakteristischen Funktionen von mehreren Stellungen zusammengefaßt in einem BDD darstellt. Die Ersparnis wird an folgendem Extrembeispiel offenbar: der vollständige Zustandsraum läßt sich mit einem einzigen Knoten (der Einssenke) darstellen.

Heutzutage werden BDDs als Werkzeug in nahezu allen Bereichen der Informatik eingesetzt, wie z.B. in der Constraint-Programmierung, der Lösung von kombinatorischen Optimierungsproblemen oder der Verifikation von Kommunikationsprotokollen. Unser Schwerpunkt liegt vor allem in der Verbesserung der Techniken in der Modellprüfung [21], der KI-Suche [12] und der KI-Planung [7]. Die grundlegende Idee ist es, traditionelle symbolische Breitensuchverfahren mit den Techniken der informierten (heuristischen) Suche zu verbinden.

In dem Gebiet der Handlungsplanung erwiesen sich Verfahren der symbolischen Suche als sehr wirksam, da die Verzweigungsgrade groß sind und die Operatoren lokal wirken. Neben der Spezifikation eines Problems durch Start und Ziel, durch Operatoren und ihrer Effekte ist kein zusätzliches Domänenwissen verfügbar. Mit *Mips* [10] entwickelten wir einen Planer, der in einem zweischrittigen Verfahren Planungsprobleme mitunter besser löst als bestehende (z.B. auf Graphplan basierende) Systeme. *Mips* hat an dem AIPS-2000 Planungs-Wettkampf teilgenommen und als bestes BDD-Planungssystem z.T. sehr ansprechende Resultate erzielt [1]. In einem zweistufigen Verfahren wird aus der Problembeschreibung durch Exploration implizites Wissen in einer sehr effizienten Zustandskodierung erschlossen, um in einem zweiten Schritt eine symbolische Exploration des Zustandsraumes durchzuführen [9].

Mips kann grundlegende Beschreibungselemente von STRIPS (einfache Vorbedingungen, positive und negative Effekte) und einige *ADL*-Konstrukte (negierte Vorbedingungen, quantifizierte und konditionale Effekte) verarbeiten. Das anfängliche Design eines Domänen-unabhängigen Planungssystem mit garantierter Optimalität wurde aufgrund der Schwere der Problemstellungen um zwei Komponenten erweitert: Auf der einen Seite fügten wir dem System gerichtete symbolische Verfahren hinzu und auf der anderen Seite wurden effiziente Einzelzustandsraumsuchverfahren implementiert. Hierbei wird insbesondere die Zielsetzung verfolgt, aufgrund der gleichen effizienten Zustandscodierung effektive hybride Algorithmen zwischen der (unvollständigen) heuristischer Einzelzustandsraumsuche und des (vollständigen) BDD-Ansatzes zu erzielen.

Auch in der Protokollvalidation und in der Hardwareverifikation nehmen Suchverfahren, die auf BDDs basieren, einen breiten Raum ein. Bestehende Suchansätze in der Modellprüfung mit BDDs bestimmen die Menge aller erreichbaren Zustände und können problemspezifische untere Schranken nicht zu

---

[1] Siehe http://www.cs.toronto.edu/aips2000.

einer Reduktion des Suchaufwandes ausnutzen. In der praktischen Fehlersuche mittelgroßer Hardwarespezifikationen erwies sich der im folgenden vorgestellte BDDA* Ansatz als sehr effektiv [21].

Wir werden zur Illustration der symbolischen Suche ein sehr einfaches Beispiel eines Schiebepuzzles untersuchen (vergl. Abbildung 1). Dabei ist ein Spielbrett durch vier aneinandergereihte, aufsteigend numerierte Quadrate und einem darauf zu bewegenden Spielstein gegeben. In dem Startzustand befindet sich der Spielstein an Stelle 0, in dem Zielzustand hingegen an der Stelle 3.

Abbildung1. Ein einfaches Schiebepuzzle.

Offensichtlich sind nur drei Schritte zur Lösung des Problems notwendig. Die vier verschiedenen Situationen lassen sich problemlos mit zwei Bits beschreiben. Die charakteristische Funktion einer Position ist definiert als der Minterm dieser binären Codierung. So beschreibt z.B. der Minterm $x_0 \wedge x_1$ die Zielposition (11). Die charakteristische Funktion von zwei und mehr (insbesondere Ziel-) Positionen ist die Disjunktion ($\vee$-Verknüpfung) der charakteristischen Funktionen der Einzelstellungen.

Im nächsten Schritt beschreiben wir die durch die Spielregeln festgelegten Zustandsübergänge. Dazu bilden wir eine Boole'sche Transitionsrelation T mit einer zu der Stellungsbeschreibung doppelten Anzahl an Variablen. Dann, und nur dann, wenn x die charakteristische Funktion der gegebenen Situation ist und x' die charakteristische Funktion eines Nachfolgers von x ist, soll die Auswertung von $T(x, x')$ den Wert eins liefern. Damit ist T die Disjunktion aller Einzelregeln innerhalb des Problems. Im Beispiel finden wir die sechs möglichen Bewegungen (00) $\rightarrow$ (01), (01) $\rightarrow$ (00), (01) $\rightarrow$ (10), (10) $\rightarrow$ (01), (10) $\rightarrow$ (11) und (11) $\rightarrow$ (10). Das diese Regelmenge darstellende BDD ist in Abbildung 2 dargestellt.

Um die charakteristische Funktion aller von dem Startzustand s aus erreichbaren Positionen zu beschreiben, wenden wir T auf die charakteristische Funktion von s an. Damit fragen wir nach allen Nachfolgern x', die die Prädikat $T(s, x')$ erfüllen. Sei $\Phi(S)$ die charakteristische Funktion der Menge S und S^i die Menge der in i Schritten erreichbaren Zustände. Weiterhin sei S^0 mit $\{s\}$ initialisiert. Dann läßt sich $\Phi_{S^{i+1}}(x')$ durch folgende Boole'sche Formel rekursiv berechnen: $\Phi_{S^{i+1}}(x') = \exists x \, (T(x, x') \wedge \Phi_{S^i}(x))$. Dabei müssen wir in jedem Schritt eine Variablentransformation von x' nach x vornehmen, was sich durch eine Indexverschiebung innerhalb des die Funktion $\Phi_{S^{i+1}}(x')$ repräsentierenden BDDs realisieren läßt.

In dem neu entwickelten Algorithmus BDDA* wird erstmalig versucht, die Vorteile des A*-Verfahrens mit denen der auf traditionellen BDDs basierenden Breitensuche zu verbinden. Damit wird ein neuer Mittelweg zwischen Zeit- und

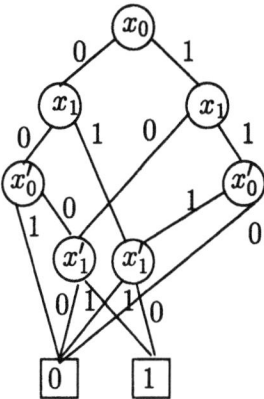

Abbildung2. Das BDD für die Transitionsrelation.

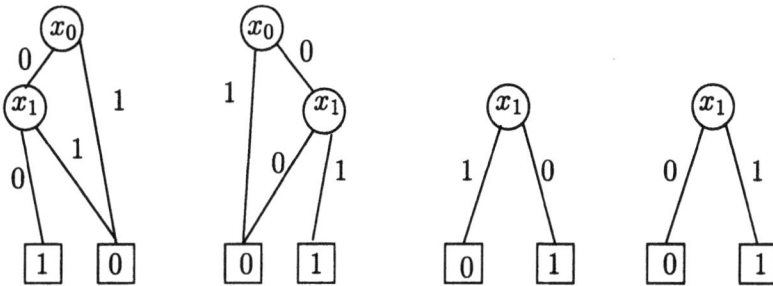

Abbildung3. BDDs für Φ_{S^0}, Φ_{S^1}, Φ_{S^2} und Φ_{S^3}.

Speicheranforderungen beschritten. Um zu sehen, wie der Algorithmus BDDA* arbeitet, betrachten wir abermals das einfache Schiebepuzzlebeispiel aus Abbildung 1. Das BDD für den Schätzer h ist in Abbildung 4 dargestellt, wobei wir den Wert auf null für die Zustände 0 und 2 gesetzt haben und auf eins für die Zustände 2 und 3. Da der minimale bzw. maximale f-Wert eins bzw. vier ist, benötigen wir nur zwei Variablen f_0 und f_1 für dessen binäre Beschreibung (Subtrahiere eins von dem Binärwert von f).

Nach dem Initialisierungsschritt ist die Vorrangwarteschlange mit dem Minterm $\overline{x}_0\overline{x}_1$ und der Bewertung eins gefüllt, da gerade dieses dem Schätzwert des Startzustandes entspricht. Es gibt nur einen Nachfolger der Anfangssituation, die durch den Minterm $\overline{x}_0 x_1$ beschrieben wird. Dieser Zustand besitzt den Schätzwert eins und demnach einen f-Wert von zwei. Wenden wir nun T auf das resultierende BDD an, so finden wir die charakteristische Funktion der Zustände null und zwei, deren h Wert sich allerdings um eins unterscheidet. Demnach verbinden wir Minterm $x_0\overline{x}_1$ mit dem f-Wert zwei und $\overline{x}_0\overline{x}_1$ mit drei. Der Status der Vorrangwarteschlange zu diesem Zeitpunkt ist zur Linken in der Abbildung 5 dargestellt.

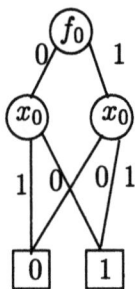

Abbildung4. Das BDD für die heuristische Funktion.

In der nächsten Iteration extrahieren wir $x_0\overline{x}_1$ mit Wert zwei und ermitteln die Nachfolgermenge, die in diesem Falle aus den Positionen eins und drei besteht. Kombiniert man die gemeinsame charakteristische Funktion x_1 dieser Zustände mit dem BDD h, so teilen wir die Nachfolgermenge wieder in zwei Teile x_0x_1 und $\overline{x}_0x_1$. Das resultierende BDD *Open* ist zur Rechten in der Abbildung 5 dargestellt. Da *Min* einen nicht leeren Schnitt mit der Zielzustandsmenge hat, haben wir letztendlich die optimale Lösung der Länge drei gefunden.

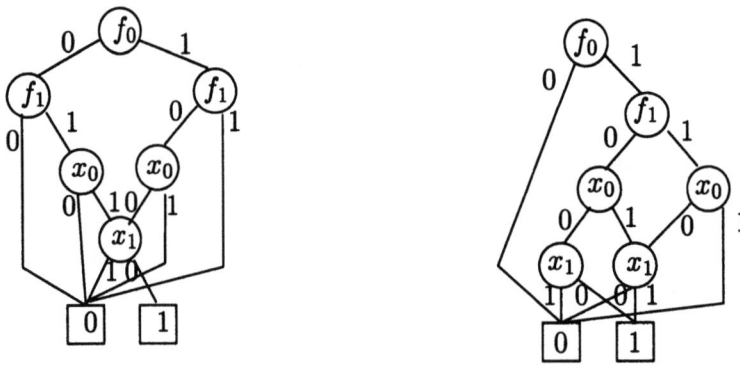

Abbildung5. Die Vorrangwarteschlange *Open* nach zwei und nach drei Schritten.

3   Automatische Duplikatserkennung

Die Duplikatserkennung erlaubt es, den Suchaufwand durch Beschneiden des Zustandsraumes erheblich zu reduzieren. Üblicherweise speichert man die generierten Zustände in einer Hashtabelle ab; der Duplikatstest wird dann durch den Vergleich des neu generierten Zustandes mit den gespeicherten Elementen durchgeführt. In aller Regel sind die Zustandsräume jedoch so groß, daß nur ein Teil der generierten Knoten gespeichert werden kann.

Wir betrachten Gemeinsamkeiten von Zugsequenzen innerhalb des Suchraumes, die sich durch verschiedene Wege zu den Zuständen ergeben. Dabei gehen wir von einer endlichen Anzahl von Operatoren aus. Den längeren Weg zu einem Zustand bezeichnen wir als Duplikat, den kürzeren als Abkürzung. Ziel ist es, einen (möglichst speicherplatzsparenden) Akzeptor zu bauen, der uns parallel zur Suche bei der Erkennung eines ausgeführten Duplikats eine Abkürzung garantiert. Bei hoher Regularität ist diese Speicherung sehr kompakt, da jedem Knoten eine ganze Klasse von Zuständen entspricht. Taylor und Korf [23] unterscheiden eine Lern- und eine Suchphase. In der Lernphase werden gefundene Duplikatspfade in den Automaten eingefügt und in der anschließenden Suchphase wird der Automat zur Duplikatserkennung genutzt, aber nicht mehr verändert. Betrachten wir das Beispiel des $(n^2 - 1)$-Puzzles mit den Operatoren U, R, D und L für die Bewegung des Leerfeldes. Die Vorgängerelimination innerhalb dieses Puzzles kann durch den in Abbildung 6 dargestellten endlichen Automat durchgeführt werden.

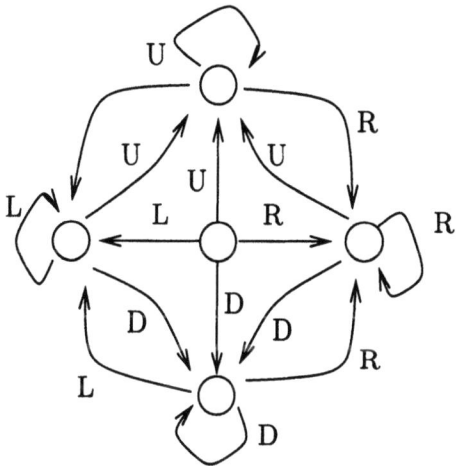

Abbildung6. Automat zur Vorgängerelimination der Züge U, R, D und L .

Wir starten in dem Zustand in der Mitte und verfolgen für eine gegebene Zugsequenz jeweils den mit dem derzeitigen Zug beschrifteten Pfeil. Offensichtlich lassen sich keine Züge direkt an ihr Inverses anschließen. In dem Automat gehen wir davon aus, daß ein akzeptierender Zustand immer dort erreicht wird, wo kein in die Zugrichtung weisender Pfeil existiert. Der Automat kann parallel zur Suche genutzt werden, um die Suche jedesmal dann zu beschneiden, wenn sich ein akzeptierender Zustand findet.

In [4] wird aufgezeigt, daß die beiden bisher strikt getrennten Phasen durch ein inkrementelles Lernverfahren ersetzt werden können, das on-line die während der Suche gefundenen Duplikate einfügt. Diese inkrementelle Lernstrategie ist notwendig, da selbst einfache Duplikate in restringierten Suchräumen nicht aus allen Anfangszuständen direkt aufzufinden sind. Ein in dem Ansatz von Taylor und Korf genutztes Zeichenkettenwörterbuch basierend auf dem Automat von Aho und Corasick führt durch die Neuberechnung der Fehlerfunktion zu großen Effizienzverlusten. Hierzu werden Multi-Suffixbäume als Datenstruktur vorgeschlagen, in der die Teilstringsuche ohne Rückgriff auf vorherige Zeichen in amortisiert-konstanter Zeit ermöglicht wird. Der Speicherplatzverbrauch der Datenstruktur läßt sich dahingehend verbessern, daß bei der Löschung keine Spur der in der Vergangenheit gespeicherter Zeichenketten entsteht [6].

Automatische Duplikatserkennung führt nachweislich zu einer Reduktion des asymptotischen Verzweigungsgrades und zur exponentiellen Gewinnen bei der Exploration [11]. So verringert obiger Automat den Verzweigungsgrad im Achterpuzzle von $\sqrt{8}$ auf $\sqrt{3}$.

4 Musterdatenbanken

In vielen Fällen ist der Problemgraph gerichtet und enthält Sackgassen, das sind Zustände, die nicht mehr zu einem Zielzustand führen können. In [14] wird eine Form der Suchbaumbeschneidung untersucht, die im Sokoban-Puzzle Merkmale von Sackgassen aufspürt, generalisiert und in dem Suchbaum nach oben weiterleitet. Die Verallgemeinerung beruht auf der Tatsache, daß meist nur Teilbereiche einer Spielstellung für deren Unlösbarkeit verantwortlich sind. Diese Idee, durch die Aufwärtspropagierung komplexere, unlösbare Muster zu finden, wurde in dem vergleichbaren Ansatz von Junghanns und Schaeffer [17] nicht untersucht. Die Startposition in dem Computerspiel Sokoban (siehe Abbildung 9) besteht aus b Bällen, die von irgendwo innerhalb eines Labyrinths auf die b Zielfelder gebracht werden sollen. Ein Männchen, gesteuert durch den Spieler, kann sich innerhalb des Spielbrettes bewegen und die Bälle (Kugeln) auf anliegende Leerfelder schieben.

Auch hier erläutern wir das grundlegende Verfahren an einem einfachen Beispiel. Wir haben die folgende Prozedur *Stuck* implementiert, um einfache Sackgassenpositionen ausfindig zu machen. Wir bezeichnen einen Ball als *frei*, wenn er sich in einer Richtung bewegen läßt, also zwei angrenzende Leerfelder in einer der beiden Koordinatenrichtungen hat. In Abbildung 7 ist zum Beispiel nur Ball 4 frei. Wird ein freier Ball entfernt, so können weitere Bälle beweglich werden, so daß wir die Entnahme eines freien Balles wiederholen. Im Beispiel werden die Bälle 4, 3, 8 und 7 nacheinander frei. Die Bälle 1,2,5 und 6 sind nicht zu befreien. Die Position ist eine Sackgasse, da für die Lösung des Sokobanspieles ein jeder Ball bewegt werden muß. Eine Besonderheit ergibt sich im Zielbereich, indem ein unfreier Ball als frei erklärt wird, da er sich möglicherweise schon auf seiner Endposition befindet.

Unser Verfahren verwendet das Prinzip *Aufwärtsausbreitung*, um aus den verantwortlichen Teilen der Nachfolgerpositionen den verantwortlichen Teil der derzeitigen Stellung und damit weitere Sackgassenmuster zu generieren.

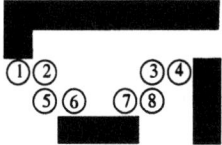

Abbildung7. Eine Sackgasse in Sokoban.

Betrachten wir einen Knoten in Abbildung 8 dessen jeweilige, durch *Stuck* gefundene, Sackgassenteilposition schwarz gefärbt ist. Um nun selbige für die gegebene Position zu finden, markieren wir jeden Ball, der in einem der Nachfolger schwarz markiert ist, gleichfalls mit schwarz, wobei wir den jeweils durchgeführten Zug berücksichtigen. Als Endresultat sind in diesem Fall alle Bälle schwarz eingefärbt, so daß auch die Ausgangssituation als unlösbar erkannt werden kann.

Eine Sokobanposition ist demnach eine Sackgasse, falls sie eine Teilmenge von Bällen enthält, die nicht aufgelöst werden kann, selbst wenn der Rest der Bälle vom Brett entfernt werden. Somit können wir durch eine Aufteilung der Spielstellung eben solche Teilpositionen schneller aufzuspüren. Diese Aufteilung der Spielstellung ist letztendlich eine Daumenregel, inwieweit die Teile die Unlösbarkeit der ursprünglichen Position erben. Intuitiv sind die Positionen Ansammlungen von Bällen, deren Zugmöglichkeiten sehr voneinander abhängen.

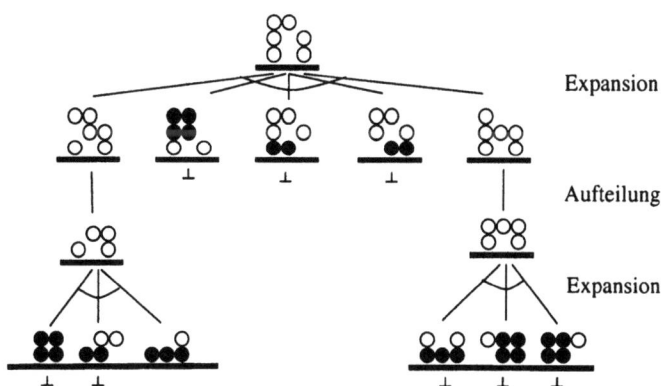

Abbildung8. Ein durch Expansion und Aufteilung aufgespannter Suchbaum.

Die gelernten Muster können in einem BDD so gespeichert werden, daß die Suchzeit nach einem Muster linear in der binären Codierungslänge der Zustände ist.

Weiterhin haben Musterdatenbanken zur optimalen Lösung insbesondere des Zauberwürfels (Rubik's Cube) einen entscheidenden Schritt beigetragen [19].

5 Lokalität

Wie angsprochen, entspricht die Zustandsraumsuche in ihrem Wesen einer Graphsuche. Zustände entsprechen Knoten, Übergänge (gewichteten) Kanten.

A* nutzt die *Heuristik* $h(u)$ als einen Schätzer des minimalen Weges eines Zustands u zu einem Zielknoten aus der Menge T. Der Algorithmus kann am besten als eine Suche in einem umgewichteten Graphen angesehen werden. Genauer werden die Kantengewichte w durch $\hat{w}$ nach der folgenden Vorschrift ersetzt: $\hat{w}(u,v) = w(u,v) - h(u) + h(v)$. Durch die Neugewichtung werden im Sinne des Schätzers vielversprechenden Knoten eher betrachtet als andere. Die wesentliche Neuerung von A* im Verhältnis zu traditionellen Graphsuchverfahren liegt in der Tatsache, daß durch diese Transformation negativ bewertete Kanten entstehen können. Deshalb muß der Kürzeste-Wege-Algorithmus von Dijkstra [3] um die Option erweitert werden, schon expandierte Knoten erneut in die Liste der noch zu bearbeitenden Horizontknoten *Open* einzufüen.

Änderungen in der *Zugreihenfolge* sind eine bekannte Optimierungstechnik im Zweipersonen- als auch im Einpersonenspiel (Puzzle). Durch die Ersetzung der Vorrangwarteschlange in A* durch einen Stack bzw. einen (FIFO-) Stack erhalten wir die Tiefen- bzw. Breitensuche des Problemgraphen. In diesem Fall wird die *DeleteMin* Operation durch *Pop* bzw. *Dequeue* ersetzt.

In der folgenden Variante von A* gehen wir von einer generischen Operation *DeleteSome* aus, die keine Restriktionen bezüglich des Knotenauswahlkriteriums einfordert. Dadurch ist es möglich, optimistisch mehrere Zustände hintereinander zu betrachten, die einander *nahe* sind. Dabei kann *nahe* bedeuten, daß die Knoten auf der selben Seite in einem zweistufigen Speichermodell liegen, oder im Fall einer Parallelverarbeitung vom gleichen Prozessor verarbeitet werden.

Function *General-Node-Ordering A**
    Open.Insert$(s, h(s))$
    $\alpha \leftarrow \infty$
    bestSolution $\leftarrow \emptyset$
    while not (*Open.IsEmpty*())
        $u \leftarrow$ *Open.DeleteSome*()
        Closed.Insert(u)
        if $(f(u) > \alpha)$ **continue**
        if $(u \in T \wedge f(u) < \alpha)$
            $\alpha \leftarrow f(u)$
            bestSolution $\leftarrow$ Generierungspfad zu u
        else $\Gamma(u) \leftarrow Expand(u)$
            for all v in $\Gamma(u)$
                Improve(u, v)
    return *bestSolution*

Im Gegensatz zu A* führt das Erreichen des ersten Zielknotens nicht unbedingt zu einer optimalen Lösung. Deshalb muß der Algorithmus die Horizontknoten solange weiter betrachten bis dieser leer wird. Wenn man die derzeitig beste

Lösung mit Hilfe einer globalen Variablen α speichert, wird sich die Lösungsqualität über die Zeit hin verbessern. Das implementierte Konzept kann demnach am besten mit der Branch-And-Bound Variante der Tiefensuche verglichen werden.

In [13] wird gezeigt, daß obiger Algorithmus terminiert und eine optimale Lösung liefert, sofern der vorliegende Schätzer h eine untere Schranke darstellt. Weiterhin wird für ein kommerzielles Routenplanungssystem aufgezeigt, daß das Verfahren zur drastischen Reduktion der Seitenfehler bei einem geringen Anstieg der Knotenexpansionszahlen führt.

6 Realzeitsuche

In den meisten Situationen des alltäglichen Lebens lassen sich durchgeführte zeitkritische Entscheidungen nicht mehr oder nur schwerlich korrigieren. Gerade diese Momente geringer Information und Zeit erfordern bekannterweise gelerntes Wissen bzw. Erfahrung. Damit sind die wesentlichen Merkmale der sogenannten *Realzeitsuche* angesprochen. Sie verlangt demnach, Aktionen explizit durchzuführen, bevor die vollständigen, sich daraus ergebenden, Konsequenzen bekannt sind. Die Ursachen der Realzeitsuche sind vielfältig: Unzureichende Information über die Domäne, ein für eine optimale Entscheidungsfindung zu großer Suchraum oder eine aktive Veränderung des Suchraumes selbst, z.B. durch Interaktion mit der Umgebung.

Wenn wir einen Algorithmus mehrere Male hintereinander zur Verbesserung seines Lösungsverhaltens aufrufen, sprechen wir davon, daß dieser Algorithmus *lernt*. In unserem Fall wollen wir die heuristische Bewertungsfunktion lernen. Die damit verbundene Fragestellung des *Reinforcement-Lernens* hat u.a. zur Entwicklung des weltmeisterlichen Backgammon-Programms TD-Gammon geführt [22]. Korf zeigt, daß die heuristischen Bewertungen in dem folgenden *Learning-Real-Time A**-Ansatz, kurz (LRTA*), in einem mit w gewichteten Graphen letztendlich gegen die Längen der kürzesten Wege konvergieren [18].

1. Beginne am Startzustand und iterriere folgenden drei Schritte solange das Ziel nicht erreicht ist,
2. Die Nachfolgermenge $\Gamma(u)$ des derzeitigen Zustandes wird durch den Aufruf *Expand*(u) erzeugt.
3. Der heuristische Wert $h(u)$ wird auf $\min_{v \in \Gamma(u)}\{h(v) + w(u,v)\}$ gesetzt.
4. Der Algorithmus bestätigt den Übergang zu v^*, der den besten Wert $h(v) + w(u,v)$ aller v aus $\Gamma(u)$ hat.

Der LRTA* Ansatz ist neben traditionellen Suchanproblemen wie der Lösung von Einpersonenspielen zur Navigation, Lokalisation und Exploration von automobilen Robotern eingesetzt worden, in denen er (partiell oder vollständig) beobachtbare Markov-Entscheidungsprobleme ((PO)MDPs) löst [15].

Die Idee von Schildern [8] an den Kanten hat neben einer deutlichen Konvergenzbeschleunigung eine bessere Einsicht in die Problemstruktur der Realzeitverfahren gebracht. Die beiden Direktiven der weiterhin optimistisch zu gestaltenden Bewertungsfunktion und des möglichst schnellen Erreichens des Zieles werden voneinander getrennt.

7 Visualisierung und Ausblick

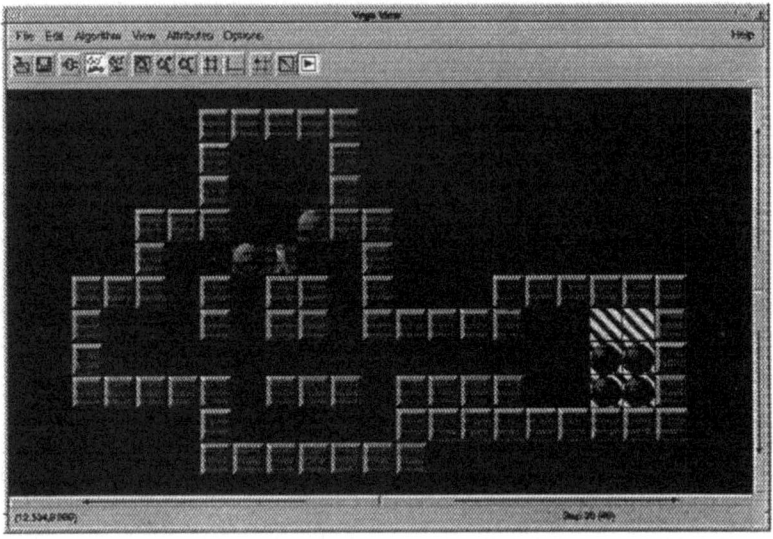

Abbildung9. Das Sokoban-Puzzle in der Visualisierungsschnittstelle Vega.

Eine Anbindung der verschiedenen Suchverfahren an eine Visualisierungsschnittstelle ist mit dem am Lehrstuhl entwickelten Tool Vega mittlerweile gelungen [1].
Die Client-Server Architektur bietet durch ein Java-Interface auf der einen Seite hohe Portabilität und durch die in c++ implementierten Verfahren auf der
anderen Seite große Effizienz. Als nächster Schritt wird die Visualisirung textuell vorgegebener Planungsprobleme (im sogenannten PDDL-Format) folgen.
Das Ziel ist es eine Schnittstelle zur leichten Visualisierung unterschiedlichster
Explorationsverfahren zu schaffen.

Die Forschungsbemühung werden sich demnächst darauf konzentrieren, die
vorgestellten als auch neuere Verfahren für diskretisierte Suchprobleme in der
Steuerung von Robotorarmen einzusetzen. Denn im Sinne von Ian Parberry [20]
gilt insbesondere in dem Forschungsbereich explorativer Verfahren:

> *The ability to devise effective and efficient algorithms in new situations
> is a skill that separates the master programmer from the merely adequate
> one. The best way to develop that skill is to solve problems.*

Oder: *Ideen sind einfach, sie effektiv einzusetzen ist die Herausforderung.*

Literatur

1. C. A. Bröcker. *Verteilte Visualisierung geometrischer Algorithmen und Anwendungen auf Navigationsverfahren in unbekannter Umgebung.* PhD thesis, Institut für angewandte Wissenschaften, Universität Freiburg, 1999.
2. R. E. Bryant. Symbolic manipulation of boolean functions using a graphical representation. In *Proceedings of the 22nd ACM/IEEE Design Automation Conference*, pages 688–694. IEEE Computer Society Press, 1985.
3. E. W. Dijkstra. A note on two problems in connexion with graphs. *Numerische Mathematik*, 1:269–271, 1959.
4. S. Edelkamp. Suffix tree automata in state space search. In *KI-97*, volume 1303, pages 381–385. Springer, 1997.
5. S. Edelkamp. *Datenstrukturen und Lernverfahren in der Zustandsraumsuche.* PhD thesis, University of Freiburg, 1999. DISKI, Infix, Band 201.
6. S. Edelkamp. Multi suffix tree dictionary in optimal space. Technical Report 129, University of Freiburg, 1999.
7. S. Edelkamp. Heuristic search planning with BDDs. In *ECAI-Workshop: PuK*, 2000.
8. S. Edelkamp and J. Eckerle. New strategies in real-time heuristic search. Technical Report WS-97-10, To be ordered from the AAAI Press, 1997.
9. S. Edelkamp and M. Helmert. Exhibiting knowledge in planning problems to minimize state encoding length. In *ECP-99*, LNAI, pages 135–147. Springer, 1999.
10. S. Edelkamp and M. Helmert. On the implementation of MIPS. Accepted to Workshop on Model Theoretic Approaches to Planning AIPS-2000, 2000.
11. S. Edelkamp and R. E. Korf. The branching factor of regular search spaces. In *AAAI*, 1998. 299–304.
12. S. Edelkamp and F. Reffel. OBDDs in heuristic search. In *KI-98*, pages 81–92. Springer, 1998.
13. S. Edelkamp and S. Schrödl. Localizing A*. Accepted to AAAI-2000.
14. S. Edelkamp and S. Schrödl. Learning dead ends in Sokoban. Technical Report CSR-98-01, Fakultät für Informatik, TU Chemnitz, 1998.
15. D. Furcy and S. Koenig. Speeding up the convergence in real-time search. Accepted to AAAI-2000.
16. P. E. Hart, N. J. Nilsson, and B. Raphael. A formal basis for heuristic determination of minimum path cost. *IEEE Trans. on SSC*, 4:100, 1968.
17. A. Junghanns. *Pushing the Limits:New Developments in Single-Agent Search.* PhD thesis, University of Alberta, 1999.
18. R. E. Korf. Real-time heuristic search. *Artificial Intelligence*, 42(2-3):189–211, 1990.
19. R. E. Korf. Finding optimal solutions to Rubik's cube using pattern databases. In *AAAI-97*, pages 700–705, 1997.
20. I. Parberry. *Problems on Algorithms.* Prentience Hall, 1995.
21. F. Reffel and S. Edelkamp. Error detection with directed symbolic model checking. In *FM-99*, pages 195–211. Springer, 1999.
22. R. S. Sutton and A. G. Barto. *Reinforcement Learning: An Introduction.* MIT Press, 1998.
23. L. A. Taylor and R. E. Korf. Pruning duplicate nodes in depth-first search. In *AAAI*, pages 756–761, 1993.
24. D. H. W. und W. G. Macready. No free lunch theorems for search. Technical report, The Santa Fee Institute, Santa Fee, New Mexico, 1996.

A Behavior and Utility-Based Control Architecture for Real-Time Applications

Roland Stenzel[1]

Aachen University of Technology
Department of Computer Science (i4)
stenzel@informatik.rwth-aachen.de

Abstract. The work presented in this paper is inspired by the problems that occur in processing of information on an autonomous mobile robot. The presented behavior-based control architecture is designed to support the development of intelligent control systems, that are connected to the real world via sensors and actuators and deal with dynamic and partly unpredictable environments. With quite an implementational effort, existing control-architectures allow to implement local or even global navigation facilities on a certain mobile robot. However, additional criteria that interfere with the navigational movements can usually not be added subsequently. Note that this situation occurs, e.g. if active sensing is requested, a handling device is added or other additional requirements arise. The purpose of the presented architecture is, first to allow easy implementation and second to obtain a modular control-system that displays a kind of superposition characteristic. The application field of the presented architecture is not limited to mobile robotics, but also covers other applications, where several criteria have to be considered, while sensing and acting in real-time in a changing environment.

1 Introduction

An autonomous system, situated in a real changing environment and connected to it via sensors and actuators, continuously has to choose a proper action for each actuator, while meeting several criteria (e.g. for mobile robots: obstacle avoidance, safety, smooth motion, information gain, goal to be reached, etc.). Facing a real, changing environment, there is an essential need to be reactive. Complete world modeling in real-time becomes impossible. The so called symbol grounding problem arises. Early simple approaches of reactive controls have shown their strength in such environments. Very simple, small mechanisms mostly using minor or no internal representations, are acting in competition or cooperation in such control-systems. With minimal computational effort, these approaches displayed remarkable robustness and adaptability. Nevertheless long term planing remains important to act really goal-oriented. Pure reactive approaches, using no internal memory suffer from getting trapped in all kinds of local minima, lacking the "big picture". Consequently many researchers aimed at approaches, that combines deliberative and reactive methods.

The presented control architecture is designed to support the development of control-systems for complex tasks by splitting up the overall task into several smaller ones handled by several mechanisms, each of them trying to meet a special criteria. These mechanisms are utility-based, which allows the architecture to combine these mechanisms into a system displaying the desired overall behavior. Using this approach, some of the mechanisms are little more than simple control-circuits or reflex mechanisms (stimulus-response scheme), while others can be realized with typical AI methods. Thus the mechanisms cover the whole range from simple reactive mechanisms to sophisticated once. The presented control architecture then provides an utility-based fusion of the functionalities of these heterogeneous mechanisms.

The propose of our architecture is to make the implementation of mechanisms more independent from each other, while providing a method to coordinate mechanisms, that displays superposition characteristics. Furthermore, to take into account different priorities of goals, a priority management is integrated into this architecture, which allows to pass on the priority of a goal to mechanisms realizing according sub-goals.

The paper is structured as follows. First we give a rough overview and classification of behavior-based architectures, followed by a short statement, which qualities our approach will extend or modify. Thereafter, the components of the architecture are introduced and their connections are roughly described. The next section deals with the concept of utility distributions and it's relation to the priority of an action. Then the components connections are further specified, as part of the Distributed Actuator Control (DIAC) [15] and the priority inheritance. Finally, a rough insight is given on how the mechanisms are implemented on our autonomous mobile robot ARS (Autonomous Robot System).

2 Related Work

Considering typical behavior-based control-architectures, it shows that the main difference of these approaches lies in the concept of combining the mechanisms (see fig. 1).

2.1 Mechanism selection

There is a group of architectures, that realize the combination of mechanisms by doing mechanism selection. In these approaches only one mechanism actually controls the system at a time. Therefore a fusion of mechanism outputs is not needed. The mechanism selection is either done in a distributed way or by a higher-level component. Examples are the Subsumption concept first proposed by Brooks [3], Action Selection by P. Maes [11], Animated Agent Architecture by Firby and Slack [4].

The restriction in these approaches is, that different mechanisms can only cooperate in a sequential manner. Actions that represent a tradeoff between two or more mechanisms are not supported. In contrast to our approach, the focus is on alternate sequential execution of mechanisms, but not on the cooperation and concurrence of parallel acting mechanisms.

2.2 Parallel Mechanisms

When the cooperating and competing mechanisms run in parallel, the design of the architecture design includes defining the type of output of a mechanisms and the method to merge these outputs into a resulting action.

In Steels superposition approach [14] the mechanisms are modifying the current action by incrementing or decreasing its value. Here, actions are understood as one-dimensional values (e.g. velocity).

The output or response of mechanisms in the "Motor-Schema" approach proposed by Arkin ([1]) are vectors. (e.g. for a robot moving on flat ground: v = (x, y)). The strength of the response is represented by the vector length, while the direction displays the desired movement of the robot or effector. Coordination is done by vector summation and normalization.

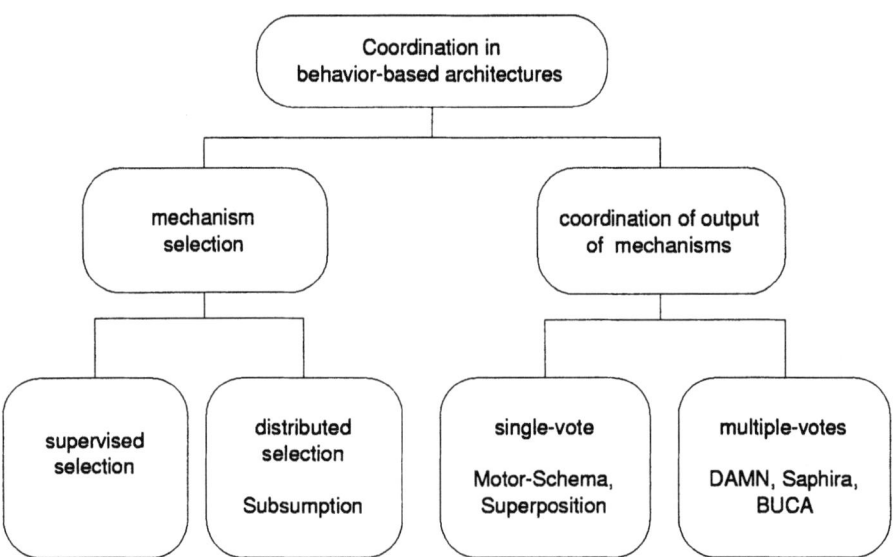

Fig. 1. Classification of coordination methods in behavior-based architectures.

If we consider the coordination as a voting process for actions, the latter approaches only allow to vote for a specific action. Hence, here we call them 'single-vote' approaches (fig. 1). There is no possibility to vote for more than one action or to subsume specific actions or even to do both at a time. This leads to several drawbacks.

Drawbacks of 'Single-Vote' Approaches. A straight-forward implementation of a behavior for obstacle avoidance in combination with a simple implemented approach behavior would not lead to the desired result. Instead, the approach mechanism has also to take into account the presence of obstacles and to make goal orientated decisions. Moreover, the avoidance behavior takes advantage of knowing what direction the goal behavior would vote for. The point is that in this situation, avoiding the obstacle has really an inhibiting sense, which cannot be modeled by voting for specific actions, but must be implemented by inhibiting one or several specific action. Thus it is difficult to keep limited the criteria considered by a certain behavior. We state that our approach is more suitable to separate the competence of different mechanisms. This is achieved by the prize of providing more information to the fusing mechanism.

In the motor-schema approach an instance of this problem arises in the following situation (as also stated by Latombe [10] considering approaches to robot navigation based on local combination of mechanisms): consider an obstacle, and an attractor. The motor-schema for obstacle avoidance produces vectors pointing away from the obstacle, while the move-to-goal schema consists of vector pointing to the attractor. Consequently, somewhere near the obstacle on the opposite site to the attractor, the summed vector-field evaluates to a zero-vector, leaving the robot with no idea where to go. Arkin suggests to solve this problem by adding a motor-schema producing some noise. Nevertheless, the resulting behavior is not satisfying, since it leads the robot very close to the obstacle, before the noise causes some arbitrary avoidance movements.

'Multiple-Vote' Approaches. The following approaches are using a more detailed format for the output of mechanisms. These formats allows mechanisms to state their preferences with respect to actions in the action domain. Here, coordination is viewed as a voting-process, resulting in a trade-off between the preferences of the mechanisms concerned. These approaches are most similar to ours and there is no doubt, that they inspired our approach.

DAMN. In DAMN (Distributed Architecture for Mobile Navigation [12]), the action domain is discrete. Mechanisms rate each discrete action with a vote between -1 and 1. The so called arbiter computes a weighted sum of the votes for each discrete action. The action that received the highest vote is passed on for execution. Here, the weights reflect the relative priorities of the mechanisms. Differences, that can shortly be stated here are: (a) the fusion is done by weighted sum, instead of multiplication (or T-norm) , which leads to further differences in the handling of priorities (b) there is no priority inheritance and no hierarchy.

Saphira. In this architecture [13], through the use of fuzzy logic, reactive mechanisms and goal-oriented mechanisms are smoothly blended into one sequence of control actions. Further, the concept of context-dependent blending of mechanisms is an important feature of this architecture, providing a way to determine the current priority of running mechanisms. Coordination is done by fuzzy-inference. Of special interest for this paper are the desirability functions in this architecture, which result from so called control structures. Such a control structure implicitly defines a goal coupled to an object in the environment, a so called artifact. Different desirability functions are combined by using a T-norm. What Saffiotty et. al call desirability function, can be matched with the utility-distributions in our approach. However, there are important differences in (a) producing these functions and (b) in the way priority is defined, managed and realized. While in Saphira the desirability functions are based on fuzzy-controllers our architecture allows a free construction of utility-distributions.

This paper aims at a behavior-based control-architecture offering the following issues:

- independent implementation of mechanisms
- inhibition of actions
- priority management
- cooperation of mechanisms

Where these are connected as follows:

- mechanisms should be simple
- independence is important for simplicity of mechanisms
- cooperation is important for optimized overall-behavior
- inhibition of actions is important for
  - independence of mechanisms
  - straight forward implementation of passive mechanisms (like avoid)
- priority is important for
  - goal oriented overall-behavior
  - safety

In the following we describe in detail the proposed architecture.

3 Description of Components

The presented control architecture is based on a modularly layered, real-time client-server communication system, which is responsible of distributing sensed data in a event orientated fashion [9]. The architecture consists of the following components: sensors, actuators, virtual actuators, and mechanisms (see fig. 2). Sensors and actuators are realized as servers providing comfortable access to the hardware functionality of the assigned physical sensor/actuator device. Sensor servers handle real physical sensor data or also data calculated by more or less complex mechanisms. An mechanism in this case is a process accessing both real and virtual sensors and actuators.

Actuators are also realized as servers, but with an additional utility-based fusing component at the action input channel of the server, which is described later in this paper. This fusing component merges different so called action utility distributions to a resulting action, which is send to the assigned physical actuator.

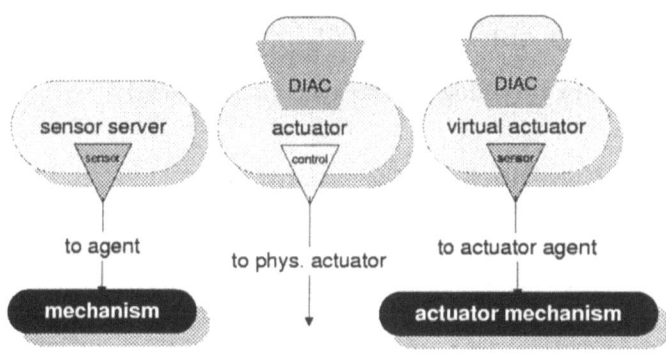

Fig. 2. Components of the presented architecture and their symbols.

Virtual actuators are a kind of actuator, but instead of controlling a physical actuator, their results are control inputs for the corresponding actuator mechanism (see fig. 3). Reading the resulting action from such an virtual actuator is similar to reading a normal sensor value, though an actuator mechanism can also read the merged utility distribution from an actuator.

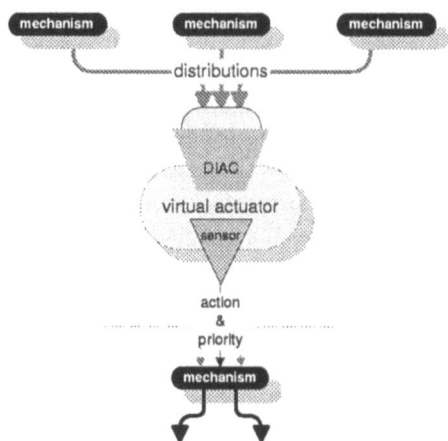

Fig. 3. A virtual actuator with actuator mechanism and three higher level mechanisms accessing the virtual actuator.

So each virtual actuator always is a sensor, too. The real and virtual actuators are organized in a hierarchical structure. The real actuators are located at the lowest level.

An virtual actuator provides a more or less complex action and is always assigned to an actuator mechanism that is responsible of providing the functionality of its actuator by voting for actions on a lower level.

4 Utility distributions for actuators

The idea of utility functions is taken from decision theory, which in turn originates from business management [2]. Here, utility functions are used to make decisions under certainty or uncertainty, meeting single or multiple criteria.

An actuator is characterized by the set of actions it provides. Mostly these domains have a simple structure, such that their elements can either be enumerated (e.g. a switch: on, off) or can be characterized with one or more continuous parameters (e.g. velocity control of a wheel or track). The task of an autonomous control, simple speaking is to decide which action is meeting several criteria best.

Utility distributions here are functions on the action domain of an actuator, evaluating the actions. Assuming a given distribution for an actuator, the best action is naturally the one that maximizes the utility. In our model, the utility distribution of an action and the priority to inhibit or choose an action are closely coupled. A decision for an action with high or medium utility has high priority, if alternative actions have very low utilities. The priority of a decision therefore is characterized by the utility amplitude.

When using utility functions for a decision that is only evaluated considering one criteria, the action selection is done by an almost trivial maximization. When the decision depends on more than one criteria, also the priority of each criteria plays a central part.

If we consider actions that are dangerous or even surely lead to a serious accident, it is reasonable to assign the lowest utility to these actions and the effect will be that with high priority these action are to be inhibited, even if in the light of other criteria the inhibited action may be optimal. On the other hand it is less important to choose the optimal action between several equally useful alternatives.

Consequently this correspondence between priority and utility of actions is kind of reciprocal. Inhibition of actions with low utility has high priority, while optimization between several actions with high utility is of low priority. This does not mean that optimization is not done, but it is only done in agreement with inhibitions.

Using this concept of coupling utility and priority allows us to express priorities in terms of utility distributions.

5 Fusing Distributions

We will now describe how several utility distributions on the same actuator representing several criteria can be merged into a resulting distribution of that actuator. In the context of behavior-based architectures this corresponds to the coordination method for mechanisms, which in this case is a 'multiple-vote' approach.

In decisions theory this fusing-problem is referred to as a decisions with multiple objectives. In their paper "Decisions with Multiple Objectives" [6] Keeney and Raiffa provide a proof that a correct overall utility distribution can be obtained from the single-criteria distributions by multiplication, if these are scaled accordingly. Here, the scaling (which is really scaling and shifting) of each distribution involves the priority of its associated criteria.

Thus if the single-criteria distributions are available in compatible scales, the fusing only involves a simple multiplication of distributions. Therefore, in order to apply Keeney's theorem effectively, we need a simple way to obtain the single-criteria distributions in a suitable scale to obtain a simple fusion mechanism.

If we normalize the utility distributions to [0.0...1.0] (assume that optimal actions are rated 1.0 and very bad ones 0.0), we can limit the priority of such a distribution by limiting its value range, e.g. to [0.5..1.0]. Thus the minimal utility can be used to characterize the priority. By choosing this scale, bad actions obtain the desired high "priority" for inhibition, because utilities of zero and close to zero always result in similar low values after fusing them. Furthermore optimal actions with utility values close to 1.0 receive low priority, since 1.0 acts as neutral element in multiplication. This fusing concept is described in more detail in [15].

6 Priorities

We now come back to our control architecture with several mechanisms, each of them supporting a special criteria.

Now we can assign a priority to an mechanism, by limiting its minimal output utility to a particular value. The higher this value the lower the assigned priority and influence of this mechanism. In the following this value is named the "goal priority" of an mechanism. An mechanism will not be able to vote for actions with a higher priority than its goal priority, but he is able to issue distributions with lower priority, e.g. when all actions lead to very similar results in sight of the considered criteria.

Such behavior then allows the other mechanisms controlling the same actuator to optimize their tasks. To show an overall effective behavior, the mechanisms in this system have to be fair, in that they try to leave margin for the other mechanisms. On the mobile robot ARS for example there is an mechanism to prevent the robot from bumping into obstacles. The mechanism has a very high priority (low value). Anyway, if there's no obstacle around, this mechanism will rate almost all movements as nearly optimal, because all movements meet its criteria. Thus the calculated distribution has a low priority and leaves a margin for other mechanisms to act. We will name this priority contained in the currently calculated utility distribution, the "current priority" or "attention" of an mechanism.

attention(mechanism, actuator) = min(distribution)

Thus, we have two kinds of priority. First, the goal priority, which describes the importance of the sub-goals or criteria that the mechanism attempts to fulfill. This priority is assigned to the mechanism. And second, the attention, which is the current priority that the mechanism applies to fulfill its task in a special situation. This priority corresponds to the minimum of current calculated utility distribution.

6.1 Priority Inheritance for actuator mechanisms

Generally the goal priority of an mechanism depends of the importance of the sub-goals or criteria of the mechanism for the mission of the system. Priority inheritance takes this into account for actuator mechanisms. An actuator mechanism is always linked to a virtual actuator for that he is to provide the functionality. The goal priority of an actuator mechanism is derived from the attentions of the mechanisms on higher level, writing to actuator mechanisms corresponding actuator (see again fig. 3) We call this mechanism "priority inheritance".

To be precise, the goal priority is estimated as the highest attention given to the corresponding actuator by the accessing mechanisms. Thus referring to the definition of attention the goal priority ensues from building the minimum of the minimum values of the associated utility distributions (note that high priorities have low values).

$$goalPriority = min(attention(mechanism_1), ..., attention(mechanism_n)) \quad (1)$$

6.2 Voting for goal priorities

In addition to actuator mechanisms, there are normal mechanisms, which are not reading actions to be performed from virtual actuators. The goal priority for these mechanisms therefore has to be assigned by another method. Such mechanisms typical do not to perform goal oriented actions (otherwise they would be actuator mechanisms), but mostly these mechanism are supposed to maintain some specific condition, to do monitoring or execute some actions coded into the mechanism. Here executing actions coded into the mechanism is different from performing a given action, because the former cannot be accessed external via an actuator.

In our approach, the goal priorities of these mechanisms are accessed like virtual actuators via DIAC, e.g. other mechanisms vote for goal priorities by providing utility functions over priorities for a specified mechanism. Because an mechanism can also vote for its own priority, again we have to assume that mechanisms are "honest" and "fair", e.g. that they do not try to unnecessarily increase their priority. However, in general there's no need for an mechanism to adjust its own goal priority, because this priority always depends on the importance of its task in the overall mission. Defining the overall mission consequently includes the static assignment goal priorities to essential mechanisms, that for instance provide maintenance of safety or operational fitness. If we for instance consider an mechanism for obstacle avoidance, in general it will be assigned a high priority. However, if the mission is to demolish most of the objects in the environment, even this mechanism can receive a lower priority according to the mission.

7 The autonomous mobile Robot ARS

The mobile robot ARS (Autonomous Robot System) is used as experimental platform in this project. It was originally constructed by [16], and subsequently revised and upgraded by O. Kubitz and M. O. Berger [7].

ARS is a track-driven mobile robot with a PC running the real-time operating system QNX, and several sensor system modules, some equipped with their own microcontroller for basic sensor-access. A wireless DECT (Digital Enhanced Cordless Communication) system establishes a connection between the robot and a base station. The link is integrated into the real-time operating system's structure, providing a transparent connection for the processes running on both ends of the wireless link. Even so the robot is constructed to run all relevant processes on-board, thus being really autonomous also in a physical sense.

The client-server framework developed by Berger and Kubitz establishes the underlying layer of the control-system and provides event oriented access to sensors and actuators for multiple processes and is therefore well suited to be applied to behavior-based-architectures. This system was extended to the control-architecture presented by adding the described concepts for utility based action fusion (DIAC) and priority management for utility based mechanisms.

In the following we will roughly describe mechanisms that are implemented on our mobile platform. Note that in each hierarchical level there are some mechanisms that primary stick to the conditions enforced by the environment, being more passive and inhibiting and others that keep their focus on the goal to be achieved, thus being goal-directed and active. The latter are actuator mechanisms (see fig. 4).

8 Examples for Mechanisms on ARS

Based on this architecture there are several more or less simple utility based mechanisms running on the robot, which in combination provide several navigation tasks reaching from a simple obstacle avoidance behavior to global navigation.

8.1 Collision Avoidance

The most fundamental mechanism is a simple obstacle avoidance mechanism, which acts passively by inhibiting actions that could lead to an collision according to the measured sensory data and robot kinematics. This mechanism accesses several sensors and the virtual actuators for normal (translatorical) and

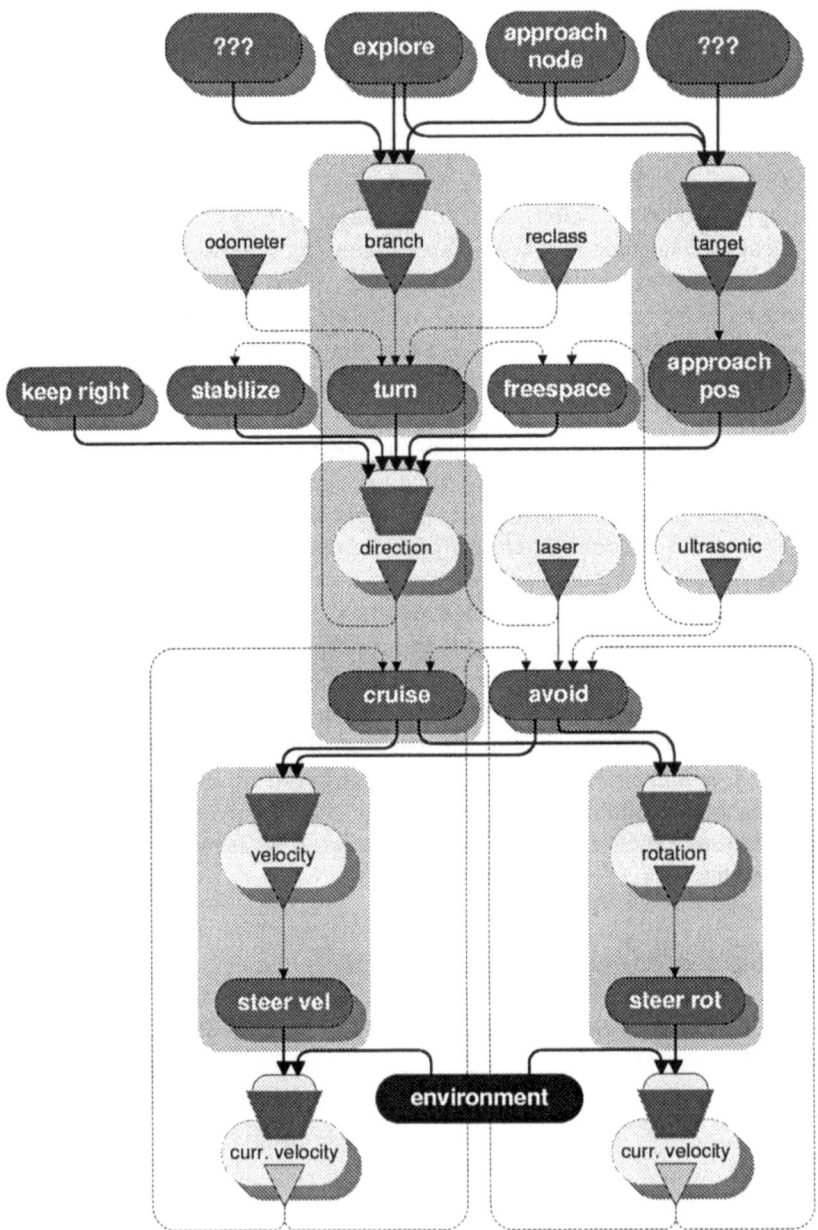

Fig. 4. Control-architecture with mechanisms implemented on the mobile robot ARS.

rotational speed of the robot. Its implementation is conceivably simple. Note, that while this mechanism inhibits special actions, it generally does not steer the robot, because from all actions that are not inhibited, other e.g. less important mechanisms can choose an action. So this mechanism is only restricting the possible movements.

Nevertheless, there are situations, where the mechanism has to force a specific action: First, if the only possible action is to stop, because there are obstacles all around the robot. Here inhibiting all other actions will obviously be like forcing a stop command. Second, if the robot is driving at high speed the only way to stop it quickly, is to use the brakes. Thus if an obstacle is too near for normal deceleration, the avoidance mechanism will actually force a brake. However in general this mechanism leaves enough margin for other mechanisms to act.

In a simple telerobot-demonstration this avoidance mechanism was used in combination with a simple manual steering interface, translating the concrete steering command into simple utility distributions for the two virtual actuators for normal and rotational speed. This enables the tele-user to freely steer the robot, while the avoidance mechanism is preventing collisions.

8.2 Cruising with Non-Holonomic Constraints

On the same hierarchical level, an mechanism for autonomous cruising is located. This mechanism is implemented as an actuator mechanism supporting all robot movements aiming at the right direction, that is given by the associated virtual actuator.

Because of ARS's rectangular shape and specific kinematics, fine navigation is more complex than that of circular mobile robots or robots with omnidirectional drive. The latter are always able to move in a certain goal direction, if there is free space in the particular direction, independent of free space in other directions and of previous movements. For robots like ARS this is not the case, those robots are often designated as robots with non-holonomic kinematics or shortly non-holonomic mobile robots.

Especially the dependence of the possible movements on previous movements causes the fine navigation to become a more complex task, this especially complicates the application of reactive behaviors. On the other hand the obvious approach to preplan the movements leads to hard problems, when dealing with dynamic environments in real time.

On our mobile robot this problem is successfully solved with a reactive utility based mechanism that competes with the avoidance mechanism in voting for velocities. This mechanism had to be modeled carefully, as not only the optimal action has to be preferred but also alternative actions, that also could lead to a satisfying result. Thus if the optimal action is blocked, an alternative is chosen.

In combination with the avoidance mechanism, this mechanism especially shows some effective maneuver techniques to achieve the desired progress of movement in presence of blocking obstacles.

8.3 Local Navigation

At the next hierarchical level, the main task is to provide utility distributions for the virtual actuator "direction". Again there is an mechanism monitoring the environment and inhibiting actions that are not useful, e.g. looking out for free space. However, this mechanism does not have the same significance as the avoidance mechanism, because it is not dangerous to cruise to directions where there is not much free space, it will just not result in much progress.

If we combine this free space mechanism with an mechanism always preferring the directions close to the direction the robot currently is moving, thus "stabilizing" the current direction it results in a wander around behavior, including maneuvers to escape from narrow passages. Furthermore, if we add an mechanism that votes for directions that simply point to a certain relative goal point, we already maintain an overall behavior that avoids obstacles while trying to reach the goal. At the final approach, the goal orientated mechanism will lower the priority of the free space mechanism, to prevent the robot to head away from the close target, which is (perhaps) close to an obstacle. Thus it is taken into account, that if the goal is close enough, free space for wider movements is not useful anymore.

This combination of mechanisms even enables the robot to escape from little dead ends, with depths up to approximately the size of the robot. Thus at this level we obtain an overall behavior that provides a robust local navigation task.

8.4 Global Navigation

To go further to global navigation, a way of estimating the position and map handling is needed to enable the robot to find its way through complex environments, either in a geometrical or topological sense. On our platform we investigated different approaches. A topological approach, using the a topological map and a so called reclassification of crossings supported by artificial landmarks (Radio Frequency Identification cards) [8]. Another is a geometrical approach, using Markov Localization introduced by Thrun, Fox, et.al. [5] which operates on a probablistic gridmap.

To integrate the global navigation plan into the architecture, the planing mechanism does not have to deliver a specific route or plan to the underlying virtual actuators, but instead, prior to choosing a special route, it uses a evaluation of several intermediate positions to provide a utility function that prefers action that will lead the robot to the desired goal position (or to one of the desired goal positions, if there are more than one).

This concepts allows robust geometrical or topological guided navigation in known environments with some semidynamic and unknown objects, that to not block a known passage or build a deep dead end and with also dynamic objects. Here we designate objects that are moving most of the time and are likely to reopen a blocked route in reasonably short time as dynamic objects (e.g. humans). With semi-dynamic objects we refer to objects that move (or are moved) from time to time, but are unlikely to reopen a possibly blocked passage in short time.

To overcome these restrictions additional concepts have to be applied or even developed, which could be exploration techniques, resulting in an adapting map. However, considerations of these problems are not within by the focus of this paper, but we are confident that those techniques, if they are developed, can be neatly integrated in this architecture.

9   Conclusions

We presented a control-architecture that is designed to merge the functionality of several utility-based mechanisms by fusing their utility distributions for the associated actuator. The fusion also allows the consideration of the priority of different mechanisms. Furthermore, the integrated priority inheritance provides a reasonable assignment of priorities to actuator mechanisms. The possibility of voting for priorities of mechanisms enables more abstract mechanisms to blend functionalities of more specific mechanisms.

We compared the presented architecture to similar architectures, which shows that especially the possibility of prioritized inhibition and support of actions by parallel running mechanisms distinguishes this approach from others. We state that these features give rise to more independence of the mechanisms and there simplicity.

We roughly presented the implementation of mechanisms in the framework of the presented architecture on the mobile robot ARS, which utilizes the presented concepts, thus providing an example for the profitable application of this architecture. Considering the ARS project, the architecture has strongly supported the development of the robust mobile robot control, in that it enabled us to implement several task oriented mechanisms independently and thus straight forward. Using virtual actuators yields a hierarchy that allows to develop mechanisms for robust low-level skills that need not be changed when adding more abstract skills.

References

1. ARKIN, R. Motor schema-based mobile robot navigation. *International Journal of Robotics Research 8*, 4 (1989), 92–112.
2. BAMBERG, G. *Statistische Entscheidungstheorie*. Physica Verlag, Wrzburg, Wien, 1972.
3. BROOKS, R. A. A robust layered control system for a mobile robot. *IEEE Transactions on Robotics and Automation 2*, 1 (1986), 14–23.
4. FIRBY, R., AND SLACK, M. Task execution: Interfacing to reactive skill networks. *AAAI Spring Symposium on Lessons Learned from Implemented Software Architectures for physical Agents* (march 1995), 92–96.
5. FOX, D. *Markov Localization: A Probabilistic Framework for Mobile Robot Localization and Navigation*. PhD thesis, Institute of Computer Science III, University of Bonn, Germany, december 1998.

6. KEENEY, R. L., AND RAIFFA, H. *Decisions with Multiple Objectives: Preferences and Value Trade-Offs.* John Wiley & Sons, New York, 1976.

7. KUBITZ, O. *Mobile Robots in Dynamic Environments.* PhD thesis, RWTH Aachen, Lehrstuhl für Informatik IV, 1997.

8. KUBITZ, O., BERGER, M. O., AND PERLICK, M. Application of radio frequency identification devices to support navigation of autonomous mobile robots. In *VTC'97* (May 3–5 1997), IEEE. Phoenix, Arizona.

9. KUBITZ, O., BERGER, M. O., AND STENZEL, R. Client-server based mobile robot control. *IEEE/ASME Transactions on Mechatronics 3*, 2 (1998), 82–90.

10. LATOMBE, J. *Robot Motion Planning.* Kluver Academic Publishers, Boston, Ma, 1991.

11. MAES, P. Situated agents can have goals. *Robotics and Autonomous Systems 6* (1990).

12. ROSENBLATT, J. K. DAMN: A distributed architecture for mobile navigation. In *Proc. of AAAI'95 Spring Symposium on Lessons Learned from Implemented Software Architectures for Physical Agents, Stanford, CA* (march 1995), AAAI Press, Menlo Park, CA.

13. SAFFIOTTI, A., RUSPINI, E. H., AND KONOLIGE, K. Blending reactivity and goal-directedness in a fuzzy controller. In *Proceedings of IEEE Int. Conference on Fuzzy Systems* (San Francisco, CA, 1993), pp. 134–139.

14. STEELS, L. Building agents out of autonomous behavior systems. In *The Artificial Life Route to Artifcial Intelligence. Building Situated Embodied Agents* (New Haven, 1995), L. Erlbaum, Ed., Lawrence Erlbaum.

15. STENZEL, R. Diac - a distributed actuator control. In *IEEE Industrial Electronics (IECON)* (1998), vol. 4, pp. 2186–2192.

16. STRUNZ, U. *Umgebungsmodellierung und sensorunterstützte Navigation für mobile Roboter.* PhD thesis, RWTH Aachen, 1993.

Komponentenbasierte Konstruktion flexibler Software-Entwicklungswerkzeuge

Marc Monecke

Praktische Informatik, Fachbereich Elektrotechnik und Informatik,
Universität Siegen, D-57068 Siegen
E-Mail: monecke@informatik.uni-siegen.de

Zusammenfassung Software-Entwicklungswerkzeuge werden für verschiedene Aufgaben innerhalb eines Entwicklungsprozesses eingesetzt und dabei von Benutzern mit verschiedenen Rollen genutzt. Im vorliegenden Papier wird ein Dissertationsvorhaben vorgestellt, das es zum Ziel hat, Methoden und Techniken zur Konstruktion von Software-Entwicklungswerkzeugen zu entwickeln. Mit dem vorgestellten Ansatz ist es möglich, mit geringem Aufwand methodenspezifische Upper-CASE-Werkzeuge zu realisieren, die flexibel an rollen- und aufgabenspezifische Anforderungen angepaßt werden können. Zur Unterstützung der Projektdurchführung können Aufgaben in einem Prozeß-Modell beschrieben und ihre Durchführung von einer Prozeß-Maschine gesteuert und überwacht werden. Die verschiedenen Werkzeuge und die Prozeß-Maschine werden über ein Repository integriert, dessen Dienste direkt zur Implementierung der Werkzeug-Funktionalität ausgenutzt werden.

1 Einleitung und Motivation

Bei der Entwicklung von Softwaresystemen wird eine große Zahl von *Werkzeugen* eingesetzt, die die Entwickler bei ihrer Tätigkeit unterstützen. Im Idealfall sind diese Werkzeuge in einer Software-Entwicklungsumgebung (SEU) integriert, so daß z.B. der Austausch von Daten zwischen Werkzeugen möglich wird.

Neben den technischen Werkzeugen wie Modellierungswerkzeugen, Compilern und Test-Werkzeugen erlangen Werkzeuge zur Unterstützung der Planung, Durchführung und Kontrolle von Software-Projekten zunehmende Bedeutung. Sie dienen zur Termin-, Kosten- und Ressourcenplanung, zur Steuerung und Überwachung des Projektfortschritts sowie zur Sicherung der Produktqualität. In diesem Bereich kommen reine Planungswerkzeuge, Meßwerkzeuge, Groupware-Produkte und prozeßgesteuerte Umgebungen zum Einsatz. Allen Werkzeugen gemein ist, daß sie es ihren Benutzern ermöglichen, *Dokumente* zu erzeugen und zu bearbeiten. Diese Dokumente umfassen z.B. Anforderungsdefinitionen und Spezifikationen ebenso wie Entwurfsdiagramme, Datenlexika, Quelltexte, Testpläne und -ergebnisse, sowie Projektpläne und Dokumente, die den aktuellen Projektfortschritt (Kosten, Ressourcenbelegung) beschreiben.

Da es sich bei der Software-Entwicklung um eine komplexe und kreative Aufgabe handelt, sind die Anforderungen an die zu verwendende Werkzeug-Unterstützung besonders hoch. *Flexible* (oder adaptierbare, konfigurierbare)

Werkzeuge können an die innerhalb einer Organisation oder eines konkreten Projekts gegebenen Randbedingungen angepaßt werden, also an die zu verwendenden Methoden, Notationen, Prozesse. Meta-CASE-Umgebungen [28] ermöglichen die Konstruktion solcher Werkzeuge. Neben diesen organisations- oder projektspezifischen Anpassungen sollte auch eine Anpassung der Werkzeuge an verschiedene Benutzerprofile möglich sein, da hierdurch den verschiedenen an einer Software-Entwicklung beteiligten Benutzergruppen oder *Rollen* eine angepaßte Sicht sowohl auf die bearbeiteten Software-Dokumente, als auch auf den voranschreitenden Entwicklungsprozeß zur Verfügung gestellt wird. Beispiele für Rollen sind Designer, Programmierer, Qualitätssicherer und Projekt-Manager.

Das Forschungsgebiet der Software-Prozeßmodellierung beschäftigt sich mit der Frage, wie der einem Projekt zugrundeliegende Software-Entwicklungsprozeß explizit beschrieben, validiert, überwacht und verbessert werden kann [7]. Der Entwicklungsprozeß wird hierzu in einzelne Aufgaben oder *Prozeß-Schritte* zerlegt, und es wird bestimmt, welche Ressourcen zur Bearbeitung einer Aufgabe benötigt werden, welche Dokumente erzeugt oder verändert werden und welche Abhängigkeiten zu anderen Prozeß-Schritten bestehen.

Formal beschriebene Prozeß-Modelle werden auch als *Prozeß-Programme* bezeichnet und können von speziellen Interpretern (*Prozeß-Maschinen*) ausgeführt werden. Die Prozeß-Maschine ändert also den Prozeß-Zustand abhängig von bestimmten Ereignissen, z.B. der Fertigstellung einer Klassenimplementierung, dem erfolgreichen Abschluß eines Integrationstests oder der Zuordnung eines Entwicklers zu einer Aufgabe.

Prozeß-sensitive Werkzeuge sind Software-Entwicklungswerkzeuge, die den aktuellen Prozeß-Zustand berücksichtigen, also stets eine passende Sicht auf die zu bearbeitenden Dokumente zur Verfügung stellen. Sie bieten die in der aktuellen Situation sinnvollen Kommandos an und ermöglichen die Beeinflussung des Prozeß-Fortschritts durch den Benutzer [11].

Zusammengefaßt muß eine SEU eine Vielzahl von Werkzeugen enthalten, die untereinander integriert sind und sich flexibel an die konkreten Aufgaben innerhalb des Entwicklungsprozesses und an die verschiedenen Benutzerrollen anpassen lassen.

Im vorliegenden Papier wird ein Dissertationsvorhaben beschrieben, in dem versucht wird, Techniken und Verfahren zur effizienten Konstruktion einer großen Zahl der benötigten Werkzeuge zu entwickeln. Wir konzentrieren uns dabei auf Werkzeuge zur Unterstützung der frühen Entwicklungsphasen, s.g. *Upper-CASE-* oder *Front-end*-Werkzeuge [33]. Die Werkzeuge werden mit dem in Java implementierten Framework **genform** konstruiert. *genform* wurde zur Realisierung der prototypischen Upper-CASE-Umgebung *PI-SET* genutzt, die u.a. in Lehrveranstaltungen des Grund- und Hauptstudiums evaluiert wird.

Abschnitt 2 enthält Anforderungen an flexible Software-Entwicklungswerkzeuge. Da die Erfüllung dieser Anforderungen einen großen Aufwand bei der Werkzeugentwicklung bedeutet, wird in Abschnitt 3 eine Werkzeug-Architektur vorgeschlagen, die zusammen mit dem in Abschnitt 4 vorgestellten Werkzeug-Konstruktionsansatz die Werkzeug-Entwicklung deutlich erleichtert. Die in der aktuellen Version von *PI-SET* implementierte Prozeß-Integration wird in Abschnitt 5 beschrieben.

In Abschnitt 6 wird kurz auf verwandte Arbeiten eingegangen. Abschnitt 7 enthält eine Übersicht über den aktuellen Stand der Implementierung. Abschnitt 8 faßt das Papier zusammen.

2 Anforderungen an Software-Entwicklungswerkzeuge

2.1 Flexibilität

Methodenunterstützung: Für die verschiedenen Abschnitte eines Entwicklungsprozesses können unterschiedliche Methoden und Notationen eingesetzt werden. Für jede Methode müssen also Werkzeuge zur Verfügung stehen, die das durch die Methode vorgeschriebene Vorgehen und die in der Methode definierten Notationen unterstützen. Außerdem müssen die von der Methode festgelegten Konsistenzbedingungen berücksichtigt werden.

Die Methode hat also Einfluß auf das Datenmodell der Werkzeuge, die verwendeten (graphischen) Darstellungen von Dokumenten [29] und die zu prüfenden Konsistenzbedingungen [9]. Oft werden organisations- oder projektspezifische (Erweiterungen von) Methoden eingesetzt, für die ggf. passende Werkzeuge entwickelt werden müssen [15].

Berücksichtigung der Benutzerrolle: Die Rolle, die ein Benutzer bei der Arbeit mit einem Werkzeug einnimmt, bestimmt, auf welche Informationen er zugreifen und welche Informationen er verändern kann. Die Art, in der diese Informationen präsentiert werden und die Menge der verfügbaren Kommandos hängt von der *Sicht* des Benutzers ab, die durch seine Rolle bestimmt wird. Ein Benutzer in der Rolle eines Qualitätssicherers wird andere Werkzeuge und Kommandos benutzen und z.T. andere Daten lesen und schreiben als ein Entwickler. Natürlich überlappen in vielen Fällen die Sichten verschiedener Rollen.

Berücksichtigung der Aufgabe: Die durchzuführende Aufgabe bestimmt ebenfalls, mit welchen Werkzeugen welche Dokumente bearbeitet werden können. Bei der Ausführung einer Entwurfsaufgabe werden andere Dokumente mit anderen Werkzeugen bearbeitet als z.B. während einer Qualitätssicherungsaufgabe; auf gemeinsame Dokumente (z.B. die Entwurfsspezifikation) wird mit unterschiedlichen Sichten zugegriffen. Aufgaben werden im Prozeß-Modell spezifiziert, das dem Entwicklungsprozeß zugrunde liegt.

Ziel der aufgaben- und rollenabhängigen Einschränkung der verfügbaren Werkzeuge und Dokumente ist es, die Übersichtlichkeit für den Benutzer zu erhöhen und eine prozeßmodellkonforme Projektdurchführung zu gewährleisten. Eine strikte Kontrolle der Benutzeraktivitäten, wie sie durch *Workflow Management-Systeme* in Geschäftsprozessen ausgeübt wird, wird in Software-Entwicklungsprozessen als negativ empfunden und von den Entwicklern eher abgelehnt [16].

2.2 Integration

Die *Integration* mehrerer Werkzeuge in einer Umgebung [34] erhöht aus Sicht des Werkzeug-Benutzers den Nutzen der einzelnen Werkzeuge und führt zu einer einfacheren und effizienteren Bedienung. Es können verschiedene Integrationsarten unterschieden werden:

Durch die *Darstellungsintegration* wird die Benutzungsschnittstelle und die Bedienung der Werkzeuge vereinheitlicht. Grundlage hierfür können Vorschriften zur Gestaltung der Benutzungsschnittstelle [30] und die Verwendung von Klassenbibliotheken oder UIMS (*User Interface Management Systems*) [27] sein.

Ziel der *Datenintegration* ist es, sicherzustellen, daß die von verschiedenen Werkzeugen bearbeiteten Daten stets konsistent sind; unabhängig davon, welche Änderungen mit welchen Werkzeugen durchgeführt wurden. Werkzeuge können z.B. über eine Kommunikationsinfrastruktur (z.B. CORBA, *Message Server*-Systeme), den Austausch von Dateien, oder über ein gemeinsam genutztes *Repository* integriert werden [5]. Durch die *Steuerungsintegration* können die von verschiedenen Werkzeugen zur Verfügung gestellten Dienste und Funktionen flexibel innerhalb der Umgebung kombiniert und nur gemäß den Projektvorgaben und dem zugrundeliegenden Software-Entwicklungsprozeß verwendet werden. Steuerungsintegration wird durch modulare Werkzeuge ermöglicht [34]. Die *Prozeß-Integration* [11] stellt sicher, daß durch die Zusammenarbeit der Werkzeuge der Projektfortschritt gemäß dem zugrundeliegenden Software-Entwicklungsprozeß gewährleistet wird.

Für den Werkzeug-Entwickler bedeuten integrierte Werkzeuge einen höheren Entwicklungsaufwand, der aber durch den Einsatz der erwähnten Basistechnologie entschärft werden kann. Andererseits haben komplexe Subsysteme wie Message Server und UIMS auch einen erhöhten Einarbeitungsaufwand und eine höhere Komplexität der SEU zur Folge.

2.3 Mehrbenutzerfähigkeit, Kooperation

Umfangreiche Software-Produkte werden selten von einer einzelnen Person entwickelt. Meist werden die Aufgaben auf Mitglieder einer Arbeitsgruppe verteilt. Entscheidend für den Erfolg eines Projekts ist daher, daß der Informationsaustausch und die Zusammenarbeit funktioniert [2, 36] (eine Erkenntnis, die natürlich nicht nur für Software-Projekte zutrifft).

Wichtig ist, daß auch die verwendeten Software-Entwicklungswerkzeuge die Verwaltung und parallele Bearbeitung gemeinsamer Daten unterstützen. Werkzeuge müssen stets mit *aktuellen Daten* arbeiten. Durchgeführte Änderungen müssen also an parallel ausgeführte Werkzeuge, die innerhalb des gleichen Arbeitsbereichs (*Workspace*) arbeiten, propagiert werden. Der Zugriff auf die und die Veränderung der Projektdaten muß durch *Zugriffsrechte* geregelt sein. Zugriffsrechte sollten an einzelne Benutzer und Benutzergruppen vergeben werden können und eine exakte Spezifikation der auf einer Ressource ausführbaren Operationen ermöglichen. Eine gegenseitige Behinderung der Benutzer wie das gegenseitige Überschreiben von Änderungen sollte z.B. durch *Sperren* an Ressour-

cen verhindert werden. In manchen Arbeitsschritten kann auch die gleichberech-
tigte parallele Bearbeitung eines Dokuments durch mehrere Benutzer gewünscht
sein (synchrones Editieren), wie es *Mehrbenutzereditoren* [4] ermöglichen; in diesem Fall dürfen keine Sperren gesetzt werden.

3 Architektur-Vorschlag

Die Entwicklung von Werkzeugen, die die beschriebenen Anforderungen erfüllen,
ist aufwendig. Durch die Wahl einer geeigneten Werkzeug-Architektur kann
aber der Implementierungsaufwand deutlich verringert werden. In Abb. 1 ist
ein Architektur-Vorschlag skizziert.

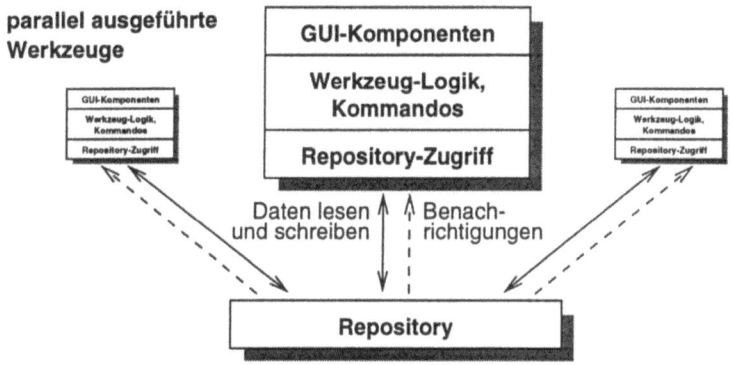

Abb. 1. Architektur-Skizze

Das *Repository* stellt Dienste zur Datenverwaltung zur Verfügung [5]. Hierzu zählen die Definition des Datenmodells, die Überwachung von benutzer- und
benutzergruppenspezifischen Zugriffsrechten, die Möglichkeit zur Definition externer Sichten und die Unterstützung des parallelen Zugriffs. Durch einen *Benachrichtigungsmechanismus* werden parallel ausgeführte Werkzeuge über Änderungen der Daten im Repository informiert.

Da Software-Dokumente ein komplexes Datenmodell besitzen, haben sich objektorientierte Datenbank-Managementsysteme (OODBMS) für die Realisierung
von Repositories als gut geeignet erwiesen [13].

Um die in Abschnitt 2.2 beschriebenen Integrationsanforderungen zu erfüllen,
wird ein komponentenorientierter Ansatz zur Werkzeug-Konstruktion vorgeschlagen. Die Werkzeuge sind also modular und werden aus Framework-
Komponenten zusammengesetzt. Diese Framework-Komponenten können durch
werkzeugspezifische Komponenten erweitert werden, um so spezifische Anforderungen zu berücksichtigen. Die Werkzeug-Konstruktion wird in Abschnitt 4
näher beschrieben[1].

---

[1] Verfahren zur Integration vorhandener "*off-the-shelf*"-Werkzeuge werden an dieser
Stelle nicht betrachtet.

Werkzeuge greifen auf das Repository über eine Schicht von Werkzeug-Komponenten (*Repository-Zugriffsschicht*) zu. Diese Komponenten verwenden direkt die Schnittstellen und Protokolle des Repositories und bieten dem Werkzeug-Entwickler eine komfortablere Schnittstelle, da hier Sequenzen von Zugriffsoperationen zusammengefaßt werden und Datenstrukturen zur Verwaltung transienter Daten zur Verfügung stehen.

In der Repository-Zugriffsschicht sind Annahmen über das Datenmodell, die Handhabung von Zugriffsrechten und die Art der parallelen Bearbeitung der Daten (z.B. Sperranforderung) enthalten, die sich im gegebenen Anwendungsbereich als sinnvoll erwiesen haben. Der Werkzeug-Entwickler muß sich also mit diesen Fragestellungen nicht mehr direkt auseinandersetzen. Andererseits wird die Flexibilität gegenüber dem direkten Zugriff auf das Repository eingeschränkt.

Durch die Nutzung der Repository-Zugriffsschicht können die Werkzeuge die vom Repository angebotenen Dienste (z.B. Benachrichtigung, Zugriffsrechte) direkt ausnutzen [24]. Dadurch wird auch das Verhalten und die Bedienung von Werkzeugen innerhalb einer Umgebung konsistent und für den Anwender leichter nachvollziehbar.

Da die Werkzeuge über das Repository kommunizieren, wird keine Kommunikationsinfrastruktur (wie z.B. ein *Message Server* [32]) benötigt, was die Komplexität von Umgebungen und den Implementierungsaufwand für die Werkzeuge verringert [25].

4 Werkzeug-Konstruktion

Die in der beschriebenen Architektur verwendeten Werkzeuge sind modular und werden aus *Werkzeug-Komponenten* zusammengesetzt. Diese Komponenten stammen aus dem *genform*-Framework, das zunächst für die Konstruktion einfacher datenbankbasierter Anwendungen entwickelt [23] und später um Konzepte zur Realisierung von Software-Entwicklungswerkzeugen erweitert wurde.

Die in *genform* enthaltenen Komponenten können grob in GUI-Komponenten, Komponenten, die die Werkzeug-Logik und Werkzeug-Kommandos implementieren, und Komponenten, die für die Anbindung der Werkzeuge an das Repository zuständig sind, unterteilt werden. Durch die Verwendung von Komponenten aus der *genform*-Bibliothek ist sichergestellt, daß alle Werkzeuge eine einheitliche Benutzungsschnittstelle besitzen. Die Komponenten für den Repository-Zugriff gewährleisten, daß alle Werkzeuge das Repository auf gleiche Weise nutzen, was sich in einem konsistenten Werkzeug-Verhalten widerspiegelt, z.B. beim Prüfen und Anfordern von Sperren, der Handhabung von Zugriffsrechten und Benachrichtigungen sowie bei der Reaktion auf Fehler. Der Werkzeug-Entwickler, der Komponenten verwendet und ggf. erweitert, benötigt keine Kenntnisse über technische Details der Datenbank-Schnittstelle.

Bei der Entwicklung eines konkreten Werkzeugs muß zunächst das *Datenmodell* der bearbeiteten Dokumente definiert werden. Wird ein Repository zur Datenverwaltung benutzt, liegt das Datenmodell in Form eines *Datenbank-Schemas* vor.

Bei der eigentlichen *Komposition* von Werkzeugen aus Framework-Komponenten müssen geeignete Werkzeug-Komponenten ausgewählt und zu einem Werkzeug zusammengesetzt werden. Zu den Werkzeug-Komponenten zählen GUI-Komponenten, mit denen die graphische und textuelle Darstellung und Bearbeitung von Dokumenten ermöglicht wird, sowie Komponenten, die Benutzer-Kommandos, z.B. für Konsistenzprüfungen und den Datenexport, implementieren. Allgemein können zwei Arten der Benutzung von Framework-Komponenten unterschieden werden: Bei der *white-box*-Wiederverwendung [37] muß der Entwickler Details der verwendeten Komponenten und die Struktur des Frameworks kennen. Dies bedeutet einen hohen Einarbeitungsaufwand und höhere Fehleranfälligkeit; andererseits auch eine hohe Flexibilität bei der Anpassung vorhandener Komponenten.

Bei der *black-box*-Wiederverwendung werden Werkzeuge aus Komponenten zusammengesetzt, deren innere Struktur und Funktionsweise nicht bekannt sein muß. Statt dessen müssen nur die externen Schnittstellen und die Beziehungen zu anderen Komponenten berücksichtigt werden. Hierdurch wird eine effiziente Werkzeug-Konstruktion ermöglicht [3]. Das Standardverhalten der Komponenten wird durch *Konfiguration* an die konkreten Anforderungen angepaßt.

Bei den Kompositions- und Konfigurationsschritten muß die Konsistenz mit dem Datenmodell gewährleistet werden. Soll z.B. ein Werkzeug ein Formular zur Bearbeitung der Attribute eines Objekts anzeigen, müssen die Eingabefelder im Formular mit den Attributen im Datenbank-Schema übereinstimmen. Soll eine Liste von Einträgen angezeigt werden, muß im Datenmodell eine zugehörige Beziehung existieren, die auf Objekte des Eintragstyps verweist. Die redundante Verwaltung von Informationen im Datenbank-Schema und im Werkzeug-Quelltext erhöht die Fehleranfälligkeit und erschwert die nachträgliche Änderung der Werkzeuge [23].

Weiterhin müssen bei der Werkzeug-Konstruktion rollen- und aufgabenspezifische Besonderheiten beachtet werden. Benutzer mit verschiedenen Rollen werden unterschiedliche Daten (Datenmodell) mit unterschiedlichen Werkzeugen (Konfiguration, Komposition) bearbeiten.

In *genform* werden *Werkzeug-Schemata* zur Beschreibung von Werkzeugen verwendet. Diese enthalten neben dem Datenmodell (in Form eines Datenbank-Schemas) auch die Definitionen von Benutzergruppen und zugeordneten Zugriffsrechten[2]. Weiterhin sind Informationen zur Komposition und Konfiguration von Werkzeugen in Form von *Werkzeug-Parametern* enthalten. Diese werden den Typdefinitionen im Datenbank-Schema zugeordnet. Durch die Kombination von Datenbank-Schema und Werkzeug-Parametern wird die Konsistenz zwischen Werkzeug und Datenmodell gewährleistet. Da Werkzeug-Schemata aufgaben- und rollenspezifisch definiert werden, ist die Konstruktion angepaßter Werkzeuge

---

[2] Benutzergruppen werden zur Implementierung von Rollen benutzt. Werden gruppenspezifische Zugriffsrechte definiert, stellt das Repository automatisch sicher, daß Benutzer mit einer bestimmten Rolle nur auf die für sie bestimmten Daten zugreifen können. Vorteilhaft ist hierbei, wenn das Repository hierarchische Benutzergruppen unterstützt, wie z.B. in PCTE [35].

einfach möglich[3].

4.1 Datenmodell-Interpretation

In Abb. 2 sind Werkzeuge und Ausschnitte der zugehörigen Datenmodelle dargestellt. Die Daten sind *feingranular* modelliert, d.h. die Feinstruktur der Dokumente wird im Datenmodell nachgebildet. Für verschiedene Werkzeuge (z.B. zur Bearbeitung von objektorientierten Modellen in graphischer und textueller Darstellung) existieren separate Werkzeug-Schemata. Definitionen können aus anderen Werkzeug-Schemata importiert und erweitert werden (z.B. um Informationen für die graphische Darstellung wie die Koordinaten, an denen eine Klasse im Diagramm dargestellt wird). Jeder Entitätstyp besitzt eine Menge von

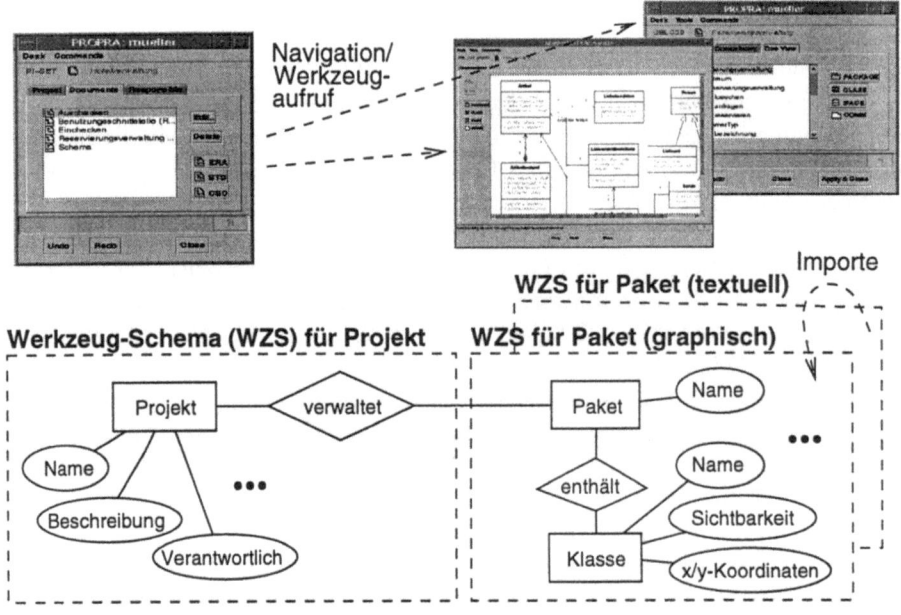

Abb. 2. Werkzeuge und Werkzeug-Schemata

Attributen und eine Menge von ausgehenden Beziehungen. Werkzeuge werden den Entitätstypen zugeordnet. Über die ausgehenden Beziehungen wird zu anderen Dokumentteilen navigiert und es werden Werkzeuge zu deren Bearbeitung gestartet [6].

---

[3] Die Werkzeug-Konstruktion wird durch Werkzeuge unterstützt, die ebenfalls mit *genform* realisiert wurden. Mit den Werkzeugen können Werkzeug-Schemata erzeugt und bearbeitet werden. Aus den Werkzeug-Schemata wird das Repository für die Entwurfsdokumente mit den definierten Benutzergruppen, Datenbank-Schemata und Werkzeug-Parametern initialisiert.

4.2 Werkzeug-Parameter

Natürlich reichen die im Datenmodell enthaltenen Informationen zur vollständigen Spezifikation der Werkzeuge nicht aus. Welche Werkzeuge verfügbar sind, welche Kommandos diese Werkzeuge anbieten und wie sie die zu bearbeitenden Dokumente darstellen, wird durch Werkzeug-Parameter spezifiziert.

Jede Werkzeug-Komponente kann über eine Menge von Werkzeug-Parametern konfiguriert werden. Bei der Komponente zur Darstellung eines Eingabeformulars kann z.B. die Art, Darstellung und Anordnung der einzelnen Eingabefelder beeinflußt werden. Auch die Zusammensetzung von Werkzeugen aus Werkzeug-Komponenten wird über Werkzeug-Parameter spezifiziert (*black-box*-Wiederverwendung). Die Komponenten werden zur Laufzeit nachgeladen und in das Werkzeug eingefügt, somit ist keine Neuübersetzung des Werkzeugs nach einer Änderung nötig. Da Werkzeug-Parameter eine sehr einfache Struktur haben, sind sie vom Werkzeug-Entwickler bereits nach geringem Einarbeitungsaufwand benutzbar.

Werkzeug-Parameter können atomare Werte (z.B. *integer*, *string*) oder Verweise auf Typen aus dem Datenbank-Schema (z.B. Attribute eines Entitätstyps) enthalten. Zusätzlich können komplexe Werkzeug-Parameter als Sequenzen von Werkzeug-Parametern definiert werden. Werkzeug-Parameter werden den Typdefinitionen im Datenbank-Schema zugeordnet. Ein Werkzeug, das auf eine Ressource im Repository zugreift, kann also anhand des Typs dieser Ressource die zugeordneten Werkzeug-Parameter auslesen und interpretieren.

4.3 Werkzeugspezifische Komponenten

Die in *genform* enthaltenen Komponenten können natürlich nicht alle Anforderungen berücksichtigen, die bei der Werkzeug-Entwicklung auftreten. Der Werkzeug-Entwickler kann zur Behandlung von Spezialfällen *werkzeugspezifische Komponenten* implementieren und in sein Werkzeug einbinden.

Werkzeugspezifische Komponenten werden durch Erweiterung vorhandener *genform*-Komponenten realisiert, so daß nur "der Unterschied" zur Standard-Komponente implementiert werden muß (*white-box*-Wiederverwendung). Der Werkzeug-Entwickler muß sich also nicht mit Details der Datenbank-Anbindung, GUI-Programmierung oder den umliegenden Framework-Komponenten auseinandersetzen.

Da die Komponenten mittels Werkzeug-Parametern spezifiziert und von *genform* automatisch in das Werkzeug integriert werden, sind hierfür keine Änderungen außerhalb der spezialisierten Komponente nötig.

4.4 Beispiel: Editor für Klassenstruktur-Diagramme

Auf Basis von *genform* wurde *PI-SET*[4] realisiert, eine Sammlung integrierter Upper-CASE-Werkzeuge. *PI-SET* enthält eine Projektverwaltung, graphische

---

[4] *PI-SET* steht für *Integrated Software Engineering Tool SET* mit Unterstützung der Planung, Projektdurchführung und Prozeßmodellierung.

und textuelle Werkzeuge für verschiedene Dokumenttypen (z.B. ERA, DFD, verschiedene UML-Diagramme), sowie Werkzeuge zur Unterstützung der Planung und Durchführung von Software-Projekten. Abb. 3 zeigt einen graphischen Editor für Klassenstrukturdiagramme und zwei textuelle Werkzeuge zur Bearbeitung des objektorientierten Entwurfs.

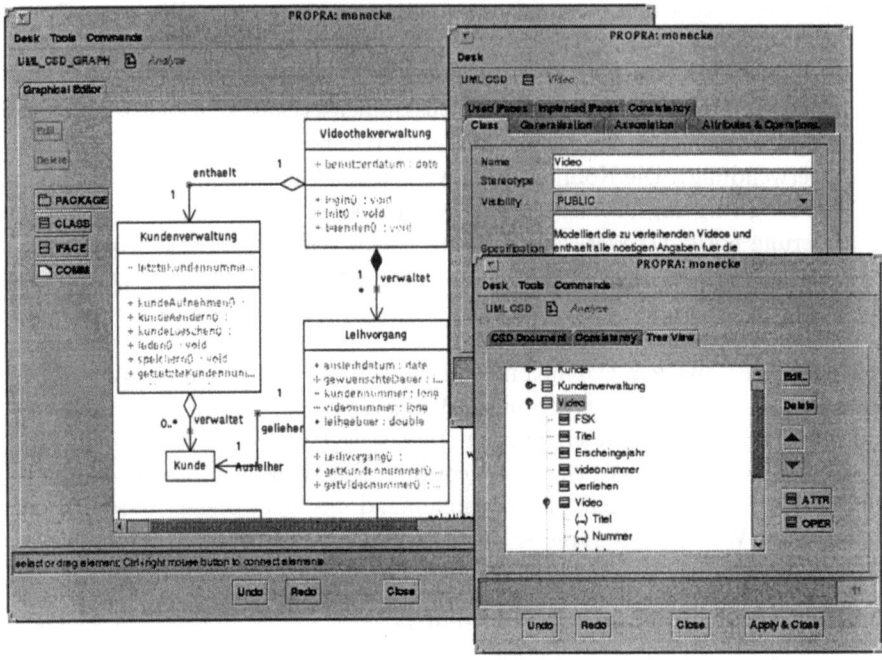

Abb. 3. Graphischer Editor für Klassendiagramme

Zur Realisierung des Editors sind folgende Schritte nötig:

- Entwurf des Datenmodells für Klassenstruktur-Diagramme. Das Datenmodell enthält etwa 10 Entitätstypen, 8 Beziehungstypen und 15 Attributtypen.

- Definition von Werkzeug-Parametern zur Konfiguration der Werkzeuge. Diese legen z.B. fest, welche Bezeichnungen für die Eingabefelder innerhalb eines Eingabeformulars verwendet werden, welche Eigenschaften die Eingabefelder im Formular haben (z.B. mehrzeilig; in Abb. 3 oben rechts), welche Komponenten für die graphische Darstellung von Klassensymbolen und Beziehungen benutzt werden (Abb. 3 links) und welche (werkzeugspezifischen) Kommandos verfügbar sind (z.B. Export von Java-Quelltext, zu finden im Menü *Commands*). Hier sind etwa 60 Werkzeug-Parameter nötig.

- Implementierung von ca. 15 werkzeugspezifischen Komponenten, z.B. für die graphische Darstellung von Klassensymbolen und für werkzeugspezifische Kommandos. Sie umfassen meist weniger als 100 Zeilen Java-Code (inkl. Kommentar- und Leerzeilen).

5 Prozeß-Unterstützung

Bei der in *PI-SET* implementierten Prozeß-Unterstützung wird der Prozeß-Zustand persistent im Repository verwaltet. Er setzt sich zusammen aus den Zuständen der bearbeiteten Dokumente (z.B. geprüft, fehlerfrei, eingefroren) und den Zuständen der auszuführenden Aufgaben (z.B. bereit, in Arbeit, fertig). Die aktuelle Prozeß-Situation bestimmt, welche Zugriffsrechte an den Dokumenten vorliegen und welche Werkzeuge einem Benutzer, der eine Aufgabe mit einer bestimmten Rolle bearbeiten möchte, zur Verfügung stehen. Aufgrund der Zerlegung von Werkzeugen in einzelne Komponenten und der Möglichkeit, die Eigenschaften dieser Komponenten durch Werkzeug-Parameter zu beeinflussen, kann sehr feingranular das Aussehen und Verhalten von Werkzeugen abhängig von der aktuellen Prozeß-Situation festgelegt werden.

Der Prozeß-Zustand wird durch die Software-Entwicklungswerkzeuge selbst beeinflußt, manuell durch den Benutzer, indem er z.B. ein Dokument als fertiggestellt markiert, oder automatisch z.B. durch Prüfwerkzeuge, die entscheiden, ob die Bearbeitung eines Dokuments abgeschlossen ist, und das Ergebnis der Prüfung im Repository speichern.

Die einem Benutzer vom Projekt-Manager zugeordneten Aufgaben werden in seinem *Agenda-Werkzeug* angezeigt. Hier können Aufgaben akzeptiert oder abgelehnt, sowie die Bearbeitung einer Aufgabe gestartet werden. Durch Auswahl einer Aufgabe kann direkt mit dem passenden Werkzeug auf die zu bearbeitenden Dokumente zugegriffen werden.

Der globale Prozeß-Fortschritt wird von einer zentralen Prozeß-Maschine gesteuert. Die Prozeß-Maschine nutzt den Benachrichtigungsmechanismus des Repository, um die durchgeführten Änderungen zu überwachen, und beeinflußt ihrerseits den Zustand des Prozesses oder die Zustände von Dokumenten. Wird z.B. der Entwurf einer Klasse abgeschlossen, erzeugt die Prozeß-Maschine automatisch eine Implementierungsaufgabe für diese Klasse und sperrt den Entwurf gegen weitere Änderungen. Die zu überwachenden Änderungen werden anhand der gerade aktiven Aufgaben ermittelt.

Die auszuführenden Prozeß-Schritte werden durch *Prozeß-Komponenten* in Java implementiert und von der Prozeß-Maschine zur Laufzeit geladen. Die Implementierung von Prozeß-Komponenten in Java ist zwar effektiv, allerdings können die so erstellten Prozeß-Programme z.B. durch den Projekt-Manager nur schwer verändert werden. Es ist auch denkbar, daß diese Komponenten Prozeß-Programme ausführen, die in einer Prozeß-Modellierungssprache (z.B. *FUNSOFT-Netze* [12]) beschrieben sind. Die Prozeß-Komponente enthält in diesem Fall einen Interpreter für die gegebene Sprache. Die Spezifikation von netzbasierten Prozeß-Modellen mit graphischen Editoren ist somit auch für den Benutzer einer SEU möglich.

6 Verwandte Arbeiten

Meta-CASE-Umgebungen (z.B. KOGGE [8], MetaEdit+ [21], ToolBuilder [1]) ermöglichen die Konstruktion von SEU auf hohem Abstraktionsniveau. Meist werden Werkzeuge mit einer oder mehreren Spezifikationssprachen beschrieben. Diese Beschreibung wird entweder zur Codegenerierung genutzt oder interpretiert. Die Verwendung der Systeme ist für den Werkzeug-Entwickler meist mit einem großen Einarbeitungsaufwand verbunden, ermöglicht dann aber die effiziente Konstruktion hochwertiger Werkzeuge, wie auch der Erfolg einiger kommerzieller Produkte belegt. Als problematisch kann sich die mangelnde Flexibilität der Ansätze erweisen, falls spezielle Funktionalitäten oder Werkzeuge integriert werden sollen, die bei der Entwicklung der Meta-CASE-Umgebung nicht berücksichtigt wurden.

Andere Systeme basieren auf objektorientierten Frameworks [18] oder verfolgen einen komponentenorientierten Ansatz [19]. Hier ist eine flexible Erweiterung möglich, andererseits ist der Aufwand für den Werkzeug-Entwickler groß, da er die Struktur des Frameworks und die zu verändernden Klassen genau kennen muß.

Mit prozeßgesteuerten SEU (*process-centred software development environments*) können Werkzeuge (oder zumindest Benutzungsschnittstellen) an die aktuelle Prozeß-Situation angepaßt werden [26, 10]. Die Funktionalität der Werkzeuge ist aber meist eingeschränkt und eine Anpassung an spezielle Anforderungen meist nicht möglich. In PRIME [31] können Prozeß-sensitive Modellierungswerkzeuge spezifiziert werden. Allerdings wird hier jede ausführbare Aktion in einem Werkzeug-Modell beschrieben. Dieses kann schnell sehr groß und damit schwer handhabbar werden, wodurch der praktische Einsatz erschwert wird.

7 Implementierung

genform und *PI-SET* wurden in Java unter Verwendung der *Swing*-GUI-Bibliothek implementiert. Als Repository wird das DBMS H-PCTE [22] eingesetzt, eine hauptspeicherbasierte Implementierung des Objekt-Verwaltungssystems aus dem ISO-Standard PCTE [20, 35].

Das Datenbankmodell von H-PCTE basiert auf dem Entity-Relationship-Modell, d.h. eine Objektbank enthält Objekte, die durch Beziehungen verbunden sind, über die navigiert werden kann. Objekte und Links sind typisiert und können Attribute haben. Alle Typen werden *selbstreferentiell* durch Daten in der Objektbank (*Meta-Datenbank*) repräsentiert. Applikationen können auf diese Typdefinitionen zugreifen und über spezielle Schnittstellen die Meta-Datenbank manipulieren. Weiterhin stehen gruppenorientierte Zugriffskontrollen, ein feingranularer Sperrmechanismus und ein Benachrichtigungsmechanismus, durch den Änderungen in der Objektbank überwacht werden können, zur Verfügung. Mit dem Java-API von H-PCTE [24] können portable Frontends in Java realisiert werden.

Die aktuelle Implementierung von *PI-SET* umfaßt Werkzeuge zur Bearbeitung verschiedener Entwurfsdokumente (ER-, Datenfluß-, Klassenstruktur-, Zustandsübergangsdiagramme) sowie Werkzeuge zur Projektplanung mit einem graphischen Netzplan-Editor. Die Entwurfswerkzeuge enthalten Funktionen zur

Konsistenzprüfung sowie Möglichkeiten zum Export von Dokumenten, z.B. als XFig-Datei, Java-Quelltext oder Schema-Definitionen für relationale DBMS.

Prozeß-Fragmente werden basierend auf den in *genform* enthaltenen Java-Klassen implementiert. Eine Bibliothek mit wiederverwendbaren Prozeß-Fragmenten befindet sich im Aufbau.

8 Zusammenfassung

Im beschriebenen Ansatz werden Werkzeuge durch Datenbank-Schemata und Werkzeug-Parameter spezifiziert. Die Erweiterung der Werkzeuge ist durch Implementierung von spezifischen Komponenten möglich. Hierdurch können die Eigenschaften der Werkzeuge sehr feingranular bestimmt und genau an die gegebenen Anforderungen bezüglich Methode, Rolle und Aufgabe angepaßt werden.

Durch die Implementierung von Prozeß-Fragmenten kann automatisch auf Änderungen der Dokumente und des Prozeß-Zustands reagiert und das Befolgen eines vorgegebenen Prozesses forciert werden. Der Benutzer erhält passende Sichten und geeignete Werkzeuge, um seine Aufgaben ausführen zu können, wird jedoch nicht zur Ausführung bestimmter Aufgaben zu einem bestimmten Zeitpunkt gezwungen. Die Werkzeuge besitzen eine einheitliche Benutzungsschnittstelle, die genau an die Anforderungen der aktuellen Prozeß-Situation angepaßt ist.

Der Werkzeug-Entwickler erhält die Möglichkeit, diese Werkzeuge mit relativ geringem Aufwand zu realisieren. Dies wurde bei der Entwicklung verschiedener Werkzeuge überprüft. *PI-SET* wird in Lehrveranstaltungen und internen Projekten eingesetzt und hat sich als sinnvolle Unterstützung für den Software-Entwickler erwiesen.

Literatur

1. A. Alderson, J. Cartmell, and A. Elliott. Toolbuilder: From CASE Tool Components to Method Engineering. In Gray et al. [14], pages 9–18.
2. S. Bandinelli, E. DiNitto, and A. Fuggetta. Supporting Cooperation in the SPADE-1 Environment. *IEEE Transactions on Software Engineering*, 22(12):841–865, Dec. 1996.
3. D. Batory. Intelligent Components and Software Generators. Technical Report CS-TR-97-06, University of Texas, Austin, Apr. 1, 1997.
4. W. Becker, C. Burger, J. Klarmann, O. Kulendik, F. Schiele, and K. Schneider. Rechnerunterstützung für Interaktionen zwischen Menschen. *Informatik Spektrum*, 22:422–435, 1999.
5. M. Chen and R. J. Norman. A framework for integrated CASE. *IEEE Software*, 9(2):18–22, Mar. 1992.
6. D. Däberitz and U. Kelter. Rapid Prototyping of Graphical Editors in an Open SDE. In *Proc. of the Int. Conference of Software Development Environments and CASE (SEE'95)*, pages 61–72, Noordwijkerhout, Netherlands, Apr. 1995. IEEE Press.

7. J. Derniame, B. A. Kaba, and D. Wastell, editors. *Software process: Principles, Methodology, and Technology,* Berlin, 1999. Springer.

8. J. Ebert, A. Winter, P. Dahm, R. Franzke, and R. Süttenbach. Graph Based Modeling and Implementation with EER/GRAL. In *Proc. 15th Int. Conf. on Conceptual Modeling (ER'96),* volume 1157 of *Lecture Notes in Computer Science,* pages 163–178. Springer, 1996.

9. W. Emmerich. Tool Specification with GTSL. In *Proc. of the 8th Int. Workshop on Software Specification and Design,* pages 26–35, Schloß Velen, Germany, 1996. IEEE Computer Society Press.

10. W. Emmerich, G. Ferran, F. Ferrandina, A. Fuggetta, C. Ghezzi, S. Lautemann, L. Lavazza, J. Madec, M. Phoenix, S. Sachweh, W. Schäfer, C. S. dos Santos, G. Tigg, and R. Zicari. The GOODSTEP Project: General Object-Oriented Database for Software Engineering Processes. In *Proc. of the 1st Asian Pacific Software Engineering Conference,* pages 10–19, Tokyo, Japan, 1994. IEEE Computer Society Press.

11. W. Emmerich and A. Finkelstein. Do process-centred environments deserve process-centred tools? In C. Montangero, editor, *Proc. of the 5th European Workshop on Software Process Technology (EWSPT'96),* volume 1149 of *Lecture Notes in Computer Science,* pages 75–81. Springer, 1996.

12. W. Emmerich and V. Gruhn. FUNSOFT Nets: A Petri-Net based Software Process Modeling Language. In *Proceedings of the 6th International Workshop on Software Specification and Design,* Como, Italy, Sept. 1991.

13. W. Emmerich, P. Kroha, and W. Schäfer. Object-oriented database management systems for construction of CASE environments. In *Proc. of the 4th Int. Conference on Database and Expert Systems Applications (DEXA'93),* volume 720 of *Lecture Notes in Computer Science,* pages 631–642, Prague, Czech Republic, 1993.

14. J. Gray, J. Harvey, A. Liu, and L. Scott, editors. *Proc. 1st Int. Symposium on Constructing Software Engineering Tools (COSET '99),* Los Angeles, CA, May 1999.

15. J. Gray and B. Ryan. Integrating Approaches to the Construction of Software Engineering Environments. In J. Ebert and C. Lewerentz, editors, *Proc. of the Software Engineering Environments Conference,* pages 53–65, Cottbus, Germany, 8–9 Apr. 1997. IEEE.

16. V. Gruhn. Software Process Management and Business Process (Re-)Engineering. In B. C. Warboys, editor, *Proc. of the 3rd European Workshop on Software Process Technology,* volume 772 of *Lecture Notes in Computer Science,* pages 250–253, Heidelberg, Sept. 1994. Springer–Verlag.

17. V. Gruhn, editor. *Proc. of the 6th European Workshop on Software Process Technology (EWSPT'98),* volume 1487 of *Lecture Notes in Computer Science.* Springer, 1998.

18. J. C. Grundy and J. G. Hosking. A framework for building visual programming environments. In *Proc. IEEE Symposium on Visual Languages,* pages 220–224. IEEE Computer Society Press, 1993.

19. J. C. Grundy, J. G. Hosking, and R. Mugridge. Inconsistency management for multiple-view software development environments. *IEEE Transactions on Software Engineering,* 24(11):960–981, 1998.

20. ISO. *Portable Common Tool Environment - Object Oriented Extensions — Abstract Specification / C Bindings / Ada Bindings (Draft Standard).* ISO, Sept. 1995.

21. S. Kelly, K. Lyytinen, and M. Rossi. MetaEdit+: A Fully Configurable Multi-User and Multi-Tool CASE and CAME Environment. In P. Constantopoulos, J. Mylopoulos, and Y. Vassiliou, editors, *Proc. of the 8th Int. Conference on Advanced Information Systems Engineering (CAiSE'96)*, volume 1080 of *Lecture Notes in Computer Science*, pages 1–21, Heraklion, Crete, Greece, May 1996. Springer.

22. U. Kelter. H-PCTE – a High Performance Object Management System for System Development Environments. In *Proc. of the 16th Annual Int. Computer Software and Application Conference (COMPSAC)*, pages 45–50, Chicago, Illinois, Sept. 1992. IEEE Computer Society Press.

23. U. Kelter and M. Monecke. Eine Architektur zur effizienten Konstruktion verteilter datenbankbasierter Anwendungen. In *Proc. Smalltalk und Java in Industrie und Ausbildung (STJA'99)*, Erfurt, 28.–30.Sept. 1999. Universität Ilmenau.

24. U. Kelter, M. Monecke, and D. Platz. Realisierung von verteilten Editoren in Java auf Basis eines aktiven Repositories. In *Proc. Java-Informationstage 1998 (JIT'98)*, pages 340–353. Springer, 1998.

25. U. Kelter, M. Monecke, and D. Platz. Constructing Distributed SDEs using an Active Repository. In Gray et al. [14], pages 149–158.

26. H.-U. Kobialka and C. Lewerentz. User Interfaces Supporting the Software Process. In Gruhn [17], pages 60–74.

27. B. Myers. User Interface Software Tools. *ACM Transactions on Computer-Human Interaction*, 2(1):64–101, Mar. 1995.

28. B. Nuseibeh. Meta-CASE Support for Method-Based Software Development. In *Proc. of the 1st Int. Congress on Meta-CASE*. University of Sunderland, UK, Jan. 1995.

29. B. Nuseibeh and A. Finkelstein. ViewPoints: A vehicle for method and tool integration. In G. Forte, N. H. Madhavji, and H. A. Müller, editors, *5th Int. Workshop Computer-Aided Software Engineering*, pages 50–60, 6–10 July 1992.

30. R. Petrasch. Style Guides am Beispiel der Java Look and Feel Design Guidelines von Sun Microsystems - eine kritische Betrachtung. *Softwaretechnik-Trends*, 20(1):17–21, Feb. 2000.

31. K. Pohl, K. Weidenhaupt, R. Dömges, P. Haumer, M. Jarke, and R. Klamma. Process-Integrated (Modelling) Environments (PRIME): Foundation and Implementation Framework. *ACM Transactions on Software Engineering and Methodology*, 8(4):343–410, 1999.

32. S. P. Reiss. Connecting tools using message passing in the Field environment. *IEEE Software*, 7(4):57–66, July 1990.

33. D. Schefström. System Development Environments: Contemporary Concepts. In D. Schefström and G. van den Broek, editors, *Tool Integration*. John Wiley and Sons, 1993.

34. I. Thomas and B. A. Nejmeh. Definitions of tool integration for environments. *IEEE Software*, 9(2):29–35, Mar. 1992.

35. L. Wakeman and J. Jowett. *PCTE – The Standard for Open Repositories*. Prentice Hall, Hemel Hempstead, Hertfordshire, UK, 1993.

36. Y. Yang. Issues on Supporting Distributed Software Processes. In Gruhn [17], pages 143–147.

37. H. Züllighoven. *Das objektorientierte Konstruktionshandbuch nach dem Werkzeug- und Materialansatz*. dpunkt-Verlag, Heidelberg, 1998.

Kreativität in der Informatik: Anwendungsbeispiele der innovativen Prinzipien aus TRIZ

Janine Willms, Ina Wentzlaff, Markus Specker

Abt. Lehr-/Lernsysteme, Fachbereich Informatik, Universität Oldenburg
Janine.Willms@Informatik.Uni-Oldenburg.de

1   Einleitung

Dieser Beitrag entstand im Rahmen eines Fortgeschrittenenpraktikums, das die Untersuchung und Nutzung kreativer Aspekte in der Informatik zum Thema hat. Es ist eingelagert in eine laufende Doktorarbeit zur Konzeption und prototypischen Entwicklung eines Entscheidungsunterstützungssystems für die Patentanmeldung und -prüfung mit besonderem bezug zur Informatik (Willms, 1999) (Willms, Möbus, 2000). Patente werden für innovative Entwicklungen erteilt, die aus der Kreativität des Entwicklers hervorgehen. Es soll untersucht werden, mit welchen Methoden eine Patentanmeldung, die nicht erfinderisch genug ist, um ein Patent zu erhalten, kreativ verändert werden kann. In diesem Beitrag wird Fragen nachgegangen, was Kreativität ist, welche Rolle die Kreativität für das Patentwesen spielt und ob man bestehende Prinzipen des kreativen Problemlösens aus der Theorie des erfinderischen Problemlösens TRIZ auch in der Informatik wiederfindet bzw. diese anwenden kann, um neue Entwicklungen voranzutreiben. Ein Hauptziel dieses Beitrags liegt somit darin, die in TRIZ definierten innovativen Prinzipien anhand von Beispielen aus dem Informatikumfeld vorzustellen.

2   Was ist Kreativität?

Was ist eigentlich Kreativität? Ob in der Kunst, Musik, Architektur, Schriftstellerei, Technologie, wissenschaftlich Entdeckungen, aber auch im Problemlösen und Handeln – der Mensch ist fähig, kreativ zu sein, und Kreativität gilt als eine positive Eigenschaft. Eine allgemein anerkannte Definition von Kreativität existiert jedoch bisher nicht. Psychologen versuchen durch Interviews mit Personen, die von anderen als kreativ eingestuft wurden und bereits diverse Preise gewonnen hatten, deren besondere Eigenschaften zu identifizieren, darunter Naturwissenschaftler, Künstler, Schriftsteller und Musiker (Czikszentmihalyi, 1997). Andere Forscher analysieren die historische Entwicklung herausragender Personen, wie zum Beispiel Leonardo da Vinci, Albert Einstein oder Picasso, anhand ihrer Bibliographie (Simonton, 1990) oder von ganzen Fachgebieten auf Basis der fortschreitenden Technologien (Dasgupta, 1996). Mit Hilfe von Computersimulationen wird versucht, die kognitiven Fähigkeiten kreativer Personen erklärbar zu machen (Langley et al., 1987).

Kreativität wird auch heute noch vielfach als unerklärbarer, teils mystischer Prozeß angesehen. Betrachtet man die Begriffe Inspiration, Eingebung, Geistesblitz oder Erleuchtung, so wird deutlich, daß Kreativität nicht als Eigenschaft des Menschen beurteilt wurde, sondern als Eingriff einer äußeren, höheren Instanz. Aus diesem Alltagsverständnis von Kreativität ergibt sich das Problem der „Definition der immer höher gesteckten Ziele" (Kurzweil, 1993). Die Analyse und Erklärung kreativer Prozesse sowie deren Simulation durch Computerprogramme führt lediglich dazu, daß die erreichte Leistung nicht mehr als kreativ gilt, da sie nun erklärbar geworden ist und „einfachen Regeln und Mustern" folgt. Dennoch wird weiter versucht, Kreativitätsmuster zu entdecken und auch im Computer nutzbar zu machen.

3 Kreativität und Patente

Kreativität wird verstanden als:
„Fähigkeit, möglichst viele verschiedenartige und ungewöhnliche (originelle) Lösungen einer Aufgabe produzieren zu können" (Wörterbuch der Kognitionswissenschaft, Strube 1996)
„Production of an idea, action, or object that is new and valued" (MIT Encyclopedia of the Cognitive Sciences, Wilson, Keil, 1999)
„the connecting and rearranging of knowledge - in the minds of people who will allow themselves to think flexibly - to generate new, often surprising ideas that others judge to be useful" (Creativity, Innovation and Quality, Plsek 1997)
Die Definitionen für Kreativität lassen sich auf den folgenden gemeinsamen Grundtenor zurückführen: *Kreativität wird als Prozeß angesehen, dessen Resultat von der Gesellschaft als neu und ungewöhnlich angesehen wird. Dabei wird auf das bisher vorhandene Vorwissen zurückgegriffen, dieses kombiniert, verändert und erweitert.*
M. Boden (Boden, 1990) definiert psychologische Kreativität (P) als Leistungen, deren Ergebnisse für einen bestimmten Menschen persönlich fundamental neu sind. Das Ergebnis ist außerdem historisch kreativ (H), wenn es bezogen auf die gesamte menschliche Geschichte fundamental neu ist. Dasgupta erweitert diese Definition und trennt die fundamentale Neuheit in Neuheit (N) und Originalität (O) (Dasgupta, 1996). Dadurch ergibt sich eine Vier-Felder-Matrix. Die vier Kreativitätsarten von Dasgupta spiegeln die Phasen des Patentierungsprozesses wider. Ein Produkt des menschlichen Denkens, das PO-kreativ ist, kann als Ausgangspunkt für eine Patentanmeldung dienen. Im Patentamt wird dann geprüft, ob dieses Produkt auch bezogen auf die gesamte Menschheit neu (HN-kreativ) und erfinderisch (HO-kreativ) ist.

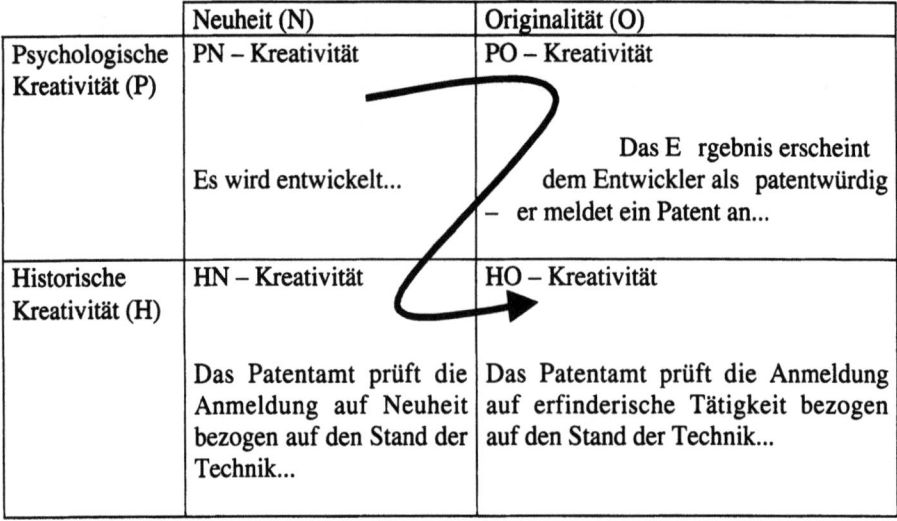

	Neuheit (N)	Originalität (O)
Psychologische Kreativität (P)	PN – Kreativität Es wird entwickelt...	PO – Kreativität Das E rgebnis erscheint dem Entwickler als patentwürdig – er meldet ein Patent an...
Historische Kreativität (H)	HN – Kreativität Das Patentamt prüft die Anmeldung auf Neuheit bezogen auf den Stand der Technik...	HO – Kreativität Das Patentamt prüft die Anmeldung auf erfinderische Tätigkeit bezogen auf den Stand der Technik...

Fig. 1. Bezug der Kreativitätsarten nach Dasgupta zum Patentwesen

Der Begriff der Kreativität als solcher wird im Patentwesen nicht genutzt. Patente werden für Erfindungen erteilt, die sich laut §4 PatG durch Neuheit, erfinderische Höhe und gewerbliche Anwendbarkeit auszeichnen, das heißt, sie beschreiben neue, vorteilhafte Lösungen für Problemstellungen, die einem Durchschnittsfachmann beim Sichten des Standes der Technik nicht als naheliegend erscheinen. Sie können aber aus dem Stand der Technik heraus entwickelt worden sein. Die Neuheit einer Problemlösung kann auch durch Kombination bereits bekannter Lösungswege erzielt worden sein. Nach der Definition von Dasgupta wird durch die Bewertung, die das Patentamt vornimmt, einem Anmeldegegenstand Kreativität bescheinigt, bzw. der Prozeß, der zu dem Gegenstand geführt hat, als kreative Leistung anerkannt.

Kategorisiert man Patente gemäß ihrer erfindungsstrukturellen Merkmale so ergeben sich folgende Erfindungsklassen (Witte, Vollrath, 1997):

- *Übertragungserfindungen*
- *Anwendungs- oder Verwendungserfindungen*
- *Auswahlerfindungen*
- *Kombinationserfindungen*
- *Fortlassungserfindungen*
- Die *Überwindung eines fachlichen Vorurteils* als Metakategorie, da für jede der vorigen Erfindungsarten möglicherweise eine Überwindung eines fachlichen Vorurteil notwendig war. Sie wird explizit aufgeführt, da sie das Urteil des Prüfers über die erfinderische Tätigkeit positiv beeinflußt.

Es stellt sich die Frage, inwiefern der Begriff der Kreativität und der der erfinderischen Höhe des Patentwesens in Einklang zu bringen sind. Der Anspruch an die erfinderische Tätigkeit des Patentwesens ist allgemein niedriger als das allgemeine Verständnis kreativer Leistungen. Bezogen auf Dasguptas Definition von Kreativität ergibt sich der endgültige kreative Charakter jedoch gerade durch die Beurteilung des Anmeldegegenstands durch das Patentamt.

4 Unterstützung kreativer und konstruktiver Prozesse des Menschen

Es gibt eine große Anzahl von Techniken, die die menschliche Kreativität fördern sollen. Da fehlende Motivation als hinderlich für kreative Leistungen angesehen wird, muß für ein angenehmes Umfeld und Interesse an der Fragestellung gesorgt werden. Durch die Bildung von Teams können verschiedene Sichtweisen in die Bemühung ein kreatives Ergebnis zu erreichen mit einfließen. Randomisierungsmethoden (Brainstorming, Reizwortanalyse)beruhen auf dem Abbau von sogenannen Denkblockaden (psychological inertia (Kowalick, 1998)). Neben solchen Motivations- und Organisationstechniken wird versucht, durch Fokussierungstechniken und festgelegten Vorgehensmodellen (Morphologische Analyse, Quality Function Deployment (QFD), Failure Modes and Effects Analysis (FMEA)) das vorhandene Wissen zu strukturieren, zu visualisieren und neues Wissen systematisch zu erheben. Hierbei können Computerprogramme eine wertvolle Hilfestellung bieten.

Eine neuere Form der Kreativitätsförderung sind Systeme auf Basis von Änderungsmustern und -methoden, die aus der Analyse historischer Entwicklungen gewonnen wurden. Solche Ideendatenbanken wurden aufbauend auf der Theorie des erfinderischen Problemlösens (russisches Akronym TRIZ) (Terninko, 1998) zum Beispiel in die Invention Machine der Invention Machine Corp. integriert.

TRIZ wurde in den 50er Jahren von Altshuller, einem Angestellten des russischen Patentamtes entwickelt, um den kreativen Prozeß, der zu Innovationen führt, zu erklären und darauf aufbauend Erfindern helfen zu können. TRIZ beinhaltet Methoden zur Strukturierung von Systemen, Wissen darüber, wie Systeme sich im Laufe der Zeit verändern und Regeln zur Anwendung von Analogien. Bei der Analyse von Patenten entdeckte Altshuller 40 Grundprinzipien (Altshuller, 1998), mit deren Hilfe man ein bestehendes System verändern kann. Diese basieren wiederum auf der Veränderung von technischen und physikalischen Parametern, wie zum Beispiel Gewicht eines Objektes oder die Meßgenauigkeit eines Verfahrens.

Vielfach ist eine erfinderische Lösung eines Problems die Überwindung eine Konfliktsituation zwischen zwei Parametern. Der eine Parameter soll verändert werden, beeinflußt damit aber auch einen anderen Parameter, der eigentlich konstant gehalten werden soll. Als typisches Beispiel mag der Widerspruch zwischen Speicherplatz- und Zeitbedarf einer Funktion gelten. Das Ergebnis kann schnell geliefert werden, wenn es bereits im Speicher oder einer Datenbank vorliegt. Das ergibt jedoch gegebenenfalls einen hohen Speicherplatzbedarf. Anderseits kann der Speicherplatzbedarf reduziert werden, wenn das Ergebnis der Funktion erst berechnet wird, wenn es benötigt wird. Dieses führt jedoch zu einem erhöhten Zeitbedarf der Funktion.

5 Anwendung der 40 Prinzipien von TRIZ auf die Informatikdomäne

TRIZ wurde zu einer Zeit entwickelt, als die Informatik noch nicht existierte. Die analysierten Patente bezogen sich auf mechanische Vorrichtungen und den Umgang damit sowie chemische Verfahren. Es stellte sich daher die Frage, ob und wie man die Prinzipien von TRIZ auch verwenden kann, um Entwicklungen in der Informatik zu erklären bzw. voranzutreiben.

Im folgenden werden die einzelnen Prinzipien vorgestellt und anhand von Beispielen aus der Informatik erläutert. Die Übersetzung der ursprünglich englischen Begriffe wurde entsprechend (Terninko, 1998) vorgenommen. Vielfach wird deutlich, daß die Prinzipen im Hardwarebereich direkt sinnvoll einsetzbar sind, für die übrige Informatik jedoch weitreichendere Interpretationen notwendig sind. Es muß also ein neuer semantischer Rahmen geschaffen werden, um die Prinzipien in der Informatik einzusetzen. In vielen Prinzipien taucht der Begriff des „Objekts" auf. Was ist aber das Objekt der Betrachtung in der Informatik? Wir haben versucht, durch jeweilige Ersetzung des Objektbegriffs durch Begriffe wie „Software(-architektur)", „Hardware(-architektur)", „Information", „Daten", sowie „Vorrichtung", „System" und „Verfahren" Anregungen für Anwendungsbeispiele zu finden. Das Ergebnis finden Sie in den folgenden Abschnitten. Eine erweiterte Version dieses Beitrags mit Erläuterungen zu den einzelnen Stichpunkten stellen wir unter

http://lls.informatik.uni-oldenburg.de/Projekt/Kreativitaet/Informatik2000.doc

zur Verfügung.

Wir wollen verschiedene mögliche Interpretationen zur Diskussion stellen, um kreative Überlegungen über die Informatik anzuregen. Die Prinzipien und Beispiele sollten jedoch nicht als Standardlösungen angesehen werden, die ein tieferes Nachdenken über Problemsituationen nicht mehr erforderlich machen.

Prinzipien, für die kein Beispiel gefunden werden konnte, werden grau dargestellt.

Prinzip 1: Segmentierung
A: Zerlege ein Objekt in unabhängige Teile.
* *Adressraum im Internet*
* *Imperative vs. modulare/objektorientierte Programmierung.*
B: Mache ein Objekt zerlegbar.
* *Mounten von Festplatten unter UNIX/Linux.*
* *Aufrüsten von RAM oder weiteren Systemkomponenten.*
* *Verkettete Listen.*
C: Erhöhe den Grad der Zerlegbarkeit.
* *Back- und Frontends im Compilerbau.*
* *Programme für Multiprozessorsysteme.*

Prinzip 2: Abtrennung
A: Entfernung oder Abtrennung des störenden Objektes.
* *Einsatz von Filtern.*
* *Einsatz von Masken.*

* *One-Click-Procedures.*
B: Den notwendigen Teil bzw. wesentliche Eigenschaften alleine einsetzen
* *Stationierung/Tankstellen.*
* *virtuelle/abstrakte Funktionen, Klassen/Polymorphie.*

Prinzip 3: Örtliche Qualität

A: Übergang von homogener Struktur des Objektes oder seiner Umgebung zu einer heterogenen Struktur.
* *Symmetric vs. Massiv Parallel Processing.*
* *Konservative vs. Optimistische Simulationsverfahren/Datenbankzugriffe.*
B: Die verschiedenen Teile eines Systems sollen verschiedene Funktionen erfüllen.
* *Speicherhierarchien.*
* *Konstruktor/Destruktor.*
C: Jede Komponente eines Systems unter für sie individuell optimalen Bedingungen einsetzen.
* *Informationhiding.*

Prinzip 4: Asymmetrie

A: Ersetze symmetrische Formen durch asymmetrische.
* *Takten.*
* *Schleifen vs. Sprünge.*
* *Public Key-Verschüsselung.*
B: Erhöhe den Grad an Asymmetrie, wenn diese schon vorliegt
* *(Automatische) Schrittweitenregulierung.*
* *Von zeitdiskreten zu ereignisdiskreten Modellklassen.*

Prinzip 5: Vereinen

A: Guppiere gleichartige oder zur Zusammenarbeit bestimmte Objekte räumlich zusammen
* *Pipelining.*
* *Multiprozessorsysteme.*
* *Rechnernetze.*
B: Vereine gleichartige oder zur Zusammenarbeit bestimmte Objekte, d.h. kopple sie zeitgleich
* *Multitasking/Multiusersysteme.*

Prinzip 6: Universalität

A: Das System erfüllt mehrere unterschiedliche Funktionen, wodurch andere Systeme oder Objekte überflüssig werden.
* *Emulatoren.*
* *Videokarten im PC.*
* *Designpattern.*

Prinzip 7: Verschachtelung

A: Ein Objekt befindet sich im Inneren eines anderen Objektes, das sich ebenfalls im Inneren eines dritten befindet.

* *Rekursion.*
* *Frames in Webseiten.*

B: Ein Objekt paßt in oder durch den Hohlraum eines anderen.

* *Komprimierung.*
* *Steganographie.*

Prinzip 8: Gegengewicht

A: Das Gewicht des Objekts kann durch Kopplung an ein anderes, entsprechend tragfähiges Objekt kompensiert werden.

* *Customer/Producer-Lösungen.*

B: Das Gewicht des Objekts kann durch aerodynamische oder hydraulische Kräfte kompensiert werden.

* *Vakuum im Festplatteninneren.*

Prinzip 9: Vorgezogene Gegenaktion

A: Vor der Ausführung einer Aktion muß eine erforderliche Gegenaktion vorab ausgeführt werden.

* *Antivirenimpfung von Programmen.*
* *Initialisierung von Variablen.*

B: Muß ein Objekt in Spannung sein, dann muß vorab die Gegenspannung erzeugt werden.

Prinzip 10: Vorgezogene Aktion

A: Führe die notwendige Aktion - teilweise oder ganz - im voraus aus.

* *Automatisches Zwischen-)Speichern.*
* *Look ahead caching.*

B: Ordne Objekte so an, daß sie ohne Zeitverlust vom richtigen Ort aus arbeiten können.

* *Trojanische Pferde.*

Prinzip 11: Vorbeugemaßnahmen

A: Kompensiere die schlechte Zuverlässigkeit eines Systems durch vorher ergriffene Gegenmaßnahmen.

* *Exception(handling).*
* *Sicherheitshardware.*
* *Backups.*
* *Sicherheitsmarkierungen.*
* *Deadlock-Detection.*

Prinzip 12: Äquipotential
A: Verändere die Bedingungen so, daß das Objekt mit konstantem Energiepotential arbeiten kann, also weder angehoben, noch abgesenkt werden muß.
* *Zeiger in Programmiersprachen.*

Prinzip 13: Umkehrung
A: Implementiere anstelle der durch Spezifikation diktierten Aktion genau die gegenteilige Aktion.
* *positive vs. negative Gatter.*
B: Mache ein unbewegliches Objekt beweglich oder ein bewegliches unbeweglich.
* *Variablen/Konstanten.*
C: Stelle das System „auf den Kopf", kehr es um.
* *Maus vs. Trackball.*
* *Top-Down- vs. Buttom-Up-Verfahren.*

Prinzip 14: Krümmung
A: Ersetze lineare Teile oder flache Oberflächen durch gebogene, kubische Strukturen druch sphärische.
* *Maus und Trackball vs. Grafiktablett*
B: Benutze Rollen, Kugeln, Spiralen. sphärische.
* *Maus und Trackball*
C: Ersetze lineare Bewegungen durch rotierende, nutze die Zentrifugalkraft.
* *Festplatte und CD vs. Band.*

Prinzip 15: Dynamisierung
A: Gestalte ein System oder dessen Umgebung so, daß es sich automatisch unter allen Betriebszuständen auf optimale Performance einstellt.
* *dynamische, flexible Bandbreite(nanpassung).*
B: Zerteile ein System in Elemente, die sich untereinander optimal arrangieren können.
* *Costumer-Setup oder benutzerspezifische Arbeitsoberflächen.*
* *Mikrooperationen.*
C: mache ein unbewegliches Objekt beweglich, verstellbar oder austauschbar.
* *CD-Wechsler oder Wechselfestplatten.*

Prinzip 16: Partielle oder überschüssige Wirkung
A: Wenn es schwierig ist, 100% einer geforderten Funktion zu erreichen, verwirkliche etwas mehr oder weniger, um so das Problem deutlich zu vereinfachen.
* *Codeoptimierung.*

Prinzip 17: Höhere Dimension
A: Umgehe Schwierigkeiten bei der Bewegung eines Objektes entlang einer Linie durch eine zweidimensionale Bewegung (in einer Ebene). Analog wird ein Bewegungsproblem in der Ebene vereinfacht durch Übergang in die dritte Dimension.

- *Holographische (3D)-Speicher.*
B: Ordne Objekte in mehreren statt in einer Ebene an.
- *Lineare Listen und Vektoren vs. (mehrdimensionale) Arrays.*
- *Nutzung von Metainterpretern*
C: Plaziere das Objekt geneigt, oder kippe es.
- *Desktop vs. Tower.*
D: Nutze Projektionen in die Nachbarschaft oder auf die Rückseite des Objektes.
- *Höhere Programmiersprachen vs. Assembler.*

Prinzip 18: (Mechanische) Schwingungen
A: Versetze ein Objekt in Schwingungen.
- *Endlosschleifen.*
B: Oziliert das Objekt bereits, erhöhe seine Frequenz.
- *Taktfrequenz eines Rechnersystems.*
C: Benutze die Resonanzfrequenz(en).
D: Ersetze mechanische Schwingungen durch Piezovibrationen.
E: Setze Ultraschall in Verbindung mit elektromagnetischen Feldern ein.

Prinzip 19: Periodische Wirkung
A: Übertragung von kontinuierlicher zu periodischer Wirkung.
- *Time-Division Duplex.*
B: liegt bereits eine periodische Aktion vor, verändere deren Frequenz.
- *Die Clock.*
C: Benutze Pausen zwischen einzelnen Impulsen, um andere Aktionen einfügen zu können.
- *Hidden arbitration.*
- *Seti@Home-Projekt.*

Prinzip 20: Kontinuität
A: Führe eine Aktion ohne Unterbrechung aus, alle Komponenten sollen ständig mit gleichmäßiger Belastung arbeiten.
- *Schreibende Datenbankzugriffe.*
B: Schalte Leerläufe und Unterbrechungen aus.
- *Exceptions oder Interrupts.*
C: Ersetze eine „vor-und-zurück"-Bewegung durch eine rotierende.
- *Bandlaufwerk vs. Festplatte.*
- *FIFO statt LIFO.*

Prinzip 21: Überspringen
A: Führe schädliche oder gefährliche Aktionen mit sehr hoher Geschwindigkeit durch.
- *Rapid-Prototyping.*

Prinzip 22: Schädliches in Nützliches wandeln.
A: Nutze schädliche Faktoren oder Effekte – speziell aus der Umgebung – positiv aus.
• *Defragmentieren durch Überschreibung der Daten mit 0.*
B: Beseitige einen schädlichen Faktor durch Kombination mit einem anderen schädlichen Faktor.
C: Verstärke einen schädlichen Einfluß soweit, bis er aufhört, schädlich zu sein.
• *SATAN: ein Programm, welches Sicherheitslücken in einem System aufdecken kann.*

Prinzip 23: Rückkopplung
A: Führe eine Rückkopplung ein.
• *Energiesparmodus.*
B: Ist eine Rückkopplung vorhanden, ändere sie oder kehre sie um.
• *Netzwerkprotokolle: handshake etc.*

Prinzip 24: Mediatoren, Vermittler
A: Nutze ein Zwischenobjekt, um eine Aktion weiterzugeben oder auszuführen.
• Router: *helfen bei der Paketweiterleitung.*
• Arbiter: *können z.B. den Zugriff von CPUs auf den Bus steuern.*
• Agentensysteme: *helfen z.B. bei der Suche nach bestimmten Informationen.*
B: Verbinde das System zeitweise mit einem anderen, leicht zu entfernenden Objekt.
• Lokale Variablen: *zur Speicherung temporär-interessierender Werte.*
• *Design Pattern " Mediator".*

Prinzip 25: Selbstversorgung
A: Das System soll sich selbst bedienen und Hilfs- sowie Reparaturfunktionen selbst ausführen.
• *Selbst-Diagnose.*
B: Nutze Abfall und Verlustenergie.
• *Zur sicheren Löschung von Daten, werden sie mit unsinnigen Daten überschrieben*

Prinzip 26: Prinzip 26: Kopieren
A: Benutze eine billige, einfache Kopie anstatt eines komplexen, teueren, zerbrechlichen oder schlecht handhabbaren Objektes.
• *Simulatoren/Simulation.*
• *Unix-Filesystem.*
B: Ersetze ein System oder ein Objekt durch eine optische Kopie oder Abbildung. Hierbei kann der Maßstab (vergrößern, verkleinern) verändert werden.
• *Touchscreen statt Tastatur.*
C: Werden bereits optische Kopien benutzt, dann gehe zu infrarot oder ultravioletten Abbildungen über.

Prinzip 27: Billige Kurzlebigkeit

A: Ersetze ein teures System durch ein Sortiment billiger Teile, wobei auf einige Eigenschaften (Langlebigkeit beispielsweise) verzichtet wird.

- *PIN und TAN.*
- *Zufallszahlen.*

Prinzip 28: Mechanik ersetzen

A: Ersetze ein mechanisches System durch ein optisches, akustisches oder geruchsbasierendes System.

- *CD(-ROM) statt HDD.*

B: Benutze elektrische, magnetische oder elektromagnetische Felder.

- *HDD statt Lochkarten.*

C: Ersetze Felder: statinäre durch bewegliche, konstante durch periodische, strukturlose durch strukturierte.

D: Setze Felder in Verbindung mit ferromagnetischen Teilchen ein.

Prinzip 29: Pneumatik und Hydraulik

A: Ersetze feste, schwere Teile eines Systems durch gasförmige oder flüssige. Nutze Wasser oder Luft zum Aufpumpen, Luftkissen, hydrostatische Elemente.

- *Verwendung bio-chemischer Speicher.*

Prinzip 30: Flexible Hüllen und Filme

A: Ersetze übliche Konstruktionen durch flexible Hüllen oder dünne Filme.

- *Wrapper.*
- *Adaptive Benutzungsschnittstellen, Adaptive Portale..*

B: Isoliere ein Objekt von der Umwelt durch einen dünnen Film oder eine Membran.

- *Firewalls.*

Prinzip 31: Poröse Materialien*

A: Gestalte ein Objekt porös oder füge poröse Materialien (Einsätze, Überzüge...) zu.

- *Puffer in Rechnernetzen.*

B: Ist ein Objekt bereits porös, dann fülle die Poren mit einem vorteilhaften Stoff im voraus.

- *Halbleiter.*

Prinzip 32: Farbänderungen

A: Verändere die Farbe eines Objektes oder die der Umgebung.

- *Laser im CD-ROM-Laufwerk.*
- *Farbunterschied zwischen aktiven und nichtaktiven Anwendungen in GUIs.*

B: Verändere die Durchsichtigkeit eines Objektes oder die der Umgebung.

- *Abstrakte Datentypen.*

C: Nutze zur Beobachtung schlecht sichtbarer Objekte oder Prozesse geeignete Farbzusätze.

- *Colorierte Petri-Netze.*

D: Existieren derartige Farbzusätze bereits, setze Leuchtstoffe, lumineszente oder anderweitige markierte Substanzen ein. .
* *Blinken, Bewegung in Benutzungsoberflächen.*

Prinzip 33: Homogenität
A: Fertige interagierende Objekte aus demselben oder aus ähnlichem Material.
* *Metadaten.*

Prinzip 34: Beseitigung und Regeneration
A: Beseitige oder verwerte (ablegen, auflösen, verdampfen) diejenigen Teile des Systems, die ihre Funktion erfüllt haben oder unbrauchbar geworden sind.
* *Pakete.*
B: Stelle verbrauchte Systemteile unmittelbar – im Arbeitsvorgang – wieder her.
* *Token-Erzeugung .*

Prinzip 35: Eigenschaftsänderung
A: Ändere den Aggregatzustand eines Objektes: fest, flüssig, gasförmig, aber auch quasiflüssig oder ändere Eigenschaften wie Konzentration, Dichte, Elastizität, Temperatur.
* *Änderung der physikalischen Dichte von Daten auf Festplatten*
* *Defragmentierung.*

Prinzip 36: Phasenübergänge
A: Nutze die Effekte während des Phasenüberganges einer Substanz aus: Volumenänderung, Wärmeentwicklung oder -absorption.

Prinzip 37: Wärmeausdehnung
A: Nutze die thermische Expansion oder Kontraktion von Materialien aus.
B: Benutze Materialien mit unterschiedlichen Wärmeausdehnungskoeffizienten.

Prinzip 38: Prinzip 38: Starkes Oxidationsmittel
A: Ersetze normale Luft durch sauerstoffangereicherte Luft.
B: Ersetze angereicherte Luft durch reinen Sauerstoff.
C: Setze Luft oder Sauerstoff ionisierenden Strahlen aus.
D: Benutze Ozon.

Prinzip 39: Inertes (veraltet für: träges) Medium
A: Ersetze die übliche Umgebung durch eine inerte.
B: Führe den Prozeß im Vakuum aus.

Prinzip 40: Verbundmaterial
A: Ersetze homogene Stoffe durch Verbundmaterialien.
* *Array vs. Record.*

7 Diskussion

Durch den hohen Abstraktionsgrad einiger Prinzipien aus TRIZ sind diese problemlos auch in der Informatik anwendbar und wurden auch bereits angewendet, wie in den vorigen Abschnitten gezeigt werden konnte. Sie können somit auch in der Informatik als Ideenpool genutzt werden. Einige Prinzipien basieren jedoch stark auf Effekten aus der Natur und sind somit im Hardwarebereich, weniger aber in der Welt der Algorithmen und Verfahren einsetzbar.

Für die Zukunft wäre eine Analyse der informations- und softwaretechnischen Verfahren interessant, um in diesen speziellen Gebieten *neue Innovationsprinzipien* aufzudecken und diese auch prospektiv für die Unterstützung von Informatikern bei der Entwicklung von Erfindungen einsetzen zu können.

8 Referenzen

Altshuller, G., "40 Priciples: TRIZ Keys to Technical Innovation", TRIZ Tools, Vol. 1, Worcester, MA: Technical Innovation Center, 1998.

Boden, M., „The Creative Mind", London: Abacus, 1990.

Csikszentmihalyi, M., „Kreativität", Stuttgart: Klett-Cotta, 1997.

Dasgupta, S., „Technology and Creativity", Oxford: Oxford University Press, 1996.

Kowalick, J., „Psychological Inertia", in: TRIZ Journal, August, 1998.

Kurzweil, R., "Das Zeitalter der künstlichen Intelligenz", München:Carl Hanser Verlag, 1993.

Langley, P., Simon, H.A., Bradshaw, G.L, Zytkow, J.M., „Scientific Discovery", MIT Press, 1987.

Plsek, P.E., "Creativity, Innovation and Quality", Milwaukee: ASQC Quality Press, 1997.

Simonton, D.K., „Scientific Genius", Cambridge University Press, 1990.

Strube, G., "Wörterbuch der Kognitionswissenschaft", Stuttgart: Klett-Cotta, 1996.

Terninko, J., "TRIZ – der Weg zum konkurrenzlosen Erfolgsprodukt", R.Herb (Hrsg.), Verlag Moderne Industrie, 1998.

Willms, J., "Eine intelligente Problemlöseumgebung auf Basis kooperativen Hypothesentestens im Patentwesen", in Proc. 9. Arbeitstreffen der GI-Fachgruppe 1.1.5/7.0.1 "Intelligente Lehr-/Lernsysteme", LWA99 Sammelband, S. 333-343, Univ. Magdeburg, September 1999

Willms, J., Möbus, C., "Evolution of the Hypotheses Testing Approach in Intelligent Problem Solving Environments", Proceedings of ITS 2000, Fifth International Conference on Intelligent Tutoring Systems, 19.06.2000-23.06.2000, Montreal, Canada, 2000

Wilson, R.A., Keil, F.C., "The MIT Encyclopedia of the Cognitive Sciences", London: MIT Press, 1999.

Witte, J., Vollrath, U., "Praxis der Patent- und Gebrauchsmusteranmeldung", C. Heymanns Verlag, Köln, 1997.

Aktives Lernen von Algorithmen mit interaktiven Visualisierungen

Nils Faltin

C. v. Ossietzky Universität Oldenburg
Abt. Computer Graphics & Software-Ergonomie
D – 26111 Oldenburg

Faltin@Informatik.Uni-Oldenburg.DE

In diesem Artikel wird eine Methode für die Gestaltung von Lernprogrammen zum Themengebiet Algorithmen beschrieben. Der Lerner soll die Fähigkeit erwerben, den Algorithmus weiterzuentwickeln. Im Lernprogramm werden erklärende Teile mit einer neuen Form von Aufgabe, dem virtuellen Brettspiel, kombiniert. Es eröffnet einen experimentellen Zugang zum Algorithmus über grafische Interaktion mit Funktionen und Datenobjekten.
Ergänzend werden aus didaktischer und software-ergonomischer Sicht Gestaltungsregeln für interaktive Visualisierungen von Algorithmen gegeben.

1   Einführung: Das Potential multimedialer Lernprogramme

Lernmedien für das eigenständige Lernen stehen als Mittler zwischen dem Lerner und dem Lerngegenstand. Sie sollten von ihren Autoren so gestaltet werden, dass sie dem Lerner einen möglichst ungehinderten, eigenständigen und angemessenen Zugang zum Lerngegenstand ermöglichen. Das Lernmedium „Multimediale interaktive Lernprogramme" hat hierbei für das Lerngebiet Algorithmen ein besonders großes Potential. Unter den mir bekannten Lernprogrammen, die (auch) Algorithmen behandeln, schöpfen selbst die besten dieses Potential noch nicht aus. Zu nennen wären hier z. B. „Animated Algorithms" ([6], [7]), „Viacobi" ([9], [10]) und „ORWelt" ([1], [2]).

Diese Lernprogramme nutzen im erklärenden Teil Texte, Bilder und Algorithmen-Animationen. Aufgaben sind, falls vorhanden, meist auf Multiple-Choice-Fragen beschränkt. Mir scheint bei den Aufgaben das größte Potential für neue Formen des Zugangs zum Lerngegenstand zu liegen. Es stellt sich daher die Frage, wie Aufgaben für das Medium Lernprogramm zum Themengebiet Algorithmen gestaltet werden können.

2   Die Methode SALA für die Gestaltung von Lernprogrammen zu Algorithmen

Im den folgenden Abschnitten werde ich die von mir entwickelte didaktische Methode *„Strukturiertes Aktives Lernen von Algorithmen (SALA)"* vorstellen. Sie beschreibt eine Möglichkeit Lernprogramme zum Themenbereich Algorithmen zu gestalten.

SALA zielt darauf einen Lerner zu befähigen, einen Algorithmus um neue Funktionen erweitern zu können. Es wird beschrieben, wie bewährte Lernformen und Präsentationsformen aus dem Medium Lehrbuch ins Medium Lernprogramm übertragen werden können. Für Lernprogramme wird eine Strukturierung des Lernstoffes in Sektionen vorgeschlagen. Die Sektion „Funktionen des Algorithmus" wird näher beleuchtet. Es wird beschrieben, wie eine Funktion des Algorithmus in den Phasen „Probierphase", „Standardverfahren" und „Übung" erlernt wird. In diesen Phasen arbeitet der Lerner mit einer experimentellen Aufgabe, dem „virtuellen Brettspiel".

2.1 Didaktische Ziele der Methode

Die Methode SALA ist darauf ausgelegt, ein tiefes Verständnis für die Funktionen eines Algorithmus zu vermitteln. Der Lerner soll sowohl die Datenstruktur als auch die Schritte der Funktionen verstehen. Für die Datenstruktur soll er lernen, welche Typen von Objekten es gibt, wie sie miteinander verzeigert sind und welche (mathematischen) Bedingungen zwischen den Objekten gelten. Es soll ihm klar werden aus welchen Schritten eine Funktion besteht, warum die Schritte erlaubt sind und zum Ziel führen.

Das Verständnis des Algorithmus umfasst damit auf jeden Fall die Fähigkeit, den Algorithmus von Hand auszuführen. Das didaktische Ziel von SALA geht aber darüber hinaus. Der Lerner soll fähig sein, den Algorithmus um neue Funktionen zu erweitern. Daher wird er schon beim Erlernen der Funktionen in die Rolle eines Algorithmus-Entwicklers gestellt und soll kreativ und problemlösend tätig werden.

Wurde dieses tiefe Verständnis erworben, so ist es sicher auch eine große Hilfe, um den Algorithmus zu programmieren oder mathematisch zu analysieren. Man könnte natürlich auch versuchen, einen Algorithmus einfach Zeile für Zeile aus einer Pseudocode-Beschreibung in ein Programm zu übertragen, ohne ihn verstanden zu haben. Damit würde aber eine wichtige Kontrolle auf Korrektheit entfallen und es ist fraglich, ob man die Möglichkeiten der Programmiersprache ausschöpfen könnte. In den meisten Fällen wird auch die mathematische Analyse nur gelingen, wenn man das Zusammenspiel von Schritten einer Funktion und den Objekten der Datenstruktur verstanden hat.

2.2 Vom Lehrbuch zum Lernprogramm: Präsentationsformen und Lernmethoden

Mit einem nach SALA entwickelten Lernprogramm soll es möglich sein, selbständig zu lernen. Damit ist gemeint, dass keine zusätzlichen Texte oder helfende Personen nötig sind, um den Algorithmus zu erlernen. Natürlich kann und soll ein solches Lernprogramm auch begleitend zu herkömmlichen Lehrformen, wie Vorlesung und Übung einsetzbar sein. Es liegt daher nahe, herkömmliche Lehrbücher zu Algorithmen (z. B. [11], [3]) zu betrachten und zu überlegen, wie dortige Präsentationsformen und Lernmethoden in das Medium Lernprogramm übertragen werden können.

Texte und Formeln sollten als Hypertext dargestellt werden. Bilder aus dem Buch können im Lernprogramm wieder als Bilder gezeigt werden. Sollen aber die Bilder im Buch einen dynamischen Vorgang veranschaulichen, wie z. B. Veränderungen der Werte oder der Verzeigerung der Datenstruktur, so wird man im Lernprogramm Animationen zeigen. Autoren von Lernsoftware, die einen Einblick in das Gebiet der Algorithmen-Animation gewinnen wollen finden hierzu im Buch „Software Visualization" [13] eine Fülle von Hinweisen und Berichte über einschlägige Projekte.

Der erklärende Teil eines Lehrbuches lässt sich damit gut darstellen. Aber wie steht es mit den Aufgaben? Aufgaben fordern den Lerner heraus, sich aktiv mit dem Stoff zu beschäftigen. Sie decken Wissenslücken auf, festigen das gelernte Wissen und geben einen Rahmen, um abstraktes Wissen auf konkrete Aufgaben oder Situationen anzuwenden. In der didaktischen Literatur wird immer wieder darauf hingewiesen, dass Lerner aktiv am Stoff arbeiten sollen, um ihn besser zu verstehen und zu behalten.

Aufgaben aus Lehrbüchern soll der Lerner typischerweise mit Papier und Stift bearbeiten. Vereinzelt gibt es auch Programmieraufgaben, die dann aber meist zeitaufwendig sind und Lerner ohne Programmiererfahrung überfordern. Beim eigenständigen Lernen gibt es niemanden, der weiterhelfen kann, wenn es bei der Programmierung ein Problem gibt.

Dem Autor von Lernprogrammen bietet das Medium Computer viele neue Ausdrucksmöglichkeiten: Farbgrafik, Animation, Ton und insbesondere Interaktivität mit dynamischer Hilfestellung und Fehlermeldungen. Es sind mir nur wenige Lernprogramme zu Algorithmen bekannt, die überhaupt interaktive Aufgaben beinhalten. Die Interaktion beschränkt sich dabei auf die Auswahl von Lösungsalternativen bei Multiple-Choice-Tests und auf die Vorhersage des nächsten Schrittes eines Algorithmus (z. B. durch anklicken eines Objekts mit der Maus). SALA versucht mit den unten beschriebenen Aufgaben des Typs virtuelles Brettspiel einen forschenden und kreativen Zugang zu den Funktionen und Datenstrukturen zu öffnen.

2.3 Strukturierung des Lernprogramms in Sektionen

Im folgenden werden Hinweise gegeben, wie der Stoff eines Lernprogramms in Sektionen aufgeteilt werden kann. Eine Sektion soll es dem Lerner ermöglichen, sich auf einen Teil des Stoffes zu konzentrieren. Da einem Anfänger der Überblick über den Stoff fehlt, kann er schwerlich eine sinnvolle Reihenfolge für die Bearbeitung der Sektionen bestimmen. Daher sollte der Autor des Lernprogramms einen Vorschlag für eine Reihenfolge ausarbeiten. Dazu werden unten einige Kriterien genannt. Der Lerner soll aber nicht stark gelenkt werden, wie dies in den 60er Jahren bei den Lernprogrammen der „programmierten Instruktion" der Fall war. Vielmehr soll er vom Standardpfad abweichen dürfen. Zur freien Navigation dienen einerseits das Inhaltsverzeichnis, andererseits Hyperlinks zwischen Sektionen, die inhaltliche Zusammenhänge aufzeigen. Somit eignet sich das Lernprogramm neben dem ersten Erlernen eines Algorithmus auch zum „Nachschlagen" einzelner Teilthemen und zum (erneuten) Durcharbeiten auf neuen Wegen.

Ein Lernprogramm sollte in folgende Sektionen aufgeteilt werden:

1. **Das zu lösende Problem** und seine praktische Bedeutung

2. **Vergleich** verschiedener Algorithmen die das Problem lösen

3. **Datenstruktur.** Zeigerstruktur und mathematische Bedingungen zwischen den Datenobjekten

4. **Funktionen** (4.1 bis 4.x). Funktionale Struktur. Eine Sektion für jede Funktion des Algorithmus

5. **Implementierung.** Diese Sektion behandelt die Abbildung von abstrakten Zeigerstrukturen auf Datentypen einer Programmiersprache und Implementierungstricks. In typischen Lehrbüchern wird dieser Punkt zuerst behandelt. Ich meine aber, dass dem Lerner erst die Funktionsweise des Algorithmus klar sein sollte, da er dann auch motiviert ist, sich in Implementierungsdetails einzuarbeiten. Auch kann hier echter Programmcode gezeigt werden.

2.3.1 Beispiel Heapsort: Sektionen des Lernprogramms

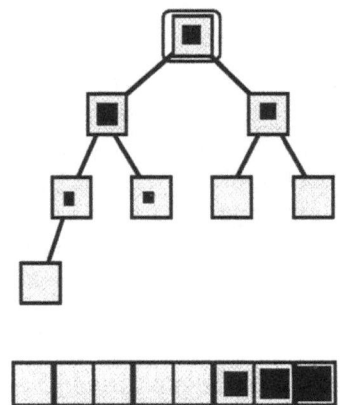

Abb. 1 – Heapbaum mit markierten Knoten

Im folgenden zeige ich am Beispiel des Heapsort-Algorithmus ([5], [12]) den Entwurf eines Lernprogramms. Heapsort ist hierfür gut geeignet, da der Algorithmus vielen bekannt ist und die richtige Komplexität hat. Ich werde den Algorithmus hier nur skizzieren. Eine detaillierte Beschreibung ist in den meisten Lehrbüchern zu finden.

Heapsort verwendet eine spezielle Datenstruktur, den Heap, nach dem der Algorithmus benannt ist. Der Heap ist ein vollständiger Binärbaum, bei dem alle Ebenen bis auf die letzte vollständig gefüllt sind. Die unterste Ebene ist von links nach rechts gefüllt, aber nicht notwendigerweise vollständig. In einem Heap muss der Schlüssel an jedem Knoten größer oder gleich den Schlüsseln der Kindknoten sein. Das ist die sog. Heapeigenschaft. Heap und Ergebnisliste können effizient in einem einzigen Array gespeichert werden. Abb. 1 zeigt einen Heapbaum bei dem die Schlüsselwerte durch die Größe des inneren Quadrats dargestellt sind. Ein Schlüssel, der die Heapeigenschaft verletzt, ist markiert.

Das Lernprogramm zu Heapsort gliedert sich in die folgenden Sektionen:

1. Das Sortierproblem

2. Vergleich von Heapsort mit anderen Sortieralgorithmen

3. Der vollständige Binärbaum, der als Datenstruktur verwendet wird und die dort geltende Heapeigenschaft

4. (4.1 bis 4.7): Funktionale Struktur und eine Sektion für jede der sieben Funktionen

5. Speicherung des Heaps und der Ergebnisliste.

2.4 Strukturierung des Algorithmus in Funktionen

In der Sektion 4 eines Lernprogramms werden die *funktionale Struktur* und die *einzelnen Funktionen* des Algorithmus behandelt. Die *funktionale Struktur* eines Algorithmus gibt an, in welche Funktionen der Algorithmus aufgeteilt ist und welche Funktionen einander aufrufen. Im ersten Abschnitt der Sektion 4 soll ein Überblick über die funktionale Struktur und die Funktionen der Algorithmus gegeben werden. Dann wird jede Funktion in einem eigenen Abschnitt des Lernprogramms erklärt.

Oft wird der Autor eines Lernprogramms den Algorithmus selbst in *Funktionen* gliedern müssen, da gängige Lehrbücher dies nur unzureichend leisten. Dazu fasst er wiederholt elementare Schritte des Algorithmus und Funktionsaufrufe zu einer *Funktion* zusammen. Ein triviales Beispiel ist eine Swap-Funktion, die zwei Werte in einem Array vertauscht. Eine Funktion kann dann wieder in anderen Funktionen verwendet werden. Der Algorithmus selbst wird als eine (oberste) Funktion modelliert. Funktionen müssen mathematische und logische Bedingungen zwischen Datenobjekten, die sog. *Invarianten* beachten.

Für jede Funktion muss im Lernprogramm angegeben sein:

- *Zweck* der Funktion

- *formale Paramter* (Typ und Rolle)

- *Start-Invarianten*, die bei Aufruf der Funktion gelten müssen, damit die Funktion arbeiten kann.

- *Arbeits-Invarianten*, die während der Arbeit der Funktion beachtet werden müssen. Teils drückt sich darin die „Strategie" aus, nach der die Funktion arbeitet.

- *Ziel-Invarianten*, die beim Ende der Funktion gelten müssen. Diese leiten sich aus dem Zweck der Funktion ab und aus den Voraussetzungen (zeitlich) nachfolgender Funktionen.

Es empfiehlt sich, eine Funktion erst zu erklären, wenn die in ihr verwendeten Funktionen schon beschrieben wurden. Ansonsten müssten die verwendeten Funktionen an dieser Stelle ausführlicher beschrieben werden. Die funktionale Strukturierung ist eine Voraussetzung dafür, dass die unten beschriebenen „virtuellen Brettspiele" erstellt werden können.

2.4.1 Der Vorteil einer Erklärung entlang der funktionalen Struktur

Funktionale Abstraktion wird bei der systematischen Programmierung mit dem Ziel des „information hiding" und der Wiederverwendung eingesetzt. Sie erleichtert aber auch das Erlernen eines Algorithmus, da es einfacher wird übergeordnete Funktionen zu erklären und zu verstehen, wenn andere Funktionen als Bausteine zur Verfügung stehen.

Vergleichbar mit der funktionalen Strukturierung ist die von Stern et al vorgeschlagene hierarchische Strukturierung, die sie für ihr Lernprogramm zu Heapsort wählten ([17]). In einem typischen Lehrbuch wird ein Algorithmus nicht oder nur in sehr wenige Funktionen aufgeteilt. Dies mag daran liegen, dass die Darstellung als eine Folge von z. B. 30 Pseudocodezeilen optisch übersichtlicher und einfacher wirkt als eine Darstellung in z. B. 7 Funktionen. Aus didaktischen Gesichtspunkten erscheint mir eine stark funktionale Strukturierung aber sinnvoller.

2.4.2 Funktionen des Heapsort

Der Heapsort-Algorithmus wurde von mir in die folgenden sieben Funktionen aufgeteilt. Die Reihenfolge wurde so gewählt, dass eine Funktion erklärt wird, bevor sie in einer anderen Funktion benutzt wird. Abb. 2 zeigt die dazu gehörende funktionale Struktur des Heapsort.

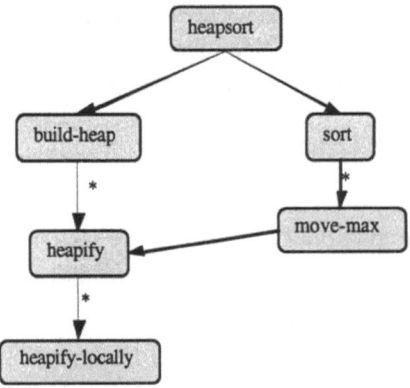

Abb. 2 – Heapsort Funktionen

1. *heapify-locally* stellt die Heapeigenschaft für einen Knoten und seine beiden Kinder her.

2. *heapify* stellt die Heapeigenschaft für einen Teilbaum her. Der Pfeil mit Stern bedeutet, dass *heapify* die Funktion *heapify-locally* mehrfach aufruft.

3. *build-heap* baut den Heap erstmals auf indem es mehrmals *heapify* aufruft.

4. *move-max* entfernt den größten Schlüssel aus dem Heap, fügt ihn in die Ergebnisliste ein und stellt die Heapeigenschaft wieder her.

5. *sort* verwendet *move-max*, um die Schlüssel zu sortieren

6. *heapsort* initialisiert den heap mit *build-heap* und sortiert die Schlüssel mit der Funktion *sort*

2.5 Eine Algorithmus-Funktion in Phasen erlernen

Eine Algorithmus-Funktion wird in einer Sektion des Lernprogramms in drei Phasen behandelt:

1. **Problemstellung.** Was ist der Zweck der neuen Funktion? Welche Funktionen wurden bisher gelernt und sind verfügbar um die neue Funktion zu realisieren? Ein typisches Lehrbuch würde den Pseudocode der Funktion angeben und erklären. Dies soll im Lernprogramm nicht geschehen, sondern der Lerner soll versuchen die Lösung (den Pseudocode) selbst herauszufinden.

2. **Probierphase.** Daher ist der nächste Schritt eine Aufgabe mit Probierphase. Ein Satz Beispieldaten wird präsentiert und der Lerner kann experimentieren um eine korrekte Abfolge zu finden in der die verfügbaren Funktionen auf die Datenobjekte angewendet werden. Der Lerner soll selbst eine Idee entwickeln, wie der Code der Funktion aussieht und die Schritte ausprobieren. Für diese Aufgabe wird ein virtuelles Brettspiel verwendet. Ist die Funktion sehr einfach, kann diese Phase vom Autor ausgelassen werden.

3. **Standardverfahren.** In der letzten Phase wird die Standardlösung mit Pseudocode erklärt. Anschließend übt der Lerner die Schritte des Standardverfahrens. Hierzu wird ihm wieder ein virtuelles Brettspiel angeboten. Allerdings gibt das Lernprogramm nun eine stärkere Rückmeldung indem es nur die Schritte der Standardlösung erlaubt. Bei einfachen Funktionen kann das virtuelle Brettspiel entfallen.

2.5.1 Das virtuelle Brettspiel

Das virtuelle Brettspiel wird in der *Probierphase* und in der Phase „*Standardverfahren*" eingesetzt. In einem *virtuellen Brettspiel* werden die Datenstrukturen grafisch dargestellt. Der Lerner startet Funktionen, indem er mit Funktionsnamen beschriftete Schaltflächen und Datenobjekte mit der Maus anklickt. Er muss dabei in der Probierphase nicht die Schritte des Standardverfahrens einhalten, sondern kann experimentieren und Fehler machen. Das Lernprogramm simuliert die Wirkung der Funktionsaufrufe und gibt visuelle und textuelle Rückmeldungen über Fortschritt und Fehler. Ein virtuelles Brettspiel ist keine Algorithmen-Animation sondern eine interaktive grafische Simulation von Teilen des Algorithmus.

Der Name kommt von einer Analogie mit echten Brettspielen wie Schach oder Mühle. Auch dort hat ein Spieler ein Ziel vor Augen und bewegt Spielsteine zwischen diskreten Positionen, wobei er die Spielregeln einhalten muss.

Virtuelles Brettspiel für eine Funktion des Heapsort

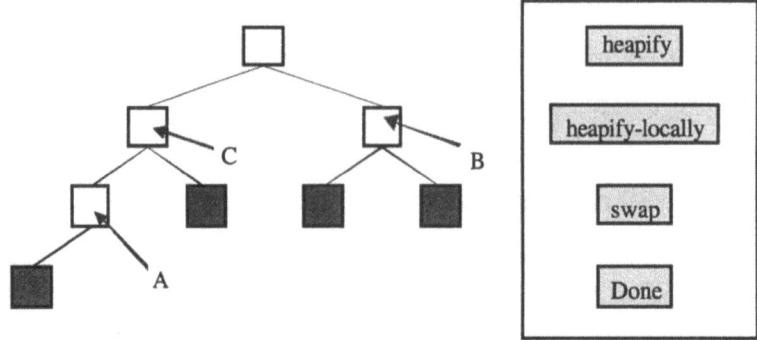

Abb. 3 – Virtuelles Brettspiel für build-heap

In Abb. 3 ist die Ausgangslage der Probierphase für das virtuelle Brettspiel zur *build-heap*-Funktion zu sehen. Das Ziel der Funktion ist es, die Heapeigenschaft für alle Knoten herzustellen. Das Lernprogramm markiert alle Knoten, bei denen die Heapeigenschaft gilt, indem es sie grün ausfüllt. Dadurch kann der Lerner erkennen, wie nah er dem Ziel schon gekommen ist, und welche Knoten noch bearbeitet werden müssen. Klickt der Lerner auf *heapify* und dann auf den Knoten A oder B, so wird der Teilbaum heapgeordnet, da dort die Start-Invariante der Funktion erfüllt ist. Der Knoten wird dann ausgefüllt dargestellt. Bei den anderen Knoten wird eine Fehlermeldung „Falsch! Die Kindbäume müssen heapgeordnet sein!" ausgegeben. Sind alle Knoten heapgeordnet, so muss der Lerner dies erkennen und *Done* anklicken. Das Brettspiel ist dann erfolgreich beendet. Die Schaltflächen *heapify-locally* und *swap* werden zwar für die Lösung nicht benötigt, sind aber aufgeführt, um dem Lerner zu ermöglichen damit zu experimentieren.

2.6 Zusammenfassung zu SALA

Hiermit endet die Beschreibung der didaktischen Methode SALA für die Gestaltung von Algorithmen. Die Methode SALA umfasst die didaktische Strukturierung des Stoffes auf der Ebene der Sektionen, Funktionen und Lernphasen und die Idee der virtuellen Brettspiele. In den virtuellen Brettspielen werden die Datenstrukturen visuell dargestellt und der Lerner kann interaktiv Funktionen darauf ausführen.

In der Methode wird nicht ausgesagt, wie die Datenstrukturen visualisiert werden sollen. Um Autoren hier Gestaltungshilfen zu geben, habe ich Gestaltungsregeln für interaktive Visualisierungen von Algorithmen zusammengestellt. Die Gestaltungregeln lassen sich gut bei der Entwicklung von Lernprogrammen nach SALA anwenden, sind aber nicht auf einen Einsatz in diesem Kontext beschränkt.

3 Gestaltungsregeln für interaktive Visualisierungen von Algorithmen

Die im folgenden genannten Regeln sind allgemein beim Entwurf *interaktiver Visualisierungen von Algorithmen* anwendbar. Ich habe aus der Literatur und aus eigenen Überlegungen Gestaltungsregeln zusammengetragen, die helfen sollen, lernförderliche interaktive Visualisierungen zu entwickeln.

Ich unterscheide drei Arten von interaktiven Visualisierungen. Sie werden in der Reihenfolge der steigenden inneren Beteiligung des Lerners am Lernprozess geordnet. *Algorithmen-Animationen* werden vom Lernen betrachtet und analysiert. *Algorithmen-Übungen* fordern vom Lerner, zuvor gesehene Schritte eines Algorithmus selbst auszuführen. *Algorithmen-Simulationen* erlauben es dem Lerner, z.B. in Form eines virtuellen Brettspiels, sich durch Experimentieren an die Arbeitsweise eines Algorithmus heranzutasten.

3.1 Algorithmen-Animationen

Bei Animationen ist der Ablauf des Algorithmus fest vorgegeben. Vom Lerner wird im wesentlichen erwartet, dass er die Schritte des Algorithmus in einer Visualisierung betrachtet. Es wird nicht erwartet, dass er Schritte voraussagt oder selbst Teile des Algorithmus entwickelt. Von den drei Arten der interaktiven Visualisierung ist Animation die mit Abstand verbreitetste. Einen guten Überblick über Forschungsarbeiten zu Algorithmen-Animation gibt das Werk von Stasko et al [13].

3.1.1 Gestaltungsregeln für Algorithmen-Animationen

Aus didaktischer und software-ergonomischer Sicht möchte ich nun einige Gestaltungsregeln für Animationen angeben. Peter Gloor hat eine ähnliche Liste mit Schwerpunkt auf software-ergonomischen Kriterien entwickelt [14]. Die Animation sollte möglichst viele der Regeln erfüllen.

Funktionale Struktur. Der Algorithmus wird in Funktionen aufgeteilt. Jede nichttriviale Funktion wird in einer eigenen Animation erklärt. Bereits gelernte Funktionen können in einer Animation als Bausteine (Funktionsaufrufe) verwendet werden und werden nur noch als ein Schritt angezeigt.

Lehrtext. Mit der Animation ist ein Lehrtext verbunden, der in der Art eines Lehrbuchs mit Text und Bildern den Algorithmus erklärt. Alternativ kann dies auch durch einen vorherigen Vortrag vermittelt werden.

Anzeige des Pseudocode. Zusätzlich zu den Datenstrukturen wird der Pseudocode des Algorithmus angezeigt. Die aktuelle Befehlszeile wird hervorgehoben. So kann der Lerner den Pseudocode und die Aktionen auf den Datenstrukturen miteinander in Beziehung setzen.

Erklärung der Schritte. Die Schritte des Algorithmus werden textuell oder per Sprachausgabe kommentiert, damit der Lerner versteht, was der Algorithmus gerade tut.

Interessante Eingabedaten. Viele Algorithmen zeigen bei bestimmten Eingabedaten ein besonderes Verhalten. Der Sortieralgorithmus Quicksort zeigt z. B. bei vorsortierten Eingabedaten ein anderes Laufzeitverhalten als bei zufällig gemischten Eingabedaten. Dem Lerner werden die verschiedenen Sätze von Eingabedaten zur Auswahl gestellt.

Kleine Datenmenge. Die Animation arbeitet auf einer kleinen Zahl von Datenobjekten. Die Anzahl ist gerade so gewählt, dass das wesentliche am Algorithmus noch zu erkennen ist. Große Datenmengen erschweren die Wahrnehmung und das Verständnis. Dabei bringen sie im Normalfall keine zusätzlichen Erkenntnisse. Kognitive Psychologen haben in Tests ermittelt, dass Menschen typischerweise 7-9 Einheiten („chunks") im Arbeitsgedächtnis halten können. Deshalb sollten nicht mehr als 7 Objekte an einem Algorithmusschritt aktiv beteiligt sein.

Wenige Schritte. Analog werden nur soviele Wiederholungen von Schleifendurchläufen gezeigt, wie für Wahrnehmung und Verständnis nötig sind. Andernfalls wird der Lerner schnell gelangweilt und seine Aufmerksamkeitskapazität unnötig verbraucht.

Flexible Ablaufsteuerung. Die Animation des Algorithmus kann ähnlich wie bei einem Videorecorder gesteuert werden: Einzelschritte vor und zurück, Abspielen, Pause, Stopp, Sprung an Anfang und Ende. Aus didaktischer Sicht ist es besonders wichtig in Einzelschritten vor und zurück schalten zu können. Gerade Anfänger, die den Algorithmus neu lernen sind mit einem durchlaufenden Film meist überfordert. Da normale Programme nicht „rückwärts" laufen können stellt dies besondere Anforderungen an die Software-Architektur der interaktiven Visualisierung.

Interessante Ereignisse. Ein Schritt umfasst dabei ein „interessantes Ereignis" des Algorithmus. Das kann z. B. eine Aktion des Algorithmus oder das Erreichen wichtiger Zwischenergebnisse sein. Im Gegensatz zu diesem Prinzip machen manche SW-Visualisierungs-Systeme grafische Operationen zu Schritten. Das Konzept der „interesting events" wurde von Marc Brown entwickelt [20].

Fokussierung der Aufmerksamkeit. Der Blick des Lerners wird auf die Teile der Darstellung gelenkt, die sich als nächstes verändern werden. Dazu kann der Autor diese Objekte z.B. blinken oder ihre Größe ändern lassen. So wird verhindert, dass der Betrachter wichtige Schritte nur als diffuse Bewegung wahrnimmt.

Weiche Übergänge. Veränderungen auf den Datenstrukturen werden möglichst mit weichen, fließenden Bewegungen gezeigt. Werden z.B. zwei Elemente eines Array vertauscht, so können sie sich jeweils auf einem

Halbkreisbogen bewegen und so „Plätze tauschen". Dies erleichtert die Wahrnehmung des Vorgangs. Damit beim Lerner nicht der Eindruck entsteht, in einem Computer würden sich die Daten „fließend bewegen" sollte im Begleittext darauf hingewiesen werden, wie die Veränderung der Daten implementiert wird. Vertauschung wird z. B. über „plötzliche" Kopiervorgänge im Dreieckstausch realisiert. Es war eines der wesentlichen Ziele bei der Entwicklung des SW-Visualisierungssystems Tango, Animationen mit weichen Übergängen zu ermöglichen [19].

3.1.2 Beispiel für eine Algorithmen-Animation

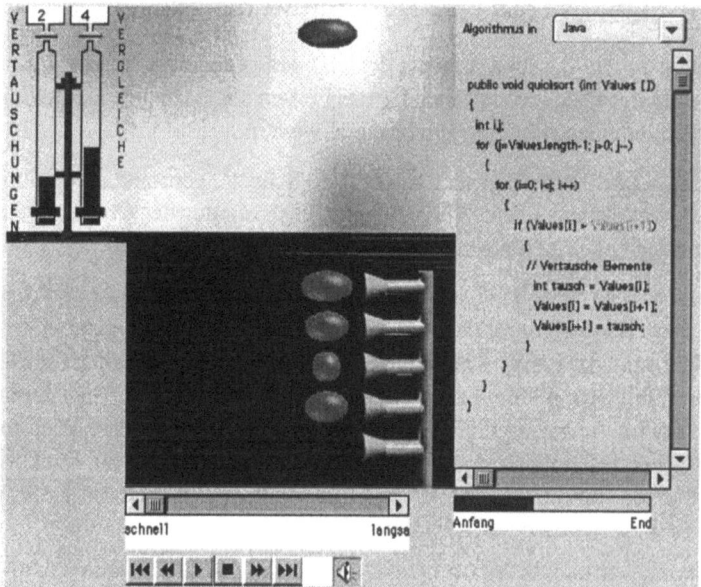

Abb. 4 - Lernen mit Animationen: Bubblesort

Mir ist keine Algorithmen-Animation bekannt, die alle genannten Prinzipien umsetzt. Die Autoren der Animation des Bubblesort-Algorithmus (Abb. 4) wollten eine ästhetische Animation entwickeln, welche die Metapher „Luftblasen" (Bubbles) aufgreift [15]. Sie haben dabei die folgenden Prinzipien umgesetzt:

- Weiche Übergänge
- Flexible Ablaufsteuerung
- Anzeige des Pseudocodes
- Kleine Datenmenge
- Lehrtext

3.2 Algorithmen-Übungen

Nachdem ein Algorithmus durch Betrachten einer Animation gelernt worden ist, sollte das Wissen durch Übung überprüft und vertieft werden. Bei einer *Übung* soll der Lerner mehrfach den nächsten Schritt des Algorithmus voraussagen. Es gibt dabei nur einen „richtigen" nächsten Schritt, und zwar den, den der Standardalgorithmus als nächstes ausführen würde. Dazu interagiert der Lerner mit einer Visualisierung der Datenstruktur über eine grafische Benutzungsoberfläche. Es scheint nur wenige Projekte zu geben die versucht haben, interaktive Visualisierungen zu entwickeln, die diese Lernform unterstützen [17], [16].

3.2.1 Gestaltungsregeln für Algorithmen-Übungen

Die Gestaltungsregeln für Animationen, die ich oben gegeben habe, gelten bis auf den Punkt „Anzeige des Pseudocode" auch für das Lernen mit Übungen. Zusätzlich sollten noch die folgenden Gestaltungsregeln beachtet werden.

Kein Pseudocode. Da der Lerner den nächsten Schritt eigenständig voraussagen soll, wird kein Pseudocode angezeigt. Insbesonder der Charakter der Überprüfung des Wissens würde sonst unterlaufen.

GUI nutzen. Die Möglichkeiten einer grafischen Benutzungsoberfläche (GUI) werden soweit möglich und sinnvoll für die Interaktion genutzt. Insbesondere kann der Lerner Datenobjekte in der Grafik der Visualisierung direkt anwählen (z.B. mit der Maus anklicken). Ein Schritt eines Algorithmus besteht oft im Aufruf einer Funktion. Die Funktionen können z.B. durch Schaltflächen (Buttons) dargestellt werden. Der Lerner ruft eine Funktion auf, indem er erst die Objekte (aktuelle Parameter) in der Grafik anklickt und dann die Schaltfläche der Funktion.

Bedienung vereinfachen. Die Bedienung der Aufgabe ist möglichst einfach gestaltet. Es ist einfach erkennbar, welche Funktionen angeboten sind und welche Objekte anwählbar sind. Der Lerner muss also Objekte und Funktionen nur auswählen. Bedienungsfehler sollten als solche gemeldet werden. Die Bedienung sollte beschrieben sein (z.B. als Online-Hilfe oder im Begleittext).

Lösung erschweren. Es werden z. B. mehr Funktionen angeboten, als tatsächlich benötigt werden. Auch sind möglichst alle Objekte der Visualisierung anwählbar. Dadurch wird es erschwert, den nächsten Schritt zu erraten.

Fehlermeldungen und mehrstufige Hilfe. Wählt der Lerner eine falsche Funktion oder falsche Parameter, so kann es sinnvoll sein zu begründen, warum dieser Funktionsaufruf jetzt keinen Sinn macht. Meist wird es aber reichen zu melden, dass der Algorithmus einen anderen Schritt ausführen würde. Es sollte aber eine mehrstufige Hilfe abrufbar sein, die einen Hinweis gibt, was zu tun ist und als nächste Stufe den Schritt direkt angibt.

3.2.2 Beispiel für eine Algorithmen-Übung

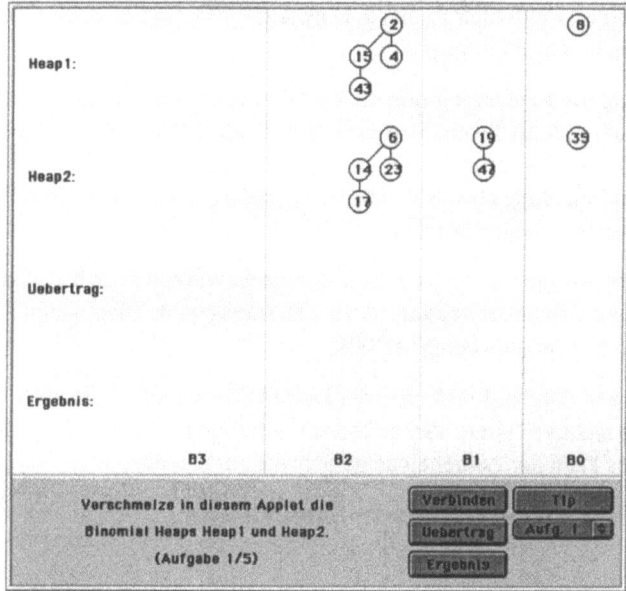

Abb. 5 – Lernen durch Übung: Verschmelzen-Funktion

Ein Beispiel für *Lernen durch Üben* ist das Java-Applet aus der Lernsoftware zum Binomial Heap Algorithmus (Abb. 5) [16]. In ihm sollen zwei Listen von Binomialbäumen zu einer Ergebnisliste verschmolzen werden. Dies wird ähnlich dem schriftlichen Addieren durchgeführt. Der Lerner muss genau die Schritte des Standardalgorithmus einhalten, kann aber über die Schaltfläche „Tipp" eine einstufige Hilfe abrufen. Die oben genannten Kriterien sind im wesentlichen erfüllt.

3.3 Algorithmen-Simulationen

Algorithmen-Simulationen erlauben ein freies Experimentieren mit Funktionen und Datenobjekten. Im Abschnitt „Virtuelle Brettspiele" wurde eine Form der Algorithmen-Simulation beschrieben.

3.3.1 Gestaltungsregeln für Algorithmen-Simulationen

Die Benutzungsoberfläche der Algorithmen-Simulation ähnelt der Oberfläche der Algorithmen-Übung. Zusätzlich zu den dort genannten Prinzipien sollten die folgenden Gestaltungsregeln beachtet werden:

Inhaltsbezogene Fehlermeldungen. Versucht der Lerner eine Funktion aufzurufen, deren Start-Invarianten nicht erfüllt sind oder würde dadurch eine Arbeits-Invariante verletzt, so muss die interaktive Visualisierung dies mit einer Fehlermeldung abweisen. Die Fehlermeldung sollte den Grund in Bezug auf die Invarianten angeben.

Fortschrittsanzeiger. Der Lerner kann erkennen, wie nah er dem Ziel gekommen ist. Die Visualisierung kann dazu z.B. anzeigen, welcher Anteil der Daten die Ziel-Invariante bereits erfüllt.

Undo. Es kann durchaus sein, dass der Lerner Schritte tätigt, die zwar die Invarianten nicht verletzen, aber nicht zum Ziel führen. Über einen Undo-Mechanismus kann der Lerner einzelne Schritte zurücknehmen.

3.3.2 Beispiel für Algorithmen-Simulationen

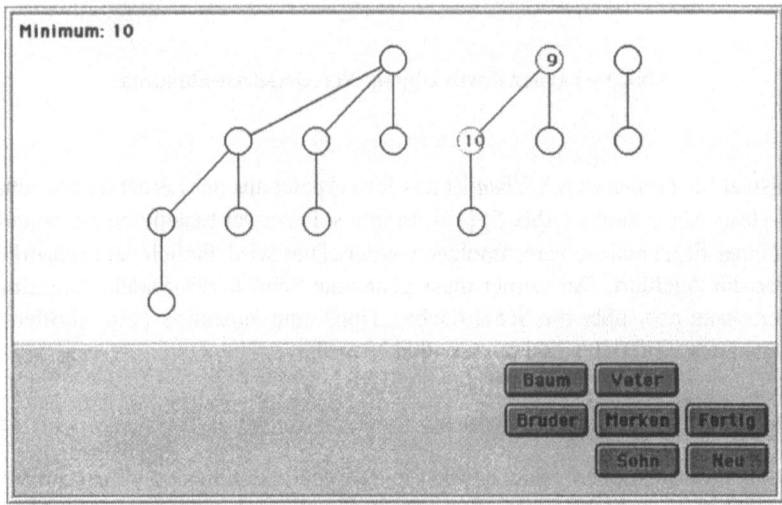

Abb. 6 – Lernen durch Experimentieren: „Minimum Suchen"-Funktion

Abbildung 6 zeigt einen Screenshot einer Simulation der „Minimum suchen"-Funktion aus dem Binomial-Heap Algorithmus [16]. Der Lerner kann frei von Baum zu Baum und von Knoten zu Knoten navigieren um das Minimum zu suchen. Sobald ein Knoten besucht wird, wird sein Wert sichtbar. Aufgrund der Invarianten reicht es die Wurzeln abzusuchen und sich den kleinsten Wert zu merken. Diese Simulation verzichtet weitgehend auf Fehlermeldungen, Fortschrittsanzeiger und Undo. Stattdessen wird am Ende gesagt, ob das Minimum gefunden wurde und ob dies der effizienteste Weg war.

4 Realisierte Lernprogramme und Erfahrungen aus dem Einsatz

Die in Abschnitt 2.5.1 beschriebenen virtuellen Brettspiele zu Heapsort wurden mit zwei materiellen Prototypen aus Pappe und Filz an Lernern informell erprobt. Die Lerner spielten gerne mit dem Brettspiel und kamen gut voran. Ich erfuhr dadurch auch einiges über den Lernprozess bei den Lernern. Das in Sektion 2 skizzierte Lernprogramm zu Heapsort wird zur Zeit implementiert.

In unserer Arbeitsgruppe wird schon seit längerem Lernsoftware unter besonderer Berücksichtigung didaktischer und software-ergonomischer Anforderungen entwickelt [8]. Unter meiner Betreuung entstanden in Diplomarbeiten Lernprogramme zu den folgenden Themen [4]:

- Binomial Heap Algorithmus
- Logikminimierung mit ESPRESSO
- LALR Parsergenerierung
- Deadlock-Algorithmen
- Lindenmayer-Systeme
- MOS-Transistor

Sie legen alle einen Schwerpunkt auf aktives Lernen durch grafische, interaktive Aufgaben. Die Lernprogramme sind in HTML und Java realisiert und über normale Webbrowser übers Internet oder lokal lauffähig.

Das Lernprogramm zum Binomial-Heap-Algorithmus wurde eng nach der Methode SALA entwickelt und mit einigen Informatikstudenten evaluiert ([16]). Die Probanden kamen gut mit dem Lernprogramm zurecht und äußerten sich positiv über das zugrundeliegende didaktische Konzept.

5 Zusammenfassung und Ausblick

In diesem Artikel wurde eine Methode für die Gestaltung von Lernprogrammen zum Themengebiet Algorithmen beschrieben. Im Lernprogramm werden erklärende Teile mit einer neuen Form von Aufgabe, dem virtuellen Brettspiel, kombiniert. Es eröffnet einen experimentellen Zugang zum Algorithmus über grafische Interaktion mit Funktionen und Datenobjekten. Anschließend wurden aus didaktischer und software-ergonomischer Sicht Gestaltungsregeln für interaktive Visualisierungen von Algorithmen gegeben.

Wir haben in unserer Arbeitsgruppe Lernprogramme entwickelt, die einen Schwerpunkt auf interaktive visuelle Aufgaben legen. Einige Lernprogramme wurden mit Informatikstudenten erprobt. Sie konnten die gestellten Aufgaben zumeist gut lösen und äußerten sich positiv über das interaktive und visuelle Lernen.

Während es viele Veröffentlichungen zu technischen Fragen rund um die Animation von Algorithmen gibt, werden didaktische Fragestellungen nur selten behandelt. Hier ist sicher noch Forschungsbedarf gegeben.

Neue Lernformen für Algorithmen, die auf Übungen und Simulationen aufbauen müssen sich in der Praxis bewähren. Dazu braucht es zunächst noch mehr Lernmaterial (z.B. Lernsoftware), die nach diesen Methoden gestaltet ist. Anschließend ist der Lernerfolg dieser Vermittlungsmethoden zu evaluieren.

Abschließend möchte ich die Leser ermutigen, sich anhand der genannten Lernsoftware ([16], [4]) eine eigenes Bild davon zu machen, was die neuen Lernformen leisten können. Die Lernsoftware kann mit normalen Webbrowsern aus dem Internet geladen und ausgeführt werden.

6   Quellen

[1] Astrid Blumstengel: *„Entwicklung hypermedialer Lernsysteme".* 1998. Wiss. Verl. Berlin. Hypertext-Version: http://dsor.uni-paderborn.de/organisation/blum_diss/

[2] Astrid Blumstengel: *„ORWelt".* Lernsoftware zu Operations Research. Download-Datei für Windows. 1998. Univ. Paderborn. http://dsor.uni-paderborn.de/orwelt/.

[3] Thomas H. Cormen, Charles E. Leiserson, Ronald L. Rivest: *„Introduction to Algorithms".* 1990. MIT Press, Cambridge.

[4] Nils Faltin: *„Lernprogramme des Projekts Medienunterstütztes Studium der Informatik".* 1999. http://www-cg-hci.informatik.uni-oldenburg.de/~musik/lp_musik.html.

[5] Robert W. Floyd. *Algorithm 245 (treesort).* Communications of the ACM, 7:701, 1964.

[6] Peter Gloor, Scott Dynes and Irene Lee: *„Animated Algorithms".* CD-ROM for Macintosh. 1993. MIT Press, Cambridge, MA.

[7] Peter Gloor: *„Elements of Hypermedia Design".* 1997. Birkhäuser, Boston, MA.

[8] Peter Gorny: *„Didaktisches Design telematik-gestützter Lernsoftware".* In: B. Koerber und I.-R. Peters, *Informatische Bildung in Deutschland,* Berlin 1998, LOG IN Verlag. pp 127-155. http://www-cg-hci.informatik.uni-oldenburg.de/resources/DidDesign.pdf. English preversion: http://www-cg-hci.informatik.uni-oldenburg.de/resources/TET.pdf.

[9] Achim Janser: *„ViACoBi - Ein interaktives Lehr-/Lernsystem für Algorithmen der Computergrafik und Bildverarbeitung".* CD-ROM für Windows. 1998. FB Informatik II, Univ. Duisburg. Info: http://www.informatik.uni-duisburg.de/Info2/Janser/Janser.html.

[10] Achim Janser: *„Entwurf, Implementierung und Evaluierung des interaktiven Lehr- und Lernsystems VIACOBI für die Visualisierung von Algorithmen der Computergraphik und Bildverarbeitung".* 1998. Berlin: Logos-Verl.

[11] Thomas Ottmann und Peter Widmayer: *„Algorithmen und Datenstrukturen".* 3. Auflage. 1996. Spektrum Akademischer Verlag, Heidelberg u.a...

[12] J. W. J. Williams. *Algorithm 232 (heapsort)*. Communications of the ACM, 7:347-348, 1964.

[13] John T. Stasko, John B. Domingue, Marc H. Brown und Blaine A. Price (Hrsg.): „*Software Visualization*". 1998. MIT Press, Cambridge, Massachusetts.

[14] Peter Gloor: „*User Interface Issues for Algorithm Animation*" in: [13], S. 145-152.

[15] A. Barbu, M. Dromowicz, X. Gao, M. Köster und C. Wolf: *Lernsoftware „Sortieren mit Bubblesort und Quicksort*". 1998. http://www-cg-hci.informatik.uni-oldenburg.de/~musik/lp_musik.html#label19 (letzter Zugriff: 4.3.2000).

[16] Karsten Block: „*Lernsoftware zum Binomial Heap Algorithmus*". 1999. http://www-cg-hci.informatik.uni-oldenburg.de/~musik/lp_musik.html#label2 (Zuletzt abgerufen 4.3.2000).

[17] Linda Stern, Harald Sondergaard and Lee Naish: „*A Strategy for Managing Content Complexity in Algorithm Animation*". PP 127-130 in: Bill Manaris (Ed.), Proceedings of the 4th Annual SIGCSE/SIGCUE Conference on Innovation and Technology in Computer Science Education - ITiCSE'99. June 1999. ACM Press, New York.

[18] Nils Faltin: „*Gestaltung von Lernprogrammen zu Algorithmen für aktives Lernen mit virtuellen Brettspielen*". 1999. Tagungsband der Tagung „Informatiktage 1999" der Gesellschaft für Informatik, 12. - 13. November 1999 in Bad Schussenried. Konradin Verlag. Preprint-Version: http://www-cg-hci.informatik.uni-oldenburg.de/~musik/Gest_LP/

[19] John Stasko: „*Smooth Continuos Animation for Portraying Algorithms and Processes*". S. 103-118 in [13].

[20] Marc Brown: „*Algorithm Animation*". 1987. MIT Press, Cambridge.

[21] Karsten Block, Tammo Freese, Palle Klante et al.: *Lernsoftware „Computergrafik Interaktiv - Grafiti*". http://www-cg-hci.informatik.uni-oldenburg.de/~musik/lp_musik.html#label1 . 1999. (Zuletzt abgerufen 4.3.2000).

[22] Peter Gorny und Nils Faltin: „*Das Projekt Medienunterstütztes Studium der Informatik (MuSIK)*". 2000. http://www-cg-hci.informatik.uni-oldenburg.de/~musik/ (Zuletzt abgerufen 4.3.2000).

Towards a Manufacturing System under Hard Real–Time Constraints

Dania A. El–Kebbe

Heinz–Nixdorf Institute/Paderborn University,
Graduate center "Parallele Rechnernetzwerke in der Produktionstechnik",
Fuerstenallee 11, 33102 Paderborn, Germany
elkebbe@uni-paderborn.de

Abstract. Results in the research field of real-time systems, to predict timely correct behaviour, are considered to be applied in the manufacturing systems. Thus a new approach of manufacturing based on timing constraints will emerge from the thesis. Following an introduction that shows the manufacturing trends and a brief literature survey, the basic approach is introduced. The paper proposes also an architecture and a computational model for manufacturing systems. The known deadline monotonic approach in real-time systems and its schedulability tests are considered to be applied to manufacturing systems.

1 Introduction

The manufacturing industry has been facing a continuous change over the past ten years. Rapid static and hierarchical manufacturing systems will give way to systems that are more adaptable for rapid changes. Distributed control of various entities has to take place of centralized control. Thus, an effective coordination will be a new key challenge for next generation manufacturing systems. On the other hand, completely new products are emerging. The diverse demands of the customer are increasing. This necessitates a shift from mass production to semi-customized products. Simultaneously the manufacturing environment is facing an intense competition. All these factors result in the requirement for manufacturing to be more *efficient* and *time-critical* in order to bring new products on the market continuously and on the right time.

Holonic Manufacturing is a new paradigm originated in the framework of the Intelligent Manufacturing Systems (IMS) program, one of the largest research program launched in manufacturing. Holonic systems are distributed multi-agent systems in which the entities, called holons, are both autonomous and cooperative. The Holonic Manufacturing Sstem (HMS) is defined by the HMS consortium as follows [15]:

HMS is a holarchy that integrates the entire range of manufacturing activities from order booking through design, production and marketing to realize the agile manufacturing enterprise.

2 Literature Survey

Scheduling in HMS was investigated by several researchers. [12], [11] and [13] address heterarchical scheduling. They propose a distributed scheduling method based on the contract net protocol and on forward and backward propagation of precedence constraints. [14] propose a completely heterarchical method for distributed resource allocation, where agents perform simulations in virtual worlds. [8],[9] and [16] propose a market mechanism for task allocation in HMS. [10] propose an on-line scheduling mechanism in an object-oriented framework. In order to include opportunities for optimization, [4] define a distributed algorithm based upon Lagrangian relaxation concepts. Also [5] discover the need for centralized elements and propose the coupling of a multi-agent control system with a genetic algorithm. [2] addresses the issue of integrating hierarchy in distributed systems. He proposes totally distributed algorithms based on a market mechanism and supplemented with a reactive scheduler. While the reactive scheduler is calculating an updated schedule, the autonomous agents execute the existing schedule. This literature survey shows that scheduling in HMS was restricted to deterministic and stochastic perspectives.

Different scheduling appraoches were presented to solve and optimize the deterministic and stochastic scheduling problem. These approaches are presented in Fig. 2. Our research adds a new perspective of solving scheduling in HMS in adding time-critical constraints in static and dynamic environments to assure the safety of the production system.

Real-Time constraints	RT-off-line scheduling	RT-on-line scheduling
Deterministic	Off-line scheduling	Dynamic scheduling
Stochastic	Stochastic considerations in scheduling	Reactive scheduling, pro-active scheduling
	Static	Dynamic

Fig. 1. The different perspectives of the scheduling problem in HMS and the different approaches to solve it.

3 Basic Approach

Due to the manufacturing trends mentioned in Sect. 1, different hypothesis may be identified.

Hypothesis 1 *Due to their autonomous and cooperative characteristics Holonic Manufacturing Systems provide a suitable basis to model the dynamic environment in which manufacturing has to take place.*

Hypothesis 2 *Deadline guarantee is the most impotant constraint in the manufacturing system. Thus, in opposite to soft real-time (RT) constraints which permits deadlines to be missed, the manufacturing activities must take place under hard real-time constraints.*

Hypothesis 3 *Off-line preplanned requests in a production system under hard real-time constraints correspond to the normal (periodic and sporadic) functions of the system. Off-line requests are assumed to be preplanned by a Production Planning System (PPS) in the manufacturing environment. An integration of the PPS in the production execution under real-time constraints requires a 100% deadline guarantee of the planned processes (RT-static schedulability analysis).*

Hypothesis 4 *On-line requests in a production system under hard real-time constraints are sporadic tasks to handle external events, which are usually unpredictable. Allowing additional orders in the manufacturing environment may lead to a high-level system utility (RT-dynamic schedulability analysis).*

Hypothesis 5 *More flexible methods for manufacturing with interleaving of different production tasks will have to take place. Thus, the production of one product on one machine will be substituted by producing different products on the same machine.*

The following sections in this paper will concentrate on the first part of hypothesis 3 to handle off-line manufacturing scheduling.

4   The Manufacturing System Architecture

The manufacturing system consists of:

- $M = \{M_i \mid i \in \mathbb{N}\}$ a set of workstations or machines.
- $IB = \{IB_i \mid i \in \mathbb{N}\}$ an input buffer per machine for the parts before execution on the machine.
- $OB = \{OB_i \mid i \in \mathbb{N}\}$ an output buffer per machine for the parts after execution on the machine.
- $T = \{T_j \mid j \in \mathbb{N}\}$ a set of tools related to each station.
- $P = \{P_m \mid m \in \mathbb{N}\}$ a set of parts.
- $C = \{C_n \mid i \in \mathbb{N}\}$ a set of carriers of tools or parts.

In this paper, tools and parts are considered to be available as soon as the parts are to be produced on the machine.

The Fig. 4 is an example of this architecture consisting of five manufacturing cells. Each cell comprises a machine with an input and an output buffer containing a set of parts.

To increase throughput most modern operating systems support multiprogramming. The total time to complete a set of tasks is reduced due to less time being wasted while waiting for external inputs. The sequencing of such a multitasking or multiprogramming system is controlled by an operating system service called the scheduler. *Preemptive multitasking* is used in most operating systems designed for efficient multitasking.

Multitasking in manufacturing means production of multiple parts simultaneously on a single machine. It is represented in Fig. 4 with the dashed directed arcs and described in Sect. 6. It is also important to note that the changeover time for the different parts must be taken into consideration. There is a difference to real-time operating systems where the costs of context switching has to be considered constant and included in the worst-case computation time.

Multiprocessing means the assignment of the parts to the next available machine. It is represented in Fig. 4 by the straight directed arcs.

5   System Characteristics

The characteristic problem of real-time systems, namely predicting timely correct behaviour of tasks can be solved, if a complete off-line analysis of all application tasks including the operating system and the environment is possible.

An arbitrarily complex manufacturing system cannot be anlysed easily to predict its worst-case behaviour. It is necessary to define some restrictions on the structure that real-time manufacturing system can have.

- The manufacturing system is assumed to consist of a fixed set of parts.
- Parts are periodic (arrives at fixed intervals) as well as sporadic (arrives randomly with a known minimum time difference).
- Parts are completely independent of each other.
- The cost of context switching times (changeover cost) has to be considered.
- All parts should schedulable using worst-case processing times and worst-case arrival rates.

6   Computational Model for Preemptive Multitasking in Manufacturing Sytems

This simplified, abstract computational model to represent the behaviour of a preemptive multitasking manufacturing system is derived from the hard real-time schedulability theory [3].

The model assumes that the machine programmer wishes to implement *part sets* on a particular machine. Each part P_i arrives infinitely often, each arrival separated from the least one by at least T_i time units. A *periodic* part arrives regularly with a separation of *exactly* T_i time units. A *sporadic* part arrives irregularly with each arrival separated from its predecessor by *at least* T_i time units. Aperiodic parts, which arrive irregularly with no minimum separation, are not considered because hard real-time guarantees cannot be made for them.

142

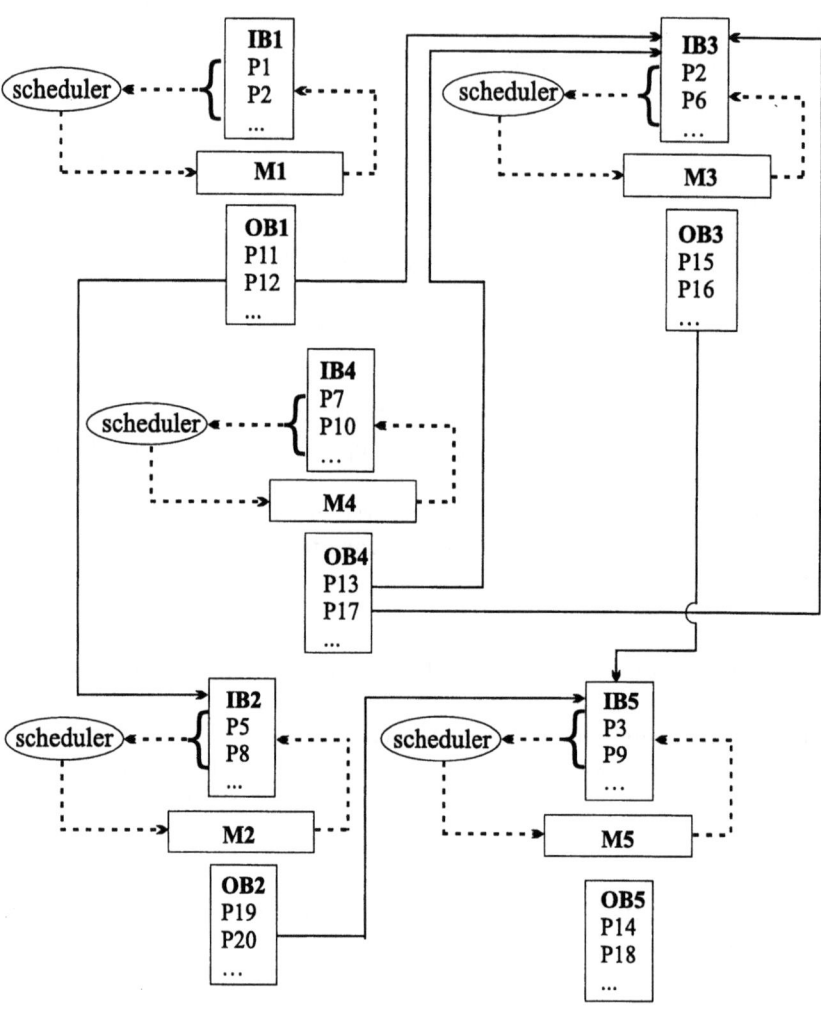

Fig. 2. Example of an architecture for the manufacturing system.

At each arrival, part P_i issues a notional *invocation request* for up to C_i units of processing time on the machine, its *worst-case processing time*. Each invocation of part P_i must have this request satisfied before its deadline D_i expires. This has to be achieved by executing an off-line and on-line worst-case schedulability test.

The scheduler goes through these requests according to a particular *scheduling policy*. Each part making a request is put in a *ready buffer* at which time the part is said to be *released*. The scheduler selects a part to be processed from the ready queue with respect to the scheduling policy it implements. Parts of higher can *preempt* the processing part P_i, resulting in a degree of interference I_i to the progess of part P_i. Parts stop being ready by being *suspended* due to parts with higher priority. Suspended parts wait in the input buffer until they become ready again.

Scheduling decisions are based on the *priority* of ready parts. The static-priority scheduling policy *deadline monotonic* is considered, where there is a fixed *base priority* associated with each part, although the part may temporarily acquire a higher active priority at run-time. The Fig. 3 shows the part characteristics specified by the programmer of the machine.

In this paper, the parts are considered to be independent, i.e. they do interact or otherwise communicate using shared resources and hence cannot block one another.

C_i Worst case processing time that may be required by an invocation of part P_i.
T_i Lower bound between two succesive arrivals of part P_i.
D_i The deadline for each invocation of part P_i, measured from its arrival time. Usually $D_i \leq T_i$. In order to enable sporadic parts, we consider $D_i < T_i$.
R_i Priority assigned to the part P_i.

Fig. 3. Part characteritics specified by the programmer of the machine.

7 Deadline Monotonic Scheduling

One scheduling method used in hard real-time systems is based upon rate-monotonic theory [7].

This scheduling theory imposes severe constraints on the process set: processes must be periodic, independent and have deadlines equal to period [1].

Many papers have successively weakened these constraints. A constraint that has remained within rate-monotonic literature is that the deadline and period must be equal.

[6] introduced the deadline monotonic scheduling that weakens this constraint. An important motivation is to cater for sporadic events in an efficient manner. Here, the fixed priority of a process is inversely related to its deadline: $D_i < D_j \implies R_i > R_j$.

Deadline monotonic priority ordering is an optimal static priority scheme. The proof of optimality is shown in [6].

[1] developed a sufficient and necessary schedulability test for the deadline monotonic scheduling theory. Applying this schedulability test to manufacturing system will necessitate the inclusion of changeover time costs. (Changeover time costs is to be taken into consideration in a further paper).

Here a part will experience worst-case interference

$$I_i = \sum_{j=1}^{i-1} \left\lceil \frac{D_i}{T_j} \right\rceil C_j \tag{1}$$

from tasks with higher deadline monotonic priorities. I_i is the sum, for each higher-priority task j, of its processing time P_j multiplied by the number of times $\left\lceil \frac{D_i}{T_j} \right\rceil$ it arrives before its deadline D_i of task i.

The entire deadline monotonic part can be scheduled if, for all parts i,

$$\frac{C_i + I_i}{D_i} \leq 1 \tag{2}$$

8 Conclusion

This paper presents a novel approach to holonic manufacturing systems applying results from the real-time scheduling theory. It presents the basic skeleton of real-time manufacturing systems, namely the architecture and computational model needed for future refinement of real-time manufacturing systems. Due to its ability to permit deadlines $\leq$ periods thus allowing periodic and sporadic tasks, the deadline monotonic scheduling is considered as an efficient approach to apply to manufacturing systems. A schedulability test to this approach is also presented.

A number of issues raised by the work outlined in this paper require further consideration. These include the effect that changeover time costs in the schedulability tests in manufacturing systems are not allowed to be disregarded.

The approach presented assumes that parts do not interact. Although future work will take into the considerations the other hypothesis in further investigations.

References

[1] N.C. Audsley, A. Burns, M.F. Richardson, and A.J. Wellings. Hard Real-Time Scheduling: The Deadline Monotonic Approach. In *Eighth IEEE Workshop on Real-Time Operating Systems and Software*, pages 133–137, 1991.

[2] L. Bongaerts. *Integration of Scheduling and Control in Holonic Manufacturing Systems*. PhD thesis, PMA/K.U. Leuven, 1998.

[3] C.J. Fidge. Real-Time Schedulability Tests for Preemptive Multitasking. *J. Real-Time Systems*, 14:61–93, 1998.

[4] L. Gou, T. Hasegawa, P. Luh, S. Tamura, and J. Oblak. Holonic Planning and Scheduling for a Robotic Assembly Testbed. In *Rensselear's fourth International Conference on Computer Integrated Manufacturing and Automation Technology*, New York, USA, 1994. Rensselear Polytechnique Institute.

[5] B. Kádar, L. Monostori, and E. Szelke. An object-oriented framework for developing distributed manufacturing architectures. In L. Monostori, editor, *Proc. of the Second World Congress on Intelligent Manufacturing Processes and Systems*, pages 548–554, Budapest, Hungary, 1997.

[6] J.Y.T. Leung and J. Whitehead. On the complexity of fixed priority scheduling of periodic, real-time tasks. In *Performance Evaluation*, volume 2, pages 237–250, Netherlands, 1982.

[7] C.L. Liu and J.W. Layland. Scheduling algorithms for multiprogramming in a hard real-time environment. *J. ACM*, 20:40–61, 1973.

[8] A. Márkus, T. Kis, J. Váncza, and L. Monostori. A market approach to holonic manufacturing. *CIRP Annals*, 45(1):443–436, 1996.

[9] A. Márkus and J. Váncza. Are manufacturing agents different? In S. Bussmann S. Albayrak, editor, *Proc. of the European Workshop on Agent-Oriented Systems in Manufacturing*, pages 86–103, Berlin, Germany, 1996. Daimler-Benz AG and T.U. Berlin.

[10] T. Moriwaki, N. Sugimura, Y. Martawirya, and S.H. Wirjomartono. Production scheduling in autonomous distributed manufacturing system. *Quality Assurance Through Integration of Manufacturing Processes and Systems*, PED-Vol. 56, 1992.

[11] C. Ramos. A Holonic Approach for Task Scheduling in Manufacturing Systems. In *Proc. of the IEEE International Conference on Robotics and Automation*, 1996.

[12] C. Ramos and P. Sousa. Scheduling Orders in Manufacturing Systems using a Holonic Approach. In S. Bussmann S. Albayrak, editor, *Proc. of the European Workshop on Agent-Oriented Systems in Manufacturing*, pages 80–85, Berlin, Germany, 1996. Daimler-Benz AG and T.U. Berlin.

[13] P. Sousa and C. Ramos. A Dynamic Scheduling Holon for Manufacturing Orders. In L. Monostori, editor, *Proc. of the Second World Congress on Intelligent Manufacturing Processes and Systems*, pages 542–547, Budapest, Hungary, 1997.

[14] H.K. Tönshoff and M. Winkler. Shop Control for Holonic Manufacturing Systems. In *Proc. of the 27th CIRP International Seminar on Manufacturing Systems*, pages 329–336, Michigan, USA, 1995. Ann-Arbor.

[15] P. Valckenears, H. Van Brussel, L. Bongaerts, and J. Wyns. Holonic Manufacturing Sytems. *Integrated Computer-aided Engineering*, 4(3):191–201, 1997.

[16] J. Váncza and A. Márkus. Holonic manufacturing with economic rationality. In Esprit Working Group on IMS & EPFL, editor, *Proc. of IMS-EUROPE, the First International Workshop on Intelligent Manufacturing Systems*, pages 383–394, Lausanne, 1998.

Die Verarbeitung von Parallelismus-Constraints

Katrin Erk*

Programming Systems Lab, Universität des Saarlandes, Saarbrücken.
`www.ps.uni-sb.de/~erk`

Zusammenfassung Parallelismus-Constraints sind partielle Beschreibungen von Bäumen. Wir verwenden sie als Repräsentationsformalismus in der unterspezifizierten natürlichsprachlichen Semantik. Parallelismus-Constraints sind gleichmächtig wie Kontext-Unifikation, deren Entscheidbarkeit ein bekanntes offenes Problem ist.
Dieser Text beschreibt ein Semi-Entscheidungs-Verfahren für Parallelismus-Constraints und eine erste Implementierung. Anders als alle bekannten Verfahren für Kontext-Unifikation terminiert diese Prozedur für Dominanz-Constraints, eine für die linguistische Anwendung wichtige Teilklasse.

1 Einleitung

Parallelismus-Constraints sind partielle Beschreibungen von Bäumen. Wir verwenden sie als Beschreibungsformalismus in der natürlichsprachlichen Semantik [8, 14, 7]. Ein bekanntes Problem in der Semantik ist das gehäufte Auftreten von Mehrdeutigkeiten (von denen die meisten dem menschlichen Leser gar nicht auffallen). Will man alle Lesarten eines Satzes aufzählen, so hat man mit der kombinatorischen Explosion zu kämpfen. Eine bekannte Lösung für dies Problem ist Unterspezifikation: Alle Lesarten werden in einer einzigen kompakten Repräsentation dargestellt. Parallelismus-Constraints als partielle Baumbeschreibungen sind hierzu hervorragend geeignet.

In diesem Text konzentrieren wir uns auf eine Art von Mehrdeutigkeit, nämlich Skopusambiguität, sowie ein weiteres Phänomen, die Ellipse, die auf interessante Weise mit Skopusambiguitäten interagiert. Vielleicht *der* prototypische Satz, der Skopusambiguität illustriert, ist

(1) Every man loves a woman.

Dieser Satz hat zwei Lesarten, die sich im *Skopus* der beiden Nominalphrasen „every man" und „a woman" unterscheiden. In Logik erster Stufe ausgedrückt, lassen sich diese zwei Lesarten so beschreiben:

(2) $\forall x.(man(x) \rightarrow \exists y.(woman(y) \land loves(x,y)))$ und
(3) $\exists y.(woman(y) \land \forall x.(man(x) \rightarrow loves(x,y)))$.

* Katrin Erk wird durch das DFG-Graduiertenkolleg „Kognitionswissenschaft – Empirie, Modellbildung, Implementation" der Universität des Saarlandes unterstützt.

(Der entsprechende deutsche Satz „Jeder Mann liebt eine Frau" ist nicht mehrdeutig. Im Englischen ist das Phänomen der Skopusambiguität zwar verbreiteter als im Deutschen, aber es kommt auch hier vor, z.B. in „Eine Fuge hat jeder Pianist in seinem Repertoire" [24].) Man kann beide Lesarten unterspezifiziert beschreiben durch einen einzigen Parallelismus-Constraint, der beide Anordnungen der Teilformeln zulässt. Wir geben diesen Constraint in Abschnitt 3 an, nachdem wir Parallelismus-Constraints formal eingeführt haben.

Ein elliptischer Satz ist zum Beispiel

(4) John sleeps, and so does Bill.

Dieser Satz bedeutet soviel wie „John sleeps, and Bill sleeps". In einer Ellipse wird etwas ausgelassen, Material, das sonst doppelt vorkäme. Wenn nun in einem elliptischen Satz zusätzlich noch eine Skopusambiguität vorliegt, kommt es zu interessanten Effekten [11]:

(5) Every linguist attends a workshop, and every computer scientist does, too.

Dieser Satz hat drei Lesarten. Zum einen könnten alle Linguisten und Informatiker gemeinsam einen Workshop besuchen (Lesart a). Zum anderen könnte es sein, dass alle Linguisten zu einem gemeinsamen Workshop fahren, während die Informatiker alle gemeinsam an einem anderen Workshop teilnehmen (Lesart b). Drittens könnte jeder einzelne, ob Linguist oder Informatiker, zu seinem individuellen Workshop fahren (Lesart c). Man kann (5) aber nicht so verstehen, dass alle Linguisten denselben Workshop besuchen, während die Informatiker auf verschiedene Workshops fahren: Entscheidet man sich im ersten Teilsatz, „a workshop" weiten Skopus zu gewähren, dann muss auch im zweiten Teilsatz „a workshop" weiten Skopus haben.

Ein Parallelismus-Constraint beschreibt einen Baum aus einer internen Perspektive, in Form von Beziehungen zwischen Knoten. Die interessantesten dieser Beziehungen sind Dominanz und Parallelismus. Ein *Dominanz-Literal* $X \triangleleft^* Y$ zwischen Variablen X und Y besagt, dass der Baumknoten, den X bezeichnet (kurz: X-Knoten) ein Vorfahr des Y-Knotens ist (dabei dürfen die beiden Knoten auch gleich sein). In der Computerlinguistik sind Dominanzen seit langem bekannt und

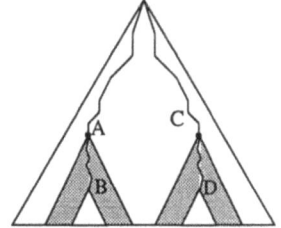

Abbildung 1. Parallelismus $A/B \sim C/D$

werden vielseitig genutzt [18, 32, 1, 21, 10]. Wir verwenden sie für Skopusambiguitäten, ähnlich wie [27, 21, 4, 13]. Ein *Parallelismus-Literal* $A/B \sim C/D$, wie in Abb. 1 skizziert, sagt aus, dass die Baumstruktur zwischen dem A- und dem B-Knoten isomorph ist zu der zwischen dem C- und dem D-Knoten. Mit diesem Konstrukt kann man die Semantik von Ellipsen beschreiben. Desweiteren gibt es noch Constraints, um auszudrücken, daß ein Baumknoten gelabelt ist, Vater oder Bruder eines anderen Knotens ist, sowie dass zwei Knoten ungleich sind oder in disjunkten Positionen liegen.

Wir stellen in diesem Text ein Semi-Entscheidungs-Verfahren für Parallelismus-Constraints vor. Für die linguistische Anwendung bedeutet das Verfahren, dass bei Skopus-Ambiguitäten alle Lesarten aufgezählt werden können und dass bei elliptischen Sätzen die Semantik „komplettiert" wird, d.h. das ausgelassene Material wird eingefügt. Parallelismus-Constraints sind gleichmächtig wie Kontext-Unifikation [5, 29], eine Variante der linearen Unifikation 2. Ordnung [16, 25]. (Für einen Beweis der Gleichmächtigkeit siehe [22].) Die Entscheidbarkeit der Kontext-Unifikation ist ein bekanntes offenes Problem [28, 30]. Insofern war es nicht unser Ziel, ein terminierendes Verfahren für Parallelismus-Constraints zu entwerfen, zumal in der linguistischen Anwendung nur relativ einfache Fälle von Parallelismus aufzutreten scheinen.

Gliederung des Textes. Im folgenden Abschnitt beschreiben wir Syntax und Semantik von Parallelismus-Constraints. In Abschnitt 3 kehren wir zu den Beispielsätzen (1), (4) und (5) zurück; wir geben Constraints an, die unterspezifiziert ihre Semantik repräsentieren. Die Abschnitte 4 und 5 stellen zunächst einen Algorithmus vor, der die Erfüllbarkeit von Dominanz-Constraints testet, dann darauf aufbauend eine erweiterte Prozedur für Parallelismus-Constraints. Abschnitt 6 schließlich beschreibt eine Implementierung im Rahmen des *CHORUS Demo Systems.*

2 Semantik und Syntax

Sei eine Signatur Σ von Funktionssymbolen $f, g, a, b \ldots$ gegeben. Jedes Funktionssymbol f habe eine Stelligkeit $\mathrm{ar}(f) \geq 0$. Wir nehmen an, dass Σ mindestens 2 Funktionssymbole enthält, darunter eine Konstante und ein mindestens zweistelliges Symbol.

Ein (endlicher) *Baum* τ ist ein Grundterm über Σ, zum Beispiel $f(g(a, a))$. Einen *Knoten* eines Baumes kann man mit seinem *Pfad* von der Wurzel aus identifizieren. Dieser Pfad ist ein Wort über $\mathbb{N}$ (der Menge der natürlichen Zahlen ausschließlich 0). Wir schreiben ε für den leeren Pfad (die Wurzel) und $\pi_1 \pi_2$ für die Konkatenation von π_1 und π_2. Ein Pfad π ist ein Präfix eines Pfades π', wenn es einen (ggf. leeren) Pfad π'' gibt mit $\pi \pi'' = \pi'$. Der Knoten πi ist das i-te Kind des Knotens bzw. Pfades π.

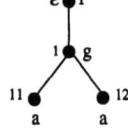

Abbildung 2.
$f(g(a, a))$

Einen Baum kann man eindeutig beschreiben durch eine *Baum-Domäne* (die Menge seiner Pfade) und eine *Labeling-Funktion*. Eine Baum-Domäne ist eine nichtleere, unter Präfix-Bildung abgeschlossene Menge von Pfaden, für die gelten muss, dass $\pi i \in D \Longrightarrow \forall j < i. \pi j \in D$. Eine Labeling-Funktion ist eine Funktion $L : D \to \Sigma$, für die gilt: $\forall \pi \in D, k \in \mathbb{N}. \big(\pi k \in D \iff k \leq \mathrm{ar}(L(\pi))\big)$. Wir schreiben D_τ für die Domäne eines Baumes τ und L_τ für seine Labeling-Funktion. Für den Baum $\tau = f(g(a, a))$ in Abb. 2 ist zum Beispiel $D_\tau = \{\varepsilon, 1, 11, 12\}$, $L_\tau(\varepsilon) = f$, $L_\tau(1) = g$ und $L_\tau(11) = a = L_\tau(12)$.

Definition 1. *Die Baumstruktur $\mathcal{M}^\tau$ für einen Baum τ ist eine Struktur erster Ordnung mit Universum D_τ. Sie umfasst eine Labeling-Relation $:f^\tau \subseteq D_\tau^{\mathrm{ar}(f)+1}$*

für jedes $f \in \Sigma$:

$$:f^\tau = \{(\pi, \pi 1, \ldots, \pi n) \mid L_\tau(\pi) = f, \mathsf{ar}(f) = n\}$$

Wir schreiben für $(\pi, \pi_1, \ldots, \pi_n) \in \,:f^\tau$ auch $\mathcal{M}^\tau \models \pi{:}f(\pi_1, \ldots, \pi_n)$. Diese Relation besagt, dass der Knoten π von τ das Label f trägt und π_i als i-tes Kind hat (für $1 \le i \le n$).

Man kann eine Baumstruktur $\mathcal{M}^\tau$ um zusätzliche Relationen erweitern, die durch die Labeling-Relation schon vollständig festgelegt sind: Die *Dominanz-Relation* $\pi \triangleleft^* \pi'$ ist die Präfix-Relation zwischen Pfaden. Wir schreiben außerdem $\pi \triangleleft^+ \pi'$, falls $\pi \triangleleft^* \pi'$ gilt und $\pi \ne \pi'$ ist. *Disjunktheit* $\pi \bot \pi'$ gilt, falls weder $\pi \triangleleft^* \pi'$ noch $\pi' \triangleleft^* \pi$ gilt.

Für die *Parallelismus-Relation* brauchen wir noch etwas zusätzliche Notation. Falls $\pi_1 \triangleleft^* \pi_2$ in $\mathcal{M}^\tau$ gilt, dann sei $\mathsf{betw}_\tau(\pi_1, \pi_2)$ die Menge aller Knoten *zwischen* π_1 und π_2:

$$\mathsf{betw}(\pi_1, \pi_2) = \{\pi \in D_\tau \mid \pi_1 \triangleleft^* \pi, \text{ aber nicht } \pi_2 \triangleleft^+ \pi\}$$

In einer Parallelismus-Relation $\pi_1/\pi_2 {\sim} \pi_3/\pi_4$ heißen π_1 und π_3 die *Wurzeln*, π_2 und π_4 die *Kronen* der zwei parallelen *Kontexte* $\mathsf{betw}_\tau(\pi_1, \pi_2)$ und $\mathsf{betw}_\tau(\pi_3, \pi_4)$. Die Kronen spielen insofern eine Sonderrolle, als sie selbst zwar zu den parallelen Kontexten gehören, ihre Labels aber nicht.

Definition 2. *Parallelismus $\pi_1/\pi_2 {\sim} \pi_3/\pi_4$ gilt in $\mathcal{M}^\tau$ genau dann, wenn $\pi_1 \triangleleft^* \pi_2$ und $\pi_3 \triangleleft^* \pi_4$ gelten und eine Korrespondenzfunktion $c : \mathsf{betw}_\tau(\pi_1, \pi_2) \to \mathsf{betw}_\tau(\pi_3, \pi_4)$ existiert, eine bijektive Funktion mit $c(\pi_1) = \pi_3$ und $c(\pi_2) = \pi_4$, die die Baumstruktur von $\mathcal{M}^\tau$ erhält: Für alle $\pi \in \mathsf{betw}_\tau(\pi_1, \pi_2) - \{\pi_2\}$ und $f \in \Sigma$ mit $n = \mathsf{ar}(f)$ muss gelten, dass*

$$\mathcal{M}^\tau \models \pi{:}f(\pi_1, \ldots, \pi_n) \quad \Longleftrightarrow \quad \mathcal{M}^\tau \models c(\pi){:}f(c(\pi_1), \ldots, c(\pi_n))$$

Das erzwingt schon, dass $c(\pi_1 \pi) = \pi_3 \pi$ ist für alle $\pi_1 \pi \in \mathsf{betw}_\tau(\pi_1, \pi_2)$.

Nach der Semantik nun zur Syntax: Wir nehmen eine Menge $\mathcal{V}$ von (Knoten-)Variablen $A, B, C, D, X, Y, Z, U, V, W \ldots$ an. Ein *Parallelismus-Constraint* φ ist eine Konjunktion von *atomaren Constraints* oder *Literalen* für Parallelismus, Dominanz, Labeling und Disjunktheit. Ein *Dominanz-Constraint* ist ein Constraint ohne Parallelismus-Literale. Ein Parallelismus-Constraint hat folgende abstrakte Syntax:

$$\varphi, \psi ::= A/B{\sim}C/D \mid X \triangleleft^* Y \mid X{:}f(X_1, \ldots, X_n) \quad (\mathsf{ar}(f) = n)$$
$$\mid X \bot Y \mid X \ne Y \mid \mathsf{false} \mid \varphi \wedge \psi$$

Abkürzungen: $X{=}Y$ für $X \triangleleft^* Y \wedge Y \triangleleft^* X$ und $X \triangleleft^+ Y$ für $X \triangleleft^* Y \wedge X \ne Y$.

Der Einfachheit halber betrachten wir Parallelismus-, Ungleichheits- und Disjunktheits-Literale als symmetrisch.

Wir interpretieren Parallelismus-Constraints über der Klasse von Baumstrukturen in der üblichen Tarskischen Art. Wir schreiben $\mathcal{V}(\varphi)$ für die Variablen im

Constraint φ. Falls ein Paar $(\mathcal{M}^\tau, \alpha)$ aus einer Baumstruktur $\mathcal{M}^\tau$ und einer Variablenbelegung $\alpha : \mathcal{G} \to D_\tau$ (für irgendeine Menge $\mathcal{G} \supseteq \mathcal{V}(\varphi)$) φ erfüllt, so schreiben wir $(\mathcal{M}^\tau, \alpha) \models \varphi$. und sagen, $(\mathcal{M}^\tau, \alpha)$ ist eine Lösung für φ. φ heißt *erfüllbar*, falls es eine Lösung besitzt.

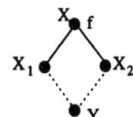

Wir stellen Constraints oft als Graphen dar, wobei die Knoten die Variablen des Constraints repräsentieren. Eine gelabelte Variable wird mit ihren Kindern durch durchgezogene Linien verbunden, eine gepunktete Linie repräsentiert Dominanz. Zum Beispiel steht der Graph in Abb. 3 für den Constraint $X{:}f(X_1, X_2) \wedge X_1 \triangleleft^* Y \wedge X_2 \triangleleft^* Y$. Da Bäume nicht nach oben verzweigen, ist dieser Constraint unerfüllbar.

Abbildung 3. Ein unerfüllbarer Constraint

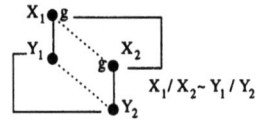

Atomaren Parallelismus stellen wir textuell und graphisch dar, letzteres in Form von eckigen Klammern wie in Abb. 4. (Dieser Constraint codiert übrigens das String-Unifikations-Problem [17] $gx = xg$; die zwei parallelen Kontexte repräsentieren die zwei Auftreten des x.) Literale für Ungleichheit und Disjunktheit werden ausschließlich textuell annotiert.

Abbildung 4. String-Unifikation

3 Unterspezifizierte Semantik

Wie in Abschnitt 1 gesagt, ist der Satz

(1) Every man loves a woman.

ambig. Die zwei möglichen Lesarten sind

(2) $\forall x.(man(x) \to \exists y.(woman(y) \wedge loves(x,y)))$ und
(3) $\exists y.(woman(y) \wedge \forall x.(man(x) \to loves(x,y)))$.

Beide Formeln bestehen aus den Teilen $\forall x.(man(x) \to \_)$, $\exists y.(woman(y) \wedge \_)$ und $loves(x,y)$, diese Teilformeln sind nur in unterschiedlicher Reihenfolge zusammengesetzt. Wir beschreiben beide Lesarten unterspezifiziert durch folgenden Constraint:

(6)

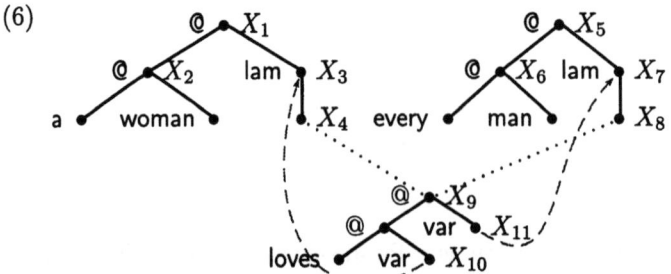

Zunächst einige Worte zur Darstellung: Einer langen Tradition der Computerlinguistik seit Montague [19] folgend, verwenden wir den einfach getypten

Lambda-Kalkül zur Beschreibung der Semantik eines Satzes. Damit sind die Bäume, die als Lösungen des Constraints in Frage kommen, ebenfalls Lambda-Terme. Wir verwenden das Knotenlabel lam für λ, var für Variablen, und @ für die funktionale Applikation. Wir identifizieren eine Variable mit dem λ, das sie bindet, nicht durch einen gleichen Namen („$\lambda x \dots x \dots$"), sondern über einen *Lambda-Link*, der von der Baumposition der Variablen nach oben zum bindenden Lambda-Knoten zeigt (im Bild als gestrichelte Pfeile dargestellt). Für eine eingehende Behandlung von Lambda-Links siehe [7]. Dass wir darüber hinaus generalisierte Quantoren [2] verwenden, hat den Nebeneffekt, dass es die Formeln und somit auch die Graphen lesbarer macht; so vereinfacht sich (2) etwa zu (every man)$\Big(\lambda x$ (a woman)$(\lambda y\ (love\ y)x)\Big)$.

Wieso repräsentiert (6) nun genau die Lesarten (2) und (3)? Parallelismus-Constraints beschreiben Bäume, und in einem Baum können Knoten an disjunkten Positionen keinen gemeinsamen Nachfolger besitzen. Das heißt, wenn $(\mathcal{M}^\tau, \alpha)$ eine Lösung des Constraints in (6) ist, dann liegen $\alpha(X_1)$ und $\alpha(X_5)$ nicht an disjunkten Positionen, es gilt also entweder $\alpha(X_1) \triangleleft^* \alpha(X_5)$ oder $\alpha(X_5) \triangleleft^* \alpha(X_1)$. Genauere Betrachtung ergibt, dass die zwei gelabelten Graph-Fragmente für „every man" und „a woman" einander nicht überlappen können. Es muss also entweder $\alpha(X_4) \triangleleft^* \alpha(X_5)$ oder $\alpha(X_8) \triangleleft^* \alpha(X_1)$ gelten – ersteres entspricht Lesart (3), letzteres Lesart (2).

Die Semantik des elliptischen Satzes (4), „John sleeps, and so does Bill," kann man mit Hilfe eines Parallelismus-Literals ganz einfach so darstellen:

(7)

$A/B \sim C/D$

Wenn nun $(\mathcal{M}^\tau, \alpha)$ eine Lösung dieses Constraints ist, dann muss der Baum-Kontext zwischen $\alpha(A)$ und $\alpha(B)$ dieselbe Struktur aufweisen wie der zwischen $\alpha(C)$ und $\alpha(D)$ – also muss τ dem Term

$$and(sleeps(john),\ sleeps(bill))$$

entsprechen.

Genauso kann man bei Satz (5), „Every linguist attends a workshop, and every computer scientist does, too" vorgehen. Der Constraint (8) für diesen Satz ist in Abb. 5 dargestellt. Wie kann eine Lösung $(\mathcal{M}^\tau, \alpha)$ dieses Constraints aussehen? Wie im Fall von (6) können $\alpha(X_1)$ und $\alpha(X_3)$ nicht disjunkt liegen, weil sie beide $\alpha(X_5)$ dominieren, ebenso $\alpha(X_1)$ und $\alpha(X_0)$. Und wieder können die gelabelten Graph-Fragmente sich nicht überlappen. Für das „a workshop"-Fragment ergeben sich insgesamt drei mögliche Positionen: Entweder es liegt oberhalb von $\alpha(X_0)$. Das entspricht Lesart a. Oder es liegt zwischen $\alpha(A)$ und $\alpha(X_3)$. Dann gilt $\alpha(X_2) \triangleleft^* \alpha(X_3)$ in $\mathcal{M}^\tau$. Nun erzwingt die Parallelismus-Relation, dass der Kontext zwischen $\alpha(A)$ und $\alpha(B)$ dieselbe Struktur hat wie der zwischen $\alpha(C)$ und $\alpha(D)$. Also gibt es zwischen $\alpha(C)$ und $\alpha(D)$ auch ein „a workshop"-Baum-Fragment, und zwar muss es wegen der Strukturgleichheit oberhalb vom „every

(8)

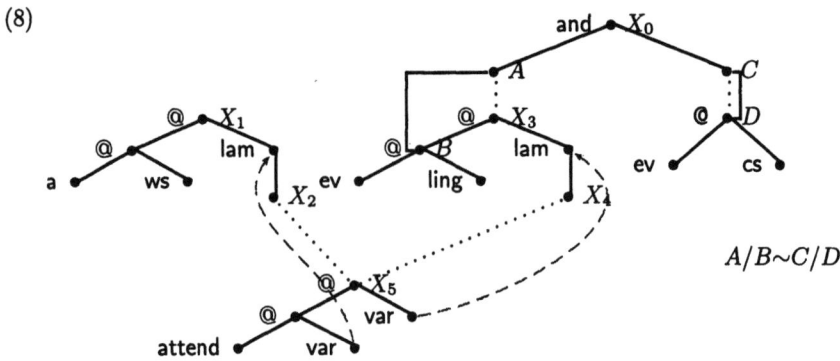

$$A/B \sim C/D$$

Abbildung 5. „Every linguist attends a workshop, and every computer scientist does, too."

computer scientist"-Fragment liegen. Also ergibt sich hier Lesart b. Die dritte mögliche Position des „a workshop"-Fragments, zwischen $\alpha(X_3)$ und $\alpha(X_4)$, ergibt Lesart c. Andere Möglichkeiten gibt es nicht.

4 Ein Algorithmus für Dominanzconstraints

Wir stellen in diesem Abschnitt zunächst einen Algorithmus für Dominanz-Constraints (der von [6] subsumiert wird) vor, den wir im folgenden Abschnitt zu einer Prozedur für Parallelismus-Constraints erweitern. Dominanz-Constraints sind in der Linguistik seit langem bekannt und werden vielseitig genutzt [18, 32, 1, 21, 10]. Ihr Erfüllbarkeitsproblem ist NP-vollständig [15], aber es gibt dafür schnelle Lösungsalgorithmen auf Constraint-Basis [6].

Die Idee des Constraint-Lösens ist, beim Durchlaufen eines Suchbaumes Sackgassen möglichst früh zu erkennen. Dazu werden in jedem Knoten des Suchbaumes zuerst *Propagierungsschritte* (Inferenzen) ausgeführt, bevor eine Fallunterscheidung, ein *Distributionsschritt*, unternommen wird. Die Verfahren, die wir vorstellen, *saturieren* einen Constraint: Ein Saturierungsverfahren ist Menge S von Regeln der Form $\varphi \to \bigvee_{i=1}^{n} \varphi_i$. Jede Regel beschreibt eine Bedingung, unter der ein Constraint um weitere Konjunkte erweitert werden kann. Falls $n = 1$ ist, liegt eine *Propagierungs-Regel* vor, sonst eine *Distributions-Regel*.

Der Lesbarkeit halber identifizieren wir im Folgenden einen Constraint mit der Menge seiner Literale. Wir nehmen an, dass zu jedem Constraint $\rho \in S$ eine Anwendungsbedingung $C_\rho(\varphi)$ gegeben ist, die entscheidet, ob ρ auf φ angewendet werden kann. Ein *Saturierungs-Schritt* $\to_S$ besteht aus einer einzelnen

Propagierungsregeln:

(D.Clash.Ineq) $X{=}Y \land X{\neq}Y \to$ **false**

(D.Clash.Disj) $X \perp X \to$ **false**

(D.Dom.Refl) $\varphi \to X \triangleleft^* X$ — falls $X \in \mathcal{V}(\varphi)$

(D.Dom.Trans) $X \triangleleft^* Y \land Y \triangleleft^* Z \to X \triangleleft^* Z$

(D.Eq.Decom) $X{:}f(X_1,\ldots,X_n) \land Y{:}f(Y_1,\ldots,Y_n) \land X{=}Y$
$\to \bigwedge_{i=1}^{n} X_i{=}Y_i$

(D.Lab.Ineq) $X{:}f(\ldots) \land Y{:}g(\ldots) \to X{\neq}Y$ — für $f \neq g$

(D.Lab.Disj) $X{:}f(\ldots X_i,\ldots,X_j,\ldots) \to X_i \perp X_j$ — für $1 \leq i < j \leq n$

(D.Prop.Disj) $X \perp Y \land X \triangleleft^* X' \land Y \triangleleft^* Y' \to Y' \perp X'$

(D.Lab.Dom) $X{:}f(\ldots, Y, \ldots) \to X \triangleleft^+ Y$

Distributionsregeln:

(D.Distr.Child) $X \triangleleft^* Y \land X{:}f(X_1,\ldots,X_n) \to Y{=}X \lor \bigvee_{i=1}^{n} X_i \triangleleft^* Y$

(D.Distr.NotDisj) $X \triangleleft^* Z \land Y \triangleleft^* Z \to X \triangleleft^* Y \lor Y \triangleleft^* X$

Abbildung 6. Regelschemata für Algorithmus D: Dominanz-Constraints

Regelanwendung:

$$\frac{\psi \subseteq \varphi \quad \rho \in S}{\varphi \to_S \varphi \land \psi_i} \text{ falls } C_\rho(\varphi), \text{ und } \rho \text{ ist } \psi \to \bigvee_{i=1}^{n} \psi_i.$$

Zunächst reicht es aus, festzusetzen: $C_{\psi \to \bigvee_{i=1}^n \psi_i}$ sei wahr, wenn $\psi_i \not\subseteq \varphi$ ist für $1 \leq i \leq n$. Wir nennen einen Constraint *S-saturiert*, wenn er bezüglich $\to_S$ nicht mehr reduzierbar ist, und *clash-frei*, wenn er **false** nicht enthält.

Abbildung 6 zeigt Regelschemata, deren (unendliche) Menge von Instanzen den Algorithmus D für Dominanz-Constraints bilden. Der Algorithmus, der korrekt und vollständig ist, findet sämtliche *clash*-freie Saturierungen des Eingabe-Constraints. Die Propagierungsschritte erzwingen „Baumförmigkeit", z.B. besagt (A.Dom.Trans), dass Dominanz transitiv ist, und (A.Eq.Decom) ist ein Dekompositionsschritt.

Es gibt nur zwei Situationen, in denen distribuiert werden muss. In der Situation in Abb. 7 wird (D.Distr.NotDisj) aktiv: Hier muss entweder $X \triangleleft^* Y$ oder $Y \triangleleft^* X$ gelten. Dies ist exakt die Situation, die in Constraints für Skopus-ambige Sätze auftritt.

Abbildung 7.
Skopus-Situation

Abb. 8 zeigt einen Fall, in dem (D.Distr.Child) greift: Es muss entweder $Y{=}X$ oder $X_1 \triangleleft^* Y$ oder $X_2 \triangleleft^* Y$ gelten. Mit $Y{=}X$ ergibt sich hier ein unerfüllbarer Constraint, da Y mit g gelabelt ist. Die anderen beiden Möglichkeiten führen zu erfüllbaren Constraints.

Beispiel 3. Sehen wir uns den unerfüllbaren Constraint

$$X{:}f(X_1, X_2) \wedge X_1 \vartriangleleft^* Y \wedge X_2 \vartriangleleft^* Y$$

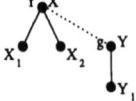

an: Nach (D.Lab.Disj) können wir $X_1 \perp X_2$ dazunehmen. Dann wird aber (D.Prop.Disj) anwendbar und wir erhalten das neue Konjunkt $Y \perp Y$, da sowohl $X_1 \vartriangleleft^* Y$ als auch $X_2 \vartriangleleft^* Y$ vorhanden ist. Aus $Y \perp Y$ folgert (D.Clash.Disj) nun **false**.

Abbildung 8. Überlappung?

Beispiel 4. Mit Algorithmus D können wir Constraint (6), die Semantik von „every man loves a woman," lösen.

X_4, X_8 und X_9 bilden ein „Dreieck" wie in Abb. 7, damit ist (D.Distr.Not Disj) anwendbar: Es muss entweder $X_4 \vartriangleleft^* X_8$ oder $X_8 \vartriangleleft^* X_4$ dazugenommen werden. Verfolgen wir den Fall $X_8 \vartriangleleft^* X_4$ weiter. Der Algorithmus muss jetzt nur noch feststellen, dass man das „every man"- und das „a woman"-Fragment nicht überlappen kann. Zunächst findet sich ein weiteres „Dreieck," nämlich $X_8 \vartriangleleft^* X_4 \wedge X_3 \vartriangleleft^* X_4$, auf das wir wieder (D.Distr.NotDisj) anwenden. Der Fall $X_3 \vartriangleleft^* X_8$ führt zu einem *Clash*. Verfolgt man den Fall $X_8 \vartriangleleft^* X_3$ weiter, erreicht man nach einigen weiteren Rechenschritten eine *clash*-freie Saturation:

(9)

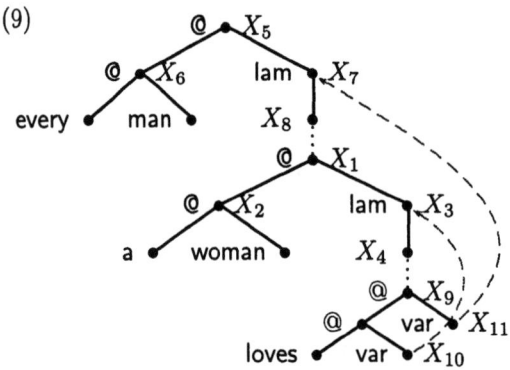

Dieser Constraint ist fast baumförmig – er enthält noch „bewegliche", nur durch Dominanzen verbundene Teile. Aber es ist intendiert, dass der Algorithmus hier nicht X_8 und X_1 bzw. X_4 und X_9 identifiziert, da für die Behandlung anderer Phänomene [14] eventuell an solchen „beweglichen" Stellen noch Constraints eingefügt werden müssen.

Nachdem die Skopus-Lesart mit der ersten Anwendung von (D.Distr.NotDisj) entschieden ist, muss Algorithmus D distribuieren, um festzustellen, dass man das „every man"- nicht mit dem „a woman"-Fragment überlappen kann. Aber das Distribuieren ist hier nicht unbedingt notwendig: Ein um weitere Saturierungsregeln erweiterter Algorithmus in [6] kommt zu demselben Schluss rein durch Propagieren.

5 Eine Prozedur für Parallelismus-Constraints

Wir ergänzen Algorithmus D aus dem vorigen Abschnitt um weitere Saturierungsregeln zu einer Semi-Entscheidungs-Prozedur für Parallelismus-Constraints. Dadurch erben wir für die neue Prozedur die gute Verarbeitung von Dominanz-Constraints. Statt Algorithmus D kann man die Parallelismus-Regeln auch mit dem erwähnten erweiterten Dominanz-Constraint-Algorithmus aus [6] kombinieren.

Bei der Verarbeitung von Parallelismus geht es darum, die Korrespondenz-Funktionen für alle Parallelismus-Literale des Eingabe-Constraints zu berechnen. Dazu verwenden wir *Pfadgleichheits-Literale*, um das Problem mit möglichst viel Propagieren und möglichst wenig Distribution zu lösen.

Wir definieren die Menge $\mathsf{betw}_\varphi(A, B)$ von Variablen *zwischen* A und B analog zu $\mathsf{betw}_\tau(\pi_1, \pi_2)$: Falls $X_1 \triangleleft^* X_2 \in \varphi$ ist, dann ist

$$\mathsf{betw}_\varphi(A, B) := \{X \in \mathcal{V}(\varphi) \mid A \triangleleft^* X \in \varphi \text{ und entweder } X \triangleleft^* B \in \varphi \text{ oder}$$
$$X \perp B \in \varphi\}.$$

Für jede Variable $X \in \mathsf{betw}_\varphi(A, B)$ muss die Prozedur nun eine *Korrespondierende* im Kontext $\mathsf{betw}_\varphi(C, D)$ finden. Dazu müssen unter Umständen lokale Variablen eingeführt werden. Im Folgenden betrachten wir einen Constraint φ immer zusammen mit einer Menge $\mathcal{G} \subseteq \mathcal{V}$ von *globalen* Variablen; alle anderen Variablen sind *lokal*. Ist φ eine Eingabe für die Prozedur, dann sei immer $\mathcal{V}(\varphi) \subseteq \mathcal{V}$. Für einen Constraint φ mit lokalen Variablen ist ein Paar $(\mathcal{M}^\tau, \alpha)$ eine Lösung, falls $(\mathcal{M}^\tau, \alpha) \models \exists(\mathcal{V}(\varphi) - \mathcal{G}).\varphi$ gilt.

Um Korrespondenz zu notieren, verwenden wir Pfadgleichheits-Literale, Hilfsconstraints, die im Lauf der Berechnung eingeführt werden, aber nicht zur Constraint-Sprache gehören. Ein Pfadgleichheits-Literal $\mathsf{p}\binom{A\ C}{X\ Y}$ sagt aus, dass X unter A zu Y unter C korrespondiert. Genauer gesagt: Eine Pfadgleichheits-Relation $\mathsf{p}\binom{\pi_1\ \pi_3}{\pi_2\ \pi_4}$ gilt in einer Baumstruktur $\mathcal{M}^\tau$ genau dann, wenn es einen Pfad π gibt, so dass erstens $\pi_2 = \pi_1\pi$ und $\pi_4 = \pi_3\pi$ ist und zweitens für jedes $\pi' \triangleleft^+ \pi$ gilt, dass $L_\tau(\pi_1\pi') = L_\tau(\pi_3\pi')$ ist.

Abbildung 9 zeigt die Schemata der Regelmengen P und N, die mit Parallelismus umgehen. $D \cup P \cup N$, abgekürzt DPN,[1] bildet eine korrekte und vollständige Semi-Entscheidungs-Prozedur für Parallelismus-Constraints [9].

Gegeben ein Parallelismus-Literal $A/B \sim C/D$, stellt Regelschema (P.Root) fest, dass die beiden Wurzel-Variablen A und C zueinander korrespondieren, ebenso die beiden Kronen-Variablen B und D. Wie findet man nun Korrespondierende für die restlichen Variablen im Parallelismus-Kontext? Sehen wir uns den Constraint in Abb. 10 an. X liegt im Kontext zwischen A und B, Y

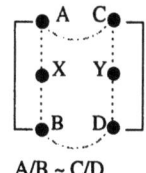

A/B ~ C/D

Abbildung 10.
Korrespondenz

---

[1] Entsprechende Abkürzungen verwenden wir auch für andere Regelmengen-Kombinationen.

Propagierungsregeln:

(P.Root) $A/B{\sim}C/D \rightarrow \mathrm{p}\!\left(\begin{smallmatrix} A\ C \\ A\ C \end{smallmatrix}\right) \wedge \mathrm{p}\!\left(\begin{smallmatrix} A\ C \\ B\ D \end{smallmatrix}\right)$

(P.Copy.Dom) $U_1 R U_2 \wedge \bigwedge_{i=1}^{2} \mathrm{p}\!\left(\begin{smallmatrix} A\ C \\ U_i\ V_i \end{smallmatrix}\right) \rightarrow V_1 R V_2$ — für $R \in \{\lhd^*, \perp, \neq\}$,
$A/B{\sim}C/D \in \varphi,\ U_1, U_2 \in \mathrm{betw}_\varphi(A,B)$

(P.Copy.Lab) $U_0{:}f(U_1,\dots,U_n) \wedge \bigwedge_{i=0}^{n} \mathrm{p}\!\left(\begin{smallmatrix} A\ C \\ U_i\ V_i \end{smallmatrix}\right) \rightarrow V_0{:}f(V_1,\dots,V_n)$
— für $A/B{\sim}C/D \in \varphi,\ U_0,\dots,U_n \in \mathrm{betw}_\varphi(A,B)$

(P.Path.Sym) $\mathrm{p}\!\left(\begin{smallmatrix} X\ Y \\ U\ V \end{smallmatrix}\right) \rightarrow \mathrm{p}\!\left(\begin{smallmatrix} Y\ X \\ V\ U \end{smallmatrix}\right)$

(P.Path.Dom) $\mathrm{p}\!\left(\begin{smallmatrix} X\ Y \\ U\ V \end{smallmatrix}\right) \rightarrow X\lhd^* U \wedge Y\lhd^* V$

(P.Path.Eq.1) $\mathrm{p}\!\left(\begin{smallmatrix} X_1\ X_3 \\ X_2\ X_4 \end{smallmatrix}\right) \wedge \bigwedge_{i=1}^{4} X_i{=}Y_i \rightarrow \mathrm{p}\!\left(\begin{smallmatrix} Y_1\ Y_3 \\ Y_2\ Y_4 \end{smallmatrix}\right)$

(P.Path.Eq.2) $\mathrm{p}\!\left(\begin{smallmatrix} X\ X \\ U\ V \end{smallmatrix}\right) \rightarrow U{=}V$

Distributionsregeln:

(P.Distr.Crown) $A\lhd^* X \rightarrow X\lhd^* B \vee X\perp B \vee B\lhd^+ X$ — für $A/B{\sim}C/D \in \varphi$

(P.Distr.Project) $\varphi \rightarrow X{=}Y \vee X{\neq}Y$ — für $X, Y \in \mathcal{V}(\varphi)$

Einführung neuer Variablen:

(N.New) $\varphi \rightarrow \mathrm{p}\!\left(\begin{smallmatrix} A\ C \\ X\ X' \end{smallmatrix}\right)$ — für $A/B{\sim}C/D \in \varphi$ und $X \in$
$\mathrm{betw}_\varphi(A,B)$; X' ist neu und lokal

Abbildung 9. Schemata der Regelmengen P und N für Parallelismus

im Kontext zwischen C und D. Aber sie werden von A bzw. C nur dominiert, über ihre genaue Position im Kontext ist nichts bekannt. Deshalb wäre es vorschnell, X einfach in Korrespondenz zu Y zu setzen, solange nichts vorliegt, was uns zu diesem Schritt zwänge. Diese Einsicht setzt (N.New) so um: Für ein Parallelismus-Literal $A/B{\sim}C/D$ und eine Variable $X \in \mathrm{betw}_\varphi(A,B)$ wird eine Korrespondenz $\mathrm{p}\!\left(\begin{smallmatrix} A\ C \\ X\ X' \end{smallmatrix}\right)$ ausgesagt für eine *neue lokale* Variable X'. Dabei heißt „neu", dass $X' \notin \mathcal{V}(\varphi)$, und „lokal", dass $X' \notin \mathcal{G}$ ist. Falls sich herausstellen sollte, dass die Struktur des Constraints eine Korrespondenz zwischen X und Y erzwingt, dann wird $Y{=}X'$ schon geschlussfolgert durch eine Kombination der anderen Regeln. (N.New) braucht nur dann angewendet zu werden, wenn X für *dies* Parallelismus-Literal noch keine Korrespondierende besitzt. Das schlägt sich in einer abgeänderten Anwendungsbedingung für alle Regeln des Schemas (N.New) nieder:

$$C_{\varphi' \rightarrow \mathrm{p}\left(\begin{smallmatrix} A\ C \\ X\ X \end{smallmatrix}\right)'}(\varphi) \text{ gilt gdw. } X' \notin \mathcal{V}(\varphi) \cup \mathcal{G} \text{ und } \forall Y \in \mathcal{V}.\mathrm{p}\!\left(\begin{smallmatrix} A\ C \\ X\ Y \end{smallmatrix}\right) \notin \varphi.$$

Für ein Parallelismus-Literal $A/B{\sim}C/D \in \varphi$ kopieren (P.Copy.Dom) und (P.Copy.Lab) Dominanz-, Disjunktheits-, Ungleichheits- und Labeling-Literale von $\mathrm{betw}_\varphi(A, B)$ nach $\mathrm{betw}_\varphi(C, D)$ und umgekehrt. Die Seitenbedingung in (P.Copy.Lab), die die Position von U_0 einschränkt, stellt sicher, dass die Label der Kronen B und D nicht kopiert werden.

Darüber hinaus enthält P zwei Distributions-Schemata: (P.Distr.Crown) entscheidet für Variablen, die potentiell in einem Parallelismus-Kontext sein könnten (d.h. $A\triangleleft^*X$), ob sie tatsächlich im Kontext liegen ($X\triangleleft^*B \vee X\perp B$) oder nicht ($B\triangleleft^+X$). (P.Distr.Project) rät, ob zwei Variablen identifiziert werden sollten oder nicht. In der Praxis möchte man diese Regel nicht unbedingt anwenden; sie ist zu teuer. Und tatsächlich kann man sie in vielen Fällen ersetzen durch optionale Propagierungs-Regeln, die wir unten vorstellen.

Beispiel 5. Der Constraint (7) stellt die unterspezifizierte Semantik des Satzes „John sleeps, and so does Bill" dar. Dieser Constraint kann mit *DPN* wie folgt saturiert werden: Mit (P.Root) erhalten wir zunächst $\mathrm{p}(\begin{smallmatrix} A & C \\ A & C \end{smallmatrix}) \wedge \mathrm{p}(\begin{smallmatrix} A & C \\ B & D \end{smallmatrix})$. Zu X führen wir mit (N.New) eine neue, lokale Variable X' ein sowie den Constraint $\mathrm{p}(\begin{smallmatrix} A & C \\ X & X' \end{smallmatrix})$. (P.Copy.Lab) ergänzt $C{:}@(D, X') \wedge X' : sleeps$. Als Graph sieht das so aus:

(10) $A/B{\sim}C/D$

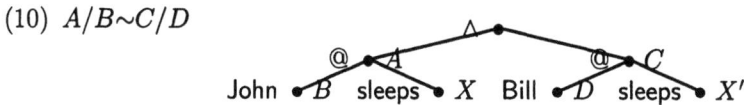

Beispiel 6. Der Constraint im letzten Beispiel war sehr einfach und schnell zu saturieren. Das ist typisch für Constraints, die elliptische Sätze beschreiben. Es lassen sich aber auch komplexere Beispiele konstruieren, etwa das in Abb. 11. Hier ist $C \in \mathrm{betw}_\varphi(A, B)$, da sich die Kontexte überlappen. Die Anwendung von (N.New) auf C ergibt $\mathrm{p}(\begin{smallmatrix} A & C \\ C & C' \end{smallmatrix})$ für eine neue, lokale Variable C'. Nach (P.Copy.Dom) gilt $C\triangleleft^*C'\triangleleft^*D$. Damit haben wir ein „Dreieck": $C'\triangleleft^*D \wedge B\triangleleft^*D$, und (D.Distr.NotDisj) kommt zum Einsatz. Im Fall $B\triangleleft^*C'$ bleibt nur noch eine Korrespondierende für $B \in \mathrm{betw}_\varphi(C, D)$ zu finden. Für $C'\triangleleft^*B$ dagegen müssen wir zusätzlich für $C' \in \mathrm{betw}_\varphi(A, B)$ eine Korrespondierende in $\mathrm{betw}_\varphi(C, D)$ finden – der oben beschriebene Ablauf wiederholt sich.

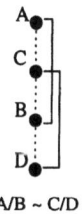

A/B ~ C/D

Abbildung 11. Selbst-Überlappung

Beispiel 7. Der Constraint in (8) beschreibt die unterspezifizierte Semantik des Satzes „Every linguist attends a workshop, and every computer scientist does, too." Zunächst kann Algorithmus D desambiguieren wie in Bsp. 4. Da gibt es zum einen das Dreieck $X_1\triangleleft^*X_5 \wedge X_3\triangleleft^*X_5$, zum anderen $X_0\triangleleft^*X_5 \wedge X_1\triangleleft^*X_5$. Insgesamt errechnet D drei mögliche Positionen der gelabelten Graph-Fragmente: Entweder $X_1\triangleleft^*X_0$ oder $A\triangleleft^*X_1 \wedge X_2\triangleleft^*X_3$ oder $X_3\triangleleft^*X_1 \wedge X_2\triangleleft^*X_5$. In den letzteren beiden Fällen liegt das „a workshop"-Fragment in $\mathrm{betw}_\varphi(A, B)$. Dann sorgen (P.Copy.Dom) und (P.Copy.Lab) dafür, dass die beiden parallelen Kontexte strukturgleich sind: Ist etwa $\mathrm{p}(\begin{smallmatrix} A & C \\ X_1 & Y_1 \end{smallmatrix})$ und $\mathrm{p}(\begin{smallmatrix} A & C \\ X_3 & Y_3 \end{smallmatrix})$ und $X_3\triangleleft^*X_1$, so erzwingt

(T.Trans.H) $p\binom{X\ Y}{U\ V} \land p\binom{Y\ Z}{V\ W} \to p\binom{X\ Z}{U\ W}$

(T.Trans.V) $p\binom{X_1\ Y_1}{X_2\ Y_2} \land p\binom{X_2\ Y_2}{X_3\ Y_3} \to p\binom{X_1\ Y_1}{X_3\ Y_3}$

(T.Diff.1) $\quad p\binom{X_1\ Y_1}{X_2\ Y_2} \land p\binom{X_1\ Y_1}{X_3\ Y_3} \to p\binom{X_2\ Y_2}{X_3\ Y_3})$ — falls $X_2 \lhd^* X_3,$
$\quad\quad\quad Y_2 \lhd^* Y_3 \in \varphi$

(T.Diff.2) $\quad p\binom{X_1\ Y_1}{X_3\ Y_3} \land p\binom{X_2\ Y_2}{X_3\ Y_3} \to p\binom{X_1\ Y_1}{X_2\ Y_2})$ — falls $X_1 \lhd^* X_2,$
$\quad\quad\quad Y_1 \lhd^* Y_2 \in \varphi$

Abbildung 12. Optionale Regeln: T propagiert Transitivität von Pfadgleichheits-Literalen

(P.Copy.Dom), dass auch $Y_3 \lhd^* Y_1$ dem Constraint hinzugefügt wird. Also ergeben sich genau drei Saturierungen des Constraints, die den drei Lesarten entsprechen. Die saturierten Constraints für Lesarten b und c zeigt der Bildschirmausschnitt in Abb. 15.

Optionale Regeln für bessere Propagierung

Die optionalen Propagierungs-Regeln der Menge T (Abb. 12) beschreiben Transitivitäts-Eigenschaften von Pfadgleichheiten. Mit diesen Regeln kann vieles (wenn auch nicht alles), was (P.Distr.Project) durch Fallunterscheidung leistet, schon durch Propagierung erreicht werden.

(T.Trans.H) beschreibt die horizontale Transitivität von Pfadgleichheits-Literalen, während (T.Trans.V), (T.Diff.1) und (T.Diff.2) die vertikale Transitivität behandeln. Diese Regeln operieren unabhängig davon, zu welchem Parallelismus-Literal ein Pfadgleichheits-Constraint gehört, und erschließen dadurch neue Pfadgleichheiten, die über die Korrespondenzfunktionen der einzelnen Parallelismen hinausgehen. Das ist der Vorteil darin, Korrespondenzen in Form von Pfadgleichheits-Literalen zu notieren und nicht direkt in Form syntaktischer Korrespondenz-Funktionen.

Beispiel 8. Der Constraint Abb. 13 enthält vier interagierende Parallelismus-Literale. Hier kann *DPNT* wie folgt rechnen: Es ist $X \in$ betw$_\varphi(A_1, B_1)$. Insofern kann man (N.New) anwenden und erhält $p\binom{A_1\ A_2}{X\ X'}$ für eine neue lokale Variable X'. (P.Copy.Dom) ergibt $A_2 \lhd^* X' \lhd^* B_2$. Damit ist $X' \in$ betw$_\varphi(A_2, B_2)$. Wir wenden wieder (N.New) an mit dem Ergebnis $p\binom{A_2\ A_3}{X'\ X''}$ für eine neue lokale Variable X'', deren Lage (P.Copy.Dom) bestimmt als $A_3 \lhd^* X'' \lhd^* B_3$. Also ist $X'' \in$ betw$_\varphi(A_3, B_3)$. Wir gehen vor wie eben schon: Wir erhalten $p\binom{A_3\ A_4}{X''\ X'''}$ für eine neue lokale Variable X''', und $A_4 \lhd^* X''' \lhd^* B_4$.

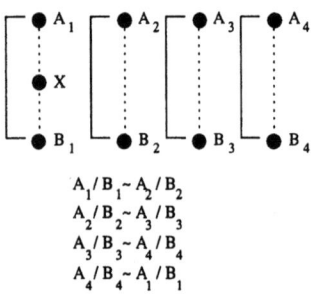

$A_1/B_1 \sim A_2/B_2$
$A_2/B_2 \sim A_3/B_3$
$A_3/B_3 \sim A_4/B_4$
$A_4/B_4 \sim A_1/B_1$

Abbildung 13. Horizontale Transitivität

Müssen wir auf X''' noch bezüglich $A_4/B_4 {\sim} A_1/B_1$ (N.New) anwenden? Nein: Nach (T.Trans.H) ergibt sich aus $p(\begin{smallmatrix} A_1 & A_2 \\ X & X' \end{smallmatrix})$ und $p(\begin{smallmatrix} A_2 & A_3 \\ X' & X'' \end{smallmatrix})$ schon $p(\begin{smallmatrix} A_1 & A_3 \\ X & X'' \end{smallmatrix})$, und daraus und aus $p(\begin{smallmatrix} A_3 & A_4 \\ X'' & X''' \end{smallmatrix})$ kann man wiederum $p(\begin{smallmatrix} A_1 & A_4 \\ X & X''' \end{smallmatrix})$ schließen. Damit besitzt X''' schon eine Korrespondierende im Parallelismus $A_4/B_4 {\sim} A_1/B_1$, nämlich X.

Würde man den Constraint nur mit *DPN* saturieren, ohne die optionalen Regeln, so müsste man auf X''' bezüglich $A_4/B_4 {\sim} A_1/B_1$ (N.New) anwenden, z.B. mit dem Ergebnis $p(\begin{smallmatrix} A_4 & A_1 \\ X''' & X^{IV} \end{smallmatrix})$. Dann müsste man mit (P.Distr.Project) raten, ob X^{IV} mit X gleichzusetzen sei oder nicht. Nur der Fall $X^{IV}{=}X$ führt zu einer terminierenden Saturierung.

6 Das CHORUS Demo System

In einer ersten Implementierung von *DPNT* wurden die Saturierungs-Regeln direkt umgesetzt, ohne Optimierungen. Dabei werden die Regeln in folgender Reihenfolge angewendet:

- Ein Constraint wird jeweils unter allen Propagierungsregeln in *DPT* saturiert, bevor eine Fallentscheidung getroffen wird.
- Erst wenn der Constraint unter *DPT* (bis auf (P.Distr.Project)) saturiert ist, wird einmal (N.New) angewendet.
- (P.Distr.Project) wird gar nicht benutzt.

Bislang haben wir nur wenige Constraints gefunden, bei denen (P.Distr.Project) zur Saturierung nötig ist. Dabei sind jeweils mehrfach selbstüberlappende Parallelismus-Literale im Spiel, und es handelt sich nicht um linguistisch relevante Constraints. Dagegen gibt es durchaus Fälle von mehreren interagierenden Parallelismus-Literalen. So enthält der Constraint für

(11) John revised a paper before the teacher did, and so did Bill.

zwei geschachtelte Parallelismus-Literale: Der innere Parallelismus beschreibt „John revised a paper before the teacher revised a paper". Beide Kontexte dieses inneren Parallelismus sind im linken Kontext des äußeren Parallelismus enthalten. Der äußere Parallelismus beschreibt „John revised ... and Bill revised...."

Es ist nicht von vornherein offensichtlich, was berechnungsmäßig teurer ist, die Fallunterscheidung mit (P.Distr.Project) oder die Propagierung mit T, die eine große Menge vierstelliger Constraints inferiert. Aber unserer Intuition nach sollte eine so allgemeine und damit so mächtige Distributionsregel wie (P.Distr.Project) für die Beispiele aus der Linguistik nicht nötig sein. Hier sind allerdings weitere Untersuchungen vonnöten.

Über die in diesem Text beschriebene Constraint-Sprache hinaus kann die Implementierung noch mit Anaphern umgehen. Das sind textliche Bezüge: In „John visits his mother" kann sich „his" z.B. auf „John" beziehen. Man kann anaphorische Bezüge ähnlich wie Lambda-Links als Querkanten durch den Graphen realisieren. Auch bei Anaphern ergeben sich interessante Interaktionen mit Ellipsen [7].

Diese erste Implementierung von *DPNT* ist Teil des *CHORUS Demo Systems* [3], das in Mozart Oz [31, 20] geschrieben ist. Spannend am *CHORUS Demo System* ist, dass es nicht nur für einen gegebenen Constraint eine Saturierung erzeugt, sondern auch den Constraint, der die unterspezifizierte Semantik eines Satzes repräsentiert, herleiten kann: Man kann sowohl Constraints als auch natürlichsprachliche Sätze eingeben. Letztere werden mittels einer HPSG-Grammatik [26] syntaktisch analysiert. Aus dem Analyse-Ergebnis wird die unterspezifizierte Semantik des Satzes automatisch konstruiert.

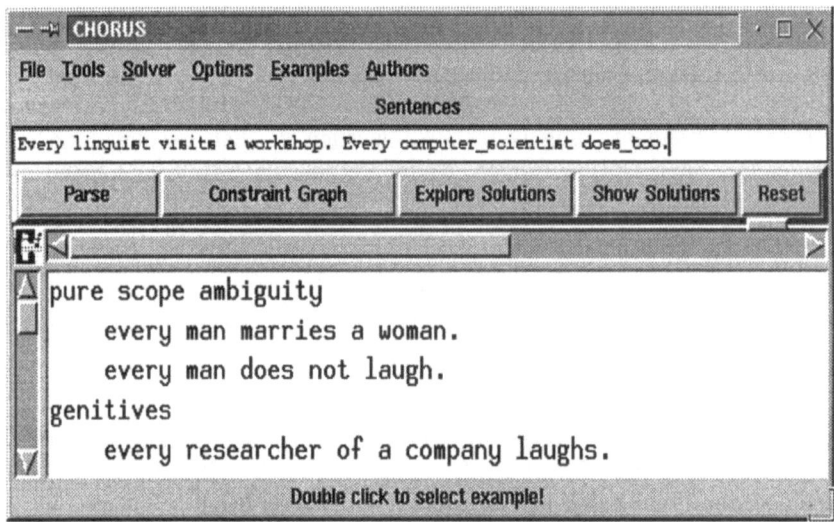

Abbildung 14. Das CHORUS-Demo-Programm

Abbildung 14 zeigt das Hauptfenster der CHORUS-Demo. Der obere Bereich des Fensters enthält das Material, das analysiert werden soll. Der untere Bereich des Fensters bietet eine Reihe von analysierbaren Sätzen zur Auswahl. Momentan ist das Lexikon und damit auch die Menge der verfügbaren Sätze noch klein. Mit der Schaltfläche „Constraint Graph" kann man sich die unterspezifizierte Semantik des aktuellen Satzes graphisch anzeigen lassen. Wählt man „Explore Solutions", so werden sämtliche Saturierungen dieses Constraints berechnet. Abbildung 15 zeigt zwei der drei Saturierungen, die für Constraint (8), die Semantik von „Every linguist visits a workshop. Every computer scientist does, too," berechnet werden. Im linken saturierten Constraint hat „a workshop" weiten Skopus — das ist Lesart b —, in der rechts angezeigten Saturierung engen Skopus (Lesart c). Die dritte Lesart wurde aus Gründen der Lesbarkeit unterdrückt.

Ein früherer Ansatz [23] verwendete Kontext-Unifikation zur Darstellung von unterspezifizierter Semantik. Dieses Verfahren konnte gut mit Ellipsen umgehen, hatte bei Skopusambiguitäten aber sehr schnell Probleme mit der kombi-

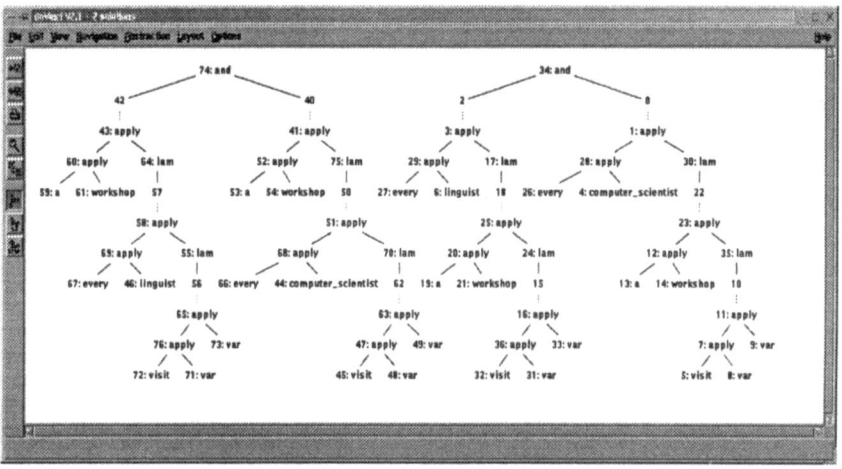

Abbildung 15. Zwei der drei Lösungen für Constraint (8)

natorischen Explosion. Das liegt daran, dass es in der Kontext-Unifikation kein Äquivalent der Dominanz gibt; dadurch mussten Skopusambiguitäten mit einem eigentlich zu mächtigen Konstrukt beschrieben werden. Bessere Ergebnisse lieferte ein unvollständiges Verfahren, das aber immer noch Probleme hatte mit Sätzen mit mehr als 2 skopustragenden Elementen. Außerdem wurde nie genau nachgewiesen, für welche Fälle das unvollständige Verfahren ausreicht und für welche nicht. Tabelle 1 vergleicht die vollständige Kontext-Unifikations-Prozedur (CU), die unvollständige (CU unvollst.) und das hier vorgestellte Parallelismus-Constraint-Verfahren. Verwendet wurden die Sätze „Every man loves a woman" (1) sowie

(12) Peter likes Mary. John does, too.
(13) Every researcher of a company saw most samples.

Beispiel	CU	Laufzeiten	
		CU unvollst.	*DPNT*
(1)	40 sec.	1 sec	1 sec
(12)	2+ h	1 sec	4 sec
(13)	k.A.	15 sec	4 sec

Tabelle 1. Laufzeitvergleich des hier vorgestellten Verfahrens mit Vorgängersystemen

7 Die nächsten Ziele

Sowohl in theoretischer als auch in praktischer Hinsicht sind noch viele Fragen offen. Ein wichtiger Punkt ist, dass offenbar in der linguistischen Anwendung nicht die volle Mächtigkeit von Parallelismus-Constraints gebraucht wird. Damit stellt sich die Frage, wie sich das linguistisch relevante Fragment von Parallelismus-Constraints formal beschreiben lässt und ob sich zeigen lässt, dass der Parallelismus-Constraint-Löser für dies Fragment immer terminiert. Diese Frage ist von offensichtlichem praktischem, aber auch von theoretischem Interesse, da dies Fragment gleichzeitig ein neues entscheidbares Fragment der Kontext-Unifikation definieren könnte. Weitere theoretische Fragen ergeben sich aus dem Beweis der Korrektheit und Vollständigkeit der Prozedur [9]. Interessant ist, dass es sich hier um eine Art Unifikation auf flachen Relationen, nicht wie üblich auf Termen handelt. Eine andere spannende Frage ist die nach der linguistischen Abdeckung: Es gibt noch viel mehr und kompliziertere elliptische Konstruktionen als die, die wir hier vorgestellt haben. Können wir sie mit Parallelismus-Constraints beschreiben?

8 Danksagungen

Herzlichen Dank an Joachim Niehren, mit dem zusammen ich die hier berichteten Ergebnisse erarbeitet habe, sowie an Tobias Müller für seine vielen hilfreichen Kommentare zu diesem Text.

Literatur

1. R. Backofen, J. Rogers, and K. Vijay-Shanker. A first-order axiomatization of the theory of finite trees. *J. Logic, Language, and Information*, 4:5–39, 1995.
2. J. Barwise and R. Cooper. Generalized quantifiers and natural language. *Linguistics and Philosophy*, 4:159–219, 1981.
3. M. Bodirsky, M. Egg, R. Fuchss, A. Koller, J. Niehren, S. Pado, K. Striegnitz, and S. Thater. The CHORUS demo system. www.coli.uni-sb.de/cl/projects/chorus/demo.html, 1999.
4. J. Bos. Predicate logic unplugged. In *10th Amsterdam Colloquium*, pages 133–143, 1996.
5. H. Comon. Completion of rewrite systems with membership constraints. In *Coll. on Automata, Languages and Programming*, volume 623 of *LNCS*, 1992.
6. D. Duchier and J. Niehren. Dominance constraints with set operators. Submitted. Available at www.ps.uni-sb.de/Papers/abstracts/dombool.html, 2000.
7. M. Egg, A. Koller, and J. Niehren. The constraint language for lambda structures. Technical report, Universität des Saarlandes, Programming Systems Lab, 2000. Submitted. Available at http://www.ps.uni-sb.de/Papers/abstracts/clls2000.html.
8. M. Egg, J. Niehren, P. Ruhrberg, and F. Xu. Constraints over Lambda-Structures in Semantic Underspecification. In *Proc. COLING/ACL'98*, Montreal, 1998.

9. K. Erk and J. Niehren. Parallelism constraints. In *International Conference on Rewriting Techniques and Applications*, Lecture Notes in Computer Science, Norwich, U.K., 2000. Springer-Verlag, Berlin.

10. C. Gardent and B. Webber. Describing discourse semantics. In *Proc. 4th TAG+ Workshop*, Philadelphia, 1998. University of Pennsylvania.

11. P. Hirschbühler. VP deletion and across the board quantifier scope. In J. Pustejovsky and P. Sells, editors, *NELS 12*, Univ. of Massachusetts, 1982.

12. A. Koller. Evaluating context unification for semantic underspecification. In *Proc. Third ESSLLI Student Session*, pages 188–199, 1998.

13. A. Koller and J. Niehren. Scope underspecification and processing. Lecture Notes, ESSLLI '99, Utrecht, 1999. `www.coli.uni-sb.de/~koller/papers/esslli99.html`.

14. A. Koller, J. Niehren, and K. Striegnitz. Relaxing underspecified semantic representations for reinterpretation. In *Proc. Sixth Meeting on Mathematics of Language*, 1999.

15. A. Koller, J. Niehren, and R. Treinen. Dominance constraints: Algorithms and complexity. In *Proc. Third Conf. on Logical Aspects of Computational Linguistics*, Grenoble, 1998.

16. J. Lévy. Linear second order unification. In *7th Int. Conference on Rewriting Techniques and Applications*, volume 1103 of *LNCS*, pages 332–346, 1996.

17. G. Makanin. The problem of solvability of equations in a free semigroup. *Soviet Akad. Nauk SSSR*, 223(2), 1977.

18. M. P. Marcus, D. Hindle, and M. M. Fleck. D-theory: Talking about talking about trees. In *Proc. 21st ACL*, pages 129–136, 1983.

19. R. Montague. The proper treatment of quantification in ordinary English. In R. Thomason, editor, *Formal Philosophy. Selected Papers of Richard Montague*. Yale University Press, New Haven, 1974.

20. Mozart Consortium. The Mozart Programming System web pages. `www.mozart-oz.org/.`, 1999.

21. R. Muskens. Order-Independence and Underspecification. In *Ellipsis, Underspecification, Events and More in Dynamic Semantics*. DYANA Deliverable R.2.2.C, 1995.

22. J. Niehren and A. Koller. Dominance Constraints in Context Unification. In *Proc. Third Conf. on Logical Aspects of Computational Linguistics*, Grenoble, 1998. To appear in LNCS.

23. J. Niehren, M. Pinkal, and P. Ruhrberg. A uniform approach to underspecification and parallelism. In *Proc. ACL'97*, pages 410–417, Madrid, 1997.

24. J. Pafel. Skopus und logische Struktur. Studien zum Quantorenskopus im Deutschen. Arbeitspapiere des SFB 340 Nr. 129, Univ. Stuttgart/Univ. Tübingen/IBM Deutschland, Oktober 1998.

25. M. Pinkal. Radical underspecification. In *Proc. 10th Amsterdam Colloquium*, pages 587–606, 1996.

26. C. Pollard and I. Sag. *Head-driven Phrase Structure Grammar*. CSLI and University of Chicago Press, 1994.

27. U. Reyle. Dealing with ambiguities by underspecification: construction, representation, and deduction. *Journal of Semantics*, 10:123–179, 1993.

28. Decidability of context unification. The RTA list of open problems, number 90, `www.lri.fr/~rtaloop/`, 1998.

29. M. Schmidt-Schauß. Unification of stratified second-order terms. Technical Report 12/94, J. W. Goethe Universität, Frankfurt, 1994.

30. M. Schmidt-Schauß and K. Schulz. On the exponent of periodicity of minimal solutions of context equations. In *International Conf. on Rewriting Techniques and Applications*, volume 1379 of *LNCS*, 1998.
31. G. Smolka. The definition of kernel Oz. Dfki oz documentation series, German Research Center for Artificial Intelligence (DFKI), Saarbrücken, 1994.
32. K. Vijay-Shanker. Using descriptions of trees in a tree adjoining grammar. *Computational Linguistics*, 18:481–518, 1992.

Correctness Preserving Transformations for the Design of Parallelized Low-Power Systems

Marc Theisen and Felix C. Gärtner

DFG-Graduiertenkolleg ISIA
Darmstadt University of Technology
Karlstraße 15, D-64283 Darmstadt
theisen@mes.tu-darmstadt.de
felix@informatik.tu-darmstadt.de
http://www.microelectronic.e-technik.tu-darmstadt.de/research/isia/

Abstract. With growing shares of the market of mobile microelectronic systems the reduction of energy consumption is becoming a prominent design goal. We present a method to reduce the energy consumed in processor and memory elements. The basic idea of the approach is to apply parallelizing transformations, a method known from compiler construction. In order to be sure that the transformed system still behaves according to the original specification a formal proof of correctness preservation is given.

1 Introduction

During the design process of microelectronic systems, optimizing the area and throughput are not the only goals. A target of increasing importance is to lower the *energy* consumption of the system. With higher integration densities thermal constraints become very important. Thus, it is necessary to reduce the *power* consumed by the circuit. If there are no timing constraints the power can easily be reduced by extending the execution time. Since power is energy divided by time, the dissipated energy is not minimized and this is a central concern for battery driven mobile systems. The goal of this paper is to propose techniques to reduce the energy consumption while at the same time still considering timing constraints. Note that if the execution time is kept unchanged power and energy reduction is equivalent.

Many modern circuits for telecommunication applications are simulated at the system level with the COSSAP tool from SYNOPSYS. Such a system can either be synthesized by a core-based design or with high-level design methods. In this paper optimization methods which can be applied during the high-level synthesis are discussed. An important issue is the optimized implementation of loops. Especially, in algorithms in the area of signal processing and communication technologies loops are the central parts. The problem is that they often are computationally intensive, like for example adaptation algorithms in filters, as well as data intensive, like for example image processing algorithms for mobile communication systems.

In order to reduce the energy consumed in computationally intensive applications has been proposed to reduce the supply voltage [11, 6, 12]. Since the timing constraints have to be fulfilled the operations have to be executed in parallel. The problem is that data dependences may prevent a parallelization. For removing the dependences it is possible to apply loop and index transformations which are used in parallelizing compilers for parallel computing machines [8, 1–3]. In the case of data intensive algorithms, energy can be gained in the memory elements too. For example, accessing a single 16 bit memory word requires less energy than two separate accesses to two separate 8 bit memory words [10, 4]. Again, this is only possible if there are no limiting data dependences. Therefore, in both cases parallelizing transformations can be used to minimize the dissipated energy. Thereby, it is possible to reduce the power dissipated in the processing and the memory elements simultaneously.

In order to make sure that the transformations used during the high-level synthesis process do not cause any faults in the circuit, simulations are run before and after the synthesis step. These simulations cover only the tested cases and are very time consuming. Therefore, for the central parallelizing transformation discussed in the following, a mechanical correctness proof was performed using the verification tool PVS [9]. By this proof it is assured that after the application of the transformation the circuit works correctly. To the best of our knowledge, we have not seen any other work which combines the above parallelizing transformations for high-level synthesis with a mechanical correctness proof.

In Section 2 and 3 the sources of energy dissipation are analyzed, different computation techniques are discussed and consequences for the system design are drawn. Then in Section 4 these results will be applied and the parallelizing transformations will be introduced. After that in Section 5 a proof for the formal correctness of the transformation is given.

2 Reduction of Energy Consumption in Processing Elements

The total power P_{tot} consumed in a CMOS circuit consists of three components [12] (see Figure 1): the capacitive switching power P_{switch} which is consumed during the charging and discharging of the load capacitance C_L, the power P_{short} consumed during the switching when both NMOS- and PMOS-blocks conduct and the power P_{leak} caused by subthreshold currents. Thus:

$$P_{tot} = P_{switch} + P_{short} + P_{leak}. \tag{1}$$

In comparison to P_{switch} the other two components P_{short} and P_{leak} are so small for current technologies that they can be neglected [11]. The capacitive switching power which is caused by charging and discharging the capacitance C_L can be computed by

$$P_{switch} = \frac{1}{2}C_L V_{dd}^2 \alpha f \tag{2}$$

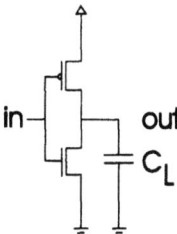

Fig. 1. Inverter

where V_{dd} is the supply voltage, f the clock frequency and α the average number of transitions per clock cycle. Because of the quadratic influence the most important parameter to reduce the power is the supply voltage V_{dd}. But changing this parameter might influence other characteristics of the system in a negative way. Therefore, a good trade-off has to be found.

As a first order approximation the delay t_d of the circuit elements is given by the following equation [5]:

$$t_d \sim RC_L = \frac{C_L V_{dd}}{I}$$

$$= \frac{C_L V_{dd}}{\frac{\mu C_{ox}}{2} \frac{W}{L}(V_{dd} - V_T)^2} \quad (3)$$

where C_L is the load capacitance, R the on-resistance of the transistors and V_T the threshold voltage. In this approximation it is assumed that the transistor is in saturation and that the on-resistance is constant. Equation 3 shows that the delay is proportional to $\frac{V_{dd}}{(V_{dd}-V_T)^2}$ and that it increases drastically with V_{dd} approaching V_T. Another negative consequence is that a reduction of V_{dd} leads to an increased signal-to-noise ratio.

The idea for saving power in the processing elements is to reduce V_{dd} to V_{dd}^{dou} such that t_d doubles. In order not to increase the computing time two processing elements are used instead of only one. Thereby, C_L doubles in Equation (2), but in total P_{switch} will decrease because of the quadratic influence of V_{dd}. If the ALCATEL MIETEC 0.35μ CMOS technology which has been made available to us by EUROPRACTICE is used then the delay doubles if V_{dd} is reduced from originally $V_{dd}^{ori} = 3.3V$ to $V_{dd}^{dou} = 2.1V$ and it triples if V_{dd} is decreased from $3.3V$ to $V_{dd}^{tri} = 1.7V$. The consumed energy can be computed by

$$E_{switch} = \frac{1}{2} C_L V_{dd}^2. \quad (4)$$

Therefore, the relative saving S_{dou} by the usage of two processing elements is given by:

$$S_{dou} = 1 - \frac{2(V_{dd}^{dou})^2}{(V_{dd}^{ori})^2} = 0.19. \quad (5)$$

In the case of three processing elements the saving S_{tri} is:

$$S_{tri} = 1 - \frac{3(V_{dd}^{tri})^2}{(V_{dd}^{ori})^2} = 0.20. \tag{6}$$

This shows that a high improvement is gained by reducing the supply voltage from $3.3V$ to $2.1V$. This can be only slightly improved by a further reduction to $1.7V$.

In order to compare these results, SPICE simulations were run for the above mentioned CMOS technology. The data is given in Table 1 and it can be seen that the voltage can even be reduced to $1.7V$ until the delay doubles and to $1.4V$ until the delay triples. At a voltage of $1.7V$ the gain of energy is 49.48% and at $1.4V$ it is 49.91%. This proves that the results based on the approximation in (2) and (3) are too conservative. This is due to the assumption that the transistor is in saturation and that the on-resistance is constant.

voltage [V]	delay [$10^{-10}s$]	energy [$10^{-14}J$]	processing elements	gain [%]
3.3	1.763	10.01	1	0
1.7	3.365	2.5285	2	49.48
1.4	4.784	1.6715	3	49.91

Table 1. Energy reduction

3 Reduction of Energy Consumption in Memory Elements

In the following only on-chip memories and SRAM will be taken into consideration because it needs less power than DRAM. The power consumed in total for modern on-chip SRAM is dominated by the capacitive switching power which can be computed by

$$P = \frac{1}{2}V_{dd}^2 C_{eff} f_{access} \tag{7}$$

where C_{eff} is the effective capacitance and f_{access} the real access rate to the memory [4]. Since the capacitances for read and write operations are different the model based on Equation 7 can be improved by

$$P = \frac{1}{2}V_{dd}^2 (C_{read} f_{read} + C_{write} f_{write}). \tag{8}$$

Following the macromodel of Landman [4] the read and write capacitances can be approximated to the first order by the following equation:

$$C_{mode} = C_{mode,0} + C_{mode,1}W + C_{mode,2}N + C_{mode,3}NW \tag{9}$$

where *mode* is either *read* or *write*, N the bitwidth and W the number of words of the memory. In order to get precise data for the ALCATEL MIETEC 0.35μ CMOS technology we used the *uni2.1* RAM/ROM generator files and the *adsGenerator* of the ALCATEL Microelectronics *ADS* front-end design system for digital circuit design which has been made available to us by EUROPRACTICE within the designkit version 10.00. The data is generated for the low power memory type SPS3. In Figure 2 the dependence of the power/MHz on the word depth is shown for several bit words. Equations 8 and 9 show a linear dependence of the energy consumption on the word depth using constant bitwords. The experimental data shown in Figure 2 support this model for small word depths. However, for large word depths the energy consumption increases due to a changed memory topology. Figure 2 shows that, e.g., for a memory of the word depth 1024 with 8 bit

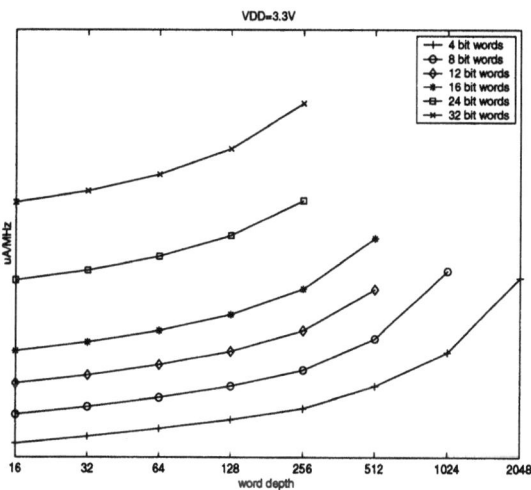

Fig. 2. Memory energy consumption

words an energy of $a\frac{W}{MHz}$ is consumed. Whereas if we implement a memory with half of that word depth, in this case 512, but with 16 bit words then a higher energy of $b\frac{W}{MHz}$ is necessary, but the access frequency can be reduced by half. Since $\frac{1}{2}b\frac{W}{MHz} < a\frac{W}{MHz}$ energy can be saved by doubling the bit words. In Figure 3 the relative improvement of the energy consumption is shown in dependence of the word depth. In this graph the improvement is assigned to the original word depth. It must be noted that the improvement gets smaller for smaller word depth and the doubling of larger bit words. This is due to the relative overhead of the decoder in comparison to the reduced number of memory cells. It can be seen that the relative gain by tripling the bit words is even higher compared to the case in which the bit words are doubled and that the energy can be reduced by this technique up to 50%. It has to be pointed out that this technique is only applicable if both data items which will be mapped to the new common word are read and written at the same time. For many algorithms this method cannot be applied directly, but often the algorithms can be transformed such that this approach can be used to reduce energy consumption. In the next section, high-level transformation methods will be introduced that reduce the supply voltage as described previously and that multiply the bitwidth.

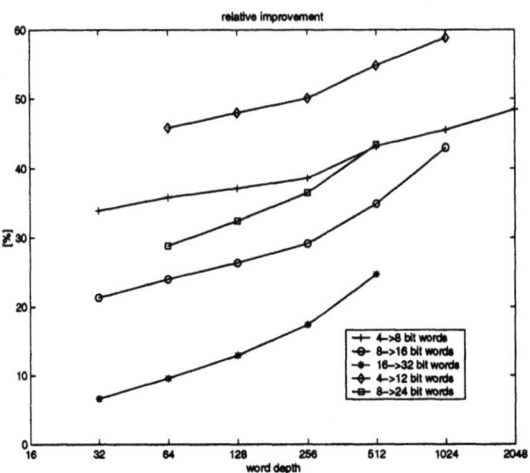

Fig. 3. Reduction of energy by doubling and tripling the bit words

4 Transformations Enabling the Minimization of Energy Consumption

This section describes an automizable method for transformation of a high-level system specification such that both previously introduced techniques can be applied for saving energy. For the application of our method it is required that a perfectly nested loop is given and that the loop limits are known at compile time [13]. Further, the index functions of the loop limits and of the array references are assumed to be affine-linear functions of the indexes of the surrounding loops ($f(x) = ax + b$ is called a linear function if b is equal to 0 otherwise affine-linear). As shown in [1, 2] the data dependences can be extracted from the array references and it is assumed that the dependence distance vectors are uniform over the index space. These conditions are fulfilled for many algorithms in signal processing and filtering. An example fulfilling these conditions is given in Figure 4.

At the beginning of the transformation process the dependences are computed, analyzed and the data dependence matrix is set up. This dependence matrix has to be transformed in such a way that the dependences are resolved in order to be able to parallelize the code. In order to describe the transformation method the example given in Figure 4 will be taken into consideration. As it can be seen in Figure 5 all those index points can be computed in parallel which are on one of the lines called wavefronts. There are several wavefronts possible

$L_{1,1}$: **for** I_1 in 1 to 4 **loop**
   $L_{1,2}$: **for** I_2 in 1 to 4 **loop**
      H_1: A(I_1,I_2):=f(A(I_1-1,I_2),A(I_1,I_2-1));
   end loop;
end loop;

Fig. 4. Perfectly nested loop.

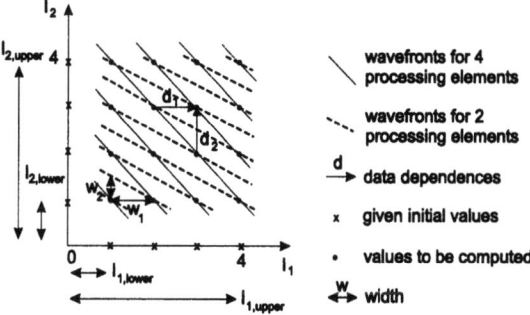

Fig. 5. Wavefronts for current example

that differ in the number of time steps and processing elements necessary for the computation. With the help of the equation

$$n_{it} = \lceil \frac{I_{1,upper} - I_{1,lower}}{w_1} + \ldots + \frac{I_{m,upper} - I_{m,lower}}{w_m} \rceil + 1 \qquad (10)$$

we can compute n_{it} the number of iteration steps. Here, $I_{k,upper}$ and $I_{k,lower}$ $(1 \le k \le m)$ is the upper and the lower limit of the loop L_k. The parameter w_k is the width of the wavefront in direction of the I_k axis and depends on the chosen wavefronts. Figure 5 indicates that in the case of the wavefronts with 4 processing elements 7 iteration steps and in the other case 10 iteration steps are necessary. Since the index functions of the lower and the upper loop limits are affine-linear the index space is always of a trapezoidal form as shown in Figure 6, the same holds for higher dimensions. Because of this form the wavefront with the highest number of operations to be executed in this iteration step passes either through the corner c_1 or c_2. All the wavefronts left from the one passing through c_2 and right from c_1 have less operations to be computed and those between the wavefronts through c_1 and c_2 have less, too [13]. Before

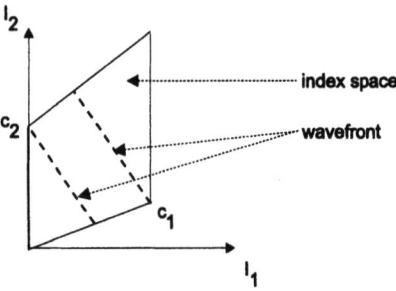

Fig. 6. Maximal number of operations

executing the transformation it is thereby possible to determine only on the basis of the data dependences and the wavefronts the number of iteration steps and processing elements, and the optimal wavefronts can be selected. After this selection the transformation matrix is set up as described in [13].

Another method to transform the code to the optimal degree of parallelism is to parallelize it first and then to use tiling [14]. Tiling maps a n-deep loop nest LN_n to a m-deep loop nest LN_m^{ti} where $n + 1 \leq m \leq 2n$. By this mapping at least one of the loops is decomposed in the following form:

L_{ii}: **for** ii in p to q step r **loop**
    L_i: **for** i in ii to min(ii+r-1,q) **loop**

L_{ii} is put as outermost loop of the loop nest. An example is shown in Figure 7.

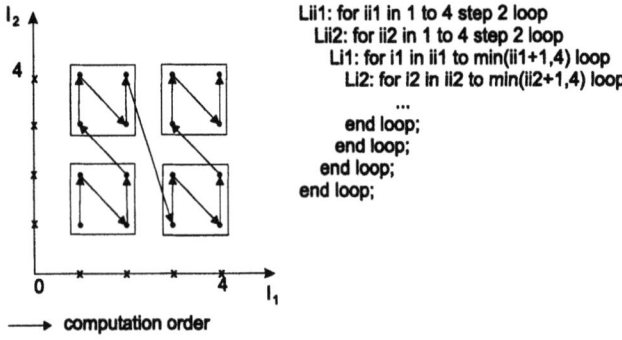

Fig. 7. Tiling

With both transformation strategies it is possible to parallelize the above given code. The disadvantage of the second method is that we may need more iterations where some of them may be empty (see Figure 8). The empty iterations

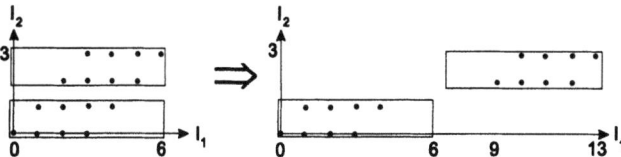

Fig. 8. Iterations without operations

need unused computation time and prevent a further reduction of the voltage. Within the second strategy the transformation to the higher degree allows to select the wavefronts in such a way that the number of memory accesses is minimized and the tiling enables a reduction of the degree of parallelism. Thus, with this transformation method the designer is able to optimize the memory accesses. In order to find the optimal wavefronts in the first step the following cases of data dependences have to be considered:

I. The data dependences are given in such a way that there is no subspace of the index space which is independent of its complement. A subspace is called independent of its complement if there is no data reference from the subspace to the complement and vice versa (cf. to the current example in Figure 5).

II. The dependences are defined such that there is at least one subspace of the index space which is completely independent of its complement (see Figure 9). Cases (a) and (b) are equivalent because (b) can be transfered to (a) by loop permutation.

If the index space can be separated in independent subspaces then the given loop nest has to be split into two independent nests. Each of these loop nests corresponds to case (I). In order to select the optimal wavefronts only one loop nest has to be taken into consideration because the data dependences are uniform over the whole index space. The aim is to use those wavefronts which unify as many data references as possible and if there are two wavefronts with the same number of data references the one with the higher degree of parallelism should be selected (see Figure 10). If the degree of parallelism of the chosen wavefronts is too high the loop nest can be tiled. The results of both transformation strategies for the current example can be seen in Figure 11, in the first case we need 23 and in the second case 18 accesses to the memory, but after the transformation 1 it takes 10 and after the transformation 2 it takes 14 iterations to compute the array values because it is not possible to avoid with the second approach the empty iterations. Both strategies reduce simultaneously the power consumed by the

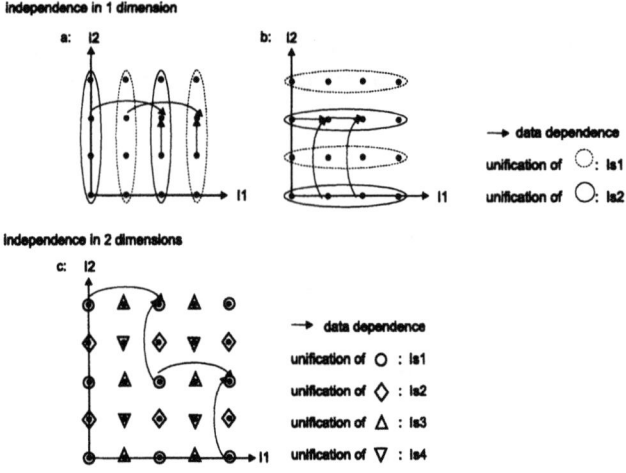

Fig. 9. Independent subspaces

processing and the memory elements, but we propose to apply the transformation strategy 1 in case of computational intensive applications in order to reduce the supply voltage as far as possible and to use the other method in case of memory intensive applications in order to reduce the number of memory accesses.

Fig. 10. Optimal wavefronts

5 Formal Proof of Correctness

The proofs in this section were performed using the industrial-strength verification tool PVS [9]. At the end of this section we will conclude with some remarks concerning the suitability of PVS for our verification task.

5.1 Modeling Sequential and Parallel Systems

A digital system is often modeled as a (nondeterministic) automaton, i.e., a tuple $A = (S, I, T)$ consisting of a non-empty state set S, a non-empty set of starting states $I \subseteq S$ and a state transition relation $T \subseteq S \times S$. We will use the notation of guarded commands to formulate such automata. In this notation, the set of

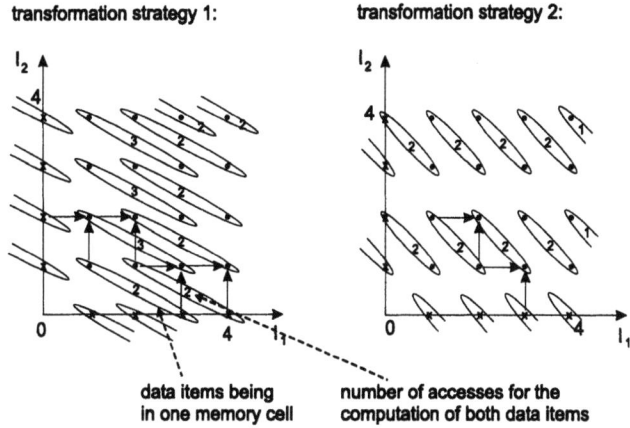

transformation strategy 1:

transformation strategy 2:

data items being
in one memory cell

number of accesses for the
computation of both data items

Fig. 11. Memory accesses

states is represented by declaring a set of variables. The starting state is defined
by assigning an initial value to all variables. The state transition relation is given
by a set of guarded commands. A guarded command is written as:

$$\langle \text{guard} \rangle \rightarrow \langle \text{command} \rangle$$

The guard is a boolean predicate over the system state and the command is an
assignment to the variables. A guarded command is *enabled* in a state s if its
guard evaluates to **true** in s.

It is assumed that A starts its operation in a state $s_0 \in I$. It then non-
deterministically selects an enabled guard and executes the associated command,
resulting in a state s_1. This procedure is repeated resulting in a sequence $\sigma =
s_0, s_1, s_2, \ldots$ which is called an *execution* or *trace* of A. Due to the possible non-
determinism, a system can produce many different traces. The system model
assumes that state transitions are atomic.

Non-determinism is the central means of modeling concurrency. The set of
guarded commands is partitioned into n sets representing the programs of n
concurrent processes. If two actions of different processes are enabled in a state
s, both actions are equally possible to occur and can be seen as *parallel*. Figure
12 shows two parallel instances of a process which continuously keeps switching
between the states 1 and 2 forever. So it is also possible to model (partly)
deterministic systems in this formalism.

5.2 Properties and Correctness

Formally, a *property* P is a set of executions. By choosing which executions are
in P and which ones are not, it is possible to specify certain desired properties
like, for example, P_{me} denoting *mutual exclusion*. Formally, the mutual exclusion

program p
variables: $x \in \{1, 2\}$ **initially** 1
      $y \in \{1, 2\}$ **initially** 1
guarded commands:
$p_1 : x = 1 \rightarrow x := 2$
$p_1 : x = 2 \rightarrow x := 1$
$p_2 : y = 1 \rightarrow y := 2$
$p_2 : y = 2 \rightarrow y := 1$

Fig. 12. An example concurrent program.

property P_{me} is the union of all executions that consist only of states where no two processes are in their critical sections at the same time.

The semantics of a system are the set of all its executions and so a system A defines a property in itself. If a system A exhibits a trace which is not an element of some property P, we say that A *violates* P. For example, if it is possible to construct a trace σ of A where at one point two processes are in their critical sections at the same time, then A violates mutual exclusion. Hence, a system A *satisfies* a property P iff (if and only if)

$$\text{``Semantics of } A\text{''} \subseteq P$$

In this case we will say that A is *correct* regarding P. Note that A must not exhibit *every* trace in P. This reflects the fact that it is possible to build many different systems which satisfy a property like for example mutual exclusion.

Since it is quite hard to define a property P by enumerating all its traces, we use a special formalism to do this. For concurrent systems the most general formalism for this task is temporal logic [7]. We restrict here our attention to properties which can be expressed in the form "always φ", where φ is a predicate over the system state. In temporal logic, this is written as $\Box \varphi$ and means the set of all possible traces consisting only of states where φ holds.

Verification means to show that a given system A satisfies a property P. This can be done by using standard approaches of theoretical computer science. To show that a program A satisfies a property of type $\Box \varphi$ it suffices to show the following two proof obligations:

(B) φ holds in the initial state of A, and

(S) for all possible guarded commands of A: Assuming φ holds in a state s, then φ also holds in the state resulting from executing the guarded command in s.

Note that the principle behind this rule is that of induction. The first step is used to prove the base case and the second step is used to prove the induction case.

5.3 The Basic Building Block of the Transformations

The basic method applied by the transformation is that of *correctness-preserving parallelization*. In our terms it means the following: A program must never make "bad" computations. For example, take the loop construct from Figure 4: The array element $A(x, y)$ can be computed only if $A(x - 1, y)$ and $A(x, y - 1)$ have been computed already. More precisely, the sequence of computing the array elements $A(x, y)$ must respect the dependency graph of the loop construct. Note that this perspective allows to neglect the actual values present in A.

We will continue to use the example from Figure 4, but we will simplify it by reducing the loop bounds from 4 to 2. While retaining the potential of parallelization, this simplification makes it easier both to handle the example in the proof system PVS and to present it in this paper. With the reduced loop bounds, we can formalize the dependency graph as follows: Let c denote a boolean 3×3 array where $c(x, y) = \text{true}$ means that array element (x, y) has been computed already. We let the indexes range between 0 and 2 and assume that all elements where either x or y is 0 are border elements (e.g., $c(0, 0)$, $c(0, 1)$ etc.). All border elements are initialized to true while all other values are false. The property which both the sequential and the transformed program must satisfy can then be defined using the following state predicate:

$$\varphi \equiv \forall x, y \in \{1, 2\} : c(x, y) \Rightarrow c(x - 1, y) \wedge c(x, y - 1)$$

The initial state of our programs is described by the following state predicate:

$$\gamma \equiv \forall x, y \in \{0, 1, 2\} : c(x, y) \Leftrightarrow x = 0 \vee y = 0$$

It is relatively easy to see that γ implies φ. The idea behind the proof in PVS is that all inner elements of c are initially false and so the antecedent of the implication in φ never holds. Thus, the implication in φ is true in all cases. Hence, γ implies φ.

5.4 Proving the Correctness

We performed the correctness proof for two programs (see Figures 13 and 14): A is a sequential one which calculates the elements according to the loop code in Figure 4. Program B is the parallelized version which allows the concurrent computations of elements along the wavefronts explained in Section 4.

Note that in program B, there are two guarded commands with the guard $l = 2$. This is where the potential concurrency is encoded.

The initial state of both programs is the same ($l = 1$ and c satisfies γ) and since γ implies φ (as shown above), this initial state also satisfies φ. This is sufficient to show the proof obligation (B) for the base case.

Consider now proof obligation (S) and program A. A common technique for showing that A satisfies (S) uses a special state predicate called an *invariant*. An invariant is a state predicate α which implies φ and remains true throughout the execution of the program. The invariant has a special form which facilitates

program A
variables: $l \in \{1, \ldots, 5\}$ **initially** 1
    $c[0..4, 0..4]$ **initially satisfies** γ
guarded commands:
$l = 1 \rightarrow c(1, 1) := \text{true}; \ l := 2$
$l = 2 \rightarrow c(1, 2) := \text{true}; \ l := 3$
$l = 3 \rightarrow c(2, 1) := \text{true}; \ l := 4$
$l = 4 \rightarrow c(2, 2) := \text{true}; \ l := 5$

Fig. 13. The sequential program.

program B
variables: $l \in \{1, \ldots, 6\}$ **initially** 1
    $c[0..4, 0..4]$ **initially satisfies** γ
guarded commands:
$l = 1 \rightarrow c(1, 1) := \text{true}; \ l := 2$
$l = 2 \rightarrow c(1, 2) := \text{true}; \ l := 3$
$l = 2 \rightarrow c(2, 1) := \text{true}; \ l := 4$
$l = 3 \rightarrow c(1, 2) := \text{true}; \ l := 5$
$l = 4 \rightarrow c(2, 1) := \text{true}; \ l := 5$
$l = 5 \rightarrow c(2, 2) := \text{true}; \ l := 6$

Fig. 14. The parallelized program.

proving (S); thus, finding the invariant is not always easy since it must bear in itself the "idea" of the correctness proof. In our case, it is not so difficult to state the invariant. It is as follows:

$$\alpha_A \equiv \varphi \wedge (l = 2 \Rightarrow c(1, 1))$$
$$\wedge \ (l = 3 \Rightarrow c(1, 1) \wedge c(1, 2))$$
$$\wedge \ (l = 4 \Rightarrow c(1, 1) \wedge c(1, 2) \wedge c(2, 1))$$
$$\wedge \ (l = 5 \Rightarrow c(1, 1) \wedge c(1, 2) \wedge c(2, 1) \wedge c(2, 2))$$

Clearly, the invariant implies φ. However, it additionally captures the "filling" of the array by the program by formalizing the correspondence between l and c in a sequence of implications.

    The proof in PVS is performed by showing the implication of proof obligation (S) for every guarded command of A. The individual proofs are performed by case analysis and by instantiating the general implication in φ with concrete values to prove the different cases.

    The invariant for proving that B satisfies γ is similar to α_A. It is:

$$\alpha_B \equiv \varphi \wedge (l = 2 \Rightarrow c(1, 1))$$
$$\wedge \ (l = 3 \Rightarrow c(1, 1) \wedge c(2, 1))$$

$$\wedge \: (l = 4 \Rightarrow c(1,1) \wedge c(1,2))$$
$$\wedge \: (l = 5 \Rightarrow c(1,1) \wedge c(1,2) \wedge c(2,1))$$
$$\wedge \: (l = 6 \Rightarrow c(1,1) \wedge c(1,2) \wedge c(2,1) \wedge c(2,2))$$

The proof uses the same techniques as the proof for program A.

Overall, we have shown that both programs maintain the invariant. Since the invariant implies φ both programs also maintain φ. This shows the second proof obligation (S) and thus concludes the correctness proofs: A and B both satisfy $\Box \varphi$.

5.5 Remarks on Using PVS

The verification of the example programs have been our first real experiences with PVS. Overall, they turned out to be a good exercise to get started with the tool. It took us about one week to formulate the problem in the PVS specification language and verify it using the prover. Although the fixed state space of our problem suggests to use the model checking features of PVS, we used the theorem prover. After getting used with the system, proving the individual theorems required only half a dozen user interactions.

6 Summary

In this paper two parallelizing transformation strategies have been proposed which reduce both, the energy dissipated in the processing elements by the reduction of the supply voltage and the energy consumed in the memory by minimizing the number of accesses. By these transformation strategies it has become possible to reduce the energy dissipation in the processing elements and the memory up to 50% and it was possible to give a formal proof that the parallelizing transformation preserves the correctness.

References

1. U. Banerjee. *Loop Transformations for Restructuring Compilers: The Foundations.* Kluwer Academic Publishers, 1993.
2. U. Banerjee. *Loop Transformations for Restructuring Compilers: Loop Paralleliza-tion.* Kluwer Academic Publishers, 1994.
3. J. Becker. *A Partitioning Compiler for Computers with Xputer-based Accelerators.* PhD thesis, Kaiserslautern University, 1997.
4. F. Catthoor, S. Wuytack, E. De Greef, F. Balasa, L. Nachtergaele, and V. Arnout. *Custom Memory Management Methodology.* Kluwer Academic Publishers, 1998.
5. A. P. Chandrakasan and R. W. Brodersen. Minimizing Power Consumption in Digital CMOS Circuits. *Proceedings of the IEEE*, 83(4):498 – 523, April 1995.
6. J.-M. Chang and M. Pedram. *Power Optimization And Synthesis At Behavioral And System Levels Using Formal Methods.* Kluwer Academic Publishers, 1999.

7. E. A. Emerson. Temporal and modal logic. In J. van Leeuwen, editor, *Handbook of Theoretical Computer Science*, volume B, chapter 16, pages 997–1072. Elsevier, 1990.

8. S. Y. Kung. *VLSI Array Processors*. Prentice Hall Information and System Sciences Series, 1988.

9. S. Owre, S. Rajan, J. Rushby, N. Shankar, and M. Srivas. PVS: Combining specification, proof checking, and model checking. In R. Alur and T. A. Henzinger, editors, *Computer-Aided Verification, CAV '96*, number 1102 in Lecture Notes in Computer Science, pages 411–414, New Brunswick, NJ, July/August 1996. Springer-Verlag.

10. P. R. Panda, N. Dutt, and A. Nicolau. *Memory Issues in Embedded Systems-On-Chip*. Kluwer Academic Publishers, 1999.

11. J. M. Rabaey and M. Pedram. *Low Power Design Methodologies*. Kluwer Academic Publishers, 1996.

12. A. Raghunathan, N. K. Jha, and S. Dey. *High-Level Power Analysis and Optimization*. Kluwer Academic Publishers, 1998.

13. M. Theisen, J. Becker, M. Glesner, and T. Caohuu. Parallel hardware compilation in complex hardware / software systems based on high-level code transformations. In *ARCS'99: 15. GI/ITG - Fachtagung: Architektur von Rechensystemen*, October 1999.

14. M. E. Wolf. *Improving Locality and Parallelism in Nested Loops*. PhD thesis, Stanford University, 1992.

Glykowissenschaften, ein neuer Einsatzbereich der Bioinformatik

Andreas Bohne[1], Thomas Wetter[2], Elke Lang[2], Claus-Wilhelm von der Lieth[1]

1) Zentrale Spektroskopie-R0400, Molecular Modeling Gruppe, Deutsches
Krebsforschungszentrum, INF 280, D-69120 Heidelberg
2) Medizin-Informatik, Universität Heidelberg, INF 400, D-69120 Heidelberg
3) Angewandte Sprachwissenschaften, Universität Hildesheim,
Marienburger Platz 22, D-31141 Hildesheim

Email: A.Bohne@DKFZ-Heidelberg.de

Zusammenfassung: Die Bioinformatik beschäftigt sich hauptsächlich mit der Analyse und Klassifizierung von DNA-, RNA- und Proteinstrukturen. Kohlenhydrate und Lipide, die beiden anderen großen Klassen biologischer Makromoleküle finden bisher kaum Beachtung. Eine wünschenswerte Zielvorstellung ist jedoch, alle physiologischen Vorgänge, die sich in einer Zelle abspielen, mit Verfahren der Bioinformatik beschreiben zu können. Komplexe Kohlenhydrate lokalisiert auf der Zelloberfläche (Glykokalix) werden bei spezifischen Zell-Zell- und Wirt-Zell-Interaktionen erkannt. Aufgrund ihrer Potenz, zwei Residuen auf verschiedene Arten verknüpfen sowie verzweigte Strukturen ausbilden zu können, besitzen Kohlenhydrate eine wesentlich höhere Informationsdichte als gleich lange Peptidstrukturen. Die Komplexität der Kohlenhydrat-Strukturen erschwert die experimentelle Bestimmung ihrer exakten Topologie, so dass bisher nur ansatzweise Verfahren zu ihrer automatischen Bestimmung existieren. Auch liegen nur wenige Daten der räumlichen Strukturen vor, da es nur selten gelingt, ausreichend homogene Einkristalle von komplexen Kohlenhydraten zu erhalten. Beschrieben wird die Überführung der Zuckertopologie, so wie sie üblicherweise verwendet wird, in eine lineare Codierung. Diese bildet die Grundlage für das Programm SWEET2, mit dem unter Verwendung von Kraftfeldern schnell 3D Modellen von komplexen Kohlenhydraten generiert werden können. Die Verwendung der linearen Codierung für die Wiederauffindung von Teilstrukturen in der SWEET-DB wird beschrieben.

Schlüsselwörter: Bioinformatik, Glykobiologie, 3D-Struktur von Kohlenhydraten, Glykodatenbanken

Einleitung

Die Entwicklung der Bioinformatik hat in den letzten Jahren rasant an Geschwindigkeit gewonnen. Eine aktuelle Übersicht der verschiedenen Aktivitäten auf diesem Gebiet findet sich im Januar-Heft 2000 der Zeitschrift Nucleic Acids Research [1]. 115 verschiedene Datensammlungen und Anwendungen, die sich jeweils mit bestimmten (Teil-) Aspekten der Molekular-Biologie und Bioinformatik beschäftigen, werden von den Autoren vorgestellt. Die Liste reicht von Genom-Datenbasen und RNA-Sequenzen über Proteine als Sequenzen und deren Strukturen bis hin zu Ansätzen, Stoffwechsel- und zelluläre Regulationsvorgänge zu erfassen und zu beschreiben. Auch wenn der Aufschwung der Bioinformatik sicherlich eng verbunden ist mit der Notwendigkeit, die großen Mengen an Daten, die durch das Human-Genom-Projekt erzeugt werden, überhaupt handhaben, analysieren und interpretieren zu können, so zeigt die genannte Auflistung doch nachdrücklich, dass die Bioinformatik viel weiterreichende Aspekte als nur die Bearbeitung genetischer Sequenzen beinhaltet. Eine wünschenswerte Zielvorstellung ist sicherlich, alle physiologischen Vorgänge, die sich in einer Zelle abspielen, mit verschiedenen Verfahren der Bioinformatik beschreiben zu können.

Diese Zielstellung erfordert eine Betrachtung aller biochemisch relevanten Stoffe, zu denen nicht nur die bisher im Mittelpunkt stehenden Proteine und Nukleinsäuren gehören. Vielmehr spielen komplexe Kohlenhydrate nicht nur als Energielieferanten und Gerüstsubstanzen eine physiologische Rolle. Bis zum Ende der sechziger Jahre war die gängige Lehrmeinung, dass Kohlenhydrate lediglich zwei wesentliche Funktionen erfüllen: Zum einen als Energielieferanten in Form von Monosaccharidphosphat oder hochmolaren Molekülen wie Stärke. Zum anderen als Strukturmoleküle, wie das Chitin, das Außenskelett von Insekten, oder die Cellulose, der Baustoff der Pflanzen. Neuere Untersuchungen belegen, dass es in vielen Fällen Oligosaccharide sind, deren Molekularstrukturen bei spezifischen Zell-Zell- und Wirt-Zell-Interaktionen erkannt werden. Diese Erkennungsprozesse sind oft entscheidend für die Regulierung von Stoffwechselvorgängen und bei Erkennungsvorgängen des Immunsystems. Schon seit 1947 ist bekannt, dass es Zuckerstrukturen sind, die als Antigene lokalisiert auf der Zelloberfläche von Erythrocyten die Blutgruppen bestimmen. Allerdings hat sich die Einsicht, dass komplexe Kohlenhydrate in einem recht breiten Sinne Träger biologischer Information sind, erst seit Beginn der 90er Jahre mit der Verfügbarkeit von genaueren analytischen Möglichkeiten durchsetzen können [2].

Ein Mangel sowohl an experimentell gelösten Kohlenhydrat-Topologien als auch an 3D-Molekülstrukturen von komplexen Kohlenhydraten hat die Entwicklung von Algorithmen zur rechnergeeigneten Deskription dieser Strukturklasse bisher erschwert. Auch fehlen oft eindeutige biologischen Daten, um die Erkennung der relevanten Informationsgehalte von spezifischen Kohlenhydraten bei bestimmten physiologischen Vorgängen genauer definieren zu können.

Ziel unserer Anstrengungen ist es, mit Methoden und Ansätzen der (Bio-) Informatik einen Beitrag zu leisten, um die verwirrende Vielfalt von Strukturen und Funktionen von Oligosacchariden in verschiedenen zellulären Zusammenhängen zu beschreiben. Eine Systematisierung der experimentellen Daten und die Erzeugung von aussagekräftigen Struktur-Beschreibungen soll klären, ob es tatsächlich außer den bekannten protein- bzw. nukleinsäure-basierten Codes einen dritten Code des Lebens gibt, der auf Zuckerstrukturen basiert [3].

Ein kurzer Abriss der Glykobiologie [4,5] und der strukturellen Besonderheiten von Kohlenhydraten führt zur Beschreibung des neu entwickelten Verfahrens zur Ableitung linearer Strukturnotationen. Anschließend wird die Nutzung dieser Notationen zur rechnerischen Erzeugung von räumlicher Strukturinformation und zur Speicherung und Suche von Strukturinformation in Substanzdatenbanken gezeigt.

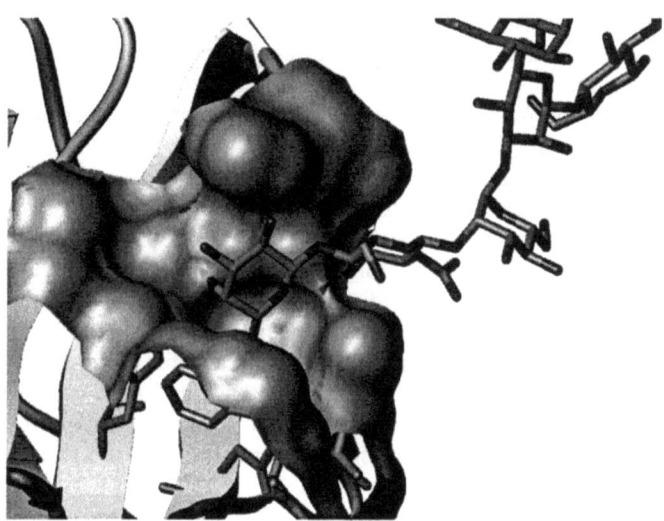

Abb.1: Bindetasche des Galektin (ein β−Galactoside bindendes Lektin) komplexiert mit einem biantennären Oligosaccharid. (PDB-Eintrag 1SLB). Dargestellt ist die dem Wasser zugängliche Oberfläche (braun) sowie ein Teil des Rückgrats (gelb, blau). In der Bindetasche befindet sich der Zuckeranteil des Oligosacharids (Stabdarstellung). Eine der zentralen Fragestellungen, mit denen sich die Glykobiologie beschäftigt, ist, wie Kohlenhydrate an spezifischen Erkennungsprozessen beteiligt sind sind.

Glykobiologie

Ende der sechziger Jahre wurde entdeckt, daß die Zelle von einem Mantel aus Kohlenhydraten - der Glykokalix - umgeben ist. Die meisten der in den extrazellulären Raum ragenden Kohlenhydrate sind an Proteine oder Lipide (Fette) gebunden, welche ihrerseits wieder in der Zellmembran verankert sind. Diese kohlenhydrattragenden Proteine und Fette werden Glykoproteine bzw. Glykolipide genannt. Inzwischen sind Tausende von verschiedenen Glykoproteinen und Glykopeptiden bekannt. Die Glykokalix einer Zelle ist ihr molekularer „Fingerabdruck". Die Kohlenhydratstrukturen werden von Zellen, Viren, Bakterien, Toxinen oder Proteinen erkannt. Kohlenhydrate erkennende Proteine - Lektine genannt - binden oft schnell und spezifisch, allerdings mit geringer Bindungsstärke. Auf Krebszellen vermutet man noch unbekannte Strukturen dieser Kohlenhydratbindenden Substanzen. Es besteht die Hoffnung, dass dieser Strukturunterschied den Ansatz zu hochwirksamen und für normale Zellen unschädlichen molekularen Krebstherapien liefern könnte. Lektine auf der Zelloberfläche sind so angeordnet, daß sie sich an ein Kohlenhydrat einer anderen Zelle anlagern können. Viren, Bakterien und Protozoen müssen sich an eine ganz spezielle Zelle anlagern und in diese eindringen, um eine Krankheit auszulösen. Das Anlagern vieler Viren und Bakterien an ihre Wirtszelle wird durch Kohlenhydrate vermittelt. Man ist überzeugt, daß der Einsatz von Kohlenhydraten sowohl als Medikament zur Prophylaxe als auch als Medikament zur Bekämpfung von Krankheiten möglich ist. Ein anderes Beispiel aus der Welt der Medizin, in dem Kohlenhydrate eine wichtige Rolle spielen, ist die Anlagerung von Leukozyten an die Epithelzellen einer Gefäßwand. Die Kohlenhydratstruktur bestimmt die Migration der Zelle zum Entzündungsherd. Zucker, die selektiv die Anlagerung von Zellen unterdrücken, können als molekulare Zielstrukturen (quasi als Lockvögel) zum Abfangen von pathogenen Bakterien dienen. Das klassische Beispiel für ein Medikament aus einem komplexen Kohlenhydrat ist jedoch das Heparin, das eines der wichtigsten Antikoagulantien ist. Es wird eingesetzt, um nach Operationen die Emboliegefahr für frisch operierte Patienten deutlich zu senken. Das Grippevirus Influenza A ist sicherlich das bekannteste Beispiel, bei dem Viren die Zelloberfläche einer Wirtszelle aufgrund einer Zuckerstruktur erkennen. Seit kurzem ist ein Therapeutikum auf dem Markt, welches in den Ablösungsprozess des Virus von der zu seiner Vermehrung benutzten Zelle eingreift und daher dessen weitere Ausbreitung im Körper unterdrückt. Das Grippemedikament Relenza blockiert das Enzym Neuraminidase, welches nach erfolgter Replikation das Virus wieder von der Wirtszelle abtrennen und damit dessen Verbreitung einleiten würde [6].

Informationscodierung

Gebraucht man den Begriff Code in biologischen Zusammenhängen, so assoziiert man damit praktisch immer den genetischen Code. Dabei werden die vier Buchstaben des Alphabets der Nukleinsäuren übersetzt in ein 20 Buchstaben umfassendes Alphabet der Aminosäuren, aus denen dann die Proteine aufgebaut werden. Über die Aufklärung des genetischen Codes verspricht sich die Forschung das Auffinden von „Unregelmäßigkeiten" bei der biologischen Informationsvermittlung und – Verarbeitung, und damit einen Ansatz für neue Heilungsmöglichkeiten insbesondere für genetisch bedingte Krankheiten.

Aufgrund der Erkenntnis, dass auch Oliogosaccharide Träger biologischer Information sein können, wird spekuliert, ob es neben den beiden bekannten Alphabeten noch ein drittes, „süßes" Alphabet des Lebens, den Zuckercode, gibt. Zumeist wird die Potenz von Oligosacchariden (siehe weiter unten), in einer sehr kurzen Sequenz theoretisch eine sehr viel höhere Codierungskapazität realisieren zu können, als dies bei Proteinen und Nukleinsäuren möglich ist, als ein Indiz herangezogen, dass es einen derartigen Zuckercode geben sollte. Es wäre nach dem Nobelpreisträger F. Jakob, einem Molekularbiologen, eine unverständliche Verschwendung von reizvollen Möglichkeiten, wenn die „Dritte Dimension der Molekularbiologie" nicht von der Biologie der Zelle genutzt werden würde.

Komplexe Kohlenhydrate sind sekundäre Genprodukte, die durch eine konzertierte Aktion verschiedener Glykosyltransferasen synthetisiert werden. Anders als bei der Biosynthese von Proteinen ist die Erzeugung von Oligosaccharidstrukturen abhängig von den jeweils lokalen Bedingungen im zellulären Raum.

Die Vielfalt möglicher Oligosaccharide findet ihre Entsprechung bei einer ebenfalls recht großen Klasse von Rezeptoren, den Lektinen. Dies sind kohlenhydratbindende Proteine, die per Definition selbst keine Enzyme oder Antikörper sind. Darüber hinaus können kovalent an Proteine gebundene Kohlenhydratstrukturen eine wichtige Rolle für die Ausbildung und/oder Stabilisierung bestimmter Konformationen spielen, sowie für die Steuerung bei der Faltung von Protein von Bedeutung sein. Eine Analyse von Protein-Datenbanken ergab, dass etwa 70% aller bekannten Proteine eine potentielle N-Glykosilierungsstelle aufweisen. [7]

Kohlenhydrate, eine Herausforderung für die Strukturchemie und die Bioinformatik

Die Gründe für das bisherige „Schattendasein" der Kohlenhydrate in der Bioinformatik sind vielfältiger Natur. Zunächst einmal ist die Menge der verfügbaren experimentellen Daten sowohl auf der Sequenz-Ebene (Topologien für Kohlenhydrate) als auch bei den räumlichen Daten wesentlich geringer. Während die Sequenzierung von Proteinen weitgehend automatisch erfolgen kann, müssen Kohlenhydrat-Topologien mit aufwendigen analytischen Verfahren bestimmt werden, die bisher nur teilweise automatisiert werden konnten. Aus diesem Grund kann die Aufklärung der Topologie eines einzigen komplexen Kohlenhydrates mehrere Tage bis Wochen dauern. Räumliche Strukturen von Proteinen werden hauptsächlich mittels Röntgenstrukturbeugung oder mittels Kernmagnetischer Resonanz-Spektroskopie (NMR) bestimmt. Die aktuelle Version der Protein-Datenbank enthält mehr als 12.000 Einträge. Voraussetzung für die Anwendbarkeit der Kristallographie ist das Vorliegen von Kristallen ausreichender Qualität (Homogenität). Dies ist bei vielen Substanzen präparativ sehr schwierig, da Zucker oft keine homogenen Kristalle bilden. Außerdem ist bei vielen physiologischen Vorgängen nicht die Struktur im festen Zustand, sondern die Erscheinungsform im gelösten Zustand relevant, da sich die meisten physiologischen Vorgänge in Lösung abspielen. Daher werden NMR-Methoden vor allem für die Untersuchung physiologischer Vorgänge eingesetzt, bei denen die Makromoleküle im gelösten Zustand untersucht werden können.

PDB Stand 28.2.2000	Proteine, Peptide, Viren	Protein - Nuclein-säuren Komplexes	Nuclein-säuren	Kohlen-hydrate	Gesamt
Röntgen	8895	445	490	14	9844
NMR	1531	63	303	4	1901

Theoretische Modelle	231	18	15	0	264
	10657	526	880	18	12009

Tabelle 1. Anzahl der Strukturen in der PDB Datenbank

Komplexe Kohlenhydrate entziehen sich bei der Strukturaufklärung beiden Methoden, da sie oft nicht kristallisierbar sind und die Auswertung ihrer NMR-Signale zu keiner eindeutigen Lösung führt. Somit ist dann auch nicht verwunderlich, wenn in der PDB-Datenbank neben 10.000 Proteinstrukturen nur 18 Strukturen (Stand 1.1.2000) von Kohlenhydraten zu finden sind. (Siehe dazu Tabelle 1.) Auch bei den analysierten Proteinen sind die Strukturen ihrer Kohlenhydratanteile oft nicht so gut aufgelöst, dass sie eindeutig bestimmbar sind.

Ein weiterer Grund für die „Vernachlässigung" dieser Stoffklasse ist auch darin zu sehen, dass für diesen Zweig bisher weit weniger spezielle Algorithmen entwickelt wurden als für den populären Zweig der Protein-Bioinformatik, und die Aufklärung und Handhabung der chemischen Struktur von Kohlenhydraten wesentlich schwieriger als bei Proteinen ist.

Das Interesse an Oligo- und Polysacchariden war bis vor kurzem nicht zuletzt aufgrund ihrer strukturellen Komplexität eher gering. Intensive experimentelle Bemühungen waren nötig, um die 3D-Strukturen von Kohlenhydraten zu bestimmen, so dass nunmehr einige grundlegende experimentelle Daten über die räumlichen Gestalt von einfachen Zuckern zur Verfügung stehen. Die Verwendung der räumlichen Koordinaten kleiner Struktureinheiten zur Berechnung der Strukturen größerer Moleküle, die aus kleinen Einheiten zusammengesetzt sind, ist sowohl bei Proteinen als auch bei Kohlenhydraten ein gangbarer Weg, um Strukturdaten dieser größeren Moleküle zu erhalten oder gemessene Daten zu verifizieren. Allerdings ist die Vorgehensweise bei den Kohlenhydraten wesentlich komplizierter als bei den Proteinen: Aminosäuren können bei der Polymerisation zu Proteinen lediglich durch Aufbau von Amidbindungen einen linearen Strang ausbilden. Ganz im Gegensatz dazu stehen die Kohlenhydrate, die neben linearen Strukturen auch verzweigte und zyklische Strukturen ausbilden können. Ein Monosaccharid kann durchaus an 4 andere Saccharide gebunden sein, während eine Struktureinheit eines Proteins lediglich zwei Nachbarn (Vorgänger und Nachfolger in der Sequenz) besitzen kann. Auf dieser Tatsache beruhen die meisten Protein-Strukturaufklärungsverfahren. Weiterhin können die Untereinheiten der Proteine jeweils nur auf eine einzige Art, nämlich über eine Amidbindung, an ihre beiden Nachbarn geknüpft sein.

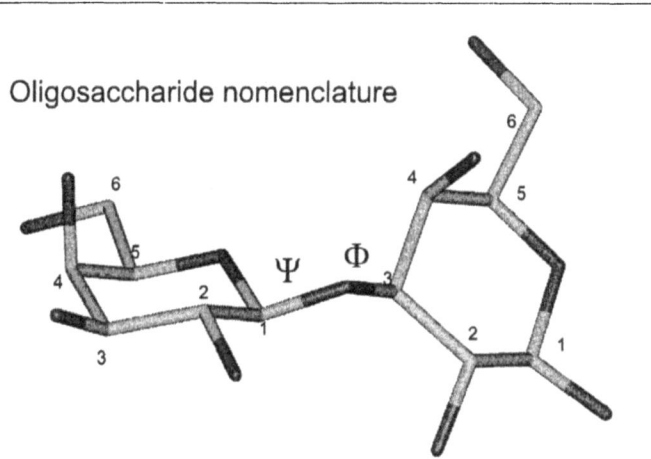

Oligosaccharide nomenclature

Abb. 2:. 1→3 Verknüpfung von zwei Monosacchariden über eine glykosidische Bindung. Die einzelnen Ringe eines Oligosaccharides behalten die ursprüngliche Numerierung des Monosaccharides bei. Während die Ringe selbst nur eine geringe Flexibilität zeigen, können sie – bedingt durch die freie Rotierbarkeit der Torsionswinkel der glykosidischen Bindung, die mit Φ und Ψ bezeichnet werden, verschiedene Orientierungen zueinander einnehmen.

Monosaccharide dagegen können an einen anderes Monosaccharid über eine 1→1, 1→2, 1→3, 1→4 oder 1→6-Verknüpfung verknüpft sein. Die Zahlen geben das für die Verbindung verantwortliche Kohlenstoffatom im Saccharid-Ring an (Abb. 2). Ferner variieren die einzelnen Zucker in ihrer molekularen Gestalt, da sie Stereozentren besitzen (Kohlenstoffatome mit vier unterschiedlichen Nachbarn). So existiert für alle Monosaccharide eine D- und eine L-Form, und die Stellung der Hydroxylgruppe am Ringschluss-Atom kann zwei räumliche Formen einnehmen, die mit alpha und beta bezeichnet werden. Somit existieren z.B. allein für den Zucker Glukose die acht Monosaccharid-Formen α-D-Glcp, α-L-Glcp, β-D-Glcp und β-L-Glcp sowie die dazugehörigen Furanoseformen: α -D-Glcf, α -L-Glcf, β-D-Glcf und β-L-Glcf

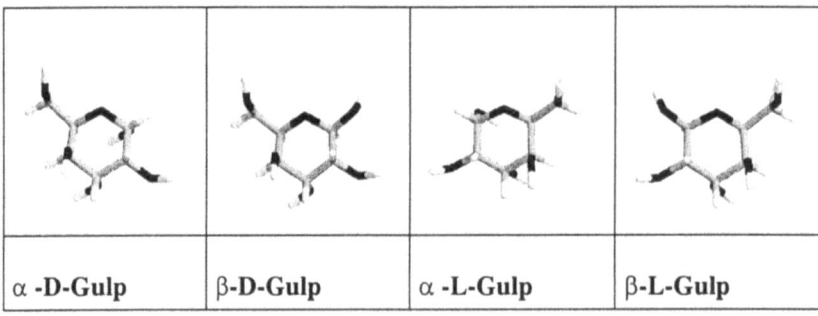

| α -D-Gulp | β-D-Gulp | α -L-Gulp | β-L-Gulp |

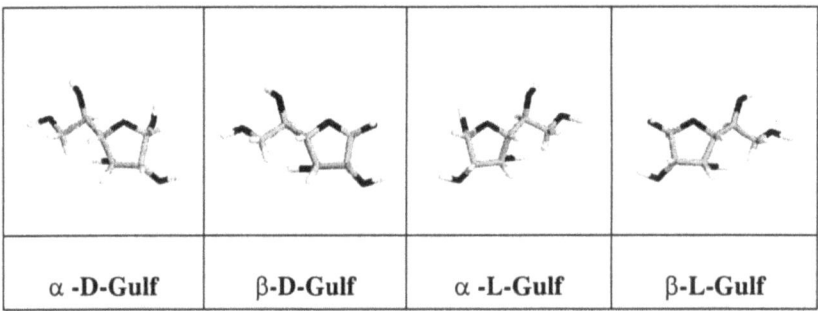

| α -D-Gulf | β-D-Gulf | α -L-Gulf | β-L-Gulf |

Table 2. Die acht verschieden Formen der Gulose (Gul)

Schon eine kleine Anzahl von Monosacchariden kann eine große Anzahl von strukturell verschiedenen Polysacchariden bilden, bedingt sowohl durch die Einfachzucker-Modifikation als auch durch die Verzweigungsmöglichkeiten. Der Organismus besitzt eine viel größere Anzahl von Monosacchariden, aus denen er komplexe Kohlenhydrate aufbaut, als von Aminosäuren: Den 20 Aminosäuren stehen über 200 physiologisch relevante Monosaccharide gegenüber. Des weiteren gibt es außer den unveränderten Monosacchariden noch diejenigen, die durch eine Substitution verändert wurden. Es sind mehr als 50 verschiedene Aminozucker bekannt. Neue Monosaccharide werden jeden Tag in Pflanzen und Zellwänden von Mikroben entdeckt. Bei der Modifikation (Substitution) von Monosacchariden scheint der Natur ein schier endloses Repertoire zur Verfügung zu stehen. So können die einzelnen Hydroxylgruppen eines Zuckerrings gegen Acyl-, Alkyl-, Pyruvyl-, Sulfat-, Sulphonat-, Phosphat- und Phosphonatgruppen oder andere in der Natur vorkommende funktionelle Gruppen ausgetauscht werden.

Proteine codieren ihre Information über ihre lineare, gerichtete Abfolge. Der Einbuchstabencode der Proteine erlaubt eine einfache Vergleichbarkeit von verschiedenen Sequenzen. Ähnlichkeiten in der Sequenz verwandter Proteine können durch entsprechende Algorithmen schnell aufgefunden werden. Hierbei wird die gesamte Sequenz oder auch nur Teilsequenzen auf größtmögliche Übereinstimmung überprüft. So lassen sich z.B. auch Abstammungsbeziehungen zwischen Tieren und

Menschen allein aufgrund der Ähnlichkeit von bestimmten Proteinsequenzen erklären. Der Informationsgehalt einer Aminosäuresequenz ergibt sich folglich aus den Kombinationsmöglichkeiten der einzelnen Aminosäuren. Theoretisch gibt es für eine Sequenz aus 6 Aminosäuren (aus der Menge der 20 verschiedenen AS) 64×10^6 Möglichkeiten der Anordnung.

Zucker enthalten zusätzliche strukturelle Elemente, die zur Informationscodierung potentiell genutzt werden können: diese Merkmale sind: Epimere (D- oder L-Form), Monomersequenz, anomere Konformation (alpha oder beta), Ringgröße des Zuckers (Pyranose = 6-Ring oder Furanose = 5-Ring), Verknüpfungsposition (1, 2, 3, 4 oder 6), Verzweigung sowie Substitution durch funktionelle Gruppen.

In dem Artikel von Laine [7] wird eine kombinatorische Formel für die Anzahl der möglichen Erscheinungsformen hergeleitet. Laine geht dabei hauptsächlich von den biologisch relevanten Oligosacchariden aus und beschränkt die Möglichkeiten für Epimere auf ein bis drei häufig vorkommende Hexosen oder Pentosen, null bis zwei verschiedene Aminozucker , null oder eine Methylpentose und null oder eine Sialinsäure oder Uronsäure.

Die Anzahl der möglichen Strukturen eines aus Hexosen bestehenden linearen Oligosaccharides der Länge n ist nach Laines Formel: $S = E^n * 2r^n * 2a^n * 4^{(n-1)}$ Hierbei steht der erste Term für die Permutation der enthaltenen Monomere, wobei dasselbe Monomer auch mehrmals auftreten kann. E ist die Anzahl der verschiedenen Monomere, die in der Sequenz vorkommen können, der zweite Term ist die Ringgröße (5 oder 6), der dritte Term die anomere Konformation (α oder β) und der letzte Term repräsentiert die Anzahl der möglichen Positionen der Verknüpfung.

Kohlenhydrate bergen somit ein großes Potential, Informationen zu codieren.. Die Informationsdichte ist weitaus höher als die bei Proteinen oder der DNS. Dieses Potential an Vielfalt ist eine der Schwierigkeiten bei der Entschlüsselung der Information und ist vermutlich einer der Gründe dafür, warum lange Zeit die große Bedeutung der Kohlenhydrate als physiologische Informationsträger nicht erkannt worden ist. Andererseits ist die Informationsvielfalt von Kohlenhydratstrukturen der strategische Vorteil der Zellen, die solche Strukturen in ihre Membranen eingebettet haben; denn nur mit derartigen Strukturen hoher Informationsdichte lassen sich die komplexen Erkennungs- und Adressierungsvorgänge bewältigen, die zur Kommunikation zwischen Zellen und zwischen Organen nötig sind.

Zur Analyse derartig komplexer Strukturen sind präzise Kenntnisse über ihre räumliche Gestalt und über ihre Möglichkeiten der Strukturverknüpfung nötig. Diese Kenntnisse lassen sich nur durch Kombination von experimentellen Strukturaufklärungsverfahren und rechnerischen Verfahren erlangen.

Ansatz zur Linearisierung der Zuckernotation

Um eine rechnergeeignete Handhabung der Zuckernotation [8] zu erzielen, wird die in 2D-Form notierte Struktur (Zuckernomenklatur) in einen linearen String überführt, der durch Klammerung als Maß der Schachtelungstiefe die korrekte Verknüpfung der Struktur codiert. Bei der Notation wird das α als a und das β als b geschrieben, da es sich bei der Notation um ein reines ASCII-Format handelt. Die Regeln dazu sehen folgendermaßen aus:

(1)   S -> [ ] [Z] {A}   Startsymbol

(2)   A -> AA   Element auf derselben Hierarchiestufe
(3)   A -> [K] [Z] {A}   Element auf einer untergeordneten Stufe
(4)   A -> epsilon   Null-Element - Terminalsymbol

(5)   K -> (D-D)   Saccharidverbindung 1
(6)   K -> (D+D)   Saccharidverbindung 2

(7)   Z -> saccharide name   Saccharidname wie z. B. „a-D-Manp"
(8)   D -> Zahl aus IN   (meist 1,2,3,4 oder 6)

Zwei Beispiele sollen die Vorgehensweise erläutern.
Ein lineares Saccharid:

a-D-Manp-(1-4)-b-D-Manp-(1-2)-a-D-Manp

wird durch die Regeln 1, 3, 4, 5, 7und 8 in

[ ][a-D-Manp]{[(1-4)][b-D-Manp]{[(1-2)][a-D-Manp]{ }}}

umgeformt.

Verzweigte Strukturen sind schon interessanter:

b-D-Galp-(1-6)+
        |
    a-D-Manp-(1-4)-b-D-GalpNAc
        |
a-D-Galp-(1-4)+

[ ][b-D-Galp]{[(1-6)][a-D-Manp]{[(4+1)][a-D-Galp]{ }[(1-4)][b-D-GalpNAc]{ }}}

Etwas anders notiert:

```
[ ][b-D-Galp]{
    [(1-6)][a-D-Manp]{
        [(4+1)][a-D-Galp]{ }
        [(1-4)][b-D-GalpNAc]{ }
    }
}
```

Bei dieser semantischen Transformation kommen alle eingangs aufgestellten Regeln zum Tragen.

Der Zucker b-D-Galp bildet in diesem Fall die Wurzel für den gerichteten Graphen. Ausgehend davon ist der Zucker a-D-Manp über eine 1-6-Verknüpfung mit diesem verbunden. Von diesem Knoten gehen zwei weitere Knoten aus: Zum einen der Zucker a-D-Galp, der über eine eins-vier-Verknüpfung an die Mannose gebunden ist, und zum anderen der b-D-GalpNAc-Zucker. Zu beachten ist an dieser Stelle, dass bei der a-D-Galp-(1-4)-a-D-Manp-Verbindung sich die Betrachtungsrichtung umdreht. Hat man vorher a-D-Galp-(1-4)-a-D-Manp notiert, so geht die Betrachtung nun von der Mannose (a-D-Manp) aus und man muss die Verbindungszahlen umdrehen. Um anzuzeigen, dass eine Umkehrung der Betrachtung im Gegensatz zum Orginaltext stattgefunden hat, wird dies in der Verbindungsnotation durch ein „+" angezeigt.

Durch diese Art der Notation ist es nun möglich, Strukturen auf einer Art Sequenzebene miteinander zu vergleichen und zu bearbeiten.

Ermittlung der räumlichen Gestalt von Kohlenhydraten

Um die 3D-Gestalt von Kohlenhydraten zu bestimmen, benötigt man zusätzlich zu den experimentellen Verfahren rechnerische Methoden [9]. Schon lange werden die theoretischen Methoden des Molecular Modeling eingesetzt, um die räumliche Struktur einer Substanz mit Hilfe des Rechners zu bestimmen. Hierbei wird z.B. bei kleinen Molekülen die Schrödinger-Gleichung numerisch und approximativ gelöst. Zur Zeit ist die realistische Obergrenze für diese exakte Art der Berechnung aufgrund der langen Rechenzeit bei einem Disaccharid angesiedelt. Um die energetisch günstigste Gestalt auch für größere Moleküle zu bestimmen, setzt man z.B. molekulardynamische Simulationen [12] ein, bei denen die Lösung der Newtonschen Bewegungsgleichung für die Atome (deren Ensemble das Molekül bildet) als zentrales Element im Mittelpunkt steht.

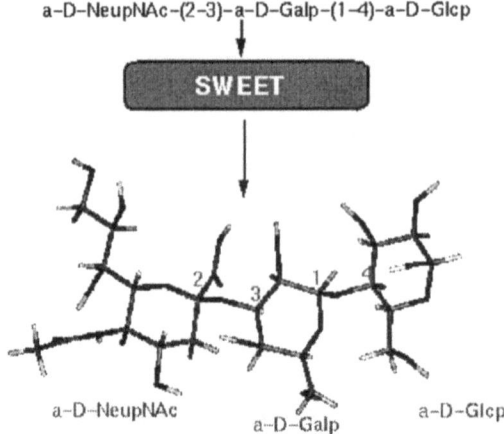

a-D-NeupNAc-(2-3)-a-D-Galp-(1-4)-a-D-Glcp

Fig. 1. Konzept von SWEET

SWEET-Ansatz

Mit dem von unserer Arbeitsgruppe entwickelten Programm [10,11], das über das WWW erreichbar ist, ist die Abschätzung der räumlichen Struktur auch komplexer Kohlenhydrate möglich. Das Programm wird direkt über eine WWW-gestützte Eingabeoberfläche bedient und braucht nicht lokal installiert zu werden. Für die Eingabe steht eine graphische Benutzungsoberfläche zur Verfügung, mit der eine symbolische 2D-Darstellung der Struktur eingegeben werden kann. Die Ausgabe des Rechenergebnisses erfolgt in Form einer Datei mit 3D-Strukturkoordinaten, die räumliche Struktur kann auch mittels eines Java-Applets betrachtet werden.

Bei den Eingabeseiten wurde versucht, verschiedene Benutzergruppen anzusprechen. So wurde eine einfache Eingabemaske für Anfänger entwickelt. Diese richtet sich zum Beispiel an weniger geübte Benutzer, die nicht sehr tief mit der Nomenklatur von Zuckerstrukturen vertraut sind; bereits ein kleiner Fehler bei der Eingabe führt meist dazu, dass das Molekül nicht (richtig) zusammengebaut werden kann. Aber die Seite richtet sich auch an Chemiker oder Biologen, welche wenig praktische Erfahrung mit Web-Formularen haben. Die Eingabe ist so gestaltet, dass der Benutzer durch einfaches Anklicken verschiedene Zucker aus Menülisten auswählen kann. Ferner kann er durch direkte Anwahl entsprechender Menüpunkte die Art der Verknüpfung der Monosaccharide untereinander bestimmen. Die Tatsache, dass alle auswählbaren Elemente in der richtigen Nomenklatur vorgegeben sind, macht es dem Benutzer einfach, zweidimensionale Zuckerstrukturen zu erzeugen. Es ist quasi der spielerische Umgang mit den Grundbausteinen, der den Benutzer zum Erfolg führt. An dieser Stelle kann der Benutzer nur aus einigen vordefinierten Bausteinen auswählen. Um ihm aber das gesamte Spektrum von SWEET mit derzeit 400 Grundbausteinen zu eröffnen, wurde eine Eingabeseite entwickelt, welche dem fortgeschrittenen Benutzer die Möglichkeit eröffnet, die

Grundbausteine frei einzugeben. Er muss allerdings an dieser Stelle auch auf die korrekte Eingabe achten. Die dritte Eingabeseite, die angeboten wird, ermöglicht es dem Benutzer, völlig frei, ohne Einschränkungen, sein Kohlenhydratmolekül einzugeben. Der zweite Vorteil, den diese Eingabeseite bietet, ist, dass Zuckerbeschreibungen, die schon in der entsprechenden Nomenklatur vorliegen, einfach aus anderen Programmen via Copy-Paste übernommen werden können. Dies erspart dem Benutzer das Übertragen der Eingabedaten von Hand.

Nachdem der Benutzer die Strukturen mittels einer der drei Eingabeseiten eingegeben hat, werden diese aus der Zuckernomenklatur in die kontextfreie Schreibweise (siehe oben) überführt.

Die semantische Transformation bietet zwei Vorteile: Zum einen ist es hierdurch möglich, eine eindeutige bijektive Notation zu entwickeln, und zum anderen ist es für das Programm SWEET einfacher, die einzelnen Bausteine der Monosaccharide zusammenzusetzen, da an jeder Stelle im Graphen eine „von-zu"-Beziehung eindeutig definiert ist.

Nach dem Zusammensetzen der einzelnen Monosaccharide zu dem gewünschten Polysaccharid berechnet SWEET auf der Basis einer Abschätzung der Van-der-Waals Energie eine mögliche 3D-Struktur des eingegebenen Moleküls.

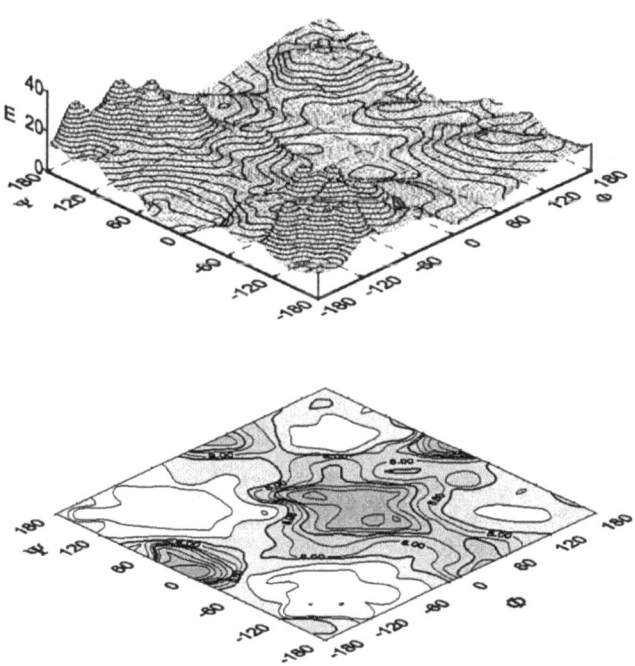

Fig. 2. Energiekarte der β-D-Galp-(1-2)-β-D-Galp-Verbindung

Hierzu werden zunächst die einzelnen Φ- und Ψ-Torsionswinkel so ausgerichtet, dass die räumliche Gestalt der Struktur energetisch günstig (spannungsfrei) ist. Ein Gleichgewicht, das sich in der Natur innerhalb von Picosekunden automatisch einstellt, muss im Rechner durch Abtasten aller Möglichkeiten simuliert werden. Ausschlaggebend hierfür sind die an den chemischen Bindungen beteiligten Elektronen und ihre räumlichen Verteilungen. Da aber eine vollständige Berechnung der Elektronenverteilung mit Hilfe einer ab-initio-Rechnung schon bei einem Tetrasaccharid an die Grenze des sinnvoll Berechenbaren stößt, verwendet man approximative Formeln. SWEET verwendet nur die van-der-Waals-Interaktionen, welche jedoch ausreichen, um dem Molekül eine realistische 3D-Gestalt zu verleihen. Das Verfahren selbst ist ein zweistufiges iteratives Rigid-Rotation-Verfahren, bei dem die Bindungswinkel in n Schritten um insgesamt 360 Grad gedreht werden. Da die Wechselwirkung der Atome exponentiell mit ihrer Entfernung abnimmt, betrachtet SWEET bei der Optimierung der Φ-Ψ-Winkel immer nur direkt benachbarte Disaccharide innerhalb der Gesamtstruktur. Durch diese Vereinfachung ist es möglich geworden, selbst komplexere Zuckerstrukturen online (max. 10 sec. Wartezeit für den Benutzer) zu erzeugen. Vergleicht man Winkelwerte für die eingestellten Torsionswinkel aus der Literatur mit Werten, die SWEET erzeugt, so werden die von SWEET erzielten Werte bestätigt. Dies zeigt, daß die zugrundeliegende Strategie der Nutzung präziser Koordinatenwerte für die räumliche Gestalt der Einzelbausteine und bekannter Winkelwerte für die räumliche Konstellation unmittelbar benachbarter Bausteine erfolgreich für die Ermittlung der räumlichen Gestalt großer Strukturen ist.

War das Programm SWEET am Anfang nur dafür konzipiert, Zuckerbausteine mit anderen Zuckern zu verknüpfen, so wurde mit der Zeit die Funktionalität erweitert. In der Zellbiologie spielen Zucker, welche an Lipide oder Proteine gebunden sind, eine wichtige Rolle. Um dem Rechnung zu tragen, wurden auch diese Bausteine in SWEET integriert. Die Erzeugung von N-Glykanen oder O-Glykanen wird somit für den Benutzer recht einfach, und selbst komplizierte Strukturen wie GPI-Anker (Glycosyl-phosphatidylinositol-Membrananker) können modelliert werden.

SWEET-DB und Teilstruktursuche

Die Ableitung einer linearen Strukturnotation aus der Matrix-Darstellung der 2D-Struktur eröffnete noch ein zweites wichtiges Einsatzgebiet für SWEET. Alle existierenden Substanzdatenbanken von Kohlenhydraten enthielten lediglich die Matrix-Darstellung der Struktur. Diese ist zwar für die Veranschaulichung der Verknüpfungs-Topologie geeignet, hat jedoch für die anderen Ansprüche an eine rechnergeeignete Strukturrepräsentation von Substanzdatensammlungen zwei schwere Mängel. Sie ist für die wichtige Aufgabe des teilstrukturorientierten Retrieval fast völlig ungeeignet, da sie nur aufwendigen, sequentiell durchgeführten vollständigen Graphvergleichen zugänglich ist. Zum anderen erlaubt sie keine direkte Aussage über die räumliche Gestalt der Substanz. Dies ist insbesondere für biologische Untersuchungen ein schweres Manko, da die biologische Relevanz oft nur über die räumliche Gestalt einer Substanz bewertet und mit anderen Substanzen verglichen werden kann.

Mit Hilfe von SWEET konnten für die größte Sammlung von Kohlenhydratstrukturen, die CarbBank, die fehlenden Daten abgeleitet werden. Die Erzeugung der linearen Strukturnotation ist die Voraussetzung für eine teilstrukturorientierte Suche, die das Problem von Graphverzweigungen angemessen und korrekt handhabt, so daß trotz einer akzeptabel kleinen Menge an abgespeicherten Teilstrukturen die Suche sehr schnell abläuft.

Des weiteren wird beim Abspeichern der Strukturinformation die räumliche Gestalt der Substanz berechnet und geometrisch optimiert, so daß sie bei der Struktursuche abgerufen und verwendet werden kann.

Auch die Zuckerstruktur-Datenbank ist über eine graphisch orientierte www-zugängliche Benutzungsoberfläche verfügbar. Da ihre Ausgabedaten in einem gängigen Darstellungsformat (PDB-Format) vorliegen, können die bei der Suche erhaltenen Substanzinformationen für viele Zwecke unmittelbar weiter verarbeitet werden.

Ausblick

Die begrenzte Komplexität steckt SWEET gewisse Grenzen. SWEET verwendet bei der Ausrichtung der Struktur immer nur ein Energieminimum. Eine genaue Betrachtung der Energiezustände zeigt, dass es oft mehrere energetisch günstige Zustände gibt. Weiterhin soll mit einem neuen Ansatz, der nicht nur die van-der-Waals-Interaktionen berücksichtigt, sondern noch einen Solvens-Term mit in die Berechnung der Winkel einbezieht. Ein Solvens-Term bestimmt approximativ die Wechselwirkung, die zwischen dem Zuckermolekül und den umgebenden Wassermolekülen herrscht. Dies ist insofern relevant, als in der Natur die Strukturen und Reaktionen in Wasser statt finden. Ferner werden bei dem neuen Ansatz nicht nur Disaccharide betrachtet, sondern auch größere Strukturen bis hin zu Pentasacchariden.

Die bisher zur Verfügung gestellten Online-Tools werden vom internationalen Publikum sehr gut angenommen. Viele Zugriffe auf die Web-Seiten und die dazugehörigen Programme kommen aus USA, Japan, Skandinavien, Frankreich und Deutschland. Diese große Resonanz legt den weiteren Ausbau des Angebotes im Bereich Glykoinformatik nahe.

WWW-Programme:

1) SWEET: http://www.dkfz-heidelberg.de/spec/SWEET2/
Online-Programm zur Erzeugung von Kohlenhydrat-Strukturen über das Internet

2) SWEET-DB: http://www.dkfz-heidelberg.de/spec/SWEET_db/
Online-Datenbank, in welcher ca. 20.000 3D-Strukturen von Kohlenhydraten abgelegt sind

3) Glypeps: http://www.dkfz-heidelberg.de/spec/glypeps/
Online-Programm zu Bestimmung eines Kohlenstoffanteils an Proteinen, basierend auf den Massedaten, welche mittels MALDI-Spektrometrie ermittelt werden.

4)Carb_Search: http://www.dkfz-heidelberg.de/spec/carbsearch/
Fehlertolerante Online-Datenbankabfrage der Einträge der CarbBank auf den Feldern Titel und Autor.

Literatur:

[1] Nucleic Acids Research, 28, 7, (2000)

[2] Dwek, RA: *Glycobiology: Toward Understanding the Function of Sugar*, Chem. Rev., 96, (1996), 683-720

[3] Gabius HJ: *Biological Information Transfer Beyond the Genetic Code: The sugar Code.* Naturwissenschaften 87, 108-121, (2000) Review Article

[4] Gabius HJ, Gabius S. (Eds): *Glycosciences – Status and Perspectives*, Chapman&Hall, (1997)

[5] Lehmann L (Eds): *Kohlenhydrate*, Georg Thieme Verlag, (1996)

[6] Wade RC: *'Flu' and structure-based drug design.* Structure. 1997 Sep 15;5(9):1139-45. Review

[7] Wormald MR, Dwek, RA, Computational carbohydrate chemistry: glycan presentation and protein-fold stabilityy. Structure 7: R155-R160

[8] Laine RA, *Calaculation of all possible oligosaccharide isomers both branched and linear yield 1.05x10^12 structures for a reducing hexasaccharide: the isomer barrier to development of single-method saccharide sequencing or synthesis systems*, Glycobiology 4, (1994), 759-767

[9] Sonderheft zur Nomenklatur von Kohlenhydraten, Carbohydrate Research, 297, 1, (1997)

[10] Woods RJ: *Computational carbohydrate chemistry: What theoretical methods can tell us*, Glycoconjugate Journal, 15, (1998), 209-216

[11] Bohne A, Lang E, von der Lieth CW: *W3-SWEET: Carbohydrate Modeling by Internet*, J. Mol. Model., 4(1), (1998), 33-43

[12] Bohne A, Lang E, von der Lieth CW: *SWEET – www-based rapid 3D construction of oligo- and polysaccharides*, Bioinformatics (Application Notes), 15, 9, (1999), 767-768

[13] Allinger NL,Yuh YH,Li JH: *Molecular Mechanics. The MM3 Force Field for Hydrocarbons*, J. Am. Chem. Soc., 111, (1989), 8551-8566

PROPAN: Ein retargierbares System für Postpassoptimierungen und -analysen

Daniel Kästner*

Universität des Saarlandes
Fachbereich 6.2 Informatik
Saarbrücken
kaestner@cs.uni-sb.de

Zusammenfassung In diesem Artikel wird ein System zur Generierung maschinensensitiver Postpassoptimierer und -analysatoren auf Assemblerebene vorgestellt, das speziell im Hinblick auf hochleistungsfähige Optimierungen für irreguläre Architekturen entworfen wurde. Für jede Zielarchitektur wird ein phasengekoppelter Codeoptimierer zur Durchführung integrierter globaler Instruktionsanordnung, Registerzuweisung und Ressourcenallokation auf der Basis ganzzahliger linearer Programmierung (ILP) generiert. Alle relevanten Informationen über die Zielarchitektur werden in der Maschinenbeschreibungssprache TDL spezifiziert. Die ganzzahligen linearen Programme können entweder exakt oder durch Einsatz ILP-basierter Approximationen gelöst werden, wodurch die Berechnung hochqualitativer Lösungen in akzeptabler Zeit ermöglicht wird. Die Leistungsfähigkeit dieses Ansatzes wird durch eine Reihe praktischer Experimente belegt.

1 Einführung

Innerhalb der letzten Jahre hat eine starke Expansion der Märkte für Telekommunikation, eingebettete Systeme und Multimediaanwendungen stattgefunden. Bei der Ausführung typischer Anwendungsprogramme aus diesen Bereichen müssen enge Zeitschranken berücksichtigt werden. Aufgrund des Einsatzes auf dem Massenmarkt stehen den hohen Leistungsanforderungen jedoch enge Kostenschranken gegenüber. Dies hat zur Entwicklung spezialisierter, irregulärer Architekturen geführt. Zu den häufig verwendeten Architekturmerkmalen zählen die Verwendung heterogener Registersätze, spezieller Schleifeninstruktionen, sowie die gleichzeitige Ausführung mehrerer Maschinenoperationen, und die eingeschränkte Anbindung funktionaler Einheiten an Registersätze und Busse.

Im Bereich der Allzweckprozessoren hat die Übersetzertechnologie einen hohen Qualitätsstand erreicht. Die Codegüte, die von traditionellen Hochsprachencompilern auf dem Gebiet der irregulären Architekturen erreicht wird, kann den Anforderungen der Zielanwendungen oft jedoch nicht gerecht werden [31, 37].

* Mitglied des Graduiertenkollegs "Effizienz und Komplexität von Algorithmen und Rechenanlagen" (gefördert durch die DFG).

Die Erzeugung von effizientem Code für irreguläre Architekturen erfordert den Einsatz hochleistungsfähiger Techniken, die die spezifischen Architektureigenschaften des jeweiligen Zielprozessors berücksichtigen müssen. Da solche Techniken üblicherweise nicht in Standardcompilern verwendet werden, werden viele Anwendungen der digitalen Signalverarbeitung in Assembler entwickelt. Wegen der steigenden Softwarekomplexität und den sich verkürzendenen Designzyklen eingebetteter Systeme wird dieser Ansatz jedoch zunehmend inakzeptabel. Als einen Ausweg schlägt der vorliegende Artikel den Einsatz retargierbarer Techniken für Postpassoptimierungen vor, die schnell an verschiedene Zielarchitekturen angepaßt werden können und dennoch hochleistungsfähigen Code erzeugen. Das Forschungsziel liegt in der Entwicklung eines retargierbaren, phasengekoppelten Postpassoptimierungssystems, das eine einfache Integration eigenständiger Programmanalysen und zusätzlicher benutzerdefinierter Optimierungsverfahren gestattet.

Obwohl innerhalb der letzten Jahre verschiedene retargierbare Forschungscompiler entwickelt wurden (vgl. Kapitel 2), ist der industrielle Einsatz solcher Systeme sehr selten. Eine Ursache hierfür sind die hohen Kosten, die mit der Umstellung auf ein anderes Compilersystem verbunden sind. Daher ist die Frage zu stellen, ob eine solche Umstellung vermieden werden kann. Ein vielversprechender Ansatz ist die Verwendung eines Postpass-Systems, das effizienzsteigernde Transformationen auf Assemblercode, also z.B. dem Ausgabecode anderer Compiler durchführen kann. Vorangehende Untersuchungen [19] haben gezeigt, daß die Integration eines Postpassansatzes in existierende Toolketten mit beschränktem Aufwand realisiert werden kann.

In eingebetteten Systemen muß die Software oft spezifische Anforderungen erfüllen, die komplexe Programmanalysen erfordern, die naturgemäß Postpassanalysen sind. Ein Beispiel hierfür ist die statische Vorhersage des Cacheverhaltens [7]. Die Resultate solcher Analysen können auch für Programmoptimierungen verwendet werden, z.B. durch cache-sensitive Taskscheduling-Algorithmen [20]. Daher ist es sinnvoll, den Einsatz solcher Programmanalysen im Rahmen eines Postpass-Systems zu unterstützen.

Der Codeerzeugungsprozeß umfaßt mehrere Teilaufgaben: Codeselektion, Registerallokation, Registerzuteilung, Instruktionsanordnung, und Ressourcenallokation. Das Ziel der Instruktionsanordnung liegt in der Umordnung einer Codesequenz, um Parallelität auf Instruktionsebene auszunutzen. Die Aufgabe der Registerallokation besteht darin zu entscheiden, welche Variablen und Ausdrücke der Zwischendarstellung auf Register abgebildet werden und welche im Speicher gehalten werden. Das Ziel liegt in der Minimierung der Speicherzugriffe während der Programmausführung. Im Rahmen der Registerzuteilung werden die physikalischen Register zur Speicherung der Werte ausgewählt, die der Registerallokation zufolge in Registern gehalten werden sollen[1]. Die Aufgabe der Ressourcenallokation liegt in der Zuteilung allgemeiner Ressourcen, z.B. von funktionalen Einheiten oder Bussen, zu Maschinenoperationen (vgl. Kapitel 5).

---

[1] Oft wird der Begriff der Registerallokation in einem allgemeineren Sinne verwendet und umfaßt dann sowohl die eigentliche Registerallokation als auch die Registerzuteilung

Die meisten dieser Aufgaben stellen $\mathcal{NP}$-schwere Probleme dar. In klassischen Ansätzen werden sie unabhängig voneinander durch Einsatz heuristischer Verfahren gelöst. Allerdings sind alle diese Phasen abhängig voneinander, d.h. die Entscheidungen, die von einer Phase getroffen wurden, erlegen den nachfolgenden Phasen Beschränkungen auf, die zur Erzeugung ineffizienten Codes führen können. Dieses Problem ist als Phasenkopplungsproblem bekannt. Für die Erzeugung von hochleistungsfähigem Code für irreguläre Architekturen ist die Berücksichtigung des Phasenkopplungsproblems von essentieller Wichtigkeit. Aus Komplexitätsgründen ist eine volle Phasenintegration in der Regel jedoch nicht möglich. Ein vielversprechender Ansatz ist daher, verschiedene Phasengruppen zu identifizieren, die integriert werden können. Eine sinnvolle Partitionierung ist die Koppelung von Codeselektion und Registerallokation einerseits, sowie von Instruktionsanordnung, Registerzuweisung und Ressourcenallokation andererseits.

2   Verwandte Arbeiten

Der Schwerpunkt dieses Überblicks liegt auf Codeerzeugungssystemen für irreguläre Architekturen. Bei der Mehrheit der existierenden Compilersysteme wird das Phasenkopplungsproblem nicht berücksichtigt. Im folgenden werden zunächst Ansätze skizziert, bei denen Phasenkopplung durch heuristische Verfahren erstrebt wird.

CHESS [26] wurde als retargierbare Codeerzeugungsumgebung für Fixpunkt-DSPs entwickelt. Codeselektion, Registerallokation und Instruktionsanordnung sind als getrennte Module implementiert. Innerhalb der Registerallokation werden die Auswirkungen auf die Instruktionsanordnung heuristisch abgeschätzt und bei den Allokationsentscheidungen berücksichtigt. Im retargierbaren CBC-Compiler [26] wird ein erweiterter List Scheduling Algorithmus zur integrierten Behandlung von Registerallokation und Instruktionsanordnung auf heuristischer Basis verwendet. Express [13] integriert ebenfalls durch Verwendung von Heuristiken Codeselektion und Registerallokation in die Instruktionsanordnungsphase (*Mutation Scheduling*) [27].

Neben heuristischen Ansätzen gibt es auch phasenintegrierte Methoden, die die Berechnung exakter, optimaler Lösungen gestatten, in der Regel auf Kosten höherer Berechnungszeiten. Der auf der SPAM-Bibliothek [32] basierende retargierbare Codegenerator AVIV [14] verwendet einen heuristischen Branch-And-Bound Algorithmus zur gleichzeitigen Modellierung der Allokation funktionaler Einheiten, der Registerbankallokation und der Instruktionsanordnung. Die detaillierte Registerallokation wird in einem zweiten Schritt ausgeführt. Das System befindet sich derzeit in der Entwicklungsphase, so daß noch keine endgültigen Ergebnisse verfügbar sind. Bashford und Leupers [3] entwickeln ein System zur phasengekoppelten Codeselektion und Registerallokation unter Verwendung von Constraint Logic Programming. Alternative Lösungen werden möglichst lange bewahrt, so daß die endgültige Auswahl bis zur Instruktionsanordnungsphase verzögert werden kann. ILP-basierte Methoden zur Codeerzeugung werden nur in einigen wenigen Ansätzen untersucht. Ein Ansatz zur ILP-basierten Instruktionsanordnung für Vektorprozessoren wurde in [2] vorgestellt. Wilson et al. [26] verwenden eine ILP-Formulierung für gleichzeitige Codeselektion, Instruktionsanordnung, Registerallokation und -zuweisung. Die Komplexität der Formulierung führt jedoch zu extrem hohen Berechnungszeiten. In dem von Leupers entwickelten DSP-Compiler RECORD [24] wird lokale Instruktionsanordnung mit Methoden der ganzzahligen linearen Programmierung durchgeführt. Weitere ILP-basierte Verfahren wurden im Kontext des Software-Pipelining entwickelt [30, 11]; diese befassen sich jedoch in der Regel mit homogenen VLIW Architekturen.

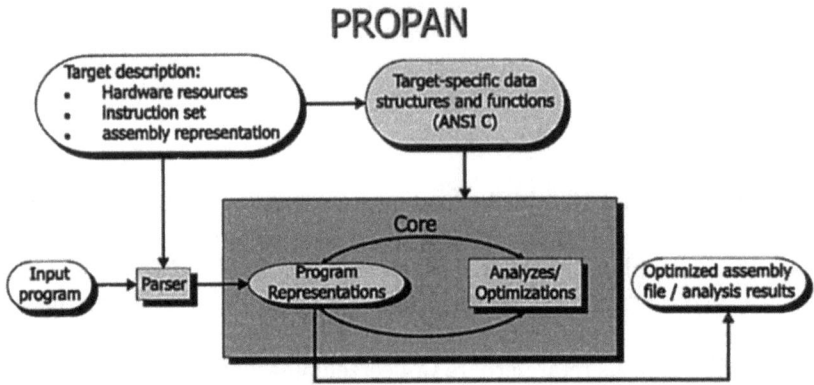

Abbildung 1. Das PROPAN System

3 Das PROPAN System

Im folgenden wird das PROPAN-System (*Postpass Retargetable Optimiser and Analyser*) vorgestellt, das als retargierbare Postpassumgebung für Codeoptimierungen und Programmanalysen entwickelt wurde.

3.1 Spezifikation der Zielarchitektur

Retargierbarkeit erfordert einen Spezifikationsmechanismus für die Zielarchitektur und ihren Instruktionssatz. Eine Architekturspezifikation muß alle Informationen, die für Optimierungen und Analysen benötigt werden, bereitstellen und eine interne Darstellung erlauben, die den Zielanwendungen schnelle Zugriffe auf diese Informationen gestattet. Da PROPAN als Postpasssystem entwickelt wurde, sind die Eingabeprogramme in Form von Assemblercode oder textuellen Darstellungen compiler-spezifischer Zwischendarstellungen gegeben. Für jede Zielarchitektur und die zugehörige Eingabesprache sollte daher ein eigener Parser existieren; die Erzeugung dieses Parsers aus der Hardwarebeschreibung muß möglich sein. Da für verschiedene Analysen unterschiedliche Sichten auf die Architektur erforderlich sein können, besteht eine weitere Anforderung an den Spezifikationsmechanismus in der Unterstützung verschiedener Abstraktionsebenen. Zur Erzeugung einer hohen Codequalität ist die detaillierte Berücksichtigung der Hardwareeigenschaften der Zielarchitektur erforderlich. Insbesondere sind für den Einsatz in PROPAN irreguläre Hardwareeigenschaften so zu spezifizieren, daß ihre Auswirkungen auf den Codeerzeugungsprozeß in Form ganzzahliger linearer Nebenbedingungen repräsentiert werden können. Weitere Anforderungen sind leichte Erweiterbarkeit und hohe Flexibilität zur Unterstützung eines breiten Spektrums von Zielarchitekturen.

Es gibt eine Vielzahl existierender Hardwarebeschreibungsformalismen, z.B. [25], [28], [6], [12], [13], [4]. Dennoch war es zur Erfüllung der oben genannten Anforderungen erforderlich, eine eigene Spezifikationssprache, genannt TDL (*Target Description Language*), zu entwickeln. Einzelheiten über den Entwurf von TDL und ein Vergleich zu anderen Architekturbeschreibungssprachen können [17] entnommen werden; im folgenden wird nur ein kurzer Überblick gegeben.

Eine TDL Beschreibung ist modular strukturiert. Sie besteht aus einer Spezifikation der Hardwareressourcen, einer Beschreibung des Instruktionssatzes, einem Constraint-Abschnitt und einem Assemblerteil. In der Ressourcenspezifikation werden alle Hardwareressourcen, die Analysen und Optimierungen beeinflussen können, eingeführt; ihre Eigenschaften können durch einen erweiterbaren Attributmechanismus spezifiziert werden. Die Beschreibung des Instruktionssatzes ist in Form einer Attributgrammatik gegeben [34]. Der Attributmechanismus erlaubt die Identifikation wichtiger Eigenschaften der Operationen und ermöglicht den Zielanwendungen effiziente Zugriffe auf diese Eigenschaften. Im Constraint-Abschnitt kann eine Menge von Nebenbedingungen spezifiziert werden, die bei Codetransformationen berücksichtigt werden müssen, um die Programmsemantik zu bewahren. Dies umfaßt beispielsweise Beschränkungen der verfügbaren Parallelität des Zielprozessors, oder Abhängigkeiten zwischen Instruktionsanordnung und Registerzuweisung (vgl. Kapitel 4.4). Der Assembly-Abschnitt befaßt sich mit syntaktischen Details der Assemblersprache. In der Regel ist die Assemblersprache mächtiger als es für eine einfache textuelle Darstellung des Instruktionssatzes erforderlich wäre. Assemblerausdrücke, Direktiven wie z.B. Datendeklarationen oder Segmentdirektiven, Makros, Kommentare und verschiedene Formen von Instruktions- und Operationsbegrenzern müssen bekannt sein. Jede TDL Beschreibung wird auf semantische Konsistenz überprüft, so daß Eingabefehler und Inkonsistenzen der Hardwarebeschreibung frühzeitig erkannt werden können.

3.2 Der Entwurf von PROPAN

Die Eingaben des PROPAN-Systems (vgl. Abb. 1) bestehen aus der TDL-Beschreibung der Zielmaschine und den Assemblerprogrammen, die optimiert bzw. analysiert werden sollen. Die TDL Spezifikation wird für jede Zielarchitektur genau einmal verarbeitet und zweifach genutzt: zum einen wird ein Parser für die spezifizierte Eingabesprache generiert. Der Parser liest die Eingabeprogramme und berechnet den zugehörigen Kontrollflußgraphen. Der Kontrollflußgraph wird im generischen CRL-Format *(Control Flow Representation Language)* [23] gespeichert. Diese Darstellung dient als Schnittstelle zu zusätzlichen Programmanalysen und Optimierungsverfahren. Zum anderen werden einige ANSI C Dateien aus der TDL-Beschreibung generiert, die Datenstrukturen zur Repräsentation der Informationen über Hardwareressourcen und Instruktionssatz der Zielmaschine bereitstellen. Desweiteren werden generische Initialisierungs- und Zugriffsfunktionen zur Verfügung gestellt. Diese Dateien können in beliebige Zielanwendungen eingebunden werden und ermöglichen den generischen Zugriff auf architekturspezifische Eigenschaften.

Nachdem der Kontrollflußgraph des Eingabeprogrammes erzeugt wurde, werden die übrigen Programmdarstellungen, wie z.B. der Datenabhängigkeitsgraph und der Kontrollabhängigkeitsgraph berechnet. Zur Vorbereitung der Registerzuweisung wird *Register Renaming* durchgeführt, um überflüssige Datenabhängigkeiten zu entfernen, die die verfügbare Parallelität beschränken. Kernphase der Optimierungen sind generische Algorithmen zur integrierten Instruktionsanordnung, Registerzuweisung und Allokation funktionaler Einheiten auf der Basis ganzzahliger linearer Programmierung [19]. Während die Realisierung einer echten Phasenkopplung mit traditionellen graphbasierten Methoden nicht als vielversprechend angesehen werden kann, bietet die ganzzahlige Optimierung sowohl die Möglichkeit zu eleganten Problemformulierungen, als auch zur effizienten Lösungsberechnung.

Für jedes Eingabeprogramm wird ein ganzzahliges lineares Programm erzeugt, das die Ausführung des Eingabeprogrammes auf der spezifizierten Zielarchitektur modelliert. Zwei alternative ILP-Modellierungen stehen zur Verfügung (vgl. Kapitel 4), unter denen die für die jeweilige Zielarchitektur geeignetere ausgewählt werden kann. Aufgrund der möglicherweise hohen Berechnungszeiten, die zur exakten Lösung der ganzzahligen linearen Programme erforderlich sein können, haben wir ILP-basierte approximative Lösungsverfahren entwickelt [19]. Die Grundidee der ILP-basierten Approximationen ist die iterative Lösung schrittweiser Relaxationen des Originalproblems. Durch den Einsatz solcher Approximationen kann die Berechnungszeit in der Regel stark reduziert werden und dennoch Lösungen von sehr hoher Qualität ermittelt werden. Weitere Einzelheiten über die Approximationsverfahren und ihren praktischen Einsatz können [19, 16] entnommen werden.

Im Gegensatz zu früheren exakten phasengekoppelten Ansätzen ist der Gültigkeitsbereich der Optimierungen nicht auf einzelne Basisblöcke beschränkt. Verschiedene Basisblöcke können zu Superblöcken zusammengefaßt werden. Disjunkte Kontrollflußpfade sind innerhalb eines Superblocks nicht zulässig; die Superblöcke können sich jedoch durchaus über Schleifengrenzen hinweg erstrecken. Dies ist aufgrund der Integration von Instruktionsanordnung, Registerverteilung und Ressourcenallokation wichtig. Für jeden Superblock wird ein eigenständiges ganzzahliges lineares Programm erzeugt und optimiert. Dabei werden ähnlich wie beim Trace Scheduling Verfahren [9] zunächst die am häufigsten ausgeführtten Superblöcke betrachtet. Zur Begrenzung der Berechnungszeit können die ILP-basierten Verfahren auch auf besonders häufig ausgeführte Codesequenzen beschränkt werden, z.B. auf geschachtelte Schleifen. Einzelheiten über die verwendeten Algorithmen können [16] entnommen werden.

4 Die ILP-Modellierung

Abhängig von der Definition der Entscheidungsvariablen können ILP-Formulierungen als zeitpunkt- oder reihenfolge-basiert klassifiziert werden [22]. In zeitpunkt-basierten Formulierungen basiert die Wahl der Entscheidungsvariablen auf dem Zeitpunkt, dem das modellierte Ereignis zugeordnet wird. In reihenfolge-basierten Ansätzen spiegeln die Entscheidungsvariablen die Reihenfolge der modellierten Ereignisse wider.

Auf dem Gebiet der Architektursynthese wurden verschiedene ILP-Formulierungen für das Problem der Instruktionsanordnung und Ressourcenallokation entwickelt [10, 36]. In [18, 19] haben wir die Anwendbarkeit dieser Ansätze auf das Codeerzeugungsproblem untersucht. Basierend auf dem Ergebnis dieser Studien haben wir Erweiterungen des reihenfolge-basierten ILP-Modellierung SILP [36] und der zeitpunkt-basierten Formulierung OASIC [10] entwickelt. Das SILP-Modell kann zur Durchführung integrierter Instruktionsanordnung, Ressourcenallokation und Registerzuweisung eingesetzt werden. Die OASIC-Formulierung ist eine Alternative für Prozessoren, bei denen das Registerzuweisungsproblem eine geringere Bedeutung hat; hier können die Aufgaben der Instruktionsanordnung und Ressourcenallokation integriert werden. Wie in [18] gezeigt, ist die Integration der Registerzuweisung in dieses Modell zwar möglich, aber aus Komplexitätsgründen praktisch nicht sinnvoll.

4.1 Grundlagen

Die Aufgabe der Instruktionsanordnung besteht in der Umordnung einer Codesequenz mit dem Ziel der Minimierung der erforderlichen Ausführungszeit. Während der Umordnung müssen die Datenabhängigkeiten zwischen den Operationen beachtet werden. Diese werden durch den Datenabhängigkeitsgraph $G_D = (V_D, E_D)$ modelliert, dessen Knoten den Operationen des Eingabeprogrammes entsprechen und dessen Kanten die Datenabhängigkeiten zwischen den Operationen widerspiegeln [34]. Es gibt drei verschiedene Arten von Datenabhängigkeiten: *true dependences* (Benutzung nach Setzung, E_D^t), *output dependences* (Setzung nach Setzung, E_D^o), *anti dependences* (Setzung nach Benutzung, E_D^a).

Zur Beschreibung der Abbildung von Operationen auf Ressourcentypen wird der Ressourcengraph G_R verwendet, der aus der Maschinenbeschreibung abgeleitet wird. G_R ist ein bipartiter gerichteter Graph $G_R = (V_R, E_R)$, wobei $(j, k) \in E_R$ bedeutet, daß Instruktion j von Hardwareressourcen des Typs k ausgeführt werden kann.

Es ist wichtig, zwischen *Instruktionen* und *Operationen* zu unterscheiden. Jede Instruktion kann mehrere parallel ausführbare Maschinenoperationen enthalten. Dieses Ausführungsmodell ermöglicht die Modellierung von VLIW-Architekturen (*Very Long Instruction Word*) [17].

4.2 Das SILP Modell

Das SILP Modell [36] ist eine reihenfolge-basierte Formulierung. In diesem Modell beschreiben die zentralen Entscheidungsvariablen den Fluß der Hardwareressourcen durch die Instruktionen des Programmes: $x_{ij}^k \in \{0, 1\}$ zeigt an, ob Operation i eine Instanz des Ressourcentyps k verwendet und nach vollendeter Ausführung an Operation j überreicht. Der Startzeitpunkt für die Ausführung jeder Operation wird durch den berechneten Ressourcenfluß bestimmt.

Abgesehen von den Flußvariablen x_{ij}^k werden die folgenden Typen von Entscheidungsvariablen verwendet: $t_i \in \mathbb{Z}$ bezeichnet den Startzeitpunkt einer Operation i, $w_j \in \mathbb{Z}$ die Anzahl der zur Ausführung von Operation i benötigten Kontrollschritte. Die Latenz der funktionalen Einheit, die Operation j ausführt, d.h. das minimale Zeitintervall zwischen aufeinanderfolgenden Dateneingaben zu dieser funktionalen Einheit, wird mit $z_j \in \mathbb{Z}$ bezeichnet. Schließlich bezeichnet $R_k \in \mathbb{Z}$ die Anzahl der Instanzen eines Ressourcentyps $k \in V_K$.

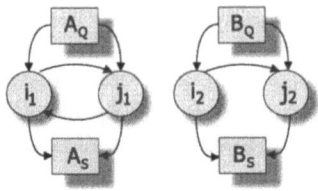

Abbildung 2. Beispiel für einen Ressourcenflußgraph

Das ganzzahlige lineare Programm (ILP) wird aus dem sogenannten *Ressourcenflußgraph* $G_F = (V_F, E_F)$ erzeugt. Dieser Graph beschreibt die Ausführung des Programmes als einen Fluß der verfügbaren Hardwareressourcen durch die Operationen des Programmes; für jeden Ressourcentyp entsteht somit ein eigenes Flußnetzwerk. Jeder Ressourcentyp $k \in V_K$ wird durch zwei Knoten $k_Q, k_S \in V_F$ repräsentiert, wobei k_Q die Quelle und k_S die Senke des Flußnetzwerks bezeichnet. Die erste Operation die auf einem Ressourcentyp k ausgeführt wird, erhält eine Instanz k_r dieses Typs vom Quellknoten k_Q; nach vollendeter Ausführung gibt sie k_r an die nächste denselben Ressourcentyp verwendende Operation weiter. Die letzte Operation, die eine bestimmte Instanz eines Ressourcentyps verwendet, gibt sie zur Senke k_S zurück. Jede Kante (i, j) des Ressourcenflußgraphen $(i, j) \in E_F^k$ wird auf eine Flußvariable $x_{ij}^k \in \{0, 1\}$ abgebildet. Eine Hardwareressource des Typs k wird genau dann über die Kante (i, j) von i an j befördert, wenn $x_{ij}^k = 1$.

Abb. 2 zeigt einen Ressourcenflußgraphen für zwei Ressourcentypen A und B. Die Operationen, die von A auszuführen sind, sind unabhängig voneinander, so daß keine Beschränkung der Reihenfolge vorliegt. Im Teilgraph des Ressourcentyps B jedoch ist zu erkennen, daß es nur eine zulässige Reihenfolge der Operationen gibt, was z.B. durch Datenabhängigkeiten verursacht werden kann.

Die Grundidee dieser Modellierung liegt darin, daß Operationen, die auf verschiedene Ressourcentypen abgebildet werden, parallel ausgeführt werden können, wenn dies nicht durch Datenabhängigkeiten verhindert wird. Die Anzahl der Operationen, die gleichzeitig von einem bestimmten Ressourcentyp ausgeführt werden können, wird durch die Anzahl der Instanzen dieses Typs bestimmt. Auf diese Weise wird das VLIW-Ausführungsmodell erfaßt, bei dem sich jede Instruktion aus mehreren parallel ausführbaren Maschinenoperationen zusammensetzen kann [17].

Ziel der ILP-Formulierung ist die Minimierung der Ausführungszeit der anzuordnenden Codesequenz. Die Ausführungszeit wird in Kontrollschritten gemessen (Taktzyklen). Die Zielfunktion und die zur Berechnung der Gesamtausführungszeit M_{steps} erforderlichen Zeitbedingungen lauten wie folgt:

$$\min \quad M_{steps} \tag{1}$$

$$t_j \leq M_{steps} \quad \forall\, j \in V_D \tag{2}$$

Die Vorrangbedingungen repräsentieren die Datenabhängigkeiten des Eingabeprogrammes. Ist eine Operation j von einer Operation i abhängig, darf j erst ausgeführt werden, nachdem die Ausführung von i beendet ist.

$$t_j - t_i \geq w_i \quad \forall\, (i,j) \in E_D^t \tag{3}$$

$$t_j - t_i \geq w_i - w_j + 1 \quad \forall\, (i,j) \in E_D^o \tag{4}$$

$$t_i \leq t_j + w_j - 1 \quad \forall\, (i,j) \in E_D^a \tag{5}$$

Die Flußerhaltungsbedingungen (6) stellen sicher, daß der Wert des in einen Knoten hineinfließenden Flusses gleich dem Wert des herausfließenden Flusses ist. Zudem muß jede Operation genau einmal von genau einer Hardwarekomponente ausgeführt werden. Das wird durch die Ausführungsbedingungen (7) garantiert. Die Ressourcenbedingungen (8) werden benötigt, da die Anzahl der verfügbaren Instanzen aller Ressourcentypen nicht überschritten werden darf.

$$\sum_{(i,j)\in E_F^k} x_{ij}^k - \sum_{(j,i)\in E_F^k} x_{ji}^k = 0 \; \forall\, i,j \in V_D \tag{6}$$

$$\sum_{\substack{k\in V_K: \\ (j,k)\in E_R}} \sum_{(i,j)\in E_F^k} x_{ij}^k = 1 \; \forall\, j \in V_D \tag{7}$$

$$\sum_{(k,j)\in E_F^k} x_{kj}^k \leq R_k \; \forall k \in V_K \tag{8}$$

Schließlich werden Serialisierungsbedingungen benötigt, die eine korrekte Operationsabfolge zwischen unabhängigen Operationen garantieren, die auf derselben

Ressourceninstanz ausgeführt werden (9).

$$t_j - t_i \geq z_i + (\sum_{\substack{k \in V_K : \\ (i,j) \in E_F^k}} x_{ij}^k - 1)\alpha_{ij} \; \forall (i,j) \in E_F^k \tag{9}$$

Werden sowohl i als auch j demselben Ressourcentyp k zugeordnet, dann muß j auf die Ausführung von i warten, wenn tatsächlich eine Komponente des Ressourcentyps k über die Kante $(i,j) \in E_F^k$ befördert wird, d.h. im Falle $x_{ij}^k = 1$. Dabei ist α_{ij} eine Konstante, die eine obere Schranke des maximalen Abstands zwischen i und j darstellt.

Die Gesamtzahl der Nebenbedingungen ist $\mathcal{O}(n^2)$, wobei n die Anzahl der Operationen des bearbeiteten Superblocks bezeichnet. Die Anzahl der Binärvariablen wird durch $\mathcal{O}(n^2)$ beschränkt. Genauere Beschreibungen sowie die zugehörigen Beweise werden in [36, 21] vorgestellt.

Das Registerzuteilungsproblem Das im vorangehenden Abschnitt eingeführte ganzzahlige lineare Programm modelliert die Probleme der Instruktionsanordnung und der Ressourcenallokation. Um das Registerzuteilungsproblem zu integrieren, muß die Formulierung erweitert werden. Die zentrale Datenstruktur ist der Registerflußgraph $G_F^R = (V_F^R, E_F^R)$, der aus gesonderten Flußgraphen für jeden Registersatz der Zielarchitektur zusammengesetzt ist. Für jedes Registerfile wird ein Quell- und ein Senkeknoten eingeführt; die übrigen Knoten repräsentieren die Operationen des Eingabeprogrammes, die einen Schreibzugriff auf ein Register ausführen. Jede markierte Kante $(i,j)^g \in E_F^R$ entspricht einem möglichen Registerfluß eines Registers aus dem Registerfile $g \in G$ von i nach j und wird auf eine binäre Flußvariable $x_{ij}^g \in \{0,1\}$ abgebildet.

Im Falle $x_{ij}^g = 1$ wird dasselbe Register zur Speicherung der Variablen verwendet, die von Operationen i und j definiert werden. Zusätzliche Nebenbedingungen werden benötigt, um die Lebenszeiten der Variablen im Programm zu modellieren: eine Registerflußvariable x_{ij}^g darf nur den Wert 1 annehmen, wenn j einem Kontrollschritt zugeordnet ist, an dem die Lebensdauer der von i definierten Variable abgelaufen ist.

Es werden $\mathcal{O}(m^2)$ zusätzliche Nebenbedingungen benötigt, wobei m die Anzahl der Operationen im Eingabeprogramm darstellt, die Schreibzugriffe auf ein Register ausführen. Die Anzahl der zusätzlichen Binärvariablen ist durch $\mathcal{O}(m^2)$ beschränkt. Für Beweise zur Komplexität und weitere Einzelheiten sei auf [18, 21] verwiesen.

4.3 Das OASIC Modell

In [10] wird eine zeitpunkt-basierte Formulierung vorgestellt, bei der die zentralen Entscheidungsvariablen $x_{jn}^k \in \{0,1\}$ die Zuordnung von Operationen zu Kontrollschritten und zu Ressourcen beschreiben. Der Fluß der Ressourcen wird implizit durch die Operationenabfolge bestimmt. $x_{jn}^k = 1$ bedeutet, daß Mikrooperation j dem n-ten Kontrollschritt ($n \geq 1$) des erzeugten Schedules zugeordnet wird und von einer Instanz des Ressourcentyps k ausgeführt wird. Für jede Operation i bezeichnet $N(i)$ die durch eine ASAP/ALAP-Analyse [18] bestimmte Menge der zulässigen Kontrollschritte. Die Variable w_i bezeichnet die Ausführungszeit einer Operation i und t_i den Startzeitpunkt ihrer Ausführung. Die t-Variablen werden explizit aus den Werten der Variablen x_{jn}^k berechnet:

$$t_i = \sum_{k:(i,k)\in E_R} \sum_{n\in N(i)} n \cdot x_{in}^k$$

In [18] wird die in [10] entwickelte OASIC-Formulierung unserer Problemstellung angepaßt. Die Zielfunktion und die Zeitschranken entsprechen denen der SILP Formulierung:

$$\min \quad M_{steps} \tag{10}$$

$$t_j \leq M_{steps} \quad \forall\, j \in V_D \tag{11}$$

Die Datenabhängigkeiten des Eingabeprogrammes werden durch die Vorrangbedingungen repräsentiert. Operation j darf nicht vor Operation i ausgeführt werden darf, wenn j von i abhängig ist. Es gelten die folgenden Nebenbedingungen:

$$\sum_k \sum_{\substack{n_j \leq n \\ n_j \in N(j)}} x_{jn_j}^k + \sum_k \sum_{\substack{n_i \geq n - w_i + 1 \\ n_i \in N(i)}} x_{in_i}^k \leq 1 \,\, \forall(i,j) \in E_D^t,$$

$$n \in \{n' + w_i - 1 | n' \in N(i)\} \cap N(j)) \tag{12}$$

$$\sum_k \sum_{n_j \leq n} x_{jn_j}^k + \sum_k \sum_{\substack{n_i \geq n - w_i + w_j \\ n_i \in N(i)}} x_{in_i}^k \leq 1 \,\, \forall(i,j) \in E_D^o,$$

$$n \in \{n' + w_i - w_j | n' \in N(i)\} \cap N(j) \tag{13}$$

$$\sum_k \sum_{\substack{n_j \leq n - w_j + 1 \\ n_j \in N(j)}} x_{jn_j}^k + \sum_k \sum_{\substack{n_i > n \\ n_i \in N(i)}} x_{in_i}^k \leq 1 \,\, \forall(i,j) \in E_D^a,$$

$$n \in \{n' + w_j - 1 | n' \in N(j)\} \cap N(i)) \tag{14}$$

Zusätzlich werden Bedingungen benötigt, die sicherstellen, daß die Ausführung einer Operation in genau einem Kontrollschritt gestartet wird und von genau einem Ressourcentyp ausgeführt wird.

$$\sum_k \sum_{n\in N(j)} x_{jn}^k = 1 \quad \forall\, j \in V_D \tag{15}$$

Die Ressourcenbedingungen schließlich garantieren, daß die Anzahl der verfügbaren Instanzen jeden Ressourcentyps nicht überschritten werden. In keinem

Kontrollschritt dürfen mehr als R_k dem Ressourcentyp k zugeordnete Operationen ausgeführt werden. Für $N_{jm} = \{n : m = n + p,\ 0 \le p \le w_j - 1\}$ gilt:

$$\sum_{j \in V_D} \sum_{n \in N_{jm} \cap N(j)} x_{jn}^k \le R_k \qquad \forall m \le M_{steps} \qquad (16)$$

Insgesamt werden zur Modellierung des Instruktionsanordnungs- und Ressourcenallokationsproblems $\mathcal{O}(n^2)$ Binärvariablen und Nebenbedingungen benötigt.

4.4 Modellierungserweiterungen

Die meisten Architekturen verfügen nicht über einen völlig orthogonalen Instruktionssatz. Ein Beispiel ist der digitale Signalprozessor Analog Devices ADSP-2106x[1], bei dem die Parallelität von ALU und Multiplizierer eingeschränkt ist. Einige Operationen können nur gleichzeitig ausgeführt werden, wenn alle Operanden in eindeutig bestimmten Registergruppen (A,B,C,D) innerhalb des (heterogenen) Registerfiles liegen. Liegen die Operanden in anderen Registern, liegen korrekte Operationen vor, die jedoch nicht zu einer Instruktion gruppiert werden können[19].

Solche Restriktionen werden im Constraint-Abschnitt der TDL-Beschreibung durch aussagenlogische Formeln spezifiziert. Zulässige Operatoren sind Konjunktion, Disjunktion und Negation, sowie weitere Operatoren zur Bezeichnung der Parallelausführung von Operationen, Operationenreihenfolgen und Ressourcenrestriktionen [17].

```
(op1 in {AluOps} & op2 in {MulOps}):
(op1 && op2) -> ((op1.src1 in {A})
& (op1.src2 in {B}) & (op2.src1 in {C})
& (op2.src2 in {D}));
```

Die logischen Formeln werden in ganzzahlige lineare Nebenbedingungen übersetzt. Jede Bedingung besteht aus einer Prämisse und einer Regel. Die Prämisse bezeichnet eine statisch auswertbare Vorbedingung für die Erzeugung einer zum Regelteil äquivalenten ILP-Nebenbedingung. Im vorliegenden Beispiel wird die ILP-Nebenbedingung für jedes Operationenpaar generiert, bei dem die erste Operation zur Operationengruppe AluOps und die zweite zur Gruppe MulOps gehört. Der Regelteil stellt eine logische Implikation dar: falls beide Operationen demselben Kontrollschritt zugeordnet werden, dann müssen die Operanden in den korrekten Registergruppen liegen. Die erzeugte ILP-Nebenbedingung für zwei Operationen i und j wird in der SILP-Formulierung durch folgende Implikation beschrieben:

$$t_i \ne t_j \vee (\Phi_{d_1}^A = 1 \wedge \Phi_{d_2}^B = 1 \wedge \Phi_{d_3}^C = 1 \wedge \Phi_{d_4}^D = 1)$$

Dabei stellen die Variablen $\Phi_k^g = \sum_{(b,k)} x_{bk}^g$ den in den Knoten der Operation k hineinfließenden Registerfluß bezüglich des Registerfiles g dar. Die Variablen

d_l bezeichnen die Definitionen der Quelloperanden; diese werden durch die Gleichung $\varPhi^g_{d_l} = 1$ gezwungen, ihr Resultat in einem Register von g zu speichern. Unter Verwendung zusätzlicher Binärvariablen läßt sich die Implikation direkt in eine ILP-Nebenbedingung transformieren [16, 35].

4.5 ILP-Modelle und Hardware-Architekturen

In unseren experimentellen Untersuchungen konnten wir eine Beziehung zwischen dem Architekturkonzept des Zielprozessors und der ILP-Modellierungskonzeption herstellen. Die reihenfolge-basierte Modellierung SILP erlaubt die effiziente Darstellung irregulärer Architekturen, bei denen enge Ressourcenschranken zu berücksichtigen sind. Sie erlaubt ebenfalls eine effiziente Integration von Registerzuteilung und Instruktionsanordnung.

Gibt es jedoch eine große Anzahl funktionaler Einheiten, kann die hohe Anzahl alternativer Ressourcenflüsse zu einer Verminderung der Lösungseffizienz führen. In diesem Fall ist eine zeitpunkt-basierte Formulierung effizienter, bei der die Startzeitpunkte der Operationen explizit Kontrollschritten zugeordnet werden. Die meisten aus der Literatur bekannten ILP-Formulierungen für Codeerzeugungsprobleme sind zeitpunkt-basierte Formulierungen. Unsere Resultate weisen auf eine höhere Effizienz flußbasierter Formulierungen bei der Modellierung irregulärer Architekturen hin.

5 Experimentelle Ergebnisse

Bisher wurden TDL Beschreibungen für den Analog Devices ADSP-2106X [1], den Philips TriMedia TM1000 [29], den Infineon TriCore μC/DSP [5] und den Infineon C166 Prozessor entworfen. Die TDL Beschreibung des TriCores wird in einer Umgebung zur Berechnung von Laufzeitgarantien für Realzeitsysteme verwendet [8]. Die C166 Beschreibung wird zur Implementierung datenflußbasierter Postpassoptimierungen verwendet und ist Teil eines kommerziellen Postpassoptimierers. TDL Beschreibungen für den TI320C6x [33], und den Intel Embedded Pentium Prozessor sind in Arbeit.

5.1 Optimierungsresultate

Um das breite Spektrum unterstützter Zielarchitekturen zu demonstrieren, wird die Leistung der generierten Postpassoptimierer für den Analog Devices ADSP-2106X und den Philips TriMedia TM1000 evaluiert. Der ADSP-2106X ist ein digitaler Signalprozessor mit irregulärer Architektur und eingeschränkter Parallelität auf Instruktionsebene. Der TriMedia TM1000 besitzt eine VLIW-Architektur, bei der Restriktionen bezüglich der Zuordnung von Operationen zu Issue-Slots und der Synchronisation des Resultatbusses zu beachten sind. Die ganzzahligen linearen Programme werden durch Einsatz der CPLEX-Bibliothek [15] gelöst[2]; die Berechnungszeiten wurden unter SunOS 5.7 auf einer SPARC Ultra-Enterprise 10000 gemessen.

Der Analog Devices ADSP-2106x SHARC Der für den ADSP-2106X generierte Optimierer führt integrierte Instruktionsanordnung und Registerzuteilung aus. Da die Zuordnung von Operationen zu den verwendeten funktionalen Einheiten eindeutig ist, ist keine zusätzliche Ressourcenallokation erforderlich. Der Optimierer wird automatisch aus der TDL-Beschreibung generiert und erlaubt die Berechnung einer optimalen Lösung dieser Probleme bezüglich der gegebenen Codeselektion; es wird die SILP-basierte Formulierung verwendet.

Im folgenden werden experimentelle Ergebnisse für eine Reihe von Eingabeprogrammen aus dem Bereich der digitalen Signalverarbeitung gezeigt: ein FIR-Filter (*fir.s*), eine diskrete Fouriertransformation (*dft.s*), ein Kaskadierungsfilter (*casc.s*), und eine Wavelet-Transformation (*wave.s*); *wp3.s* ist eine Funktion des Whetstone-Benchmarks. Für jedes Programm werden die Resultate der ILP-basierten Optimierungen mit den optimalen Codesequenzen und dem Ergebnis eines List-Scheduling Algorithmus mit *Highest Level First* Heuristik [18] verglichen. Um einen fairen Vergleich zu ermöglichen, wird beim List-Scheduling eine optimale Registerzuteilung als Eingabe vorgegeben (bei den ILP-basierten Optimierungen nicht).

Eingabe	ops	BB	Schleifen
fir.s	18	3	1
dft.s	26	4	2 (geschachtelt)
casc.s	23	4	1
whetp3.s	26	1	0
wave.s	39	10	3 (geschachtelt)

Tabelle 1. Eigenschaften der Eingabeprogramme (ADSP-2106x).

Die Eingabeprogramme und ihre wichtigsten Eigenschaften sind in Tabelle 1 aufgelistet. Für jedes Programm wird die Anzahl der enthaltenen Operationen, der Basisblöcke und der Schleifen angegeben. In Tabelle 2, werden die experimentellen Ergebnisse zusammengefaßt. Die ganzzahligen linearen Programme werden entweder exakt oder durch Einsatz ILP-basierter Approximationen gelöst. Aus Platzgründen werden nur die Ergebnisse der schnellsten ILP-basierten Approximation gezeigt. Einzelheiten über die Approximationen können [16, 19] entnommen werden. Alle Eingabeprogramme können durch einen einzigen Superblock modelliert werden. Für jedes Eingabeprogramm gibt die Spalte *opt* die optimale Instruktionsanzahl an. Die Lösungsmethode wird in Spalte *Modus* gezeigt; *I1* bezeichnet dort die exakte ILP-basierte Lösung, *I2* die ILP-basierte Approximation

[2] Für die Bereitstellung eines Compute-Servers zur Durchführung der experimentellen Analysen danken wir dem Max-Planck-Institut für Informatik.

Eingabe	opt	Modus	Erg	CPU-Zeit
fir.s	8	I1	8	1.07 s
		I2	8	2.74 s
		LS	9	< 1 s
dft.s	14	I1	14	7.73 s
		I2	14	9.41 s
		LS	14	< 1 s
casc.s	8	I1	8	9.6 s
		I2	8	29.22 s
		LS	12	< 1 s
wp3.s	19	I1	–	> 24 h
		I2	19	10 min 29 s
		LS	24	1.9 s
wave.s	29	I1	29	1 min 55 s
		I2	29	1 min 43 s
		LS	32	< 1 s

Tabelle 2. Resultate der Optimierungen (ADSP-2106x).

und *LS* das Ergebnis des List-Scheduling mit gegebener optimaler Registerzuteilung. Das Ergebnis jeder Optimierungsmethode ist in Spalte *Erg* als Anzahl der kompaktierten Instruktionen im Ausgabeprogramm angegeben. Die letzte Spalte zeigt die benötigte CPU-Zeit.

Für die kleinen Eingabeprogramme erfordert die ILP-basierte exakte Lösung weniger Zeit als die Approximationen. Dies wird durch den mit den Approximationen verbundenen Overhead verursacht. Für größere Eingabeprogramme jedoch kann die Berechnungszeit im Vergleich zur exakten Lösung deutlich gesenkt werden. In nahezu allen Fällen liefern die ILP-basierten Approximationen eine optimale Lösung. Selbst mit gegebener optimaler Registerzuteilung enthält der durch graphbasierte Methoden (List-Scheduling) erzeugte Code durchschnittlich 19.82% mehr Instruktionen, als die optimale Codesequenz.

Der Philips TriMedia TM1000 Der TriMedia TM1000 enthält 128 Allzweckregister, so daß die Auswirkungen der Registerzuteilung auf die Codequalität vernachlässigbar sind. Allerdings interagiert die Instruktionsabhängigkeit mit dem Slotallokationsproblem: alle Operationen müssen einem Eingabeslot zugeordnet werden und die Zuordnung von Operationen zu Eingabeslots ist eingeschränkt. Zudem müssen alle Operationen bezüglich des Resultatbusses synchronisiert werden; nicht mehr als fünf Operationen dürfen ihr Ergebnis gleichzeitig auf den Bus schreiben. Auch hier liegt also ein Phasenkopplungsproblem vor. Der Optimierer wird automatisch aus der TDL-Beschreibung erzeugt und ermöglicht eine optimale Lösung dieses Problems bezüglich der gegebenen Codeselektion. Da die Integration der Registerzuteilung nicht erforderlich ist, können sowohl die SILP-, als auch die OASIC-basierten ILP-Formulierungen verwendet werden. Unsere experimentellen Ergebnisse zeigen, daß für diesen Prozessor die zeitpunkt-basierte

Modellierung eine bessere Leistung erbringt. Aus Platzgründen werden nur die Ergebnisse des Optimierers, der die OASIC-basierte Formulierung verwendet, gezeigt. Die Eingabeprogramme des TriMedia TM1000 wurden durch Einsatz des hochoptimierenden Philips tmcc-Compilers erzeugt. Die Informationen über den Schedule des Eingabeprogramms wird nicht während der Lösung der ILPs verwendet, so daß ein Vergleich der ILP-basierten Methoden mit dem prozessor-spezifischen Algorithmus ermöglicht wird. Das Eingabeprogramm *ncu.s* ist ein Filter-Benchmark, *wp3.s* ist eine Funktion des Whetstone-Benchmarks, *m1x3.s* eine Matrixmultiplikation und *conv.s* die innere Schleife eines Konvolutions-Algorithmus.

Die Resultate werden in Tabelle 3 zusammengefaßt. Die Spalte *ops* zeigt die Operationsanzahl (wobei *nops* nicht mitgezählt werden) des Eingabeprogrammes, *opt* gibt die optimale Instruktionsanzahl im kompaktierten Code wider. Die Anzahl der Instruktionen im Ergebnis jeder Methode wird in Spalte *Erg* gezeigt und die erforderliche CPU-Zeit ist in der letzten Spalte aufgeführt.

Eingabe	ops	opt	Modus	Erg	CPU-Zeit
ncu.s	33	14	I1	14	7 min 1 s
			I2	15	4 min 49.6 s
			tms	14	–
wp3.s	12	34	I1	34	3.82 s
			I2	34	44.9 s
			tms	34	–
conv.s	42	17	I1	17	5 min 57 s
			I2	17	1 min 25.2 s
			tms	17	–
m1x3.s	31	25	I1	25	4 min 22 s
			I2	26	9 min 17.2 s
			tms	29	–

Tabelle 3. Optimierungsresultate (TriMedia TM1000).

Wieder wird deutlich, daß für kleinere Programme die exakte ILP-basierte Lösung schneller als die ILP-basierte approximative Lösung ermittelt werden kann. Mit steigender Programmgröße wird die Berechnungszeit zunehmend kürzer im Vergleich zur optimalen Lösung. Alle ILP-basierten Resultate konnten innerhalb einiger Minuten ermittelt werden; wieder ist die Qualität der ILP-basierten Approximationen sehr hoch.

6 Schlußfolgerung und Ausblick

Das PROPAN System wurde zur Erzeugung maschinenabhängiger Postpassoptimierer und -analysatoren entwickelt und ermöglicht hochleistungsfähige Optimierungen für irreguläre Architekturen. Für jede Zielarchitektur wird ein phasengekoppelter Codeoptimierer aus der TDL-Spezifikation generiert, der integrierte globale Instruktionsanordnung, Registerzuteilung und Ressourcenallokation durch ganzzahlige lineare Optimierung durchführen kann. Innerhalb der generierten ganzzahligen linearen Programme sind die Einschränkungen und Möglichkeiten der Zielarchitektur präzise modelliert. Die Einsetzbarkeit unseres Ansatzes wird durch die Modellierung zweier industriell relevanter Prozessoren mit sehr unterschiedlichen Hardwareeigenschaften belegt. Zusätzlich wurde gezeigt, daß durch Einsatz ILP-basierter Approximationen die Berechnungszeit deutlich gesenkt werden kann. Solche Techniken wurden im Bereich der Codeerzeugung bisher nicht eingesetzt. Dabei können Lösungen von hoher Qualität ermittelt werden, die konventionellen heuristischen Ansätzen überlegen sind. Im Gegensatz zu den meisten früheren phasenintegrierten Ansätzen ist der Gültigkeitsbereich der Optimierungen nicht auf Basisblockebene eingeschränkt. Die gemessenen Berechnungszeiten sind für praktische Anwendungen annehmbar.

Laufende Erweiterungen sind der Modellierung komplexer, superskalarer Pipelines gewidmet, um das Spektrum unterstützter Prozessoren zusätzlich zu erweitern.

Literatur

1. Analog Devices. *ADSP-2106x SHARC User's Manual*, 1995.
2. S. Arya. An Optimal Instruction Scheduling Model for a Class of Vector Processors. *IEEE Transactions on Computers*, 1985.
3. S. Bashford and R. Leupers. Phase-Coupled Mapping of Data Flow Graphs to Irregular Data Paths. *Design Automation for Embedded Systems*, pages 1–50, 1999.
4. F. Bodin, Z. Chamski, E. Rohou, and A. Seznec. *Functional Specification of SALTO: A Retargetable System for Assembly Language Transformation and Optimization. rev. 1.00 beta.* INRIA, 1997.
5. E. Farquhar and E. Hadad. *TriCore Architecture Manual.* Siemens AG, 1997.
6. A. Fauth, J. Van Praet, and M. Freericks. Describing Instruction Set Processors Using nML. In *Proceedings of the EDAC*, pages 503 – 507. IEEE, 1995.
7. C. Ferdinand. *Cache Behavior Prediction for Real-Time Systems.* PhD thesis, Saarland University, 1997.
8. C. Ferdinand, D. Kästner, M. Langenbach, F. Martin, M. Schmidt, J. Schneider, J. Theiling, S. Thesing, and R. Wilhelm. Run-Time Guarantees for Real-Time Systems - The USES Approach. *Proceedings of the ATPS*, 1999.
9. J.A. Fisher. Trace Scheduling: A Technique for Global Microcode Compaction. *IEEE Transactions on Computers*, pages 478 – 490, 1981.
10. C.H. Gebotys and M.I. Elmasry. Global Optimization Approach for Architectural Synthesis. *IEEE Transactions on Computer-Aided Design of Integrated Circuits and Systems*, pages 1266 – 1278, 1993.
11. R. Govindarajan, Erik R. Altman, and Guang R. Gao. A Framework for Resource Constrained Rate Optimal Software Pipelining. *IEEE Transactions on Parallel and Distributed Systems*, (11), 1996.
12. G. Hadjiyiannis. ISDL: Instruction Set Description Language Version 1.0. Technical report, MIT RLE, 1998.

13. A. Halambi, P. Grun, V. Ganesh, Khare A., N. Dutt, and A. Nicolau. EXPRES-SION: A Language for Architecture Exploration through Compiler/Simulator Re-targetability. *DATE*, 1999.
14. S. Hanono and S. Devadas. Instruction Scheduling, Resource Allocation, and Sche-duling in the AVIV Retargetable Code Generator. In *Proceedings of the DAC*. ACM, 1998.
15. ILOG S.A. *ILOG CPLEX 6.5 User's Manual*, 1999.
16. D. Kästner. *Retargetable Code Optimization by Integer Linear Programming*. PhD thesis, Saarland University, 2000. To appear.
17. D. Kästner. TDL: A Hardware and Assembly Description Language. Technical report, Transferbereich 14, Saarland University, 2000.
18. D. Kästner and M. Langenbach. Integer Linear Programming vs. Graph-Based Methods in Code Generation. Technical report, Saarland University, 1998.
19. D. Kästner and M. Langenbach. Code Optimization by Integer Linear Program-ming. In *Proceedings of the CC*, pages 122 – 136, 1999.
20. D. Kästner and S. Thesing. Cache Sensitive Pre-Runtime Scheduling. In *Procee-dings of the LCTES Workshop*, 1998.
21. Daniel Kästner. Instruktionsanordnung und Registerallokation auf der Basis ganz-zahliger linearer Programmierung für den digitalen Signalprozessor ADSP-2106x. Master's thesis, Saarland University, 1997.
22. Kästner, D. and Wilhelm, R. Operations research methods in compiler backends. *Mathematical Communications*, 1999.
23. M. Langenbach. CRL – A Uniform Representation for Control Flow. Technical report, Transferbereich 14, Saarland University, November 1998.
24. R. Leupers. *Retargetable Code Generation for Digital Signal Processors*. Kluwer Academic Publishers, 1997.
25. R. Lipsett, C. Schaefer, and C. Ussery. *VHDL: Hardware Description and Design*. Kluwer Academic Publishers, 12. edition, 1993.
26. P. Marwedel and G. Goossens. *Code Generation for Embedded Processors*. Kluwer, 1995.
27. S. Novack and A. Nicolau. Mutation scheduling: A Unified Approach to Compiling for fine-grain Parallelism. In *Languages and Compilers for Parallel Computing*, pages 16–30. Springer LNCS, 1994.
28. L. Nowak. Graph Based Retargetable Microcode Compilation in the MIMOLA Design System. *20th Annual Workshop on Microprogramming*, pages 126 – 132, 1987.
29. Philips Electronics North America Corporation. *TriMedia TM1000 Preliminary Data Book*, 1997.
30. J. Ruttenberg, G.R. Gao, A. Stoutchinin, and W. Lichtenstein. Software Pipelining Showdown: Optimal vs. Heuristic Methods in a Production Compiler. *Proceedings of the PLDI*, pages 1 – 11, 1996.
31. M.A.R. Saghir, P. Chow, and C.G. Lee. Exploiting Dual Data-Memory Banks in Digital Signal Processors. *Proceedings of the ASPLOS*, 1996.
32. A. Sudarsanam. *Code Optimization Libraries For Retargetable Compilation For Embedded Digital Signal Processors*. PhD thesis, University of Princeton, 1998.
33. Texas Instruments. *TMS320C62xx Programmer's Guide*, 1997.
34. R. Wilhelm and D. Maurer. *Compiler Design*. Addison-Wesley, 1995.
35. H.P. Williams. *Model Building in Mathematical Programming*. John Wiley and Sons, New York, 3. edition, 1993.
36. L. Zhang. *SILP. Scheduling and Allocating with Integer Linear Programming*. PhD thesis, Saarland University, 1996.

37. V. Zivojnovic, J. M. Velarde, C. Schläger, and H. Meyr. DSPSTONE: A DSP-Oriented Benchmarking Methodology. In *Proceedings of the International Conference on Integrated Systems for Signal Processing*, 1994.

WWW.BDD-PORTAL.ORG:
Ein Forschungsportal im WWW

Arno Wagner

Institut für Telematik, Trier
arno.wagner@acm.org

Zusammenfassung Diese Arbeit stellt eine WWW Portal vor, dass der Unterstützung der Forschung im Bereich spezieller Datenstrukturen, den Binary Decision Diagrams (BDDs), dient. Es werden sowohl allgemeine Anforderungen an Forschungsportale diskutiert, als auch die speziellen Bedürfnisse der BDD Forschergemeinschaft, sowie die in dem vorgestellten Portal realisierten Lösungen für diese Anforderungen.

1 Einleitung

In den vergangenen Jahren haben Datenstrukturen zur Repräsentation und Bearbeitung logischer Schaltfunktionen eine Schlüsselstellung im Bereich des rechnergestützten Schaltungsentwurfs erlangt. Die heute wichtigste solche Datenstruktur sind binäre Entscheidungsgraphen, kurz BDDs genannt (vgl. [MT98]). Die weite Spanne unterschiedlicher Fragestellungen im Bereich des Schaltkreisentwurfs, die Vielzahl der aufgrund der wirtschaftlichen Bedeutung dieses Gebietes aktiven Forschergruppen, und die ganz erheblichen Schwierigkeiten beim direkten Vergleich der Leistungsfähigkeit der verschiedenen, neu vorgeschlagenen Verfahren, hat hier mittlerweile eine sehr unübersichtliche und aufgefächerte Forschungsfront entstehen lassen, die die Umsetzung von neuen Forschungsergebnissen in praktische Anwendungen stark behindert.

Die zunehmende Verfügbarkeit und Nutzung des Internet hat in den letzten Jahren zu einem starken Wachstum an elektronisch verfügbaren Materialien zu jedem nur denkbaren Thema geführt. Dieser erfreulichen Tatsache stehen wachsende Probleme bei Sichtung, Systematisierung und Erschließung der im World Wide Web dargebotenen Information gegenüber (z.B. [Nie99,Bor98]). Das trifft auch und insbesondere auf die BDD-Forschung zu.

In den wirtschaftlich relevanten und profitversprechenden Bereich des WWW wird versucht, die obengenannten Probleme durch die Schaffung von sogenannten *Portalen* oder *Portal-Sites* zu lösen (z.B. [YAH,NET,CT99c,CT99b,LID]). Attraktionspunkte im Netz – Web-Sites mit weltweit genutzten Suchmaschinen oder vielbesuchte Homepages großer Firmen – werden ausgebaut zu Ausgangspunkten für vielfältige, weitergehende Angebote zu E-Commerce und Online-Shopping. Die Portal-Site selbst gewinnt so die Funktionalität eines Eingangstors in einen inhaltlich strukturierten und systematisierten virtuellen Raum. Portalen wird für die zukünftige Entwicklung eine zentrale Bedeutung zugesprochen, da hier ein ganzes Feld virtueller Angebote über einen einzigen Einstiegspunkt effizient erschlossen werden kann. Suchmaschinen allein können diese Aufgabe erfahrungsgemäß nicht lösen, man wird hier häufig mit einem alles-oder-nichts Effekt konfrontiert: Entweder die Maschine liefert Tausende von unsortierten Treffern oder bei stärkerer Einschränkung gar keine Treffer mehr. Auch wird ein zunehmend geringerer Anteil des WWW überhaupt von Suchmaschinen indiziert. Neuere Untersuchungen sprechen lediglich von Werten im Bereich von 15% für die besten Suchmaschinen ([CT99a]).

In der Forschung existierten bisher kaum Portale. Mit der Erschaffung eines solchen zentralen Attraktions- und Einstiegspunkt für den BDD-Bereich werden die folgenden Ziele verfolgt. Neben einer

1. deutlichen Vereinfachung der Versorgung mit sämtlichen, bisher nur verstreut und unsystematisch elektronisch verfügbaren wissenschaftlichen Information (Konferenzbeiträge, Preprints, Vorlesungsskripten, Meßreihen zu Experimenten, Softwarepakete und -komponenten, usw.), wird der
2. Zugriff auf experimentelle Systeme und Pilotsysteme

auch Außenstehenden ermöglicht werden (beispielsweise theoretisch arbeitenden Forschungsgruppen ohne rechentechnisches Know-how und Ausrüstung). Im Ansatz werden die technischen Grundlagen geschaffen und erprobt für einen völlig neuen Umgang mit großen Softwaresystemen, nämlich die Arbeit mit zeitlich befristet, zur Lösung eines speziellen Problems lediglich „geleasten Systemen". Dieser Gedanke ist insbesondere im Bereich des computerunterstützten Schaltkreisentwurfs mit seinen riesigen und teuren Systemen von besonderem Interesse.

Zum elektronischen Publizieren von Forschungsergebnissen und wichtigem Informationsmaterial genügt es, den Betreibern des Portals einen entsprechenden Hinweis zukommen zu lassen, anstelle mühsam die Dokumente so aufzubereiten und bei den einzelnen Suchmaschinen anzumelden, daß diese die Informationen auch tatsächlich finden. Fortgeschrittene Mechanismen lassen auch die direkte, eigenständige und unmittelbare Eintragung in die entsprechenden Kategorien der Portal-Site durch den Benutzer selbst zu. Die so erreichte Veröffentlichungsgeschwindigkeit liegt in der Größenordnung von Stunden oder wenigen Tagen, während Suchmaschinen teilweise mehrere Wochen benötigen, um eine bei ihnen angemeldete Stelle tatsächlich zu besuchen, von den traditionellen Formen der Informationsverbreitung einmal ganz abgesehen. Auch die Notwendigkeit, die Sichtbarkeit und Auffindbarkeit der eigenen Forschungsergebnisse entfällt - das Portal gewährleistet einen unmittelbaren und breiten Zugang des Fachpublikums.

Von Bedeutung ist aber nicht nur die Frage der Versorgung mit Information, sondern auch die Bereitstellung von Mechanismen zur Beurteilung von BDD-Verfahren, besonders auf eigenen Schaltungsentwürfen. Das neu erstellte BDD-Portal bietet weitgehende Unterstützung auch in diesem Bereich und setzt damit neue Maßstäbe im Bereich den angewandten Forschung.

Die Beurteilung der Leistungsfähigkeit neuer BDD-Methoden kann direkt in einer normierten Testumgebung erfolgen, die als solche aussagekräftige Vergleiche überhaupt erst ermöglicht. Die Notwendigkeit unter erheblichem Aufwand eine eigene Softwareinstallation durchzuführen und Bedingungen herzustellen, die einen sinnvollen Vergleich erlauben, entfällt. Gerade das Herstellen dieser vergleichbaren Bedingungen war bisher überaus schwierig und scheiterte häufig, nicht zuletzt weil die notwendige Hardware nicht überall zur Verfügung steht. Die Leistungsfähigkeit und andere Charakteristika von Pilotsystemen können über die Web-Schnittstelle getestet und dadurch direkt nachgewiesen werden.

2 Struktur der Portals

Das im Aufbau befindliche Portal, zu finden unter `http://www.bdd-portal.org`, gliedert sich grob in drei Bereiche:

1. Eine *Verweissektion*, die den Zugriff auf die Homepages aktiver Forscher, relevanter Konferenzen und Veranstaltungen, sowie sonstiges Material, wie Software und Benchmarks, vereinfacht.
2. Einen *aktiven* Arbeits- und Experimentierbereich, in dem aktuelle Werkzeuge benutzt werden können, und zusätzliche Funktionalität, wie z.B. die Visualisierung von BDD-Berechnungen, zur Verfügung gestellt wird, ohne dass der Nutzer aufwendige eigene Softwareinstallationen benötigt.
3. Einen Bereich zur Literatursuche, der einen Suchmechanismus beinhaltet, der den speziellen Bedürfnissen im Bereich der BDD-Forschung gerecht wird.

Nachfolgend werden diese drei Bereiche näher beschrieben.

2.1 Die Verweissektion

Im Bereich der Verweise auf im WWW vorhandene Ressourcen sind insbesondere die folgenden wichtigen Gebiete vertreten, wobei ein besonderer Schwerpunkt auf Einfachheit des Zugriffs und Vollständigkeit des Angebots gelegt wird. Die Verweise gliedern sich wiederum grob in drei Bereiche: Personen, Veranstaltungen und Literatur. Im Portal selbst sind diese nicht so herausgearbeitet, eine vollständige Darstellung der Menüstruktur findet sich im Anhang A. Die mehr personenorientierten Verweisbereiche sind im Einzelnen die folgenden:

– **Forscher:** Insbesondere die Homepages der aktiven BDD-Forscher sind teilweise schwer zu finden, obwohl fast jeder in diesem Bereich forschend Tätige eine solche Homepage hat. Es wird eine Link-Liste, sortiert nach Namen und nach akademischer Zugehörigkeit, zur Verfügung gestellt, die vorhandene Homepages verlinkt, bzw. wo diese fehlen zumindest eine Email-Adresse auflistet. Diese Link-Liste wird ständig aktualisiert, wobei als Aufnahmekriterium die Mitautorschaft an mindestens einer beurteilten Publikation im BDD-Bereich dient.
– **Projekte, Forschungsgruppen und Abteilungen:** Analog zum Verzeichnis aktiver Forscher sollen hier Arbeitsgruppen, Abteilungen und spezifische Projekte im BDD-Bereich verlinkt werden.

- **Firmen:** Hier werden sich Verweise auf Firmen finden, die Nutzer von BDD-Technologie sind, oder diese sogar durch eigene Forschungen vorantreiben. Wo bekannt werden die spezifischen Abteilungen und Arbeitsgruppen verlinkt.

Im Bereich der veranstaltungsorientierten Verweise finden sich die folgenden Kategorien:

- **Konferenzen, Symposia und Workshops:** Ein wichtiges Problem für BDD-Forscher und an BDD-Forschung Interessierte war es bisher, die relevanten wissenschaftlichen Veranstaltungen zu identifizieren. Die hier erstellte und ständig aktualisierte Sammlung ermöglicht dem Publizierenden einen einfachen Überblick über die nächsten Einreichungstermine zur Einreichung von wissenschaftlichen Arbeiten, sowie allen Interessierten einen schnellen Überblick über die Termine der Veranstaltungen. Selbstverständlich werden bei vorhandenen Homepages diese direkt aus der Auflistung heraus verlinkt, oder ersatzweise zumindest Kontaktadressen aufgeführt.
- **Konferenzreihen und regelmäßige Veranstaltungen:** Bei manchen Konferenzen und anderen Veranstaltungen existieren permanente Homepages und/oder Kontaktadressen. Dieser Bereich des Portals ermöglicht den schnellen direkten Zugriff auf diese Informationen.
- **Sonstige Veranstaltungen:** Hier werden relevante Veranstaltungen aufgeführt, die in keine der schon genannten Gruppen fallen.

Neben den weiter unten beschriebenen Suchmöglichkeiten in spezifischer im WWW verfügbarer Literatur gibt es auch zur Literatur mehr statische Verweise, nämlich die folgenden:

- **Journale:** Anders als Konferenzen sind werden Journale eher weniger für Veröffentlichungen im Rahmen der BDD-Forschung genutzt. Daher ist es wichtig, dass im Portal die relevanten Journale genannt und kurz beschrieben werden.
- **Bücher:** Hier werden einschlägige Lehrbücher und Übersichtswerke aufgelistet, und idealerweise kurz vorgestellt.
- **Lecture Notes:** Weiteres Material, wie Vorlesungsskripten und einführende Texte werden hier verlinkt, beschrieben, und wo möglich direkt zum Download angeboten.
- **Berichte:** Verweise und direkter Zugriff auf technische Berichte zum Thema. Da technische Berichte nicht im üblichen Sinne veröffentlicht werden, sind sie oft schwierig zu finden. Hier finden sich Verweise auf Sammlungen solcher Berichte.

Schließlich existiert auch noch ein Punkt für andere Verweise:

- **Andere Verweise:** Dieser Bereich listet andere interessante Verweise, die zwar in Relation zu den bisher genannten Gruppen stehen, aber sich nicht sinnvoll zuordnen lassen.

2.2 Der Aktive Arbeits- und Experimentierbereich

Im Bereich der BDD-Forschung gibt es ein spezielles Problem: BDD-Methoden sind in ihrer Leistungsfähigkeit sehr stark von der konkreten Anwendung bestimmt. Das bedeutet, dass die üblicherweise veröffentlichten Listen von Benchmarkergebnissen nur sehr begrenzte Aussagen über die Leistungsfähigkeit einer BDD-Methode für nicht in diesen Benchmarks enthaltene Aufgaben zulassen. Verschlimmert wird diese Situation noch dadurch, dass ebenfalls eine starke Empfindlichkeit gegenüber den Eigenschaften der konkreten Experimentierumgebung besteht. Zusammen bewirken diese Faktoren, dass ein Vergleich von verschiedenen BDD-Methoden für eine konkrete Anwendung äußerst schwierig und aufwendig wird.

Um diese Problematik zu entschärfen wurde in das Portal eine Experimentierumgebung integriert, die den direkten Vergleich von verschiedenen, in aktuellen Forschungswerkzeugen enthaltenen, BDD-Methoden erlaubt. Die Berechnungen werden verteilt in einer normierten Umgebung durchgeführt, was die notwendige Leistungsfähigkeit sicherstellt. Diese Leistungsfähigkeit ist notwendig, da BDD-Methoden typischerweise sehr hohen Speicherbedarf und Rechenzeiten im Bereich von Stunden mit sich bringen. Ein zentrales Designkriterium dieser Experimentierumgebung ist die einfache Integrierbarkeit von Fremdwerkzeugen. So soll mit der Zeit eine Umgebung entstehen, die es erlaubt, alle wichtigen BDD-Methoden und Verfahren mit geringem Aufwand auf beliebigen Aufgabenstellungen zu vergleichen. Ein einfach zu nutzendes Web-Interface dient als Schnittstelle für die Beauftragung und Rückmeldung von Ergebnissen.

Dem aktiven Arbeits- und Experimentierbereich auch zuzurechnen ist ein interaktive Werkzeuge zur Visualisierung eigentlicher BDD-Berechnungen im Demonstrationsmaßstab. Hier werden auch Web-Basierte Werkzeuge entstehen, die die Konvertierung einer Vielzahl von üblichen Spezifikationssprachen in BDD-Repräsentationen erlauben. Das besondere Augenmerk dieser Möglichkeiten liegt darin, den Nicht-BDD-Experten einen einfachen Zugang zur Materie zu ermöglichen, um die Verbreitung von BDD-Methoden in bisher noch nicht erschlossenen Gebieten zu fördern.

2.3 Die Literatursuchmaschine

Die Aufgabe der Literatursuche ist es, einen einfachen und mächtigen Zugriff auf die im WWW verfügbare Literatur zu ermöglichen. Hierzu sind neben den üblichen Suchmöglichkeiten, wie sie herkömmliche Suchmaschienen bieten auch fortgeschrittene Mechanismen notwendig. Dokumente aus der BDD-Forschung werden im WEB üblicherweise als PDF oder PostScript zur Verfügung gestellt. Dies bedingt, dass normale Suchmaschinen keinen Zugriff auf den *Inhalt* dieser Dokumente haben. Der im Portal zum Einsatz kommenden, neu entwickelte Suchagent kann hingegen den größten Teil der Inhaltsinformationen ebenfalls erfassen und ermöglicht so die Suche in Abstracts und dem vollen Dokumententext.

Als Basis für die Dokumentensuche dienen zum einen die Listen der Forscher-Homepages und zum anderen die Auflistungen einschlägiger Berichtsammlungen. Es ergibt sich insgesamt eine sehr gute Abdeckung der im WWW verfügbaren Literatur mit nur mäßigen, unerwünschten, Anteilen an fachfremder Literatur. Insgesamt bietet dieses spezialisierte Suchsystem eine allen anderen gegenwärtig verfügbaren Suchmöglichkeiten weit überlegene Mächtigkeit. Während normale Suchmaschinen zum Zwecke der Suche nach speziellen wissenschaftlichen Veröffentlichungen eher unbrauchbar sind, ist der hier vorhandene Mechanismus ausgesprochen effektiv nutzbar.

3 Fazit

Das beschriebene Portal stellt einen zentralen Attraktionspunkt im World Wide Web für den Bereich der BDD-Forschung dar. Eine Vielzahl von sinnvollen Komponenten erleichtert erheblich die Orientierung im Forschungsfeld und stellt teilweise bisher nicht vorhandene Möglichkeiten, wie die Möglichkeit zum direkten online-Vergleich verschiedener aktueller BDD-Methoden aus der Forschung bereit. Ein weiterer Ausbau und die vollständige Implementierung der in diesem Dokument beschriebenen Elemente wird die Attraktivität dieses Portals weiter steigern. Das Portal kann unter http://www.bdd-portal.org erreicht werden.

A Menühierachie des Portals

- Laboratory
  - Order Heuristics
  - Exact Optimization
  - BDD Calculator
  - Visualization
  - Examples
- Tools
  - Benchmarks
  - Packages
  - Model Checkers
  - Other Tools
- Library
  - WWW Paper Search
  - Journals
  - Books
  - Lecture Notes
  - Reports
- Conferences
  - Conferences
  - Conference Series
  - Workshops
  - Other Events
- Research
  - Personal Homepages

- Research Projects
- Working Groups
- Departments
- Companies
- Links

Literatur

[Bor98] Nathaniel S. Borenstein. Whose Net is it anyway? *Communications of the ACM*, 41(4), 1998.

[CT99a] Suchmaschinen sind einseitig.
http://www.heise.de/newsticker/data/fr-08.07.99-000/, 1999.

[CT99b] Sun will führender Portal-Anbieter werden.
http://www.heise.de/newsticker/data/cp-12.03.99-000/, 1999.

[CT99c] T-Online eröffnet Shopping-Portal.
http://www.heise.de/newsticker/data/jo-04.05.99-000/, 1999.

[LID] http://www.linux.de.

[MT98] C. Meinel and T. Theobald. *Algorithms and Data Structures in VLSI Design.* Springer, 1998.

[NET] http://www.netscape.com/.

[Nie99] Jakob Nielsen. User interface directions for the Web. *Communications of the ACM*, 42(1), 1999.

[YAH] http://www.yahoo.de.

Π^2: Unterstützung mobiler und drahtlos angebundener Teilnehmer in verteilten CORBA-Architekturen

Rainer Ruggaber

Universität Karlsruhe (TH)
Institut für Telematik
Zirkel 2, 76128 Karlsruhe
ruggaber@telematik.informatik.uni-karlsruhe.de

1 Einleitung

Die hier vorgestellte Proxyplattform Π^2 hat zum Ziel mehrere unabhängigen Entwicklungen zu vereinen und effizient zu unterstützen:

- kürzere Time-to-Market-Zyklen, die zu einer stärkeren Verzahnung und Integration von Anwendungen, Prozessen und Daten führen
- hohe Anforderungen an die Mobilität von Mitarbeitern, die zu jeder Zeit und an jedem Ort Zugriff auf Unternehmensanwendungen und -daten benötigen
- heterogene drahtlose Zugangsnetze, die im lokalen Bereich sehr leistungsfähig sind, im Weitverkehrsbereich mit GSM jedoch nur eine geringe Leistungsfähigkeit aufweisen

Als wesentliche Technologie zur unternehmensweiten Integration von Prozessen, Anwendungen und Daten kommt in vielen Bereichen die Common Object Request Broker Architecture CORBA [OMG99] als Integrationsplattform zum Einsatz. Ein dauerhaft abgekoppeltes Arbeiten auf kopierten Daten und Anwendungen ist in diesem Anwendungsbereich selten geeignet, da Daten und Anwendungen ständigen Änderungen unterworfen sind. Mobilfunknetze, die einen Netzzugang im Weitverkehrsbereich zu realisieren, weisen eine geringe Leistungsfähigkeit auf, die sich auch durch neue Technologien wie HSCSD, GPRS oder UMTS [Schi99] nicht wesentlich ändern wird. Drahtlose oder drahtgebundene Netze im lokalen Bereich sind demgegenüber sehr leistungsfähig und stellen keinen zu behandelnden Engpass dar. Die Notwendigkeit über wechselnde Netzwerktypen Zugriff auf Anwendungen und Daten zu haben, ist eine charakteristische Eigenschaft dieser Arbeitsweise, die auch also Nomadic Computing bezeichnet wird [BCKP95]. Abbildung 1 zeigt ein solches Szenario, in dem ein mobiler Nutzer (MN) über verschiedene Zugangsnetze Zugriff auf Server im LAN und im Internet hat. Die Zugangspunkte (Access Nodes, AN) können dabei sowohl im LAN wie im Internet liegen.

Für die Unterstützung dieses Szenarios ist eine weitgehende Transparenz bezüglich der genutzten Übertragungsnetze notwendig. Darüberhinaus darf die angestrebte Architektur nicht auf bestimmte Anwendungen zugeschnitten sein,

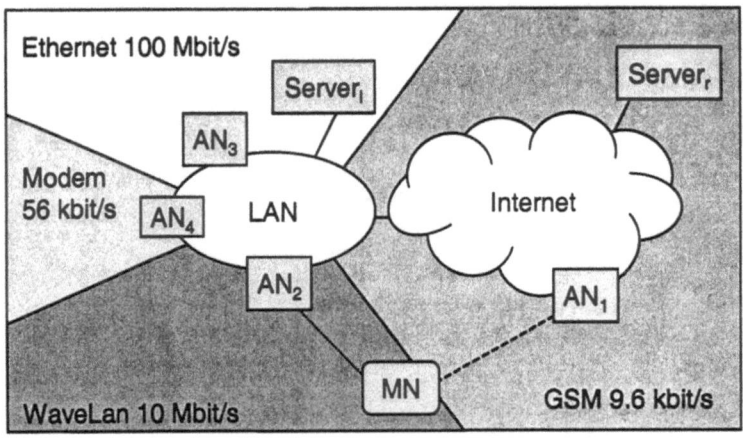

Abbildung 1. Anwendungsszenario

sondern muss beliebige Anwendungen unterstützen, und transparent in diese integriert werden können. Die Lokation des Benutzers soll beim Zugriff auf bestehende Anwendungen weitgehend transparent sein, wohingegen im Falle neuartiger Dienste, wie dem Location Based Service Selection [JoDa99] bei dem abhängig vom aktuellen Standort ein geeigneterer Dienst ausgewählt wird, auch die Möglichkeit bestehen muß die Lokation explizit zugänglich zu machen. Die unterschiedliche Leistungsfähigkeit verschiedener drahtloser Netze kann jedoch nicht vor dem Benutzer verborgen werden. Eine Plattform, die die beschriebenen Anforderungen erfüllt, muss erweiterbar sein und die Möglichkeit zur Integration neuer Dienste bieten. Sie darf auch nicht zu einer zu großen zusätzlichen Verzögerung führen.

2 Anwendungen in drahtlosen und mobilen Umgebungen

2.1 Eigenschaften drahtloser Verbindungen

Drahtlose Netze lassen sich in solche für den lokalen Bereich und solche für den Weitverkehrsbereich einteilen. Drahtlose Netze im lokalen Bereich wie beispielsweise WaveLan zeichnen sich durch eine hohe Bandbreite (2-11 Mbit/s) und eine kleine Verzögerung aus. Die Netze, die im Weitverkehrsbereich eingesetzt werden, wie GSM, haben jedoch wesentlich andere Eigenschaften. Sie zeigen hohe Bitfehlerraten, häufig Bündelfehler, eine hohe Verzögerung (ca. 300 ms vom mobilen Knoten bis zur Basisstation), eine geringe Bandbreite (9,6 kBit/s bei GSM) sowie häufige Verbindungsabbrüche. Die geringe Bandbreite führt beispielsweise zu einer zusätzlichen Verzögerung entfernter Aufrufe von etwa 1 ms pro zusätzlich übertragenem Byte.

Diese Eigenschaften drahtloser Netze im Weitverkehrsbereich bedürfen einer speziellen Behandlung durch Mechanismen, die zu einer Reduzierung von Methodenaufrufen und der dazu übertragenen Datenmenge führen. Daneben läßt sich aus diesen Eigenschaften die Forderung ableiten, daß sobald ein geeigneteres Netzwerk erreichbar ist, auf dieses Netzwerk gewechselt werden sollte. Entsprechende Mechanismen zur Verbindungsübergabe sollten unterstützt werden.

2.2 TCP/IP in drahtlosen Umgebungen

TCP/IP wurde ursprünglich für die drahtgebundene Kommunikation entwickelt und ist für diese Umgebung auch geeignet. Im drahtlosen Bereich treffen jedoch einige Annahmen, die TCP macht, nicht mehr zu. Hierzu gehört die Fehlersemantik von TCP. Daneben ist der Protokollablauf und das Paketformat für den Einsatz in mobilen Umgebungen eher ungeeignet.

Wird ein Paket innerhalb einer bestimmten Zeit nicht vom Empfänger quittiert, so nimmt TCP an, daß ein Stau aufgetreten ist und geht in die Slowstart-Phase. In dieser Phase werden der Schwellwert und das Sendefenster verkleinert, was zu einer Reduzierung der Datenmenge führt, die pro Zeiteinheit übertragen wird. Im drahtlosen Umfeld trifft diese Annahme jedoch meist nicht zu. Die Ursache von Paketverlusten sind meist Bitfehler, die auf der drahtlosen Strecke aufgetreten und stammen nicht von einer Stausituation im Netz. Verbindungsübergaben im Netzinneren können ebenfalls zu zusätzlichen Paketverlusten führen. Ein drosseln der Datenrate ist jedoch in beiden Fällen nicht geeignet, da damit die geringe Bandbreite der drahtlosen Verbindung nicht mehr vollständig ausgenutzt wird. Dagegen wäre es sinnvoller, die ausstehenden Pakete erneut mit voller Datenrate zu wiederholen.

Der Verbindungsaufbau und -abbau in TCP erfolgt über einen 3-Way-Handshake, der in Mobilfunknetzen, die eine große Verzögerung aufweisen, zu langen Verbindungsaufbau- und -abbauzeiten führt. TCP/IP überträgt darüberhinaus im Paketkopf Daten, die während einer Verbindung konstant bleiben, und deshalb unnötig Bandbreite benötigen.

Es existieren eine Reihe von Ansätzen, um die aufgezeigten Probleme zu beheben. Dies sind zum einen die Ansätze, die die TCP/IP-Verbindung in mehrere Teilabschnitte aufteilen wie I-TCP oder M-TCP. Zum anderen sind dies Ansätze, die das redundante Übertragen von Daten, die über eine gesamte Verbindung konstant bleiben, vermeiden. Beispielsweise erreicht das von Pink [DENP96] vorgestellte Verfahren eine Reduzierung der Größe des TCP/IP Paketkopfes auf vier bis fünf Byte.

2.3 CORBA in drahtlosen Umgebungen

Aufgrund der geringen Bandbreite und der großen Verzögerung sind CORBA-Anwendungen im drahtlosen Umfeld langsam aber funktionsfähig. Probleme entstehen jedoch durch die häufigen Verbindungsabbrüche, die entsprechend behandelt werden müssen, da ein Verbindungsabbruch auf Transportebene auch zu einem Abbruch der CORBA-Verbindung führt, die aufwendig von der Anwendung wiederhergestellt werden muß.

Die OMG hat die Probleme beim Einsatz von CORBA in drahtlosen Umgebungen erkannt. Die Telecom Domain Task Force hat hierzu einen Request for Information RFI [OMG98] herausgegeben. In diesem RFI werden drei Problembereiche identifiziert: der drahtlose Zugang, die Rechnermobilität und die Mobilität der Benutzer. Wesentliche Ergebnisse der Antworten zu diesem RFI sind, daß spezielle Environment-Specific Inter-ORB Protocols ESIOPs für die drahtlose Strecke notwendig sind. Um eine Interoperabilität mit bestehenden Anwendungen sicherzustellen, sollen Brücken zum Einsatz kommen, die die Aufrufe übersetzen.

Projekte die ebenfalls mobile und drahtlose Teilnehmer in CORBA-Umgebungen integrieren wollen sind ALICE (Architecture for Location-Independent CORBA Environments) [HaCC99] und DOLMEN (Service Machine Develompent for an Open Long-term Mobile and Fixed Network Environment) [TRRW99]. ALICE führt ein Mobility Gateway ein, das der Stellvertreter des mobilen Rechners ist und notwendige Adressumsetzungen durchführt. Zusätzlich bietet ALICE eine Verbindungsübergabe zwischen Mobility Gateways, die jedoch noch nicht implementiert ist. Im Falle einer Verbindungsübergabe werden existierende Zustände der Mobility Gateways übertragen und bestehende Verbindungen getunnelt. DOLMEN stammt aus dem TINA-Umfeld und setzt Halbbrücken ein von denen eine auf dem mobilen Rechner und die andere im Festnetz installiert ist. Beide Halbbrücken kommunizieren mit Hilfe des optimierten Light-Weight Inter-ORB Protocols LW-IOP. DOLMEN bietet auch eine Verbindungsübergabe, die jedoch kompliziert und ineffizient ist.

3 Proxyplattform Π^2

Π^2 ist eine Architektur [RuKS00], die das beschriebene Szenario und die Anforderungen weitgehend erfüllt. Die zentrale Idee in Π^2 ist es, die Verbindung zwischen Klient und Server in mehrere Teilabschnitte aufzuteilen. Die Verbindung der Teilabschnitte wird von Stellvertretern vorgenommen, die durch Tunnels verbunden sind. Alle Aufrufe innerhalb der Architektur werden durch diese Tunnels geleitet.

Abbildung 2 zeigt die transparente Integration von Π^2 in bestehende Anwendungen. An der Klient-Anwendung und am Server (Server-Anwendung und Server-ORB) sind keine Änderungen notwendig. Der Stellvertreter auf dem Mobilrechner (Π^2_m) ist in den ORB integriert und wird automatisch mit der Klient-Anwendung gestartet. Der Stellvertreter im Festnetz (Π^2_f) ist der Zugangspunkt des Mobilrechners zum Festnetz und ist eine eigenständige Komponente, die vom Systemverwalter gestartet wird und genau einem Netzwerktyp zugeordnet ist. Weitere Komponenenten von Π^2 sind die auf dem Mobilrechner und dem Zugangsrechner installierten ORBs (ORB', ORB''), die modifiziert wurden, um einen Tunnelanfang oder ein Tunnelende zu realisieren.

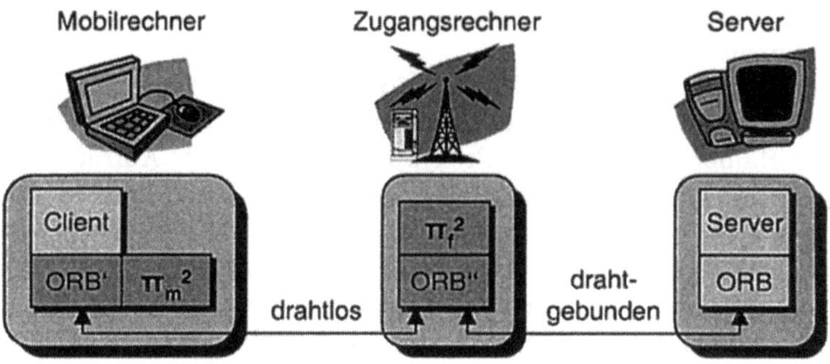
Mobilrechner
Zugangsrechner
Server
Client
ORB'
Π_m^2
drahtlos
Π_f^2
ORB"
draht-
gebunden
Server
ORB

Abbildung 2. Integration von Π^2 in bestehende Anwendungen

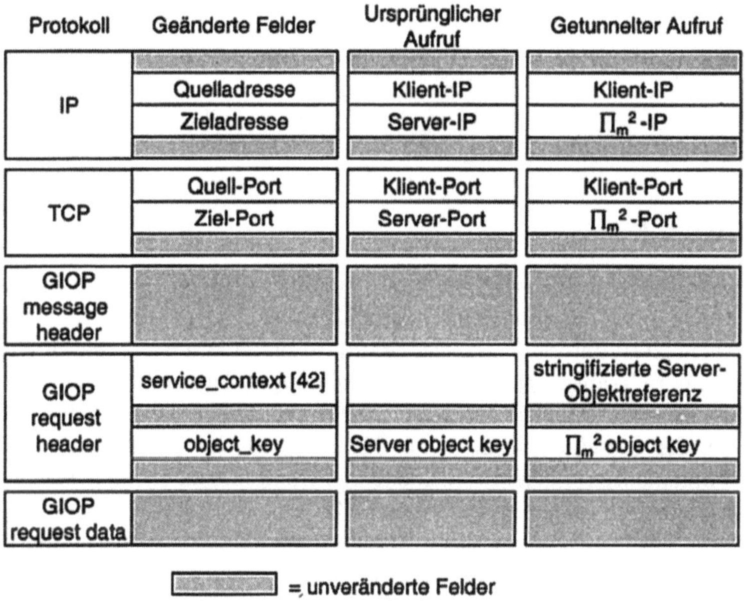
Protokoll
Geänderte Felder
Ursprünglicher Aufruf
Getunnelter Aufruf
IP
Quelladresse
Zieladresse
Klient-IP
Server-IP
Klient-IP
Π_m^2-IP
TCP
Quell-Port
Ziel-Port
Klient-Port
Server-Port
Klient-Port
Π_m^2-Port
GIOP message header
GIOP request header
service_context [42]
object_key
Server object key
stringifizierte Server-Objektreferenz
Π_m^2 object key
GIOP request data
= unveränderte Felder

Abbildung 3. Tunneln von Aufrufen

In Π_f^2 werden die Aufrufe getunnelt, indem die Objektreferenz des Servers durch die Objektreferenz der Komponente am Abschnittsende ausgetauscht wird. Abbildung 3 zeigt ein Beispiel eines Aufrufs, der vom Klient zu Π_m^2 getunnelt wird, im Vergleich zum ursprünglichen Aufruf. Die Abbildung zeigt die Protokollfelder, die für das tunneln angepaßt werden müssen. Im dargestellten Beispiel wurde die Objektrferenz des Servers gegen die von Π_m^2 ausgetauscht. Um jedoch auf der Empfangsseite den ursprünglichen Aufruf wieder rekonstruieren zu können, muß das Paket auch die Objektreferenz des Servers enthalten. Diese wird in stringifizierter Form in den `service_context` eingetragen.

Der **service_context** steht ORB-Services zur Verfügung, um Daten transparent auszutauschen.

Die Stellvertreter werden im CORBA-Kontext als generische Request-Level Halbbrücken bezeichnet. Sie ermöglichen die Nutzung proprietärer Protokolle zwischen den Halbbrücken. Auf den Proxys steht der entfernte Aufruf zur weiteren Bearbeitung in typisierter Form zur Verfügung. Die Typinformation wird auf Π_m^2 aus dem vorhandenen Stub abgeleitet. In Π_f^2 ist dies jedoch nicht möglich, da das anwendungsunabhängige Dynamic Invocation Interface DII zum Empfang der Aufrufe genutzt wird. Π_f^2 bezieht die zur Analyse des Aufrufs notwendige Typinformation daher vom Server oder einem Schnittstellenverzeichnis (Interface Repository, IFR).

Der ORB auf dem Mobilrechner übergibt die Aufrufe zunächst an Π_m^2. Anschließend werden diese, unabhängig von der Ziel-Objektreferenz, über den Tunnel an Π_f^2 weitergeleitet. Π_f^2 empfängt den Aufruf, kann verschiedene Operationen, die als Filter realisiert sind (s. Abschnitt 3.4), darauf ausführen und leitet den Aufruf an den Server weiter. Das Ergebnis des Aufrufs nimmt den gleichen Weg durch Π^2 wie der Aufruf. Eine unveränderte Ende-zu-Ende-Aufrufsemantik (synchron, asynchron) kann durch den Einsatz derselben Aufrufsemantik auf den Teilstrecken zugesichert werden.

3.1 CORBA-Ebene

Eine standardkonforme CORBA-Implementierung muss das General Inter-ORB Protocol GIOP und die Abbildung von GIOP auf TCP/IP, das Internet Inter-ORB Protocol IIOP unterstützen. Der Standard bietet einerseits die Möglichkeit GIOP auf andere Transportprotokolle abzubilden, andererseits GIOP durch ein anderes Environment-Specific Inter-ORB Protocol ESIOP zu ersetzen.

Ziele bei der Standardisierung von GIOP waren eine Interoperabilität von CORBA-Implementierungen unterschiedlicher Hersteller zu erzielen, sowie gleichzeitig eine einfache Implementierung von GIOP zu erreichen. Die von GIOP zur Übermittlung von Aufrufen genutzte Transportverbindung erzeugt einen aufrufidentifizierenden Kontext. Bricht eine Verbindung ab, geht auch dieser Kontext verloren, und die Anwendung muss sich erneut mit dem Server synchronisieren. GIOP ist für Anwendungen im drahtlosen Umfeld nicht geeignet, da die Paketköpfe mehrere Byte Daten enthalten, die während einer Verbindung konstant bleiben und somit redundant übertragen werden. Der Paketkopf von GIOP enthält ein Längenfeld das vier Byte groß ist. In den meisten Fällen werden jedoch Aufrufe, die wesentlich kleiner als die maximale Paketgröße sind, verschickt. Darüberhinaus ist die Übertragungssyntax (CDR) so definiert, dass Objektreferenzen und Methodennamen unkomprimiert übertragen werden, und viele Datentypen nur auf Grenzen, die ein Vielfaches der eigenen Länge in Bytes betragen, beginnen dürfen, was insbesondere bei kleinen Datentypen zu einem großen Verschnitt führt.

Eine Implementierung, die einige der beschriebenen Nachteile von GIOP behebt, wurde durchgeführt. In dieser werden Elemente des Paketkopfes, die konstant bleiben, nur zu Beginn der Verbindung übertragen. Darüberhinaus wurde eine Paketgrößegröße (Message Size Size, MSS) eingeführt, die die Anzahl Bytes enthält, die für die Darstellung der Paketgröße im Paketkopf notwendig ist. Dies führt zu einer Reduzierung der GIOP-Paketkopf-Größe von 12 Byte auf zwei bis fünf Byte, abhängig von der Größe des Pakets. Ein Aufruf mit einer Größe von 64 kByte benötigt beispielsweise nur einen drei Byte großen GIOP-Paketkopf, was auf einer GSM-Verbindung zu einer Reduzierung der Verzögerung um 9,4 ms führt. Daneben werden Objektreferenzen nur einmal pro Verbindung unkomprimiert übertragen. Nachfolgende Übertragungen enthalten statt dessen eine logische Objektreferenz, die einen Eintrag in inkrementell aufgebauten Tabellen in Π_f^2 und Π_m^2 referenziert. Insbesondere die stringifizierte Objektreferenz, die zum Aufbau des Tunnels benötigt wird, kann auf diese Weise effizient komprimiert werden.

3.2 Transport-Ebene

TCP/IP als Standard-Transportprotokoll zur Kommunikation in CORBA ist für den Einsatz in Mobilfunknetzen nicht geeignet. Es existieren zwei grundsätzliche Möglichkeiten dies zu lösen. Zum einen kann TCP/IP an den Einsatz angepasst werden (s. Abschnitt 2.2). Zum anderen kann ein anderes Protokoll genutzt werden, das speziell für diesen Anwendungsfall entwickelt wurde.

Das Wireless Application Protokoll WAP [WAP99] ist ein Protokoll, das speziell für die Kommunikation in Mobilfunknetzen entwickelt wurde. Wesentliche Vorzüge [RuSS99] von WAP gegenüber TCP/IP beim Einsatz in CORBA ist die direkte Unterstützung eines für die Transaktionsverarbeitung ausgelegten Dienstes (WTP), der die Möglichkeit bietet schon im ersten Paket Daten zu senden. Die Integration einer Sitzungschicht (WSP) bietet eine von bestehenden Transportverbindungen unabhängige Verbindung an, und ermöglicht somit eine weitgehende Verdeckung von kurzen Verbindungsabbrüchen, die im drahtlosen Umfeld häufig auftreten [RuDo99]. Darüberhinaus zeichnet sich WAP durch kleine Paketköpfe aus, die die geringe Bandbreite effizient auszunutzen.

3.3 Verbindungsübergabe

Die Mechanismen der Verbindungsübergabe werden benötigt, falls sich die Zuordnung von Π_m^2 und Π_f^2 ändert. Dies tritt ein, falls der Klient auf ausstehende Ergebnisse wartet und den Empfangsbereich des zugeordneten Netzes verlässt, sich über ein neues Netz wieder anbindet, in den Schlafmodus geht oder abgeschaltet wird. In diesen Fällen muss eine Verbindungsübergabe (Handover) bestehender Verbindungen vorgenommen werden. Verbindungsübergaben innerhalb von Netzen sind transparent für die Anwendung und müssen nicht berücksichtigt werden. Verbindungsübergaben treten relativ selten auf, sind jedoch notwendig, um einen hohen Transparenzgrad für den Benutzer zu erreichen.

Die Initiative zum Abholen ausstehender Ergebnisse liegt bei Π_m^2. Dieser kann ausstehende Ergebnisse zu einem späteren Zeitpunkt direkt über den ursprünglichen oder indirekt über einen anderen Π_f^2 beim ursprünglichen Π_f^2 abgeholt. Um Π_f^2 jedoch nicht mit der Speicherung vieler ausstehender Ergebnisse zu belasten, wurde eine neue Komponente in die Architektur eingeführt, die längere Zeit nicht abgeholte Ergebnisse zwischenspeichert. Fordert Π_m^2 das Ergebnis später an, wird der Aufruf transparent an diese Komponente weitergeleitet und von ihr beantwortet.

3.4 Filter

Filter sind Java-Objekte, die in den Proxy integriert werden können, um erweiterte Dienste anzubieten. Filter können sowohl statisch beim Start des Proxys oder zur Laufzeit integriert werden. Die Filter haben lesenden und schreibenden Zugriff auf alle Informationen, die auf dem Proxy vorliegen, insbesondere Aufrufe, die den Proxy passieren. Alle im Proxy registrierten Filter werden auf ankommende Aufrufe und Ergebnisse angewendet. Filter können beliebige Berechungen durchführen, untereinander kommunizieren sowie einen Zustand über mehrere Aufrufe hinweg sichern. Ein Filter kann auch andere Filter nutzen, um seine Dienste zu realisieren.

Ein Anwendungsbereich sind beispielsweise Fehlertoleranzverfahren. In diesen Verfahren werden mehrere gleiche Aufrufe zu verschiedenen Servern geschickt. Die Antworten werden entsprechend gesammelt und verglichen. Auf Basis einer Mehrheitsentscheidung wird ein Ergebnis ausgewählt und an den Klient zurückgeliefert. Der Fehlertoleranzfilter kann die Weiterleitungsfunktionalität des Proxys nutzen, um zusätzliche, selbst erzeugte Aufrufe an andere Server zu schicken. Sobald die Ergebnisse eintreffen muss eine Auswahl des richtigen Ergebnisses getroffen werden. Mit Hilfe der Filter ist es möglich diese Funktionalität transparent für den Klient in die Anwendung zu integrieren.

4 Implementierung und Messungen

Die Implementierung wurde mit Hilfe der CORBA-Implementierung ORBacus [OOC99] für Java durchgeführt, die für Forschung und Lehre ohne Lizenzgebühren inklusive Quell-Code von der Firma Object Oriented Concepts (OOC) frei verfügbar ist.

Die Leistungsfähigkeit von Π^2 wurde mit Messungen überprüft. Der Versuchsaufbau entspricht dem in Abbildung 2 gezeigten Szenario. Gemessen wurde die zusätzliche Verzögerung, die durch Π^2 erzeugt wird. Es wurden Messungen mit und ohne Π^2 durchgeführt. Um den Einfluss verschiedener Netzwerktypen zu untersuchen, wurden auf der Strecke zwischen dem Mobilrechner und dem Festnetzproxy verschiedene Netzerktypen getestet. Auf allen Teilstrecken wurde TCP/IP und unveränderte CORBA-Protokolle eingesetzt. Tabelle 1 enthält die Messwerte des Experiments.

Die Messungen zeigen, dass durch Π^2 eine zusätzliche Verzögerung von 12-13 ms erzeugt wird. Der bei GSM gemessene Wert entsteht aus den zusätzlichen Daten (160 Byte), die für das Tunneln der Aufrufe zu jedem Aufruf hinzugefügt werden. Aufgrund der vergleichsweise geringe Bandbreite von GSM führen diese Daten direkt zu einer größeren Verzögerung (zusätzlich 13,3 ms). Jedoch ist die gesamte Verzögerung für weniger als 5% der Gesamtverzögerung verantwortlich.

Netzwerktyp	mit Π^2	ohne Π^2	Differenz
10 Mbit/s Ehternet	17,6 ms	5,5 ms	12,1 ms
10 Mbit/s WaveLan	19,6 ms	6,7 ms	12,9 ms
2 Mbit/s WaveLan	20,0 ms	7,7 ms	12,3 ms
9,6 kbit/s GSM	653,0 ms	622,0 ms	31,0 ms

Tabelle 1. Messung der Π^2-Verzögerung

5 Zusammenfassung und Ausblick

Die vorgestellte Architektur Π^2 hat zum Ziel, mobilen und drahtlos angebundenen Nutzern bestehende CORBA-Anwendungen effizient zur Verfügung zu stellen. Π^2 kann transparent in bestehende Anwendungen eingebettet werden und eröffnet diesen somit ohne Änderungen an den Anwendungen neue Anwendungsbereiche. Π^2 muß für den Einsatz mit bestimmten Anwendungen nicht speziell konfiguriert oder neu übersetzt werden. Diese einfache Einsetzbarkeit wird durch den Einsatz der dynamischen CORBA-Schnittstellen erreicht, die keine Typinformation benötigen, um Aufrufe empfangen oder senden zu können. Auf Infrastrukturebene stellt Π^2 Mechanismen wie die Kompression von Aufrufen oder die Verbindungsübergabe bereit und ist für die Integration von Protokollen, die für den Einsatz in drahtlosen Netzen optimiert sind vorbereitet. Auf Anwendungsebene bietet Π^2 durch das Filterkonzept eine weitreichende Programmierbarkeit und damit auch Konfigurierbarkeit. Neue oder anwendungsspezifische Filter können auch zur Laufzeit in den Proxy integriert werden und erlauben so die dynamische Integration neuer Funktionalität in den Proxy.

Im Rahmen eines anderen Projektes wurden Erfahrungen mit dem transparenten Zwischenspeichern von Objekten auf Klientseite gemacht. Die dort gemachten Messungen, obwohl im lokalen Netzwerk durchgeführt, zeigen eine mögliche Beschleunigung entfernter Aufrufe um mehr als Faktor 50 beim Zugriff auf zwischengespeicherte Objekte. Der Einsatz der Zwischenspeicherung im beschriebenen Szenario verspricht größere Beschleunigungen, aber auch größere Probleme bei der Konsistenz der zwischengespeicherten Objekte, falls die Verbindung abbricht. Transaktionen aus dem Datenbankkontext sind das geeignete Mittel, um die Konsistenz sicherzustellen, und sollen deshalb bei der Integration der Zwischenspeicherung berücksichtigt werden. Die Nutzung verteilter Anwendungen ohne transaktionalen Kontext bietet auch bei leitungsgebundenen verteilten Systemen nicht genügend Garantien und kann deshalb vernachlässigt werden.

Erste Arbeiten zur Integration von WAP in die CORBA-Architektur wurden bereits gemacht [RuSS99] sollten jedoch unter Berücksichtigung jetzt verfügbarer Implementierungen und neuer Standards überarbeitet und in Π^2 integriert werden.

Literatur

[BCKP95] Rajive Bagrodia, Wesley Chu, Leonard Kleinrock und Gerald Popek. Visions, Issues, and Architecture for Nomadic Computing. *IEEE Personal Communications*, December 1995, S. 14–27.

[DENP96] Mikael Degermark, Mathias Engan, Björn Nordgren und Stephen Pink. Low-loss TCP/IP Header Compression for Wireless Networks. In *Proceedings of The Second Annual International Conference on Mobile Computing and Networking (MOBICOM'96)*, Rye, New York, USA, November 1996. S. 1–15.

[HaCC99] M. Haar, R. Cunningham und V. Cahill. Supporting CORBA Applications in a Mobile Environment. In *Proceedings of the 5th International Conference on Mobile Computing and Networking (MOBICOM'99)*, Seattle, USA, August 1999.

[JoDa99] R. José und N. Davies. Scalable and Flexible Location-Based Services for Ubiquitous Information Access. In Hans-Werner Gellersen (Hrsg.), *Handheld and Ubiquitous Computing; First International Symposium, HUC'99*, Lecture Notes in Computer Science 1707, Karlsruhe, Germany, September 1999. Springer, S. 52–66.

[OMG98] Object Management Group (OMG). Telecom Domain Task Force: Request for Information (RFI) - Supporting Wireless Access and Mobility in CORBA. ftp://ftp.omg.org/pub/docs/telecom/98-06-04.pdf, June 1998.

[OMG99] Object Management Group (OMG). CORBA/IIOP Specification Version 2.3.1. ftp://ftp.omg.org/pub/docs/formal/99-10-07.pdf, October 1999.

[OOC99] Object Oriented Concepts (OOC). ORBacus 3.2. ftp://ftp.ooc.com/pub/OB/3.2/OB-3.2.tar.gz, 1999.

[RuDo99] Rainer Ruggaber und Elmar Dorner. A mobility aware CORBA Event Service for Wireless Endsystems. In Fabio Neri, Aloke Guha und David Skellern (Hrsg.), *Proceedings of the 10th IEEE Workshop on Local and Metropolitan Area Networks (LANMAN'99)*, Sydney, Australia, November 1999. S. 32–35.

[RuKS00] Rainer Ruggaber, Michael Knapp und Jochen Seitz. Π^2: a Generic Proxy Platform for Wireless Access and Mobility in CORBA. In *19th Annual ACM SIGACT-SIGOPS Symposium on Principles of Distributed Computing (PODC)*, Portland, USA, Juli 2000.

[RuSS99] Rainer Ruggaber, Jochen Schiller und Jochen Seitz. Using WAP as the Enabling Technology for CORBA in Mobile and Wireless Environments. In *Proceedings of the 7th IEEE Workshop on Future Trends of Distributed Computing Systems (FTDCS'99)*, Cape Town, South Africa, December 1999. IEEE Computer Society, S. 69–74.

[Schi99] Jochen Schiller. *Mobile Communications*. Addison-Wesley Publishing Company, Reading, Massachusetts. 1999.

[TRRW99] S. Trigila, P. Reynolds, K. Raatikainen und B. Wind. Mobility in Long-term Service Architectures and Distributed Platforms. *IEEE Personal Communications Magazine* 5(4), August 1999, S. 44–55.

[WAP99] Wireless Application Protocol Forum (WAP-Forum). http://www.wapforum.org/, 1999.

Probabilistic Projection and Belief Update in the pGOLOG Framework

Henrik Grosskreutz

Department of Computer Science
Aachen University of Technology
D-52056 Aachen, Germany
grosskreutz@cs.rwth-aachen.de

Abstract. High-level controllers that operate robots in dynamic, uncertain domains are concerned with two reasoning tasks dealing with the effects of noisy sensors and effectors. They must be able to a) project the outcome of a candidate plan and b) update their belief during execution. In this paper, we show how both tasks can be achieved within the pGOLOG framework [9]. Our approach relies on the idea to characterize the robot's sensors and effectors as programs written in the probabilistic action language pGOLOG. We are then able to reason about the interaction of the high-level controller and the sensors and effectors through simulation of the concurrent execution of the high-level plan and the pGOLOG model of the sensors and effectors.

1 Introduction

In order to make reasoned decisions, high-level controllers that operate robots in dynamic, uncertain domains must be able to reason about the impact of noisy sensors and effectors. As high-level controllers do not directly control physical sensors and effectors, this actually means that they have to reason about special basic-task routines like navigation or position estimation, to which we will refer as *low-level processes.*

Reasoning about low-level processes involves at least two distinct reasoning tasks: First, the controller must be able to *project* the outcome of a given plan or program interacting with the low-level processes,[1] that is to predict how the execution of the plan will affect the state of the world. As the sensors and effectors of real robots are imperfect, the projection mechanism has to take into account that the outcome of the low-level processes is subject to noise. The use of a probabilistic framework is suggesting for that purpose.

Second, the controller must be able to update its belief about the world when a noisy effector process is activated or a noisy sensor process provides

---

[1] We use the terms program and plan interchangeably, following McDermott [14] who takes plans to be programs whose execution can be reasoned about by the robot.

information. In particular, it has to make use of a model of its low-level processes to update its belief when it executes a plan. This second task, to which we refer as *belief update* is equally important to accomplish intelligent behavior, because after the execution of a plan we want the robot to achieve further goals, which necessitates the projection of new candidate plans under the updated belief. However, most probabilistic framework for reasoning about noisy sensors and effectors are only concerned with one or the other of the two tasks.[2]

To illustrate the subtle differences between both tasks, we will use a simple example taken from [1]: a mobile robot moving along a straight line in a 1-dimensional world. Initially, the probability that the robot is at position 10 is 60%, otherwise it is at position 9 resp. 11 with probability 20%. The robot can move by means of the low-level navigation routine *noisyAdv(d)*, and can obtain an estimate of its location by activating the process *noisySensePos*. Both *noisyAdv* and *noisySensePos* are subject to noise. We assume that *noisyAdv(d)* has only a 50% chance to move the robot exactly d meters, otherwise it moves the robot one meter more or less. Similarly, the estimate of *noisySensePos* can deviate by one meter from the correct position. We will now consider three different robot plans, and briefly discuss what probability a projection resp. an updated belief should assign to the sentence *position = d*.

1. ACTIVATE *noisyAdv(d)*.

   Concerning this plan, the projection and the update belief after execution should agree in the probability they assign to *position = d*.

2. ACTIVATE *noisySensePos*.

   Here, we expect the projection and the updated belief state to differ. While the projection of *noisySensePos* can by no means provide additional information, the activation of *noisySensePos* provides the robot with a concrete sensor reading.

3. ACTIVATE *noisyAdv(d)*, ACTIVATE *noisySensePos*,

   IF $|d -$ sensed$| \geq 2$, EXECUTE *noisyAdv(d −* sensed*)*.[3]

   This example is somewhat more subtle. Here, the probability assigned to *position = d* by the updated belief state may be higher or lower than the projected probability, depending on the actual sensor reading. At least, the projected probability that *position = d* holds after the execution of this plan should be higher than in the first example.

In this paper, we show how both projection and belief update can be achieved within the pGOLOG framework [9]. The key ideas of our approach are a) to characterize the low-level sensor and effector processes by means of probabilistic

---

[2] While probabilistic projection is central to probabilistic planners like C-Buridan and MAXPLAN [5, 12], they ignore belief update. On the other hand, it is not clear how to project a plan in a framework like [1] for reasoning about belief update. While the theory of POMDPs are concerned with both tasks, the computational cost is prohibitive already in relatively small domains (e.g. [6]). Finally, the recently proposed *DTGolog* [2] assumes full observability of the domain.

[3] Here, sensed refers to the value provided by *noisySensePos*.

pGOLOG programs, where the different probabilistic branches of the programs correspond to different outcomes of the processes. Given a faithful characterization of the low-level processes in terms of pGOLOG programs, we can reason about the effect of their activation through simulation of the corresponding pGOLOG models. And b) to characterize the interaction of the high-level controller with the low-level processes as *the interaction of two programs*: the high-level plan (written in a plan language we call GOLOG$_{rp}$) and the pGOLOG program that represent how the low-level processes affect the world.

The rest of the paper is organized as follows. After a very brief introduction to the situation calculus, we show how to characterize a probabilistic belief state. Then, we describe our overall model of the robot architecture and introduce pGOLOG as a means for specifying the behavior of noisy low-level processes. Thereafter we subsequently show how probabilistic projection and belief update can be achieved in this framework and end with concluding remarks.

2 The Situation Calculus

One increasingly popular language for representing and reasoning about the effects of actions is the situation calculus [13, 11]. We will only go over the language briefly here: all terms in the language are of sort ordinary objects, actions, situations, or reals.[4] There is a special constant S_0 used to denote the *initial situation*, namely that situation in which no actions have yet occurred; there is a distinguished binary function symbol *do* where $do(a, s)$ denotes the successor situation of s resulting from performing action a in s; relations and functions whose truth values vary from situation to situation are called *fluents*, and are denoted by predicate resp. function symbols taking a situation term as their last argument; finally, there is a special predicate $Poss(a, s)$ used to state that action a is executable in situation s.

Within this language, we can formulate theories which describe how the world changes as the result of the available actions. One possibility is a *basic action theory* of the following form [11]:

- Axioms describing the initial situation, S_0.
- Action precondition axioms, one for each primitive action a, characterizing $Poss(a, s)$.
- Successor state axioms (SSA), one for each fluent F, stating under what conditions $F(x, do(a, s))$ holds as a function of what holds in situation s. These take the place of the so-called effect axioms, but also provide a solution to the frame problem [15].
- Domain closure and unique names axioms for the primitive actions.
- A collection of foundational, domain independent axioms. In this paper, we are only concerned with the following axiom, where $s \sqsubseteq s'$ stands for $(s \sqsubset s') \vee (s = s')$:

---

[4] While the reals are not normally part of the situation calculus, we need them to represent probabilities. For simplicity, the reals are not axiomatized and we assume their standard interpretations together with the usual operations and ordering relations.

$$s \sqsubset do(a, s') \equiv s \sqsubseteq s'^5$$

To illustrate the notion of successor state axioms, we go back to the 1-dimensional robot example. The following axiom states how the position of the robot is affected by the primitive actions:

$Poss(a, s) \supset [position(do(a, s)) =$
   if $\exists x.a = advance(x)$ **then** $position(s) + x$
   else $position(s)]$

2.1 Probabilistic belief state

So far the language allows us to talk only about how the actual world evolves, starting in the initial situation S_0. But in scenarios like our 1-dimensional robot example, there is uncertainty about the initial situation. To characterize the epistemic state of an agent in a probabilistic fashion, we follow [1], who characterize an epistemic state by a *set of situations considered possible*, and the *likelihood* assigned to the different possibilities. More specifically, there is a binary functional fluent $p(s', s)$ which can be read as "in situation s, the agent thinks that s' is possible with weight $p(s', s)$." All weights must be non-negative and situations considered impossible will be given weight 0. We do not require that the probabilities of all situations considered possible sum to 1, that is p is *unnormalized*.

Based on p, [1] define $Bel(\phi[now], s)$, the agent's degree of belief that ϕ holds in situation s, to be an abbreviation for the following term expressible in second-order logic.[6]

$$\Sigma_{\{s':\phi[now|s']\}}p(s', s) / \Sigma_{s'}p(s', s)$$

Here, $\phi[now|s']$ stands for ϕ with now replaced by s'. Intuitively, $Bel(\phi[now], s)$ is the (normalised) sum of the weights of all situations s' considered possible in s that fulfill ϕ. Note that we are restricting ourselves to discrete probability distributions, where the probability of a set can be computed as the sum of the probabilities of the elements of the set. We also remark that this approach ultimately requires us to quantify the probabilities assigned to the different situations initially considered possible, which can be annoying when only incomplete information about the world is available.

To illustrate this approach, we describe the epistemic state of our 1-dimensional robot. Initially, three situations are considered possible. The value of *position* in these situations is 10, resp. 9 and 11. The weights of these situations are 0.6 resp. 0.2 and 0.2. The following axiom makes this precise.

$\exists s_1, s_2, s_3 \forall s.s \neq s_1 \wedge s \neq s_2 \wedge s \neq s_3 \supset p(s, S_0) = 0 \wedge$
$p(s_1, S_0) = 0.6 \wedge p(s_2, S_0) = 0.2 \wedge p(s_3, S_0) = 0.2 \wedge$
$position(s_1) = 10 \wedge position(s_2) = 9 \wedge position(s_3) = 11$

This axiom implies $Bel(position = 11, S_0) = 0.6$.

---

[5] Throughout, free variables are assumed to be implicitly universally quantified.
[6] $\phi[now]$ is a formula whose only term of sort situation is the special situation term now. When no confusions can arise, we leave out the argument now from fluents.

3 GOLOG$_{rp}$ and the overall robot architecture

While the situation calculus presents a formalism for modeling and reasoning about dynamic domains, ConGolog [4, 8] is a programming languages for defining complex programs and how they are mapped to primitive situation calculus actions. Its semantics is entirely based on the situation calculus, which allows us to reason about the effects of a program. In this paper, we will use GOLOG$_{rp}$, a deterministic derivative of ConGolog, to specify high-level robot plans. GOLOG$_{rp}$ offers the following constructs:[7]

α	primitive action
$\phi?$	wait/test action
$seq(\sigma_1, \sigma_2)$	sequence[8]
$if(\phi, \sigma_1, \sigma_2)$	conditional
$while(\phi, \sigma)$	loop
$withPol(\sigma_1, \sigma_2)$	prioritized execution until σ_2 ends

In realistic domains, it does not seem appropriate that the high-level robot controller directly affects the world by operating the robot's physical sensors and effectors. Instead, in modern robot architectures like XAVIER [16] and RHINO [3] the high-level controller is connected to a basic-task execution level. This level provides specialized routines like navigation, obstacle avoidance, object recognition and the like to which we will refer as *low-level processes*. We will now describe how we reconstruct this type of architecture within our situation calculus framework.

The high-level GOLOG$_{rp}$ interpreter does not directly affect the world by operating physical sensors and effectors, but instead communicates with the low-level processes of the basic-task level. The communication is achieved through registers which we model by the special functional fluents $cmd(.)$ and $obs(.)$. The interpreter can affect the value of cmd by means of the special action $send(reg, val)$ which assigns $cmd(reg)$ the value val. The intuition is that in order to activate a low-level process, the high-level controller executes a cmd action. For example, our 1-dimensional robot controller can execute a $send(\psi_{adv}, dist)$ to tell the low-level navigation process to move the robot $dist$ meters. The overall architecture is illustrated in Figure 1.

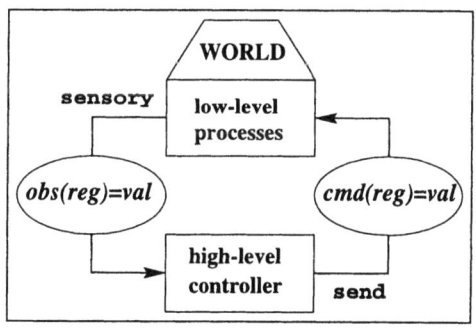

Fig. 1: Robot Architecture

---

[7] We have replaced ConGologs *prio* instruction by *withPol*, which has shown to be useful to specify robust behavior [9].

[8] We will use $seq(\alpha, \beta, \gamma)$ as a shorthand for $seq(\alpha, seq(\beta, \gamma))$.

When sensing processes like the position estimation are activated, they make use of physical sensors and appropriate pre-processing algorithms to provide the high-level controller with sensory information. We account for this communication by the special fluent *obs*, which is affected by the special action *sensory(reg, val)*. In our 1-dimensional robot example, the position estimation process would execute a *sensory(loc, n)* action to inform the interpreter that its estimate of the robot's position is n.

The SSA for *cmd* are *obs* are quite similar, so we will only present the SSA for *cmd*. The one for *obs* is analogous, with the action *sensory* playing the role of *send*.

$$Poss(a, s) \supset [cmd(reg, do(a, s)) = val \equiv$$
$$a = send(reg, val) \vee$$
$$cmd(reg, s) = val \wedge \neg \exists r, v. a = send(r, v)]$$

As there is no uncertainty about the value of *obs* and *cmd*, they can be characterizes by writing axioms about their value in S_0. We will call such fluents about whose value the robot has no uncertainty *directly observable*. In our architecture, they play a role similar to program variables of robot programming languages like RPL [14]. The following axiom states that initially, the value of the fluents *obs(r)* and *cmd(r)* is *nil* for all r, where *nil* is a special value.

$$\forall r. obs(r, S_0) = nil \wedge cmd(r, S_0) = nil$$

However, concerning most aspects of the world, we have to take into account the robot's uncertainty. For example, we can not provide axioms stating what value the fluent *position* has in situation S_0. Instead, we characterize such fluents in a probabilistic fashion, by specifying their values in the situations considered possible (i.e. the situations s' s.t. $p(s', S_0) > 0$.). The last axiom of section 2.1 specified the initial belief state of the robot concerning the value of the non-directly-observable fluent *position*. Referring to Figure 1, directly observables can only be used to characterize the state of the controller while non-directly-observable fluents must be used to characterize the state of the overall world.

Summarizing, we partition the fluents into two classes: directly observables and non-observables. Formally, the distinguishing feature of directly observable fluents is that we can provide sentences about their value in the actual world, S_0. While directly observables are used like program variables, non-observables characterize the state of the world in a probabilistic way. In order to ensure that the interpreter is able to execute an GOLOG$_{rp}$ plan, we make the following important restriction: *the use of tests in GOLOG$_{rp}$ programs is restricted to directly observable fluents*. Additionally, we constrain the use of primitive actions in GOLOG$_{rp}$ plans to *actions that do only affect directly observables*.[9]

---

[9] We gloss over the technical details. Note that the restriction of GOLOG$_{rp}$ programs to directly observables has the significant advantage that we do not have to check if the truth value of fluents is *known*, unlike approaches like [10] which make use of the special term *kwether* to ensure that their value is known at execution time.

4 Modeling low-level processes

Now that we have described the overall robot architecture and have sketched the high-level plan language, we turn attention to the low-level processes. In order to reason about the effects of a plan, we need to model how the low-level processes affect the state of the world. For example, we need to specify how an activation of the navigation process affects the position of the robot. In real-world applications, low-level processes need to be described at a level of detail involving many atomic actions interacting in complicated ways. To describe such processes, we use pGOLOG [9], a probabilistic extension of GOLOG_{rp}. That is, *we model the noisy low-level processes through probabilistic programs*, where the different probabilistic branches of the programs correspond to different outcomes of the processes. Given a faithful characterization of the low-level processes in terms of pGOLOG programs, we can then reason about the effect of the activation of the processes through simulation of their corresponding pGOLOG models.

4.1 pGOLOG - a probabilistic action language

In order to specify that low-level processes may result in different possible outcomes, pGOLOG provides a new probabilistic branching instruction. Its intended meaning is to execute program σ_1 with probability p, and σ_2 with probability $1 - p$. Besides *prob*, all instruction known from GOLOG_{rp} are available in pGOLOG.

$$prob(p, \sigma_1, \sigma_2) \text{ probabilistic execution}$$

The semantics of pGOLOG is defined using a so-called transition semantics, similar to ConGolog [8]. It is based on defining single steps of computation and additionally, as we use a probabilistic framework, their relative probability. Note that this necessitates the reification of programs as first order terms in the language, an issue we gloss over completely here. We define a function $transPr(\sigma, s, \delta, s')$ which, roughly, yields the transition probability associated with a given program σ and situation s as well as a new situation s' that results from executing a primitive action in s, and a new program δ that represents what remains of σ after having performed that action. Let *nil* be the empty program and α a primitive action.

$transPr(nil, s, \delta, s') = 0$

$transPr(\alpha, s, \delta, s') =$
    if $Poss(\alpha, s) \wedge \delta = nil \wedge s' = do(\alpha, s)$ **then** 1 **else** 0

$transPr(\phi?, s, \delta, s') =$
    if $\phi[s] \wedge \delta = nil. \wedge s' = s$ **then** 1 **else** 0^{10}

$transPr(seq(\sigma_1, \sigma_2), s, \delta, s') =$
    if $\delta = seq(\delta', \sigma_2)$ **then** $transPr(\sigma_1, s, \delta', s')$
    else if $Final(\sigma_1, s)$ **then** $transPr(\sigma_2, s, \delta, s')$ **else** 0

$transPr(while(\phi, \sigma), s, \delta, s') =$
  if $\phi[s] \wedge \delta = seq(\delta', while(\phi, \sigma))$
    then $transPr(\sigma, s, \delta', s')$ **else** 0

$transPr(if(\phi, \sigma_1, \sigma_2), s, \delta, s') =$
  if $\phi[s]$ **then** $transPr(\sigma_1, s, \delta, s')$
  else $transPr(\sigma_2, s, \delta, s')$

$transPr(withPol(\sigma_1, \sigma_2), s, \delta, s') =$
  if $\exists \delta_1.\delta = withPol(\delta_1, \sigma_2) \wedge \neg Final(\sigma_2) \wedge$
    $transPr(\sigma_1, s, \delta_1, s') > 0$ **then** $transPr(\sigma_1, s, \delta_1, s')$
  else if $\neg Final(\sigma_2) \wedge \delta = withPol(\sigma_1, \delta_2)$
    then $transPr(\sigma_2, s, \delta_2, s')$ **else** 0

$transPr(prob(p, \sigma_1, \sigma_2), s, \delta, s') =$
  if $\delta = \sigma_1 \wedge s' = do(tossHead, s)$ **then** p
  else if $\delta = \sigma_2 \wedge s' = do(tossTail, s)$
    then $1 - p$ **else** 0

Intuitively, a program that consists of a single atomic action α results in the execution of α and an empty remaining program with probability 1 iff α is executable. The execution of $seq(\sigma_1, \sigma_2)$ in s may result in any successor situation that could be reached by the execution of σ_1, with a remaining program $seq(\delta', \sigma_2)$, where δ' is what remains of σ_1; or, if σ_1 is final, it just corresponds to the execution of σ_2. $withPol(\sigma_1, \sigma_2)$ executes only if σ_2 is not $Final$ (see below), in which case it executes a step of σ_1 whenever σ_1 is not blocked, else it executes a step of σ_2. Finally, the execution of $prob(p, \sigma_1, \sigma_2)$ results in the execution of a dummy action $tossHead$ or $tossTail$[11] with probability p resp. $1 - p$ with remaining program σ_1, resp. σ_2.

Besides the specification of which transitions are possible, we have to define which configurations $\langle \sigma, s \rangle$ are final, meaning that the computation can be considered completed when a final configuration is reached. This is denoted by the predicate $Final(\sigma, s)$. Here we only consider some of the definitions, where α is a primitive action or a test.

$Final(\alpha, s) \equiv FALSE$ $\qquad\qquad\qquad$ $Final(nil, s) \equiv TRUE$
$Final(seq(\sigma_1, \sigma_2, s)) \equiv Final(\sigma_1, s) \wedge Final(\sigma_2, s)$
$Final(withPol(\sigma_1, \sigma_2), s) \equiv Final(\sigma_2, s)$
$Final(prob(p, \sigma_1, \sigma_2), s) \equiv FALSE$

So far, we have only defined which successor configurations can be reached through a *single* transition. Next, we define $transPr^*(\delta, s, \delta', s')$, which represents the probability to reach a configurations $\langle \delta', s' \rangle$ by a *sequence* of transitions, starting in configuration $\langle \delta, s \rangle$.

---

[10] ϕ is a situation calculus formula with all situation arguments suppressed. $\phi[s]$ is obtained from ϕ by restoring s as the situation argument in all fluents of ϕ.
[11] $tossHead$ and $tossTail$ have no effects and are always possible.

$$transPr^*(\delta, s, \delta', s') = p \equiv \forall t[... \supset t(\delta, s, \delta', s') = p] \lor$$
$$p = 0 \land \neg \exists p'.\forall t[... \supset t(\delta, s, \delta', s') = p']$$

where the ellipsis stands for the universal closure of the following formulas:

$$t(\delta, s, \delta, s) = 1$$

$$t(\delta, s, \delta^*, s^*) = p_2 \land transPr(\delta^*, s^*, \delta', s') = p_1$$
$$\land p_1, p_2 > 0 \supset t(\delta, s, \delta', s') = p_1 * p_2$$

Basically, this formula says that if there is a path of nonzero transitions from $\langle \delta, s \rangle$ to $\langle \delta', s' \rangle$, then $transPr^*(\delta, s, \delta', s')$ is equal to the product of the transition probabilities p along this path. Intuitively, $transPr^*$ is the reflexive, transitive closure of $transPr$. [9] discusses the definition of $transPr^*$ in more detail.

4.2 Modeling *noisyAdv* and *noisySensePos*

To illustrate the use of pGOLOG, we characterize the behavior of the low-level process *noisyAdv* through the pGOLOG program Σ_{adv}. Initially, the process is waiting for its activation. Therefore, Σ_{adv} is initially blocked until $cmd(\psi_{adv})$ is assigned a non-*nil* value.[12] Thereafter, Σ_{adv} affects the position of the robot through the primitive action *advance* introduced in Section 2. To model that the probability that *noisyAdv* moves the robot exactly $cmd(\psi_{adv})$ meters is only 50%, we make use of two nested *prob* instructions, resulting in three possible execution traces of Σ_{adv}. Finally, the process resets $cmd(\psi_{adv})$ (in order to avoid its immediate reactivation) and goes back in its initial configuration. In the following program, we make use of several shorthands: we write $loop(\sigma)$ instead of $while(true, \sigma)$ and $clip(reg)$ instead of $send(reg, nil)$.

$$
\begin{aligned}
\Sigma_{adv} \doteq loop(seq([cmd(\psi_{adv}) \neq nil]?, \\
prob(0.5, adv(cmd(\psi_{adv})), \\
prob(0.5, adv(cmd(\psi_{adv}) + 1), \\
adv(cmd(\psi_{adv}) - 1))), \\
clip(\psi_{adv})))
\end{aligned}
$$

We will now discuss the different ways the world may evolve when Σ_{adv} is activated. Let AX be the set of foundational axioms of Section 2 together with the definitions of $transPr$, $Final$, $transPr^*$, the initial state and successor state axiom for the fluents and precondition axioms stating that all *send* and *sensory* actions are always possible. Then, we can deduce that if the robot was at position 10 and the value of $cmd(\psi_{adv})$ is 1 the resulting possible positions are distribution as follows:

$$AX \cup position(S_1) = 10 \cup cmd(\psi_{adv}, S_1) = 1 \models$$
$$\forall \delta, s', p.[transPr^*(\Sigma_{adv}, S_1, \delta, s') = p \land p > 0 \land$$
$$\forall \delta^*, s^*.\delta^* \neq \delta \supset transPr^*(\delta, s', \delta^*, s^*) = 0]$$

---

[12] To keep things simple, we assume that $cmd(\psi_{adv})$ is assigned integer values.

$$\equiv [cmd(\psi_{adv}, s') = nil\wedge$$
$$(position(s') = 11 \wedge p = 0.5\vee$$
$$position(s') \in \{10, 12\} \wedge p = 0.25)]$$

Here, $\langle\delta, s'\rangle$ refer to the furthermost configurations up to which Σ_{adv} can execute[13]. Because $cmd(\psi_{adv})$ has value 1 (i.e. a value $\neq nil$) in S_1, the low-level process Σ_{adv} is activated. This results in three possible execution traces, corresponding to the possible results of the nested *prob* instructions. The traces have probability 50%, resp. 25% resp. 25% and in the resulting situations the value of *position* is 11 resp. 10 resp. 12. Additionally, the value of $cmd(\psi_{adv})$ is nil because Σ_{adv} executed $clip(\psi_{adv})$.

Next, we characterize the position estimation process. Again, the process is waiting until its activation. Thereafter, it writes an estimate of the actual position in $obs(loc)$. The estimate is correct with probability 50% and else deviates one meter from the correct position.

$$\Sigma_{est} \doteq loop(seq([cmd(\psi_{sense}) \neq nil]?, clip(\psi_{sense}),$$
$$prob(0.5, sensory(loc, position),^{14}$$
$$prob(0.5, sensory(loc, position + 1),$$
$$sensory(loc, position - 1)))))$$

4.3 Modelling the initial configuration of the execution level

Given a characterization of every low-level process in terms of a pGOLOG program, we can characterize the behavior of the whole execution level by a single pGOLOG program that concurrently executes the individual low-level programs. As we will see in section *Belief Update*, it is useful to be able to state that the pGOLOG program characterizing the low-level processes vary in the different situations considered possible. That is, the robot may have a different pGOLOG characterization of the low-level processes for each situation considered possible.

Formally, we introduce a special functional fluent $ll(s', s)$ that can be read as "in situation s, the robot thinks that if the world is in state s' then the low-level processes can be characterized by the pGOLOG program $ll(s', s)$." Similar to Section 2.1, where we required a quantification of the weights of the possible initial situations, we require axioms that assign a pGOLOG program to every possible initial situation[15].

---

[13] The requirement that all transitions to successor configurations $\langle\delta^*, s^*\rangle$ have probability 0 ensures that the execution has been pursue up to the point where the process is blocked.

[14] Recall that *position* is a non-observable functional fluent that is evaluated at simulation time. On the other hand, *loc* lies in the domain of the directly observable functional fluent *obs*.

[15] Although in a concrete robot architecture it should cause no difficulties to determine and model the overall behavior of the low-level processes, one may only have incomplete information about their state of execution in a possible situation s'. A way to deal with this kind of uncertainty is to make use of sibling situations s'_i and to assign them different low-level pGOLOG programs.

The following axiom describes the initial situation of our robot example, where the robot is convinced that the low-level processes are as described by $\Sigma_{ll} \doteq conc(\Sigma_{adv}, \Sigma_{est})$.

$$\forall s.p(s, S_0) \supset ll(s, S_0) = \Sigma_{ll}$$

We stress that pGOLOG is *not* a high-level programming language. Its purpose is to model the behavior of low-level processes as probabilistic program. Actually, pGOLOG programs cannot be executed because the robot has no evidence concerning the value of non-observable fluents like *position*. We will solely use them to reason about the effects of low-level processes. During execution of GOLOG$_{rp}$ plans, the actual low-level processes are activated.

4.4 Carrying over the semantics to GOLOG$_{rp}$

As the only difference between GOLOG$_{rp}$ and pGOLOG is that GOLOG$_{rp}$ does not include the *prob* instruction and is constrained in which fluents it may test and affect, we can use the above axioms to define the semantics of GOLOG$_{rp}$. Roughly, we define $Trans(\sigma, s, \delta, s')$ to be $transPr(\sigma, s, \delta, s') = 1$ (we ignore the technical details).

5 Probabilistic projections

Now that we have defined the semantics of GOLOG$_{rp}$ and of the modeling language pGOLOG, we are settled for the projection of a GOLOG$_{rp}$ plan: How probable, from the point of view of a robot with a probabilistic belief state, is it that a sentence ϕ will hold *after* the execution of the plan σ in situation s, given a faithful characterization of the low-level processes in terms of pGOLOG programs?

To determine this probability, we simulate the concurrent execution of the GOLOG$_{rp}$ plan σ and the pGOLOG model of the low-level processes. As the robot has a probabilistic representation of how the world is like, we project the plan *wrt each situation s' considered possible*, weighted by the likelihood assigned by p. As the semantics of the GOLOG$_{rp}$ instructions coincide with their pGOLOG counterparts, the execution of σ given a pGOLOG-program $ll(s', s)$ characterizing the low-level processes can be simulated by the concurrent simulation of the two pGOLOG programs σ^{16} and $ll(s', s)$, i.e. as $withPol(ll(s', s), \sigma))$.

We are now ready to formally define projected belief. Again, let $\phi[now]$ be a formula whose only term of sort situation is the special situation term *now*. We write $Proj(\phi[now], s, \sigma)$ to denote the belief that ϕ holds after the execution of σ in situation s. $Proj(\phi[now], s, \sigma)$ is an abbreviation for the following term:

$$\frac{\Sigma_{\{s', s^*, \delta^* | p(s', s) > 0 \wedge Final(\delta^*, s^*) \wedge \phi[now|s^*]\}} p(s', s) * \dots}{\Sigma_{\{s'\}} p(s', s)}$$

---

[16] Strictly speaking, a mapping of the GOLOG$_{rp}$ plan σ to a syntactically identical pGOLOG program.

where the ellipsis stands for the following formula:

$$transPr^*(withPol(ll(s', s), seq(\sigma, true?)), s', \delta^*, s^*).$$

$Proj(\phi[now], s, \sigma)$ is thus defined to be the weight of all paths that reach a final configuration $\langle \delta^*, s^* \rangle$ where $\phi[now|s^*]$ holds, starting from a possible initial configuration $\langle \sigma, s' \rangle$, weighted by the robot's belief in s'. The low-level processes are taken into account by concurrently executing $ll(s', s)$. We added the dummy test $true?$ to σ in order to pursue the simulation of the low-level processes until they get blocked, that is to simulate the full effects of all activated low-level processes (remind that $withPol(\sigma_1, \sigma_2)$ is $Final$ as soon as σ_2 is).

One last subtlety: in order to ensure that in the simulation of σ the tests concerning directly observables are correctly evaluated, we require that all situations considered possible agree on the value of the directly observables. This can be ensured by axiom schema of the following form:

$$\forall s, s', x.p(s', s) \supset F(x, s') = F(x, s)$$

Examples We are now able to project the introductory examples. The first one is concerned with telling the navigation process to advance the robot by one meter. Let Γ be AX together with the axioms of this section. A projection of the plan $\Sigma_1 \doteq send(\psi_{adv}, 1)$ yields the following possible robot positions:

$$\Gamma \models \forall l, p.Proj(position(l), s0, \Sigma_1) = p \equiv$$
$$[p = 0.05 \wedge l \in \{9, 13\} \vee p = 0.25 \wedge l \in \{10, 12\} \vee$$
$$p = 0.4 \wedge l = 11 \vee p = 0 \wedge l \notin \{9, ..., 13\}]$$

Next, we project the plan $\Sigma_2 \doteq send(\psi_{sense}, true)$:

$$\Gamma \models \forall l, p.Proj(position(l), s0, \Sigma_2) = p \equiv$$
$$[p = 0 \wedge l \notin \{8, ..., 12\} \vee p = 0.6 \wedge position(s') = 10 \vee$$
$$p = 0.2 \wedge position(s') \in \{9, 11\}]$$

As we see, the projected uncertainty in the robots position does not differ from the uncertainty in S_0. This is the only possible result, as the projection of a sole sensing action can by no means lower the robots uncertainty in its position.

However, projections can confirm that a sensing plan outperforms a plan without sensing if the sensing is combined with the conditional execution of subsequent actions. This is exactly what the example GOLOG$_{rp}$ plan Σ_3 does:

$$\Sigma_3 \doteq seq(send(\psi_{adv}, 1), send(\psi_{sense}, true),$$
$$if(obs(loc) \geq 13, send(\psi_{adv}, -1),$$
$$if(obs(loc) \leq 9, send(\psi_{adv}, 1), nil)))$$

As expected, the projection of Σ_3 yields a higher belief to end up at position 11 than did the projection of Σ_1.[17]

---

[17] Note that the conditional adjusting movement in Σ_3 is only executed if the sensed value deviates by at least 2 meters of 11, and therefore can only improve the robots position.

$$\Gamma \models \forall l, p. Proj(position(l), s0, \Sigma_3) = p \equiv$$
$$[p = 0.022 \wedge l \in \{9, 13\} \vee p = 0.238 \wedge l \in \{10, 12\} \vee$$
$$p = 0.481 \wedge l = 11 \vee p = 0 \wedge l \notin \{11, ..., 13\}]$$

6 Belief update

While the last section was concerned with the projection of a robot plan, this section shows how to update the probabilistic belief state of a robot during plan execution. The distinguishing feature between projection and belief update is that the latter deals with concrete sensory information observed during execution.

In order to specify belief update, we have to specify how two fluents evolve: for one, we have to provide a SSA for p, stating how the belief of a robot changes when an action gets executed. Second, and maybe not as obvious, we have to specify a SSA for ll, that is we have to specify how the pGOLOG program modeling the low-level processes evolves as a result of the executed action. For example, after the execution of $send(\psi_{sense}, true)$ the sensory process gets unblocked and will execute a sequence of actions up to (but not including) the "observable" action $sensory(.,.)$. The robot has to memorize the updated execution state of the low-level processes in order to correctly anticipate the upcoming $sensory$ action performed by the low-level estimation process.

In order to specify how p and ll evolve, we have to ask: "How do the low-level processes evolve when the robot executes an action?". Our answer is that the processes execute actions up to the point where (a) they get blocked; or (b) they are about to execute a $sensory$ action. While (a) is obvious, the reason that we mind condition (b) is that unlike the other instructions which may be executed by the low-level processes without the high-level interpreter being aware of it, all $sensory$ actions are realized by the interpreter (and provide relevant information about the state of the world).[18]

We will now formalizes the idea to execute a program σ in s until a configuration $\langle \delta, s' \rangle$ is reached where δ is either blocked or about to execute a $sensory$ action. For this, we use the special function $transPr^\lhd(\sigma, s, \delta, s')$ which specifies the probability to end up in $\langle \delta, s' \rangle$ starting in $\langle \sigma, s \rangle$. In the following formulas, we use $\Sigma(a)$ as a shorthand for $\exists r, v.a = sensory(r, v)$.

$$transPr^\lhd(\sigma, s, \delta, s^+) =$$
$$\textbf{if } \forall a^*, s^*.s \sqsubset do(a^*, s^*) \wedge do(a^*, s^*) \sqsubseteq s^+ \supset \neg\Sigma(a^*)$$
$$\wedge \forall a', \delta', p', s'.transPr^*(\delta, s^+, \delta', do(a', s')) = p' \supset$$
$$p' = 0 \vee \Sigma(a') \vee \delta = \delta'$$
$$\textbf{then } transPr^*(\sigma, s, \delta, s^+) \textbf{ else } 0$$

Having defined $transPr^\lhd$, we are now ready to define the SSA for p and ll, stating which situations resp. pGOLOG programs are considered possible in $do(a, s)$. If

---

[18] Similarly to [7], our interpreter cycles through a loop where it determines the next action to execute, commits to it, executes it and looks for a $sensory$ action.

a is an action executed by the robot controller, the low-level processes execute actions until they get blocked or are about to execute a *sensory* action. As the low-level processes are specified by a probabilistic pGOLOG program, different possible resulting situations s^* are possible. The weight assigned to situation s^* in $do(a, s)$ is the product of the probability assigned to s' in s and the probability that the execution of the low-level processes starting in s' ends up in s^*. This is captured by the first half of the disjunction in the following formula.

$$p(s^*, do(a, s)) =$$
$$\textbf{if } \exists ll', s', p', ll^*, p^*.p(s', s) = p' \wedge ll(s', s) = ll' \wedge$$
$$[\neg \Sigma(a) \wedge transPr^\triangleleft(ll', do(a, s'), ll^*, s^*) = p^* \vee$$
$$\Sigma(a) \wedge s^* = do(a, s') \wedge transPr^*(ll', s', ll^*, s^*) = p^*]$$
$$\textbf{then } p' * p^* \textbf{ else } 0$$

The second half is concerned with the case where a *sensory(reg, val)* action has been perceived. This action can be used to rule out situations so far considered possible: only those situations are kept in the probabilistic epistemic state where the low-level processes (as characterized by their assigned pGOLOG program) where about to execute exactly this *sensory(reg, val)* action. That is, a *sensory(reg, val)* action is used to sharpen the belief state of the robot by *ruling out those situations* whose corresponding pGOLOG process description is not about to execute *sensory(reg, val)*.

The SSA for ll is quite similar.

$$ll(s^*, do(a, s)) =$$
$$\textbf{if } \exists \, ll', s', ll^*, s^*. \; p(s', s) > 0 \wedge ll(s', s) = ll' \wedge$$
$$[\neg \Sigma(a) \wedge transPr^\triangleleft(ll', do(a, s'), ll^*, s^*) > 0 \vee$$
$$\Sigma(a) \wedge s^* = do(a, s') \wedge transPr^*(ll', s', ll^*, s^*) > 0]$$
$$\textbf{then } ll^* \textbf{ else } nil$$

Examples To illustrate how p and ll evolve, we use example 2, where the robot activates its sensing process. This is done by executing $send(\psi_{sense}, true)$. Let Γ be AX together with the axioms of this and the last section. From Γ we can deduce:

$$\forall s'.p(s', do(send(\psi_{sense}, true), S_0)) > 0 \equiv$$
$$\exists s_0'. \; p(s_0', S_0) > 0 \wedge$$
$$[s' = do([send(\psi_{sense}, true), clip(\psi_{sense}), tH], s_0')^{19} \vee$$
$$s' = do([send(.), clip(.), tT, tH], s_0') \vee$$
$$s' = do([send(.), clip(.), tT, tT], s_0')]$$

That is, after the execution of $send(\psi_{sense}, true)$ the low-level process Σ_{est} executes up to the point where it is about to execute a *sensory* action (in total, there are 9 possible resulting situation, given that 3 situations were considered possible

---

[19] We write $do([a_1, ... a_n], s)$ as a shorthand for $do(a_n, ..., do(a_1, s)...)$ and tT resp. tH for *tossTail* resp. *tossHead*.

initially and that Σ_{est} has 3 possible execution traces). What remains of Σ_{est} is either $seq(sensory(loc, position), \Sigma_{est})$, $seq(sensory(loc, position - 1), \Sigma_{est})$ or $seq(sensory(loc, position+1), \Sigma_{est})$. As $position$ is different in the 3 situations initially considered possible, the integer n for which a primitive action $sensory(loc, n)$ is about to be executed ranges from 8 to 12.

Now assume the interpreter observes a $sensory(loc, 9)$ (i.e. this action is provided by the actual $noisySensePos$ process), that is the world is in situation $S_2 \doteq do([send(\psi_{sense}, true), sensory(loc, 9)], S_0)$. It can now rule out those situations considered possible up to now whose assigned program is not about to execute this $sensory(loc, 9)$ action. There are only two situation that remain in the belief state:

$$\forall s', p. p(s', S_2) = p \wedge p > 0 \equiv \exists s'_0. \ p(s'_0, S_0) > 0 \ \wedge$$
$$[s' = do(sensory(loc, 9),$$
$$do([send(\psi_{sense}, true), clip(\psi_{sense}), tH], s'_0)$$
$$\wedge p = 0.15 \wedge position(s'_0) = 10 \ \vee$$
$$s' = do(sensory(loc, 9),$$
$$do([send(.), clip(.), tT, tH], s'_0))$$
$$\wedge p = 0.1 \wedge position(s'_0) = 9]$$

These situation result from either (a) the robot being at position 9 and the sensing being perfect; or (b) the robot being at position 10 and the sensing reporting $position - 1$. The resp. (unnormalized!) weights are 0.2 * 0.5 = 0.1 (initially being at position 9 * perfect sensing) and 0.6 * 0.25 = 0.15. That is, the robot can now exclude that it is at position 11. Note that unlike in the projection example, the resulting belief depends on the actual sensing. In the updated belief state the robots belief in its position is distributed as follows:

$$\forall l, p. \ Bel(position(l), S_2) = p$$
$$\equiv [p = 0 \wedge l \notin \{9, 10\} \vee$$
$$p = 0.4 \wedge l = 9 \vee p = 0.6 \wedge l = 10]$$

Next, we consider how the belief of the robot changes after the execution of Σ_1. As expected, the updated belief agrees with the projection:

$$\forall l, p. \ Bel(position(l), do(send(\psi_{adv}, 1), S_0)) = p$$
$$\equiv [p = 0.05 \wedge l \in \{9, 13\} \vee p = 0.25 \wedge l \in \{10, 12\} \vee$$
$$p = 0.4 \wedge l = 11 \vee p = 0 \wedge l \notin \{9, ..., 13\}]$$

As final example, we consider a possible execution trace of the conditional plan Σ_3. This time, we assume that the sensor reports 13, which causes the interpreter to execute an adjusting $send(\psi_{adv}, -1)$:

$$\forall l, p. \ Bel(position(l),$$
$$do([send(\psi_{adv}, 1), send(\psi_{sense}, true),$$
$$sensory(loc, 13), send(\psi_{adv}, -1)], S_0)) = p$$
$$\equiv [p = 0 \wedge l \notin \{10, ..., 13\} \vee$$
$$p = 0.179 \wedge l = 10 \vee p = 0.429 \wedge l = 11 \vee$$
$$p = 0.321 \wedge l = 12 \vee p = 0.0714 \wedge l = 13]$$

Note that in this example, the belief that the robot is at position 11 is lower than the projected belief, even though the robot executed a second *advance* to adjust its position. This is due to the fact that the projected belief averages over the different possible execution traces.

Implementation Just as in the case of ConGolog, it is straightforward to implement a pGOLOG interpreter in PROLOG. We remark that all examples in the last two sections were computed using a prototype implementation.

7 Discussion

Many of the ideas in this paper rely on previous work by [1]. However, while we manage solely with the *prob* instruction to represent noise, they make use of the concepts of *nondeterministic instructions, action-likelihood axioms* $OI(a, a', s)$ and *observation-indistinguishability* axioms $l(a, s)$. In particular, they model the execution of noisy actions by means of nondeterministic instructions. This results in a simpler SSA for p, but at the cost that it is not clear how to project a plan within their framework, which is straightforward in pGOLOG. We believe that it is extremely important to be able to both project a plan and thereafter to update ones belief during execution. Many service robots like office couriers or museum tour-guides continuously get new jobs and have to evaluate new plans under their updated belief state over and over again.

Summarizing, we have proposed to partition the fluents into two classes: directly observables and non-observables. While directly observable fluents can be used like program variables within an robot plan written in GOLOG$_{rp}$, the latter are use to characterize the world in a probabilistic fashion. Thereafter we have introduced pGOLOG, a probabilistic extension of ConGolog. Using pGOLOG, we have modeled the interaction of a robot with its environment as the interaction of two programs: the GOLOG$_{rp}$ plan executed by the controller and the pGOLOG program representing the low-level processes. The communication between the two programs is achieved through the special fluents *cmd* and *observed*. Finally, we have shown how probabilistic projection and belief update can be achieved within this framework.

References

1. F. Bacchus, J.Y. Halpern, and H. Levesque, 'Reasoning about noisy sensors and effectors in the situation calculus', *Artificial Intelligence 111(1-2)*, (1999).
2. C. Boutilier, R. Reiter, M. Soutchanski, and S. Thrun, 'Decision-theoretic, high-level agent programming in the situation calculus', in *AAAI'2000*, (2000).
3. W. Burgard, A.B. Cremers, D. Fox, D. Hähnel, G. Lakemeyer, D. Schulz, W. Steiner, and S. Thrun, 'Experiences with an interactive museum tour-guide robot', *Artificial Intelligence*, 114(1-2), (2000).
4. G. de Giacomo, Y. Lesperance, and H. J Levesque, 'Reasoning about concurrent execution, prioritized interrupts, and exogenous actions in the situation calculus', in *IJCAI'97*, (1997).

5. D. Draper, S. Hanks, and D. Weld, 'Probabilistic planning with information gathering and contingent execution', in *Proc. of AIPS'94*, (1994).
6. H. Geffner and B. Bonet, 'High-level planning and control with incomplete information using pomdps', in *Proc. Fall AAAI Symposium on Cognitive Robotics*, (1998).
7. G. De Giacomo, R. Reiter, and M. Soutchanski, 'Execution monitoring of high-level robot programms', in *Proc. KR'98*, (1998).
8. Guiseppe De Giacomo, Yves Lesperance, and Hector J Levesque, 'Congolog, a concurrent programming language based on the situation calculus: foundations', Technical report, University of Toronto, (1999).   URL: http://www.cs.toronto.edu/cogrobo/.
9. H. Grosskreutz and G. Lakemeyer, 'Turning high-level plans into robot programs in uncertain domains', in *ECAI'2000*, (2000). URL: http://www-i5.informatik.rwth-aachen.de/kbsg/publications/.
10. G. Lakemeyer, 'On sensing and off-line interpreting in golog', in *Logical Foundations for Cognitive Agents*, eds., H. Levesque and F. Pirri, Springer, (1999).
11. Hector Levesque, Fiora Pirri, and Ray Reiter, 'Foundations for the situation calculus', *Linköping Electronic Articles in Computer and Information Science*, 3(18), (1998). URL: http://www.ep.liu.se/ea/cis/1998/018/.
12. Stephen M. Majercik and Michael L. Littman, 'Maxplan: A new approach to probabilistic planning', in *AIPS 98*, (1998).
13. J. McCarthy, 'Situations, actions and causal laws', Technical report, Stanford University. Reprinted 1968 in Semantic Information Processing (M.Minske ed.), MIT Press, (1963).
14. D. McDermott, 'Robot planning', *AI Magazine*, 13(2), 55–79, (1992).
15. Ray Reiter, 'The frame problem in the situation calculus: a simple solution (sometimes) and a ccompleteness result for goal regression.', in *In Artificial Intelligence and Mathematic Theory of Computation: Papers in Honor of John McCarthy*, (1991).
16. R.G. Simmons, R. Goodwin, K.Z. Haigh, S. Koenig, J. O'Sullivan, and M.M. Veloso, 'Xavier: Experience with a layered robot architecture', *ACM magazine Intelligence*, (1997).

Explaining What Went Wrong in Dynamic Domains

Gero Iwan

Aachen University of Technology, Department of Computer Science V,
52056 Aachen, Germany, iwan@informatik.rwth-aachen.de

Abstract. In contrast to traditional work on diagnosis where the focus is on a static analysis of "what is wrong", diagnosis in settings like mobile robots acting in a changing environment focusses on "what happened". Therefore we propose a kind of *history-based diagnosis* which is appropriate for explaining what went wrong in dynamic domains. Our approach is formalized in the situation calculus. Furthermore we show how probabilities can be used as a means for describing the preferableness of diagnoses such that there is an algorithm guaranteeing to find the most preferable diagnoses.

1 Introduction

Agents who carry out a course of actions inevitably run into the problem that things do not work out as planned. For example, a robot delivering a book may end up losing the book along the way or delivering it to the wrong room. Finding out what went wrong and recovering from it is a difficult and largely unsolved problem.

In contrast to traditional work on diagnosis where the focus is on a static analysis of "what is wrong", diagnosis in settings like mobile robots acting in a changing environment focusses on "what happened" which we refer to as *history-based diagnosis*.

Given a description of system behaviour and an (assumed) history of occurred events the diagnostic task arises from a contradicting observation. In [5] so-called *explanatory diagnoses* are studied, which are continuations of the history explaining the observation. It is shown that this kind of diagnosing is analogous to planning.

In our approach to diagnosis we allow adding events not only at the end but at any point of the history. In addition to that we exploit another source of explanation by taking into account the possibility that some history events might not have happened as assumed (or might not have occurred at all). Obviously, in environments with uncertain knowledge about occurrence and outcome of events this kind of reasoning is very important, as is the former one. So both have to be combined.

The rest of the paper is organized as follows: In the next section we present an example application which we refer to repeatedly. In the following section we present the formalization of our approach to history-based diagnosis. Then the subject of diagnosis preferableness is discussed with a focus on probabilities as preference criterion, including their usage in the example application. Afterwards we outline how most preferable diagnoses can be computed and present results of an implementation for the example application. The final section contains a summary and a research outlook.

2   A Robot Example

As an example, let us consider an autonomous robot whose task it is to bring book B into room R. Suppose the robot and the book are in the same room already. The robot decides (plans) to carry out the sequence of actions

$$\eta^* = [pick\_up(B), start\_for(R), arrive\_at(R), put\_down(B)]$$

and initiates its execution. In the situation obtained after the (assumed) execution of the four actions η^* is the (assumed) history and it is derivable that B ought to be in R. Now the robot receives the message (e. g., by the disappointed would-be recipient) that B is not in R. This contradicts the assumed history η^*. But what happened actually? Some explanations are:

(1) The robot lost B on its way to R.
(2) The robot lost its way and entered room R' instead of R.
(3) The robot failed to grip B during the $pick\_up$-action.
(4) Somebody took away B after the robot had put it down in R.

In case (3) a "failure variation" of $pick\_up$, say $pick\_up'$, happened instead of the "real" $pick\_up$-action.

The four explanations correspond to four diagnoses which are modified histories explaining the fact that B is not in R:

$$\delta^{(1)} = [pick\_up(B), start\_for(R), robot\_loses(B), arrive\_at(R), put\_down'(B)]$$

$$\delta^{(2)} = [pick\_up(B), start\_for(R), arrive\_at(R'), put\_down(B)]$$

$$\delta^{(3)} = [pick\_up'(B), start\_for(R), arrive\_at(R), put\_down'(B)]$$

$$\delta^{(4)} = [pick\_up(B), start\_for(R), arrive\_at(R), put\_down(B), somebody\_takes(B)]$$

In cases (1) and (3) the "real" put_down-action could not have taken place since it is necessary to have an object in order to put it down. Therefore $\delta^{(1)}$ and $\delta^{(3)}$ contain a put_down'-action instead of the put_down-action. (Note that only $\delta^{(4)}$ is a continuation of η^*.)

Of course, there are many other explanations resp. diagnoses, e. g.

$$\delta^{(5)} = [pick\_up(B), start\_for(R), arrive\_at(R'), put\_down(B), somebody\_takes(B)]$$

$$\delta^{(6)} = [pick\_up(B), start\_for(R), robot\_loses(B), somebody\_takes(B),$$
$$arrive\_at(R), put\_down'(B)]$$

$$\delta^{(7)} = [pick\_up(B), start\_for(R), arrive\_at(R), put\_down(B), pick\_up(B),$$
$$start\_for(R'), arrive\_at(R'), put\_down(B)]$$

However, $\delta^{(5)}$ is a continuation of $\delta^{(2)}$ which is a diagnosis by itself. Hence *somebody_takes*(B) is superfluous in $\delta^{(5)}$. Likewise *somebody_takes*(B) is superfluous in $\delta^{(6)}$ since removing *somebody_takes*(B) from $\delta^{(6)}$ yields $\delta^{(1)}$. $\delta^{(7)}$ should not be considered a desirable diagnosis since the robot would have known if it had brought B into R' after bringing it into R (and therefore it had assumed $\delta^{(7)}$ to be the history instead of η^*).

3 History-based Diagnosis

From this simple scenario we can already infer the following requirements: a diagnosis should

- form a possible history (according to the given description of the system's behaviour).
- explain the observation.
- take into consideration the history assumed so far, i.e., include (in the corresponding order) all history events/actions or *variations* of them (because there may be uncertainty about the actual effects of events/actions, but not about their initiation).[1] In the robot example, *arrive_at*(R') is a variation of *arrive_at*(R) and *pick_up'*(B) a variation of *pick_up*(B).
- use as additional events/actions only suitable *"explanatory events/actions"*, i.e., such events/actions that are not under the agent's control but may have occurred and can help to explain the observation. In the robot example, *robot_loses*(B) and *somebody_takes*(B) are explanatory actions.
- be parsimonious (e.g., avoid events/actions that do not contribute to the explanation or are otherwise superfluous).[2]

The framework for our theoretical investigations on the subject is the *situation-as-histories variant* [2, 7] of the *situation calculus* [3, 4], enriched with an unary predicate *Expl* denoting **explanatory actions** and a binary predicate *Vari* denoting the **variation** relation between actions. Mostly the variation relation will be reflexive (i.e., each action is a variation of itself), like in the robot example. The axioms for the robot example are shown in the appendix of this paper. We adopt the convention that free variables are implicitly universally quantified unless otherwise stated.

A **history** is simply an action sequence. We denote action sequences in square brackets, like $[\alpha_1, \ldots, \alpha_n]$, and write $do([\alpha_1, \ldots, \alpha_n], \sigma)$ as an abbreviation for $do(\alpha_n, \ldots do(\alpha_1, \sigma) \ldots)$. $do(\alpha, \sigma)$ is the situation obtained after the execution of action sequence α in situation σ. Note that α is possible iff $Poss(\alpha, S_0)$ follows from the axioms where $Poss([\alpha_1, \ldots, \alpha_n], \sigma)$ is an abbreviation for $Poss(\alpha_n, do([\alpha_1, \ldots, \alpha_{n-1}], \sigma)) \wedge \cdots \wedge Poss(\alpha_1, \sigma)$.

An **observation** is a *situation-suppressed* closed formula ϕ of the situation calculus, i.e., a closed formula that never mentions situations. This is achieved

---

[1] In principle, the non-occurrence of an event/action can be represented by a special dummy event/action as a variation, e.g., by an action without any effects.

[2] A diagnosis should be as simple as possible.

by "deleting" all occurences of situation terms in a situation calculus formula. $\phi[\sigma]$ denotes the situation calculus formula obtained after *restoring* suppressed situation arguments by "inserting" the situation σ where necessary, e. g., if $\phi = \neg Moving \wedge \exists x\, [Object(x) \wedge At(x, \mathsf{R})]$ then $\phi[\sigma] = \neg Moving(\sigma) \wedge \exists x\, [Object(x) \wedge At(x, \mathsf{R}, \sigma)]$. We say that ϕ *holds in a situation* σ iff $\phi[\sigma]$ follows from the axioms. The observation of the robot example is

$$\phi^* = \neg At(\mathsf{B}, \mathsf{R})$$

Definition 1. *A **history-based diagnosis** for an observation ϕ and a history $\eta = [\eta_1, \ldots, \eta_n]$ is an action sequence $\delta = [\delta_1, \ldots, \delta_m]$ such that*

- $i_1, \ldots, i_n \in \{1, \ldots, m\}$ *exist with* $i_1 < \cdots < i_n$
- δ_{i_j} *is a variation of η_j for each $j \in \{1, \ldots, n\}$*
- δ_i *is an explanatory action for each $i \in \{1, \ldots, m\} \setminus \{i_1, \ldots, i_n\}$*
- δ *is possible*
- ϕ *holds in* $do(\delta, S_0)$

Note that with this definition $\delta^{(1)}, \ldots, \delta^{(6)}$ are history-based diagnoses for the observation ϕ^* and the history η^* of the robot example. However, although the observation holds in $do(\delta^{(7)}, S_0)$ $\delta^{(7)}$ is not a history-based diagnosis because it violates the third item of the definition since no action in $\delta^{(7)}$ is an explanatory action (cf. the appendix for the definition of *Expl* in the robot example).

Definition 1 captures all of the above-mentioned requirements except the last and can be formulated as a situation calculus formula.

Lemma 1. *δ is a history-based diagnosis for an observation ϕ and a history η iff*

$$Pdia(do(\eta, S_0), do(\delta, S_0)) \wedge \phi[do(\delta, S_0)] \qquad (*)$$

follows from the axioms where Pdia is defined by

$$Pdia(\bar{s}, \tilde{s}) \equiv [\tilde{s} = S_0 \wedge \bar{s} = S_0]$$
$$\vee \exists a', s'\, [\bar{s} = do(a', s') \wedge Poss(a', s')$$
$$\wedge [\ [Expl(a') \wedge Pdia(\tilde{s}, s')]$$
$$\vee \exists a, s\, [\tilde{s} = do(a, s) \wedge Vari(a, a') \wedge Pdia(s, s')]\ ]\ ]$$

Let us briefly consider what Formula $(*)$ means: The literal $\phi[do(\delta, S_0)]$ clearly stands for the last item of Definition 1 while the other items are covered by $Pdia(do(\eta, S_0), do(\delta, S_0))$: Let $\bar{\sigma} = do(\eta, S_0)$ and $\tilde{\sigma} = do(\delta, S_0)$. If $\tilde{\sigma} = S_0$ (i. e. $\delta = []$) then δ can only be a diagnosis iff $\bar{\sigma} = S_0$ as well (i. e. $\eta = []$), since the first item of Definition 1 implies that no diagnosis is shorter than the history. (That is because a diagnosis must contain a variation of each history action.) Otherwise, if $\bar{\sigma} = do(\alpha', \sigma')$ with $\sigma' = do(\delta', S_0)$ then δ is a diagnosis iff

δ' is a diagnosis already ($Pdia(\bar{\sigma}, \sigma')$) and α' is an additional, namely an explanatory action ($Expl(\alpha')$)

or

α' is a variation of the latest history action, say α, ($Vari(\alpha, \alpha')$) and δ' is a diagnosis for the "rest of the history", say σ, ($Pdia(\sigma, \sigma')$). Here we have $\bar{\sigma} = do(\alpha, \sigma)$.

In both cases, due to the fourth item α' has to be possible in σ' ($Poss(\alpha', \sigma')$).

4 Diagnosis Preference Criteria

A means of capturing the last of the above-mentioned requirements are **diagnosis preference criteria.**

- A *subsequence test* yields a simple preference criterion. For example, $\delta^{(1)}$ is a proper subsequence of $\delta^{(6)}$ and $\delta^{(2)}$ is a proper subsequence of $\delta^{(5)}$. So $\delta^{(1)}$ and $\delta^{(2)}$ are preferable to $\delta^{(6)}$ and $\delta^{(5)}$ respectively.
- Another simple preference criterion is the *number of changes* between a diagnosis and the history. For example, $\delta^{(2)}$, $\delta^{(4)}$ have only one change, $\delta^{(1)}$, $\delta^{(3)}$, $\delta^{(5)}$ have two changes and $\delta^{(6)}$ has three changes in comparison with $\eta^{\bullet}$.[3]
- A somewhat more elaborated version of the number-of-changes criterion is weighting the single changes and summing up the weights for each diagnosis.[4]

One problem with *simple* weighting criteria is that some events inevitably entail other changes. For example, after $robot\_loses(B)$ in $\delta^{(1)}$ $put\_down(B)$ could not have taken place since it is necessary to have an object in order to put it down. Thus $\delta^{(1)}$ must contain the failure variation $put\_down'(B)$ instead of $put\_down(B)$. (The case of $\delta^{(3)}$ is similar.) Such entailed changes should not count as independent changes or at least only with a (very) small weight. Otherwise diagnoses containing entailing actions (like $robot\_loses(B)$) are likely to be devalued.

Therefore more elaborate criteria are necessary, possibly based on preferences and probabilities of action variations and explanatory actions.

5 Probabilities as Preference Criterion

Imagine that our example robot has an unreliable gripper but accurate navigation. Then losing an object (i. e. the occurrence of a *robot_loses*-action) is more likely than getting lost (i. e. the occurrence of a *arrive_at*-variation). Also, the

---

[3] Note that a proper subsequence has a smaller number of changes.
[4] If all weights are 1 we get the number of changes again.

pick_up-action is likely to fail, while a failure variation of the *put_down*-action may be unlikely *unless* it is entailed by a previous action whereby it becomes certain (see above).

We would like to base our preference criterion on such likelihoods and will use probability distributions for these purposes. At first, we indroduce the notation in a "semi-formal" way.

Let ϕ be an observation and $\eta = [\eta_1, \ldots, \eta_n]$ a history. To simplify matters assume that the explanatory actions and the variations of history actions are disjoint, like in the robot example. This can always be archieved.

Lemma 2. *For each action theory there is an "equivalent" action theory such that the explanatory actions and the variation actions are disjoint.*

Proof (Sketch). For each action name being a variation action name and an explanatory action name as well cancel its role as an explanatory action name and introduce a new explanatory action name such that the corresponding actions have the same precondition, the same effects and the same variations.

For each action sequence $\alpha = [\alpha_1, \ldots, \alpha_\ell]$ let $\#\alpha$ denote the number of variations of history actions in $\{\alpha_1, \ldots, \alpha_\ell\}$. Then α has "treated" $\eta_1, \ldots, \eta_{\#\alpha}$ already and $\eta_{\#\alpha+1}$ is the next history action that is not yet treated by α.

We make use of the following probabilities:

$\Pr(\alpha \mid \phi, \eta) =$
   probability that the action sequence α occurs as the first part of a diagnosis given ϕ and η [5]
$\Pr(\alpha \mid \phi, \eta, \alpha) =$
   probability that after a first part α of a diagnosis
   – the explanatory action α occurs
   – the variation action α occurs instead of $\eta_{\#\alpha+1}$
   given ϕ and η

If $\#\alpha =$ length of the history η, then we regard as the only variation of the "imaginary action" $\eta_{\#\alpha+1}$ an action without any effects (which is *noop* in the robot example).[6]

If $\alpha = [\alpha_1, \ldots, \alpha_\ell]$ and $\alpha' = [\alpha_1, \ldots, \alpha_\ell, \alpha]$ then

$$\Pr(\alpha' \mid \phi, \eta) = \Pr(\alpha \mid \phi, \eta, \alpha) \cdot \Pr(\alpha \mid \phi, \eta)$$

Hence for each action sequence $\alpha = [\alpha_1, \ldots, \alpha_\ell]$ and with $\alpha_{[k]} = [\alpha_1, \ldots, \alpha_k]$ for each $k \in \{0, \ldots, \ell\}$

$$\Pr(\alpha \mid \phi, \eta) = \prod_{k=1}^{\ell} \Pr(\alpha_k \mid \phi, \eta, \alpha_{[k-1]}) \tag{1}$$

---

[5] Note that $\Pr([\,] \mid \phi, \eta) = 1$.
[6] $\#\alpha >$ length of the history η is impossible since each first part of a diagnosis contains at most one variation for each history action.

In most cases it will be intractable to determine all the probabilities $\Pr(\alpha \mid \phi, \eta, \alpha)$, thus simplifications have to be made. However, normally $\Pr(\alpha \mid \phi, \eta, \alpha)$ does not depend on every aspect of ϕ, η, α but only on certain properties or *features* of ϕ, η, α. Such features for the robot example were mentioned at the beginning of this section:

- An entailing action for *put_down'* occurred.
- The robot is having x.
- A *start_for*-action to room r occurred.

Formally we have a non-empty set $\mathbb{F}$ of features. We assume there is at least one feature for all ϕ, η, α and the features are mutually exclusive.[7] Thus for all ϕ, η, α there is a single feature $\mathcal{F}(\phi, \eta, \alpha) \in \mathbb{F}$. The fact that $\Pr(\alpha \mid \phi, \eta, \alpha)$ only depends on the feature of ϕ, η, α is expressed by

$$\Pr(\alpha \mid \phi, \eta, \alpha) = \Pr(\alpha \mid \mathcal{F}(\phi, \eta, \alpha)) \tag{2}$$

Mathematically this is equivalent to the conditional independence

$$\Pr(\alpha \mid \phi, \eta, \alpha, \mathcal{F}(\phi, \eta, \alpha)) = \Pr(\alpha \mid \mathcal{F}(\phi, \eta, \alpha))$$

because we have

$$\Pr(\ldots, \phi, \eta, \alpha) = \Pr(\ldots, \phi, \eta, \alpha, \mathcal{F}(\phi, \eta, \alpha))$$

(since $\mathcal{F}(\phi, \eta, \alpha)$ is implied by ϕ, η, α) and therefore

$$\Pr(\alpha \mid \phi, \eta, \alpha) = \Pr(\alpha \mid \phi, \eta, \alpha, \mathcal{F}(\phi, \eta, \alpha))$$

Note that this "feature approach" does not lack generality since $\mathcal{F}(\phi, \eta, \alpha) = (\phi, \eta, \alpha)$ is possible.

Combining Equation (1) and Equation (2) yields

$$\Pr(\alpha \mid \phi, \eta) = \prod_{k=1}^{\ell} \Pr(\alpha_k \mid \mathcal{F}(\phi, \eta, \alpha_{[k-1]})) \tag{3}$$

This is a source for significantly reducing complexity. If for all ϕ, η, α the number of the explanatory actions or variation actions α such that $\Pr(\alpha \mid \mathcal{F}(\phi, \eta, \alpha)) \neq 0$ is bounded by b then at most $b \cdot |\mathbb{F}|$ probabilities $\Pr(\alpha \mid \mathcal{F}(\phi, \eta, \alpha))$ have to be determined. In the next section we give sample probabilities for the robot example.

---

[7] This is not really a restriction because if there is no feature for some ϕ, η, α or the features are not mutually exclusive then we can use (an appropriate subset of) the power set of these features as $\mathbb{F}$.

6   Probabilities for the Robot Example

In this example we make strong simplifications as we distinguish only six feature types. We choose

$$\mathbb{F} = \{\mathcal{F}_0\} \cup \{\mathcal{F}_1(r), \mathcal{F}_2(r) \mid r \text{ is a room}\} \cup \{\mathcal{F}_3(x), \mathcal{F}_4(x), \mathcal{F}_5(x) \mid x \text{ is an object}\}$$

where $\mathcal{F}(\phi, \eta, \alpha) = \ldots$

$\mathcal{F}_0$	iff	$\#\alpha = \text{length of } \eta$
$\mathcal{F}_1(r)$	iff	$\eta_{\#\alpha+1} = start\_for(r)$
$\mathcal{F}_2(r)$	iff	$\eta_{\#\alpha+1} = arrive\_at(r)$
$\mathcal{F}_3(x)$	iff	$\eta_{\#\alpha+1} = pick\_up(x)$
$\mathcal{F}_4(x)$	iff	$\eta_{\#\alpha+1} = put\_down(x)$ and $Having(x)$ holds in $do(\alpha, S_0)$
$\mathcal{F}_5(x)$	iff	$\eta_{\#\alpha+1} = put\_down(x)$ and $Having(x)$ does not hold in $do(\alpha, S_0)$

$\mathcal{F}_4$ and $\mathcal{F}_5$ cover the cases where a failure variation of the put_down-action is entailed ($\mathcal{F}_5$) or is not entailed ($\mathcal{F}_4$) by a previous action.

Let O denote the number of objects and R the number of rooms. So $|\mathbb{F}| = 1 + 2 \cdot R + 3 \cdot O$. To give concrete values we have chosen $O = 10$ and $R = 4$. Hence $|\mathbb{F}| = 39$, but we handle the different features of a type in the same manner. In what follows o ranges over all objects and c ranges over all rooms.

All the non-zero probabilities of this example are shown below. To obtain the probabilities we first chose integer values to express qualitative estimates. Then normalization factors are applied in order to obtain proper probability distributions. For example, the normalization constant, denoted by $1/\nu$, in the case of $\mathcal{F}_2$ can be calculated with $\nu = O \cdot 6 + O \cdot 1 + 1 \cdot 80 + (R - 1) \cdot 2 = 156$, while $\nu = 160$ in the case of $\mathcal{F}_0$ and $\mathcal{F}_1$, and $\nu = 159$ in the case of $\mathcal{F}_3$, $\mathcal{F}_4$ and $\mathcal{F}_5$. The qualitative estimates and therefore the probabilities reflect the assumption that the example robot has an unreliable gripper but accurate navigation and that put_down' may be entailed: compare

- $\Pr(pick\_up(x) \mid \mathcal{F}_3)$ to $\Pr(pick\_up'(x) \mid \mathcal{F}_3)$
- $\Pr(arrive\_at(r) \mid \mathcal{F}_2)$ to $\Pr(arrive\_at(c) \mid \mathcal{F}_2)$
- $\Pr(put\_down'(x) \mid \mathcal{F}_4)$ to $\Pr(put\_down'(x) \mid \mathcal{F}_5)$
- $\Pr(put\_down(x) \mid \mathcal{F}_4)$ to $\Pr(put\_down(x) \mid \mathcal{F}_5)$

$\Pr(put\_down(x) \mid \mathcal{F}_5) = 0$ ensures that no diagnosis with non-zero probability contains $put\_down(x)$ if an entailing action for put_down' occurred.

$\underline{\mathcal{F}_0}$:

$$\Pr(robot\_loses(o) \mid \mathcal{F}_0) = 6/\nu \approx 0.038$$
$$\Pr(somebody\_takes(o) \mid \mathcal{F}_0) = 1/\nu \approx 0.006$$
$$\Pr(noop \mid \mathcal{F}_0) = 90/\nu \approx 0.563$$

$\mathcal{F}_1(\mathsf{r})$:

$$\Pr(\mathit{robot\_loses}(\mathsf{o}) \mid \mathcal{F}_1(\mathsf{r})) = 6/\nu \approx 0.038$$
$$\Pr(\mathit{somebody\_takes}(\mathsf{o}) \mid \mathcal{F}_1(\mathsf{r})) = 1/\nu \approx 0.006$$
$$\Pr(\mathit{start\_for}(\mathsf{r}) \mid \mathcal{F}_1(\mathsf{r})) = 90/\nu \approx 0.563$$

$\mathcal{F}_2(\mathsf{r})$:

$$\Pr(\mathit{robot\_loses}(\mathsf{o}) \mid \mathcal{F}_2(\mathsf{r})) = 6/\nu \approx 0.038$$
$$\Pr(\mathit{somebody\_takes}(\mathsf{o}) \mid \mathcal{F}_2(\mathsf{r})) = 1/\nu \approx 0.006$$
$$\Pr(\mathit{arrive\_at}(\mathsf{r}) \mid \mathcal{F}_2(\mathsf{r})) = 80/\nu \approx 0.513$$
$$\Pr(\mathit{arrive\_at}(\mathsf{c}) \mid \mathcal{F}_2(\mathsf{r})) = 2/\nu \approx 0.013 \quad (\mathsf{c} \neq \mathsf{r})$$

$\mathcal{F}_3(\mathsf{x})$:

$$\Pr(\mathit{robot\_loses}(\mathsf{o}) \mid \mathcal{F}_3(\mathsf{x})) = 6/\nu \approx 0.038$$
$$\Pr(\mathit{somebody\_takes}(\mathsf{o}) \mid \mathcal{F}_3(\mathsf{x})) = 1/\nu \approx 0.006$$
$$\Pr(\mathit{pick\_up}'(\mathsf{x}) \mid \mathcal{F}_3(\mathsf{x})) = 20/\nu \approx 0.126$$
$$\Pr(\mathit{pick\_up}(\mathsf{x}) \mid \mathcal{F}_3(\mathsf{x})) = 60/\nu \approx 0.377$$
$$\Pr(\mathit{pick\_up}(\mathsf{o}) \mid \mathcal{F}_3(\mathsf{x})) = 1/\nu \approx 0.006 \quad (\mathsf{o} \neq \mathsf{x})$$

$\mathcal{F}_4(\mathsf{x})$:

$$\Pr(\mathit{robot\_loses}(\mathsf{o}) \mid \mathcal{F}_4(\mathsf{x})) = 6/\nu \approx 0.038$$
$$\Pr(\mathit{somebody\_takes}(\mathsf{o}) \mid \mathcal{F}_4(\mathsf{x})) = 1/\nu \approx 0.006$$
$$\Pr(\mathit{put\_down}'(\mathsf{x}) \mid \mathcal{F}_4(\mathsf{x})) = 5/\nu \approx 0.031$$
$$\Pr(\mathit{put\_down}(\mathsf{x}) \mid \mathcal{F}_4(\mathsf{x})) = 75/\nu \approx 0.472$$
$$\Pr(\mathit{put\_down}(\mathsf{o}) \mid \mathcal{F}_4(\mathsf{x})) = 1/\nu \approx 0.006 \quad (\mathsf{o} \neq \mathsf{x})$$

$\mathcal{F}_5(\mathsf{x})$:

$$\Pr(\mathit{robot\_loses}(\mathsf{o}) \mid \mathcal{F}_5(\mathsf{x})) = 6/\nu \approx 0.038$$
$$\Pr(\mathit{somebody\_takes}(\mathsf{o}) \mid \mathcal{F}_5(\mathsf{x})) = 1/\nu \approx 0.006$$
$$\Pr(\mathit{put\_down}'(\mathsf{x}) \mid \mathcal{F}_5(\mathsf{x})) = 80/\nu \approx 0.503$$
$$\Pr(\mathit{put\_down}(\mathsf{x}) \mid \mathcal{F}_5(\mathsf{x})) = 0/\nu \approx 0.000$$
$$\Pr(\mathit{put\_down}(\mathsf{o}) \mid \mathcal{F}_5(\mathsf{x})) = 1/\nu \approx 0.006 \quad (\mathsf{o} \neq \mathsf{x})$$

With these values we can compute the probabilities of the diagnoses $\delta^{(1)}, \ldots,$ $\delta^{(6)}$ as well as of other first parts of diagnoses, like η^* (which is a first part of $\delta^{(4)}$). Applying Equation (3) yields

$$
\begin{aligned}
\Pr(\delta^{(1)} \mid \phi^*, \eta^*) = {}& \Pr(pick\_up(\mathsf{B}) \mid \mathcal{F}(\phi^*, \eta^*, \delta^{(1)}{}_{[0]})) \\
& \cdot \Pr(start\_for(\mathsf{R}) \mid \mathcal{F}(\phi^*, \eta^*, \delta^{(1)}{}_{[1]})) \\
& \cdot \Pr(robot\_loses(\mathsf{B}) \mid \mathcal{F}(\phi^*, \eta^*, \delta^{(1)}{}_{[2]})) \\
& \cdot \Pr(arrive\_at(\mathsf{R}) \mid \mathcal{F}(\phi^*, \eta^*, \delta^{(1)}{}_{[3]})) \\
& \cdot \Pr(put\_down'(\mathsf{B}) \mid \mathcal{F}(\phi^*, \eta^*, \delta^{(1)}{}_{[4]})) \\
= {}& \Pr(pick\_up(\mathsf{B}) \mid \mathcal{F}_3(\mathsf{B})) \\
& \cdot \Pr(start\_for(\mathsf{R}) \mid \mathcal{F}_1(\mathsf{R})) \\
& \cdot \Pr(robot\_loses(\mathsf{B}) \mid \mathcal{F}_2(\mathsf{R})) \\
& \cdot \Pr(arrive\_at(\mathsf{R}) \mid \mathcal{F}_2(\mathsf{R})) \\
& \cdot \Pr(put\_down'(\mathsf{B}) \mid \mathcal{F}_5(\mathsf{B})) \\
= {}& 60/159 \cdot 90/160 \cdot 6/156 \cdot 80/156 \cdot 80/159
\end{aligned}
$$

$$
\Pr(\delta^{(2)} \mid \phi^*, \eta^*) = 60/159 \cdot 90/160 \cdot 2/156 \cdot 75/159
$$
$$
\Pr(\delta^{(3)} \mid \phi^*, \eta^*) = 20/159 \cdot 90/160 \cdot 80/156 \cdot 80/159
$$
$$
\Pr(\delta^{(4)} \mid \phi^*, \eta^*) = \Pr(\eta^* \mid \phi^*, \eta^*) \cdot 1/160
$$
$$
\Pr(\delta^{(5)} \mid \phi^*, \eta^*) = \Pr(\delta^{(2)} \mid \phi^*, \eta^*) \cdot 1/160
$$
$$
\Pr(\delta^{(6)} \mid \phi^*, \eta^*) = \Pr(\delta^{(1)} \mid \phi^*, \eta^*) \cdot 1/160
$$
$$
\Pr(\eta^* \mid \phi^*, \eta^*) = 60/159 \cdot 90/160 \cdot 80/156 \cdot 75/159
$$

Thus

$$
\Pr(\delta^{(1)} \mid \phi^*, \eta^*) \approx 0.002107 \approx 0.0410 \cdot \Pr(\eta^* \mid \phi^*, \eta^*)
$$
$$
\Pr(\delta^{(2)} \mid \phi^*, \eta^*) \approx 0.001284 \approx 0.0250 \cdot \Pr(\eta^* \mid \phi^*, \eta^*)
$$
$$
\Pr(\delta^{(3)} \mid \phi^*, \eta^*) \approx 0.018256 \approx 0.3556 \cdot \Pr(\eta^* \mid \phi^*, \eta^*)
$$
$$
\Pr(\delta^{(4)} \mid \phi^*, \eta^*) \approx 0.000321 \approx 0.0063 \cdot \Pr(\eta^* \mid \phi^*, \eta^*)
$$
$$
\Pr(\delta^{(5)} \mid \phi^*, \eta^*) \approx 0.000008 \approx 0.0002 \cdot \Pr(\eta^* \mid \phi^*, \eta^*)
$$
$$
\Pr(\delta^{(6)} \mid \phi^*, \eta^*) \approx 0.000013 \approx 0.0003 \cdot \Pr(\eta^* \mid \phi^*, \eta^*)
$$
$$
\Pr(\eta^* \mid \phi^*, \eta^*) \approx 0.051346 = 1.0000 \cdot \Pr(\eta^* \mid \phi^*, \eta^*)
$$

One can see that diagnoses connected to the unreliable gripper, $\delta^{(3)}$ and $\delta^{(1)}$, have a higher probability than the diagnosis connected to inaccurate navigation, $\delta^{(2)}$. Also subsequences have higher probabilities: compare $\delta^{(2)}$ to $\delta^{(5)}$ and $\delta^{(1)}$ to $\delta^{(6)}$.

The probability of a diagnosis δ with length m is a product of m factors each of which is less than 1. Therefore longer diagnoses are likely to have a lower probability. The geometrical mean value $\Pr(\delta \mid \phi, \eta)^{1/m}$ provides a means of comparing diagnoses independently of their length since it is the "average probability" of the actions in the diagnoses.

$$\Pr(\delta^{(1)} \mid \phi^*, \eta^*)^{1/5} \approx 0.292$$

$$\Pr(\delta^{(2)} \mid \phi^*, \eta^*)^{1/4} \approx 0.189$$

$$\Pr(\delta^{(3)} \mid \phi^*, \eta^*)^{1/4} \approx 0.368$$

$$\Pr(\delta^{(4)} \mid \phi^*, \eta^*)^{1/5} \approx 0.200$$

$$\Pr(\delta^{(5)} \mid \phi^*, \eta^*)^{1/5} \approx 0.096$$

$$\Pr(\delta^{(6)} \mid \phi^*, \eta^*)^{1/6} \approx 0.154$$

$$\Pr(\eta^* \mid \phi^*, \eta^*)^{1/4} \approx 0.476$$

From these values the preferableness of $\delta^{(1)}$ to $\delta^{(2)}$ (which have different length) is more obvious than from the probabilities. Note that $\delta^{(4)}$ has a lower probability but a higher geometrical mean value than $\delta^{(2)}$ (since $\delta^{(4)}$ has length 5 while $\delta^{(2)}$ has length 4).

7 Computing Most Preferable Diagnoses

In order to compute the most preferable diagnoses (i.e. a diagnosis with highest probability) one can use an algorithm similar to uniform-cost-search or $\overset{*}{A}$-search if a heuristic is available. The state space of the search consists of action sequences that are intended for being a first part of a diagnosis. A rough outline of the algorithm is:

- start with the empty action sequence $[]$ which has value $1 = \Pr([] \mid \phi, \eta)$
- expand an action sequence α by an appropriate action α, i.e., an explanatory action or a variation of the next history action that is not yet treated by α (cf. the desciption of $\Pr(\alpha \mid \phi, \eta, \alpha)$ in section 5)
- use $\Pr(\alpha \mid \phi, \eta, \alpha)$ for updating the "path cost" which are probabilities in effect
- in every step, expand the action sequence α with the *highest* "path cost" $\Pr(\alpha \mid \phi, \eta)$
- stop the search if a history-based diagnosis is found

The algorithm is sound and optimal (in the sense that it outputs a history-based diagnosis with highest probability). There are weak conditions on the probabilities under which the algorithm is complete. For example, if a diagnosis with non-zero probability exists then it is sufficient for completeness that the number of actions α such that $\Pr(\alpha \mid \phi, \eta, \alpha) \neq 0$ is finite and a $\varepsilon > 0$ exists such that $\Pr(\alpha \mid \phi, \eta, \alpha) \leq 1 - \varepsilon$ for each explanatory action α.

8 Implementation

In addition to the theoretical investigations we have implemented a prototypical diagnostic system using Prolog — with promising results. At present, called with the example history and observation (even though a somewhat different preference criterion is used) the system outputs the following diagnoses:

```
history: [pu(B), sf(R), aa(R), pd(B)]
observation: not(at(B, R))
diagnoses:

[pu'(B), sf(R), aa(R), pd'(B)]
[pu(B), rl(B), sf(R), aa(R), pd'(B)]
[pu(B), sf(R), rl(B), aa(R), pd'(B)]
[pu(B), sf(R), aa(R), pd'(B)]
[pu(B), sf(R), aa(r), pd(B)]
[pu(B), sf(R), aa(R), pd(B), st(B)]
[pu'(B), sf(R), aa(r), pd'(B)]
[pu(B), rl(B), sf(R), aa(r), pd'(B)]
[pu(B), sf(R), rl(B), aa(r), pd'(B)]
[pu(B), sf(R), aa(r), rl(B), pd'(B)]
...
```

The first, third, fifth and sixth computed diagnosis correspond to $\delta^{(3)}$, $\delta^{(1)}$, μ (a *diagnosis pattern* covering $\delta^{(2)}$ (see below)) and $\delta^{(4)}$, respectively.

9 Conclusion

We introduced the notion of history-based diagnosis in the situation calculus and demonstrated the benefit of this approach for diagnosis in dynamic domains. Furthermore we showed how diagnosis preference criteria can be described using probabilities and outlined an algorithm guaranteeing to find the most preferred diagnoses.

This is work in progress and a lot remains to be done. The topics currently under investigation include:

- *diagnosis preference criteria*
  Probabilities as preference criterion have some shortcomings. Their handling is somewhat clumsy because of some restrictions of probability theory, e. g., probabilities must add up to 1. Therefore we search for other (and "better") preference criteria.
- *detecting diagnosis representations*
  E. g., for each room different from R there is a diagnosis similar to $\delta^{(2)}$. They all could be represented by the *diagnosis pattern*

$$\mu = [pick\_up(B), start\_for(R), arrive\_at(r), put\_down(B)]$$

  together with the constraint $r \neq R$.
- *incorporating intermediate observations*
  E. g., if the robot had checked that it had B before heading towards R, $\delta^{(3)}$ is no longer a valid diagnosis. If it had checked the same before putting B down, $\delta^{(1)}$ and $\delta^{(6)}$ are invalid as well.

- *incorporating time*
  i. e., adapting the history-based diagnosis approach to temporal extensions of the situation calculus
- *inserting special "diagnostic actions" in plans and/or*
- *monitoring plan executions*
  in order to detect the necessity of starting a diagnostic routine
- *recovering from error*
  i. e., using diagnoses to rectify the performance
- *ontological distinctions between actions*
  E. g., as mentioned above, the robot has control over the initiation of an action, but not over its actual effects: *start_for*, *arrive_at*, *pick_up* and *robot_loses* belong to different ontological classes.

References

[1] Walter Hamscher, Luca Console, and Johan de Kleer, editors. *Readings in Model-based Diagnosis*. Morgan Kaufmann Publishers, 1992.

[2] Hector Levesque, Fiora Pirri, and Ray Reiter. Foundations for the situation calculus. *Linköping Electronic Articles in Computer and Information Science*, 3(018), 1998. http://www.ep.liu.se/ea/cis/1998/018/.

[3] John McCarthy. Situations, actions and causal laws. Stanford Artificial Intelligence Project: Memo 2, 1963. reprinted in [6, pages 410–417].

[4] John McCarthy and Patrick J. Hayes. Some philosophical problems from the standpoint of artificial intelligence. In B. Meltzer and D. Michie, editors, *Machine Intelligence 4*, pages 463–502. Edinburgh University Press, 1969.

[5] Sheila A. McIlraith. Explanatory diagnosis: Conjecturing actions to explain observations. In *Proceedings of the Sixth International Conference on Principles of Knowledge Representation and Reasoning (KR-98)*, pages 167–177, 1998.

[6] Marvin L. Minsky, editor. *Semantic Information Processing*. MIT Press, Cambridge, MA, 1968.

[7] Ray Reiter and Fiora Pirri. Some contributions to the metatheory of the situation calculus. *Journal of the ACM*, 46(3):261–325, 1999.

Appendix: Axioms for the Robot Example

explanatory action axiom:

$$Expl(a) \equiv \exists x \, [a = robot\_loses(x) \lor a = somebody\_takes(x)]$$

action variation axioms:

$$Vari(start\_for(r), a) \equiv a = start\_for(r)$$

$$Vari(arrive\_at(r), a) \equiv \exists r' \, a = arrive\_at(r')$$

$$Vari(pick\_up(x), a) \equiv \exists x' \, a = pick\_up(x') \lor a = pick\_up'(x)$$

$$Vari(pick\_up'(x), a) \equiv a = pick\_up'(x) \lor a = noop$$

$$Vari(put\_down(x), a) \equiv \exists x' \, a = put\_down(x') \lor a = put\_down'(x)$$
$$Vari(put\_down'(x), a) \equiv a = put\_down'(x) \lor a = noop$$
$$Vari(robot\_loses(x), a) \equiv a = robot\_loses(x) \lor a = noop$$
$$Vari(somebody\_takes(x), a) \equiv a = somebody\_takes(x) \lor a = noop$$
$$Vari(noop, a) \equiv a = noop$$

action precondition axioms:

$$Poss(start\_for(r), s) \equiv Room(r)$$
$$Poss(arrive\_at(r), s) \equiv Room(r) \land Moving(s)$$
$$Poss(pick\_up(x), s) \equiv Object(x) \land \exists r \, [At(x, r, s) \land At(robot, r, s)]$$
$$Poss(pick\_up'(x), s) \equiv Object(x) \land \neg Moving(s)$$
$$Poss(put\_down(x), s) \equiv Having(x, s) \land \neg Moving(s)$$
$$Poss(put\_down'(x), s) \equiv \neg Moving(s)$$
$$Poss(robot\_loses(x), s) \equiv Having(x, s)$$
$$Poss(somebody\_takes(x), s) \equiv Object(x)$$
$$Poss(noop, s) \equiv true$$

successor state axioms:

$$
\begin{aligned}
At(x, r, do(a, s)) \equiv \ & [a = put\_down(x) \land At(robot, r, s)] \\
& \lor [a = robot\_loses(x) \land At(robot, r, s)] \\
& \lor [a = arrive\_at(r) \land x = robot] \\
& \lor [At(x, r, s) \land \neg[\ a = pick\_up(x) \\
& \qquad\qquad \lor a = somebody\_takes(x) \\
& \qquad\qquad \lor [\exists r' \, a = start\_for(r') \land x = robot]]]
\end{aligned}
$$

$$
\begin{aligned}
Moving(do(a, s)) \equiv \ & \exists r' \, a = start\_for(r') \\
& \lor [Moving(s) \land \neg \exists r \, a = arrive\_at(r)]
\end{aligned}
$$

$$
\begin{aligned}
Having(x, do(a, s)) \equiv \ & a = pick\_up(x) \\
& \lor [Having(x, s) \land \neg[\ a = put\_down(x) \\
& \qquad\qquad \lor a = robot\_loses(x) \\
& \qquad\qquad \lor a = somebody\_takes(x)]]
\end{aligned}
$$

initial situation axioms:

unique names axioms for the constants $robot, \mathsf{B}, \mathsf{R}, \mathsf{R}', \mathsf{R}^\circ$ etc.

$$Object(\mathsf{B}) \land Room(\mathsf{R}) \land Room(\mathsf{R}') \land Room(\mathsf{R}^\circ) \land \ldots$$

$$\neg Object(robot) \land \neg Room(robot) \land \forall x \, \neg[Object(x) \land Room(x)]$$

$$At(\mathsf{B}, \mathsf{R}^\circ, S_0) \land At(robot, \mathsf{R}^\circ, S_0) \land \neg Moving(S_0) \land \neg \exists x \, Having(x, S_0)$$

Modellierung und Unterstützung verfahrenstechnischer Modellierungsprozesse

Claudia Krobb und Jörg Hackenberg

Lehrstuhl für Prozesstechnik, RWTH Aachen
Turmstraße 46, 52056 Aachen, Germany
{Krobb,Hackenberg}@lfpt.rwth-aachen.de

Zusammenfassung. Die mathematische Modellierung verfahrenstechnischer Produktionsprozesse ist die Voraussetzung für die Durchführung von Simulationsexperimenten, welche bei der Prozessentwicklung und –verbesserung eine wichtige Rolle spielen. Die Modellerstellung und –überarbeitung ist ein komplexer Vorgang, dessen computerbasierte Unterstützung zur Verringerung der Kosten und zur Fehlervermeidung beitragen kann. Grundlage für die Unterstützung sind die Analyse und formale Abbildung der Arbeitsabläufe und der durch sie bearbeiteten Prozessmodelle. Dabei sind die speziellen Anforderungen der Verfahrenstechnik zu berücksichtigen. Diese werden anhand zweier Beispiele herausgearbeitet, anschließend wird ein die Anforderungen erfüllendes Arbeitsprozessmodell vorgestellt und eine prototypische Unterstützungsumgebung für verfahrenstechnische Modellierungsprozesse skizziert.

1 Motivation

Mathematische Modelle verfahrenstechnischer Prozesse sind die Grundlage für Simulationsexperimente, in denen das Verhalten eines Prozesses unter verschiedenen Bedingungen untersucht werden kann. Diese Experimente liefern wichtige Erkenntnisse, um den Prozess sicherer, effizienter oder auch überhaupt erst möglich zu machen. Die Entwicklung mathematischer Prozessmodelle ist ein komplexer Vorgang, der vom Modellierer sowohl fundiertes Fachwissen als auch Kreativität verlangt. Die Arbeitsabläufe während der Modellentwicklung sind komplex und oft nicht vollständig bekannt. Dies führt zu einem nicht unerheblichen Wissensverlust, wenn ein Experte ein Unternehmen verlässt oder in den Ruhestand geht. Ein weiteres Problem besteht in der steilen Lernkurve für neue, unerfahrene Mitarbeiter.

In einer prototypischen Modellierungsumgebung soll ein Modellierer entsprechend seiner Ansprüche unterstützt wird. Dabei werden feststehende Abläufe automatisiert, um dem Anwender die Möglichkeit zur Konzentration auf das Wesentliche zu geben. Weiterhin sollen situationsabhängig ausführbare Arbeitsschritte vorgeschlagen werden und es soll für den Anwender die Möglichkeit bestehen, sich auf Wunsch durch vorgefertigte Arbeitsschrittsequenzen führen zu lassen.

Voraussetzung für die Implementierung einer solchen Unterstützungsfunktionalität ist zunächst ein möglichst detailliertes Verständnis der Arbeitsabläufe selbst. Wir haben uns hierzu zwei Teilabläufe der Prozessmodellierung, die *dimensionale Reduktion* und die *Modellinitialisierung,* herausgegriffen. Bei der dimensionalen Reduktion wird ein zunächst dreidimensionales mathematisches Prozessmodell durch Vernachlässigung von Variationen von Prozessgrößen in ein oder zwei physikalischen Dimensionen und die Substitution von Mittelwerten vereinfacht. Dieser Vorgang ist stark algorithmisch und kann teilweise automatisiert werden. Es sind allerdings an verschiedenen Stellen des Arbeitsablaufes immer wieder Entscheidungen auf der Grundlage verfahrenstechnischen Prozessverständnisses und des zu dieser Zeit vorliegenden Modells erforderlich. Die Modellinitialisierung beschäftigt sich mit Methoden, numerische Lösungsverfahren, welche zur Durchführung einer Simulation auf ein mathematisches Modell angewendet werden, durch geeignete Wahl von Anfangswerten zur Konvergenz zu bringen. Hierbei kann es zum Beispiel nötig sein, die Anfangswerte zu variieren, das Modell zunächst in einzelne Blöcke aufzuteilen, die getrennt simuliert werden können, oder vereinfachende Modellannahmen zu treffen. Welche Vorgehensweise dabei zum gewünschten Ziel führt, kann nicht vorhergesagt werden, es handelt sich dementsprechend um ein wiederholtes Ausprobieren verschiedener Strategien, bis eine erfolgreich ist. Bei den beiden betrachteten Beispielprozessen handelt es sich um zwei Extreme eines breiten Spektrums von Arbeitsprozessen, die bei der verfahrenstechnischen Prozessmodellierung auftreten können.

Im folgenden Abschnitt werden die Eigenschaften der Arbeitsprozesse und die sich daraus ergebenden Anforderungen an ihre Modellierung genauer beschrieben. Diese werden von dem in Abschnitt 3 vorgestellten Prozessmodell erfüllt. Abschnitt 4 stellt mögliche Unterstützungskonzepte und deren geplante Umsetzung in der Modellierungsumgebung ModKit vor. In Abschnitt 5 wird ein kurzer Überblick über verwandte Arbeiten gegeben, bevor in einem Ausblick die Ergebnisse kritisch bewertet und offene Fragen aufgezeigt werden.

2 Charakteristika verfahrenstechnischer Arbeitsprozesse

Im Folgenden stellen wir die beiden beispielhaft herausgegriffenen Teilprozesse der verfahrenstechnischen Prozessmodellierung kurz vor und gehen auf ihre spezifischen Eigenschaften ein. Daraus leiten sich Anforderungen an einen Formalismus für ihre Beschreibung ab.

2.1 Dimensionale Modellreduktion

Die dimensionale Modellreduktion vereinfacht mathematische Modelle eines verfahrenstechnsichen Prozesses durch die Vernachlässigung der in ein, zwei oder drei Raumdimensionen auftretenden physikalischen Phänomene. Die betreffenden Gleichungsteile werden durch Mittelwerte ersetzt, so dass zum Beispiel wie in Abb. 1 veranschaulicht bei der Modellierung der Temperaturverteilung in einer gekühlten Rohrleitung in Zylinderkoordinaten zunächst die Verteilung über den Umfang und anschließend die Verteilung über den Radius des Rohres im Modell nicht mehr berücksichtigt wird.

Die Erstellung des vereinfachten Modells verläuft immer nach dem gleichen Schema [7]: Zunächst wird aus einer allgemeinen Bilanzgleichung ein dreidimensionales

Modell des Prozesses entwickelt, welches neben differential–algebraischen Gleichungen auch Randwertbedingungen und Anfangswertbedingungen enthält. Für die korrekte Erstellung des Modells aus der allgemeinen Bilanzgleichung ist Wissen über den modellierten Prozess und die zu untersuchenden physikalischen Größen erforderlich. Das Modell wird dann in ein für die geplante Vereinfachung passendes Koordinatensystem spezialisiert und zunächst durch das Treffen von Annahmen bezüglich der physikalischen Phänomene des Prozesses vereinfacht. Anschließend erfolgt eine symbolische Integration über die zu vernachlässigende(n) Koordinate(n). Die einzelnen Arbeitsschritte bauen aufeinander auf und müssen dementsprechend in der angegebenen Reihenfolge ausgeführt werden. Der Ablauf lässt sich teilweise automatisieren, allerdings müssen physikalisches Verständnis und darauf aufbauende Entscheidungen vom Modellierer eingebracht werden.

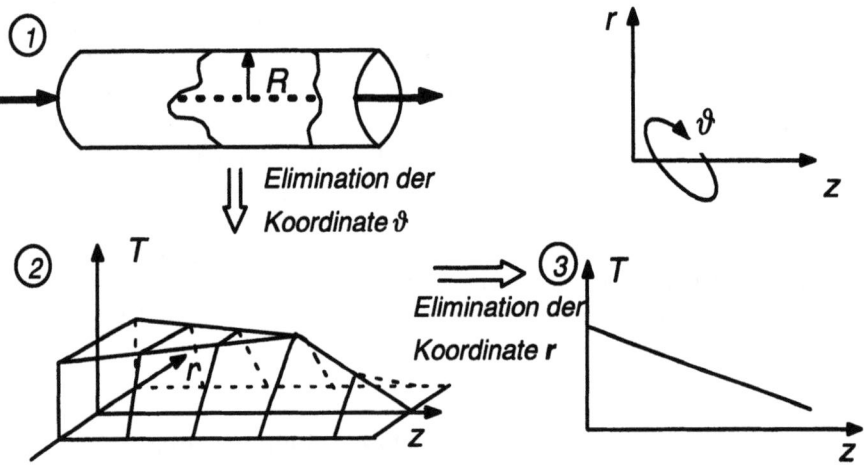

Abb. 1. Veranschaulichung der dimensionalen Reduktion anhand der Modellierung der Temperatur in einer Rohrleitung.

2.2 Modellinitialisierung

Die Modellinitialisierung legt Startwerte für numerische Verfahren zur Lösung von Gleichungssystemen fest. Dabei sind das den Prozess beschreibende Gleichungssystem sowie die zugehörigen Randwertbedingungen gegeben, gesucht sind die Anfangswertbedingungen für die noch nicht mit Werten belegten Variablen. Dies sind die zu berechnenden Größen. Die gesuchten Startwerte werden üblicherweise in einem iterativen Prozess festgelegt, wobei passende Werte durch Versuch und Irrtum bestimmt werden, mit dem Ziel, eine Wertekombination zu finden, so dass die numerischen Lösungsverfahren terminieren und somit der verfahrenstechnische Prozess simuliert werden kann.

Neben den Startwerten beeinflussen eine Reihe weiterer Faktoren die Terminierung der numerischen Lösungsverfahren, wie zum Beispiel die Struktur der Modellgleichungen oder die Zahl der Variablen im mathematischen Modell. Sogar die verwendeten Einheiten, also der Umstand, dass Werte in Kilogramm statt in Tonnen angegeben wurden, können dazu führen, dass ein Simulationslauf nicht terminiert. Es existiert eine Sammlung von möglichen Strategien zur Veränderung des Simulationsmodells, die vom Modellierer jeweils aufgrund seiner bisherigen Erfahrungen kombiniert werden, bis sie zum gewünschten Ziel führen [14,20].

2.3 Anforderungen an die Modellierung von Arbeitsprozessen

Aus den oben dargestellten Aufgaben ergeben sich eine Reihe von Anforderungen bezüglich der Ausdrucksstärke eines Formalismus zur Modellierung der zugehörigen Arbeitsschritte und –abläufe.

Flexible Ausführungsreihenfolge. Während bei der dimensionalen Reduktion vorgegebene Aktivitäten in einer festen Abfolge ausgeführt werden, werden im Rahmen der Modellinitialisierung Arbeitsschritte in nicht vorab festlegbarer Reihenfolge und ggf. in Kombination mit neuen, nicht modellierten Aktivitäten durchgeführt.

Abhängigkeiten zwischen Produkt und Arbeitsprozess. Die Ausführbarkeit und auch der exakte Verlauf der Ausführung einer Aktivität hängen meist von dem Zustand des durch sie zu bearbeitenden Produktes, in den hier beschriebenen Abläufen also des mathematischen Prozessmodells, ab. Auch die erwarteten Folgen der Ausführung eines Arbeitsschrittes lassen sich nur über das Produkt beschreiben. Es ist daher nicht möglich oder sinnvoll, Arbeitsschritte und –abläufe unabhängig vom Produktmodell zu definieren.

Datenqualität. Ein immer wieder auftretendes Problem sind ungenaue oder unvollständige Daten. Eine erste Iteration eines Arbeitsschrittes wird häufig auf der Basis von Schätzwerten durchgeführt, die zugrundeliegenden Daten werden mit zunehmendem Wissen immer weiter verfeinert und die Aktivität meist mehrfach wiederholt, bis ein ausreichender Grad an Genauigkeit erreicht ist.

Unvorhersehbare Ergebnisse. In engem Zusammenhang mit den beiden gerade beschriebenen Punkten steht die Tatsache, dass das Resultat einer Aktivität häufig nicht vorhergesagt werden kann. Es existiert meist nicht nur eine kleine Menge möglicher Ergebnisse, sondern eine große Vielfalt, welche die Auflistung aller möglichen Ergenisse unpraktikabel macht.

3 Modellierung von Aktivitäten und Produkten

Es existiert eine Vielzahl von Formalismen zur Modellierung von Arbeitsabläufen, zum Beispiel aus den Bereichen des *Business Process Modeling* oder des *Software Engineering*. Die vorhandenen Modellierungssprachen erfüllen jeweils eine Teilmenge der Anforderungen, welche sich aus einer Arbeitsablaufmodellierung in der Verfahrenstechnik ergeben, aber keine erfüllt alle Anforderungen. Insbesondere die Integration mit dem Produktmodell und die Modellierung ungenauer Information sind häufig nicht möglich [4,5].

3.1 Modellierung von Aktivitäten und Aktivitätsfolgen

Das im Folgenden kurz vorgestellte Aktivitätsmodell baut auf dem NATURE Prozessmodell [8,19] auf, welches ursprünglich für das *Requirements Engineering* entwickelt wurde. Bei der Sprachentwicklung sollten möglichst viele vorhandene Konzepte verwendet und die Änderungen und Erweiterungen auf das Notwendige begrenzt werden.

Die Anpassung des NATURE Prozessmodells an die Bedürfnisse der Verfahrenstechnik erfolgte schrittweise. Zunächst wurden Abläufe bei der Modellerstellung betrachtet [14,17], anschließend wurden diese genauer detailliert und durch Beispiele aus dem Bereich der Prozessentwicklung ergänzt, wodurch zusätzliche Anforderungen definiert wurden, die weitere Änderungen des Modells erforderlich machten.

Das Metamodell zur Aktivitätsmodellierung ist in Abb. 1 in Form eines UML Klassendiagramms dargestellt. Die formale Defintion erfolgte in ConceptBase [13] und ist in [5] genauer beschrieben. Die wesentlichen Klassen des Modells sind *Activity*, welche eine Aktivität beschreibt, und die Assoziationsklassen *InputInformation* und *OutputInformation*, die eine Querverbindung zum Produktmodell herstellen. Die Klasse *System* ist die oberste Klasse des Produktmetamodells [2].

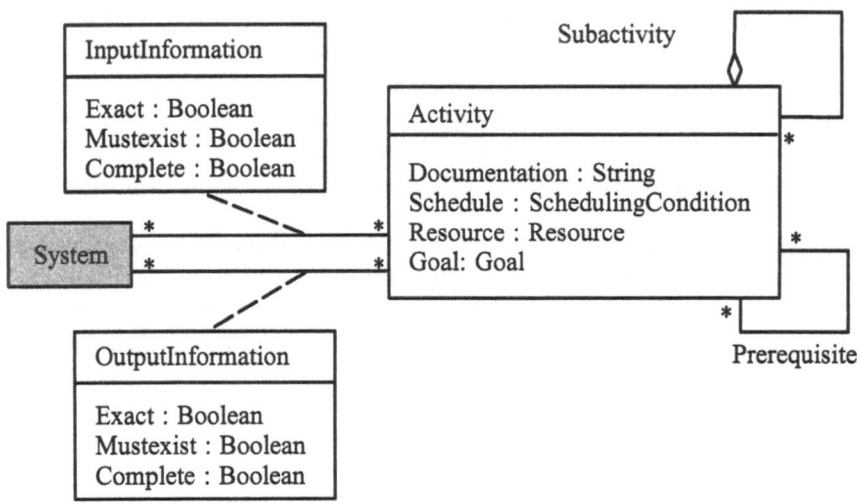

Abb. 1. Metamodell zur Aktivitätsmodellierung.

Eine Instanz von *Activity* beschreibt einen einzelnen Arbeitsschritt, der zur Erreichung eines bestimmten Zieles (*Goal*) unter Einsatz bestimmter Programme oder Aktoren (*Resource*) ausgeführt wird. Ein Weg zur Durchführung einer Aktivität besteht in der Ausführung von vordefiniertem Programmcode (eine *Resource*). Dieser kann sowohl eine vollständig automatisierte Version des Arbeitsschrittes als auch eine umgangssprachliche Anweisung an den Anwender enthalten. Der zweite Weg besteht in der Durchführung von Teilschritten (*Subactivity*), welche selbst wieder Aktivitäten sind. Eine oder auch mehrere Ausführungsreihenfolgen für Teilschritte können als Abfolgebedingungen (*SchedulingConditions*) in einer definierten Syntax [17] angegeben werden. Diese lassen sich meist aus dem Informationsfluss zwischen Aktivitäten ableiten.

Abfolgebedingungen sind Vorschläge für die Ausführungsreihenfolge einer Menge von Aktivitäten, die aber für den Anwender nicht bindend sind. Über die *Prerequisite* Relation kann dagegen eine Ausführungsreihenfolge erzwungen werden. Sie legt unabhängig von den Informationsflüssen fest, welche Aktivitäten vorab durchgeführt werden müssen. Die Attribute *Status* und *Priority,* welche auf der Klassenebene eingeführt werden, werden von der Unterstützungssoftware verwendet, um die Ausführung auf Instanzebene zu koordinieren. Durch die vorgestellten Konstrukte wird dem Bedarf der flexiblen Ausführungsreihenfolge Rechnung getragen.

Instanzen der Assoziationsklassen *InputInformation* und *OutputInformation* bilden die Querverbindungen zwischen Aktivitäten und Produkten. Sie klassifizieren die als Eingangsinformation benötigten und als Ausgangsinformation erzeugten Daten entsprechend der geforderten beziehungsweise garantierten Informationsqualität. Es wird jeweils unterschieden, ob Daten genau sind oder auf Schätzwerten basieren (*Exact*), unbedingt erforderlich sind bzw. garantiert generiert werden oder nicht (*Mustexist*) und ob die Datensätze vollständig oder lückenhaft sind (*Complete*).

Die Assoziationsklasse *OutputInformation* trägt auch der Problematik der unvorhersehbaren Ergebnisse Rechnung, da sie zum Beispiel auf ein unvollständiges, nicht weiter spezifiziertes Gleichungssystem verweisen kann. Sowohl in der *InputInformation* als auch in der *OutputInformation* können *constraints* definiert werden, welche die referenzierten Produkte auf Klassen– oder Attributebene genauer zueinander in Beziehung setzen.

3.2 Modellierung mathematischer Prozessmodelle

Bei der mathematischen Modellierung verfahrenstechnischer Prozesse sind zwei verschiedene Aspekte zu berücksichtigen, welche sich im Datenmodell widerspiegeln. Zum einen die *mathematische* Sicht, welche die formale Struktur der Gleichungen und Variablen wiedergibt, zum anderen die *physikalische* Sicht, welche die physikalische Interpretation des Modells beschreibt.

Das mathematische Modell verbindet Variablen und Konstanten mit Hilfe von Funktionen und Wertzuweisungen zu Ausdrücken, welche durch Gleichungen bzw. Ungleichungen zueinander in Beziehung gesetzt werden.

Das physikalische Modell setzt sich aus Systemgrößen, physikalischen Bedingungen und einem Domänenmodell zusammen. Als Systemgrößen werden zum Beispiel Temperaturen, die Bodenzahl einer Destillationskolonne oder auch extensive thermodynamische Größen bezeichnet. Die physikalischen Bedingungen fassen physikalische Gesetzmäßigkeiten wie Diffusionsgesetze und Stofferhaltungssatz, aber auch Definitionen neuer Systemgrößen zusammen. Im Domänenmodell werden Konzepte wie Volumen und Flächen definiert.

Das mathematische Modell ist eine partielle Verfeinerung des in [2] beschriebenen konzeptuellen Produktmodells für die Verfahrenstechnik und wird in [9] genauer dargestellt.

4 Unterstützung von Arbeitsabläufen

Ziel der formalen Spezifikation von verfahrenstechnischen Modellierungsabläufen ist die Bildung einer Grundlage, auf der ein Unterstützungswerkzeug für Modellierer aufbauen kann. Die prototypische Umgebung COPS (Context Oriented Process Support) ist eingebunden in das Modellierungswerkzeug ModKit [3,16] und bietet einem Modellierer Hilfestellung durch Vorschläge zur nächsten auszuführenden Aktivität oder Führung durch einen vordefinierten Arbeitsablauf.

Abb. 2 zeigt die logische Struktur der ModKit Umgebung einschliesslich COPS und der Datenbank ROME (Repository Of the ModKit Environment). ModKit bietet dem Anwender verschiedene Werkzeuge an, mit deren Hilfe Prozessmodelle erstellt und bearbeitet werden können. Diese können über einen CORBA Event Channel und eine zentrale Koordinationsstelle untereinander kommunizieren und sich so zum Beispiel gegenseitig starten. Über den CORBA Event Channel kann ausserdem Unterstützung durch COPS angefordert werden. Die von den Werkzeugen bearbeiteten Daten werden zentral in ROME gespeichert [21].

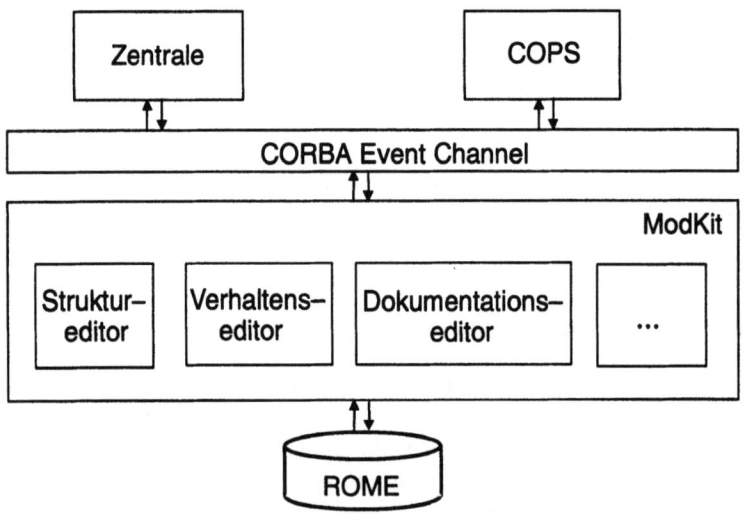

Abb. 2. Logische Struktur der ModKit Umgebung

In der ersten prototypischen Implementierung interagiert COPS nur mit dem Verhaltens–Editor. Im Verhaltenseditor werden Variablen und Gleichungen definiert, welche einen verfahrenstechnischen Prozess beschreiben. Das Werkzeug bietet die Möglichkeit, situationsbezogene Unterstützung anzufordern. Ein solcher Aufruf löst eine Anfrage an COPS aus, wobei das Werkzeug seinen aktuellen Zustand und die Art der Anfrage – Führung durch einen Ablauf oder situationsabhängiger Vorschlag einer Aktivität – über einen CORBA Event übermittelt.

Wird Benutzerführung gewünscht, wird dem Anwender von COPS eine Auswahl möglicher vordefinierter Abläufe vorgestellt, welche dann weitgehend automatisiert ausgeführt werden können. Für eine situationsabhängige Unterstützung durch Vorschlag einer gerade ausführbaren Aktivität durchsucht COPS die Aktivitätsdefinitionen, welche in ConceptBase vorliegen, und bestimmt zunächst diejenigen, welche in der vorliegenden Situation ausführbar sind, deren unbedingt erforderliche, genaue Eingangsinformation also vorhanden ist. Diese Menge wird bei einer großen Trefferzahl durch Rückfragen an den Anwender, zum Beispiel bezüglich seines verfolgten Ziels, weiter eingeschränkt. Sofern die gefundenen Aktivitäten mit Menüpunkten des verwendeten Werkzeugs übereinstimmen, werden diese im Werkzeug selbst besonders hervorgehoben. Zusätzlich wird eine kommentierte Liste der Aktivitäten einschliesslich der vor ihrer Ausführung noch benötigten Informationen, für welche zum Beispiel Schätzwerte eingesetzt werden können, angeboten. Wird eine Aktivität ausgewählt, deren *Prerequisites* noch nicht ausgeführt wurden oder welche auf noch nicht verfügbare Ausgabeinformationen anderer Aktivitäten angewiesen ist, werden deren Prioritäten automatisch erhöht und dadurch – gegebenenfalls in mehreren Schritten – die Aktivität bestimmt, welche ausführbar ist und den Anwender seinem verfolgten Ziel näherbringt.

5 Verwandte Arbeiten

Sowohl die Modellierung von Arbeitsprozessen als auch deren computerbasierte Unterstützung sind keine neuen Forschungsthemen. Die bekanntesten Anwendungsgebiete sind wohl die Modellierung und Unterstützung von Geschäftsprozessen und Softwareentwicklungsprozessen. Hier wurde bereits eine Vielzahl von Formalismen entwickelt, welche verschiedene Aspekte der jeweils untersuchten Arbeitsprozesse erfassen. Das Spektrum reicht vom Situationskalkül, welches zum Beispiel in der Robotik, aber auch in der Unternehmensmodellierung [6] Anwendung findet, bis hin zu rein graphischen Modellen, in denen eine textuelle und damit formale Definition von Aktivitäten nicht möglich ist, z.B. Coordinates [15]. Keine der Sprachen erlaubt es aber, qualitative Aussagen über von den Aktivitäten verwendete und generierte Informationen zu treffen. Häufig fehlt bereits ein detailliertes Produktmodell, auf das aus dem Aktivitätsmodell zurückgegriffen werden kann. Dies ist zum Beispiel in dem in [11] vorgestellten Formalismus der Fall, in dem Produktdaten als Dokumente aufgefasst werden, deren Struktur für die auf ihnen operierenden Managementprozesse nicht weiter von Bedeutung ist.

Zu vielen der Modellierungssprachen für Arbeitsprozesse existiert jeweils eine computerbasierte Unterstützungsumgebung, welche auf den Modellen aufbaut und einen Anwender bei seiner Arbeit unterstützt. Auch hier findet sich wieder ein breites Spektrum an Strategien, von strenger Verfolgung einer vorgegebenen Handlungsabfolge bis hin zu Umgebungen, die "nur" den Informationsfluss unterstützen. Aus dem Anwendungsgebiet der Verfahrenstechnik können hier zum Beispiel ConceptDesigner [10], ein Werkzeug dessen Ziel die weitgehende Automatisierung der verfahrenstechnischen Prozessentwicklung ist, und das aus KBDS [1] hervorgegangene System DRAMA, welches Dokumentation und Entscheidungen während des Prozessentwurfs, aber nicht die Arbeitsabläufe selbst unterstützt, genannt werden. Einen bewertenden Überblick über verschiedene Ansätze bietet [12].

Im Rahmen des Sonderforschungsbereichs SFB 476 IMPROVE an der RWTH Aachen werden neue Methoden zur produkt- und prozessintegrierten Unterstützung verfahrenstechnischer Entwurfsprozesse untersucht, wobei bestehende Werkzeuge in einen Gesamtverbund integriert werden und Unterstützung sowohl auf Managementebene als auch auf der feingranularen Ebene des einzelnen Anwenders angeboten wird [18].

6 Ausblick

Die in Abschnitt 3 vorgestellte Modellierung von Arbeitsabläufen und die darauf aufbauende Unterstützungsumgebung, welche in Abschnitt 4 skizziert wurde, erfüllen Anforderungen der Verfahrenstechnik, welche von bisher existierenden Formalismen
nicht abgedeckt wurden. Allerdings sind auch hier Schwächen zu verzeichnen. Dazu
gehören vor allem die fehlende strukturierte Modellierung von Zielen, Aktoren und
Ressourcen sowie die bisher nicht erfasste Handhabung verschiedener Ausführungs-
phasen von Arbeitsschritten, die sich in Zielfestlegung, Planung, Ausführung und Dokumentation unterteilen lassen. Entsprechend der Ausführungsphase eines Arbeitsablaufes ändern sich dessen jeweiligen Charakteristika und damit die abzubildenden
Informationen.

Zukünftige Arbeiten werden sich, nachdem Erfahrungen mit der hier vorgestellten
Unterstützungsumgebung gesammelt wurden, auf die oben genannten Punkte konzentrieren. Dabei werden durch einen regelmäßigen Austausch von Anforderungen und
Lösungsansätzen mit dem Sonderforschungsbereich IMPROVE Synergieeffekte ausgenutzt.

Danksagung

Die hier vorgestellten Arbeiten wurden von der *Deutschen Forschungsgemeinschaft* im
Rahmen eines Stipendiums im Graduiertenkolleg *Informatik und Technik* an der RWTH
Aachen unterstützt.

Bibliographie

1. Bañares-Alcántara,R., Lababidi, H.M.S.: Design Support Systems for Process Engineering – II.
    KBDS: An Experimental Prototype. Computers chem. Engng, Vol. 19, No. 3, 279–301 (1995)
2. B. Bayer, W. Marquardt: A Product Data Model for Design Data in Chemical Engineering. Tech-
    nical Report LPT–2000–09, Lehrstuhl für Prozesstechnik, RWTH Aachen (2000)
3. Bogusch, R., Lohmann, B., Marquardt, W.: Computer–aided Process Modeling with ModKit.
    Submitted to Comp. Chem. Engng. (1999)
4. Eggersmann, M., Krobb, C., Marquardt, W.: A Modeling Language for Design Processes in
    Chemical Engineering. Submitted to: 19th International Confernece on Conceptual Modeling,
    ER 2000, Salt Lake City, Utah October 9–12 (2000)
5. Eggersmann, M., Krobb, C., Marquardt, W.: A Language for Modeling Design Processes in
    Chemical Engineering. Technical Report LPT–2000–02, Lehrstuhl für Prozesstechnik, RWTH
    Aachen (2000)
6. Fox, M., Gruninger, M.: Enterprise Modeling. AI Magazine, 109–121 (1998)
7. Gerstlauer, A., Hierlemann, M., Marquardt, W.: On the Representation of Balance Equations in a
    Knowledge Based Process Modeling Tool. CHISA'93, Prag, September (1993)
8. Grosz, G., Rolland, C., Schwer, S., Souveyet, C., Plihon, V., Si–Said, S., Ben Achour, C., Gnaho,
    C.: Modelling and Engineering the Requirements Engineering Process: An Overview of the NA-
    TURE Approach, Requirements Engineering, Vol. 2, 115–131 (1997)
9. Hackenberg, J., Krobb, C., Marquardt, W.: An Object–Oriented Data Model to Capture Lumped
    and Distributed Parameter Models of Physical Systems. In: I. Troch, F. Breitenecker (Eds.): Pro-

ceedings of IMACS Symposium on Mathematical Modelling, Vienna, Austria, 2–4.2.2000, AR-GESIM Report No. 15, 339–342 (2000)

10. Han, C., Stephanopoulos, G., Douglas, J.M.: Automation in Design: The Conceptual Synthesis of Chemical Processing Schemes. In: Stephanopoulos, G., Han, C.: Intelligent Systems in Process Engineering, Part I: Paradigms from Product and Process Design, Academic Press, San Diego, pp. 93–146 (1995)

11. Jäger, D., Schleicher, A., Westfechtel, B.: AHEAD: A Graph–Based System for Modeling and Managing Development Processes. To appear in: M. Nagl, A. Schürr (Eds.): Proceedings AGTIVE (Applications of Graph Transformations with Industrial Relevance), Rolduc, LNCS, Springer–Verlag (1999)

12. Jarke, M., Marquardt, W.: Design and Evaluation of Computer–Aided Process Modeling Tools. In: Davis, J.F., Stephanopoulos, G., Venkatasubramanian, V.: Intelligent Systems in Process Engineering, AIChE Symp. Ser. 312, Vol. 92, 97–109 (1996)

13. Jeusfeld, M.A., Jarke, M., Nissen, H.W., Staudt, M.: Concept Base. Managing Conceptual Models about Information Systems. In: Bernus, P., Mertins, K., Schmidt, G. (Eds.): Handbook on Architectures of Information Systems, Springer, Berlin Heidelberg (1998)

14. Lohmann, B.: Ansätze zur Unterstützung des Arbeitsablaufes bei der rechnerbasierten Modellierung verfahrenstechnischer Prozesse. Dissertation LPT–diss–1998–01, Fortschritt–Berichte VDI, Series 3: Verfahrenstechnik, No 531, Düsseldorf (1998)

15. Mannarino, G.S., Leone, H.P., Henning, G.P.: A Task–Resource Based Framework for Process Operations Modeling. In: Proceedings of FOCAPO '98, Snowbird, Utah (1998)

16. Marquardt, W., von Wedel, L., Bayer, B.: Perspectives on Lifecycle Process Modeling. In: Proceedings of FOCAPD'99, Breckenridge, Colorado (1999)

17. Marquardt, W. and the VeDa group: The Chemical Engineering Data Model VeDa. Part 1–6, Technical Reports LPT–1998–01 to LPT–1998–06, Lehrstuhl für Prozesstechnik, RWTH Aachen (1998)

18. Nagl, M., Westfechtel, B. (Eds.): Integration von Entwicklungssystemen in Ingenieuranwendungen – Substantielle Verbesserung der Entwicklungsprozesse. Springer, Heidelberg (1998)

19. Pohl, K.: Process–Centered Requirements Engineering. John Wiley & Sons, New York (1996)

20. von Wedel, L.: Definition of Modeling Steps for Structural and Behavioral Modeling of Chemical Processes, Senior project LPT–thes–1997–07 (1997)

21 von Wedel, L., Marquardt, W.: ROME: A Repository to Support the Integration of Models over the Lifecycle of Model–based Engineering Processes, ESCAPE–10, Florence, Italy, May 7–10 (2000)

Verteilte Lösung simulationsbasierter Optimierungsprobleme auf vernetzten Workstations

T. Barth[1], B. Freisleben[2], M. Grauer[1], F. Thilo[1]

[1] FG Wirtschaftsinformatik, Universität Siegen, Hölderlinstr. 3, D-57068 Siegen
[2] FG Praktische Informatik, Universität Siegen, Hölderlinstr. 3, D-57068 Siegen

Zusammenfassung In diesem Beitrag wird eine Architektur für eine Softwareumgebung vorgestellt, die die verteilte Lösung typischer Klassen simulationsbasierter ingenieurwissenschaftlicher Optimierungsprobleme auf vernetzten Workstations unterstützt. Die Anforderungen der softwaretechnischen Kopplung von Simulations- und Optimierungssoftware und deren Verteilung werden diskutiert, und anhand dieser Anforderungen wird eine adäquate Architektur entwickelt. Entwurf und Implementierung der Hauptkomponenten – die Simulations- und Optimierungskomponente – sowie deren Integration in diese Architektur werden näher vorgestellt. Auf der Simulationsseite wird dabei ein kommerzielles Finite-Elemente Simulationssystem für Strömungs- und Transportprozesse im Grundwasser eingesetzt. Der Algorithmus auf der Optimierungsseite ist insbesondere für die Lösung simulations-basierter nichtlinearer Optimierungsprobleme unter Nebenbedingungen entworfen und implementiert worden. Mit dem vorgestellten Algorithmus werden Problemstellungen aus dem Grundwassermanagement gelöst.

1 Einleitung

Viele Optimierungsprobleme der ingenieurwissenschaftlichen Praxis lassen sich nicht in analytischer Form mathematisch geschlossen formulieren. Zur Berechnung dieser Problemstellungen sind daher Simulationen notwendig, die geeignete Modelle des zu analysierenden Systems in ihrem Verhalten annähern. In ingenieurwissenschaftlichen Disziplinen ist dabei die auf der Finite-Elemente Methode (FEM, [2]) basierende Simulation weit verbeitet, etwa in der Flugzeug- und der Automobilindustrie oder bei der Analyse von Planungs- und Entscheidungsproblemen im Umweltmanagement [5]. Dabei wird durch eine zeitliche und räumliche Diskretisierung des Systems ein vereinfachtes Modell erstellt, das dann analysiert/simuliert wird. Die Simulation eines solchen Modells bedeutet dabei die numerisch aufwendige Lösung von Gleichungssystemen partieller Differentialgleichungen. Die Größe der zu lösenden Gleichungssysteme hängt dabei neben der Dimension des Problems von der Diskretisierung des Finite-Elemente Modells ab. Eine Simulation eines Modells kann dabei typischerweise einen Rechenzeitbedarf im Bereich von Minuten bis hin zu mehreren Stunden verursachen.

Für die Optimierung ist zur Auswertung einer Lösung bzgl. ihrer Zulässigkeit und/oder ihres Zielfunktionswertes eine Simulation notwendig. Im Laufe der gesamten Optimierung ist – vom Verfahren abhängig – eine große Anzahl (mehrere hundert) von Auswertungen notwendig, so daß sich eine extrem hohe Gesamtlaufzeit für die Optimierung ergibt.

Da die Auswertungen der Lösungen unabhängig voneinander sind, ergibt sich die Möglichkeit der parallelen Auswertung von p Lösungen auf p vernetzten Workstations, was den Zeitbedarf von p Auswertungen etwa auf die Dauer einer Auswertung reduziert (etwa gleich leistungsfähige Workstations und gleich aufwendige Simulationen vorausgesetzt). Kommunikationskosten für die Verteilung der notwendigen Daten fallen hierbei nicht ins Gewicht, da sie um mindestens zwei bis drei Größenordnungen niedriger als die Kosten für die Simulation sind (Kommunikation im Bereich von Millisekunden, Simulation im Bereich von mehreren Minuten bzw. Stunden). Ein für die Lösung simulations-basierter Optimierungsprobleme angemessenes Verfahren sollte daher einen möglichst hohen Grad an Parallelität aufweisen, um den Rechenzeitbedarf möglichst gering zu halten. Diese Eigenschaft ist durch die nachträgliche Parallelisierung inhärent sequentieller Verfahren kaum zu erreichen. Daher muß die Eigenschaft der Parallelität bereits beim Entwurf des Verfahrens einfließen. Weitere Anforderungen an den Algorithmus ergeben sich aus den numerischen Eigenschaften der nichtlinearen simulations-basierten Optimierungsprobleme unter Nebenbedingungen: kein glatter Verlauf von Zielfunktion und Nebenbedingungen sowie fehlende Ableitungsinformationen. Diese Eigenschaften wurden beim Entwurf des Verfahrens miteinbezogen.

Neben den Anforderungen an das Optimierungsverfahren selbst sind die Probleme der software-technischen Kopplung von Simulation und Optimierung ein wesentlicher Aspekt beim Entwurf der Gesamtarchitektur. Für den praxisrelevanten Fall, daß Optimierung und Simulation getrennte Softwarekomponenten sind und sich nicht unmittelbar – etwa als Unterprogramm – gegenseitig aufrufen können, ist es notwendig, Simulations- und Optimierungssoftware im Sinne zweier "Black Boxes" zu koppeln, da auf Quelltextebene eine Integration beider Komponenten im allgemeinen nicht vorgenommen werden kann.

In diesem Beitrag wird eine Software-Architektur vorgestellt, die die verteilte Optimierung simulationsbasierter ingenieurwissenschaftlicher Problemstellungen auf vernetzten Workstations unterstützt. Als grundlegende Funktionalitäten, die in einer solchen Architektur den Komponenten zur Verfügung gestellt werden müssen, werden das Schnittstellenmanagement und die Synchronisation zwischen den Komponenten, sowie die Unterstützung der Verteilung identifiziert. Eine konkrete Umsetzung dieser Architektur wird am Beispiel der Integration eines verteilten Verfahrens für die Lösung simulations-basierter Optimierungsprobleme mit einem kommerziellen FEM-basierten Simulationssystem für Strömungs- und Transportprozesse im Grundwasser dargestellt.

Der Beitrag ist folgendermaßen gegliedert. In Kapitel 2 wird eine Architektur vorgeschlagen, die die Komponenten verteilter Optimierung und Simulation auf der Basis vernetzter Workstations integriert. Darauf folgt in Abschnitt 3 eine

Darstellung der beispielhaft verwendeten Simulations- bzw. Optimierungskomponenten: dem Grundwassersimulationssystem FEFLOW®[1] und einem neuen verteilten Optimierungsalgorithmus, der insbesondere für simulations-basierte Problemstellungen entwickelt wurde. Für dieses neue Verfahren wird eine Analyse des parallelen Laufzeitverhaltens präsentiert. Nach einer Erläuterung der softwaretechnischen Kopplung dieser Komponenten schließt sich in Abschnitt 4 die Darstellung typischer Anwendungen simulations-basierter Optimierung auf Probleme aus dem Bereich der Wasserwirtschaft an. Die mit der Implementierung dieser Architektur erzielten Ergebnisse werden vorgestellt. In Abschnitt 5 werden die Ergebnisse des Beitrages zusammengefaßt, und es werden Ansatzpunkte für zukünftige Entwicklungen vorgestellt.

2 Softwarearchitektur zur Kopplung von verteilter Optimierung und Simulation

Mathematische Optimierungsprobleme bestehen aus einer zu minimierenden bzw. zu maximierenden Zielfunktionen über freien Variablen (Entscheidungsvariablen). Die Menge zulässiger Werte dieser Entscheidungsvariablen ist durch Nebenbedingungen eingeschränkt. Sind diese Nebenbedingungen analytisch zu beschreiben, ist die numerische Auswertung der Nebenbedingungen kein großer rechnerischer Aufwand. Für Probleme aus dem ingenieurwissenschaftlichen Bereich sind zur Auswertung der Nebenbedingungen jedoch oftmals numerisch aufwendige Simulationen notwendig. Der allgemeine Ablauf einer Optimierung mit simulationsbasierten Auswertungen für Nebenbedingungen oder Zielfunktion ist in Abb. 1 dargestellt.

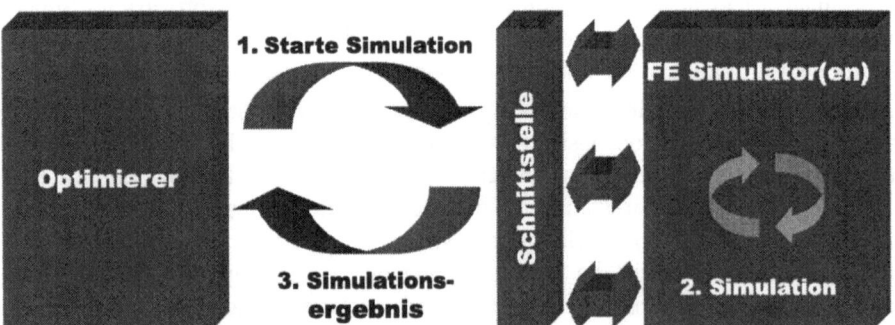

Abbildung 1. *Schematische Darstellung der Abläufe und Kommunikationsprozesse (1 und 3) bei der Lösung von Optimierungsproblemen, die für die Auswertung von Nebenbedingungen und/oder der Zielfunktion eine Simulation benötigen.*

---

[1] FEFLOW ist ein eingetragenes Warenzeichen der Wasy GmbH, Berlin.

Für die softwaretechnische Kopplung der Softwaresysteme für Simulation und Optimierung ergeben sich daraus die folgenden Problembereiche:

– **Schnittstellenmanagement**
Die Optimierungssoftware muß eine Schnittstelle zur Simulation zur Verfügung haben, mit der die Simulation von der Optimierung gestartet, parametrisiert und Daten des Modells ausgelesen werden können. Beispielsweise müssen Entscheidungsvariablen der Optimierung im Modell gesetzt und Werte für Nebenbedingungen nach einer abgeschlossenen Simulation aus dem Modell ausgelesen werden können. Bei Simulatoren aus dem Bereich der Strukturmechanik, Aerodynamik oder Aeroelastik (z.B. MSC/NASTRAN [18], LAGRANGE [22]) zum Beispiel ist derzeit nur ein Datenaustausch über gemeinsame Dateiformate möglich. Ein direkter Zugriff auf das Modell der Simulation, z.B. mittels einer Programmierschnittstelle, ist hierbei nicht möglich.

– **Synchronisation**
Die Optimierung muß zur Auswertung der Nebenbedingungen und der Zielfunktion auf die Ergebnisse einer Simulation warten, und die Simulation wartet anschließend ihrerseits auf eine neue Auswertung, angefordert durch den Optimierungsalgorithmus. Zwischen diesen (mindestens) zwei Prozessen muß eine Koordination und ein Datenaustausch realisiert werden.

– **Verteilung**
Für die verteilte Ausführung der Optimierung und Simulation bieten sich als Plattform vernetzte Hochleistungsworkstations an (s. [7], [8], [12], [13]). Das gekoppelte System sollte dabei durch eine Zwischenschicht ("middleware", Verteilungsplattform) von den plattformabhängigen Hard- und Softwarespezifika (z.B. Kommunikationsmechanismen zwischen Prozessen bzw. Objekten) entkoppelt sein.

Ein Schema für eine Gesamtarchitektur für gekoppelte Simulations- und Optimierungssoftware, die diese erläuterten Problembereiche behandelt, ist in Abb. 2 dargestellt. Die beiden unteren Schichten entkoppeln die Anwendungsschichten von den Details der konkreten Vernetzung und stellen die Funktionalität zum Start der einzelnen Komponenten und zur Kommunikation zwischen den verteilten Komponenten des Gesamtsystems zur Verfügung. Für die Verteilungsplattform ist eine rein objektorientierte Architektur basierend auf Implementierungen der Common Request Broker Architecture (CORBA, [20]) ebenso möglich, wie eine Lösung mit der Parallel Virtual Machine (PVM, [21]) oder einer Implementierung des Message Passing Interface Standards (MPI, [17]). In dieser Schicht ist neben dem Start und der Kommunikation verteilter Komponenten die Behandlung der Lastverteilung integriert ([3], [4]). Das Schnittstellen-Management bildet die Kommunikationsinfrastruktur zwischen den softwaremäßigen Schnittstellen der einzelnen Komponenten. Je nach vorhandenen Schnittstellen (dateibasiert, Programmierschnittstelle) wird in dieser Schicht die Umsetzung (Konvertierung von Dateiformaten, Erzeugung von Dateien) zwischen ihnen realisiert. Über die Anpassung der Schnittstellen hinaus muß hierin auch die Synchronisation zwischen den Komponenten behandelt werden. Die Prozesse

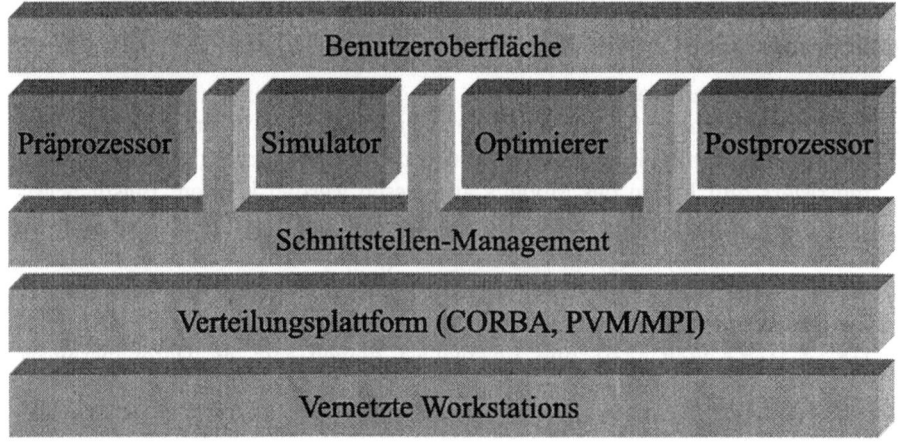

Abbildung 2. *Schema einer Gesamtarchitektur für Softwaresysteme zur Kopplung von Simulation und Optimierung.*

der Optimierung und Simulation müssen insoweit synchronisiert werden, daß die Optimierung auf die Ergebnisse einer oder mehrerer Simulationen wartet. Die Benutzeroberflächen für Simulation und Optimierung sind im Vergleich zu denen im Prä- und Postprozessing weniger komplex, da sie im wesentlichen die Parametrisierung der Simulation und der Problemformulierung beinhalten. Die Generierung des Finite-Elemente Modells im Präprozessing und die Visualisierung der Simulationsergebnisse im Postprozessing sind demgegenüber komplexer. Die Oberflächen der einzelnen Komponenten werden daher übernommen bzw. für die Beschreibung des Optimierungsproblems der lösbaren Problemklassen entsprechende Werkzeuge integriert (z.B. für die Bestimmung einer Zielfunktion und der Nebenbedingungen). Die obere Schicht der Architektur hat die Funktion, ein System aus gekoppelten Komponenten einheitlich zu präsentieren und den Datenaustausch zwischen den Komponenten zu steuern (z.B. von der Generierung eines Modells im Präprozessor zur Simulation und Optimierung bis hin zur Visualisierung der Simulations- bzw. Optimierungsergebnisse im Postprozessor).

3 Entwurf der Simulations- und Optimierungskomponenten

In einer Implementierung für die Optimierung von Problemen aus dem Bereich der Wasserwirtschaft werden für die Simulation das System FEFLOW® [9] und für die Optimierung ein für die verteilte Lösung simulation-basierter Optimierungsprobleme neu entwickelter Algorithmus gekoppelt. In den folgenden Abschnitten wird der Entwurf und die Funktionalität der Komponenten erläutert. Nach der Erläuterung der Simulations- und der Optimierungskomponente wird die software-technische Integration dargestellt.

3.1 Die Simulationskomponente

Einbindung des Grundwassersimulationssystems FEFLOW®

FEFLOW® ist ein Simulationssystem für Strömungs-, Wärmetransport- und Stofftransportprozesse im Grundwasser [9]. Der Simulator kann zwei- bzw. dreidimensionale Probleme berechnen und verwendet eine Finite-Elemente Methode (FEM) für unstrukturierte Netze. Für die Lösung der entstehenden Gleichungssysteme (mit mehreren hunderttausend Variablen im dreidimensionalen Fall) sind unterschiedliche Lösungsverfahren integriert.

Aus Sicht der Optimierung ist die Schnittstelle relevant, die FEFLOW® zum Finite-Elemente Modell zur Verfügung stellt. Neben der üblichen dateibasierten Schnittstelle über eigene Dateiformate bietet FEFLOW® den Interface Manager (IFM) an, der eine Programmierschnittstelle zum FE-Modell bereitstellt [15]. Über diese Schnittstelle ist es möglich, Werte in einzelnen Elementen bzw. Knoten des FE-Modells zu lesen bzw. zu setzen. Die Benutzung dieser Programmierschnittstelle ist innerhalb dynamisch ladbarer externer Module ("shared objects", "dynamic link libraries") möglich, die in C bzw. C++ entwickelt werden können. Diese Schnittstelle ist bidirektional, d.h., daß durch Callbacks des Simulators (s. [15]) in diese Module verzweigt wird und diese Module die Schnittstelle zum FE-Modell nutzen können.

Entwurf der Simulations-Komponente

Um in der Gesamtarchitektur eine grobkörnig-verteilte parallele Simulation zu realisieren, wird die Schnittstelle zu einem Simulator auf jedem verfügbaren Rechner ("Simulations-Server") bereitgestellt. Diese Schnittstelle realisiert nach außen hin die Kommunikation zur Optimierungskomponente und setzt sie intern auf die Schnittstelle des Simulators um. Dies kann beispielsweise auf Dateibasis, aber auch durch entsprechende Aufrufe einer Programmierschnittstelle – wie mit FEFLOW® möglich – realisiert sein.

Die Simulationsseite des Systems ist dafür verantwortlich, das Optimierungsproblem mit Entscheidungsvariablen, Nebenbedingungen und Zielfunktion so abzubilden, daß die entsprechende Information aus dem Simulationssystem verfügbar ist. Dies wird im Modell (s. Abb. 3) durch die Klassen SimDecision, SimConstraint und SimProblem und deren problemspezifische Unterklassen geleistet. Entscheidungsvariablen und Nebenbedingungen (bei Verwendung von Finite-Elemente Simulationssystemen) werden dabei an Knoten des Modells gebunden (Variable nodeNr) und die Nebenbedingungen mit entsprechenden Minimal- bzw. Maximalwerten (Variable min bzw. max). Allen Basisklassen auf der Simulationsseite ist eine Methode CreateByTag(..) gemeinsam, die die Problemstellung auf den einzelnen Simulations-Servern erzeugt. Diese Problemstellung wird von entsprechenden Klassen auf seiten der Optimierung (s. 3.2) erstellt und auf die entfernten Rechner für die Simulation übertragen.

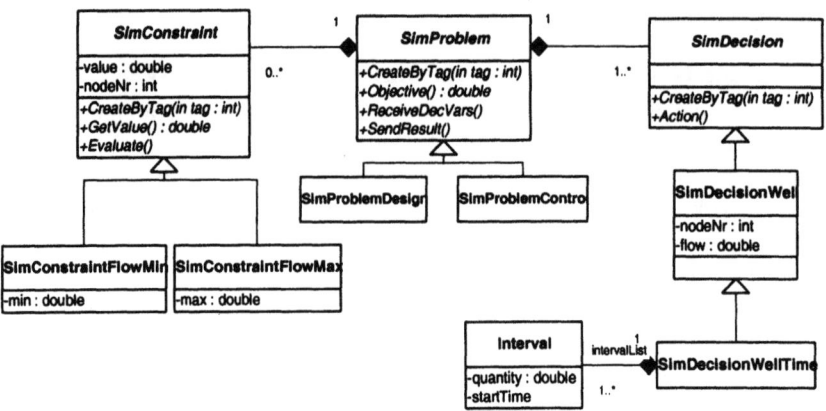

Abbildung 3. Ausschnitt aus dem UML-Klassen-Diagramm der Simulationskomponente zur Modellierung der Optimierungsprobleme auf den Simulations-Servern.

3.2 Die Optimierungskomponente

Ein neues verteiltes direktes Verfahren für simulations-basierte Optimierungsprobleme

Für die effiziente Lösung simulations-basierter Optimierungsprobleme auf vernetzten Workstations wurde ein verteiltes Polytop-Verfahren entwickelt [6]. Der Algorithmus läßt sich in die drei folgenden Phasen aufteilen (n ist hierbei die Dimension des Optimierungsproblems, p die Anzahl verfügbarer Workstations)

- **Initialisierung**
  Der Startpolytop bestehend aus $s \geq n + 1$ Lösungen wird aufgebaut, indem simultan auf p Workstations solange zufällige Punkte ausgewertet werden, bis s gültige Lösungen gefunden sind.
- **Exploration**
  Die (vom Zielfunktionswert her) schlechtesten $e < s$ Lösungen (im Extremfall auch alle s Lösungen) werden parallel auf p Workstations l-mal über den gewichteten Schwerpunkt des Polytops reflektiert bzw. zum gewichteten Schwerpunkt hin kontrahiert (s. dazu Abb. 4). Verbesserte Lösungen werden in den Polytop für die nächste Iteration übernommen. Punkte, die gegebene Nebenbedingungen verletzen, werden mit einem parallelen Reparaturmechanismus (z.B. parallele binäre Suche auf p Workstations entlang der Geraden zum gewichteten Schwerpunkt) in den zulässigen Bereich verschoben.
- **Lokale Suche**
  Eine parallele lokale Suche wertet parallel p zufällig generierte Punkte in einer n-dimensionalen Umgebung um die beste Lösung aus der Explorations-Phase aus. Ungültige Punkte werden in dieser Phase verworfen. Die beste ermittelte Lösung dient als Ausgangspunkt für eine weitere Suche. Wird keine Verbesserung erreicht, wird der Suchradius um die beste Lösung ver-

ringert, bis ein vorgegebener Radius erreicht ist. Die beste Lösung dieser Phase ist das Ergebnis der Optimierung.

In Abb. 4 werden Beispiele für die Basisoperationen Reflektion und Kontraktion des Algorithmus in der Explorations-Phase mit unterschiedlichen Parametern dargestellt. Als Reflektionszentrum kann im vorgestellten Algorithmus sowohl der gewichteten Schwerpunkt des Polytops, als auch die beste Ecke gewählt werden. Durch die Wahl des Reflektionszentrums ergeben sich dadurch unterschiedliche Suchrichtungen. In den ausgeführten Optimierungsrechnungen wurde der gewichtete Schwerpunkt verwendet. Der grundsätzliche Aufbau des Verfah-

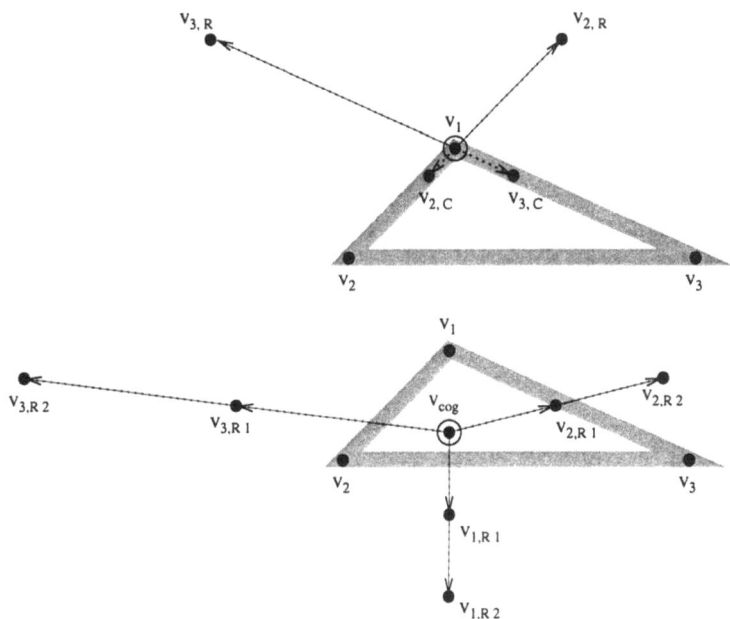

Abbildung 4. Parallele Reflektion and Kontraktion eines zweidimensionalen Polytops mit $s = 3$ Lösungen. Oben: die $e = 2$ schlechtesten Lösungen v_2 und v_3 werden $l = 1$-mal an der besten Lösung v_1 gespiegelt (neue Lösungen $v_{2,R}$ und $v_{3,R}$) und gleichzeitig zu dieser Lösung kontrahiert (Lösungen $v_{2,C}$ und $v_{3,C}$). Unten: alle Lösungen werden $l = 2$-mal am gewichteten Schwerpunkt v_{COG} des Polytops reflektiert (Lösungen $v_{1,R1}$, $v_{1,R2}$, $v_{2,R1}$, $v_{2,R2}$, $v_{3,R1}$ und $v_{3,R2}$)

rens erlaubt es, für die Reparatur ungültiger Lösungen sowie für die lokale Suche andere parallele Verfahren zu verwenden.

Eine Aussage über die Leistungsfähigkeit eines parallelen Algorithmus kann durch eine Analyse der Größen Speedup und Effizienz getroffen werden. Die folgenden Betrachtungen legen die Definition des relativen Speedups S zu Grunde, die die Laufzeit des parallelen Algorithmus auf einer Maschine ($T(1)$) mit der

Laufzeit $T(p)$ desselben Algorithmus auf p Maschinen in Relation setzt [10]:

$$S = T(1)/T(p). \tag{1}$$

Eine alternative Definition berechnet den Speedup eines parallelen Verfahrens aus der Relation der Laufzeit des besten sequentiellen Algorithmus zu $T(p)$. Da im folgenden eine Aussage für den vorgestellten Algorithmus getroffen werden soll, wird auf die vorherige Definition zurückgegriffen. Ausgehend von (1) wird die Effizienz eines Algorithmus definiert als:

$$E = S/p = \frac{T(1)}{T(p) \cdot p}. \tag{2}$$

Da für den Speedup im Normalfall $S \leq p$ gilt, ist $E \leq 1$. Die Effizienz ist damit ein Maß für die Qualität eines Algorithmus, bei steigendem Parallelitätsgrad (z.B. mit wachsender Anzahl verfügbarer Maschinen in einem Netzwerk) diese Resourcen auch ausnutzen zu können. Ein *skalierbarer Algorithmus* hat die Eigenschaft, eine bestimmte Effizienz bei steigendem Parallelitätsgrad und/oder bei steigender Problemdimension halten zu können. Die Analyse des Speedups und der Effizienz des vorgestellten Algorithmus erfolgt für die Lösung eines Entwurfsproblems in Abschnitt 4. Die folgende theoretische Betrachtung liefert eine obere Schranke für das Laufzeitverhalten des Verfahrens, da der Aufwand für die Reparatur ungültiger Lösungen nicht einfließt. Die Analyse untersucht den Zusammenhang zwischen den Parametern e und l und dem Speedup bzw. der Effizienz des Verfahrens bei Verwendung von p Rechnern in einem Netzwerk. Damit wird es ermöglicht, durch die Wahl der Parameter e und l die Effizienz des Verfahrens zu bestimmen.

Ein Schritt der Explorations-Phase erzeugt $2 \cdot e \cdot l$ neue Lösungen, da e Lösungen jeweils l-mal reflektiert bzw. kontrahiert werden. Diese $2 \cdot e \cdot l$ Lösungen werden auf p Maschinen parallel ausgewertet. Daraus ergibt sich ein Aufwand von

$$T(p) = \lceil \frac{2 \cdot e \cdot l}{p} \rceil. \tag{3}$$

Da $T(1) = 2 \cdot e \cdot l$ gilt, ergibt sich für den Speedup

$$S = T(1)/T(p) = \frac{2 \cdot e \cdot l}{\lceil \frac{2 \cdot e \cdot l}{p} \rceil}. \tag{4}$$

Die Effizienz ist daher

$$E = S/p = \frac{2 \cdot e \cdot l}{\lceil \frac{2 \cdot e \cdot l}{p} \rceil \cdot p}. \tag{5}$$

Daraus ergibt sich, daß die Effizienz maximiert wird ($E = 1$), wenn p ein Teiler von $2 \cdot e \cdot l$ ist. Mit der geeigneten Wahl von e und l bei gegebener Anzahl Maschinen p ist damit die Maximierung von Effizienz und Speedup möglich. In Abb. 5 ist der Verlauf der Effizienz für steigenden Parallelitätsgrad (Anzahl Rechner) bei unterschiedlichen Parameterwerten für l gegeben.

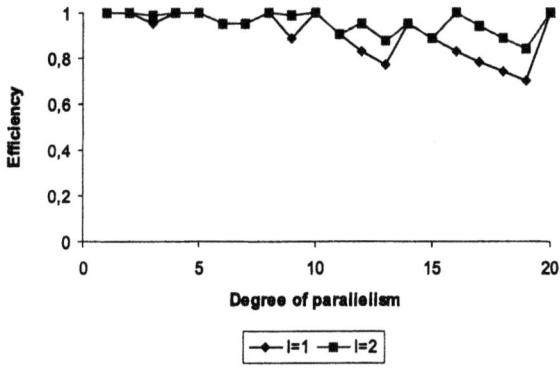

Abbildung 5. Effizienz des vorgestellten Verfahrens für $l = 1$ und $l = 2$ (Problemdimension $n = 10$, $s = e = 2 \cdot n$).

Entwurf der Optimierungskomponente

Wesentliche Klassen der Optimierungskomponente werden im Klassendiagramm in Abb. 6 dargestellt. Gemeinsame Basisklasse für alle zu lösenden Problemstellungen ist OptProblem, die Methoden für die Zielfunktion und Nebenbedingungen enthält. Entscheidungsvariablen und Nebenbedingungen werden durch die Klassen OptDecision und OptConstraint analog zur Simulationskomponente (s. Abschnitt 3.1) modelliert. Eine formalisierte Beschreibung des Optimierungsproblems wird von den Methoden PackOptProblem(..) bzw. Pack(..) dieser Klassen generiert und an die entfernten Rechner für die Simulation geschickt, die dann entsprechende Änderungen am Simulationsmodell vornehmen. Die Verteilung der Simulation auf die Simulations-Server wird durch die entsprechende Klasse des zu lösenden Optimierungsproblems gehandhabt. Submit(...) startet eine Überprüfung der übergebenen Entscheidungsvariablen durch Simulation. Im Falle simulations-basierter Problemstellungen (Klasse OptSimulationBased-Problem) werden diese Anfragen zur Simulation mit Hilfe der Klasse Cluster bearbeitet, die auf jeder verfügbaren Workstation (je genau eine Instanz der Klasse OptWorker) im Netzwerk eine Simulation startet (OptJob) und deren Ausführung steuert (Methode Schedule(...)). Die weiteren von OptGroundwaterProblem abgeleiteten Klassen repräsentieren wasserwirtschaftliche Entwurfs- und Steuerungsprobleme, deren allgemeine Formulierungen in Abschnitt 4 angegeben sind.

In Abb. 7 wird der Ausschnitt der Optimierungskomponente gezeigt, der die Optimierungsalgorithmen allgemein modelliert. Der vorgestellte Entwurf ermöglicht die Integration beliebiger Optimierungsverfahren, die dann als Unterklassen von OptAlgorithm zu implementieren sind. Das vorgestellte neue Verfahren ist im Modell durch die Klasse DistributedPolytope repräsentiert. Die Lösungen, auf denen das Verfahren arbeitet, werden durch Polytope als Menge von Objekten der Klasse Vertex modelliert, die jeweils Funktionalität für die geometrischen Grundoperationen Reflektion und Kontraktion enthalten. Vertex

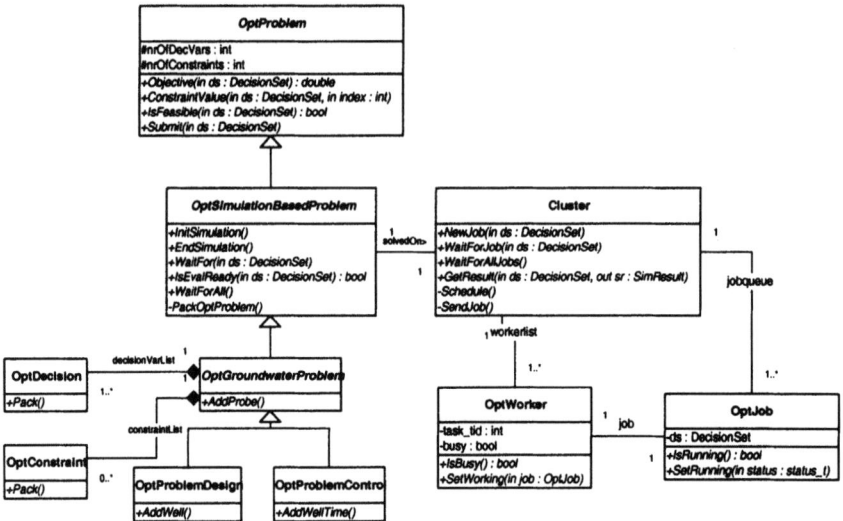

Abbildung 6. Ausschnitt aus dem UML-Klassen-Diagramm der Optimierungskomponente zur Modellierung der Optimierungsprobleme und der verteilten Lösung auf vernetzten Workstations.

repräsentiert dabei eine Ecke des Polytops mit den Entscheidungsvariablen und dem Zielfunktionswert. Die Initialisierungsphase des Algorithmus wird durch die Klasse OptInitializer implementiert, die die Startpunktsuche und den Reparaturmechanismus beinhaltet. Für die lokale Suche ist in DistributedPolytope allgemein ein beliebiger weiterer Algorithmus verwendbar. In diesem Fall ist das in 3.2 beschriebene Verfahren in der Klasse GreedyLocalSearch verwendet worden.

3.3 Verteilte Komponenten bei der Kopplung von Simulation und Optimierung

In Abb. 8 wird ein Überblick über die verteilten Komponenten des Gesamtsystems in einem UML-Deployment-Diagramm gegeben. Auf einem Knoten des Systems (Optimization) wird die Optimierung gestartet, die den eigentlichen Optimierungsalgorithmus (OptimizationAlgorithm) enthält. Im allgemeinen Fall – z.B. wenn ein Optimierungspaket nicht im Quelltext verfügbar ist – wird auf diesem Knoten durch eine weitere Komponente (OptimizationInterface) die Schnittstelle zur Simulation (OptInterface) zur Verfügung gestellt. Zu den weiteren Knoten (SimulationServer) besteht eine 1:n-Beziehung, über die die Anfragen nach Simulationen behandelt werden. Auf diesen Knoten wird jeweils eine Instanz des Simulationssystems (Simulator) bereitgestellt, für die ggf. durch eine weitere Komponente (SimulationInterface) die Schnittstelle zur Optimierung realisiert wird.

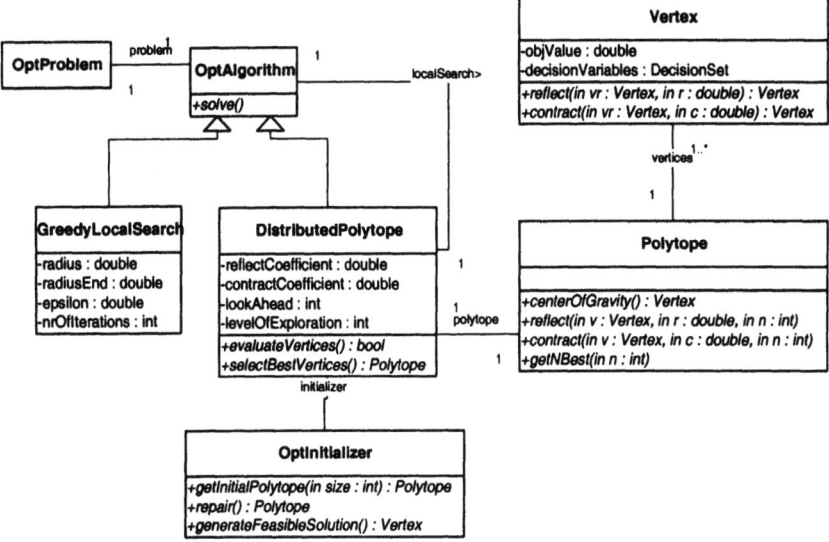

Abbildung 7. Ausschnitt aus dem UML-Klassen-Diagramm der Optimierungskomponente zur Modellierung der Optimierungsalgorithmen

4 Anwendung des verteilten Lösungsansatzes

Im folgenden Abschnitt werden die untersuchten Klassen von Problemstellungen simulations-basierter Optimierung formal beschrieben. Anschließend werden Anwendungen dieser Problemstellungen aus dem Bereich des Grundwassermanagements sowie deren Lösung dargestellt.

4.1 Die Klasse der Entwurfsprobleme

Das Problem des optimalen Entwurfs kann als Problem der nichtlinearen Optimierung unter Beschränkungen formuliert werden:

Gesucht ist ein Lösungsvektor $\mathbf{x}$

$$(x_1, \ldots, x_n)^T \in \mathbb{R}^n \tag{6}$$

der die Zielfunktion

$$f(\mathbf{x}) : \mathbb{R}^n \to \mathbb{R} \tag{7}$$

unter den m Gleichheitsrestriktionen ($m < n$)

$$g_j(\mathbf{x}) = 0, \forall j = 1, \ldots, m \tag{8}$$

und den k Ungleichheitsrestriktionen

$$h_p(\mathbf{x}) \leq 0, \forall p = 1, \ldots, k \tag{9}$$

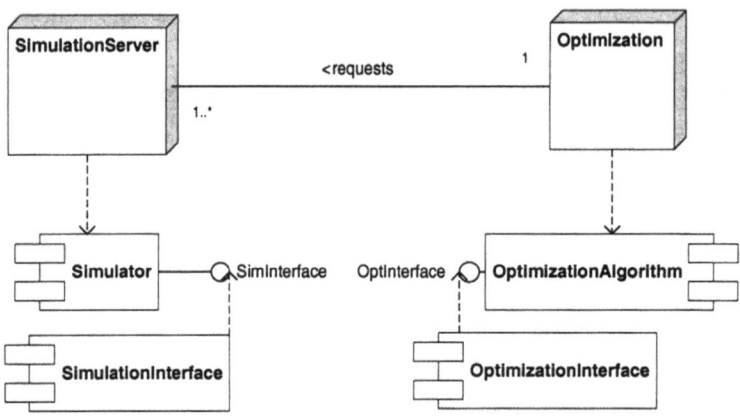

Abbildung 8. UML-Deployment-Diagramm zu den verteilten Komponenten bei der Kopplung von Optimierung und Simulation

minimiert.

Für diese Restriktionen – und alle weiteren in den folgenden Problemklassen – gilt, daß Eigenschaften wie Differenzierbarkeit, Stetigkeit oder die Konvexität der Menge der zulässigen Lösungen nicht vorausgesetzt werden können, da die Restriktionen in Form von Finite-Elemente Simulationen gegeben sind.

Aus den Nebenbedingungen (8) und (9) ergibt sich für die Menge zulässiger Lösungen $\mathcal{U}_{POE}$

$$\mathcal{U}_{POE} = \{\mathbf{x} \in I\!\!R^n \mid \mathbf{g}(\mathbf{x}) = 0, \mathbf{h}(\mathbf{x}) \leq 0\} \tag{10}$$

Zusammengefaßt lautet die Formulierung des Optimierungsproblems

$$\left\{ \min f(\mathbf{x}) \mid \mathbf{x} \in \mathcal{U}_{POE} \right\} \tag{POE}$$

Lösung eines Entwurfsproblems im Grundwassermanagement

Wasserbaumaßnahmen in Gewässern können dazu führen, daß Oberflächenwasser verstärkt in das Grundwasser infiltriert. Dies hat wiederum Erhöhungen der Grundwasserstände zur Folge mit Konsequenzen für Bauwerke (Kellervernässung) oder auch wertvolle Ökosysteme (z.B. Altbaumbestände). Eine mögliche Gegenmaßnahme ist die Errichtung von Grundwasserhaltungen, d.h. Förderbrunnen, die den Anstieg des Grundwassers auf das zulässige Maß beschränken. Dabei liegt es auf der Hand, daß aus Kostengründen nur die unbedingt erforderliche Wassermenge gefördert wird. Diese Aufgabenstellung wurde in Anlehnung an ein Praxisproblem – den Neubau der Schleuse Charlottenburg am Westhafenkanal/Spree in Berlin – beispielhaft untersucht. Das von unserem Projektpartner Wasy für das Untersuchungsgebiet entwickelte Grundwassermodell wurde auf folgende Aufgabenstellung angepaßt: Annahme einer freien

Infiltration aus dem Oberflächenwasser in das Grundwasser, Einsatz von vier
Förderbrunnen an vorgegebenen Standorten zur Verhinderung eines unzulässi-
gen Grundwasseranstieges an fünf Kontrollpunkten.

Mit dem verteilten Algorithmus wurde eine Lösung ermittelt, die eine Verbesserung gegenüber der Referenzlösung (Ergebnis einer manuellen Parameter-
studie) um 25% erzielte. Anhand dieses Beispiels wurde das parallele Laufzeitverhalten des Algorithmus analysiert. In Abb. 9 ist der gemessene Speedup bzw.
die Effizienz bei der Lösung des beschriebenen Problems mit den Ergebnissen
der theoretischen Analyse (s. Abschnitt 3.2 verglichen. Dabei zeigt sich, daß
die Differenz zwischen den beiden Speedup- und Effizienzverläufen recht gering
ist. Diese Differenz läßt sich durch den zusätzlichen Aufwand für die Reparatur
ungültiger Lösungen erklären, der in der vorliegenden Analyse nicht berücksichtigt wurde.

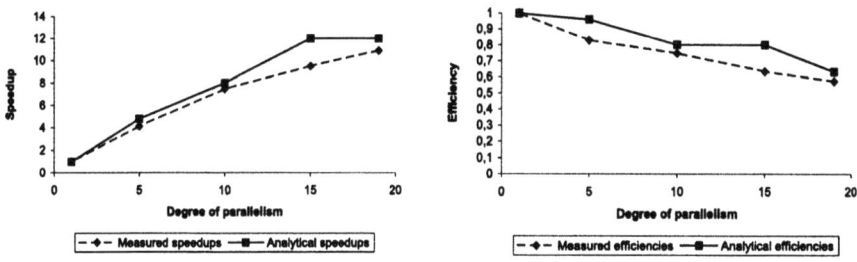

Abbildung 9. Speedup und Effizienz des verteilten Algorithmus bei der Lösung des
Entwurfsproblems im Vergleich zu den oberen Schranken.

4.2   Die Klasse der Steuerungsprobleme

Die Klasse der Steuerungsprobleme wird im folgenden angegeben. Der Vektor
zeitabhängiger Eingangsvariablen besteht aus den Eingangsgrößen $z(t)$ und den
q Entscheidungsvariablen $u(t)$. Der Ausgangsvektor wird mit $y(t)$ bezeichnet, der
Zustandsvektor des Systems mit $s(t)$. Das dynamische Verhalten des System ist
beschrieben durch ein System von Differentialgleichungen mit Anfangsbedingung
$x(t_0) = x_0$ über einem Zeithorizont $M = [t_0, t_e]$. Dieses Problem kann analog
zur Klasse der Entwurfsprobleme gelöst werden, wenn es zeitlich diskretisiert
wird ([11], [23]). Das diskretisierte Problem hat die Menge U_{POSD} zulässiger
Lösungen:

$$
\begin{aligned}
\mathcal{U}_{POSD} = \{ \mathbf{u} \in I\!\!R^{q*l} \mid \; & \mathbf{g}(\mathbf{z}(t), \mathbf{s}(t), \mathbf{y}(t), \mathbf{u}, t) = \mathbf{0}, \\
& \mathbf{h}(\mathbf{z}(t), \mathbf{s}(t), \mathbf{y}(t), \mathbf{u}, t) \le \mathbf{0}, \\
& \dot{\mathbf{x}} = \varphi\Big(\mathbf{z}(t), \mathbf{s}(t), \mathbf{y}(t), \mathbf{u}(t), t \Big) \\
& \text{und } \mathbf{x}(t_0) = \mathbf{x}_0, \; t \in [t_0, \dots, t_e] \}
\end{aligned}
\tag{11}
$$

Die diskretisierte Problemstellung kann dann wie folgt formuliert werden:

$$\left\{ \min \int_{t_0}^{t_e} \phi(\mathbf{z}(t), \mathbf{s}(t), \mathbf{y}(t), \mathbf{u}, t)dt \mid \mathbf{u} \in \mathcal{U}_{POSD} \right\} \qquad \text{(POSD)}$$

Lösung eines Grundwasser-Steuerungsproblems

Die Problemstellung besteht darin, eine optimale Steuerung über einen Zeithorizont von einem Jahr zu finden, die die Pumpraten einer Pumpanlage vorgibt. Dabei ist der Einfluß der Grundwasserneubildung (z.B. durch Niederschläge) zu beachten (s. Abb. 10). Die Zielfunktion des Problems ist die jährliche Pumpmenge als Maß für die Betriebskosten der Pumpanlage. Nebenbedingung war hierbei ein einzuhaltender maximaler Grundwasserstand in einer Meßstelle. In Abb. 11 wird die manuell ermittelte Referenzlösung mit zwei Intervallen, in denen gepumpt wird, verglichen mit der optimalen Lösung in zwölf Intervallen. Die Optimierung ergab eine um ca. 35% niedrigere Pumpmenge gegenüber der vorgegebenen Referenzlösung. Der Einsatz verteilter Lösungskonzepte zeigte Ergebnisse, die mit den in Abb. 9 dargestellten für den Fall des Entwurfsproblems vergleichbar sind.

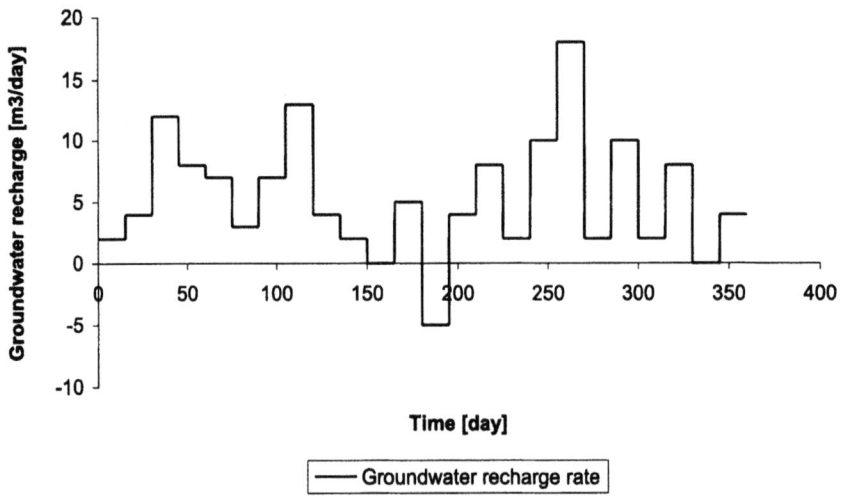

Abbildung 10. Grundwasserneubildung als Eingangsgröße des Steuerungsproblems.

4.3 Die Klasse hybrider Steuerungsprobleme

Die Lösung des Steuerungsproblems gegeben durch (12) basiert auf der zeitlichen Diskretisierung von $u(t)$. Im folgenden Abschnitt wird die Problemklasse hybri-

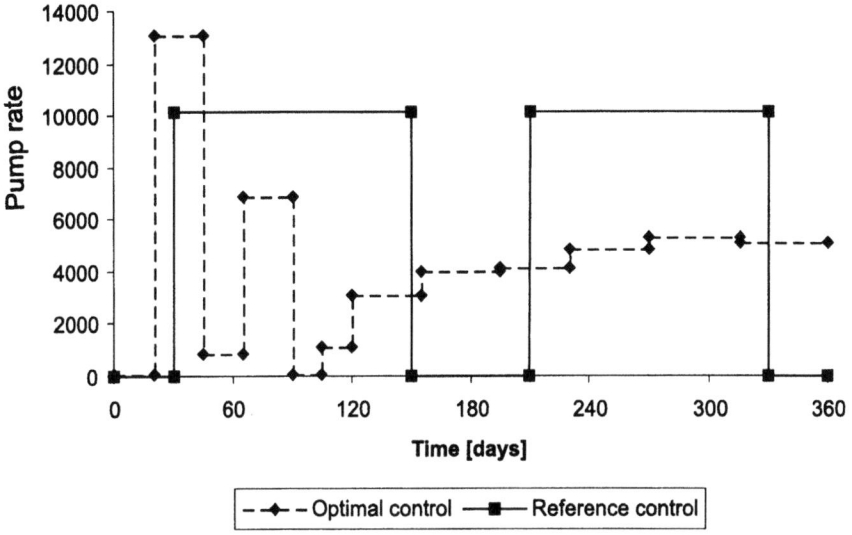

Abbildung 11. Vergleich der Referenzlösung mit der optimalen Lösung.

der Steuerungsprobleme eingeführt, bei der eine diskrete optimale Steuerung eines kontinuierlichen Systems zu entwerfen ist [19, 1, 16]. Das hybride Gesamtsystem besteht somit aus einem diskreten Anteil (der Steuerung) gekoppelt mit einem kontinuierlichen Anteil (dem zu steuernden System).

Im Gegensatz zu den zeitabhängigen Entscheidungsfunktionen $u(t)$ eines Steuerungsproblems, hängen die Entscheidungsvariablen des hybriden Steuerungsproblems nicht unmittelbar von der Zeit ab. Die Abhängigkeit besteht von den zeitabhängigen Ausgangsgrößen $y(t)$ durch eine Rückkopplung der Ausgangs- auf die Steuergrößen. Daher werden die Entscheidungsvariablen im folgenden als $u(y(t))$ bezeichnet, und es ergibt sich für die Menge zulässiger Lösungen:

$$
\begin{aligned}
\mathcal{U}_{POH} = \{ \mathbf{u}(\mathbf{y}(t)) \in I\!\!R^q \mid\ & \mathbf{g}(\mathbf{z}(t), \mathbf{s}(t), \mathbf{y}(t), \mathbf{u}(\mathbf{y}(t))) = \mathbf{0}, \\
& \mathbf{h}(\mathbf{z}(t), \mathbf{s}(t), \mathbf{y}(t), \mathbf{u}(\mathbf{y}(t))) \leq \mathbf{0}, \\
& \dot{\mathbf{x}} = \varphi\left(\mathbf{z}(t), \mathbf{s}(t), \mathbf{y}(t), \mathbf{u}(t), t \right) \\
& \text{und } \mathbf{x}(t_0) = \mathbf{x}_0, t \in [t_0, \dots, t_e] \}.
\end{aligned}
\tag{12}
$$

Das Optimierungsproblem lautet dann:

$$
\left\{ \min \int_{t_0}^{t_e} \phi\left(\mathbf{z}(t), \mathbf{s}(t), \mathbf{y}(t), \mathbf{u}(\mathbf{y}(t)), t \right) dt \mid \mathbf{u} \in \mathcal{U}_{POH} \right\}
\tag{POH}
$$

Lösung eines hybriden Grundwasser-Steuerungsproblems
Diese Problemstellung dient der Ermittlung optimaler Parameter (Ein- und

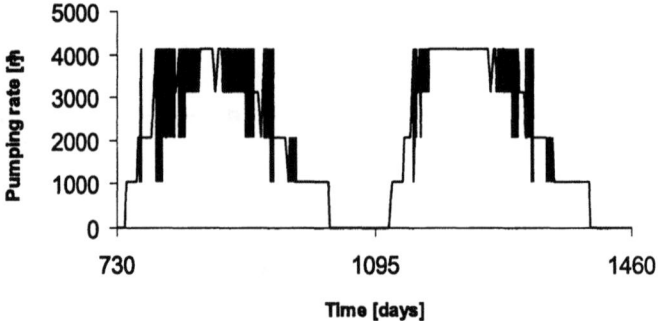

Abbildung 12. Fördermengen der Pumpanlage bei optimierten Schaltpunkten zwischen den einzelnen Pumpstufen.

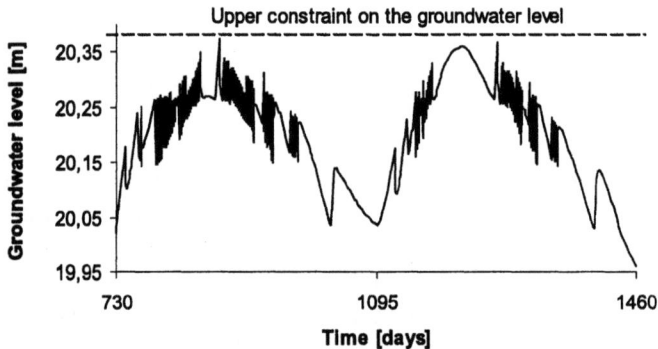

Abbildung 13. Verlauf des Grundwasserstandes in einem Meßpunkt bei Verwendung der optimierten Schaltpunkte.

Ausschaltniveaus) einer diskreten Steuerung für eine Pumpanlage, die durch Messung des Grundwasserstandes bezüglich ihrer Fördermenge gesteuert wird. Diese grundwasserstandsabhängige Steuerung der Pumpanlage ist der diskrete Teil des hybriden Gesamtsystems. Entscheidungsvariablen des Optimierungsproblems sind die Wasserstände (Schaltpunkte), bei denen die Pumpanlage ihre Fördermenge ändert. Die untersuchte Anlage hat vier unterschiedliche Betriebsmodi (Fördermengen, Pumpstufen), die in Abhängigkeit vom Wasserstand an- bzw. ausgeschaltet werden. Nebenbedingungen sind einzuhaltende maximale Grundwasserstände in zwei Meßpunkten, die Zielfunktion ist hierbei wieder die Gesamtfördermenge der Anlage über einen Zeithorizont von zwei Jahren.

In Abb. 12 ist der zeitliche Verlauf der Fördermenge der Anlage dargestellt. Hierbei ist der treppenartige Verlauf erkennbar, da zwischen den vier verfügbaren Fördermengen gewechselt werden kann. Das Ergebnis dieser Optimierung ist in Abb. 13 dargestellt: der Grundwasserstand in einem Meßpunkt war durch die eingezeichnete Nebenbedingung begrenzt, die bei optimierten Schaltpunkten der Anlage eingehalten wurde. Die Einsparung im gesamten Zeithorizont, die durch die optimierten Schaltpunkte im Vergleich zu den tatsächlich verwendeten möglich wäre, liegt bei 13% gegenüber einer vorgegebenen Referenzlösung. Die Ergebnisse der verteilten Lösung werden in [14] vorgestellt.

5 Zusammenfassung und Ausblick

In diesem Beitrag wurde eine Software-Architektur vorgestellt, die die verteilte Optimierung simulationsbasierter Problemstellungen unterstützt. Als Plattform für die verteilte Berechnung wurden vernetzte Workstations verwendet. Als grundlegende Funktionalitäten, die in einer solchen Architektur den Komponenten zur Verfügung gestellt werden müssen, wurde das Schnittstellenmanagement, die Synchronisation und die Unterstützung der Verteilung identifiziert. Eine konkrete Umsetzung dieser Architektur enthielt als Hauptkomponenten ein neues Verfahren für die verteilte Lösung simulations-basierter Optimierungsprobleme und das Finite-Elemente Simulationssystem FEFLOW® für die Simulation. Entsprechende Modelle der Software-Komponenten wurden entwickelt und realisiert. Ein neues Optimierungsverfahren wurde vorgestellt, das parallele Laufzeitverhalten in Abhängigkeit von Parametern des Verfahrens analysiert. Mit einer Implementierung der Architektur wurden Problemstellungen aus dem Bereich des Wasserbaus gelöst.

Zukünftige Entwicklungen sollen auf einer CORBA-basierten objektorientierten Verteilungsplattform aufbauen, da diese im Vergleich zur PVM-Lösung geeigneter dazu ist, bestehende Simulationssysteme zu integrieren oder die Integration funktional (an den Schnittstellen) zu erweitern. Das verteilte Optimierungsverfahren wird bezüglich Effizienz weiterentwickelt und die automatische Anpassung der Parameter an eine gegebene Problemstellung weiter untersucht.

Teile dieser Arbeit wurden gefördert im Rahmen des BMFT FUEGO Programms unter FUEGO 0033701E8. Unser besonderer Dank gilt Herrn Kaden, Prof. Diersch, Herrn Gründler und Herrn Michels unseres Projektpartners Wasy GmbH, Berlin.

Literatur

1. Antsaklis, P., Koutsoukos, X., Zaytoon, J., On Hybrid Control of Complex Systems: a Survey, European Journal of Automation, 1998.
2. Bathe, K.-J., Finite–Elemente–Methoden, Springer-Verlag, 1989.
3. Barth, T., Flender, G., Freisleben, B., and Thilo, F. Load Distribution in a CORBA Environment, in: Proc. of Int'l Symposium on Distributed Object and Application '99, IEEE Press, Edinburgh 1999.
4. Barth, T., Freisleben, B., Grauer, M., Thilo, F., Distributed Solution of Simulation–Based Optimization Problems on Networks of Workstations, Int. Conf. on Parallel Computing Systems 1999, Ensenada/Mexiko 1999.

5. Barth, T., Freisleben, B., Grauer, M., Thilo, F., Virtual Design and Production using Distributed Simulation–Based Optimization, 4th Conf. on Systemics, Cybernetics and Informatics, Orlando/Florida 2000.

6. Barth, T., Freisleben, B., Grauer, M., Thilo, F., A Scalable Algorithm for the Solution of Simulation-based Optimization Problems, Proc. Int'l Conf. On Par. and Dist. Prog. Techniques and Appl. (PDPTA'2000), Las Vegas 2000.

7. Boden, H., Multidisziplinäre Optimierung und Cluster Computing, Physica Verlag, Heidelberg 1996.

8. Brüggemann, F., Objektorientierte und verteilte Lösung von Optimierungsproblemen, Physica Verlag, Heidelberg 1997.

9. Diersch, H.–J., Interactive, Graphics–based Finite–Element Simulation System FE-FLOW for Modeling Groundwater Flow Contaminant Mass and Heat Transport, Users Manual Version 4.7, WASY GmbH, Berlin, 1998.

10. Foster, I., Designing and Building Parallel Programs, Addison–Wesley, 1995.

11. Grauer, M., Barth, T., Kaden, S., Michels, I., Decision Support and Distributed Computing in Groundwater Management, in: Savic, D., Walters, G. (eds.): Water Industry Systems: Modelling and Optimization Applications, Research Studies Press, 1999.

12. Grauer, M., Barth, T., Multidisciplinary Optimization and Cluster Computing using the OpTiX-Workbench, Proceedings Conference on Optimization in Industry, Palm Coast, Florida 1997.

13. Grauer, M., Barth, T., Cluster Computing for Treating MDO–Problems by OpTiX, in: Mistree, F., Belegundu, A. (eds.), in: Proc. Conference on Optimization in Industry II, Banff, Canada, June 1999.

14. Grauer, M., Barth, T., Kaden, S., Michels, I., A Scalable Algorithm for Distributed Solution of Simulation-Based Optimization Problems in Groundwater Management, Workshop "Natural Environment Management and Applied Systems Analysis", Int'l Inst. for Appl. Systems Analysis (IIASA) Laxenburg/Österreich, September 2000.

15. Gründler, R., Interface Manager – Extensions and Programming Interface for FE-FLOW, Technical Paper, Wasy, 1997.

16. Koutsoukos, X., Antsaklis, P., Computational Issues in Intelligent Control: Discrete-Event and Hybrid Systems, in: Soft Computing and Intelligent Systems: Theory and Practice, N.K. Sinha and M.M. Gupta, Eds., Academic Press, 1999.

17. Gropp, W., Lusk, E., Skjellum, A., Using MPI: Portable Parallel Programming with the Message–Passing Interface, MIT Press, 1994.

18. Cifuentes, A. O., Using MSC/NASTRAN: Statics and Dynamics, Springer, 1989.

19. Nerode, A., Kohn, W., Models for Hybrid Systems: Automata, Topologies, Controllability, Observability, Lecture Notes in Computer Science 736, Springer, 1993.

20. The Common Object Request Broker: Architecture and Specification – Revision 2.0., Object Management Group, 1996, ⟨http://www.omg.org/docs/ptc/96-03-04.ps⟩.

21. Geist, A., PVM: Parallel Virtual Machine – A Users Guide and Tutorial for Network Parallel Computing, MIT Press, 1994.

22. Schweiger, J., Krammer, J., Hörnlein, H.R.E.M., Development and Application of the Integrated Structural Design Tool LAGRANGE, AIAA–96–4169, 1996.

23. Veliov, V., On the time–discretization of control systems, SIAM Journal on Control and Optimization, Vol. 35, Nr.5, 1997.

Proving the Correctness of a Complete Microprocessor

Christian Jacobi, Daniel Kroening*

Dept. 14: Computer Science, University of Saarland
Post Box 151150, D-66041 Saarbruecken, Germany
email: {cj,kroening}@cs.uni-sb.de

Abstract. This paper presents status results of a microprocessor verification project. The authors verify a complete 32-bit RISC microprocessor including the floating point unit and the control logic of the pipeline. The paper describes a formal definition of a "correct" microprocessor. This correctness criterion is proven for an implementation using formal methods. All proofs are verified mechanically by means of the theorem proving system PVS.

1 Introduction

Microprocessor design is an error-prone process. With increasing complexity of current microprocessor designs, formal verification has become crucial. In order to achieve completely verified designs, adjusting the design process itself plays an important role: the more high-level information on the design is available, the faster the verification can be done.

The authors re-designed a simple RISC processor, the DLX [1], with respect to verifiability. The design includes the complete pipe control and forwarding logic. The function units are fully featured including a floating point unit. They are not abstracted by means of uninterpreted functions. The proofs for the glue logic, the ALU, and floating point unit are verified using the theorem proving system PVS [2].

Related Work Recent papers show the correctness of complex designs or schedulers in theorem proving systems such as PVS. Hosabettu et al. [3] prove both safety and liveness of Tomasulo's algorithm using PVS. Swada and Hunt [4] provide an ACL2 [5] proof of a complete design implementing a Tomasulo scheduler with reorder buffer.

Henzinger et al. [6] verify a simple pipelined processor using a model checker. McMillan [7] partly automates the proof by refinement of Tomasulo's algorithm presented in [8] with the help of compositional model checking. This technique is improved in [9] by theorem proving methods to support an arbitrary register size and number of function units.

There are many publications on the verification of (parts of) floating point units. Bryant and his group verified different function units using model-checking [10–12]. Aagaard and Seger verified a multiplier using model-checking combined with theorem proving [13]. Claesen et.al. and O'Leary et.al. have used theorem provers to verify

---

* supported by the DFG graduate program 'Effizienz und Komplexität von Algorithmen und Rechenanlagen'

an SRT integer divider [14], and an SRT integer square root circuit [15], respectively. Russinoff has proven the correctness of the multiplication, division and square root algorithms of the AMD K7 processor [16]. Most of the publications cited do not cover denormal numbers.

Project Status The verification of the pipeline and forwarding logic has reached a high level of automation. However, the process of verifying the function units is not automated at all. The fundamentals of the floating point mathematics are verified already. The verification of the individual floating point circuits is work-in-progress.

2 The Specification Machine

2.1 Hardware Model

Both the specification design and the hardware are modeled as *mathematical machine*. Mathematical machines are a common method to model the behavior of arbitrary microprocessor systems. For this paper, the definition of the mathematical machine from [17] is used: a mathematical machine is a triple $M = (C, c^0, \delta)$ which consists of the following components:

- C is the set of all possible configurations of M. An element c of C is called configuration or state of the machine.
- The initial configuration $c^0 \in C$ is a configuration of M.
- The transition function $\delta : C \to C$ maps a configuration c^T to its successor c^{T+1}.

A sequence $c^0, c^1, \ldots$ of configurations is called computation of M iff $c^{T+1} = \delta(c^T)$ holds.

Notation Registers are used in both the specification and the implementation of a microprocessor. Let $\mathcal{R} = \{R_1, ..., R_n\}$ be a finite set of registers. Each register R can have a value within a finite domain $\mathcal{W}(R)$.

The configuration set consists of the domains of the registers:

$$C = \mathcal{W}(R_1) \times \mathcal{W}(R_2) \times ... \times \mathcal{W}(R_n)$$

The projection function φ_{R_i} extracts the value of a register R_i from a configuration. Let c be $(a_1, a_2, ..., a_n)$.

$$\varphi_{R_i} : C \to \mathcal{W}(R_i), \qquad \varphi_{R_i}(c) = a_i$$

Let $c = c^T$ be part of a computation of a mathematical machine. R^T is a shorthand for $\varphi_R(c^T)$. Let $c.R$ be a shorthand for the following projection on c:

$$c.R = \varphi_R(c)$$

In analogy to that, let $\delta.R$ be a shorthand for the following projection on a state transition function:

$$\delta.R : C \to \mathcal{W}(R), \qquad \delta.R = \varphi_R \circ \delta$$

A signal s is defined as a mapping from the set of configurations into an arbitrary domain $\mathcal{W}(s)$:

$$s : C \to \mathcal{W}(s)$$

2.2   DLX Architecture

Our design implements the DLX architecture. The DLX architecture [1] features a RISC instruction set included both integer and floating point instructions. The integer core is taken from [17] and extended by a floating point register file (FPR) and floating point instructions as described in [18].

2.3   Correct IEEE Floating Point Arithmetic

Our primary goal is the verification of a complete processor. Thus, we formally verify the correctness of a floating point unit (FPU). In the processor framework, the FPU is a multi-cycle function unit, and can (almost) be seen as a black box. The FPU supports the operations addition, subtraction, multiplication, division and square root. The FPU handles normal and denormal numbers, special values, traps, and interrupts. This is in contrast to most previous results, where denormal numbers, traps and interrupts are disregarded.

The correctness criterions for the FPU are given by the IEEE standard 754 [19]. The standard is informal which makes it unusable for the formal verification of the FPU. One therefore has to formalize the IEEE standard; this formalization has to preserve the notion of the standard. Inherently, one cannot prove the equivalence of the formal and the informal specification. The formal specifications have to convince anybody of their correctness. We will give the specification of the IEEE rounding mode *to_nearest* as an example. The three other rounding modes *round_up, round_down*, and *to_zero* are not as complicated as the mode to_nearest. Nevertheless, they are covered.

For this, we first have to introduce some notations, which are taken from [18]. In contrast to [18], we spent reasonable effort on the definition of the rounding function itself, since this simplifies the verification of the FPU (see section 3.5). Due to lack of space, we omit the PVS specifications and proofs, which are available on request.

We abstract IEEE numbers, as they are defined in the standard, to *factorings*. A factoring is a triple (s, e, f) with sign bit $s \in \{0, 1\}$, exponent $e \in \mathbb{Z}$, and significant $f \in \mathbb{R}, f \geq 0$. The value of such a factoring is $[s, e, f] := (-1)^s \cdot 2^e \cdot f$. We use constants $e_{min}, e_{max} \in \mathbb{Z}$ as lower and upper bounds for the exponent, as they are defined in the standard.

We call a factoring (s, e, f) *normal*, if $e \geq e_{min}$ and $f \in [1, 2)$; we call (s, e, f) *denormal*, if $e = e_{min}, f \in [0, 1)$, and $f = 0 \Rightarrow s = 0$ holds. A factoring is called an *IEEE-factoring*, if it is normal or denormal. Note that $e \geq e_{min}$ holds for IEEE-factorings.

Lemma 1. *Each number $x \in \mathbb{R}$ has a unique IEEE-factoring (s, e, f) with $[s, e, f] = x$.*

Let η be the function which maps reals to IEEE-factorings. We call η the normalization shift.

Let P be the precision as defined in the standard. The significant f is called representable, if f is an integral multiple of 2^{-P}, i.e., $2^P \cdot f \in \mathbb{N}_0$. We call an IEEE-factoring (s, e, f) representable, if its significant f is representable, and $e \leq e_{max}$ holds.

We call an IEEE-factoring semi-representable, if f is representable. We call a real x (semi-)representable, if $\eta(x)$ is (semi-)representable.

Representable numbers exactly correspond to the representable numbers as defined in the standard. In the following, we will only investigate semi-representable factorings. In order to "round" semi-representable factorings to representable ones, one just has to decide whether one has to round to infinity or not. This can basically be done by a comparison of e with e_{max}.

We proceed with the definition of the rounding function. The standard defines the rounding mode *to_nearest* as follows:

> ... *In this mode the representable value nearest to the infinitely precise result [of any floating point operation] shall be delivered; if the two nearest representable values are equally near, the one with its least significant bit zero shall be delivered.* ...

The correspondence between this specification and the following definitions is not obvious. We will focus on this in the theorems below. We start with the definition of a function which rounds reals x to integers [20]:

$$r_{int}(x) := \begin{cases} \lfloor x \rfloor & \text{if } x - \lfloor x \rfloor < \lceil x \rceil - x \\ \lceil x \rceil & \text{if } x - \lfloor x \rfloor > \lceil x \rceil - x \\ x & \text{if } \lfloor x \rfloor = \lceil x \rceil \\ 2 \lfloor \lceil x \rceil / 2 \rfloor & \text{otherwise} \end{cases}$$

By scaling the input by 2^P, one rounds reals to rationals with P fractional bits:

$$r_{rat}(x) := 2^{-P} r_{int}(x \cdot 2^P).$$

Let (s, e, f) be an IEEE-factoring, and let $x := [s, e, f]$ be its value. One defines the IEEE rounding function for rounding mode *to_nearest* as follows:

$$r_{ne}(x) := 2^e r_{rat}(x \cdot 2^{-e}).$$

Now we have a definition relatively close to the hardware but far away from the specification in the standard. On one hand, this enables simpler implementation and verification of the rounder, as we will see in section 3.5. On the other hand, it is not obvious that these definitions conform to the the IEEE standard. We give three theorems which justify this claim.

Theorem 1. *For any real x, $r_{ne}(x)$ is semi-representable.*

The next theorem states that the result of the rounding function indeed is a nearest representable number.

Theorem 2. *For any real x, and any semi-representable IEEE-factoring (s, e, f), it holds $|x - [s, e, f]| \geq |x - r_{ne}(x)|$.*

The third theorem states that a number with least significant bit zero is chosen in case of a tie between the two nearest representable numbers. Thus, we first bound the distance between x and $r_{ne}(x)$. We then show that the significant is even if the maximum distance is reached.

Theorem 3. *For any real x, it holds $|x - r_{ne}(x)| \leq 1/2 \cdot 2^{e-P}$. If $|x - r_{ne}(x)| = 1/2 \cdot 2^{e-P}$ and $(s, e, f) = \eta(r_{ne})$, then $2^P \cdot f$ is even.*

We will give a theorem in section 3.5 which simplifies the verification of the rounding unit by decomposing it into smaller parts. This theorem will seem fairly obvious just because we invested reasonable effort in the definition of the rounding function. In contrast to our definition, the rounding result in [18] is defined as *"a representable number y closest to x. If there are two such numbers y, one chooses the number with even significant"*. This coincides obviously with the IEEE standard. Nevertheless, it is impractical to verify the rounder with this informal definition. The effort we have spent on the definition of the rounding function pays off when verifying the hardware implementation.

3 Implementing the Processor

3.1 Forwarding and Stalling Logic

The design uses a common five stage pipeline as presented in [1, 18]. The pipelined machine is generated by an automatic transformation from a sequential prepared machine as described in [17].

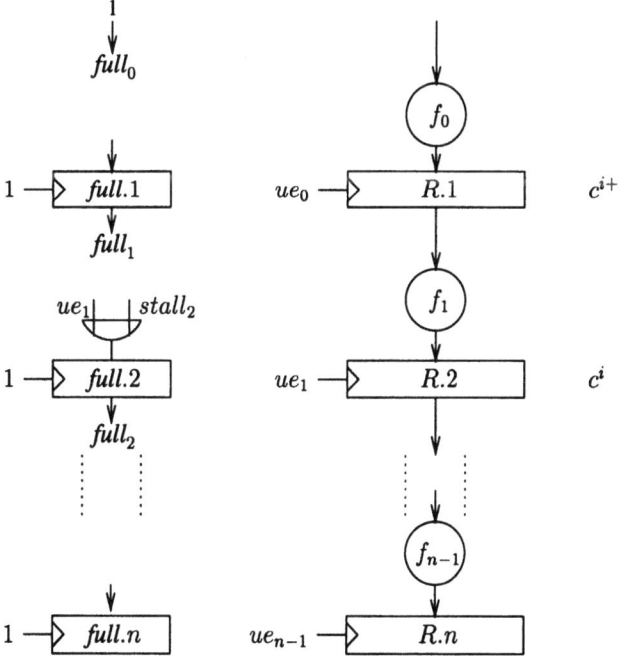

Fig. 1. The registers of a n-stage pipeline. The functions f_0 to f_{n-1} represent the data paths.

Our design features a complete *stall engine* [21, 18]. In contrast to the stall engine presented in [18], it allows stalling all stages individually. The stall engine is taken from [17] with small changes: a clock enable signal is no longer used. The full bits are updated in every cycle instead (figure 1).

The transition function for the full bits is changed accordingly; the full bit of each stage is set iff the stage is updated or stalled.

$$\delta.full.k(c) = ue_{k-1}(c) \lor stall_k(c)$$

The calculation of the signals ue and $stall$ is not changed and taken from [17]. The signal ue_k is the clock enable signal of the output registers of stage k: the registers are updated iff the stage is full and not stalled:

$$ue_k = full_k \land \overline{stall_k}$$

The generation of both the stall engine logic and the forwarding logic is done by a program based on the algorithms described in [17]. Furthermore, the program generates a correctness proof for both the forwarding and stalling logic, which is verified by the theorem proving system PVS.

3.2 Data Consistency

In order to formalize the data consistency criterion, a scheduling function $sI(k,T)$ is defined which specifies the index i of the instruction which is in the registers of stage k at time T [17]. Let R_I denote the value of a register in the implementation and R_S denote the value of the same register in the specification machine.

Theorem 4. *Let an instruction i be in the output registers of stage k at time T. Then the values in a specification register R of stage k of the implementation machine match those in the configuration of the specification machine after the execution of instruction i:*

$$sI(k,T) = i \implies R_I^T = R_S^i$$

During cycle 0, all stages are in the initial configuration, which has index 0:

$$\forall k : sI(k,0) = 0$$

The scheduling function for $T > 0$ of the machine is taken from [17]:

$$sI(k,T) = \begin{cases} sI(k, T-1) & \text{if } ue_k(c^{T-1}) = 0 \\ sI(0, T-1) + 1 & \text{if } ue_k(c^{T-1}) = 1 \land k = 0 \\ sI(k-1, T-1) & \text{if } ue_k(c^{T-1}) = 1 \land k \neq 0 \end{cases}$$

Theorem 4 relies on the following lemmas:

Lemma 2. *If the update enable signal of a stage is active in cycle T, the value of the scheduling function for that stage increases by one. If the update enable signal of a stage is not active, the value does not change. For $T > 0$:*

$$sI(k,T) = \begin{cases} sI(k, T-1) & \text{if } ue_k(c^{T-1}) = 0 \\ sI(k, T-1) + 1 & \text{if } ue_k(c^{T-1}) = 1 \end{cases}$$

Lemma 3. *Given a cycle T, the values of the scheduling functions of two adjoining stages are either equal or the value of the scheduling function of the later stage is greater by one.*

Lemma 4. *The values are equal iff the full bit of the later stage is not set.*

$$full_k^T = 0 \Leftrightarrow sI(k-1, T) = sI(k, T)$$

Negating both sides of the last equation and applying lemma 3 results in:

$$full_k^T = 1 \Leftrightarrow sI(k-1, T) = sI(k, T) + 1$$

Proof The proof of the lemmas above depends on the stall engine. It is an invariant proof by induction. Lemma 2 for cycle T is shown using lemma 4 for cycle $T - 1$. Lemma 3 for cycle T is shown using lemma 2 in cycle T and lemma 4 in cycle $T - 1$. Lemma 4 is shown using lemma 2 and 3 in cycle T.

Due to lack of space, only the induction step for lemma 2 is shown here: The claim for the case $ue_k^{T-1} = 0$ holds by definition. Let $ue_k^{T-1} = 1$ hold. For the case $k = 0$, the claim follows from the definition of sI. For $k > 0$ and $T > 1$ the claim is shown using lemma 4 for cycle $T - 1$, which states that the claim is equivalent to $full_k^{T-1} = 1$. This is true because of the definition of the ue signals.

Theorem 4 is then shown by induction on T: the claim is obvious for stages k which are not updated in a given cycle. If the stage is updated (i.e., $ue_k^{T-1} = 1$), the correctness of these values is argued by showing the correctness of the input values of the stage. An example proof using the lemmas above for the instruction fetch stage is in [17].

3.3 Liveness

The liveness criterion is formalized as follows: for any given configuration c_S^i of the specification machine, we prove that the implementation machine calculates these values within a finite amount of time, i.e., there is a finite T such that $sI(k, T) = i$ holds. The proof is made by showing that any active stall signal becomes de-active within a finite amount of time. This is a proof by induction on the number of stages beginning with the last stage.

3.4 Integer Unit

Our design features an integer unit (ALU). It supports addition, subtraction, shift and compare operations, and bit-wise operations (AND, OR, XOR). The ALU is verified completely with the theorem proving system PVS. This includes an arbitrary-sized carry lookahead adder. However, the implementation and the proof for the carry lookahead adder is included only in order to achieve completeness. In order to create hardware, a pre-defined adder from the vendor library is used.

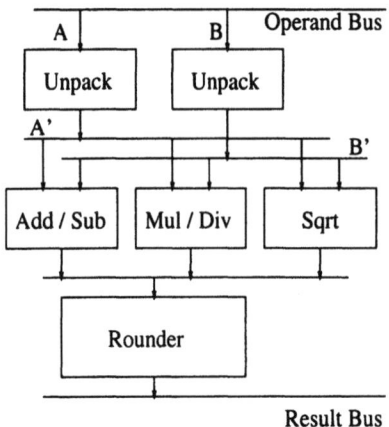 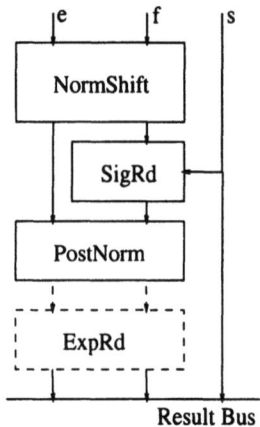

Fig. 2. Top level schematics of the FPU   **Fig. 3.** Top level schematics of the rounder

3.5 Floating Point Unit

Figure 2 shows the top-level schematic of the FPU. The processor feeds packed IEEE numbers [19] A and B into the FPU. The unpacker circuit converts these numbers into the factoring format described in section 2.3. Depending on the operation, the operands A' and B' are fed into one of the function units. The last stage rounds the result of the operation to a representable and packed IEEE number, and places the result on the result-bus of the processor.

The design is pipelined, i.e., the design includes registers which store intermediate results. The division is carried out using the Newton-Raphson method. Thus, the function unit for multiplication and division contains loops to feed back intermediate results for the next Newton-Raphson iteration.

Complete hardware schematics at the gate level can be found in [18]. We will focus on the rounder. We demonstrate a part of the verification of the rounding unit exemplary. We give a theorem which decomposes the rounding function into three simpler functions which then serve as a basis for the implementation of the rounder. The three functions are the normalization shift η, the significant round r_{sig} and the post-normalization pn. Figure 3 shows a decomposition of the rounding hardware in corresponding sub-circuits. The sub-circuit "ExpRd" rounds to infinity, if an overflow occurs. This part is not yet formalized.

For reals x, $\eta(x)$ was defined as the unique IEEE-factoring (s, e, f) with $[s, e, f] = x$ in section 2.3.

Lemma 5. *For any real x and $(s, e, f) = \eta(x)$, it holds*

1. *$s = 0$ iff $x \geq 0$,*
2. *$e = \max(\lfloor log_2(x) \rfloor, e_{min})$, and*
3. *$f = |x|/2^e$.*

Lemma 6. *For any factoring (not necessarily IEEE-factoring)* (s, e, f) *with* $(s', e', f') = \eta([s, e, f])$, *it holds*

1. $s' = s$,
2. $e' = \max(e + \lfloor log_2(f) \rfloor, e_{min})$, *and*
3. $f' = f/2^{e'-e}$.

We assume that the input to the rounder is encoded as a factoring, but not necessarily as an IEEE-factoring. The normalization shift can then be computed in hardware by a *leading zero counter* to compute the logarithm of f, a *left/right shifter* to compute f', and an *adder* to adjust the exponent.

For IEEE-factorings (s, e, f), we define the significant round

$$r_{sig}(s, f) := |r_{rat}((-1)^s \cdot f)|$$

as the significant rounded to P fractional binary digits. The multiplication with the sign is necessary since the rounding decision depends on the sign. In hardware, the significant round is computed by the examination of the low-order bits of the significant. This technique is called *sticky bit computation* [18].

Lemma 7. *For any IEEE-factoring* (s, e, f), *it holds*

1. $r_{sig}(s, f) \in [0, 1]$, *if* (s, e, f) *is denormal,*
2. $r_{sig}(s, f) \in [1, 2]$, *if* (s, e, f) *is normal.*

The lemma is proven by unfolding the definitions, and applying the following lemma:

Lemma 8. *For any integers* a, b *and any real* x *with* $a \leq x \leq b$, *it holds* $a \leq \lfloor x \rfloor \leq \lceil x \rceil \leq b$.

In PVS, this lemma is proven automatically by the powerful proof-strategy `grind`.

Let (s, e, f) be an IEEE-factoring, and let $f' := r_{sig}(s, f)$. If the significant round yields a significant $f' = 2$, the result has to be post-normalized; the significant is set to 1, and the exponent is incremented. This is accomplished by the function pn:

$$pn(s, e, f) := \begin{cases} (s, e, f') & \text{if } f' \neq 2 \\ (s, e + 1, 1) & \text{if } f' = 2 \end{cases}.$$

The value of the factorings is obviously preserved by the function pn. The function is implemented by an *incrementer* for the exponent and an *multiplexer* for the significant.

Assume that the sub-circuits in figure 3 indeed compute the corresponding functions. Then the correctness of the whole rounder follows from the next theorem:

Theorem 5. *For any factoring* (s, e, f) *(not necessarily an IEEE-factoring), it holds*

$$\eta(r_{ne}([s, e, f])) = pn(\eta([s, e, f])).$$

This theorem is proven by definition unfolding, the use of the lemmas above, and some rules on exponentiation.

Theorem 5 decomposes the verification problem into smaller sub-problems such that the sub-circuits from figure 3 can be verified separately. These sub-circuits are further decomposed in [18].

4 Converting Mathematical Machines to Verilog HDL

The implementation above is specified as mathematical machine in the PVS language. All proofs rely on this specification. This specification is converted into a synthesizable subset of Verilog HDL [22]. This is done automatically by a program. A similar approach is made in [23].

The program is limited to convert mathematical machines, i.e., it takes a configuration set, an initial configuration, and a transition function as inputs. This tool is not limited to in-order designs.

5 Future Work

We are in progress of extending the design with a mechanism for speculative execution and precise interrupts. Furthermore, out-of-order execution capabilities are added by means of a Tomasulo scheduler.

The mathematics of the floating point arithmetic have been verified completely. Our future work is to verify the corresponding circuits.

Acknowledgment

The authors would like to thank Michael Bosch, Michael Klein, and Jochen Preiss for valuable discussions.

References

1. J.L. Hennessy and D.A. Patterson. *Computer Architecture: A Quantitative Approach*. Morgan Kaufmann Publishers, INC., San Mateo, CA, 2nd edition, 1996.
2. D. Cyrluk, S. Rajan, N. Shankar, and M. K. Srivas. Effective theorem proving for hardware verification. In *2nd International Conference on Theorem Provers in Circuit Design*, 1994.
3. Ravi Hosabettu, Ganesh Gopalakrishnan, and Mandayam Srivas. A proof of correctness of a processor implementing Tomasulo's algorithm without a reorder buffer. In *Correct Hardware Design and Verification Methods: IFIP WG 10.5 Internatinal Conference on Correct Hardware Design and Verification Methods (CHARME)*, pages 8–22. Springer, 1999.
4. Jun Sawada and Warren A. Hunt. Results of the verification of a complex pipelined machine model. In *Correct Hardware Design and Verification Methods: IFIP WG 10.5 Internatinal Conference on Correct Hardware Design and Verification Methods (CHARME)*, pages 313–316. Springer, 1999.
5. Matt Kaufmann and J. S. Moore. ACL2: An industrial strength version of nqthm. In *Proc. of the Eleventh Annual Conference on Computer Assurance*, pages 23–34. IEEE Computer Society Press, 1996.
6. Thomas A. Henzinger, Shaz Qadeer, and Sriram K. Rajamani. You assume, we guarantee: Methodology and case studies. In *Proc. 10th International Conference on Computer-aided Verification (CAV)*, 1998.
7. K.L. McMillan. Verification of an implementation of Tomasulo's algorithm by composition model checking. In *Proc. 10th International Conference on Computer Aided Verification*, pages 110–121, 1998.

8. W. Damm and A. Pnueli. Verifying out-of-order executions. In H.F. Li and D.K. Probst, editors, *Advances in Hardware Design and Verification: IFIP WG 10.5 Internatinal Conference on Correct Hardware Design and Verification Methods (CHARME)*, pages 23–47. Chapmann & Hall, 1997.

9. M.L. McMillan. Verification of infinite state systems by compositional model checking. In *Correct Hardware Design and Verification Methods: IFIP WG 10.5 Internatinal Conference on Correct Hardware Design and Verification Methods (CHARME)*, pages 219–233. Springer, 1999.

10. Y.-A. Chen and R. E. Bryant. Verification of floating-point adders. *Lecture Notes in Computer Science*, 1427, 1998.

11. Y.-A. Chen and R. E. Bryant. PHDD: An efficient graph representation for floating point circuit verification. In *IEEE/ACM International Conference on Computer Aided Design; Digest of Technical Papers (ICCAD '97)*, pages 2–7, Washington - Brussels - Tokyo, November 1997. IEEE Computer Society Press.

12. Y.-A. Chen, E. Clarke, P.-H. Ho, and Y. Hoskote. Verification of all circuits in a floating-point unit using word-level model checking. *Lecture Notes in Computer Science*, 1166, 1996.

13. M. D. Aagaard and C.-J. H. Seger. The formal verification of a pipelined double-precision IEEE floating-point multiplier. In *International Conference on Computer Aided Design*, pages 7–10, Los Alamitos, Ca., USA, November 1995. IEEE Computer Society Press.

14. L. Claesen, D. Verkest, and H. De Man. A proof of the non-restoring division algorithm and its implementation on an ALU. In *Formal Methods in System Design, vol. 5*, pages 5–31, 1994.

15. J. O'Leary, M. Leeser, J. Hickey, and M. Aagaard. Non-restoring integer square root: A case study in design by principled optimization. *Lecture Notes in Computer Science*, 901, 1995.

16. David M. Russinoff. A mechanically checked proof of IEEE compliance of the floating point multiplication, division and square root algorithms of the AMD-K7 processor. *LMS Journal of Computation and Mathematics*, 1:148–200, 1998.

17. Daniel Kröning, Wolfgang Paul, and Silvia M. Müller. Proving the correctness of pipelined micro-architectures. In Klaus Waldschmidt and Christoph Grimm, editors, *Proc. of ITG/GI/GMM-Workshop "Methoden und Beschreibungssprachen zur Modellierung und Verifikation von Schaltungen und Systemen"*, pages 89–98. VDE Verlag, 2000.

18. Silvia M. Müller and Wolfgang Paul. *Computer Architecture: Complexity and Correctness*. Springer, 2000.

19. Institute of Electrical and Electronics Engineers. *ANSI/IEEE standard 754–1985, IEEE Standard for Binary Floating-Point Arithmetic*, 1985. for a readable account see the article by W.J. Cody et al. in the IEEE MICRO Journal, Aug. 1984, 84–100.

20. Paul S. Miner. Defining the IEEE-854 floating-point standard in PVS. Technical report, NASA, Langley Research Center, 1995.

21. Wolfgang Paul. Recherarchitektur II SS98, 1998. Lecture Notes.

22. Donald E. Thomas and Philip Moorby. *The Verilog Hardware Description Language*. Kluwer, Boston;Dordrecht;London, 1991.

23. James C. Hoe and Arvind. Hardware synthesis from term rewriting systems. In *Proc. of VLSI'99, Lisbon, Portugal*, 1999.

Dezentrale Intelligenz
durch Metamodell-basierte Objektverwaltung

Dirk Meyer

Lehrstuhl für Prozeßleittechnik, RWTH Aachen, D-52056 Aachen
dirk@plt.rwth-aachen.de

Abstract. Dezentrale Systeme der Automatisierungstechnik bieten in zunehmendem Maße intelligente Funktionen, leiden aber unter infrastruktureller Heterogenität. Substantielle Verbesserungen sind durch das Modellieren der Anwendungssoftware auf Basis eines objektorientierten Metamodells möglich. Ziel ist es, mit den eigentlichen Objekten der Anwendungen auch die zugrundeliegenden Objektmodelle im Zielsystem zu verwalten. Mit diesem Konzept kann ein „leittechnisches Betriebssystem" aufgebaut werden, dessen Objektverwaltungskern modular um spezifische Anwendungsfunktionalität erweiterbar ist. Klassen und Assoziationen bilden dabei nicht nur die generischen Grundelemente der Modellierung und Programmierung, sondern stellen auch operative Dienste zum Objektzugriff bereit. Somit sind anwendungs- und herstellerübergreifende Werkzeuge für Projektierung und Betrieb der Automatisierungssoftware möglich.

1 Einleitung

Bedingt durch die rasante Entwicklung der systemtechnischen Hardware wird die Welt der Automatisierung zunehmend durch dezentrale Rechenleistung im feldnahen Bereich geprägt. Insbesondere digitale Feldgeräte (vornehmlich Sensoren und Aktoren) schmücken sich gern mit dem Begriff der „dezentralen Intelligenz", um sich von konventionellen Lösungen abzugrenzen. Abgesehen von der in die Feldebene verlagerten Verarbeitungsfunktionalität unterscheiden sich die prozeßnahen Komponenten der Automatisierungssysteme (dies sind diejenigen Komponenten eines Automatisierungssystems, die über möglichst kurze Kommunikationswege mit den Feldgeräten verbunden sind und beispielsweise Steuer- und Regelaufgaben übernehmen) wenig von ihren Vorgängern. Die Erwartungen der Anwender bezüglich effektiver Entwicklungsprozesse durch einheitliches und gleichzeitig flexibles Modellieren, Programmieren und Projektieren werden zumeist enttäuscht.

Ein offenes leittechnisches Betriebssystem mit einer *Objektverwaltung* als Kern kann hier Abhilfe schaffen (vgl. Bild 1). Im allgemeinen übernimmt eine Objektverwaltung das Zuordnen von Speicher- und CPU-Ressourcen zu den einzelnen Objekten einer Anwendung. Im hier verfolgten Ansatz wird darüber hinaus aber auch das den Objekten zugrunde liegende *Objektmodell* im Zielsystem, also beispielsweise in einer prozeßnahen Komponente eines Prozeßleitsystems oder in einem Feldgerät, verwaltet. Dazu wird ein *Metamodell* – ein Modell eines Objektmodells – benötigt. Auf Basis

eines solchen Metamodells kann die Objektverwaltung bestimmte generische Modell-
elemente (quasi „LEGO-Bausteine") anbieten, um damit leittechnische Anwendungen
zu realisieren. Das Metamodell bestimmt dabei maßgeblich die Flexibilität beim Modellieren. Sinnvollerweise orientiert man sich an den Modellierungssprachen der Objektorientierung, z.B. der *Unified Modeling Language* (UML). Von großer Wichtigkeit ist ein allgemeines Beziehungssystem, mit dem eine Anwendungsvielfalt abgedeckt werden kann, die weit über die Grenzen herkömmlicher signalorientierter Konzepte hinausreicht.

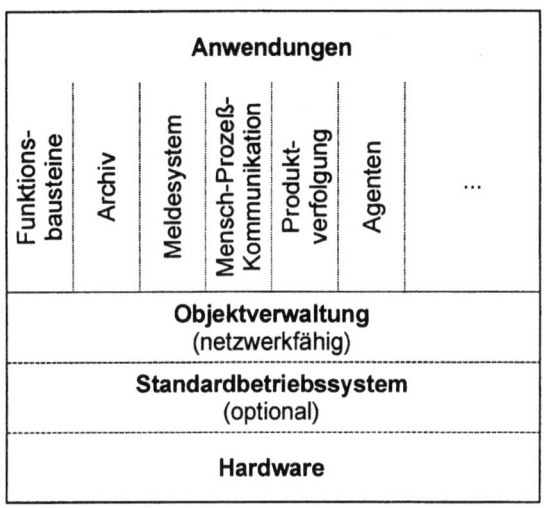

Bild 1. Eine Objektverwaltung als Kern eines offenen leittechnischen Betriebssystems.

Mit Hilfe des im Zielsystem hinterlegten Objektmodells kann die Objektverwaltung zur Laufzeit wiederkehrende generische Mechanismen zum Informationszugriff
und Projektieren der Objekte bereitstellen. Das leittechnische Betriebssystem erhält
damit einen Kern mit einer anwendungsübergreifenden Basisfunktionalität und ist
beliebig skalierbar durch Modellieren von anwendungsspezifischen Objekten um die
jeweils benötigte leittechnische Anwendungsfunktionen erweiterbar. Auf diese Weise
erscheint der Begriff der „dezentralen Intelligenz" in einem völlig neuen Licht: Er
steht nicht mehr allein für dezentrale Verarbeitungsfunktionalität, sondern für eigenständige Systemeinheiten, die aufgrund der zugrunde liegenden Modelle unterschiedliche „Weltvorstellungen" besitzen dürfen. Auf die Objekte und das Objektmodell
wird nun mit Hilfe einheitlicher Dienste zugegriffen. Damit kann ein Informationsaustausch auf semantisch hoher Ebene erfolgen. Auf dieser Basis lassen sich insbesondere übergreifende Werkzeuge – beispielsweise zur Projektierung – einsetzen.

Bei der Realisierung einer Objektverwaltung selbst, als auch der darauf aufbauenden leittechnischen Anwendungen, wird man im allgemeinen auf die Funktionalitäten
eines Standardbetriebssystems zurückgreifen wollen. Nicht in jedem Fall jedoch werden diese Funktionalitäten benötigt. Digitale Feldgeräte beispielsweise kommen sehr
gut auch ohne eine Multi-User-Umgebung, Dateisystem und lokale graphische Benut-
zeroberfläche aus. Es lohnt sich, eine plattformunabhängige Lösung anzustreben, die
auf verschiedenen Betriebssystemen lauffähig ist, aber gegebenenfalls auch auf ein

unterlagertes Betriebssystem verzichten kann. Beispielsweise sollte ein 16-bittiger Microcontroller mit beschränkten Speicherressourcen für ein kleineres System ausreichend sein.

2 Die Objektverwaltung ACPLT/OV

2.1 Einordnung in das Gesamtkonzept ACPLT

Mit dem Ziel der Innovation leittechnischer Softwarestrukturen beschäftigt sich der Lehrstuhl für Prozeßleittechnik der RWTH Aachen unter dem Markenzeichen „ACPLT" (Aachener Prozeßleittechnik) mit leittechnischen Infrastruktur- und Anwendungsmodellen [1]. Die Objektverwaltung ACPLT/OV [2] ist Teil der Infrastrukturmodelle, und realisiert das eingangs motivierte Konzept. Es bildet die Basis für das *Modellieren* und *Programmieren* der leittechnischen Anwendungsmodelle. Beispiele für solche Anwendungsmodelle sind kommando-orientierte Prozeßführung, Anlagen- und Prozeßüberwachung, Mensch-Prozeß-Kommunikation oder Produktverfolgung. Durch die Objektverwaltung erfolgt ein konsequentes Hinterlegen der Objektmodelle der leittechnischen Anwendungen in den Zielsystemen entsprechend der grundlegenden Philosophie der ACPLT-Infrastruktur: *Die Wahrheit liegt im Zielsystem.*

Die mit ACPLT/OV hinterlegten Modellinformationen können genutzt werden, um die Dienste der Objektverwaltung über das Kommunikationssystem ACPLT/KS [3,4] konfigurationslos im Netzwerk verfügbar zu machen. Die Objektverwaltung ist jedoch komplett eigenständig. Prinzipiell ist alternativ zu ACPLT/KS ist auch der Einsatz anderer Kommunikations- oder Komponententechnologien, wie beispielsweise Microsoft COM/DCOM, OMG CORBA oder Java RMI, denkbar.

2.2 Entwicklung und Betrieb von Automatisierungssoftware mit ACPLT/OV

Charakteristisch für die Entwicklung und den Betrieb von Automatisierungssoftware auf Basis der Objektverwaltung ACPLT/OV ist ein durchgängiger Übergang von den klassischen Phasen des objektorientierten Softwareengineering *Analyse*, *Design* und *Programmierung* in den operativen Betrieb, d.h. in Projektieren durch *Strukturieren* und *Parametrieren* sowie *Anwenden* der Software, vgl. Tabelle 1.

Zum Erstellen der Modelle der leittechnischen Anwendungen definiert ACPLT/OV eine textuelle objektorientierte Modellierungssprache (vgl. Bild 2). Diese orientiert sich an den Konzepten der UML. Ein UML-Klassendiagrammen – als typisches Ergebnis der objektorientierten Analyse – kann in den weitaus meisten Fällen auf einfache Art und Weise in die Modellierungssprache von ACPLT/OV übertragen werden. Um bei einem Automatisierungstechniker einen gewissen Wiedererkennungseffekt zu erzielen, wurde eine Syntax gewählt, die stilistisch den textuellen Sprachen der IEC 61131-3 (Speicherprogrammierbare Steuerungen: Programmiersprachen) ähnelt. Die Mächtigkeit und Flexibilität der Modellierungssprache geht jedoch – insbesondere durch das Beziehungs-Konzept der Assoziation – weit über die Möglichkeiten dieser signalorientierten Sprachen hinaus. Die mit Hilfe der Modellierungssprache beschriebenen Objektmodelle werden – unterstützt durch einen Codegenerator – portabel und effizient in ANSI C implementiert, in Bibliotheken durch einen organisiert und in eine im Zielsystem befindliche persistente Datenbasis geladen.

Tabelle 1. Phasen von Softwareentwicklung und -betrieb mit ACPLT/OV.

Phase	Personen	Vorgehen
Analyse	System- und Anwendungs- programmierer	Spezifikation, *was* das Softwaresystem leisten soll (Anforderungen), d.h. Identifikation von Klassen, deren Attributen und Methoden sowie deren Beziehungen.
Design		Spezifikation, *wie* das Softwaresystem die Anforderungen erfüllen soll, d.h. Wahl der Softwarearchitektur (Schichten und Partitionen) und der Beschreibungsmittel/ Programmiersprachen.
Programmieren		Erstellen von wiederverwend- und kombinierbaren Systemkomponenten in Form von Klassenbibliotheken unter direkter oder indirekter Verwendung von Programmiersprachen, die in einen Binärcode übersetzt (kompiliert) werden, der von einer CPU oder einem Interpreter ausgeführt werden kann.
Strukturieren	Projektierer	Erstellen der Systemstruktur durch Erzeugen von identifizierbaren Objekten instanzierbarer Klassen sowie von Verknüpfungen entsprechend gegebenen Assoziationen (Beziehungstypen), z.B. mit graphischen Werkzeugen.
Parametrieren		Wahl von Variablenwerten, die das Systemverhalten bei gegebener Struktur charakterisieren (DIN 19226, Teil 1). Alle Parameter sind identifizierbaren Objekten zugeordnet und werden ggf. schon beim Instanzieren gewählt.
Anwenden	Operator	Wahl von Eingangsinformationen, d.h. Werten und Wertetrajektorien von Eingangsvariablen des Systems, zwecks unmittelbarer Nutzung der Systemfunktionalität in Form von Ausgangsinformationen. Alle Ein- und Ausgangsinformationen sind wiederum identifizierbaren Objekten zugeordnet. Ein wichtiger Sonderfall ist das dynamische Erzeugen von Objekten zwecks Delegieren von Funktionalität.

Obwohl ANSI C keine objektorientierte Programmiersprache ist, können objektorientierte Konzepte durchaus auch in dieser Sprache angewendet werden. ANSI C wurde gewählt, da es sehr effizient ist und die Verfügbarkeit von Compilern (insbesondere für eingebettete Systeme) gewährleistet ist. Der Codegenerator mildert die Nachteile von ANSI C gegenüber von C++ ab, indem er beispielsweise das Objektlayout und die Methodentabellen generiert.

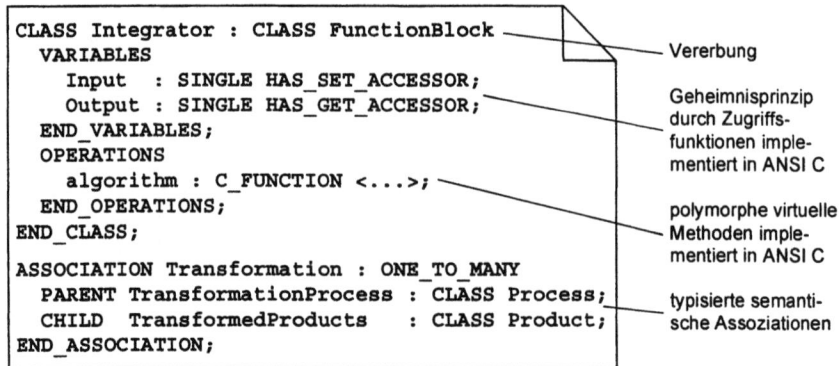

Bild 2. Die Modellierungssprache von ACPLT/OV (vereinfacht).

Sofern das unterlagerte Betriebssystem dies unterstützt, können die Bibliotheken als *dynamic link libraries* (DLLs) bzw. *shared libraries* separat übersetzt und zur Laufzeit hinzugeladen werden. Zumeist unterstützt das unterlagerte Betriebssystem auch sogenannte *memory mapped files*. Darunter versteht man Dateien, die in den Hauptspeicher gespiegelt werden. Veränderungen in diesem Speicher werden transparent für den Anwender in die Datei zurückgeschrieben. ACPLT/OV nutzt diesen Mechanismus für die Realisierung der Persistenz der Datenbasis. Damit liegt die Datenbasis als „ausführbare Spezifikation" der Anwendung als Datei vor, die auch nach dem Beenden der Anwendung erhalten bleibt.

Während die Implementation der Objekte gemäß des *black-box*-Prinzips zur Laufzeit nicht sichtbar ist, fungiert die Datenbasis als *white-box*-System. Neben den geladenen Klassenbibliotheken enthält sie das eigentliche Objektnetz (das Objektsystem) der Anwendung, das über die generischen Dienste der Objektverwaltung projektiert wird. Dies geschieht durch Instanzieren und Parametrieren von Objekten der geladenen Klassen und Kombinieren von Objekten zum Gesamtsystem über Verknüpfungen. Die zulässigen Verknüpfungsmöglichkeiten sind dabei durch die Assoziationen im Klassenmodell definiert. Die erzeugten Objekte können *aktiv* sein, d.h. sie werden vom Laufzeitsystem bearbeitet und stellen ihre leittechnische Anwendungsfunktionalität unmittelbar zur Verfügung. Projektieren und Anwenden des Objektsystems muß nicht streng sequentiell erfolgen, sondern ist zeitgleich möglich. Das Erzeugen eines Objektes beispielsweise kann also – ähnlich wie das Setzen eines Parameters – ein Projektierungsvorgang (z.B. Anlegen eines Funktionsbausteins), aber auch ein Anwendungsvorgang (z.B. Anlegen eines Produktionsauftrages) sein. Da sämtliche Informationen über das projektierte Objektsystem im Zielsystem hinterlegt sind, kann die Objektstruktur einschließlich Verknüpfungen, Parametern und Ein-/Ausgangswerten jederzeit online ohne Vorabwissen bezüglich der spezifischen Anwendungsmodelle abgefragt werden.

2.3 Anwendung in der Praxis

Die Objektverwaltung ist nicht nur Gegenstand wissenschaftlicher Forschung auf dem Papier. Es existiert eine effiziente und portable Implementation in ANSI C, die *out of the box* auf den Betriebssystemen Windows 9x/NT, Linux und anderen Unix-Derivaten, OpenVMS sowie Siemens RMOS32 lauffähig ist und frei als Open Source [5] verfügbar ist. Darüber hinaus wurde sie für die Firma Endress+Hauser auf einen 16-bittigen Microcontroller mit beschränkten Ressourcen portiert, der als „Funktionsmodul FM" von Commutec S zum Einsatz kommt. Der kompilierte C-Code benötigt dort inklusive vollwertiger Kommunikationsanbindung über das Kommunikationssystem ACPLT/KS nur ca. 128 kByte Speicher.

3 Objektorientiertes Modellieren mit ACPLT/OV

3.1 Die Wahl des Modellierungskonzeptes

Eine Objektverwaltung, die Objekte nicht nur als „bloße Speicherobjekte" betrachtet, sondern auch die zugrunde liegenden Objektmodelle verwaltet, muß Modellierungsmöglichkeiten bieten, die flexibel und mächtig genug sind, die breite Vielfalt automatisierungstechnischer Anwendungen abzudecken. Wünschenswert sind ständig wiederkehrende, generische Modellierungskonzepte (Muster), die strukturelle Gemeinsamkeiten von unterschiedlichen Anwendungen nutzbar machen. In der allgemeinen Softwareentwicklung haben sich hier objektorientierte Techniken durchgesetzt, die es gestatten, Modelle als natürliche Abstraktionen der realen Welt zu erstellen. Dies gilt auch für die Automatisierungstechnik, bei der es sich typischerweise um Spezialisierungen von Netzmodellen handelt [6], die mit objektorientierten Methoden als Netze verknüpfter Objektinstanzen beschrieben werden können. Insbesondere zeigt [7], daß stets eine Abbildung solcher Modelle auf ein objektorientiertes Referenzmodell möglich ist. Objekte können Prozesse oder Funktionalitäten kapseln (Beispiel Funktionsbaustein), aber auch deren dynamischen Ein- und Ausgangsinformationen darstellen, wie beispielsweise im Phasenmodell der Produktion [8]. Hierin äußert sich der grundlegende Unterschied zwischen der klassischen Signalorientierung und der Informationsorientierung. In signalorientierten Anwendungen werden sich dynamisch ändernde Informationen durch Signale entsprechend der DIN 19226 repräsentiert. Signale werden typischerweise durch Fließkomma-, Integer- und Boolsche Werte implementiert und durch (Funktions-)Blöcke transformiert. Im Gegensatz dazu werden Informationen in informationsorientierten Anwendungen durch Objekte (oder Datenstrukturen) und deren Beziehungen mit einem sich dynamisch änderndem Zustand dargestellt. Die Transformation dieser Informationen geschieht durch Interaktion mit anderen Objekten (z.B. durch Nachrichtenaustausch). Mit objektorientierten Techniken lassen sich beide Anwendungsarten effektiv modellieren. Sie finden daher auch in ACPLT/OV Verwendung.

3.2 Formalisierungsaspekte

Häufig wird eine fehlende Formalisierung objektorientierter Sprachen bemängelt. Während die Bedeutung formaler Methoden im Softwareengineering im allgemeinen überschätzt wird [9] und deren durchgängige Verwendung nicht immer wirtschaftlich ist, können Objekte sehr wohl mit formalen Methoden spezifiziert und – ggf. automatisch – ACPLT/OV-basierter Code aus der Spezifikation erzeugt werden. Ein Beispiel hierfür ist die Spezifikation von Funktionsbausteinen mit Hilfe von Graphgrammatiken [10]. Andere Möglichkeiten ergeben sich im Bereich kontinuierlicher oder diskreter Systeme. Auf Basis gegebener Übertragungsfunktionen können beispielsweise Simulationsblockobjekte generiert werden, z.B. mit Hilfe von Werkzeugen wie dem Matlab/Simulink Real Time Workshop. Auch aus formal verifizierbaren Petrinetzen läßt sich Code generieren. Die Formalisierung ist in jedem Fall Aufgabe vorgeschalteter Werkzeuge und nicht der Objektverwaltung.

3.3   Objekte und Klassen

Im folgenden werden die Möglichkeiten zum objektorientierten Modellieren leittechnischer Anwendungen mit ACPLT/OV näher unter die Lupe genommen. Die grundlegende Einheit einer Anwendung ist das *Objekt*. Jedes Objekt besitzt einen Datensatz und eine ihm zugeordnete Funktionalität. Diese Aufhebung der Trennung von Daten und Funktionen ist allgemein als *Kapselung* bekannt. Gleichartige Objekte werden durch Abstraktion zu Klassen zusammengefaßt. Klassen beschreiben die invarianten Eigenschaften ihrer Objekte, die auch als *Instanzen* der Klasse bezeichnet werden. In objektorientierten Programmiersprachen ist es üblich, den Aufbau des Datensatzes der Instanzen einer Klasse aus sog. *Instanzvariablen* (Attributen) sowie die Funktionen dieser Instanzen, *Operationen* genannt, als invariant zu betrachten. Individuell sind für jedes Objekt also nur die Werte der Instanzvariablen.

Bei der Modellierung der Instanzvariablen in ACPLT/OV wird nicht nur deren Datentyp gewählt, sondern es können auch eine technische Einheit, ein Kommentar sowie sog. semantische Flags als Beschreibung der Variable vergeben werden. Die semantischen Flags dienen der anwendungsspezifischen Kennzeichnung von Variablen, beispielsweise als Parameter oder Ein-/Ausgangswert. Entsprechende Zugriffsrechte vorausgesetzt, ist während des Betriebs ein lesender und/oder schreibender generischer Zugriff auf alle Instanzvariablen eines Objektes möglich, beispielsweise um zu parametrieren oder um online-Werte abzufragen. Um die Instanzvariablen gemäß des Geheimnisprinzips vor direktem externem Zugriff schützen zu können und beispielsweise den Wert einer Variable auf einen zulässigen Wert zu prüfen, kann mit der Definition jeder Instanzvariable eine *get*- und eine *set*-Zugriffsfunktion definiert werden. Dies ist ein Unterschied zu üblichen objektorientierten Programmiersprachen, bei denen diese Zugriffsfunktionen nicht von den übrigen Methoden unterschieden werden. Durch die explizite Zuordnung der Zugriffsfunktionen zu den Variablen wird die spezielle Semantik von Zugriffsfunktionen modelliert, so daß Variablen durch generische Dienste abgefragt werden können.

Während Instanzvariablen den *Zustand* individueller Instanzen bestimmen, definieren die frei in ANSI C definierbaren Methoden (als Implementation der Operationen) deren *Verhalten*. Das Verhalten aller Instanzen einer Klasse ist immer gleichartig, kann aber maßgeblich durch deren Parametrierung als von außen wählbarer Teil der Zustandsdaten beeinflußt werden. Ein typischer Fall für einen solchen Parameter ist der Übertragungsfaktor eines Reglers. Ein wesentlich komplexeres Beispiel ist ein vom Objekt interpretierter mathematischer Ausdruck als Parameter.

Die Wiederverwendung von Klassen kann auf zweierlei Art erfolgen. Bei der Wiederverwendung durch *Einbetten* von Objekten in neue Objektklassen (eine Sonderform der *Komposition*), lassen sich Objekte aus bereits implementierten komplexen Elementen zusammensetzen. Die zweite Möglichkeit der Wiederverwendung besteht in der *Vererbung* von Eigenschaften. In ACPLT/OV besitzt jedes Objekt – mit Ausnahme der obersten Objektklasse *Object* – genau eine Oberklasse, deren Eigenschaften (Instanzdatensatz und Operationen bzw. Methoden) es erbt und weiter ergänzen kann. Dabei entsteht eine Klassenhierarchie, die als eine begriffliche Taxonomie der Objekte der Anwendung aufgefaßt werden kann, vgl. Bild 3 links.

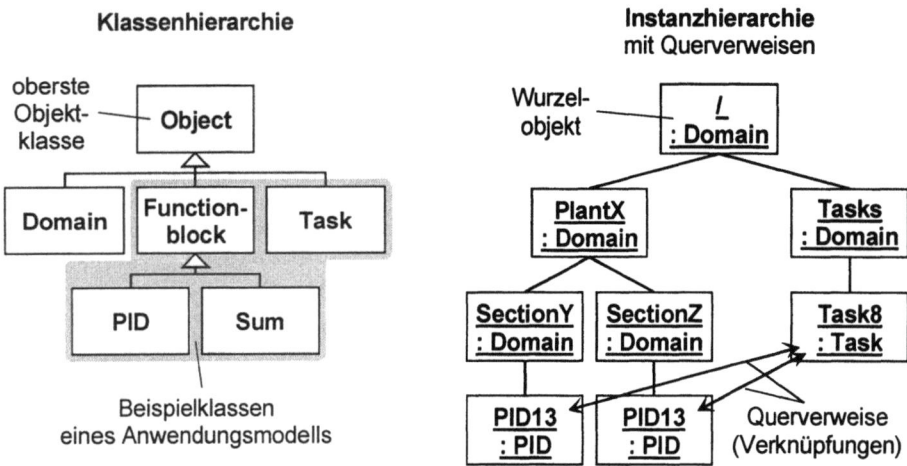

Bild 3. Hierarchien in einem ACPLT/OV-basierten Objektsystem.

Entsprechend der Klassenhierarchie besitzt jedes Objekt die Eigenschaften der Wurzelklasse *Object*: Zum einen sind dies verschiedene Methoden zur Verwaltung des Objektlebenszyklus (Konstruktur/Destruktor und Methoden, die das Objekt über das Hoch- bzw. Herunterfahren der Anwendung benachrichtigen) und zum generischen Informationszugriff. Zum anderen besitzt jedes Objekt einen textuellen Kurzbezeichner und einen Erzeugungszeitstempel. Darüber hinaus sind Verweise zur Klasse des Objekts und – mit Ausnahme des Wurzelobjekts – zu einem Vaterobjekt vorhanden. Vaterobjekte sind von der Klasse *Domain* abgeleitet und fungieren wie Verzeichnisse in einem Dateisystem, bilden also Objektcontainer. Auf diese Weise lassen sich Instanzen beliebig hierarchisch strukturiert ablegen und erhalten eine eindeutige textuelle Bezeichnung. Diese Bezeichnung erhält man, indem die Kurzbezeichner aller Objekte beginnend mit dem Wurzelobjekt bis hin zu dem zu bezeichnenden Objekt zu einem hierarchischen *Resource Locator* (Pfadnamen) zusammengesetzt werden, beispielsweise „/PlantX/SectionY/PID13", vgl. Bild 3 rechts. Die Hierarchie ist hierbei in ihrer Tiefe unbegrenzt und kann als Aggregationshierarchie (Teil-Ganzes-Hierarchie) interpretiert werden. Auch die Elemente eines Objekts, beispielsweise eine Instanzvariable, können auf diese Weise eindeutig adressiert werden, z.B. „/PlantX/SectionY/PID13.SetPoint". Die Bezeichnung von Objekten mit solchen Klartextpfaden hat den Vorteil, rückdokumentierbar und vom Menschen einfach interpretierbar zu sein. Durch Voranstellen der IP-Adresse bzw. des Namens des Rechners, der das Objektsystem beherbergt, wird ein Pfadname sogar weltweit eindeutig. Innerhalb des Objektsystems erfolgt der Zugriff in aller Regel nicht über Klartextnamen, sondern effizient über Zeiger.

3.4 Verknüpfungen und Assoziationen

Gemäß des Prinzips „ein System ist mehr als die Summe seiner Teile" reicht es nicht aus, ein System als eine zusammenhanglose Kollektion von Objekten zu betrachten. Vielmehr bestehen in einem System semantische Beziehungen zwischen Objekten, die in ACPLT/OV explizit durch *Verknüpfungen* repräsentiert werden. Die ausschließliche Verwendung der die Instanzhierarchie bildenden Verknüpfungen ist dabei für allgemeine Netzmodell nicht ausreichend. Vielmehr müssen beliebige typisierte Verknüpfungen als Querverweise zwischen Objekten bestimmter Klassen unabhängig von der Hierarchie möglich sein, beispielsweise zwischen Taskobjekten und von diesen bearbeiteten Funktionsbausteinen (vgl. Bild 3 rechts) oder zwischen Produktobjekten und den diese transformierenden Prozeßobjekten.

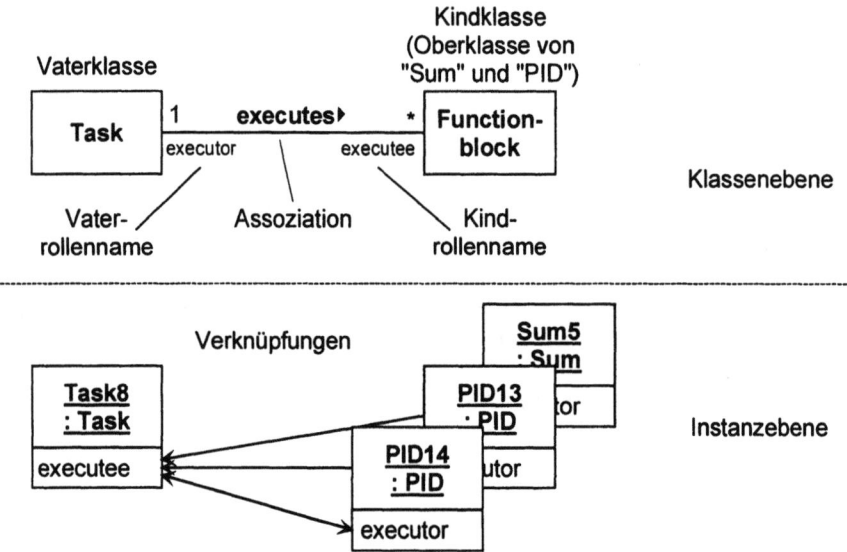

Bild 4. Verknüpfungen und Assoziationen in ACPLT/OV (Beispiel).

Gleichartige Verknüpfungen werden in der objektorientierten Modellierung durch *Assoziationen* abstrahiert. Assoziationen beschreiben mögliche semantische Verknüpfungen zwischen Instanzen der assoziierten Klassen (vgl. Bild 4). In ACPLT/OV sind Assoziationen stets bidirektional (1:1, 1:*n* oder *n*:*m*) und assoziieren – nicht notwendigerweise hierarchisch – eine als Vaterklasse mit einer als Kindklasse stereotypisierten Klasse, die auch identisch sein dürfen. Mit der Definition einer Assoziation werden den Instanzdatensätzen der Vater- und Kindobjekte implizit Referenzattribute hinzugefügt, um die Verknüpfungen zu realisieren. Dabei trägt das Referenzattribut

des Vaterobjekts den Kindrollennamen und ermöglicht den Zugriff auf die Kindobjekte; entsprechendes gilt umgekehrt für das Kindobjekt.

Das Konzept der Assoziation fehlt in allen gängigen objektorientierten Programmiersprachen. In diesen Sprachen können Klassen Instanzvariablen besitzen, die
Referenzen auf andere Objekte speichern. Dieses Konzept ist zwar allgemeiner und
flexibler, aber überläßt es dem Programmierer, die zugehörige Funktionalität zu implementieren. Assoziationen sind ein semantisch höherwertiges Konzept. Sie kapseln
die grundlegende Funktionalität von Beziehungen (Anlegen und Löschen von Verknüpfungen, Iterieren über Verknüpfungen) und machen diese generisch als Dienste
der Objektverwaltung zugänglich. Assoziationen sind in ACPLT/OV effizient als
doppelt verkettete Listen implementiert und sorgen automatisch, d.h. ohne explizites
Zutun des Programmierers, für referentielle Integrität, beispielsweise indem noch
bestehende Verknüpfungen beim Löschen eines Objektes mit abgebaut werden. Dies
trägt enorm zur Vermeidung von Programmierfehlern bei – nichts ist gefürchteter als
ein „verbogener" (baumelnder) Zeiger!

4 Hinterlegen des Objektmodells im Zielsystem

4.1 Motivation

Spezifiziert man ein Objektmodell mit einer üblichen objektorientierten Programmiersprache wie z.B. C++, so geht die Modellinformation, die typischerweise Inhalt
der Headerdateien oder sog. *Repositories* ist, beim Kompilieren vollständig oder fast
vollständig verloren. So sind beispielsweise die Namen (und weitere beschreibende
Informationen) der Instanzvariablen eines Objektes zur Laufzeit nicht mehr bekannt.
Namensbindungen werden schon beim Kompilieren aufgelöst. Das Erforschen von
Objekten und deren Eigenschaften oder das Auflösen eines Pfadnamen in eine Objektreferenz ist damit aufgrund der fehlenden Information über das Objektmodell
nicht möglich. Gerade diese generischen Dienste sind es jedoch, die dezentrale
Systeme selbstbeschreibend und anwendungsübergreifend interoperabel machen und
damit entscheidend zu deren „Intelligenz" beitragen. So wie in der Objektorientierung
Daten und Funktionen durch die Kapselung in einem Objekt eine Einheit bilden,
sollten Anwendung und Beschreibung (Objektsystem und Objektmodell) im Zielsystem eine Einheit bilden. Die getrennte Aufbewahrung dieser Informationen in
einer zentralen Engineeringdatenbasis beispielsweise führt in der Praxis aufgrund von
sich dynamisch ändernden Modellen zu massiven Konsistenzproblemen und widerspricht dem Konzept der „dezentralen Intelligenz".

4.2 Das Metamodell von ACPLT/OV

Beim Laden eines Objektmodells in Form einer Bibliothek wird in ACPLT/OV daher
nicht nur ausführbarer Code hinzugebunden, sondern auch Informationen, die das
Objektmodell beschreiben. Zur Verwaltung dieser Informationen im Zielsystem wird
ein Metamodell, d.h. ein Modell eines Objektmodells, benötigt. Das Metamodell muß
in der Lage sein, alle Modellinformationen, die mit Hilfe der Modellierungssprache

formulierbar sind, aufzunehmen und spiegelt somit die Modellierungsmöglichkeiten von ACPLT/OV wider. Um ein durchgängig modelliertes Gesamtsystem zu erhalten, wird dieses Metamodell in ACPLT/OV ebenfalls mit Hilfe von Klassen und Assoziationen beschrieben. Eine Klasse ist damit nicht länger ein Konzept beim Programmieren (wie in C++), sondern ein ganz normales Laufzeitobjekt mit der besonderen Fähigkeit, Instanzen der Klasse zu erzeugen. Für allgemeine Informationen über objektorientierte Konzepte in Metamodell-basierten Architekturen sei der Leser auf die Spezifikation der UML und der *Meta Object Facility* (MOF) verwiesen [11,12,13]. Im Gegensatz zu den Metamodellen der UML oder der MOF ist das Metamodell von ACPLT/OV sehr kompakt. Es enthält alle zur Laufzeit in der Prozeßleittechnik sinnvollen Informationen und folgt dem KISS-Prinzip (*keep it small and simple*). Es ist mächtig genug, sich selbst zu beschreiben, so daß man ein dreischichtiges Gesamtsystem erhält, vgl. Bild 5.

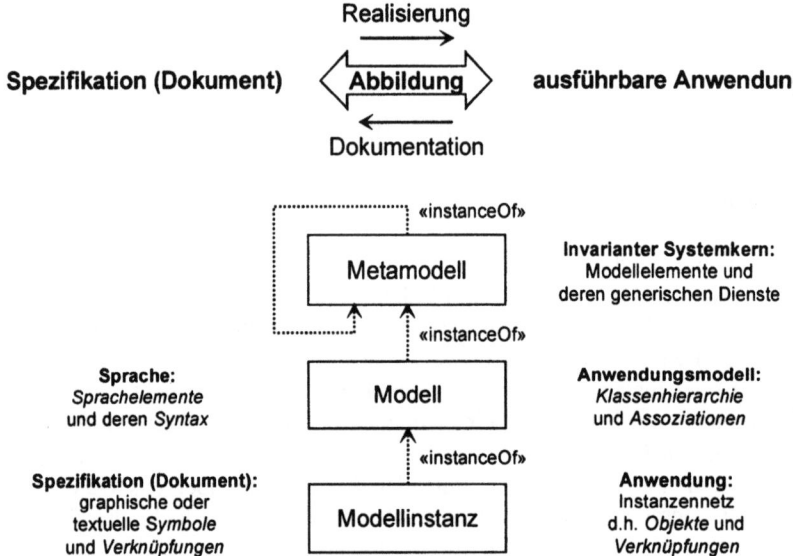

Bild 5. Die dreischichtige Metamodell-basierte Architektur von ACPLT/OV.

Durch das Metamodell bekommt das Objektsystem einen generischen invarianten Kern, auf dessen Basis (genauer: als dessen Instanz) die leittechnische Anwendungsfunktionalität in Form des Modells der Anwendung formuliert wird. Auf Basis des Anwendungsmodells wird dann im nächsten Schritt die eigentliche Anwendung als Modellinstanz aufgebaut. Faßt man dabei die Elemente des Anwendungsmodells als Sprachelemente auf, so erhält man eine „ausführbare Spezifikation". Ein prominentes Beispiel ist der Funktionsbaustein, der einerseits in graphischen Dokumenten zur Spezifikation von leittechnischer Anwendungsfunktionalität in Form von Funktionsbausteinnetzen verwendet wird, andererseits aber auch ein programmierbares Softwareelement darstellt [14].

Durch das Metamodell als invarianten Kern kann ACPLT/OV eine „orthogonale Basis" an generischen Systemdiensten anbieten, vgl. Bild 6. Ein Klassenobjekt bietet Dienste zum Erzeugen und Löschen von Objektinstanzen, die den Klassen zugeordneten Variablen stellen Dienste zum Lesen und Schreiben der Instanzvariablen bereit. Eine Assoziation realisiert Dienste zum Erzeugen und Löschen von Verknüpfungen. Darüber hinaus ist das vollständige Erkunden des Objektsystems ohne Vorabwissen möglich.

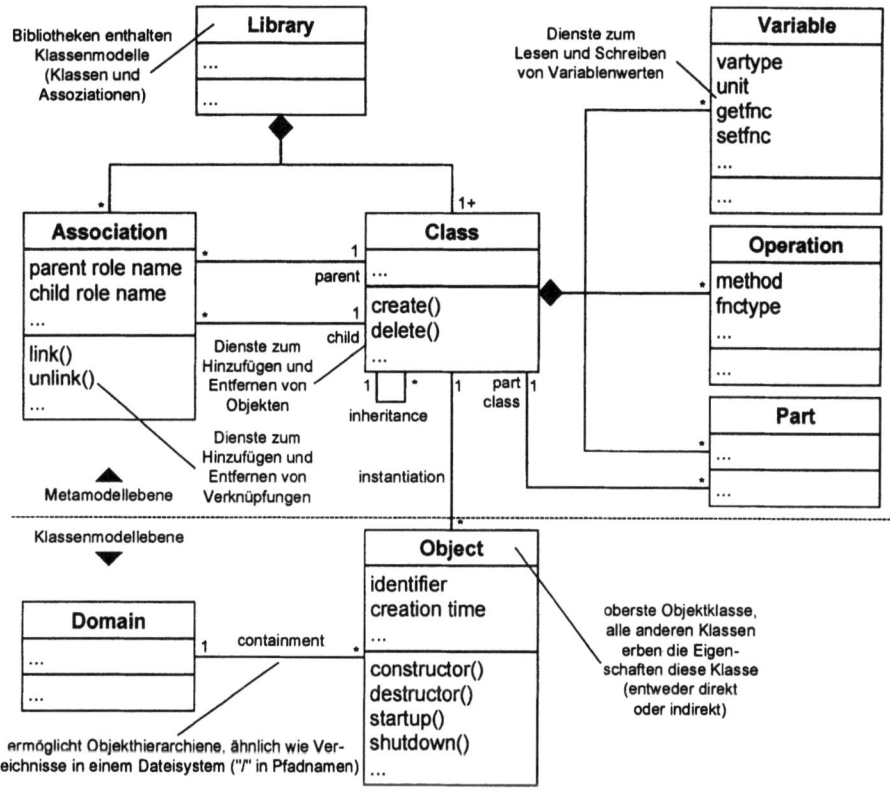

Bild 6. Das Metamodell von ACPLT/OV (UML-Notation).

4.3 Werkzeuge als Nutzer der generischen Dienste des Metamodells

Die generischen Dienste der Objektverwaltung können von anwendungsübergreifenden Werkzeugen für Projektierung und Betrieb der Anwendungen verwendet werden. Ein Beispiel für ein solches Werkzeug ist der „ACPLT Magellan" (Bild 7), mit dem man nach Herstellen einer Netzwerkverbindung mit dem Zielsystem durch die Objekte der Anwendung browsen kann. Es ist möglich, Werte von Variablen abzufragen bzw. zu verändern, über Verknüpfungen zwischen Objekten zu navigieren, neue Objekte und Verknüpfungen anzulegen oder bestehende zu löschen. Es ist denkbar, ein solches Werkzeug so zu erweitern, so daß beispielsweise ein Funktionsblocknetz graphisch angezeigt wird. Darüber hinaus ist es möglich, die augenblickliche Konfiguration (die Modellinstanz) eines Zielsystems mit Hilfe der generischen Objektbeschreibungssprache von ACPLT/OV rückzudokumentieren. Eine solche Rückdokumentation läßt sich manuell oder werkzeuggestützt modifizieren oder kann verwendet werden, um eine bestimmte Konfiguration wiederherzustellen.

Werkzeugleiste zum Navigieren, Betrachten von Variablen, Erzeugen und Löschen von Objekten und Verknüpfungen

Objektpfad

Objekthierarchie in Baumdarstellung

Dialogfenster Objekterzeugung

Objekteigenschaften in Listendarstellung

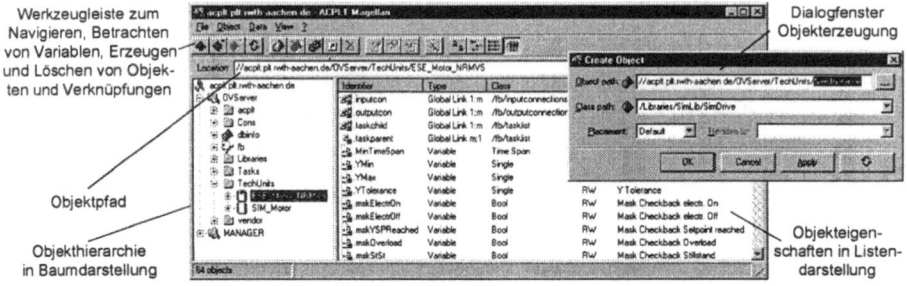

Bild 7. Das generische Browsing- und Konfigurationswerkzeug „ACPLT Magellan".

5   Zusammenfassung

Auf Basis einer dreischichtigen Metamodell-basierten Architektur gestattet die Objektverwaltung ACPLT/OV den Aufbau eines offenen leittechnischen Betriebssystems, das frei skalierbar um leittechnische Anwendungsfunktionalität ergänzbar ist. Diese Anwendungsfunktionalität kann mit Hilfe einer über die Konzepte der Signalorientierung weit hinausgehenden objektorientierten Sprache modelliert werden. Die entsprechenden Objektmodelle werden im Zielsystem als Instanzen des Metamodells hinterlegt, so daß das Objektsystem generisch ohne Vorabwissen über die Anwendungsmodelle erkundet und verändert werden kann. Dies trägt entscheidend zur „Intelligenz" der dezentralen Zielsysteme bei, die sich selbst verwalten. Sie sind in der Lage, über sich selbst Auskunft zu geben und können effektiv durch anwendungsübergreifende Werkzeuge projektiert und betrieben werden. Verzichtet man auf die Umgebung eines Standardbetriebssystems, so ist ein Einsatz der Objektverwaltung auch in kleinen Zielsystemen, beispielsweise einem 16-bittigen Microcontroller mit begrenzten Ressourcen sinnvoll möglich.

Literatur

[1]   ACPLT: *Aachener Prozeßleittechnik.* http://acplt.de, 2000.
[2]   Meyer, D.: *Objektverwaltung ACPLT/OV.* http://acplt.de/ov, 1999.
[3]   Albrecht, H.: *Kommunikationssystem ACPLT/KS.* http://acplt.de/ks, 1999.
[4]   Albrecht, H.: *Neues vom PLT-Internet.* atp – Automatisierungstechnische Praxis 42, S. 46-54, 2000.
[5]   N.N.: *Open Source.* http://www.opensource.org, 1999.
[6]   Ahrens, W.; Polke, M.: *Netzmodelle als systemtechnische Informationsbasis für die Prozeßleittechnik.* at – Automatisierungstechnik 37, S. 94-103 (Teil 1) und S. 138-144 (Teil 2), 1989.

[7] Chouikha, M.; Jahnsen, A.; Schnieder, E.: *Klassifikation und Bewertung von Beschreibungsmitteln für die Automatisierungstechnik.* at – Automatisierungstechnik 46, S. 582-591, 1998.

[8] Polke, M.: *Informationshaushalt technischer Prozesse.* atp – Automatisierungstechnische Praxis 27, Heft 4, 1985.

[9] Wendt, S.: *Defizite im Software Engineering.* Informatik Spektrum 16, S. 34-38, 1993.

[10] Enste, U.; Kneißl, M.: *Modeling of Software Structures in Process Control Systems: Avoiding Bugs by Using Graph Grammars.* 3rd Mathmod Vienna, IMACS Symposium on Mathematical Modeling, Wien, 2000.

[11] OMG UML Revision Task Force: *Unified Modeling Language,* Version 1.3. http://www.rational.com/uml, The Object Management Group, Framingham, MA (USA), 1999.

[12] OMG MOF Revision Task Force: *Meta Object Facility, Version 1.3.* The Object Management Group, Framingham, MA (USA), 1999.

[13] Jeckle, M.: *Modellaustausch mit dem „XML Metadata Interchange Format" (XMI).* OBJEKTspektrum 5/99, pp. 30-36, 1999.

[14] Enste, U.: *Generische Entwurfsmuster für leittechnische Funktionsbaustein-Applikationen und deren Anwendung in der operativen Prozeßführung.* Dissertation (in Vorbereitung), Lehrstuhl für Prozeßleittechnik, RWTH Aachen, 2000.

Softwaretechnik 2000

Formale und stochastische Methoden zur Qualitätssicherung technischer Software

Peter Liggesmeyer

Fachgebiet Softwaresystemtechnik II: Qualitätsmanagement
Hasso-Plattner-Institut für Softwaresystemtechnik
Mathematisch-Naturwissenschaftliche Fakultät
Universität Potsdam
Peter.Liggesmeyer@hpi.uni-potsdam.de

Zusammenfassung. Technische softwareintensive Systeme besitzen oft Sicherheitsanforderungen und quantifizierte Verfügbarkeitsziele, die entsprechende Qualitätssicherungstechniken fordern. Die Eigenschaften formaler und stochastischer Techniken befriedigen einerseits die existierenden Anforderungen; andererseits besitzen sie in der industriellen Praxis der Softwareentwicklung keine wesentliche Verbreitung. Im folgenden werden eine Erweiterung einer formalen Technik im Hinblick auf die Analyse ausfallbehafteter technischer Systeme sowie ein Ansatz zur stochastischen Analyse und Prognose von Zuverlässigkeitskennwerten vorgestellt. Beide Techniken sind umfassend automatisiert, um sowohl eine einfache Benutzbarkeit in der Praxis als auch die Anwendbarkeit auf umfangreiche Systeme zu gewährleisten.

1   Motivation

Durch das Eindringen von Software in technische Systeme erhalten diese Systeme eine hybride Realisierung. Das betrifft oft sowohl ihren Aufbau aus unterschiedlich ausgeführten Bestandteilen, wie auch ihre Entwicklung in getrennten Entwicklungsteams. Sowohl für die Hardware, wie auch für die Software gibt es systematische Entwicklungs- und Qualitätssicherungstechniken. Hardware-Qualitätssicherungstechniken liefern oft quantifizierte Ergebnisse. Für Software gilt das nicht in gleichem Maße. Bei der Entwicklung hybrider technischer Systeme ist die übliche getrennte Qualitätssicherung der Hardware- und der Software-Bestandteile nicht sinnvoll, da der Systemhersteller Eigenschaften für das Gesamtsystem angeben und garantieren muß, und die Einzelresultate in der Regel nicht zusammengeführt werden können. Auch hier gilt: Das Ganze ist mehr als die Summe seiner Teile. Insbesondere die hier betrachteten technischen Anwendungsbereiche sind kritisch. Sie sind oft durch explizite oder implizite Sicherheitsanforderungen charakterisiert. Darüber hinaus existieren häufig quantitative Zielvorgaben, z. B. für Zuverlässigkeit, und teilweise benötigen Systeme Zulassungen [23]. Aufgrund dieser Anforderungen sind oft formal vollständige bzw. stochastisch abgesicherte Aussagen über Systemeigenschaften erforderlich.

In Kapitel 2 wird eine Analyse der Situation durchgeführt. Ferner werden wichtige Techniken in diesem Bereich beschrieben.

Als Beispiel einer formalen Technik zur Analyse ausfallbehafteter technischer Systeme wird in Kapitel 3 ein Fehlerbaumgenerierungsverfahren auf Basis zustandsendlicher Beschreibungen [25] dargestellt. Weitere hier nicht dargestellte Fehlerbaumgenerierungsverfahren dienen zur Erzeugung von Fehlerbäumen aus Software-Quellcode, aus einer sogenannten FMECA *(Failure Mode, Effects and Criticality Analysis)* und aus Schaltungsbeschreibungen elektronischer Hardware [22].

In Kapitel 4 werden stochastische Zuverlässigkeitsanalysetechniken dargestellt. Im Rahmen der Forschungsarbeiten ist ein Werkzeug zur Durchführung derartiger Analysen realisiert worden, das Zuverlässigkeitsmodelle anhand einer vorliegenden Ausfallbeachtung bewerten und kalibrieren kann. Mit Hilfe des Werkzeugs können stochastisch abgesicherte Prognosen für die Zuverlässigkeit gestellt werden. Derzeit sind die verfügbaren Zuverlässigkeitsfunktionen schwerpunktmäßig für Software konzipiert. Dennoch kann das Verfahren unter bestimmten Voraussetzungen auch auf hybride Systeme angewandt werden. Es gibt bereits zahlreiche Anwendungen auf industrielle Entwicklungsprojekte. Die empirischen Ergebnisse aus diesen Anwendungen werden ebenfalls in Kapitel 4 dargestellt.

Kapitel 5 enthält Schlußfolgerungen.

2   Stand der Technik

2.1   Zur Situation

Software dringt zunehmend in kritische Anwendungsbereiche ein, z. B. Medizintechnik und Verkehrstechnik. Gleichzeitig steigen der Umfang und die Komplexität von Software-Systemen erheblich an, was ein Gefahrenpotential aufgrund der Schwierigkeit erzeugt, diese Systeme zu beherrschen. Es gibt bereits Berichte über zahlreiche Fehlverhalten von Systemen unter Software-Beteiligung (siehe auch [18, 22]).

Die Ursachen von Fehlverhalten in Systemen können sehr vielfältig sein. Die Beobachtung, daß Software-Systeme in der täglichen Benutzung meistens zufriedenstellend funktionieren, könnte Anlaß zu der Vermutung geben, daß es sich bei Ausfällen um Ausnahmen handelt.

Einerseits ist dies ist in bezug auf schwerwiegende Ausfälle glücklicherweise korrekt. Andererseits zeigen empirische Daten, daß Fehler in Software-Systemen nicht die Ausnahme, sondern der Regelfall sind. Eine amerikanische Untersuchung [30, S. 118], die sich auf etwa 130 Projekte stützt, kommt zu dem Ergebnis, daß die durchschnittliche Software zu Beginn des Modultests rund 19,7 Fehler pro Tausend Quellcodezeilen des Programmtextes enthält. Zu Beginn des Systemtests verbleiben rund 6 Fehler pro Tausend Quellcodezeilen in dem Produkt. Freigegeben werden Softwareprodukte nach dieser Untersuchung mit rund 1,5 Fehlern pro Tausend Quellcodezeilen.

Auf den ersten Blick scheint das ein niedriger Wert zu sein. Verdeutlicht man sich aber, daß umfangreiche Software heute oft einige Millionen Quellcodezeile Umfang besitzt, so bedeutet das, daß derartige Produkte unter Umständen Tausende von Fehlern enthalten können.

Von Jones [17, S. 142-143] veröffentlichte Daten zeigen einen deutlichen relativen Anstieg des Aufwands für die analytische Qualitätssicherung in Abhängigkeit des

Gesamtentwicklungsaufwands eines Projektes. Die Codierung von Software stellt nach diesen Daten bei sehr kleinen Projekten den größten Aufwandsanteil dar. Bei dem größten in [17] aufgeführten Projekt erfordert die analytische Qualitätssicherung 37 % des gesamten Entwicklungsaufwands, während die Codierung nur noch 12 % benötigt.

Betrachtet man all diese Daten gemeinsam, so ist klar zu erkennen, daß in vielen Fällen Qualitätssicherung den größten Teil des Entwicklungsaufwands verschlingt. Andererseits werden aber oft keine befriedigenden Ergebnisse erzielt. In der Praxis führt das zu der unbefriedigenden Situation eines erheblichen Fehlleistungsaufwands.

In einer Untersuchung von Möller [29] sind Daten zu Fehlerkosten publiziert, die für Fehlerkorrekturen in den Phasen Analyse, Entwurf und Codierung Korrekturkosten in Höhe von 500 DM ausweisen. Beim Entwicklertest (Modultest) ist mit Korrekturkosten von 2000 DM zu rechnen. Die Korrektur eines Fehlers, der beim Systemtest gefunden wird, kostet rund 6000 DM. Fehler, die während der Produktnutzung erkannt werden, verursachen im Mittel Korrekturkosten von 25000 DM. Dieser nahezu exponentielle Anstieg der Korrekturkosten erfordert aus wirtschaftlichen Gründen eine frühzeitige Qualitätssicherung.

Spillner und Liggesmeyer [31] haben Daten zur Nutzung von Software-Qualitätssicherungstechniken in der Praxis publiziert, die zeigen, daß die Techniken *Reviews* und dynamisches Testen in der Praxis eine starke Verbreitung besitzen, während formale Techniken nur in geringem Umfang genutzt werden.

Insgesamt existiert zwischen dem Wissen über Qualitätssicherungstechniken in der Theorie und der Nutzung dieser Techniken in der Praxis eine erhebliche Diskrepanz.

2.2 Techniken zur Qualitätssicherung softwareintensiver, hybrider Systeme

Es existieren nur wenige Techniken, die auf hybride Systeme aus mechanischen und elektronischen Komponenten mit Softwarebeteiligung anwendbar sind. Dies gilt insbesondere bei Systemen, die sicherheitskritisch sind, für die quantifizierte Zuverlässigkeitsaussagen gefordert sind oder die Echtzeiteigenschaften besitzen.

Die FMECA [11] ist eine Technik, die für mechanische und elektronische Komponenten und Systeme eine hohe Verbreitung in der Praxis besitzt. Sie kann eingeschränkt zur Sicherheitsanalyse und für Zuverlässigkeitsbetrachtungen verwendet werden, liefert aber z. B. keine echten quantifizierten Zuverlässigkeitskennwerte. Analysen von Echtzeiteigenschaften sind nicht direkt Gegenstand der FMECA. Die FMECA setzt voraus, daß die Ausfallmodi der betrachteten Komponenten bekannt sind oder mindestens begründete Annahmen gemacht werden können. Bei der Analyse von Hardware ist das möglich. Bei mechanischen Komponenten kann das z. B. der Bruch einer Achse sein. Bei elektronischen Komponenten ist der Kurzschluß eines Bauteils ein Beispiel. Es ist schwierig, für Software ähnlich sinnvolle Annahmen zu machen, da die Art der Ausfälle anders beschaffen ist. Die FMECA ist daher für die Softwarebestandteile von Systemen nur eingeschränkt verwendbar. Die Analyse von Ausfallmechanismen innerhalb eines Softwaremoduls ist kaum möglich. Die Untersuchung der Ausfallfortpflanzung in einer Softwarearchitektur ist möglich, da aufgrund des Systementwurfs die Schnittstellen der Softwarekomponenten bekannt sind. Die Fehlermodi einer Komponente sind durch die unterschiedlichen ausgangsseitigen

Fehlermöglichkeiten gegeben. Das Ziel der FMECA ist die Untersuchung, welche Wirkungen diese Fehlverhalten auslösen. Das entspricht einer System-FMECA des Software-Subsystems, die als Bestandteil der System-FMECA des hybriden Systems genutzt werden kann.

Zuverlässigkeitsblockdiagramme [13] gestatten die Berechnung von Zuverlässigkeitskennwerten eines Systems aus den Zuverlässigkeiten der Komponenten und ihren Wirkzusammenhängen, die bei Hardware oft aus der Systemarchitektur abgeleitet werden können. Da die Wirkzusammenhänge bei Software oft kompliziert sind, ist die Anwendbarkeit auf Software gering. Außerdem verfügt Software im allgemeinen über vielfältige Ausfallmechanismen, die unterschiedliche Wirkungen besitzen. Derartige Eigenschaften können in Zuverlässigkeitsblockdiagrammen nicht berücksichtigt werden. Zuverlässigkeitsblockdiagramme können zur Analyse der Zuverlässigkeit eines Systems aus Hardware- und Softwarekomponenten verwendet werden, falls die Software bei der Analyse nicht in ihre Komponenten aufgelöst wird. Über Sicherheits- und Echtzeiteigenschaften machen Zuverlässigkeitsblockdiagramme keine Aussage.

Fehlerbäume [12] sind eine zur Sicherheits- und Zuverlässigkeitsanalyse von Hardwaresystemen verbreitete Technik [20, 34]. Es gibt Vorschläge, diese Technik zur Analyse von Software zu verwenden [21]. Fehlerbäume sind gleichzeitig formal und anschaulich. Sie gestatten die Ermittlung quantifizierter Zuverlässigkeitskennwerte.

Markov-Modelle [14] sind eine zur Zuverlässigkeits- und Leistungsanalyse von Systemen verbreitete Technik. Ihre Anwendung auf umfangreiche Systeme ist kritisch, da Zustandsautomaten bei einer großen Anzahl von Zustandsvariablen oft aufgrund ihres Umfangs nicht mehr handhabbar sind. Es gibt Versuche, Markov-Modelle auch für Software zu verwenden [2].

In der Software-Entwicklung werden verbreitet dynamische Testtechniken eingesetzt. Diese sind auch auf hybride Systeme anwendbar. Sie können Einflüsse der Betriebsumgebung berücksichtigen. Das ist insbesondere bei harten Echtzeitanforderungen wichtig. Man verwendet spezielle Testsysteme; sogenannte *Hardware-in-the-Loop*-Systeme. Aussagen zur Zuverlässigkeit sind durch dynamisches Testen nur mit Hilfe von stochastischen Verfahren möglich. Dies ist ein aktueller Gegenstand von Forschungsarbeiten. Zuverlässigkeitsanalysen mit Hilfe dynamischer Tests sind bei hochzuverlässigen Systemen nicht möglich, falls Ausfallereignisse für eine statistische Auswertung zu selten auftreten. Sicherheitsanalysen können durch dynamisches Testen kaum erbracht werden.

Statistische Analysen des Ausfallverhaltens sind bei Hardwaresystemen verbreitet [33]. Auch für Software existieren zahlreiche Ansätze (siehe z. B. [27]). Offene Fragen existieren im Bereich der Analyse von hybriden Systemen sowie in bezug auf die praktische Anwendung der umfangreichen Theorie.

Formale Techniken zur Spezifikation und Verifikation sind für Hardware und Software bekannt. Eine breite Anwendung in der Praxis finden diese Ansätze jedoch noch nicht. Es gibt auch formale Techniken für die Verifikation hybrider Systeme. Es wird in der Regel angenommen, daß die Hardware-Komponenten des betrachteten Systems ausfallfrei funktionieren. Diese Annahme ist für Sicherheits- und Zuverlässigkeitsanalysen nicht akzeptabel.

3 Eine Technik zur formalen Analyse ausfallbehafteter Systeme

3.1 Automatisierung von Fehlerbaumanalysen

Im folgenden wird eine Technik zur Generierung von Fehlerbäumen [9, 12] auf Basis einer zustandsendlichen Beschreibung dargestellt. Fehlerbäume sind zur Analyse umfangreicher hybrider Systeme aus den folgenden Gründen eine geeignete Technik:

- Fehlerbäume sind modular aufgebaut und unterstützen daher eine wichtiges Prinzip zur Beherrschung großer Systeme. Darüber hinaus ist es möglich, für unterschiedlich realisierte Systemkomponenten (z. B. Elektronik, Software) getrennte Fehlerbaumanalysen durchzuführen und anschließend die Fehlerbäume entsprechend der Wirkzusammenhänge der Komponenten zusammenzuführen.
- Fehlerbäume sind eine formale Technik, die quantifizierte Ergebnisse liefert.
- Auch sehr große Fehlerbäume können noch quantitativ ausgewertet werden.

Problematisch bei der Nutzung von Fehlerbäumen zur Analyse großer Systeme ist der hohe Erstellungsaufwand und die zu erwartende Unvollständigkeit des Analyseergebnisses. Beides kann durch Automatisierung von Fehlerbaumanalysen vermieden werden.

Während der Entwicklung eines Systems entstehen Dokumente, die Informationen über Abläufe oder die Struktur enthalten. In frühen Phasen sind dies z. B. Spezifikationen und Architekturbeschreibungen, die in späteren Phasen z. B. um Software-Quellcode ergänzt werden. Diese Dokumente tragen neben der Information über das Verhalten des Systems im Normalbetrieb implizit Information über das Verhalten des Systems im Fehlerfall. So reagiert z. B. eine Steuerung mit dem ihr eingeprägten Verhalten auch auf fehlerhafte Daten. Die möglichen gefährlichen Situationen können basierend auf diesen Beschreibungen automatisch und vollständig bestimmt werden.

Architekturbeschreibungen und strukturierte Spezifikationen erklären, wie sich Systeme aus Komponenten zusammensetzen. Man kann diesen Beschreibungen entnehmen, wie sich Fehlersituationen in dem System ausbreiten können.

Ziel von Generierungsverfahren ist, die in derartigen, bereits existierenden Dokumenten enthaltene Information für eine automatisierte Sicherheits- und Zuverlässigkeitsanalyse zu verwenden. Generierungsverfahren müssen vorhandene Informationen über die statische Struktur und das dynamische Verhalten des Systems möglichst umfassend nutzen. Darüber hinaus ist es sinnvoll, vorhandene Analysen systematisch wiederzuverwenden. Ferner können generierte Fehlerbäume jederzeit manuell modifiziert und ergänzt werden.

3.2 Fehlerbaumgenerierung auf Basis zustandsendlicher Beschreibungen

3.2.1 Motivation

Es ist möglich, daß eine korrekte Software in bezug auf eine gegebene Menge von Systemanforderungen sehr instabil ist, wenn Systemkomponenten Ausfälle zeigen. In diesem Fall besitzt die Software eine niedrige Robustheit. In der Praxis wird die Robustheit normalerweise durch Streßtests ermittelt. Das ist nachteilig, weil die Ergebnisse niemals vollständig sind und es notwendig ist, daß das System bereits verfügbar ist, um die Tests auszuführen. Da die Tests in der Regel zu einem späten Zeitpunkt der Systementwicklung durchgeführt werden, sind Softwareänderungen zur Verbesserung der Systemrobustheit kaum noch durchführbar.

Eine durch einen Hardwareausfall verursachte Verletzung von Sicherheitsanforderungen ist in vielen Systemen kritisch. Daher benötigen die Entwickler der Steuerungssoftware eine Technik zur Bewertung der Robustheit. Ein formaler Korrektheitsnachweis für den ausfallfreien Fall ist nur eine Teillösung. Ergänzend ist eine formale Analyse der Software-Robustheit notwendig.

3.2.2 Lösungsansatz

Das im folgenden beschriebene Fehlerbaumgenerierungsverfahren führt eine automatisierte Analyse des Einflusses von Fehlern der Sensoren auf das Verhalten von Systemen durch. Es wird ermittelt, welche Fehlverhalten bzw. Ausfälle der Sensoren zur Verletzung geforderter Eigenschaften eines Systems (z. B. Sicherheitsanforderungen) führen können und wie hoch die Wahrscheinlichkeit für den Eintritt dieses Ereignisses ist. Das Generierungsverfahren läuft – mit Ausnahme der manuellen Festlegung des betrachteten unerwünschten Ereignisses – vollautomatisch ab und erfordert keine zusätzliche Modellerstellung.

Das System besteht aus einer Steuerung, die die Steuerungssoftware enthält, und der gesteuerten Anlage. Weiterhin sind Festlegungen der Systemanforderungen und des betrachteten Ausfallmodells erforderlich.

Die Steuerungssoftware muß als endlicher Automat realisiert sein. Programmier- und Spezifikationssprachen auf Basis endlicher Automaten werden in der Industrieautomatisierung häufig verwendet (z. B. [5, 10, 15, 19]).

Das System, als Kombination aus Steuerungssoftware und gesteuertem Prozeß, kann im Hinblick auf die Erfüllung von Systemanforderungen verifiziert werden. Dies ist ein formaler Beweis von Systemeigenschaften durch symbolisches *Model Checking* [4, 6, 28]. Typischerweise wird die Erfüllung von Sicherheits- und Lebendigkeitsanforderungen geprüft. Die Ergebnisse dieses Nachweises sind nur gültig, wenn der gesteuerte Prozeß und die Schnittstelle zwischen dem Prozeß und der Steuerung ausfallfrei funktioniert. In der Praxis gilt das jedoch nicht verläßlich, da sowohl der gesteuerte Prozeß als auch die Schnittstelle zwischen Prozeß und Steuerung Hardwarekomponenten enthalten, die eine gewisse Ausfallwahrscheinlichkeit besitzen. Deshalb ist es möglich, daß Systemanforderungen verletzt werden, obwohl sie durch einen formalen Beweis bestätigt wurden.

Der im Rahmen der Forschungsarbeiten entwickelte Werkzeugprototyp verarbeitet Steuerungsbeschreibungen in der zustandsautomatenbasierten Sprache CSL *(Control Specification Language)*. Der gesteuerte Prozeß verhält sich im allgemeinen nicht-deterministisch und wird mit einem entsprechenden nicht-deterministischen Zustandsautomaten dargestellt. Die Prozeßspezifikation schränkt die Reaktionen des gesteuerten Prozesses auf die physikalisch sinnvollen Reaktionen ein. Im wesentlichen drückt die Prozeßspezifikation aus, daß der Prozeß bestimmten physikalischen Gesetzen gehorcht. Die zu prüfenden Eigenschaften des Systems (z. B. Lebendigkeits- und Sicherheitsanforderungen) können mit Hilfe temporaler Logik [7, 8] formuliert werden. Die Analyse wird in zwei Hauptschritten durchgeführt:

- Formaler Korrektheitsnachweis des ausfallfreien Systems gegen gegebene Systemanforderungen.

- Formale Analyse des ausfallbehafteten Systems gegen die gleichen Systemanforderungen.

Bei der formalen Analyse des ausfallbehafteten Systems werden Systembeschreibungen *und* fest gewählten Ausfallarten verwendet. Es ist möglich, Einzel- und Mehrfachausfälle sowie intermittierende und dauerhafte Ausfälle zu modellieren. Der vorliegende Werkzeugprototyp analysiert die Einflüsse von Sensorausfällen auf die Erfüllung von Sicherheitsanforderungen eines technischen Systems. Dies wird folgendermaßen durchgeführt:

- Bestimmung aller möglichen Ausfälle aller Sensoren auf Basis des Ausfallmodells, z. B. intermittierende Einzelausfälle. Für ein gegebenes Ausfallmodell kann dies unter Nutzung von Informationen, die in der Software bereits vorhanden sind, automatisiert werden.
- Generierung eines Zustandsautomaten, der das Systemverhalten in Gegenwart des betrachteten Ausfalls beschreibt. Dies wird für alle Ausfälle aller Sensoren durchgeführt.
- Analyse, ob die ausfallbehafteten Systeme noch die Systemanforderungen erfüllen. All jene Situationen, die die Anforderungen verletzen, werden bestimmt.
- Für jede Systemanforderung Generierung eines erweiterten Fehlerbaums, der den Zusammenhang zwischen Ausfällen und hervorgerufener Wirkung beschreibt.

Es gibt verschiedene Möglichkeiten, die Sensorausfälle in der Systembeschreibung zu modellieren. Für intermittierende Sensorausfälle werden diese im folgenden erörtert. Falls ein intermittierender Ausfall des Sensors X auftritt, so daß X sporadisch x_1 anstelle von x_0 signalisiert, so kann dies durch Hinzufügen von Übergängen zur zustandsendlichen Beschreibung des Systems modelliert werden. Abb. 1a zeigt ein einfaches Beispiel, das den Zustandsautomaten der Software und eine zustandsendliche Beschreibung des gesteuerten Prozesses enthält. Die Zustandsautomaten können asynchron Zustandsübergänge auslösen. Der Sensor X und der Aktuator Y bilden die Schnittstelle. Sensor X liefert der Software Eingaben x_j. Aktuator Y wandelt Softwareausgaben in Prozeßeingaben um. Der Anfangszustand des Systems ist (x_0, y_0). Dies ist die Kombination der Anfangszustände der Steuerungssoftware und des gesteuerten Prozesses. Aufgrund der Verarbeitungslogik des Systems sind nur einige Kombinationen der Zustände der Steuerungssoftware und des Prozeßstatus erreichbar.

Abb. 1b zeigt ein explizites Modell des Ausfalls *Sensor X signalisiert intermittierend x_1 statt x_0.* Dieses explizite Ausfallmodell verursacht eine Zunahme des Rechenzeitbedarfs der Analyse, da die Anzahl der Zustände ansteigt. Eine alternative Beschreibungsform, die die Zunahme des Umfangs vermeidet, ist durch Ergänzen von Transitionen im Zustandsautomaten möglich. Der beschriebene Ausfall kann durch Hinzufügen des fetten, gestrichelten Übergangs dargestellt werden (Abb. 1c).

Die zur Darstellung der Ausfälle erforderlichen Modifikationen der zustandsendlichen Beschreibung des Systems können automatisiert durchgeführt werden, da die erforderlichen Informationen in der Systembeschreibung enthalten sind. Der Softwareentwickler kann diese Technik verwenden, um Änderungen der Software zu identifizieren, die die Robustheit in bezug auf Sensorausfälle steigern. Eine detaillierte Darstellung des Verfahrens ist in [22] enthalten.

a. Ausfallfreies System

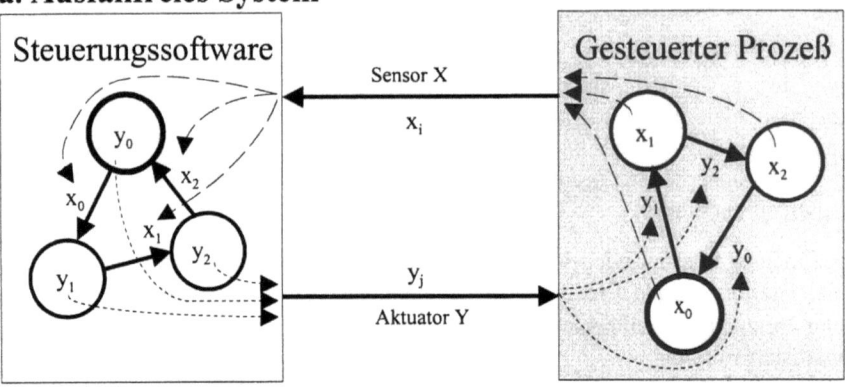

b. Ausfallbehaftetes System

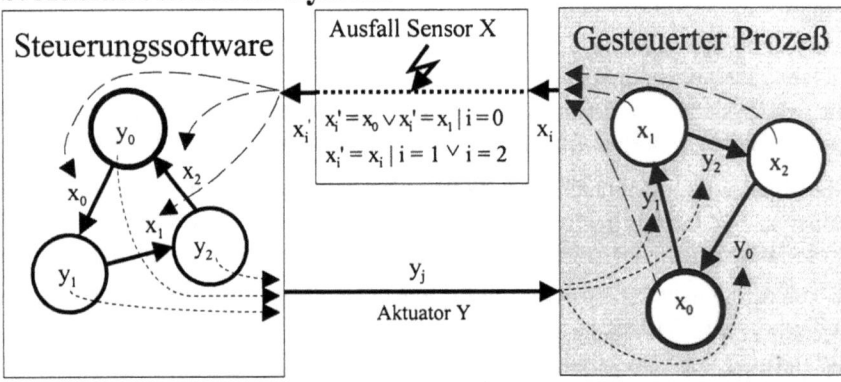

c. Ausfallbehaftetes System

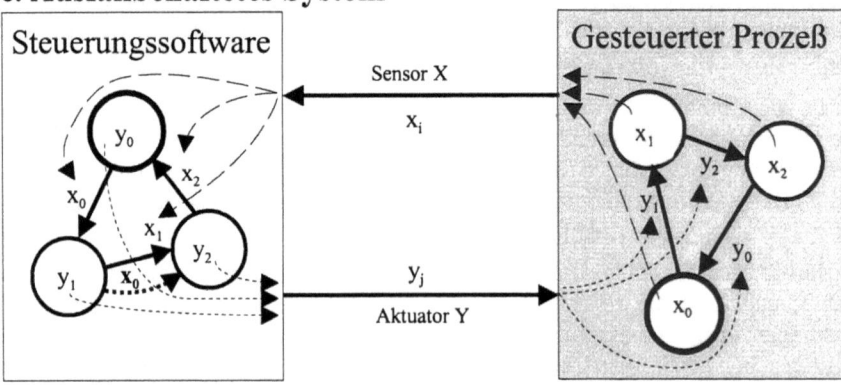

Fig. 1. Ausfallmodellierung

4 Stochastische Zuverlässigkeitsanalyse

4.1 Motivation und Ziele

Zuverlässigkeit ist eine stochastische Eigenschaft eines betrachteten Systems. Sie wird durch die zeitliche Verteilung des Eintretens von Fehlverhalten und Ausfällen bestimmt. Für die Hardwarebestandteile eines Systems wird oft davon ausgegangen, daß nur spontane Ausfälle aufgrund von Fertigungsfehlern, Verschleiß oder äußeren Einflüssen – z. B. Strahlung, Temperatur – auftreten. Systematische Konstruktionsfehler werden als Quelle von Fehlverhalten häufig vernachlässigt. Bei Softwarebestandteilen sind die Fehler, die die Ausfälle verursachen, statisch vorhanden. Spontane Ausfälle einer fehlerfreien Software sind nicht möglich. Der zufällige Eintritt von Fehlverhalten bei Software kommt durch die in der Regel vielfältigen Benutzungsmöglichkeiten einer Software zustande. Diese können als ein Ziehungsprozeß verstanden werden, der Fehlverhalten hervorbringt. Daher beeinflußt bei Software die Intensität und die Art der Benutzung die Häufigkeit, mit der Ausfälle auftreten, und damit auch die Zuverlässigkeit.

Quantifizierte Zuverlässigkeits- bzw. Verfügbarkeitsziele von Systemen fordern ein Verfahren, das eine verläßliche Messung und Prognose dieser Eigenschaften ermöglicht.

Die Durchführung stochastischer Zuverlässigkeitsanalysen für reine Hardware-Systeme ist Stand der Technik [3, 32, 33]. Software-Zuverlässigkeitsmodellierung ist etwa seit Beginn der 70er Jahre eine eigenständige Disziplin. Eine aktuelle Übersicht des Themas ist in [27] enthalten. Es sind viele stochastische Zuverlässigkeitsmodelle vorgeschlagen worden, die unterschiedlichen Kategorien angehören. Neben der Unterscheidung von Modellen mit endlicher und unendlicher Ausfallanzahl können elementare Modelltypen unterschieden werden. Verbreitete Modelle sind z. B. das elementare Ausführungszeiten-Modell von Musa [30], das Jelinski-Moranda-Modell [16] und das Littlewood-Verrall-Modell [26]. Darüber hinaus werden für Software auch klassische Modelle für Hardware-Zuverlässigkeit (z. B. Weibullverteilungen) verwendet.

Die Einschätzung der Eignung der Modelle ist aufgrund der Modellvielfalt und ihrer spezifischen Voraussetzungen für den Anwender kompliziert. Die Eignung eines Modells in bezug auf eine vorliegende Ausfallbeobachtung kann z. B. mit dem sogenannten *U-Plot-* oder dem *Prequential-Likelihood*-Verfahren sowie durch *Holdout*-Bewertung beurteilt werden. Darüber hinaus ist neben der Bewertung der grundsätzlichen Eignung eines Modells eine Festlegung der Modellparameter erforderlich. Dies kann mit Hilfe des Verfahrens der kleinsten Fehlerquadrate oder mit dem *Maximum-Likelihood*-Verfahren durchgeführt werden (siehe z. B. [22]).

Die Erfahrung zeigt, daß der kritische Aspekt der Software-Zuverlässigkeitsanalyse die Anwendung der mathematischen Verfahren ist. Es ist wichtig, daß Zuverlässigkeit leicht gemessen und prognostiziert werden kann, ohne daß der Anwender den theoretischen Hintergrund vollständig verstehen muß. Das im Rahmen der Forschungsarbeit entwickelte Werkzeug RAT *(Reliability Assessment Tool)* unterstützt verschiedene Software-Zuverlässigkeitsmodelle und enthält Techniken zur Modell-Auswahl und -Kalibrierung basierend auf beobachteten Ausfällen.

RAT wird in zahlreichen System-Entwicklungen angewendet [24]. Die Anwendungsbereiche sind u. a. Telekommunikationssysteme, verkehrstechnische Systeme und Anlagen, Medizintechnik, militärische Systeme, Kraftwerke und Industrieautomation. Der Umfang dieser Systeme variiert stark. Obwohl RAT zur Zeit nur Modelle enthält, die für die Modellierung von Software-Zuverlässigkeit vorgeschlagen wurden, ist das Werkzeug auch auf hybride Systeme angewendet worden, um zu prüfen, ob und wie derartige Zuverlässigkeitsmodelle für Systeme benutzt werden können, bei denen Software- und Hardware-Komponenten betrachtet werden.

4.2 Werkzeugunterstützte Zuverlässigkeitsanalyse

4.2.1 Das Zuverlässigkeitsanalysewerkzeug RAT

Um eine gewisse Breite von Situationen abzudecken, enthält RAT mehr als 10 unterschiedliche Zuverlässigkeitsmodelle, die von verschiedenen Autoren vorgeschlagen worden sind. Jedes dieser Modelle kann als nicht-homogener Poissonprozeß [35] ausgedrückt werden. Die Modellkalibrierung wird mit Hilfe des bereits dargestellten Verfahrens der minimalen Fehlerquadrate oder durch *Maximum-Likelihood*-Anpassung durchgeführt. Die Beurteilung der Modelleignung erfolgt auf Basis des *U-Plot*-Kriteriums, des *Prequential-Likelihood*-Verfahrens und der *Holdout*-Bewertung (siehe auch [1]). Abb. 2 zeigt die Benutzungsoberfläche des Werkzeugs, die eine intuitive, unkomplizierte Nutzung dieser Techniken ermöglicht.

4.2.2 Einsatzerfahrungen

Die Erfahrungen zum RAT-Einsatz stammen aus einer Vielzahl von Anwendungsbereichen, Umfängen, Systemtypen und Lebenszyklusphasen. Normalerweise existierten die Ausfalldaten schon, die verwendet werden, um die Zuverlässigkeitsmodelle auszuwählen und zu kalibrieren. Sie wurden nicht ausdrücklich für diesen Zweck erfaßt. Dies hat bestimmte Vorteile und Nachteile:

+ Da die gesamten Ausfalldaten bereits verfügbar sind, kann die Verläßlichkeit von Prognosen durch eine *Holdout*-Bewertung leicht geprüft werden.
+ Die Datenerfassung erfordert keinen Zusatzaufwand.
+ Die Modellierung kann unmittelbar begonnen werden.
- Es ist nicht möglich, die Datenerfassung zu beeinflussen.
- Normalerweise basieren die Ausfalldaten auf Kalenderzeit.
- Die Daten sind nicht immer geeignet strukturiert (z. B. ungeeignete Ausfallklassen).
- Fehlende Information nachträglich zu erfassen, ist nicht immer möglich und erfordert zusätzlichen Aufwand.

Obwohl das Werkzeug nicht fordert, daß für die Modelle eine Vorauswahl getroffen wird, zeigt die Erfahrung, daß eine Vorauswahl in einigen Situationen günstig ist. Die Auswahl bestimmter Modellklassen produziert oft bessere Ergebnisse. In einigen Fällen ist es z. B. möglich, a priori zu entscheiden, ob ein Modell mit einer begrenzten

Ausfallanzahl angemessen ist oder ob ein Modell mit einer unendlichen Ausfallanzahl verwendet werden sollte.

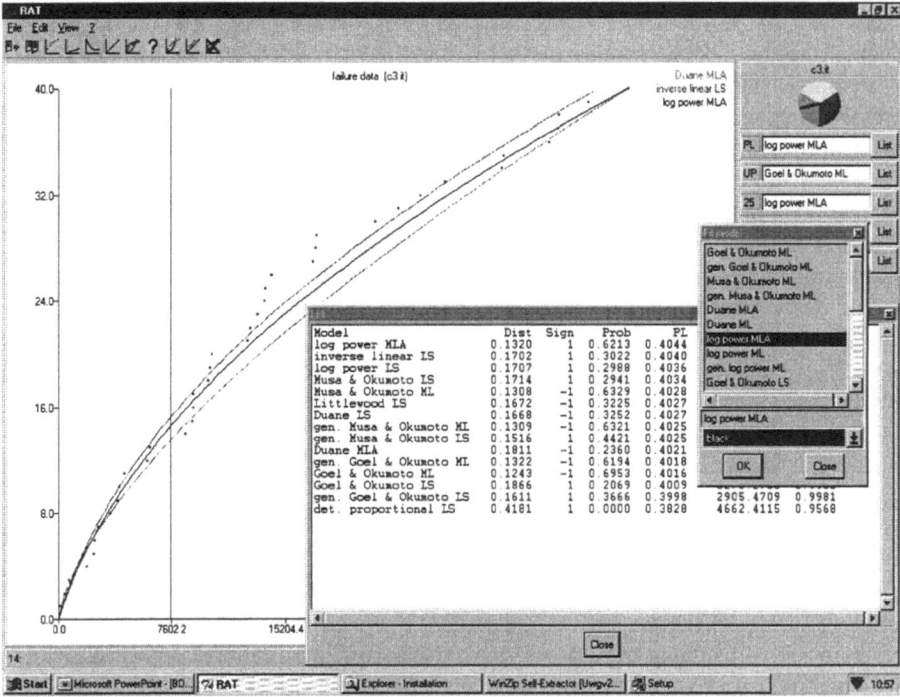

Fig. 2. Benutzungsoberfläche des Werkzeugs RAT

RAT unterstützt 3 verschiedene Auswahlkriterien für Zuverlässigkeitsmodelle: *Prequential-Likelihood-*, *U-Plot-* und *Holdout*-Bewertung. Bei der *Holdout*-Bewertung kann das Verhältnis der zur Modellanpassung und zur Bewertung der Voraussagequalität verwendeten Datenpunkte vom Benutzer ausgewählt werden. Es ist auf diese Weise möglich, mit Langfrist- oder Kurzfristprognosen zu experimentieren.

In den hier zugrundeliegenden Anwendungen zeigte sich eine Kombination der Kriterien besonders geeignet. RAT ordnet die vorausgewählten Modelle in bezug auf jedes der Auswahlkriterien. Ein Eignungsmaß kann verwendet werden, um festzustellen, ob zwei benachbarte Modelle eine ähnliche Eignung besitzen. Wenn jedes Auswahlkriterium ein anderes optimales Zuverlässigkeitsmodell identifiziert, dann können diese Modellbewertungen verwendet werden, um zu prüfen, ob ein gewisses Modell nach allen Kriterien relativ gut geeignet ist. Modelleignung ist ein unscharfes Merkmal. In den meisten praktischen Fällen existiert *das* optimale Modell nicht. Die Ursachen können z. B. verrauschte Ausfalldaten sein. Wenn mehrere Modelle ähnlich gut geeignet sind, so können sie alle im Sinne einer *best case-* / *worst case*-Bewertung verwendet werden. In der Kombination der Auswahlkriterien sind nicht alle Kriterien gleichgewichtig. *Prequential-Likelihood* hat sich als sehr vertrauenswürdiges Kriterium erwiesen und wird daher stärker gewichtet.

Die Qualität der Ausfalldaten ist der wichtigste Einflußfaktor für die Verläßlichkeit der Zuverlässigkeitsanalysen. Häufig sind die Daten verrauscht oder enthalten systematische Störungen. Dennoch ist es oft möglich, diese Daten als Basis für Zuverlässigkeitsanalysen zu verwenden. Dies erfordert eine Analyse und Korrektur der Ausfalldaten. Das umfaßt die Entfernung von Instabilitäten, die oft zu Beginn von Ausfalldatensätzen auftreten. Obwohl Modelle existieren, die Einschwingverhalten beschreiben können, ist deren Verwendung nicht in jedem Fall angebracht. Wenn Einschwingvorgänge zu Beginn von Datensätzen klar erkennbar sind, ist es sinnvoll, diese Daten zu entfernen. Wenn der Testaufwand oder die Installationszahlen variieren, muß auch dies korrigiert werden. Testaufwände sind nicht immer eindeutig dokumentiert, was derartige Korrekturen behindert. In diesem Fall ist eine nachträgliche Bewertung des Testaufwands sinnvoll. Die Installationszahlen eines Systems werden während des Feldeinsatzes normalerweise erfaßt und können zur Korrektur der Ausfalldaten verwendet werden.

Die Verwendung von Ausfallprioritäten hat sich besonders in großen System-Entwicklungen bewährt. Dort ist der Test oft durch die verfügbaren Ressourcen limitiert. Daher konzentrieren sich die Tester zu Testbeginn oft auf Ausfälle mit hoher Priorität. Wenn das System in bezug auf solche Ausfälle stabiler wird, werden Ressourcen frei, um auch Ausfälle mit niedrigerer Priorität zu bearbeiten. Es kommt vor, daß bei nahezu unveränderter Ausfallhäufigkeit des Systems die Häufigkeit der Ausfälle mit hoher Priorität abnimmt, was durch eine Häufigkeitszunahme der Ausfälle mit niedriger Priorität kompensiert wird. Die Gesamtausfälle sind in einem derartigen Fall für Zuverlässigkeitsanalysen ungeeignet, da die Häufigkeit der Ausfälle mit niedriger Priorität nicht durch die Zuverlässigkeit des Systems bestimmt wird. Sie wird von den verfügbaren Testressourcen festgelegt. Entscheidend ist jedoch die Zuverlässigkeit in bezug auf Ausfälle mit hoher Priorität. Da deren Häufigkeit durch Veränderungen der Systemzuverlässigkeit bestimmt ist, können diese Ausfälle mit Hilfe von Zuverlässigkeitsmodellen prognostiziert werden. Voraussetzung ist, daß die Prioritäteneinteilung verläßlich ist. Die Erfahrung aus den Anwendungen des Werkzeugs RAT zeigt, daß die Verwendung funktionaler Ausfallklassen (z. B. *totaler Systemzusammenbruch, geringfügiges Fehlverhalten*) dies begünstigt.

Ausfalldaten werden in der Regel auf Basis von Kalenderzeit erfaßt. Dies ist nachteilig für die Zuverlässigkeitsanalyse, falls die Beziehung zwischen Kalenderzeit und Ausführungszeit nicht linear ist. Wenn der nichtlineare Zusammenhang einfach ist, können die Daten entsprechend korrigiert werden. Ein Beispiel für eine derartige einfache Nichtlinearität sind Muster in den Ausfalldaten, die durch den Wechsel von Arbeitstagen und Wochenenden zustande kommen. Falls an den Wochenenden keine Tests durchgeführt werden, so sollten die Wochenenden aus dem Datensatz entfernt werden. Aber dies muß mit Vorsicht durchgeführt werden, weil insbesondere am Ende des Systemtests in Folge von Zeitdruck möglicherweise Tests auch am Wochenende durchgeführt werden. Ein anderes Beispiel für Zeiten ohne Tests können Feiertage sein. Veränderte Testintensitäten sind nicht immer einfach erkennbar.

Bei der Verwendung von Ausfalldaten aus dem Feld zur Zuverlässigkeitsmodellierung ist die Korrektur veränderlicher Installationszahlen wichtig. Diese sind normalerweise verfügbar. Die Erfahrung zeigt, daß, wenn die Installationszahlen hinreichend groß sind, das operationale Profil sehr einförmig ist. Daher ist es in diesen

Fällen nicht notwendig, die Ausfalldaten im Hinblick auf das operationale Profil zu korrigieren.

Zeit ist nicht immer die geeignetste Skala. Bei einer der genannten Anwendungen (ein Zugsystem) wurden Ausfalldaten auf zurückgelegte Distanzen bezogen. Für dieses System war diese Skala geeigneter als Zeit.

In vielen Anwendungen ist die Software nur ein Bestandteil eines Systems. Es ist daher notwendig, Zuverlässigkeitsaussagen für Systeme zu erzeugen, die Software- und Hardwarekomponenten enthalten. Weiterhin ist es in einigen Fällen unmöglich, einen Ausfall eindeutig als Hardware- bzw. Softwareausfall zu identifizieren. Im Rahmen der durchgeführten Forschungsarbeiten wurden die ursprünglich für Software entwickelten Zuverlässigkeitsmodelle auf hybride Hardware-/Software-Systeme angewandt, um zu prüfen, ob dies verwendbare Ergebnisse produziert. Es wurde erwartet, daß dieser Ansatz schlecht funktionieren würde, weil nur sehr wenige Software-Zuverlässigkeitsmodelle die für Hardware typischen Verschlechterungen der Zuverlässigkeit durch Verschleiß beschreiben können. Überraschenderweise funktionierte der Ansatz jedoch zufriedenstellend. Verschleißeinflüsse sind bei einigen untersuchten Systemen von untergeordneter Bedeutung. Das hat die folgenden Ursachen:

Wenn die Hardware eines Systems neu ist, enthält sie Konstruktionsschwächen aufgrund ihrer hohen Komplexität. Das verursacht ähnliche Wirkungen wie Softwarefehler. Verschleißeinflüsse besitzen in den analysierten hybriden Systemen nur eine geringfügige Wirkung. Ursache ist die präventive Wartung. Viele Systeme (z. B. Transportsysteme) sind ein teures Investitionsgut. Verschleiß ist daher nicht akzeptabel. Software-Zuverlässigkeitsmodelle können verwendet werden, um solche Systeme zu modellieren, weil ihre fehlende Fähigkeit zur Beschreibung von Verschleißeinflüssen nicht störend wirkt.

5   Schlußfolgerungen

Formale und stochastische Techniken befriedigen den in der technischen Softwareentwicklung existierenden Bedarf nach hochwertigen Qualitätssicherungstechniken. Bei der Entwicklung von Systemen existiert keine einzelne stets optimal geeignete Technik, die in allen Anwendungsfällen optimale Ergebnisse liefert. Für die unterschiedlichen Teiltätigkeiten in der Software- und der Hardware-Entwicklung sind jeweils eigene Vorgehensweisen üblich, die entsprechend passende Techniken in der Qualitätssicherung fordern. Eine einheitliche Technik ist daher in der praktischen Anwendung zum Scheitern verurteilt, weil in vielen Fällen ihre Voraussetzungen nicht erfüllt sind. Im Rahmen der hier in Ausschnitten dargestellten Forschungsarbeit wird ein anderer Weg beschritten. Ziel ist die getrennte Anwendung von Techniken für die unterschiedlichen Systembestandteile unter der Bedingung, daß die getrennt erzeugten Teilergebnisse zu einem gültigen Gesamtergebnis zusammengeführt werden können.

Dieser Ansatz ist eine wesentliche Voraussetzung für die Anwendbarkeit auf reale Systeme. Techniken, die zwingend verlangen, daß Systeme konsistent auf eine bestimmte Weise beschrieben sind, existieren in großer Anzahl in der akademischen Welt. Und dort werden sie bis auf wenige Ausnahmefälle auch solange bleiben, wie-

diese unrealistische und falsche Sicht der Realität aufrechterhalten wird. Das Ziel eines ingenieurmäßigen Ansatzes muß sein, ein hinreichend gut funktionierendes Verfahren zu verwenden, das mit den unterschiedlichen Rahmenbedingungen realer Systeme umgehen kann. Die hinreichend gute Funktion kann ebenfalls nicht einheitlich definiert werden, sondern wird von den spezifischen Eigenschaften des Systems bestimmt. In besonders kritischen Fällen, in denen eine hohe Verläßlichkeit und Präzision der Ergebnisse gefordert ist, müssen eventuell Voraussetzungen explizit geschaffen werden. In vielen anderen Fällen ist es möglich, Aussagen unterschiedlicher Qualität zu akzeptieren, solange klar ist, welche Ungenauigkeiten dabei zustande kommen.

Bei dem dargestellten Fehlerbaumgenerierungsverfahren ist klar definiert, welche Eigenschaften die erzeugten Fehlerbäume erfüllen, d. h. welche Ursachen betrachtet werden. Die hier beschriebenen stochastischen Zuverlässigkeitsanalysetechniken bieten die Möglichkeit zur quantitativen Ermittlung und Prognose von Zuverlässigkeitskennwerten (z. B. Ausfallanzahl, Ausfallrate) auf Basis beobachteter Ausfälle. Die Ergebnisse besitzen eine quantifizierte Verläßlichkeit.

Die Erfahrung aus der Anwendung der Techniken auf reale große Systeme aus unterschiedlichen Anwendungsbereichen zeigt, daß der flexible Umgang mit unterschiedlichen Voraussetzungen in bezug auf die Systemkomponenten die wesentlichste Voraussetzung für die Anwendbarkeit in der Praxis ist. Ist das nicht erfüllt, so beschränken sich die erzeugten Aussagen auf Teile des Systems. Dies verletzt die wichtige Forderung nach Qualitätsaussagen für Gesamtsysteme.

Ein sehr wichtiger Aspekt der hier dargestellten Techniken ist ihre umfassende Automatisierbarkeit. Selbst bei Systemkomponenten findet man heute derartig hohe Komplexitäten, daß eine verläßliche manuelle Analyse nicht möglich ist.

Literatur

1. Abdel-Ghaly A.A., Chan P.Y., Littlewood B., *Evaluation of competing software reliability predictions*, in: IEEE Transactions on Software Engineering, Vol. 12, No. 9, 1986, pp. 950-967
2. Beck A., Beer H., *ESSI Process Improvement Experiment 23843 - USST Usage Specification and Statistical Testing*, in: Proceedings EuroSTAR '98, Munich 1998, pp. 421-427
3. Birolini A., *Qualität und Zuverlässigkeit technischer Systeme: Theorie, Praxis, Management*, Berlin: Springer 1991
4. Bormann J., Lohse J., Payer M., Venzl G., *Model Checking in Industrial Hardware Design*, in: Proceedings of the 32st Conference on Design Automation, San Francisco, June 12-16, 1995, ACM Press 1995, pp. 298-303
5. Brandin B., *The Real-Time Supervisory Control of an Experimental Manufacturing Cell*, in: IEEE Transactions on Robotics and Automation, Vol. 12, No. 1, February 1996, pp. 1-14
6. Bryant R.E., *Graph-Based Algorithms for Boolean Function Manipulation*, in: IEEE Transactions on Computers, Vol. C-35, No. 8, August 1986, pp. 667-691
7. Burch J.R., Clarke E.M., Long D.E., McMillan K.L., Dill D.L., *Symbolic Model Checking for Sequential Circuit Verification*, in: IEEE Transactions on Computers, Vol. 13, No. 4, April 1994, pp. 401-424

8. Clarke E.M., Emerson E.A., Sistla A.P., *Automatic Verification of Finite state Concurrent Systems using Temporal Logic Specifications*, in: ACM Transactions on Programming Languages and Systems, Vol. 8, No. 2, April 1986, pp. 244-263

9. DIN 25424; DIN 25424-1, *Fehlerbaumanalyse Methoden und Bildzeichen*, September 1981; DIN 25424-2: *Fehlerbaumanalyse Handrechenverfahren zur Auswertung eines Fehlerbaumes*, April 1990; Berlin: Beuth Verlag

10. Heimdahl M.P.E., Leveson N.G., *Completeness and Consistency Analysis of State-Based Requirements*, in: Proceedings 17th International Conference on Software Engineering, Seattle, April 1995, pp. 3-14

11. IEC 812, *Analysis Techniques for System Reliability - Procedure for Failure Mode and Effect Analysis (FMEA)*, International Electrotechnical Commission 1985

12. IEC 61025, *Fault tree analysis (FTA)*, International Electrotechnical Commission 1990

13. IEC 61078, *Analysis techniques for dependability - Reliability block diagram method*, International Electrotechnical Commission 1991

14. IEC 61165, *Application of Markov techniques*, International Electrotechnical Commission 1995

15. Jaffe M.S., Leveson N.G., Heimdahl M.P.E., Melhart B.E., *Software Requirements Analysis for Real-Time Process-Control Systems*, in: IEEE Transactions on Software Engineering, Vol. 17, No. 3, March 1991, pp. 241-258

16. Jelinski Z., Moranda P.B., *Software reliability research*, in: Freiberger W. (Ed.), *Statistical Computer Performance Evaluation*, New York: Academic Press 1972, pp. 465-484

17. Jones C., *Applied software measurement*, New York: McGraw-Hill 1991

18. Leveson N.G., *Safeware: System safety and computers*, New York: Addison-Wesley 1995

19. Leveson N.G., Heimdahl M.P.E., Hildreth H., Reese J.D., *Requirements Specification for Process-Control Systems*, in: IEEE Transactions on Software Engineering, Vol. 20, No. 9, September 1994, pp. 684-707

20. Leveson N.G., Harvey P.R., *Analyzing Software Safety*, in: IEEE Transactions on Software Engineering, Vol. SE-9, No. 5, September 1983, pp. 569-579

21. Leveson N.G., Shimeall T.J., *Safety Verifcation of ADA Programs using Software Fault Trees*, in: IEEE Software, Vol. 8, No. 4, July 1991, pp. 48-59

22. Liggesmeyer P., *Qualitätssicherung softwareintensiver technischer Systeme*, Habilitationsschrift, Fakultät für Elektrotechnik und Informationstechnik, Ruhr-Universität Bochum, Heidelberg: Spektrum-Verlag 2000

23. Liggesmeyer P., Rothfelder M., Rettelbach M., Ackermann T., *Qualitätssicherung softwarebasierter Systeme: Problembereiche und Lösungsansätze*, in: Informatik-Spektrum, Band 21, Heft 5, Oktober 1998, S. 249-258

24. Liggesmeyer P., Ackermann T., *Applying Reliability Engineering: Empirical Results, Lessons Learned, and Further Improvements*, in: Proceedings ISSRE '98, The Ninth International Symposium on Software Reliability Engineering, Paderborn, November 1998, pp. 263-271

25. Liggesmeyer P., Rothfelder M., *Improving System Reliability with Automatic Fault Tree Generation*, in: Proceedings 28th Annual Fault Tolerant Computing Symposium, Munich, June 1998, pp. 90-99

26. Littlewood B., Verall J.L., *A Bayesian reliability growth model for computer software*, in: Applied Statistics, Vol. 22, No. 3, 1973, pp. 332-346

27. Lyu M.R., *Handbook of Software Reliability Engineering*, New York: McGraw-Hill 1995

28. McMillan K.L., *Symbolic Model Checking*, Norwell, Dordrecht: Kluwer Academic Publishers 1993

29. Möller K.-H., *Ausgangsdaten für Qualitätsmetriken - Eine Fundgrube für Analysen*, in: Ebert C., Dumke R. (Hrsg.), *Software-Metriken in der Praxis*, Berlin, Heidelberg: Springer 1996, S. 105-116

30. Musa J.D., Iannino A., Okumoto K., *Software Reliability: Measurement, Prediction, Application*, New York: McGraw-Hill 1987

31. Spillner A., Liggesmeyer P., *Software-Qualitätssicherung in der Praxis - Ergebnisse einer Umfrage*, in: Informatik-Spektrum, Band 17, Heft 6, Dezember 1994, S. 368-372

32. Störmer H., *Mathematische Theorie der Zuverlässigkeit*, München: Oldenbourg 1983

33. Tobias P.A., Trindade D.C., *Applied Reliability*, New York: Van Nostrand Reinhold 1995

34. Ulerich N.H., Powers G.J., *On-Line Hazard Aversion and Fault Diagnosis in Chemical Processes: The Digraph + Fault-Tree Method*, in: IEEE Transactions on Reliability, Vol. 37, No. 2, June 1988, pp. 171-177

35. Zhao M., *Software reliability models based on nonhomogenous poisson processes*, Thesis, Linköping University, 1991

Bank2010: Eine fachliche und technische Vision

Dr. Sanjay Dewal, Ludger Schnichels

debis Systemhaus DL GmbH
BU Banken Düsseldorf / Stuttgart
Emanuel-Leutze-Str. 4
40457 Düsseldorf
E-Mail: sdewal@debis.com

Abstract. Der innerdeutsche Bankenmarkt befindet sich derzeitig im Umbruch. Fusionen zur Konzentration sind dabei in jüngster Zeit vermehrt zu beobachten. Gestützt auf die Globalisierung, EU-Harmonisierung und der gestiegenen Informationstransparenz versuchen die Banken als Full-Service-Anbieter, dem möglichen Markteintritt der Non- und Nearbanks sowie angelsächsischer Spezialinstitute (z.B. Wertpapierhäuser) entgegenzuwirken. Aber um dem internen Kostendruck sowie dem externen Margenverfall entgegenzuwirken, ist mittel- bis langfristig auf dem deutschen Bankenmarkt eine Abkehr vom Universalbankensystem hin zur Bündelung von Kernkompetenzen zu erwarten.Die Autoren zeigen im folgenden auf, wie sich diese Konzentration auf Kernkompetenzen in Zukunft in der Bankenlandschaft darstellen wird. Dabei wird explizit auf die fachliche Darstellung und der damit einhergehenden technischen Umsetzung abgehoben.

Einleitung

Die derzeitigen Entwicklungen am innerdeutschen Bankenmarkt sind durch Fusionstendenzen im Sinne von Abwehrstrategien gekennzeichnet. So gingen jüngst die HVB (München) und die LBW (Stuttgart) aus Fusionsaktivitäten hervor, um so politisch- oder managementmotiviert einen größeren Marktanteil zu generieren. Als Folge dessen resultieren daraus laterale Universalbanken, die durch komplexe Organisationen und Wertschöpfungsketten gekennzeichnet sind.

Um im Zuge sinkender Margen durch interne und externe Kosteneinflüsse die Profitabilität auch mittel- bis langfristig aufrechterhalten zu können, ist eine ablauf- und aufbauorganisatorische Neuausrichtung der Universalbanken unabdingbar.

Die Autoren zeigen in der folgenden Darstellung auf, welche Umstrukturierungen der Universalbanken zukünftig zu erwarten sind. Überdies wird explizit dargestellt, inwieweit diese strukturellen Modifikationen durch DV-Architekturszenarios begleitet werden bzw. unbedingt unterstützt werden müssen, weil die Veränderungen nur mittels dv-technischer Unterstützung zu einer langfristigen Flexibilität und Kostenreduktion führen.

Die Rahmenbedingungen der klassischen Universalbank

Die typische deutsche Universalbank versteht sich traditionell dem Kunden gegenüber als Full-Service-Anbieter. Für das **Frontoffice** bedeutet dies, daß jeder Kundenbetreuer über ein umfassendes Vertriebs- und Produkt-Know-How verfügen muß, um dem Universalbankanspruch - "den Kunden kompetent in allen Fragen zu beraten" - gerecht zu werden. Die Vielzahl der einzelnen Produkte und Produktvarianten macht es für den einzelnen Kundenberater aber nahezu unmöglich, dem Kunden ein optimales Produktangebot zu unterbreiten.

Aus diesem Grund haben die Universalbanken ihre Kunden in Segmente, die von unterschiedlichen Einheiten betreut werden, eingeteilt. Die Universalbank kann somit relativ effizient Spezial-Know-How vorhalten, allerdings nur zu dem Preis, daß der Kunde bei unterschiedlichen Problemen verschiedene Ansprechpartner hat. Dies widerspricht aber prinzipiell ihrem "Full-Service-Anbieter"-Anspruch, bei dem implizit suggeriert wird, der Kunde habe für alle seine Probleme einen einzigen Ansprechpartner in der Bank. Dieser „One-Face-To-The-Customer"-Ansatz kann im besten Fall dadurch eingehalten werden, daß der Kundenberater als Lotse des Kunden im Universalbankvielerlei agiert.

Betrachtet man beispielsweise den Bankenmarkt in Deutschland, so ist davon auszugehen, daß die Kunden künftig verstärkt auf ein gutes Preis-Leistungs-Verhältnis achten werden. Banken wird es infolgedessen zunehmend schwerer fallen, ihre getätigten Investitionen auf ihre Kunden umzulegen. So wird zum einen durch den zunehmenden Trend hin zum Home- und SB-Banking die Vergleichbarkeit von Bankprodukten und –dienstleistungen in Zukunft weiter steigen. Zum anderen drängen durch die Liberalisierung des EU-Binnenmarktes verstärkt Non- und Nearbanks[1] und ausländische Wettbewerber verstärkt in die klassischen Domänen deutscher Universalbanken ein. Aufgrund dessen können bereits heute Veränderungen in der klassischen Universalbank beobachtet werden (siehe verworfene Fusionspläne der Deutschen Bank und der Dresdner Bank).

Zur ersten Gruppe zählen **Maßnahmen zur Reorganisation der Geschäftsprozesse**. Dabei sind vor allem die Verschlankungen der Sachbearbeitungs- und Abwicklungsaktivitäten und die Verlagerung von Aktivitäten aus dem Backoffice in das Frontoffice zu nennen. Als konsequenteste Form dieser Reorganisationsmaßnahmen ist das Outsourcen von Aktivitäten zu nennen, bei denen entweder eigene Gesellschaften, z.T. mit anderen Partnern zusammen, gegründet oder an externe Anbieter vergeben werden. Die drastischste Form der Reorganisation ist die in allen Bankengruppen zu beobachtende Freisetzung von Personal, was bisher, bezogen auf die Öffentlichkeit, relativ still vollzogen wurde.

Zur zweiten Gruppe zählen **Maßnahmen zur Marktneuausrichtung**. Hauptansatzpunkt ist dabei die Überprüfung der bestehenden Vertriebswege. So wurde und wird immer noch die Filialstruktur neu auf die Kundenbedürfnisse ausgerichtet.

---

[1] Eine Non-Bank ist ein Industrieunternehmen, welches keine Dienstleistungen einer Bank erbringen, aber Töchter gründen, die als Konkurrenten zu Banken auftreten (DaimlerChrysler mit MBLF). Eine Near-Bank bietet Teile der Dienstleistungen einer Vollbank an (z.B. Broker, Wertpapierhaus, Leasinghaus).

Außerdem versuchen die großen Bankenkonzerne, ihr Portfolio durch die Gründung von spezialisierten Tochterunternehmen wie z.b. Direktbanken oder den Kauf von in das Bankportfolio passenden Spezialinstituten wie z.b. Investmentbanken sowohl quantitativ als auch qualitativ sinnvoll zu ergänzen.

Überdies sind derzeit auch schon Bestrebungen zu erkennen, die aufgrund des zunehmenden Wettbewerbdrucks auf eine stärkere Fokussierung der für die Kunden der einzelnen Teilportfolien notwendigen Produkte abzielen. Ein Schritt in diese Kundenorientierung ist die systematische Erfassung, Strukturierung und Verbesserung der Produktpalette mit Hilfe von Produkt- und Leistungsdatenbanken.

Banking 2010 – Eine Vision

Erfolgreiches Banking in der Zukunft ist nur möglich,
wenn die interne Strukturen effizient und flexibel an die
exogenen Markteinflüsse angepaßt werden können und die Struktur über eine
Spezialisierung effizient und überschaubar wird.

Aufsetzend auf der obigen These geht das Autorenteam davon aus, daß eine Universalbank ihre drei Kernkompetenzen „Vertrieb", „Produktion" und „Portfoliomanagement" in einzelne Kompetenzcenter aufteilt, am besten unserer These gerecht werden kann.

Der **Vertriebsbank** fällt dabei die Rolle des Spezialisten für die Kundenwünsche zu. Analog zum Kundenbetreuer der klassischen Universalbank führt sie als Navigator den Kunden durch den <u>Markt für Finanzdienstleistungen</u>. Dabei liegt die Betonung auf Markt, d.h. im Gegensatz zum klassischen Kundenbetreuer der Universalbank hat die Vertriebsbank das Recht bzw. die Pflicht, dem Kunden das für ihn optimale Produkt bzw. die optimale Dienstleistung aus dem Angebot aller Anbieter herauszusuchen.

Der **Produktionsbank** fällt die Aufgabe der kostengünstigen Produktion bzw. Bereitstellung von Finanzprodukten und –dienstleistungen zu. Als Serviceprovider bietet sie ihre Produkte und Dienstleistungen den am Markt agierenden Vertriebseinheiten an. Die konkrete Ausgestaltung der Produktionsbank hinsichtlich ihres Produktportfolios ist dabei an die individuellen Möglichkeiten hinsichtlich Produktbreite und –tiefe anzupassen.

Die **Portfoliobank** ist Spezialist für das Management von Markt- und Kreditrisiken. Sie kauft von der/den Vertriebs- und gegebenenfalls von der/den Produktbanken Risiken an und managt diese im Sinne ihrer Strategie und der gesetzlichen Rahmenbedingungen. Durch ihre Dienstleistung „befreit" sie die Vertriebs- und Produktionsbank(en) vom zeit- und kostenaufwändigen Risikomanagement, so daß sich diese voll auf ihre Kernkompetenzen konzentrieren können.

Ihr Know-How und die Vielfalt der von ihr angekauften Risiken ermöglichen es ihr, das Portfolio unter Chance-Risiko-Aspekten optimal zu gestalten. Dieses läßt sich grafisch wie folgt veranschaulichen:

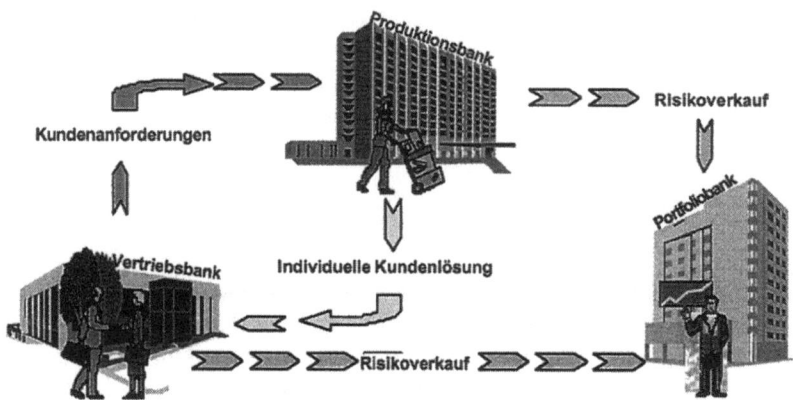

Durch die enge Verzahnung untereinander können sich die drei Spezialbanken voll auf ihre individuellen Stärken ausrichten. Dabei besteht zwischen den einzelnen Kompetenz-Centern ein Lieferanten- und Abnehmerverhältnis, welches aber, im Gegensatz zur Universalbank, nicht ausschließlich auf die „Schwestereinheiten" beschränkt ist. Der große Vorteil dieser Ausrichtung läßt sich auf zwei Perspektiven konkretisieren:

Aus **Kostenrechnungssicht** befinden sich alle Front- und Backoffice-Einheiten der ursprünglichen Universalbank nunmehr in einer unmittelbaren marktlichen Wettbewerbssituation. Dadurch werden alle Einheiten an wirklichen Marktpreisen gemessen, was allgemein zu effizienten Kostenstrukturen führt, weil in den einzelnen „Kompetenz-Centern" die vorhandenen Kapazitäten einer optimaler Betriebsgröße vorhalten werden kann.

Aus **Kundensicht** wird dieser im ursprünglichen Universalbanksinne ganzheitlich mit den für ihn besten Produkten und Dienstleistungen zu attraktiven Konditionen bedient. Anders formuliert bedeutet das, daß eine profitable Gestaltung des individuellen Kundenbedürfnisses dadurch gewährleistet wird, daß die individuellen Kernkompetenzen der einzelnen „Bankeinheiten" entlang der gesamten Wertschöpfungskette gebündelt werden, ohne dabei einen zusätzlichen Koordinierungsaufwand zu erfordern und ohne daß den Kunden diese Struktur beeinträchtigt.

Als Folge dessen betrachten es die Autoren als Zukunftsvision, daß die oben beschrieben Einheiten in einem nächsten Schritt als wirtschaftlich selbständige Einheiten weltweit auf dem Markt operieren. Somit werden im gesamten Wertschöpfungsprozeß die einzelnen Einheiten nicht mehr das Angebot der Schwestereinheiten wahrnehmen, sondern das unter Margen- und Risikogesichtspunkten optimale Angebot eines global transparenten Marktes generieren.

Im Zuge des kompletten Redesigns der aufbau- und ablauforganisatorischen Umgebung müssen von vornherein auch die Anforderungen an die zukünftige DV-Landschaft Berücksichtigung finden. Denn jedes Prozeßdesign ist nur so gut, wie es später funktional abgebildet werden kann. So sind im Vorfeld die Anforderungen an die Systemlandschaft zu definieren, auf denen zukünftige Strukturen arbeiten werden.

Anforderungen an die DV-Unterstützung

Aus den Überlegungen des vorangegangenen Abschnittes ergeben sich eine Reihe von strategischen und fachlichen Aspekten, aus denen die Anforderungen für die DV-Unterstützung abgeleitet werden müssen.

Fachliche Anforderung
Unterstützung verschiedener Vertriebswege[2]: Künftig ist davon auszugehen, daß der Bankkunde über verschiedene Wege seine Bankgeschäfte initiieren und durchführen wird. Die DV muß deshalb das Hinzufügen neuer Vertriebswege problemlos ermöglichen.
Beschleunigung der Geschäftsprozesse: Der Einsatz von Workflow-Managementsystemen (WfMS) und Dokumenten-Managementsystemen (DMS, elektronische Kundenakte) reduziert die Durchlauf-, Liege- und Rüstzeiten und vermeidet Medienbrüche in den Prozessen. Darüber hinaus können die Geschäftsprozesse durch den Einsatz von Entscheidungskomponenten hinsichtlich Bearbeitungs- und Durchlaufzeiten weiter optimiert werden. Dadurch kann die Diskriminanz erhöht und der Einkauf von Stornogeschäft bereits im Vorfeld reduziert werden.
Potentialausschöpfung. Zur Erkennung der vielfältigen Kundenwünsche ist es gerade im Finanzumfeld wichtig, die Aspekte bzw. Produkte herauszufiltern, die den Kunden interessieren. Heutzutage wird das Neugeschäft z.B. durch Kampagnenmanagement schwerpunktmäßig durch die Bank gesteuert. Über virtual Communities, Portale oder Content Management (siehe [7]) besteht die Möglichkeit, daß Bankkunden diese Informationen durch thematische Chat-Rooms und Foren aktiv übermitteln.
Maßgeschneiderte Produkte für den Kunden. Der Kunde will optimal beraten werden und bedient sich dabei verschiedener Vertriebswege. Hierzu sind intelligente DV-Systeme erforderlich, die Kundenanforderungen mit Produkten und Konditionen in Einklang bringen. Als Basistechnologie sind dabei Übereinstimmungs-Algorithmen (siehe [10,11]) einzusetzen. Der effiziente Einsatz dieser Methoden erfordert geeignete Produkt- und Konditionendatenbanken. Bezogen auf die Dreiteilung der Universalbank bedeutet dies, daß eine Vertriebsbank die Möglichkeit haben muß, auf Produkte und Konditionen anderer Produktionsbanken über sogenannte intelligente Agenten (siehe [9]) automatisch zugreifen zu können.
Flexibilisierung von Bankstrategien. Die zu erwartende zunehmende dv-technische Durchdringung der Geschäftsprozesse führt dazu, daß immer mehr Informationen in Form von Entscheidungsbäumen und Kundendaten elektronisch vorgehalten werden. Konzepte wie unternehmensweites Datenmodell (siehe [3,6]) und Datawarehouse sowie Analysen mit Datamining-Techniken (siehe [14]) sind dazu zwingend erforderlich.
Nutzung von Funktionalitäten zur Risikominimierung. Im Zuge der Entwicklung standardisierter Risikokomponenten werden die zuvor beschriebenen Entschei-

---

[2] Beispiele für Vertriebswege sind Homebanking, Telefonbanking, Filiale, POS, SB, etc.

Fachliche Anforderung
dungsbäume und vorhandenen Kundeninformationen zur Steuerung des kundenspezifischen Kreditrisikos bei der Antragstellung herangezogen. Überdies wird die vorhandene Datenbasis zur Integration von maschinellen Lernverfahren und Credit-Value-at-Risk-Methoden zur Steuerung des Gesamtbankrisikos in Zukunft von großer Bedeutung sein. Über die funktionale Unterstützung verbunden mit der entsprechenden Datenbasis wird somit die Steuerung von Einzel- und Portfoliorisiken neue Dimensionen erlangen.

Aus den Anforderungen resultiert letztlich die Forderung nach **einer höheren Flexibilität in der Aufbau- und Ablauforganisation**, damit auf die sich ändernden Markterfordernisse effizient und zeitnah reagiert werden kann. Die benötigten DV-Systeme müssen dafür hinsichtlich der Geschäftslogik durch Komponententechnologie[3] gekapselt werden.

Ferner müssen **übergreifende Geschäftsprozesse über die Vertriebs-, Produktions- und Portfoliobank** unterstützt, organisiert und gesteuert werden, um die erforderliche Effizienz und Geschwindigkeit bei der Zusammenarbeit der einzelnen Banken umzusetzen. Daraus resultiert die Anforderung nach der Verteilung von Komponenten im WAN.

Nicht jede fachliche bzw. strategische Anforderung führt zu neuen dv-technischen Aspekten. Zur besseren Darstellung sind in der folgenden Tabelle die konkreten dv-technischen Anforderungen zusammengestellt.

DV-technische Anforderung
Komponententechnologie: Trennung von Geschäftslogik und Präsentationslogik; Vertriebsweg als Komponente; Unterschiedliche Endgeräte; Verteilung von Komponenten
Geschäftsprozeß als Komponente: Automatisierung der Geschäftsprozesse durch Einsatz von Entscheidungskomponenten; Parametrisierbarkeit von Geschäftslogik
Datenbanken: Leistungsfähige und verteilte Datenbanken; Aufbau von Konditionen- und Produkt-, Kompetenzdatenbanken; Unternehmensweites Datenmodell; Datamining-Techniken für Auswertungen
Sicherheit durch Middleware: Transaktionsschutz für Vertriebswege; Auto-Restart
Nutzung von Workflow- und Dokumenten-Managementsystemen, Virtual Communities, Einsatz von intelligenten Agenten

Die oben genannten dv-technischen Anforderungen machen deutlich, daß die Komplexität von DV-Anwendungen hinsichtlich Daten und Komponenten sowie der Anzahl von Komponenten erheblich zunimmt. Außerdem ist die zu erwartende Evolu-

---

[3] Komponententechnologie ist die Zerlegung eines komplexen DV-System in Module. Dabei sind die einzelnen Module bzw. Komponenten als Black Box zu verstehen, die nur über die definierte Schnittstelle angesprochen werden kann. Für die Spezifkation von Komponenten kann das Paradigma der Objekt-Orientierung gewählt. Dies bedeutet, daß Alt-Systeme nur durch Wrapping-Techniken als Komponente bereitgestellt werden können.

tion der Komponenten zu berücksichtigen. Im Ergebnis bedeutet dies, daß DV-Systeme (vorgegebene Konfigurationen von Komponenten) ebenso Änderungen unterliegen (siehe [13]). Während durch die Komponententechnologie die Evolution von Komponenten durch Kapselung und standardisierte Schnittstellen auf diese selbst beschränkt bleibt (d.h. Lokalität von Änderungen und Seiteneffektfreiheit) trifft dies auf die DV-Systeme nicht zu. Deshalb ist es für DV-Systeme unabdingbar, daß Rahmenbedingungen in Form von DV-Architekturen definiert werden, die diese Evolution unterstützen. Somit ist die Konzeption von Architekturen eine wesentliches Merkmal der zukünftigen Banken. Aus den Überlegungen zur Evolution ergeben sich grundlegende Anforderungen zur Offenheit und Erweiterbarkeit hinsichtlich neuer fachlicher wie technologischer Komponenten sowie zur Reduzierung der Wartungs- und Pflegekosten.

Analyse des Ist-Zustandes bei den Banken

Beschreibung des Ist-Zustandes

In den letzten Jahren haben die Autoren in Kundenprojekten eine Vielzahl von DV-Systemen und Architekturen bei verschiedenen Banken kennengelernt. Trotz bank-individueller Abwicklungssysteme ist festzuhalten, daß die Architektur, die den DV-Systemen zugrunde liegt, über die verschiedenen Banken hinaus durchaus vergleichbare Strukturen aufweist (siehe nachfolgende schematische Abbildung).

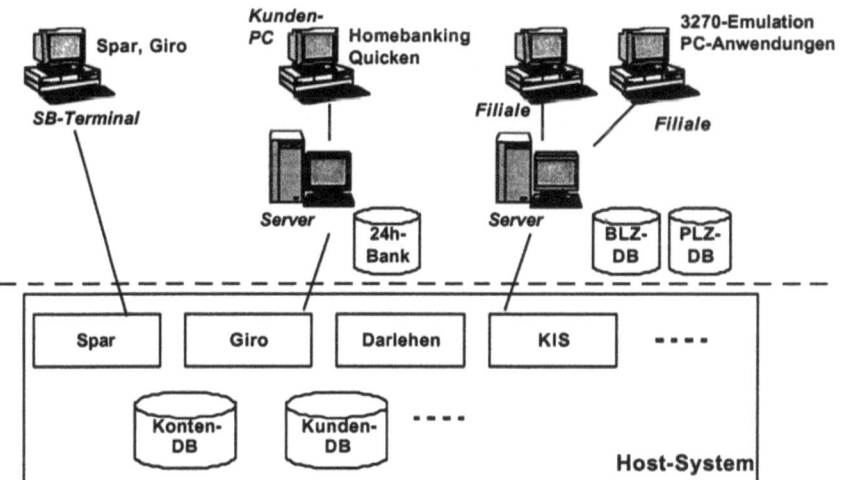

Nach wie vor spielt in den Banken der Großrechner (Host) die dominierende Rolle. Einziges Unterscheidungsmerkmal ist die Wahl des Herstellers bzw. des Betriebs-systems (im wesentlichen werden IBM mit VSE, MVS oder OS/390 bzw. Siemens mit BS2000 eingesetzt). Auf diesem Host-System sind alle Abwicklungssysteme installiert. Ferner werden die gesamten juristisch relevanten Daten in den entsprechenden Host-Datenbanken (d.h. ISAM, VSAM, DB2, Leasy, SESAM) abgespeichert. Dezentral prägen derzeit 3270- bzw. 9570-Front-Ends das Erscheinungsbild. Diese sind meist über eine Windows-Emulation auf den PCs zugänglich. Teilweise wurden "GUIfizierungen" vorgenommen, um das "Look-and-Feel" von Windows-Applikationen zu geben.

Client-/Server-Architekturen sind dadurch verwirklicht, daß auf dem Client verschiedene Plausibilitätschecks bei der Eingabe und einfache Funktionalitäten implementiert wurden. Ferner sind häufig generell genutzte und selten veränderte Tabellen wie PLZ, BLZ, Branchenschlüssel, Adreßverzeichnisse, etc. auf Servern bzw. auf Clients ausgelagert.

Aufgrund der sich verändernden Kundenbedürfnisse, genannt seien z.B. SB- und Homebanking, haben die Banken die existierenden Abwicklungssysteme durch dezentrale Systeme und Datenbanken (z.B. 24h-Bank) erweitert, um die Verfügbarkeitsbeschränkungen des Host (insbesondere beim Nachtbetrieb) ausgleicht. Dies bedeutet auch, daß Kundentransaktionen erst nach einem gesonderten Batchlauf im Host-Abwicklungssystem der Bank juristisch wirksam werden.

Als Kommunikationsplattform werden bei den meisten Banken nach wie vor SNA-Protokolle wie LU0 oder LU6.2 verwendet. TCP/IP zum Host ist recht selten zu finden.

Wesentlicher Vorteil der hostbasierten Architektur ist die Sicherheit und Verfügbarkeit der Host-Systeme, schließlich erreichen dezentrale Netzwerke keine vergleichbaren Verfügbarkeiten. Auch die geringeren Betriebskosten sind bei diesen Architektur geringer. Dezentrale Servern oder Clients sind insbesondere wegen der Anzahl dieser Systeme hinsichtlich der Betreuung kostspieliger.

Bewertung der Ist-Architektur hinsichtlich der künftigen Anforderungen

Es stellt sich nun die Frage, wie die im vorherigen Abschnitt aufgestellten Anforderungen mit Hilfe der existierenden DV-Systeme und Architekturen abgedeckt werden können. Es zeigt sich sehr schnell, daß viele dieser Anforderungen während der Entwicklungsperiode der Altsysteme gar keine Relevanz hatten. Beispielsweise spielt bei monolitischen Systemen Komponententechnologie, die Trennung von Geschäftsprozessen, Workflow- und Dokumentenmanagement, virtual Communities, intelligente Agenten keine sonderliche Rolle. Derartige Anforderungen ergeben sich erst durch verteilte Systeme und wechselnde Vorgaben oder sie werden erst in Zukunft relevant.

Zusammenfassend lassen sich die folgenden Nachteile bei den heutigen Architekturen herauskristallisieren:

- **Hohe Redundanz bei Daten und Funktionen.** Durch die Abbildung der fachlichen Organisation auf die DV (es gibt für jeden Fachbereich auch eine entsprechende DV-Gruppe) ergeben sich hohe Redundanzen hinsichtlich der Daten und Funktionen, weil jede DV-Gruppe für "ihren" Fachbereich die gewünschten DV-Systeme mehr oder weniger eigenständig entwickelt.

- **Hohe Wartungs- und Entwicklungsaufwände** bei den heutigen Bankanwendungen. Weitere Wartungsaufwände entstehen dadurch, daß für jede fachliche Anforderung (z.B. Vertriebswege) eigene Server mit entsprechender Anwendungslogik und Host-Anbindung installiert werden mußten. Dies führt insbesondere bei den fachlichen Funktionen zu Redundanzen, so daß bei Änderungen auf dem Host-System auch viele Komponenten auf den Servern anzupassen sind.

- **Mangelnde Integriertheit.** Die einzelnen Abwicklungssysteme sind in sich integriert. Allerdings fehlt die Integration hinsichtlich eines Gesamtprozeßbetrachtung über den Lebenszyklus von Produkten. Dabei werden in der Regel, weil einzelne Prozeßschritte durch verschiedene Systeme unterstützt werden, Daten wiederholt neu eingegeben oder gar überprüft.
- **Mangelnde Offenheit und Erweiterbarkeit,** weil proprietäre Systeme und Schnittstellen zum Einsatz kommen, die automatisch zu hohen Aufwänden bei der Integration neuer Komponenten führen.
- **Geringe Flexibilität,** da die Komponenten alle monolithisch aufgebaut sind und auf dem Host sind.

Mehrstufige Architektur für die Bank 2010

Die derzeitigen Architekturen erfüllen bestenfalls in Ansätzen die Anforderungen der skizzierten Bank 2010, so daß die aufgezeigten fachlichen Aspekte dv-technisch überhaupt nicht umgesetzt werden können. Desweiteren werden Technologie-Trends immer unvorhersehbarer und die Innovationszyklen von neuen Technologien immer kürzer. Daraus abgeleitet läßt sich *die* zentrale Frage formulieren:

Wie müssen die DV-Architekturen aussehen,
die den künftigen DV-Anforderungen einer Bank genügen.

Als wesentliche Aspekte und Kriterien, für eine derartige Architektur sind Flexibilität, Erweiterbarkeit und Offenheit.

Zwingende Rahmenbedingungen für Architekturen

Auch die künftige Architektur unterliegt selbst wiederum bestimmten Rahmenbedingungen, die von der Bank vorgegeben werden. Diese resultieren sowohl aus strategischen als auch auf rechtlichen Gegebenheiten.

- **Juristische Datenhaltung.** Unsere Projekterfahrungen bei Entwicklung von DV-Systemen für Banken zeigen, daß die Banken auch künftig den Host für diese Aufgabe favorisieren. Daraus resultiert eine zentrale Datenhaltung, die im Hinblick auf Sicherheit und Konsistenz der einzelnen Datenbanken, nur zu begrüßen ist.
- **Abwicklungssysteme.** Mit der juristischen Datenhaltung verbleiben auch die zentralen Abwicklungssysteme auf dem Host.
- **Berechnungmodule.** Es gibt verschiedenste bankinterne oder jurististische Vorgaben, die bestimmte Qualitätsansprüche an Berechnungmodule stellen. So ist die Effektivzinsberechnung im Sinne des Verbraucherkreditgesetzes auf die erste

Kommastelle hin genau auszuweisen. Dieses Beispiel hat neben der gesetzlichen Vorgabe auch betriebswirtschaftliche Gesichtspunkte: Eine minimale Abweichung in der Zinsberechnung führt unter Umständen einerseits zu hohen Zinsverlusten über das gesamte Geschäftsvolumen der Bank und anderseits u.U. zu hohen Erstattungsaufwänden bei der Abrechnung von Konten. Deshalb führt die Dezentralisierung derartiger Module zum Teil zu erheblichen Testaufwänden, um die Korrektheit der Berechnung nachzuweisen. Daher sollten Berechnungsmodule, soweit wie möglich, auf dem Host verbleiben.

- **Bestehende Netze.** Wichtig bei jeglichen Konzeptionen ist die Nutzung der existierenden Bandbreiten und Kapazitäten des WAN bzw. LAN. Denn auch wenn diese erweitert werden, werden die erforderlichen Bandbreiten für moderne Technologien auf lange Sicht nicht bereitgestellt werden können.

Eine Architekturvision für die Bank 2010

Die Rahmenbedingungen aus dem vorherigen Abschnitt bilden die wesentlichen Eckpfeiler einer Vision, deren wesentliche Kriterien eine Architektur ist, die die obigen Anforderungen unterstützt:

- Die sich dynamisch verändernde Bedürfnisstruktur der Bankkunden bedingt, daß unterschiedlichste Vertriebswege für die Produkte angeboten werden müssen, um besser auf das Verhalten der Kunden eingehen zu können,
- 3-Schichten-Architektur, d.h. Trennung von Präsentations-, Anwendungs- bzw Geschäfts- und Datenhaltungslogik zur besseren Erweiterbarkeit und Offenheit.
- 3-Stufen-Architektur, d.h. Verteilung der 3-Schichten auf verschiedene Rechnerstufen zur besseren Beherrschbarkeit und höheren Verfügbarkeit.
- Kapselung von Systemen auf ihre Kernkompetenzen, d.h. Zerlegung der DV-Systeme in Komponenten, die für einen fest definierten Umfang Funktionen bereitstellen. Dies unterstützt die Erweiterbarkeit und Beherrschbarkeit komplexer DV-Systeme (getreu dem Software-Entwicklungsprinzip: divide-and-conquer).
- Nutzung standardisierter Schnittstellen, d.h. die gekapselten Komponenten werden über Schnittstellen spezifiziert und angesprochen, die einem entsprechenden Industrie- oder Marktstandard genügen. Dadurch sind einzelne Komponenten veränderbar und austauschbar, ohne daß das Gesamtsystem beeinträchtigt wird.
- Reduzierung der Redundanzen hinsichtlich Daten und Funktionen durch Komponententechnologie und ein unternehmensweites Datenmodell.

Im folgenden wird die resultierende Architektur konkretisiert. Wie die Verteilung der 3-Schichten auf die 3-Stufen erfolgt (siehe nachfolgende Abbildung), ist nicht zu verallgemeinern sondern hängt von den Gegebenheiten und Anforderungen der Bank ab. Hierzu zwei Beispiele:

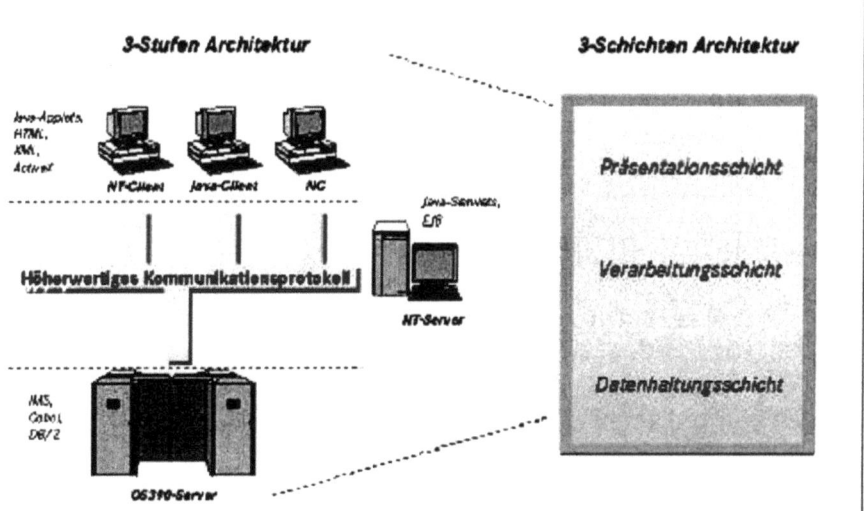

Beispiel 1: Ein erste Kunde möchte die Präsentationsschicht mittels Java-Applets und HTML realisieren. Dabei sollen die Applets klein gehalten werden, um die Übertragungszeiten zu reduzieren.. Dementsprechend ist der Kunde bereit, auf Informationen eine gewisse Zeit zu warten. Aus diesen Vorgaben resultiert, daß lediglich einfache Plausibiltätsüberprüfungen im Applet durchgeführt werden.
Die Stufen / Schichten-Zuordnung sieht in diesem Fall so aus, daß auf dem Client Präsentationslogik und einfache Elemente der Applikationslogik abgelegt werden.

Beispiel 2: Wie schon im vorherigen Beispiel möchte der zweite Kunde auch die Präsentationsschicht mittels Java-Applets und HTML realisieren. Allerdings möchte der Kunde aufwendige Berechnungen und daraus resultierende Grafiken online (d.h. in Echtzeit) umsetzen. Diese Vorgabe führt dazu, daß neben der Präsentationsschicht und den einfachen Plausibilitätschecks auch Berechnungsfunktionalitäten der Applikationsschicht auf dem Client abgelegt werden.

In der nachfolgenden Abbildung ist eine derartige Verteilung von Komponenten auf die verschiedenen Stufen grafisch dargestellt. Dabei sind die Stufen als Front-, Middle- und Backoffice bezeichnet worden.
Im **Frontoffice**[4] sind die Arbeitsplätze (entspricht der Architekturstufe "Client") der verschiedenen Vertriebswege lokalisiert. Dies bedingt, daß entsprechende Präsentationsoberflächen für die verschiedenen Nutzergruppen realisiert und angeboten werden, da es signifikante Unterschiede für diese hinsichtlich der Bedienbarkeit von Anwendungen gibt. So wird ein Mitarbeiter in der Filiale oder Zentrale

---

[4] Die Begriffsverwendung im technischen Umfeld (die Trennung in Front-, Middle- und Backoffice den verschiedenen Schichten wie Präsentation, Applikation und Datenhaltung) entspricht nicht der Einteilung aus fachlicher Sicht (siehe Abschnitt "Rahmenbedingungen der klassischen Universalbank").

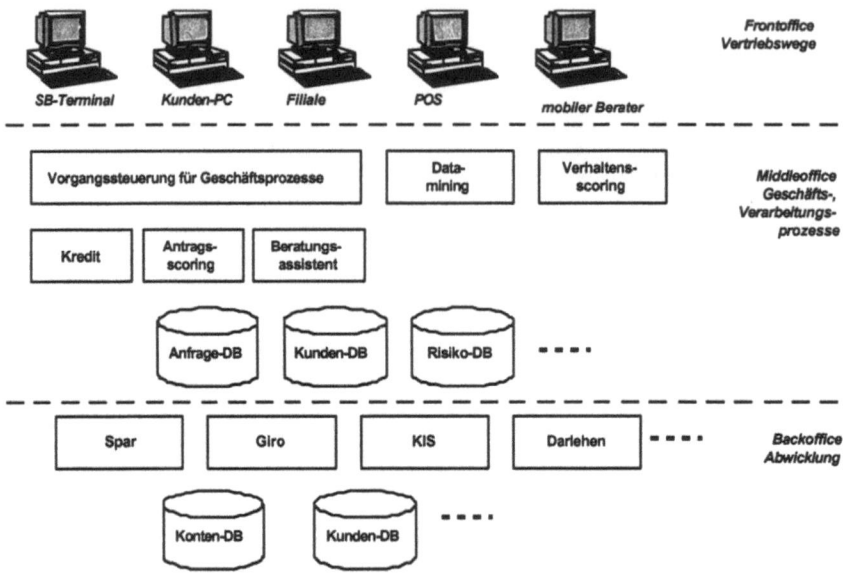

andere Anforderungen stellen als ein Kunde, der von zu Hause aus Produkte der Bank nutzen will, oder ein Kunde, der vor einem SB-Terminal steht.

Im **Middleoffice** (entspricht der Architekturstufe "Server") ist in erster Linie die zentralisierte Geschäftslogik lokalisiert. Mit dieser Logik werden die Abläufe für die verschiedenen Produkte der Bank zunächst einmal unabhängig vom Vertriebsweg spezifiziert. Durch entsprechende Werkzeugunterstützung bei der Steuerung der Geschäftsprozesse (z.B. Workflow-Managementwerkzeuge) wird die Flexibilität hinsichtlich der Veränderungen gewahrt.

Desweiteren befinden sich im Middleoffice Teile der Verarbeitungslogik. Es sind alle erforderlichen Komponenten zu finden, die zur Entscheidungsfindung benötigt werden. Diese Komponenten können auch Datenhaltungssysteme umfassen, die die erforderlichen Daten für eine Entscheidung bereitstellen.

Sind juristische Daten erforderlich oder gilt es Vorgänge juristisch wirksam werden zu lassen, so werden entsprechende Aktivitäten im Backoffice angestoßen und das Middleoffice fungiert dann sozusagen als "Durchreiche" vom Front- zum Backoffice.

Das **Backoffice** (entspricht der Architekturstufe "Host") umfaßt die klassischen Abwicklungssysteme und die juristischen Daten.

Durch die Implementierung dieser drei Stufen wird gewährleistet, daß Veränderungen in einer Stufe nur auf die benachbarte Stufe Auswirkungen haben. Im Idealfall sollte durch eine adäquate Kapselung der Komponenten in den einzelnen Stufen erreicht werden, daß Veränderungen in einer Stufe ohne sofortige Auswirkungen auf andere Stufen bleiben. So ist es beispielsweise möglich, einen neuen Vertriebsweg im Frontoffice für ein existierendes Produkt der Bank zu realisieren, ohne daß sich notwendigerweise im Backoffice etwas verändert. Im Middleoffice müssen lediglich die entsprechenden Kompetenzen für den neuen Vertriebsweg eingetragen werden. Nur wenn der neue Vertriebsweg auch neue Produkte und damit eine neue

Geschäftslogik bedingt, sind im Middleoffice Veränderungen erforderlich. Entsprechendes gilt auch für Veränderungen im Backoffice. So können sich beispielsweise Berechnungsmodule der Abwicklungssysteme ändern, ohne daß sofortige Änderungen im Frontoffice erforderlich werden.

Die Komponenten jeder Stufe werden durch Techniken wie abstrakte Datentypen und Information-Hiding gekapselt. Dadurch wird erreicht, daß Modifikationen einer Komponente nur beschränkte Auswirkungen (Seiteneffektfreiheit) auf das Gesamtsystem haben.

Ein funktionsfähiges DV-System wird immer auf proprietäre Teilsysteme wie Datenhaltungssystem, Oberfläche, Betriebssystem zurückgreifen müssen. Die Kapselung dieser proprietären Teilsysteme durch standardisierte Schnittstellen stellt zusätzlich sicher, daß die Unabhängigkeit vom Hersteller bzw. Anbieter gewahrt bleibt.

Durch Verwendung von standardisierten Schnittstellen ist es darüber hinaus mit geringem Aufwand möglich, Komponenten[5] auszutauschen bzw. neue zu integrieren. Ferner ist eine Verteilung der Komponenten über mehrere Stufen möglich, was unbedingt erforderlich ist, um z.B. bei einer Internet-Anbindung aufgrund der zu realisierenden Sicherheitsmaßnahmen eine Mehrstufigkeit zu gewährleisten.

Für die Unterstützung der verschiedenen Vertriebswege aber auch zur Kapselung der Backoffice-Systeme ist es notwendig, die Geschäftslogik von den Dialogarbeitsplätzen und von den Abwicklungssystemen zu trennen.

Wesentlicher Nachteil der 3-stufigen Architektur ist die Verteilung der Komponenten. Zwar wird ein System durch Verteilung skalierbarer, aber daraus ergeben sich Probleme hinsichtlich der Transaktionssicherheit, Verfügbarkeit und Beherrschbarkeit. Diese Aspekte können mit herkömmlichen Kommunikationsprotokollen wie LU0, LU6.2, TCP/IP nicht gelöst werden sondern erfordern erheblichen Realisierungsaufwand. Daher ist es unbedingt erforderlich, daß ein höherwertiges Kommunikationsprotokoll in Form einer Middleware als Object Transaction Monitor oder Object Request Broker zum Einsatz kommt. Die Middleware stellt dann über entsprechende Mechanismen wie Transaktionsklammer, Rollback (Zurücksetzen von Transaktionen), Auto-Restart (automatisches Wiederaufsetzen von abgebrochenen Transaktionen, etc.) die Transaktionssicherheit, Verfügbarkeit und Beherrschbarkeit sicher. Die Autoren gehen davon aus, daß künftig Middleware als Basistechnologie von Komponenten angeboten wird, so daß keine Eigenentwicklungen erforderlich sind.

Bewertung der Architekturvision

Die im vorherigen Abschnitt dargestellte Architektur erfüllt die Anforderungen der Bank 2010. Durch die Kapselung und die Verwendung von standardisierten Schnittstellen ist Evolution als wesentlicher Aspekt in der Architektur inhärent. Dementsprechend können auch über die gestellten Forderungen neue Technologietrends und Kundenanforderungen hinzugefügt werden.

Bezogen auf die Vision "Bank 2010" bzw. die angedachten drei Teilbanken ist es wichtig, daß alle drei Banken diese Architektur als konzeptionelle Basis verwenden.

---

[5] Dies bedeutet, daß eine Komponente, obwohl sie über die standardisierte Schnittstelle integrierbar ist, in der Implementierung proprietär sein kann.

Durch eine leistungsfähige Middleware und die Nutzung von standardisierten Schnittstellen lassen sich dann auch zwischen den Banken Funktionalitäten, Produkte und Konditionen nutzen bzw. bereitstellen, weil eine Verteilung von Komponenten und Daten im WAN unterstützt wird. Die Midlleware ist somit die zentrale Integrationsplattform im Sinne eines "Querschnittsbrokers", um Komponenten verfügbar zu machen.

Neben den üblichen Transaktionseigenschaften ergibt sich an die Middleware eine weitere Anforderung hinsichtlich der Autonomie der an einem Prozeß beteiligten Banken. Denn obwohl ein Geschäftsprozeß künftig über die Banken integriert abläuft, behält jede ihre Eigenständigkeit. Die Banken können also selbst entscheiden, wie und wann eine Transaktion abgewickelt wird. Grundsätzlich wird die Autonomie durch die Komponententechnologie, die Workflowsteuerung und das Berechtigungskonzept schon gewahrt. Allerdings müssen leistungsfähige Rollback-Mechanismen für den Fehlerfall von der Middleware bereitgestellt werden, um die langen Transaktionen abzusichern.

Darüber hinaus ist über die Schnittstellen auch eine Anbindung von „dritten" Banken möglich. Allerdings ist es von deren Architektur abhängig, inwieweit Funktionen und Daten ausgetauscht werden können.

Implikationen für künftige DV-Projekte bei Banken

"Big-Bang" oder Migration in Schritten

Für die Banken bedeuten die fachlichen Trends die Migration ihrer host-basierten DV-Landschaft hin zu einer komponentenbasierten, offenen Architektur. Idealerweise wäre es sinnvoll, diese Migration in einem Schritt durchzuführen, was auch den Vorteil hätte, daß die DV-Systeme neu entwickelt werden und somit dem aktuellen Stand der Technik entsprechen. Allerdings ist das Risiko, alles auf einen Schlag zu verändern, viel zu groß, weil die Komplexität des zu realisierenden Systems hoch ist und somit ein Fehlschlag wahrscheinlich wäre (siehe [1,2] sowie die Probleme bei der Jahrtausend- und EURO-Umstellung).

Daraus resultiert zwingend, daß nur eine stufenweise Migration ein sinnvoller Weg ist. Durch die Definition einzelner Migrationsschritte werden die einzelnen Veränderungen beherrschbar.

Die einzelnen Migrationsstufen umfassen folgende Inhalte:

- Standardisierte Schnittstellen einführen und so die existierenden Bausteine kapseln. Denn durch die Schnittstelle werden alle Zugriffe auf die Bausteine gefiltert (vereinfacht läßt sich eine derartige Schnittstelle mit den Programmbibliotheken für bestimmte Anwendungsbereiche wie mathematische Funktionen vergleichen; für den Programmierer war es nur interessant wie die Funktion lautete; die Implementierung war dem Programmierer nicht bekannt). Änderungen der Bausteine haben somit nur noch Auswirkungen auf die Schnittstelle selbst, solange keine Funktionalität benötigt wird.

- Durch die Verwendung von standardisierten Schnittstellenbeschreibungssprachen (IDL von CORBA oder DCOM) wird die Spezifikation programmiersprachen- und auch protokollunabhängig. Insbesondere werden spätere Portierungen vorbereitet und vereinfacht.

- Ein weiterer Vorteil der Schnittstellen ist die Möglichkeit Bausteine mit geringerem Aufwand auszutauschen. Denn bislang bedeutete der Austausch eines Bausteins immer umfangreiche Anpassungen in allen Moduln, die diesen Baustein benutzen. Dies wird auf die Anpassung der Schnittstelle reduziert. Durch die Kapselung wird erreicht, daß ein Unternehmen unabhängiger hinsichtlich proprietärer Komponenten wird, die in einem Anwendungssystem immer erforderlich sind (beispielsweise die Oberflächen, Datenbanken).

- <u>Trennung von Präsentations-, Applikations- und Datenhaltungslogik</u>, um eine Zerlegung der Monolithen zu erreichen. Dies ist außerordentlich wichtig, weil durch die 3-Schichten-Architektur eine höhere Flexibilität erreicht wird. So kann durch die Abtrennung der Applikationslogik der Einsatz von Workflow-Management-Werkzeugen unterstützt werden.

- Mit der Trennung der Datenhaltungslogik (siehe als Beispiel [12]) kann auch eine Portierung der Daten auf relationale bzw. objekt-orientierte Datenbanken durchgeführt werden. Ferner erleichtert die Datenhaltungsschicht wegen der Kapselung eine spätere Migration.

- <u>Zerlegung des monolithischen Hostsystems in Komponenten</u> ist erforderlich, um die Evolution zu unterstützen. Es ist einfacher kleinere Komponenten zu verändern, die unabhängig voneinander sind, als ein komplexes System. Ferner wird in Zusammenhang mit den standardisierten Schnittstellen die Möglichkeit geschaffen, daß Komponenten ausgetauscht werden können, ohne die Verfügbarkeit des Gesamtsystems zu beeinträchtigen. Für die Zerlegung sollte die Technologie der Objekt-Orientierung angewendet werden.

- <u>Aufbau eines Datenmodells</u> für das gesamte Unternehmen führt dazu, daß die Datenhaltung vereinheitlicht wird. Das Datenmodell gibt vor, wie Daten strukturiert werden und welche Typen ihnen zugrunde liegen. Auf Basis des Datenmodells lassen sich dann auch Datensammlungen in Form eines Dataware-Houses anlegen, die dann mit entsprechenden Datamining-Techniken bearbeitet und kondensiert werden können. Ob ein relationales oder objekt-orientiertes Datenmodell angewendet wird, ist im Einzelfall zu entscheiden. Für mengenorientierte Zugriffe (Ermittlung aller Konten eines Kunden) ist ein relationales Datenmodell geeignet, während bei navigierendem Zugriff (Ermittlung der Kreditnehmereinheiten) ein objekt-orientiertes vorzuziehen ist.

Die Inhalte sind nicht losgelöst voneinander sondern haben gegenseitige Abhängigkeiten. Unsere Erfahrungen zeigen, daß in einem Schritt nicht alle Teilaspekte berücksichtigt werden sollten, was dem "Big-Bang"-Ansatz entsprechen würde. Vielmehr kann der Fokus durch fachliche Projekte beschränkt werden, um die Migrationskomplexität zu reduzieren und damit die Umsetzbarkeit zu vereinfachen (siehe nachfolgenden Abschnitt).

Definition der Migrationsstufen durch fachliche Themen

Eine Architekturmigration ist mit erheblichen Kosten und Aufwänden verbunden, wobei der Nutzen kaum monetär zu bewerten ist, da sich dieser erst in Form von reduzierten Wartungs- und Pflegeaufwänden bzw. durch schnellere Entwicklung zukünftiger Komponenten darstellt.

Daher empfehlen wir, daß bankfachliche Projekte als "Treiber" der Architekturmigrationen dienen. Denn derartige Projekte haben nach Einführung des entwickelten DV-Systems einen signifikanten Nutzen durch Prozeßverbesserungen und können somit die Kosten für die technische Migration teilweise mittragen. Außerdem werden durch das fachliche Projekt auch die Inhalte und Reihenfolge der Migrationsstufen vorgegeben.

Um die Kopplung von fachlichen und technischen Themen schon zu Projektbeginn zu verdeutlichen, empfehlen wir, mit einem Initialisierungsprojekt "Voruntersuchung" noch vor dem eigentlichen Projekt zu beginnen. In der Voruntersuchung wird aus fachlicher Sicht die Thematik näher spezifiziert und mit der technischen Sichtweise abgestimmt. Für die technischen Aspekte wird eine Architekturstudie im Rahmen des Initialisierungsprojektes durchgeführt, für die die Autoren ein detailliertes Vorgehensmodell entwickelt haben (siehe [5]), welches in verschiedenen Projekten bereits mit Erfolg angewendet wurde. Dieses Modell umfaßt neben der detaillierten Beschreibung der einzelnen Aktivitäten Methoden und Techniken, die aus unserer Erfahrung angewendet werden sollten, auch Checklisten für die Aktivitäten sowie Hinweise auf Best Pratices.

Es würde den Rahmen dieses Papiers übersteigen, detailliert auf das Modell einzugehen. Daher beschränkt sich das Autorenteam auf die Nennung der Aktivitäten im Rahmen der Voruntersuchung, die zeitlich befristet ist (max. 3 Monate): (1) Identifikation eines bankfachlichen DV-Projektes, (2) Definition der fachlichen Inhalte und der strategischen und technischen Anforderungen, (3) Festlegung der Realisierungsstufen für die fachlichen und technischen Belange und (4) Ermittlung der Kosten. Die ersten drei Aktivitäten sind in der nachfolgenden Abbildung grafisch dargestellt. Es ist wichtig, daß die fachlichen und technischen Teilprojekte eng miteinander verzahnt sind.

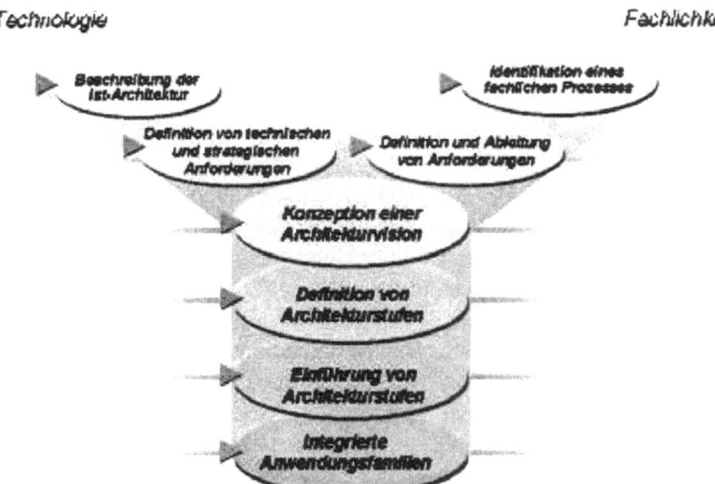

Resultat der Architekturstudie ist die Definition von Stufen für die Umsetzung von Architekturbestandteilen. Allerdings sollten die Stufen auch die Architekturvision berücksichtigen, um zu vermeiden, daß Tatsachen geschaffen werden, die spätere Migrationen behindern. Bei der Stufendefinition ist neben fachlichen und technischen Aspekten natürlich auch der Zeit- und Budget-Rahmen des Projektes zu beachten.

Ein weiteres Ergebnis der Voruntersuchung ist die Ermittlung der Kosten für die fachlichen und technischen Projektinhalte. Die Kosten müssen auf die Projekt- und Architekturkosten aufgeteilt werden. Es ist dabei wichtig, daß die Architekturkosten nur bedingt dem bankfachlichen Projekt anzulasten sind, da die Erkenntnisse projektübergreifend sind.

Auswirkungen einer Migration auf die Bank

Ein Migrationsprojekt wird letztlich von der Bank und somit den Mitarbeitern der Bank durchgeführt. Daher ist die Mitarbeit und Unterstützung von Key-Playern der Bank unabdingbar, da diese letztlich den Erfolg und Mißerfolg des Projektes entscheidend beeinflussen. Daher ist unbedingt erforderlich, daß die Bankmitarbeiter frühzeitig informiert und für die Ideen begeistert und entsprechend der künftigen Anforderungen geschult werden müssen.

Auf Geschäftsführungsebene bedeutet dies, daß ein Migrationsprojekt hin zu einer komponentenbasierten Architektur als ein strategisches Unternehmensziel definiert werden muß (siehe [8]). Nur so ist sicherzustellen, daß zum einen die notwendige Motivation bei allen Bankmitarbeitern sichergestellt wird und zum anderen gewährleistet wird, daß projektspezifische und technische Interessen sich nicht gegenseitig behindern.

Abschließende Bemerkungen

Es mag vielleicht vermessen klingen, daß die Autoren gerade in einer Zeit, wo Banken stärker miteinander fusionieren, Trends aufzeigen, die eher das Gegenteil bewirken. Denn die Fusionsbestrebung sind aus der Notwendigkeit der Marktverteilung im Zuge der Globalisierung zu sehen, um einerseits ausländischen Übernahmen entgegenzuwirken und andererseits den Marktzutritt globaler Anbieter abzuwenden. Dabei muß berücksichtigt werden, daß die Fusionsbestrebungen der vergangenen Jahre vor allem politisch und unter Managementgesichtspunkten motiviert waren[6]. Allerdings zeigen bereits heutige Bestrebungen wie die Einrichtung von Kompetenzcentren innerhalb von Großbanken, daß die Universalbank nur noch auf Zeit existieren wird. Die Autoren sind der Überzeugung, daß es in 5 - 10 Jahren Spartenbanken wie Vertriebs-, Produktions- und Portfoliobanken geben wird, um die Anforderungen des Marktes und des Kunden am besten abzudecken.

Neben den organisatorischen Umstrukturierungen ist künftig eine höhere Flexibilität bei den Prozeßabläufen und den Produkten gefragt, welche nur mit adäquater DV-Unterstützung umsetzbar ist. Den Anforderungen werden heutige DV-Systeme nicht gerecht, weil sie auf geschlossenen Architekturen beruhen. Nur ein Umstieg auf komponentenbasierte Architekturen ermöglicht die Konzeption von DV-Systemen, die trotz stetig neuer fachlicher und technologischer Herausforderungen offen und erweiterbar sind.

Der Umstieg von einer hostbasierten Architektur auf eine komponentenbasierte ist allerdings komplex und sollte in mehreren Schritten/Stufen durchgeführt werden. Das Stufenkonzept orientiert sich dabei an konkreten DV-Projekten, um die resultierenden Implikationen auf die Organisation und das soziale Umfeld besser zu beherrschen (die Erkenntnisse aus [4] sind auch auf Architekturen übertragbar). Dieser langfristige Umstieg versetzt die Bank in die Lage, zeitnah und flexibel auf die sich ändernden fachlichen und technologischen Markterfordernisse zu reagieren und damit wettbewerbsfähig zu bleiben.

Literatur

[1] L. Bass, P. Clements, R. Kazman: "Software Architectures in Practice", Addison Wesley Longman, 1998
[2] M. L. Brodie, M. Stonebraker: "Migrating Legacy Systems: Gateways, Interfaces & the incremental Approach", Morgan Kaufmann Publisher, San Francisco, 1995
[3] M. Cook: "Building Enterprise Information Architectures", Prentice Hall, 1996
[4] S. Dewal: "CASE Deployment: Improving Software Development by Transfer of Technology", In: Software Engineering Environments Conference, Reading, UK, Proceedings, Los Alamitos, CA: IEEE Computer Society Press, Jul'1993

---

[6] Das beste Beispiel ist die Fusion der LG, SüdWEST LB und der L-Bank zu Landesbank Baden-Württemberg. Die drei Banken sind in Ihrer Geschäftstruktur sehr heterogen und die Fusion wurde vom Landesvater Teufel forciert.

[5] S. Dewal: "Voruntersuchung: Konzept für die Vorghensweise bei Architekturstudien", interner Bericht, debis Systemhaus Dienstleistungen GmbH, BU Banken Düsseldorf, Jun'1999

[6] T. Fischer, A. Rothe: "Industrielle Fertigung von Bankensoftware", erschienen in J. Moormann, T. Fischer: "Handbuch Informationstechnologie in Banken", Gabler, 1999

[7] J. Hagel, A. G. Armstrong: "Net Gain : Expanding Markets Through Virtual Communities", Harvard Business School Press, 1997

[8] M. Keil, P. E. Cule, K. Lyytinen, R. C. Schmidt: "A Framework for identifying software projekt risks", CACM, Vol. 41, No. 11, pp 76 - 83, Nov'98

[9] D. Lange, M. Oshima: "Programming and Deploying Java Mobile Agents with Aglets", Addison Wesley Longman, 1998

[10] Mehlmann, Landvogt, Jameson, Rist, Schäfer; Einsatz Bayes'scher Netze zur Identifikation von Kundenwünschen im Internet; in: KI (Künstliche Intelligenz), Heft 3/98, Sept. 1998, S.43 ff

[11] Mehlmann, 0.; Multimediale Marktplätze - ein Medium zum elektronischen Handel; in: Manfred Nagl (Hrsg.); Online '97 Congressband VI; Online GmbH Velbert 1997; S. C611.01 ff

[12] N. Schumacher, M. Buchheit, K. Teille: "Design und Implementierung einer Objektzugriffsschicht für verteilte Sy steme", Objektspektrum, Jan/Feb'99

[13] C. Szyperski: "Components vs. Objects vs. Component Objects", Proceedings of OOP, München, Jan'99

[14] R. Tanler: "The Intranet Data Warehouse", Wiley & Sons, 1997

XML-basierte Internetanbindung technischer Prozesse

Stephan Eberle

Institut für Automatisierungs- und Softwaretechnik (IAS)
Universität Stuttgart
Pfaffenwaldring 47, D-70550 Stuttgart
eberle@ias.uni-stuttgart.de

Kurzfassung. In zunehmendem Maße erlangt XML die Bedeutung einer Schlüsseltechnologie beim Austausch strukturierter Daten im Internet. Gleichzeitig zeichnet sich in der Automatisierungstechnik der Bedarf ab mit Hilfe des Internets Prozessdaten weltweit verfügbar zu machen. Im vorliegenden Beitrag werden die Gründe und Chancen hierfür aufgezeigt und ein Ansatz vorgestellt, wie sich dies mit Hilfe von XML bewerkstelligen lässt. Dabei werden zum einen Aufbau und Funktionsweise einer Website zur Überwachung technischer Prozesse beschrieben, in der die Prozessdaten in Form von XML-Dokumenten ausgetauscht werden. Zum anderen wird eine mögliche Struktur vorgeschlagen, in der Prozessdaten dargestellt werden können, und gezeigt, wie sich daraus XML-Dokumente mit Prozessdaten gewinnen lassen.

1 Einführung

Der Einsatz globaler Kommunikationsinfrastrukturen in der Automatisierungstechnik bietet zahlreiche technologische und wirtschaftliche Vorteile. Von lesenden und schreibenden Zugriffen auf einzelne Prozessdaten oder Parameter (z.B. Temperaturwert, Messbereichsgrenzen von Sensoren) bis hin zu komplexen Bedien- und Wartungsabläufen, all diese Interaktionen können nicht mehr nur an Ort und Stelle des Automatisierungssystems sondern von beliebigen entfernten, u.U. sogar weltweit verteilten Rechnern aus durchgeführt werden. Gleichzeitig lässt sich die Kluft zwischen Automatisierungs- und Geschäftswelt überbrücken: Produktions- und Lagerhaltungszahlen sind nicht mehr Vergangenheitswerte vom Vortag oder noch weiter zurück liegenden Zeitpunkten, sondern können sofort und unmittelbar, d.h. „online" ermittelt werden.

Angesichts dieser Perspektiven zeichnet sich derzeit der Trend ab das Internet als Medium für die benötigte weltweite Kommunikation von Prozessdaten nutzbar zu machen. Das Internet bietet eine besonders kostengünstige Möglichkeit zur globalen Kommunikation, da es keine Neuverlegung spezieller Kabelnetze erforderlich macht, sondern plattform- und netzwerkübergreifend die bestehenden Netzwerkinfrastrukturen zu einem globalen Informationskanal verknüpft. Der Zugang kann mit vergleichsweise billigen Standardkomponenten bewerkstelligt werden. Abgesehen davon sprechen noch einige weitere Gründe dafür Prozessdaten über das Internet zugänglich zu machen. Zum einen ist auf Grund der Homogenität der

Kommunikation über alle Bereiche hinweg zu erwarten, dass sich die Integration von Prozessdatenzugriffen und den darauf aufbauenden Applikationen in bestehende Systeme und Geschäftsabläufe erheblich vereinfacht. Ein weiterer wesentlicher Aspekt ist die Vereinheitlichung der Handhabung und Bedienung. Entwicklung, Inbetriebnahme und Benutzung von Anwendungen zur Prozessdatenverarbeitung können mit Hilfe bewährter und verbreiteter Konzepte und Werkzeuge (z.B. Webbrowser) erfolgen ohne teure Spezialisten oder lange Einarbeitungszeiten in Kauf nehmen zu müssen.

Voraussetzung für Anwendungen dieser Art ist, dass geeignete Konzepte und Technologien verfügbar sind, die einen Austausch von Prozessdaten über das Internet möglich machen. Zwar hat sich das Internet mit großem Erfolg als Verbreitungskanal für Dateien und für von Menschen lesbaren Dokumenten bewährt, weniger aber für von Maschinen lesbaren Daten. Speziell stehen mit dem Internet die erforderlichen Technologien für den Zugang (z.B. HTTP, FTP, usw.) und die Anzeige (z.B. HTML) von Informationen bereit. Nur in geringem Maße haben sich bisher jedoch Mechanismen etabliert, die auch eine über die reine Informationsanzeige hinaus gehende Verarbeitung von Daten, oder im vorliegenden Fall von Prozessdaten, erlauben. Gerade hier in diesem Punkt verspricht die extensible Markup Language (XML) [9] Abhilfe, die als plattformunabhängiger Standard für die Repräsentation und den Austausch von Daten im Internet immer mehr an Bedeutung gewinnt. Anders als in einigen Ansätzen, die auf Mechanismen zum Aufruf von Methoden entfernter Objekte über das Internet beruhen [3], erfolgt bei XML die Datenübertragung mit Hilfe von textbasierten Dokumenten, sehr ähnlich zur Art und Weise, wie auch zur Anzeige bestimmte Informationen in Form von HTML-Dokumenten transportiert werden. Bereits in vielen Bereichen wird XML eingesetzt, insbesondere die sog. Business to Business (B2B) Anwendungen, d.h. Anwendungen zum Austausch von Geschäftsdaten über das Internet, sind ein gutes Beispiel hierfür.

Im vorliegenden Beitrag wird gezeigt, wie XML für den Zugriff auf Prozessdaten angewendet werden kann. Dies wird am Beispiel einer Website erläutert, die eine Visualisierung und Konfiguration von technischen Prozessen über das Internet gestattet. Des Weiteren wird ein Strukturierungsschema für Prozessdaten eingeführt, das als Grundlage für die Darstellung der Prozessdaten in XML-Dokumenten dient. Dabei wird so vorgegangen, dass die Prozessdaten nach ihrer Art und Herkunft unterschieden werden, und gezeigt, dass diese Informationen auch in der XML-Darstellung der Prozessdaten unverändert wiederzufinden sind.

Im nächsten Abschnitt wird zunächst am Beispiel des Anwendungsfelds der Automobilelektronik heraus gearbeitet, welche Perspektiven und Chancen in der Zukunft mit der die Internetanbindung technischer Prozesse verbunden sind. Die Grundfunktion aller in diesem Umfeld entstehenden Anwendungen ist der lesende und schreibende Zugriff auf Prozessdaten. Wie dies auf XML-Basis verwirklicht werden kann, zeigt der dritte Abschnitt, in dem Architektur und Funktionsweise einer Website zur Prozessüberwachung dargelegt werden. Im vierten Abschnitt wird eine Möglichkeit zur hierarchischen Strukturierung von Prozessdaten vorgestellt und anhand eines Beispiels gezeigt, wie daraus die XML-Darstellung von Prozessdaten abgeleitet werden kann.

2 Potenzial der Internetnutzung in technischen Prozessen

In vielen Bereichen ist zu beobachten, dass elektronische Systeme, die zur Steuerung technischer Prozesse eingesetzt werden, immer zahlreicher und komplexer werden. Dies ist hauptsächlich auf die ständig wachsende Leistungsfähigkeit der Elektronik zurückzuführen sowie die Kostenvorteile, die ein hoher Automatisierungsgrad mit sich bringt.

Ein Beispiel für diese Tendenz stellen elektronische Systeme im Automobilsektor dar. Bereits heute machen Elektronikkomponenten bei verschiedenen Herstellern je nach Ausstattung zwischen 20% bis 26% der Kosten eines Fahrzeugs aus, für das Jahr 2005 wird dieser Wert auf über 30% prognostiziert. Hinzu kommt hier die Bestrebung elektronische Systeme nicht mehr nur für Aufgaben im Komfortbereich (z.B. elektrischer Fensterheber) oder zur Unterstützung der Fahrfunktionen (z.B. Fahrdynamikregelung) einzusetzen. Vielmehr zeichnet sich ab, dass in der Zukunft mechanische Komponenten durch verteilte elektronische Systeme, sog. Drive-by-Wire Systeme [1], ersetzt werden. Dies bedeutet, dass auch die Fahrfunktionen an sich mit elektronischen Mitteln realisiert werden, was die Hersteller solcher Systeme im Bezug auf die Sicherheit und Verlässlichkeit vor eine neue Dimension von Herausforderungen stellt.

In der Folge fallen oftmals zusätzliche, vorab nicht absehbare Entwicklungs- und Testzeiten an, es kommt zu erheblichen Verzögerungen bei der Produkteinführung und vielfach sind zur nachträglichen Fehlerbehebung in bereits ausgelieferten Fahrzeugen teure Rückrufaktionen notwendig. Eine der Gegenmaßnahmen besteht in der Realisierung zusätzlicher Funktionen zur Diagnose und Beeinflussung der elektronischen Systeme. Damit werden die Voraussetzungen für eine vereinfachte Fehlererkennung geschaffen, für ein erleichtertes Ermitteln von Fehlerursachen sowie für die Feinabstimmung mit der hydraulisch-mechanischen Systemumgebung. Ziel ist es Test und Inbetriebnahme zielgerichteter und effizienter abwickeln zu können und damit letztendlich die Komplexität der elektronischen Systeme beherrschbar zu machen sowie die Entwicklungskosten zu senken.

Vor dem Hintergrund der Tatsache, dass die Möglichkeit zur globalen Kommunikation über das Internet in immer mehr Bereichen an Bedeutung gewinnt, bietet die zunehmende Diagnose- und Beeinflussungsfunktionalität in der Automobilelektronik noch ein Potenzial in ganz anderer Hinsicht, nämlich die Durchführung von Diagnose- und Wartungsarbeiten an Fahrzeugen von entfernten Orten aus. Es eröffnet sich eine große Vielfalt an denkbaren Szenarien. Beispielsweise könnte eine Unterstützung im Pannenfall wie folgt aussehen: Ein Servicetechniker loggt sich von seiner Dienststelle aus in das liegen gebliebene Fahrzeug ein, ermittelt Art und Ursache des Fehlers und kann bereits binnen Minuten entscheiden, ob eine Reparatur vor Ort möglich ist, ob ein langsames Weiterfahren bis zur nächsten Werkstatt in Frage kommt oder ob abgeschleppt werden muss. Weiter könnten manche der alljährlichen Routineüberprüfungen von entfernten Servicebetrieben aus durchgeführt werden, während das betreffende Fahrzeug in der Garage zu Hause verbleibt, die Werkstatt bräuchte erst aufgesucht werden, nachdem ein konkreter Reparaturbedarf festgestellt wurde. Auf gleichem Wege ließen sich auch die Kosten bei der nachträglichen Fehlerbehebung in bereits ausgelieferten

Fahrzeugen drastisch senken, indem an Stelle der heute üblichen Rückrufaktionen Software-Updates per Fernzugriff ins Fahrzeug eingespielt werden.

3 Website zur Prozessüberwachung

Eine Teilaufgabe, die mit Blick auf die im vorangehenden Abschnitt angerissene Zielsetzung anfällt, besteht in der Visualisierung und der Konfiguration von technischen Systemen über das Internet. Am Institut für Automatisierungs- und Softwaretechnik der Universität Stuttgart wurde ein Konzept zur Entwicklung von Websites ausgearbeitet, mit denen diese Tätigkeiten vom Webbrowser aus durchgeführt werden können. Die Kernidee besteht darin, dass für den erforderlichen Transfer von Prozessdaten über das Internet XML-Dokumente benutzt werden. Im diesem Abschnitt werden Funktionsweise und Architektur einer solchen XML-basierten Website zur Prozessüberwachung vorgestellt. Anschließend wird erläutert, wie dieses Konzept für ein Beispiel aus dem Bereich der Automobilelektronik in die Praxis umgesetzt wurde.

3.1 Funktionsmerkmale

Mit der Website zur Prozessüberwachung können über das Internet verschiedene Ansichten für unterschiedliche Gruppen von Prozessdaten abgerufen werden. Dabei werden zwei Arten von Ansichten unterschieden: Visualisierungs- und Konfigurationsansichten.

Visualisierungsansichten dienen zur reinen Beobachtung von technischen Prozessen. Es wird eine bestimmte Auswahl von Prozessdaten zur Anzeige gebracht und Änderungen können „online" mitverfolgt werden. Den umgekehrten Fall stellen die Konfigurationsseiten dar. Hier kann der Benutzer durch Eingabe von Parametern das Prozessverhalten gezielt beeinflussen und verändern. Zusätzlich werden auch hier gewisse Prozessdaten angezeigt um die Wirkung vorgenommener Parameteränderungen überprüfen zu können.

In beiden Fällen müssen zwischen Prozess und Website-Ansicht Daten ausgetauscht werden. Dabei erfolgen sowohl lesende als auch schreibende Zugriffe auf Prozessdaten. Im Folgenden werden Prozessdaten, die vom Prozess in eine Ansicht heruntergeladen werden, als Diagnosedaten bezeichnet, umgekehrt heißen Prozessdaten, die von einer Ansicht in der Prozess hochgeladen werden, Konfigurationsdaten.

In Visualisierungsansichten werden fortlaufend die benötigten Diagnosedaten vom Prozess angefordert und die Anzeigefelder dementsprechend aktualisiert. Das Zeitintervall zwischen den Ansichtsaktualisierungen hängt von der im Netzwerk zur Verfügung stehenden Bandbreite ab. In Konfigurationsansichten erfolgt die Übermittlung von Konfigurationsdaten an den Prozess, sobald der Benutzer eine Eingabe von Prozessparametern getätigt hat.

3.2 Umgebung

Die Umgebung, in der die Website zur Prozessüberwachung betrieben wird, ist in Abbildung 1 dargestellt.

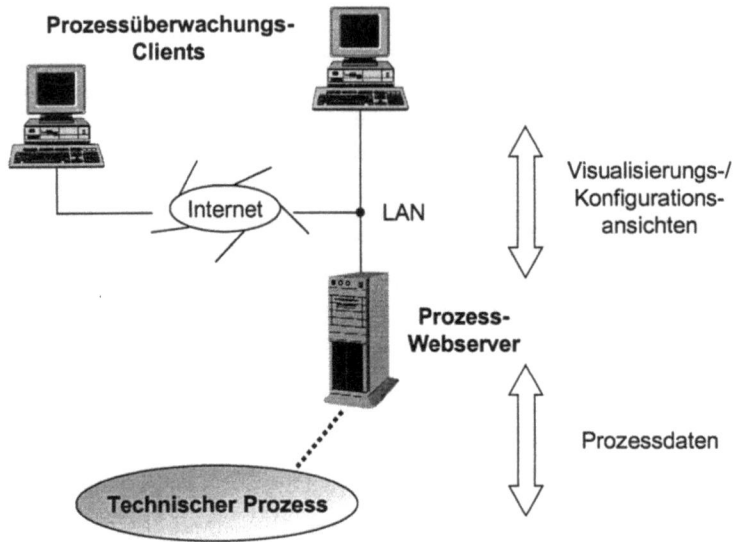

Abb. 1. Technischer Prozess, Prozess-Webserver und Prozessüberwachungs-Clients

Den zentralen Kern der Website zur Prozessüberwachung bildet der Prozess-Webserver. Er hält sämtliche Visualisierungs- und Konfigurationsansichten zum Abruf bereit und übernimmt die Abwicklung der Prozessdatenzugriffe. Ein solcher Prozess-Webserver muss eigens für den zu überwachenden Prozess bereitgestellt werden und kann somit als integrales Bestandteil von technischen Prozessen mit Internetanbindung betrachtet werden.

Der Datenaustausch zwischen Prozess-Webserver und Prozess kann sich auf unterschiedliche Weisen vollziehen. Zum einen kann hierfür ein gesonderter Prozesszugriffskanal vorgesehen werden [5]. Es kommen hierfür z.B. eine Ethernet- oder CAN- oder RS485-Verbindung in Frage. Darüber hinaus wird ein geeignetes Prozesszugriffsprotokoll benötigt, das Adressen und Nachrichtenformate für das Lesen und Schreiben der Prozessdaten definiert. Diese Form des Prozessdatenzugriffs ist immer dann sinnvoll, wenn der zu überwachende Prozess als eine geschlossene Einheit angesehen werden kann.

Liegt im Gegensatz hierzu der zu überwachende Prozess als verteiltes System vor, oder verfügt er über ein Feldbussystem, so kann ein separater Prozesszugriffskanal entfallen. Stattdessen kann der Prozess-Webserver als weiterer Teilnehmer im Kommunikationsnetzwerk des verteilten Systems bzw. als zusätzlicher Feldbusteilnehmer realisiert werden [4].

Das Gegenstück zum Prozess-Webserver bilden die Prozessüberwachungs-Clients. Hierfür können beliebige Rechner mit Internet-Zugang herangezogen werden. Sie greifen auf den Prozess-Webserver zu, bringen die dort verfügbaren Prozessdatenansichten zur Anzeige und bilden den Kommunikationsendpunkt der Diagnose- und Konfigurationsdatenübermittlung. Anzahl und Standort der Prozessüberwachungs-Clients, die mit dem Prozess-Webserver in Verbindung stehen können, sind nicht festgelegt. Sie können sich sowohl im selben lokalen Netz wie der Prozess-Webserver sowie auch an einem beliebigen anderen Ort befinden, der über das Internet zugänglich ist. Ebenso besteht die Möglichkeit, dass mehrere Prozessdaten-Clients gleichzeitig Anfragen an den Prozess-Webserver richten.

3.3 Architektur

In der Website zur Prozessüberwachung wird XML eingesetzt um den Prozessdatenaustausch zwischen Prozess-Webserver und Prozessüberwachungs-Clients zu bewerkstelligen. Sowohl auf Client- als auch auf Serverseite müssen daher Softwarekomponenten eingesetzt werden, die eine hinreichende Unterstützung für die Verarbeitung von XML-Dokumenten bieten. Derzeit kann unter den Anbietern von Internet-Software die Fa. Microsoft in ihren Produkten die bisher weitreichendste XML-Unterstützung vorweisen. Diese Tatsache war maßgebend für die Festlegung der Architektur sowie die Auswahl der Softwarekomponenten in Prozess-Webserver und Prozessüberwachungs-Client (vgl. Abbildung 2).

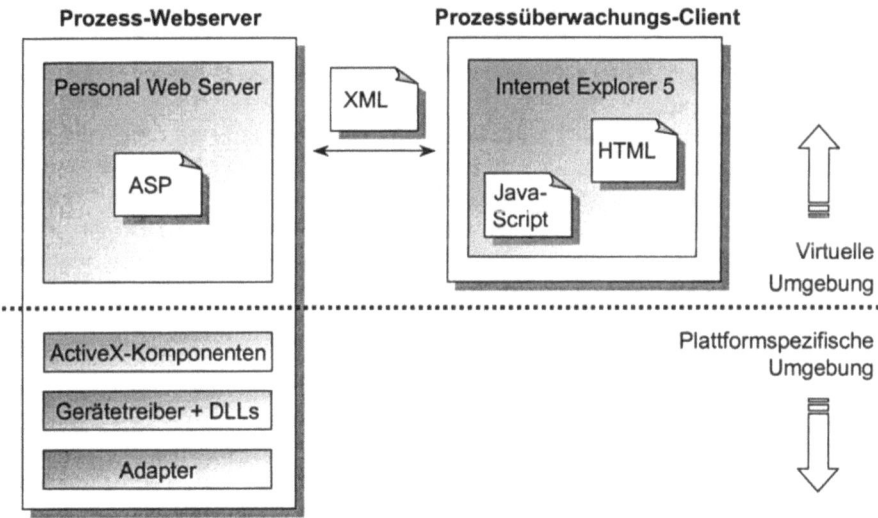

Abb. 2. XML-fähiger Prozess-Webserver und Prozessüberwachungs-Client

XML-fähiger Prozess-Webserver. Der Prozess-Webserver besteht aus einem handelsüblichen PC mit Windows NT 4.0 als Betriebssystem. Je nach Form des Prozessdatenzugriffs muss ein entsprechender Kommunikationsadapter einschließlich passendem Gerätetreiber installiert sein. Als Webserver-Software können der MS Internet Information Server 4.0 oder alternativ der MS Personal Web Server benutzt werden. Damit alle erforderlichen Softwarekomponenten für die XML-Verarbeitung verfügbar sind, muss darüber hinaus der MS Internet Explorer 5 installiert sein.

Auf einem solchermaßen konfigurierten Prozess-Webserver können im Wesentlichen zwei Arten von Dokumenten zum Abruf bereitgestellt werden: HTML-Seiten und sog. Active Server Pages (ASP) [8]. Die HTML-Seiten können neben formatiertem Text, Grafik und anderen multimedialen Inhalten auch ausführbaren Programm-Code in Form von Skripten enthalten. Dieser wird nach dem Abrufen der betreffenden HTML-Seite auf Clientseite ausgeführt. ASP-Seiten beinhalten in erster Linie ebenfalls Programm-Code in Skriptform, die Ausführung erfolgt jedoch nicht auf Client- sondern auf Serverseite. Zur Erstellung von Skriptcode kommen sowohl server- als auch clientseitig eine ganze Reihe von Skriptsprachen in Frage, z.B. Java Script [2], Visual Basic Script, u.a..

Der Prozess-Webserver soll Prozessdaten in Form von XML-Dokumenten im Internet bereitstellen bzw. von dort entgegennehmen. Hierbei gilt es den Umstand zu berücksichtigen, dass zur Prozessseite hin sämtliche ein- und ausgehenden Prozessdaten über den dafür vorgesehenen Kommunikationsadapter laufen. Letzterer ist Hardware-Bestandteil des Prozess-Webservers. Sämtliche Zugriffe seitens der Software, so auch das Lesen und Schreiben der Prozessdaten, müssen über den im System installierten Gerätetreiber erfolgen. Folglich sind für den Zugang zu den Prozessdaten auf dem Prozess-Webserver immer plattformspezifische Zugriffe auf Systemebene notwendig.

Demgegenüber laufen alle Aktivitäten, die für Interaktionen mit entfernten Rechnern im Internet relevant sind, in einer sog. virtuellen Umgebung ab. D.h. der Abruf von Dokumenten sowie auch die Ausführung von Skripten erfolgen unabhängig von zu Grunde liegender Hardware und installiertem Betriebssystem. Somit können für Client- und serverseitige Skripte ausschließlich plattformunabhängige Skriptsprachen eingesetzt werden, die von Haus aus keine Zugriffe auf System- bzw. Hardwareebene unterstützen.

Eine der Möglichkeiten, um eine Verbindung zwischen der virtuellen Welt auf Webserver-Ebene und der plattformspezifischen Welt auf System- bzw. Hardwareebene herzustellen, bietet der Einsatz von sog. ActiveX-Komponenten. Hierbei handelt es sich um eine von der Fa. Microsoft entwickelte und für Windows-Plattformen spezifische Technologie, die auf dem ebenfalls von dort stammenden Konzept des Common Object Model (COM) [6] beruht. Jede ActiveX-Komponente enthält eine oder mehrere Klassen, die jeweils eine bestimmte Funktionalität verkörpern. Die Schnittstellen dieser Klassen werden durch Eigenschaften, Methoden und Ereignisse gebildet.

Entscheidend für die Eignung zum Durchgriff vom World Wide Web auf PC-Hardware und -System sind folgende zwei Merkmale des ActiveX-Konzepts. Zum einen können in ActiveX-Klassen plattformspezifische Operationen ausgeführt werden. Damit sind in ActiveX-Klassen jederzeit auch System- und Hardwarezugriffe möglich. Zum anderen lassen sich ActiveX-Komponenten in beliebigen Programmier-

und Skriptsprachen verwenden, d.h. auch in Skriptsprachen, die in Webapplikationen eingesetzt werden. Als Einschränkung darf jedoch nicht unerwähnt bleiben, dass ActiveX-Komponenten und Applikationen, die sie verwenden, ausschließlich auf Windows-Plattformen ausführbar sind.

XML-fähiger Prozessüberwachungs-Client. Prinzipiell kann jeder Rechner als Prozessüberwachungs-Client eingesetzt werden, solange er über einen Internetzugang verfügt und außerdem ein XML-fähiger Webbrowser installiert ist. Da in der Praxis bisher jedoch nur der MS Internet Explorer 5 als Webbrowser mit integrierter XML-Unterstützung verfügbar ist, ist man derzeit noch auf dieses Produkt und die davon unterstützten Plattformen eingeschränkt.

Die Hauptaufgabe des Prozessüberwachungs-Client besteht im Anzeigen der abgerufenen HTML-Dokumente. Sofern vorhanden, wird darin enthaltener Skriptcode ausgeführt, außerdem werden Benutzereingaben abgewickelt.

3.4 Realisierung

Mit der vorstehend beschriebenen Architektur sind die notwendigen technologischen Voraussetzungen gegeben um eine Website zur Prozessüberwachung zu realisieren und dabei den Prozessdatenaustausch mit XML abzuwickeln. Im weiteren muss überlegt werden, aus welchen Bestandteilen die einzelnen Prozessdatenansichten aufgebaut werden können und wie zu verfahren ist um die Aktualisierung der dargestellten Prozessdaten zu bewerkstelligen.

Bestandteile von Prozessdatenansichten. In jeder Visualisierungs- und Konfigurationsansicht der Website für Prozessüberwachung kommen drei Klassen von Bestandteilen vor: Dokumente, Skripte und Objekte.

Als Dokumente werden zum einen HTML-Seiten benötigt. Jene bilden das Front-End der Website zur Prozessüberwachung und beinhalten alle statischen Daten einer Prozessdatenansicht. Dies sind im Wesentlichen Überschriften und Beschriftungstexte für Prozessdatenelemente sowie sonstige gestalterische Elemente um der Ansicht ein ansprechendes Aussehen zu verleihen. Des Weiteren sind an entsprechenden Stellen Platzhalter vorgesehen um die variablen Ansichtsdaten, d.h. die Prozessdaten selbst darzustellen.

Einen weiteren Dokumentbestandteil von Prozessdatenansichten stellen die XML-Dokumente dar, die zum Transport der Prozessdaten zwischen Client und Server eingesetzt werden. Sie treten auf sowohl in Form von XML-Anfragedokumenten, die ein Prozessüberwachungs-Client zum Prozess-Webserver übermittelt werden, als auch in umgekehrter Richtung als XML-Antwortdokumente.

Um das Senden und Empfangen von XML-Dokumenten sowie deren Verarbeitung zu ermöglichen, ist Skriptcode erforderlich. Da solche Verarbeitungsschritte sowohl auf Client- sowie auch auf Serverseite stattfinden müssen, tragen zu jeder Prozessdatenansicht sowohl clientseitige Skriptanteile innerhalb von HTML-Dokumenten als auch serverseitig ausgeführte ASP-Seiten bei.

Die Objekte der Prozessdatenansichten kommen auf dem Prozess-Webserver zum Einsatz. Es handelt sich dabei um Instanzen von Klassen der dort installierten ActiveX-Komponenten. Ihr Zweck besteht in der Übermittlung von Prozessdaten aus bzw. in den Prozess. Folglich finden innerhalb dieser Objekte sämtliche Funktionsaufrufe statt, die zur Bedienung des für den Prozessdatenzugriff verwendeten Kommunikationsadapters erforderlich sind.

Aktualisierung von Prozessdatenansichten. Die Aktualisierung der Prozessdaten verläuft in Visualisierungs- und Konfigurationsansichten jeweils unterschiedlich. Visualisierungsansichten erfordern ein zyklisch wiederholtes Herunterladen von Diagnosedaten. Demgegenüber muss in Konfigurationsansichten nach erfolgter Benutzereingabe ein Hochladen von Konfigurationsdaten stattfinden.

Beide Abläufe, d.h. Diagnosedaten-Download und Konfigurationsdaten-Upload, werden auf Initiative des Prozessüberwachungs-Clients hin angestoßen (vgl. Abbildung 3). Der in den HTML-Seiten eingebettete Skriptcode tritt in Aktion, es wird ein XML-Anfragedokument generiert und an den Prozess-Webserver gesendet. Beim Diagnosedaten-Download ist darin der Name der betreffenden Prozessdatenansicht enthalten, beim Konfigurationsdaten-Upload dagegen die vom Benutzer getätigten Eingaben.

Auf dem Prozess-Webserver übernimmt Skriptcode, der in Form von ASP-Seiten vorliegt, die Auswertung des empfangenen XML-Anfragedokuments. Im Falle des Diagnosedaten-Downloads werden in Abhängigkeit des erhaltenen Ansichtsnamens die benötigten Diagnosedaten aus dem Prozess ermittelt. Umgekehrt erfolgt beim Konfigurationsdaten-Upload die Übergabe der übermittelten Konfigurationsdaten an den Prozess. Hierzu werden jeweils entsprechende ActiveX-Objekte für den Prozessdatenzugriff erzeugt und angewendet. Schließlich wird ein XML-Antwortdokument generiert und an den Prozessüberwachungs-Client zurückgesendet. Handelt es sich um einen Diagnosedaten-Download, so finden sich hierin die gewonnenen Diagnosedaten. Ein Konfigurationsdaten-Upload wird dagegen mit einem leeren XML-Dokument beantwortet.

Auf dem Prozessüberwachungs-Client wartet der in den HTML-Seiten eingebettete Skriptcode auf den Empfang des XML-Antwortdokuments. Daraufhin wird als letzter Schritt eines Diagnosedaten-Downloads die Aktualisierung der betreffenden Prozessdatenansicht vorgenommen. Dies geschieht durch Auslesen der Diagnosedaten im XML-Antwortdokument und Eintragen in die zugeordneten Platzhalter der HTML-Seiten. Demgegenüber sind bei einem Konfigurationsdaten-Upload an dieser Stelle keine weiteren Verarbeitungsschritte mehr erforderlich.

Download von Diagnosedaten

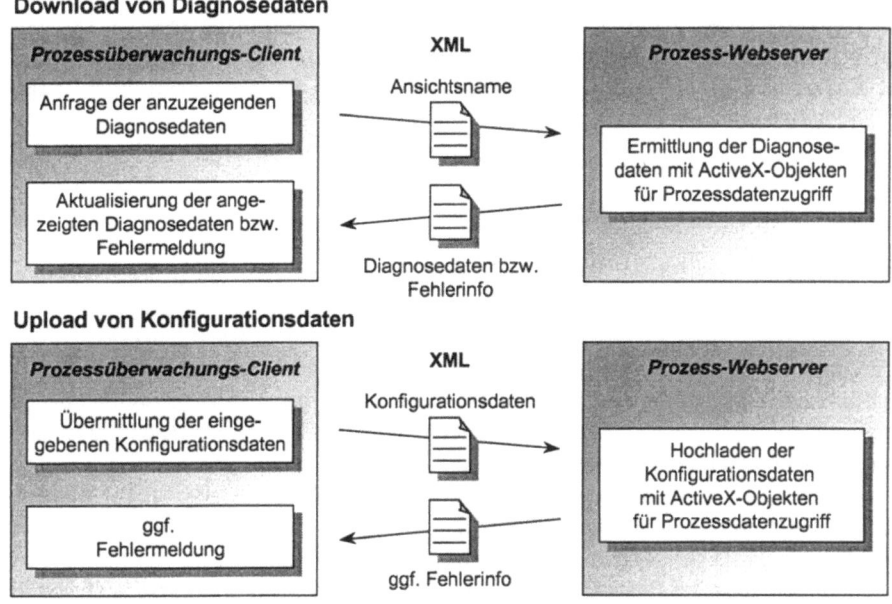

Fig. 3. Diagnosedaten-Download und Konfigurationsdaten-Upload

4   Struktur für XML-Dokumente mit Prozessdaten

In den vorangehenden Abschnitten wurden Aufbau und Funktionsweise einer Website zur Prozessüberwachung dargestellt, in der XML-Dokumente zum Transport von Prozessdaten zwischen Client und Server eingesetzt werden. Im Folgenden wird der Inhalt von solchen XML-Dokumenten betrachtet. Dazu wird eine Möglichkeit aufgezeigt, wie die Diagnosedaten in XML-Antwortdokumenten bzw. die Konfigurationsdaten in XML-Anfragedokumenten mit Hilfe der Sprachmittel von XML darstellbar sind.

Ähnlich wie das bereits seit längerem verbreitete HTML bietet XML die Möglichkeit in Dokumenten neben den eigentlichen Daten zusätzlich sog. Tags zur Markierung der Daten abzulegen [7]. Der zur Verfügung stehende Vorrat an Tags ist jedoch nicht fest vorgegeben und beschränkt, sondern es können beliebige eigene Tags definiert und benutzt werden.

Eine der Stärken von XML beruht darauf, dass sich Daten nicht als nur als Einzelwerte sondern gesammelt in Gruppen darstellen lassen und dazu hierarchisch strukturiert werden können. Dies geschieht mit Hilfe der Tags, deren Inhalt aus einem Datenwert oder aus weiteren untergliederten Tags bestehen kann. Damit lassen sich beliebige Gruppierungen und Schachtelungen von Datenelementen erzielen. Gleichzeitig geht aus dem Namen der Tags eine Information über die Art des jeweils enthaltenen Datenelements oder der Datengruppe hervor.

Um Prozessdaten in XML darzustellen, muss somit zunächst überlegt werden, auf welche Weise Prozessdaten gruppiert und hierarchisch untergliedert werden können. Im vorliegenden Fall erfolgt dieser Schritt unter Annahme der Zielsetzung, dass aus der hierarchischen Struktur der Prozessdaten gewisse Informationen über deren Eigenschaften ersichtlich sein sollen.

4.1 Hierarchieschema für Prozessdaten

Den Ausgangspunkt für die Hierarchisierung der Prozessdaten bildet der einfachste Fall einer Prozessdatengruppe: einzelne Prozessdatenwerte (z.B. Temperaturwert, Regelparameter, usw.) werden zu Prozessdatensätzen zusammengefasst. Als Kriterium für die Einteilung in Prozessdatensätze dient die logische Zusammengehörigkeit der Prozessdaten (z.B. Motordrehzahl und Motordrehmoment). Es wird jedoch vereinbart, dass alle Prozessdatenwerte eines Prozessdatensatzes stets von derselben Quelle im Prozess stammen.

An den so entstehenden Prozessdatensätzen lassen sich folgende Eigenschaften feststellen. Zum einen können Prozessdatensätze je nach Anzahl und Art der enthaltenen Prozessdatenfelder verschiedene Typen aufweisen. Weiter wird angenommen, dass der Prozess als verteiltes System vorliegt und Prozessdaten sowie auch Prozessdatensätze i.A. von verschiedenen Quellen im Prozess stammen.

Prozessdaten können damit als Mengen von Prozessdatensätzen aufgefasst werden, in denen Prozessdatensätze verschiedener Typen und mit verschiedenen Quellen im Prozess vorkommen. Auf Basis dieser Überlegungen kann folgendes Hierarchieschema für Prozessdaten festgelegt werden:

- Prozessdatenfeld: einzelner Prozessdatenwert. Bilden zusammen die unterste Hierarchiestufe.
- Prozessdatensatz: logisch zusammengehörende Gruppe von Prozessdatenfeldern, die alle von derselben Quelle im Prozess stammen. Anzahl und Art der enthaltenen Prozessdatenfelder legen den Typ des Prozessdatensatzes fest.
- Prozessdatensatzliste: Menge von Prozessdatensätzen gleichen Typs und mit derselben Quelle im Prozess. Dies ist z.B. der Fall, wenn eine bestimmte Gruppe von Messwerten chronologisch erfasst und aufgezeichnet wird.
- Prozessdatensatzsammlung: Menge von Prozessdatensätzen gleichen Typs und mit verschiedenen Quellen im Prozess. Eine denkbare Situation für diesen Fall wäre z.B. ein fehlertolerant ausgelegtes System, das mit zwei redundanten Rechnerknoten ausgestattet ist und somit an zwei verschiedenen Orten die gleichen Prozessdatensätze verarbeitet.
- Prozessdatenmenge: Menge von Prozessdatensätzen verschiedenen Typs und mit verschiedenen Quellen im Prozess. Dies ist die oberste Hierarchiestufe und stellt die allgemeinste Sichtweise auf Prozessdaten dar. Ihr können jegliche Prozessdaten untergliedert werden, die in einem verteilten Prozess vorkommen.

Aus einem solchen Hierarchieschema für Prozessdaten lässt sich auf einfache Weise deren XML-Darstellung gewinnen. Dies soll im Folgenden anhand eines Beispiels verdeutlicht werden.

4.2 Abbildung der Prozessdaten auf XML

Zur praktischen Erprobung des hier vorgestellten Konzepts wurde am Institut für Automatisierungs- und Softwaretechnik der Universität Stuttgart eine Website zur Überwachung des Modellprozesses IAS-Kart realisiert (vgl. Abbildung 4). Es handelt sich um einen Gokart, an dem die mechanische Lenkstange entfernt und durch ein voll-elektronisches Lenksystem ersetzt wurde. Diese exemplarische Steer-By-Wire Anwendung besteht aus den verteilten Funktionseinheiten Lenkwunscherfassung, Radwinkelmessung und Servomotoransteuerung. Zusammen bilden sie einen Regelkreis, der über einen Servomotor fortlaufend den Einschlag der Räder entsprechend dem aktuellen Lenkwunsch einstellt (vgl. Abbildung 5).

Abb. 4. Modellprozess IAS-Kart

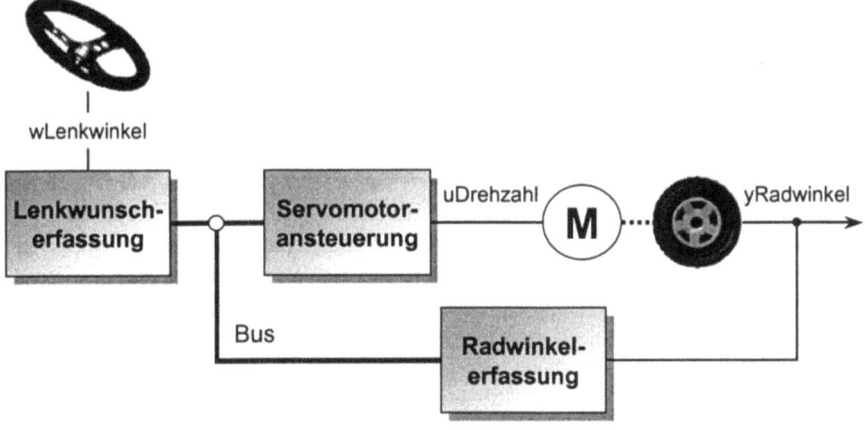

Abb. 5. Systemmodell der Steer-By-Wire Anwendung

In der zugehörigen Website zur Prozessüberwachung ist u.a. eine Visualisierungsansicht Echtzeitdaten abrufbar. Neben anderen Werten sind hierin die Prozessdaten der Radwinkelmessung und der Servomotoransteuerung ersichtlich. Beide Prozessdatengruppen setzen sich jeweils aus verschiedenen Einzelwerten zusammen. Im speziellen Fall der Radwinkelmessung sind dies der Radwinkel und die Radwinkeländerung. Im fehlertolerant ausgelegten elektronischen Lenksystem wurden für jede der drei Funktionseinheiten zwei redundante Rechnerknoten vorgesehen. Folglich sind auch die Radwinkel- und Servomotordaten in jeweils zwei unterschiedlichen Quellen vertreten.

Bei Anwendung des Hierarchieschemas aus dem vorangehenden Abschnitt würde ein XML-Antwortdokument für das Herunterladen der hier beschriebenen Prozessdaten wie in Abbildung 6 dargestellt aussehen:

```
<?xml version="1.0"?>
<RealTimeData>
  <ClusterWheelData>
    <NodeWheelData NodeName="FSU1">
      <WheelDataItem>
        <Angle>30</Angle>
        <AngleChange>5</AngleChange>
      </WheelDataItem>
    </NodeWheelData>
    <NodeWheelData NodeName="FSU2">
      ...
    </NodeWheelData>
  </ClusterWheelData>
  <ClusterServoMotorData>
    ...
  </ClusterServoMotorData>
</RealTimeData>
```

Abb. 6. XML-Antwortdokument mit Echtzeitdaten des IAS-Kart

Wie sich unschwer erkennen lässt, deckt sich die Struktur der Tags im XML-Dokument exakt mit o.g. Hierarchieschema. Der Wurzel-Tag RealTimeData repräsentiert die Prozessdatenmenge, der alle betrachteten Echtzeitdaten des IAS-Karts untergliedert sind. Die darin eingeschlossenen Tags ClusterWheelData und ClusterServoMotorData sind Prozessdatensatzsammlungen für den Typ von Prozessdatensätzen, den die Funktionseinheiten Radwinkelmessung bzw. Servomotoransteuerung jeweils anliefern. Wegen der zwei redundanten Rechnerknoten pro Funktionseinheit untergliedern sich diese in jeweils zwei Prozessdatensatzlisten. Im Falle der Radwinkeldaten sind dies die Tags NodeWheelData einschließlich nachfolgendem Attribut zur Kennzeichnung des Quellrechnerknotens. Die dort vorhandenen Ausgaben der Radwinkeldaten sind die mit den Tags WheelDataItem eingegrenzten Prozessdatensätze. Innerhalb davon befinden sich schließlich zwei Prozessdatenfelder als Bestandteile der

Radwinkeldaten. Sie setzen sich zusammen aus den Tags Angle und AngleChange sowie dem jeweiligen Prozessdatenwert als Elementinhalt.

Ergänzend zeigt Abbildung 7 das Erscheinungsbild der Visualisierungsansicht Echtzeitdaten, in der die Informationen aus dem auszugsweise vorgestellten XML-Dokument betrachtet werden können.

Abb. 7. Visualisierungsansicht Echtzeitdaten

Das Vorgehen zur Repräsentation von Prozessdaten in XML lässt sich damit wie folgt zusammenfassen: Zunächst muss ein Hierarchieschema gefunden werden, in dem die Prozessdaten zusammenhängend dargestellt werden können. Die Entwicklung eines solchen Schemas erfolgt unter Zuhilfenahme der Eigenschaften - hier Art und Herkunft - der Prozessdaten. Die so gewonnene Hierarchie bildet zusammen mit applikationsspezifisch gewählten Benennungen die abstrakte Semantik der Prozessdaten und lässt sich 1:1 auf XML abbilden. In der Folge entstehen in jedem XML-Dokument mit Prozessdaten einheitliche Tags und Abfolgen bzw. Schachtelungen derselben. Überdies sind mit dem Hierarchieschema automatisch auch die Bedeutungen bekannt, die in XML-Dokumenten mit Prozessdaten durch Tags zum Ausdruck gebracht werden.

5 Schlussfolgerungen

Die Nutzung von Internettechnologien in der Automatisierungstechnik eröffnet ein breites Feld neuartiger Anwendungsmöglichkeiten und wird sich in der nächsten Zeit in allen Bereichen mehr oder weniger durchsetzen. Bereits heute werden hierzu in

Forschung und Industrie viele Aktivitäten in Gang gesetzt, manche sprechen sogar vom Anfang eines revolutionsartigen Umbruchs.

Schlüsselrolle innerhalb dieser Entwicklung wird diejenige Technologie einnehmen, die sich als Standard zur Repräsentation von Daten im Internet etablieren wird. XML stellt in dieser Richtung einen viel versprechenden Ansatz dar. In diesem Beitrag wurde gezeigt, wie sich diese Technologie auch für den weltweiten Zugriff auf Prozessdaten einsetzen lässt. Im Besonderen wurde am Beispiel einer Website zur Visualisierung und Konfiguration technischer Prozesse erläutert, auf welche Weise gelesene und zu schreibende Prozessdaten in Form von XML-Dokumenten transportiert werden können.

Darüber hinaus wurde deutlich gemacht, dass in XML-Dokumenten Daten, und damit auch Prozessdaten, gesammelt in und strukturierter Form vorliegen. Alle notwendigen Informationen über Datenart und -struktur lassen sich durch Tags zum Ausdruck bringen, die zur Kennzeichnung der Datenelemente und -gruppierungen verwendet werden. Da man hierbei auf keinen feststehenden Tag-Satz beschränkt ist, sondern beliebige eigene Tags erlaubt sind, ist auch das Strukturierungsschema zur Darstellung von Informationen in XML keineswegs fest vorgegeben, sondern kann passend zum Problem gewählt werden. Dies wurde im vorliegenden Beitrag dazu ausgenutzt um ein beispielhaftes Hierarchieschema für Prozessdaten so zu definieren, dass u.a. eine Unterscheidung der Prozessdaten nach Art und Herkunft möglich ist. Als Folge werden in XML-Dokumenten mit Prozessdaten durch die Tags genau diese Information wiedergespiegelt.

Neben den im Rahmen dieses Beitrags diskutierten Punkten gibt es noch eine Reihe von anderen triftigen Gründen, die für den Einsatz von XML zum Austausch von Prozessdaten über das Internet sprechen. Einer davon ist die Unabhängigkeit von der Applikation. Ausschlaggebend hierfür ist das Prinzip der strikten Trennung der Struktur und des Inhalts eines Dokuments von seinem Lay-out. Damit lassen sich die in XML-Dokumenten transportierten Prozessdaten gleichzeitig und an verschiedenen Orten in völlig unterschiedlichen Anwendungen nutzen. Einer der möglichen Anwendungsfälle ist die Darstellung von Prozessdaten im Webbrowser, als andere denkbare Verwendungszwecke kämen z.B. der hardware in the loop-Betrieb von Projektierungs- und Debugwerkzeugen, die automatische Auswertung von Produktionsdaten, die Speicherung in Datenbanken, usw. in Frage.

Ein weiterer bemerkenswerter Aspekt von XML ist die Plattformunabhängigkeit. Zwar bietet derzeit die Fa. Microsoft den einzigen Webbrowser mit integrierter XML-Unterstützung an, es ist jedoch zu erwarten, dass in Bälde vergleichbare Produkte anderer Softwarehersteller am Markt erscheinen werden. Grundsätzlich ist die Verarbeitung von XML-Dokumenten auf jedem Rechner- und Betriebssystem möglich. Auch das zur Übertragung verwendete Protokoll, bisher zumeist HTTP oder FTP, bleibt letzten Endes frei wählbar. Auf Grund der Tatsache, dass die Datenübertragung mit XML nicht binär sondern in Textform erfolgt, bleiben Prozessdaten, die als XML-Dokument vorliegen, für bestehende und zukünftige Anwendungen zugänglich und das ohne Betriebssystem, Übertragungsprotokoll oder Programmiersprache in irgendeiner Form vorschreiben zu müssen.

Zu den Aspekten, die in der Zukunft behandelt werden sollen, zählen u.a. der Einsatz von XML für eine über das Lesen und Schreiben hinausgehende Verarbeitung von Prozessdaten (z.B. Alarm- & Ereignisbehandlung, chronologisches Aufzeichnen von Prozessdaten). Auch wird ein besonderes Augenmerk darauf gerichtet sein, wie sich ausgehend von bestimmten Ausgangsinformationen, wie z.B. der physikalischen Struktur eines Automatisierungssystems, das passende Hierarchieschema für Prozessdaten und damit auch deren XML-Darstellung gewinnen lassen. Darauf aufbauend soll untersucht werden, wie eine Integration von unterschiedlich strukturierten Prozessdaten sowie von Prozessdaten und Informationen aus anderen Bereichen vorgenommen werden kann.

Literatur

1. Brite-EURAM III: X-By-Wire, Safty Related fault tolerant Systems in Vehicles, EU-Forschungsprojekt, 1996 - 1998.
2. Holzner, S.: Java Script Complete, McGraw-Hill, USA, 1998.
3. Jazdi, N.: Ansteuerung eines industriellen Kaffeeautomaten per Internet, GMA-Fachtagung „Industrielle Automation und Internet/Intranet-Technologien", Langen, 1999.
4. Kopetz, H.; Kucera, M.; Millinger, D.; Ebner, C.; Smaili, I.: Interfacing Time-Triggered Embedded Systems to the INTERNET, International Symposium on Internet Technology, Taipei, Taiwan, 1998.
5. Kucera, M.; Smaili, I.; Fuchs, E.: A Lightweight Ethernet Protocol to Connect a Time-Triggered Real-Rime System to an INTERNET Server, European Multimedia, Microprocessor Systems and Electronic Commerce Conference and Exhibition, Bordeaux, Frankreich, 1998.
6. Rogerson, D.: Inside Microsoft's Component Object Model, Microsoft Press, USA, 1997.
7. Spencer, P.: XML Design and Implementation, Wrox Press, Groß-Britannien, 1999.
8. Williams, A.; Barber, K.; Newkirk, P.: ACTIVE SERVER PAGES BLACK BOOK: The Professional's Guide to Developing Dynamic, Interactive Web Sites with Microsoft ActiveX, Coriolis Group Books, USA, 1998.
9. World Wide Web Consortium: Extensible Markup Language (XML) 1.0, Technical Report REC-xml-19980210, W3C, 1998.

Improving the Validation Process for a Better Field Quality in a Product Line Architecture

Christof Ebert

Alcatel, Switching and Routing Division, Antwerp

Abstract: Telecommunication switching software challenges the development process with the need to continuously update a product line architecture with new features, while simultaneously synchronizing across related product lines that are operational in a global setting. Serving an installed base of over 130 million lines with market-specific variants that have been continuously growing for more than a decade needs careful harmonization of product line evolution with serving customer needs. The focus of this case study is on quality improvement with code inspections and integration testing in a product line architecture. Improving customer perceived quality and at the same time lowering the cost of non-quality are the two primary objectives of the process reengineering activity. The return on investment of described improvements was significant. Several results on the relationships between validation processes, fault detection effectiveness and product quality are discussed. Experiences from over 50 projects of various size that were developed and deployed during '95...'98 by Alcatel are included to show practical impacts that can also be transferred to other projects.

Keywords: CMM, fault detection, code inspection, integration testing, return on investment, maintenance, process improvement, product engineering, software best practices, software quality

1. Introduction

With a growing share of software cost in almost all state-of-the-art technical products such as cars or telecommunication infrastructure, it is of primary concern to control and reduce software development cost. To better manage development cost of globally available products, concepts of product lines are increasingly applied. Unfortunately, software engineering technology has been developed mainly for creating one product at a time and existing process models do not well address product line development.

Although experiences with development and maintenance best practices had been collected for many years, it is still not obvious, which technique to select and how to assess impacts. We will in this article summarize several best practices for validation in a product line architecture, which achieved improved predictability, and quality in software projects of various sizes. The challenges we were faced and which we will address involve:

- to support of validation in a global product line concept;

- to facilitate early fault detection with an improved validation process;
- to reduce overall cost of non-quality.

We will address approaches to improve the quality level in the field and in parallel reduce the cost of non-quality during development. Cost of non-quality is the cost of not reaching the desired quality level at the first run. It is often referred to as "re-work". We calculate cost of non-quality by summarizing respective (phase-depending) cost for fault detection and correction across all faults found in the project.

Our focus is on early fault detection. Obviously the process reengineering program needed to integrate well with ongoing product line evolution as new features are continuously integrated in such a system.

Three hypotheses had been set up before that study and were driving the described part of the improvement program as such:

Hypothesis 1: There is an optimum code reading speed that balances the conflicting requirements for high faults detection rates and low fault detection costs;

Hypothesis 2: Increasing the share of code inspections would improve design fault detection effectiveness and thus reduce normalized cost of non-quality and customer detected faults;

Hypothesis 3: Increasing test fault detection effectiveness (i.e. percentage of remaining faults being detected during test before handover to customer) would reduce normalized cost of non-quality and customer detected faults.

We will analyze these hypotheses in the context of over 50 projects developed in a three year timeframe. Mentioned hypotheses also reflect the type of changes that we focus on in this case study. This study is unique in that it provides insight in a running software process improvement (SPI) program within a large organization dealing with legacy software.

There are few documented results around that describe improvement programs together with quantitative data. Most results published so far describe the background of such a program with focus on the assessment and qualitative observations [3,4,5]. They are in many cases looking on rather small groups of engineers that act like a small- to medium-size company, even when embedded in a big organization. The recently published results of SPI initiatives within CMM L5 ranked Boeing Defense and Space Group [4] and a group within Motorola [6] surely help understanding the value of moving the long way for CMM L5. Many qualitative lessons learned have been documented, but they are difficult to scale up towards large legacy based development projects. Often they seem not to be related to quantitatively specified upfront expectations.

Several current best practices related to configuration management, inspections and validations within a product line concept involving legacy software are elaborated in [9,10]. Best practices on software metrics and technical controlling are described in [11].

Few recent studies investigate the added value of a SPI program from a quantitative perspective [1,2,7]. They try to set up a return on investment (ROI) calculation that however typically takes average values across organizations and would not show the lessons learned in sufficient depth within one organization. It has been shown in these studies that the SEI CMM is an effective roadmap for achieving cost-effective solutions.

Within this paper several abbreviations are used that might not be widely used. CMM is the capability maturity model; SPI is software process improvement; PY is person years and Ph is person hours, r is the correlation coefficient measured in the observed data set. Size is measured in KStmt, which are thousand delivered executable statements of code (incl. declarations). We prefer statement counting compared to lines because the contents of a program are described in statements and should not depend on the editorial style. Failures are deviations from a specified functional behavior. They are caused by faults.

The paper is organized as follows. Chapter 2 provides an overview of the product line and development concepts used. Chapter 3 summarizes the set-up of the study. Chapter 4 summarizes the improvement approach related to validation in a product line architecture. Chapter 5 deals with quantitative validation of mentioned three hypotheses related to achieving better product quality and reducing cost of non-quality. Chapter 6 summarizes effects of ROI calculation. Finally, chapter 7 summarizes the results and raises some further questions on how improvement activities might evolve over time in a product line organization.

2. Study Setting and Product Line Concepts

The *Alcatel 1000 S12* is a digital switching system that is currently used in over 40 countries world wide with over 130 million installed lines. It provides a wide range of functionality (small local exchanges, transit exchanges, international exchanges, network service centers, or intelligent networks) and scalability (from small remote exchanges to large local exchanges). Its typical size is over 2.5 million source statements of which a big portion is customized for local network operators. The code used for *S12* is realized in Assembler, C and CHILL. Recently object-oriented paradigms supported by C++ and Java are increasingly used for new components. Within this study we focus on modules coded in the CHILL programming language, although the concepts apply equally for other languages. CHILL is a Pascal-like language with dedicated elements to better describe telecommunication systems.

In terms of functionality, *S12* covers almost all areas of software and computer engineering. This includes operating systems, database management and distributed real-time software.

The organization responsible for development and integration is registered for the ISO 9001 standard. Development staff is distributed over the whole world in over 20 development centers with the majority in Europe and US. Projects within the product line are developed typically within only few centers with a focus on high collocation of engineers involved in one project and a high allocation degree to one specific project at a time. In terms of effort or cost, the share of software is increasing continuously and is currently in the range of 80 %.

The product line concept is based on few core releases that are further customized according to specific market requirements around the world. The structuring of a system into product families allows the sharing of design effort within a product family and as such, counters the impact of ever growing complexity. This makes it possible to better sustain the rate of product evolution and introduction to new markets. There is a clear trade-off between coherent development of functionality versus the various specific features of that functionality in different countries. Not only standards are different (e.g. Signaling or ISDN in the USA vs. Europe) but also the implementation of dedicated functionality (e.g. supplementary services or test routines) and finally the user interfaces (e.g. screen layout, charging records).

Product line concepts start with extracting commonalties in these functions and trying to separate in architecture and development from what can be considered as customization. This split however is difficult and often not supported by architecture as the needs gradually involved with new markets and growing globalization. Several product lines might co-exist for distinct core functionality and the development must be carefully split to avoid redundancy. Gradually such lines are merged, for instance with the introduction of new underlying technology.

The key roles we distinguish in the product line development are as follows:

• The core competence team of highly experienced developers deciding on the architecture evolution, specifying features, and reviewing critical design decisions in the entire product line.

• Developers responsible for designing and integrating new functionality for all software including database population tools. This involves detailed design, coding, inspections, module test, and unit testing until the functionality is integrated.

• Testers who maintain a continuous build for each single project.

With reduced scattering of engineers across projects, there is not anymore the global owner of a specific file across projects. Instead many developers in different places simultaneously share the responsibility of enhancing functionality within one product. Often a distinct file is replicated as variants that are concurrently updated and frequently synchronized to allow the centralized and global evolution of distinct functionality.

The improvement program within S12 development to which we frequently refer consumes roughly 5% of the total development effort for activities such as process control, pilots, training, tools improvements or enhanced tracking activities. It is based on

• Setting yearly business objectives with respect to processes and product line evolution;

• Investigating the current status with respect to these objectives with means of checkpointing;

• Introducing process changes which are closely related to the project roadmap of the product lines;

• Monitoring the effect of process change with in process quality checks and technical controlling.

For this study we are providing data gathered during development and field operation of several releases of the *Alcatel 1000 S12* switching system. Over 50 projects are investigated that had been developed over a timeframe of four years. These projects adequately represent the entire product line and were selected based on their business impact. Only very small projects are left out. A project as we refer to in this study is the customization of existing functionality for a distinct market, or the development of major new functionality within one product line for a lead market. They typically comprise between 10 and 200 PY.

Project size in terms of effort ranges between 10 and 500 person years with around four million new or changed statements in total. Each of those projects was built on around 2500 KStmt legacy code depending on the degree of reused functionality and underlying base release. The field performance metrics used in this study cover altogether several thousand years of execution time.

The data for this study was collected between '95 and '98. The first projects started before the improvement program was implemented, thus helping in defining a baseline of field performance without implementing process changes. Metrics are collected automatically (e.g. size) and mostly manually (e.g. faults, elapse time, effort). They are typically first stored in operational databases related to the respective development process, and later extracted and aggregated for the project history database. Since the projects are typically developed in a timeframe of several months and then deployed to the field again over a period of several months, the timestamp for each project in time series was the handover date. This is the contractually fixed date when the first product is delivered to the customer for acceptance testing. Customer detected faults which is one of the dependent variables are counted from that date onwards.

Fault accounting is per activity to allow for overlapping development activities and incremental development. This means that the major activities of the entire development process are taken for reporting of both faults and effort, even if they overlap with a follow-on activity. If for instance a correction was inspected before regression testing, the faults found during that code inspection would be reported a inspection faults, rather than test faults.

3. Research Methods

We are using an observational field study for the empirical investigation. Three hypotheses had been set up before that study and were driving the described part of the improvement program as such:

It is a field study because data is collected from different projects simultaneously. The development projects were conducted regardless of the needs to collect the experimental data. The data was mandatory reported by the project staff during the respective development processes. Similar to a case study, a lot of detailed data is collected per project. In total several hundred measurement points across processes and over time are available in the projects' history database for each single project.

We describe this study as observational because we monitor certain attributes related to a research goal in various projects over time. The data is collected from a distinct class of similar projects within one product line during development and field operation. Only projects that followed the entire development life cycle were considered. No project was left out due to specific data values.

Having such a class of closely defined project characteristics helps in overcoming one weakness of the observational case study, namely the restriction to later replicate the projects with some variables slightly changed in a controlled way. Replication of settings can be checked by looking at dependent variables of similar projects in terms of the independent variables. A theory is built after the first few observations which is then validated in this study. The approach is similar to methods used in social sciences and allows generalization after a sufficient number of tests have been done.

Although the projects are in a real setting with no artificial controls being used, we could control several variables during the projects. This happened with the described improvement program that focused on a limited set of improvement objectives related to fault detection. Final authority on the independent variables was naturally with the project manager, however he was limited in the degree of freedom by imposed quantitative improvement objectives he had to follow in a specific year.

The entire SPI program is instrumented with numerous product and process metrics. Product metrics are primarily needed for project tracking, while several process metrics had been introduced to gain insight in process behavior, collect baseline data for further process changes, and to find out about any improvements related to controlled process changes, such as pilots. Besides basic characterizing metrics, such as size, effort, or handover date, we will mostly use normalized metrics that either express a share (e.g. fault share found during design) or a ratio (e.g. faults per new or changed KStmt). These metrics are in the same order of magnitude thus avoiding disturbances during statistical analyses. All metrics but one are at least on an interval scale. As not all metrics can be assumed to follow a normal distribution we apply especially for correlations non-parametric statistical techniques.

All values are averages on a per project base to avoid statistical interference that can occur in too small samples. For instance if we had measured some aspects on a per module base, it would be impossible to later relate this to the other factors being analyzed that only relate to the overall project. This approach also eliminates the influence of individuals to the analysis. The more developers and testers are involved in a single project, the less the individual quality levels impact the results. For exactly this reason very small projects were eliminates from the study thus leaving 50 projects from the overall set of projects developed in this product line in the given timeframe.

Obviously many relationships of data can be exploited with statistical and data mining approaches. The focus of this study however is not to detect new relationships, but rather to follow up three key decisions we made early during the SPI program in order to improve cost of non-quality and field performance. Our contribution to ongoing research is that we validate several key relationships in real settings with projects based on legacy software. Our contribution for practical development projects is that we propose meaningful and valid approaches to achieve quantitative field performance improvement. For space reasons we will only in the conclusions of this study come back to another major improvement that just follows naturally the suggested approaches, namely a much better delivery accuracy in terms of handover date.

4. Practical Improvement Concepts

Improving customer perceived quality can often be broken down to one overall improvement target, namely to dramatically reduce customer detected faults. Delivery of a switching system typically consists of several steps. The first and most relevant milestone is the handover to the customer who in most cases would start his acceptance test. One key measurable target we introduced for all projects was to halve the normalized amount of faults found after handover to the customer every year. We took the normalized amount of faults in terms of faults per new or changed statements to allow for comparison across projects and markets.

Reducing total cost of non-quality is driven by the fault detection distribution. Assuming a distinct cost for fault detection and repair (which includes regression testing, production, etc.) per detection activity, allows calculating the total cost of non-quality for a distinct project. Faults are accounted per detection activity to don't confuse with incremental development. The second key measurable target thus was to halve the relative cost per fault after two years.

While code inspections could be triggered with almost cookbook style approaches, the situation in test was less obvious. It became even worse with finding more faults upfront, because the effectiveness of test decreased and still many faults could only be detected in the subsystem or even within the entire switch due to the many data-driven interactions with other components. The related measurable improvement target for testing was to find more than 90% of all remaining faults in the software before handover to the customer.

Unlike the two key improvement targets that are dependent variables which relate to the hypotheses we mentioned earlier, test effectiveness is an independent variable that is directly controlled by means of dynamic test case selection and applying reliability growth models to predict remaining faults.

4.1 Implementing Improvements

Our approach to achieve these improvement objectives was as follows:

Step 1: Several "root causes" of late fault detection were investigated. Systematically we interviewed developers and testers on reasons why faults were not detected earlier. Several reasons were identified. Inspections were typically not following the defined process, involving checkers, inspection leader and a maximum reading speed. Many inspections were considered finished when the respective milestone date appeared, instead of applying reasonable exit criteria, before continuing the fault detection with the next and more expensive activity. Test was conducted with a rather static set of test cases that was not dynamically filtered and adjusted to reliability growth models. Module test typically didn't rank high in these lists which explains why we left it out from the discussions here.

Step 2: For both areas we started a distinct improvement activity with the target to define the underlying process, pilot and provide tools support, train the people involved with these activities and institutionalize the processes. For the inspection process we started a training and certification program of inspection leaders. Each development area was obliged to train a distinct amount of the developers as inspection leaders. Each project has to plan inspections with certain criteria, such as having a certified inspection leader on board, or following a certain checking speed. Checklists were directly linked to work products of the different development activities, for instance depending on programming language used, or depending on the respective subsystem with its own peculiarities. Checklists were continuously updated with the results of root cause analysis of each single field failure. Finally a web-based tool was developed to allow inspection planning even involving remote developers.

The test process was improved by means of providing better traceability from changes and critical components to dedicated test cases. Test cases are classified already during the initial design activities in a global test strategy. This test strategy looks upon feature usage, criticality of features, and previous critical failures in the respective market. Asking in each project to automate a specific percentage of test cases strengthened automatic test and thus improved cost of test. Dynamic test filtering was introduced based on the amount of failing test cases and the feedback from reliability growth models. Sandwich test was introduced to allow earlier start of basic regression test activities that are growing by means of a continuous build towards each incremental addition of new functionality. This allows a much longer stabilization phase, however in parallel to development. The result is much better test effectiveness.

Step 3: Exit criteria were defined and applied within projects which provided clear and measurable guidelines what to achieve in inspections and test before considering these activities finished. Exit criteria involved efficiency measures based on effort per fault detected, remaining faults calculation that could be compared with cost to complete, or coverage rules for critical components.

The single most relevant exit criteria is the gate from development towards test activities. At this point, overall project cost and cycle time is influenced most in the entire project. Poor development quality immediately affects overall project performance. Strong build management must refuse unacceptable low quality of components to be integrated. Similar high entry criteria are used before the developer passes her code to the integration within the development team. To sum up, whenever a work product is passed to a broader community, the quality level must be proven.

Step 4: Dedicated process metrics were installed for the duration of the improvement activities, i.e. until the process changes could be considered institutionalized. Such metrics help the individual engineer and involved team to immediately get feedback on the process performance with respect to the project and process improvement objectives.

Step 5: To avoid the well-known trap of any SPI initiative, namely to ask for unachievable goals, we combined these changed targets with planning and estimation changes. Inspections for instance needed a high peak load of developers during the short inspection timeframe. All this additional effort and sometimes lead time had to be committed by respective middle management and team leaders to facilitate the changes.

4.2 Implementing the Product-Line Concept

The move towards a product-line oriented development impacted also the organizational layout. We increased the responsibilities of the projects' allocated resources to achieve the objectives of the projects, while the line responsibilities were reduced towards the needs of overall technical evolution. Functional departments were combined to a pool of developers which are allocated to a project with full responsibility from detailed design until the respective functionality if successfully integrated into the build. This clear split also facilitated that developers cared more for the quality they shipped because the organizational boundaries were reduced.

The product line concept implies that feature roadmaps and deliveries of both new and changed (or corrected) functionality must be aligned and synchronized. Synchronization of deliveries however adds complexity to the development process. For instance, a product-line architecture asks for simultaneous correction of detected critical faults, while new functionality with different local flavors had been already added.

The difficulty starts with parallel development of projects in the same product line. Less overlapping development of the baseline and market-specific releases means less overlapping synchronization needs, but also loss of time to market. We therefore simulate dependencies within the product line in terms of accumulated cost of non-quality versus cost of late delivery to customers. The simulation takes into account the remaining faults at each point in time, and the assumed overlapping fault detection for the parallel projects dependent on the degree of overlap and the respective detection activity. All faults at a given time to be found in parallel development can be linked to cost based on individual fault detection cost. Delayed market introduction is also linked to cost. Obviously the delay is determined by start date of coding and the amount of faults to be found that are inherited from the "parent". Fault detection is not only cost but also lead time. The trade-off allows managing a product line roadmap.

To facilitate easier communication of appropriate corrections, we introduced a new synchronization mechanism into the worldwide fault database. Based on the detected failure and the originating fault, a list of files in different projects is pre-populated by telling which other variants of a given file need to be corrected. Although this is rather simple with a parent and variant tree on the macroscopic level, due to localized small changes on the procedure and data level, careful manual analysis is requested. Those variants (i.e. within customization projects) are then automatically triggered. Depending on a trade-off analysis of failure risk and stability impacts the developer responsible for the specific customization would correct these faults.

This approach immediately helped to focus on major field problems and ensure that they would be avoided in other markets - if applicable. It however also showed the cost of the applied product line roadmap. Too many variants even if maintained by groups of highly skilled engineers, would add too many overheads - that before was typically not accounted as such. Obviously, variants needed to be aligned to allow for better synchronization of contents (both new functionality and corrections), while still preserving the desired specific functional flavors necessary in a specific market.

Based on a mapping of customer requirements to architectural units (i.e. modules, databases, subsystems, production tools), we achieved a clustering of activities that allowed for splitting activities in three parts:
1. Small independent architectural units that could be fairly well separated and left out from customization;
2. Big chunks that would be impacted in any project and thus need a global focus to facilitate simple customization (e.g. different signaling types can be captured with generic protocol descriptions and translation mechanisms);
3. Specific market- or customer-specific functional clusters that would be defined based on the requirements analysis and ultimately form the project team responsible for a customer project.

Processes for project management, design, validation and configuration management are tailored within these three groups [12].

5. Results

5.1 Relationships of Process Metrics

Significance levels for all correlations that will further be exploited were far below 0.001. The highest random correlation coefficient that we generated in 1000 trials with random metric generation based on the given set of metrics observations and their distribution was $r = 0.41$. This random correlation analysis included all collected metrics, even those not used for the study described. The range for a smaller subset would thus be lower. This means that correlation coefficients higher than this limit are meaningful because even many trials with random, but fitting data, would not generate higher correlation. The ρ value based on the given Spearman rank coefficient $r = 0.5$ of the given sample of 50 projects is in the interval of [0.27;0.68]. For $r = 0.6$ the interval is [0.39;0.75].

The factor analysis started with all projects and related metrics. Commonalties of the individual metrics were estimated based on the highest correlation coefficient. Factor analysis was iterated to achieve a 1% difference between estimated (input) commonalties and the calculated commonalties. Three factors could be extracted that after a Kaiser normalization were rotated with the Varimax method. The first factor explains the fault detection processes with their related project and process metrics. It includes the measured process adherence within a project and year of handover, because these factors obviously relate to enforcing the inspection process. Metrics contributing to this factor are considered within this study. The second factor covers efficiency (i.e. "productivity" in terms of KStmt per PY) and overall quality metrics, namely normalized cost of non-quality, customer detected faults and faults per size. The third factor explains project parameters, such as size, efficiency, delivery accuracy and effort spent in the project. Obviously we have now to look for links among metrics clustered by the second and third factor.

5.2 Testing the Hypotheses

Since the three hypotheses are obviously related in their outcome, namely to reduce cost of non-quality and improve field performance, we will try to first summarize the achievements in one picture. Table 1 provides average values of the different process metrics in the discussed three-year timeframe. They look promising but can not immediately show detailed relations.

An overview of the investigated variables is given in Fig. 1 which shows the relations or root causes between the different investigated metrics. The three independent variables used in the three hypotheses are underlined. They are on the left side of the picture with arrows pointing towards the variables they influence. Spearman rank correlation coefficients are provided with each link which helps in finding the root causes easier than in a table with all correlation coefficients. The thick arrows pointing upwards or downwards indicate what would happen if one of the independent variables would change in the given direction. For instance, higher share of inspections would decrease normalized cost of non-quality. The three independent variables are indeed independent as they are not significantly correlated ($r < 0.4$). They are somehow related because the process adherence and the management attention that increased over time influence them all. However, no common underlying factor could be found.

Table 1: Achieving quality improvement targets. Average values are given for the three-year timeframe

	baseline	year 1	year 2	year 3
Reading Speed in code inspections [Stmt/Ph]	183	57	44	30
Faults found in Code Reading or Code Inspections [F/KStmt]	2	8	12	13
Faults found in Module Test [F/KStmt]	3	5	9	11
Design Effectiveness	17%	31%	46%	63%
Test Fault Coverage	57%	72%	83%	92%
Fault Detection in the Field *	100%	57%	28%	18%
Relative Cost per Fault *	100%	63%	55%	44%

* Start of Improvement Program taken as 100%

Figure 1: Relationships between the different measured variables. Values give the Spearman rank correlation coefficients. Underlined variables are independent variables that are controlled by the SPI program to achieve improvement for the dependent variables.

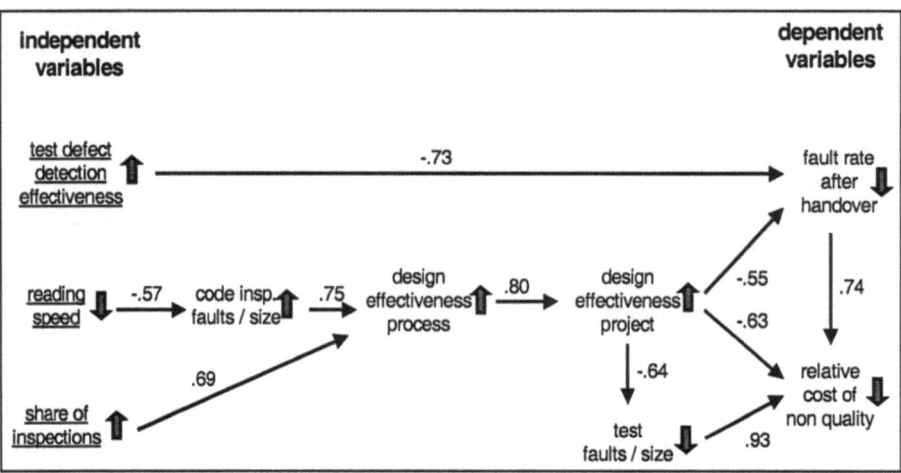

Hypothesis 1: There is an optimum code reading speed that balances the conflicting requirements for high fault detection rates (measured in design fault detection effectiveness) and low fault detection costs (measured in overall normalized cost of non-quality and amount of customer detected faults).

As a first overview fig. 2 summarizes experiences with reading speed that we collected during introduction of code inspections. Each dot refers to one project in the 3 year timeframe. Although faults per KStmt increase with reduced reading speed (Spearman r=0.57), efficiency is decreasing (Spearman r=0.03). The optimum speed based on the inserted trend lines which reflect best fit with a given residuum measure is around 90 Stmt/Ph. We ask in our process guidelines for a reading speed of 50...100

Stmt/Ph. The lower speed applies for selected critical areas (ca. 10...20% of all changes), to handle the trade-off of cost and effectiveness.

Figure 2: Optimizing a process with process metrics. The lines are best-fit curves to indicate the trend. Although faults per KStmt increase with lower reading speed, efficiency is decreasing. The optimum is around 90 Stmt/Ph.

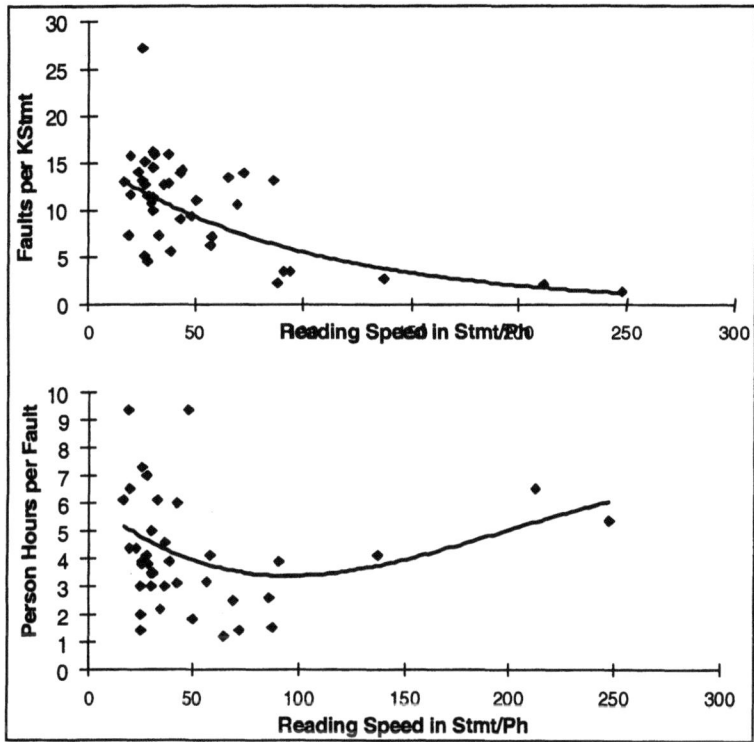

The rather big variance of efficiency values for lower reading speed in fig. 2 is caused by the total amount of faults within the code and their distribution. Since we summarize across projects, the amount of change and its distribution across modules impacts fault distribution and thus efficiency. For instance if changes are small, more context needs to be checked to see impacts on interfaces, while the detected faults mostly reside in the few changed statements. The result is lower efficiency.

Code reading speed directly impacts the amount of faults found per inspected size (Spearman coefficient $r = -0.57$). The lower the code reading speed (i.e. within the given range that was investigated), the higher the amount of faults detected in the inspected code. This in turn impacts the fault detection effectiveness during design (Spearman coefficient $r = 0.75$). The more faults are detected with inspections the higher the overall effectiveness of early fault detection before start of test. Design fault detection effectiveness is split in effectiveness related to new or changed code and an overall percentage. They are labeled "process" (i.e. because this is clearly impacted by a changed process) and "project" (i.e. also including the reused code which occasionally would contribute to fault detection). Both these variables are highly correlated (Spearman coefficient $r = 0.80$).

A high removal rate of faults before start of test reduces the amount of faults found in test per new or changed size (Spearman coefficient r = -.64). The underlying assumption for this assertion is that the total amount of faults generated during coding is at least not increasing. We won't investigate at this point the impact of fault prevention as this activity needs more time to yield measurable large-scale benefits. Relative cost of non-quality is drastically influenced by a decreasing amount of faults per new or changed size, because these faults are the most expensive to detect and to repair (Spearman coefficient r = .93).

High effectiveness of fault detection before start of test is correlated with customer detected faults because inspections help detecting other classes of faults than what is found in test (e.g. wrong boundary conditions or overload could be found easier with inspections) (Spearman coefficient r = -.55). Increasing design fault detection effectiveness would also reduce the relative cost of non-quality (Spearman coefficient r = -0.63).

Another approach beyond mere correlation analysis is the analysis of variance. Since we cannot assume in all cases that the data is from a normal distribution we apply the Kruskal-Wallis test to tell if the mean rank of the projects with low reading speed is lower than that of the projects with higher reading speed. Fault-rate after handover yields H = 8.6 with p = .072. This means that the probability of assuming a random relationship between code reading speed and fault rate after handover is 7.2%. For relative cost of non-quality the Kruskal-Wallis test yields H = 8.6 with p = .072. The hypothesis can thus be accepted.

Hypothesis 2: Increasing the share of code inspections would improve design effectiveness and thus reduce normalized cost of non-quality and customer detected faults.

Performing more inspections before delivering the code to test helps in reducing the overall faults. This is reflected in the increase of design fault detection effectiveness as soon as more inspections are performed (Spearman coefficient r = .69). Share of inspections is the ratio of modules that were actually inspected following all rules related to a proper inspection process. From an increased share of faults detected during design onwards the root cause chain is the same as in hypothesis 1.

Hypothesis 3: Increasing test fault detection effectiveness (i.e. percentage of remaining faults being detected during integration) would reduce normalized cost of non-quality and customer detected faults. Increasing test fault detection effectiveness directly reduces the amount of faults found after handover (Spearman coefficient r = -.73). This is obvious as long as test is actually detecting those fault types that later in the field would cause performance problems and failures. It is not necessarily the case because still the art of testing is to try those test cases that would show failures that later harm. Clearly there are classes of faults that although never been detected still would not cause problems - and vice versa.

The cost per fault is steeply increasing towards handover. In the field increases towards a factor 10..20 compared to fault detection with code inspections are typical. This means that the more faults are found upfront the lower the cost of non-quality in total. This can also be seen by the strong impact of fault rate after handover on cost of non-quality (Spearman coefficient r = .74).

Design fault detection effectiveness is one of the key variables used in this study. It measures the share of faults found before start of test versus the total amount of faults. Increasing design fault detection effectiveness over a three year timeframe is indicated in Fig. 3. At the start of the improvement program 17% of all faults were detected before the start of test, while after 3 years almost two thirds of all faults are detected upfront.

6. ROI Calculation

ROI (return on investment) is a critical and misleading expression when it comes to development cost or justification of new techniques [1,2]. Too often heterogeneous cost elements with different meaning and unclear accounting relationships are combined to one figure that is then optimized. For instance reducing "cost of quality" that include appraisal cost and prevention cost is misleading when compared with cost of nonconformance because certain appraisal cost (e.g. module test) are a component of regular development. Cost of nonconformance on the other hand is incomplete if only considering internal cost for fault detection, correction and redelivery because they must include opportunity cost due to rework at the customer site, late deliveries or simply binding resources that otherwise might have been used for a new project.

Figure 3: Design fault detection effectiveness improvement over three years

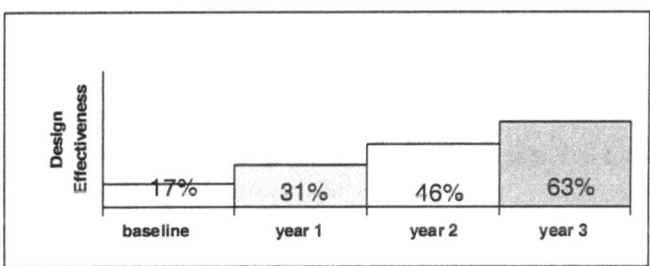

ROI is difficult to calculate in software development. This is not so much any more due to not having collected effort figures but rather by distinguishing the actual effort figures that relate to investment (that would have otherwise not been done) and the returns (as difference to what would have happened if not having invested). For many years ROI data was reported but in most cases not backed up by real data, or where real data existed, it was counter to the current mainstream viewpoints [8]. Only recently first studies have been published that try to compare results of software process improvement activities [1].

We will try to provide insight in a practical ROI calculation (Table 2). Given an average sized development project and only focusing on the new and changed software without considering any effects of fault preventive activities over time, the following calculation can be derived. The effort spent for code reading and inspection activities increases by 1470 Ph. Assuming a constant average combined appraisal cost and cost of nonperformance (i.e. detection and correction effort) after coding of 15

Ph/Fault, the total effect is 9030 Ph less spent in year 2. This results in a ROI value of 6.1 (i.e. each additional hour spent during code reading and inspections yields 6.1 saved hours of appraisal and nonperformance activities afterwards).

Table 2: ROI calculation of process improvements with focus on code inspections (*fault preventive activities are not considered for that example*)

	baseline	year 1	year 2
Reading Speed [Stmt/Ph]	183	57	44
Effort per KStmt	15	24	36
Effort per Fault	7.5	3	3
Faults per KStmt	2	8	12
Effectiveness [% of all]	2	18	29

	baseline		year 2
Average Project: 70 KStmt resulting in 3150 Faults			
Effort for Code Reading / Insp. [Ph]	1050		2520
Faults found in Code Reading / Insp.	140		840
Remaining faults after Code Reading	3010		2310
Correction effort after Code Reading / Insp. [Ph] (based on 15 Ph/F average correction effort)	45150		34650
Total correction effort [Ph]	46200		37170

ROI = saved total effort / add. detection effort	6.1

We had the following experiences with ROI calculations:
- It is better to collect the different effort figures during a project than afterwards
- Activities related to distinct effort figures must be defined (activity based costing helps a lot)
- Cost and effort must not be estimated, but rather collected in projects (typically the inputs to the estimation are questioned until the entire calculation is not acceptable any more)
- Detailed quality cost are helpful for root cause analyses and related fault prevention activities
- Tangible cost savings are the single best support for a running improvement program
- Cost of nonperformance is a perfect trigger for a SPI program
- There are many "hidden" ROI potentials that are often difficult to quantify (e.g. customer satisfaction; improved market share because of better quality, delivery accuracy and lower per feature costs; opportunity costs; reduced maintenance costs in follow-on projects; improved reusability; employee satisfaction; resources are available for new projects instead of wasting them for firefighting)
- There are also hidden investments that must be accounted (e.g. training, infrastructure, coaching, additional metrics, additional management activities, process maintenance)

Not all ROI calculations are based on monetary benefits. Depending on the business goals it can as well be directly presented in improved delivery accuracy, reduced lead time or higher efficiency and productivity.

7. Conclusions

We have presented some extracts from the SPI initiative of Alcatel's Switching Systems Division. While this SPI program is ongoing and will surely yield additional improvements not mentioned here, it should be clear that SPI - especially because of its rather long elapse time until sustainable results are achieved - must be entirely based on a comprehensive and integrated improvement approach. Three hypotheses have been validated in this study, namely

• reducing reading speed during code inspections improves design effectiveness and thus reduces normalized cost of non-quality and customer detected faults;

• increasing the share of code inspections after coding and before test improves design effectiveness and thus reduces normalized cost of non-quality and customer detected faults;

• increasing test fault detection effectiveness (i.e. percentage of remaining faults being detected during integration) reduces normalized cost of non-quality and customer detected faults.

To further reduce cost of non-quality it was obvious that SPI also had to focus on product line impacts and not only on a per project approach. This was yet another lesson learned that typically is not mentioned in current empirical SPI studies. We introduced a synchronization approach to simultaneously trigger corrections in all impacted customization projects. Further we started an alignment of product variants while still preserving the desired operator-specific features asked by different customers operating in the same markets.

Although we focused in this study on achievements related to product quality, other results became visible in parallel. With improved product quality and reduced rework, we were able to focus resources according to customer needs and therefore improve delivery accuracy of the various customer projects (Fig. 4).

Figure 4: Delivery inaccuracy (in terms of achieved handover date vs. plan) improvement over three years

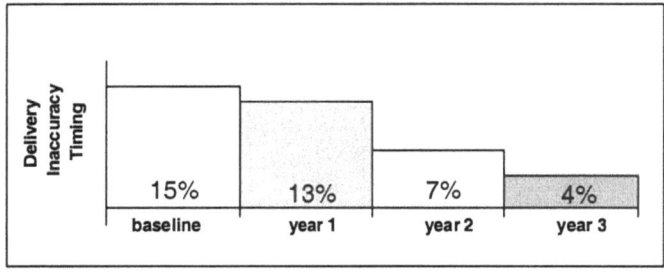

Software process improvement is now a big issue on the agenda of all organizations with software as a core business. As such it is also a major research topic, that may continue to grow in importance well into the 21st century. However, some software technologies have a much shorter lifetime and for sure the management attention is focused rather on short-term achievements with impact to the scorecard. Unless tangible results can be achieved in the related short timeframe, interest in SPI will quickly wane.

References

[1] McGarry, F. et al: Measuring Impacts Individual Process Maturity Attributes Have on Software Products. Proc. 5. Int. Software Metrics Symposium. IEEE Comp. Soc. Press, pp. 52-60, 1998..

[2] Bassin et al: Evaluating Software Development Objectively. *IEEE Software*, Vol. 15, pp. 66-74, 1998..

[3] Wohlwend, H. and S.Rosenbaum: Schlumberger's Software Improvement Program. *IEEE Trans. Software Engineering*. Vol. 20, No. 11, pp. 833-839, Nov.1994.

[4] Wigle, G.B.: Practices of a Successful SEPG. *European SEPG Conference 1997*. Amsterdam, 1997. More in-depth coverage of most of the Boeing results in: G.G.Schulmeyer and J.I.McManus, Ed.: Handbook of Software Quality Assurance, 3. ed., Int. Thomson Computer Press, 1997.

[5] Grady, R.B.: *Successful Software Process Improvement*. Prentice Hall, Upper Saddle River, 1997.

[6] Diaz, M. and J.Sligo: How Software Process Improvement Helped Motorola. *IEEE Software*, Vol.14, No. 4, pp. 75-81, Sep. 1997.

[7] Dekleva, S. and D.Drehmer: Measuring Software Engineering Evolution: A Rasch Calibration. *Information Systems Research*. Vol. 8, No. 1, pp. 95-105, Mrc. 1997.

[8] Fenton, N. E. and S.L. Pfleeger: *Software Metrics: A Practical and Rigorous Approach*. Chapman & Hall, London, 1997.

[9] Perpich, J.M., et al.: Anywhere, Anytime Code Inspections: Using the Web to remove Inspection Bottlenecks in Large-Scale Software Development. *Proc. Int. Conf. on Software Engineering*, IEEE Comp. Soc. Press, pp. 14-21, 1997.

[10] Perry, D.E., H.P.Siy and L.G.Votta: Parallel Changes in large Scale Software Development: An Observational Case Study. *Proc. Int. Conf. on Software Engineering*, IEEE Comp. Soc. Press, pp. 251-260, 1998.

[11] Ebert, C.: Technical Controlling and Software Process Improvement. *Journal of Systems and Software*. Vol. 46, pp. 25-39, 1999.

[12] Ebert, C., J.Altenhoener, J.DeMan: Integrating Process Improvement and Product Engineering. Proc. 5. Annual European Software Engioneering Process Group Conference. Amsterdam, 5.-8. Jun. 2000. ESPI Foundation, www.espi.co.uk. Jun. 2000.

Entwurfsmustergesteuerte Erzeugung von OCL-Constraints

Thomas Baar[1], Reiner Hähnle[2], Theo Sattler[1]und Peter H. Schmitt[1]

[1] Fakultät für Informatik
Universität Karlsruhe
D-76128 Karlsruhe
{baar,sattler,pschmitt}@ira.uka.de
[2] Department of Computing Science
Chalmers University of Technology
S-41296 Göteborg
reiner@cs.chalmers.se

Zusammenfassung Eine der größten Hürden auf dem Weg zur formalen Verifikation von Software ist die Erstellung und Validierung der hierfür notwendigen formalen Spezifikation. Der Erfolg formaler Methoden bei der industriellen Softwareerstellung hängt also davon ab, ob es zum einen gelingt, die notwendigen Zugangsvoraussetzungen für die Erstellung und Verwendung formaler Objekte gering genug zu machen, und zum anderen davon, formale und informelle Softwaremodelle möglichst eng zu integrieren. Für letzteres bietet die weithin verwendete, objektorientierte Modellierungssprache *Unified Modeling Language* (UML) einen guten Ansatzpunkt durch ihre semi-formale Untersprache *Object Constraint Language* (OCL). In der vorliegenden Arbeit zeigen wir, daß es auch für Programmierer ohne formalen Hintergrund prinzipiell möglich ist, formale Teilspezifikationen in OCL zu erstellen. Dies erfolgt durch Auswahl, Instanziierung und Adaption von schematischen OCL-Constraints, die von Spezialisten sorgfältig definiert wurden. Durch die Bindung von OCL-Constraints an Entwurfsmuster wird ein hoher Grad an möglicher Hilfestellung und maschineller Unterstützung erreicht. Durch die Erhebung der Constraints im Rahmen eines konkreten Industrieprojekts wird der Praxisbezug des Ansatzes sichergestellt.

1 Einführung

Eine der größten Hürden auf dem Weg zur formalen Verifikation von Software ist die Erstellung und Validierung der hierfür notwendigen formalen Spezifikation. Der zukünftige Erfolg formaler Methoden bei der industriellen Softwareerstellung wird also entscheidend davon abhängen, ob es zum einen gelingt, die notwendigen Zugangsvoraussetzungen für die Erstellung und Verwendung formaler Objekte gering genug zu halten, und zum anderen davon, formale und informelle Softwaremodelle möglichst eng zu integrieren.

Für letzteres bietet die weithin verwendete, objektorientierte Modellierungssprache *Unified Modeling Language* (UML) [7, 8] einen guten Ansatzpunkt durch ihre semi-formale Untersprache *Object Constraint Language* (OCL) [7, 11]. Mit sogenannten *OCL-Constraints* lassen sich semantische Eigenschaften von UML-Diagrammen und ihren Elementen präzise ausdrücken.

Die Notation der OCL ist an die Gepflogenheiten der objektorientierten Modellierung (OOM) angepaßt, die Syntax ist einfach und verzichtet auf mathematische Symbole. Dies führt zu relativ leichter Lesbarkeit für Entwickler objektorientierter Software. Bei der tatsächlichen Formalisierung von semantischen Eigenschaften in OCL haben die meisten Benutzer aber dennoch massive Probleme.

In der vorliegenden Arbeit wenden wir uns daher der Frage zu, wie die Erzeugung von korrekten und sinnvollen OCL-Constraints im Rahmen der Softwaremodellierung mit UML so unterstützt werden kann, daß auch ein Nichtspezialist für formale Spezifikation davon profitiert. Wir zeigen, daß es auch für Programmierer ohne formalen Hintergrund prinzipiell möglich ist, formale Teilspezifikationen in OCL zu erstellen. Dies erfolgt durch Auswahl, Instanziierung und Adaption von schematischen OCL-Constraints, die von Spezialisten sorgfältig vorbereitet wurden.

Das kann nur gelingen, wenn die OCL-Constraints in hohem Maß vorstrukturiert und aufbereitet sind. Wenn man nach Vorlagen für eine solche Strukturierung Ausschau hält, bietet sich das in den letzten Jahren extrem erfolgreiche Paradigma der Entwurfsmuster für Software [3] an. Im folgenden demonstrieren wir, daß durch die Bindung von schematischen OCL-Constraints an Entwurfsmuster ein hoher Grad an Hilfestellung und maschineller Unterstützung bei der Erzeugung formaler Spezifikationen erreicht werden kann.

Es geht also zunächst darum, basierend auf konkreten Modellierungen mit UML und Mustern, relevante semantische Eigenschaften und die Entwurfsmuster, in deren Verbindung sie auftreten, zu identifizieren. Zur Gewährleistung von Signifikanz und Praxisnähe wurde die Untersuchung in einem konkreten Projekt eines mittelständischen Systemhauses angesiedelt. Die Analyse der Probleme, die die Entwickler bei ihren Verwendungsversuchen der OCL hatten, sowie allgemeine, durch den OCL-Sprachentwurf bedingte Hürden, motivieren die direkte Verknüpfung von Entwurfsmustern mit Constraints. Dies ist der Inhalt des folgenden Abschnitts 2. Die Auswahl geeigneter Muster und Constraints wird in Abschnitt 3 beschrieben. Eine Definition der Verknüpfung von Constraints mit Mustern sowie Beispiele, bei deren Formulierung wir allerdings eine Vertrautheit des Lesers auch mit fortgeschrittenden Konzepten der OCL voraussetzen mußten (zur Einführung in OCL siehe [11]), finden sich in Abschnitt 4. In Abschnitt 5 geben wir eine Zusammenfassung und zeigen auf, was für einen realistischen Einsatz zu tun bleibt.

2 Erhebung von geeigneten Mustern und Constraints

Zunächst beschreiben wir das Industrieprojekt samt Umfeld, in dem wir praxisrelevante Vorstellungen darüber, welche Eigenschaften von Entwürfen zu formalisieren sind, erhoben haben.

2.1 Projekt und Umfeld

Dieser Teil der Untersuchung wurde vor Ort in dem mittelständischen System-haus *fun communications* GmbH, Karlsruhe durchgeführt. Die Gründe für diese Wahl, neben der grundsätzlichen Bereitschaft der Firma zu dieser Art der Zu-sammenarbeit, waren:

- Entwurf und Entwicklung von Software findet bei der *fun communications* GmbH mit objektorientierten Methoden unter Verwendung von CASE-Werkzeugen statt.
- Die verwendete Modellierungssprache ist UML.
- Die Entwickler machen routinemäßig Gebrauch von Entwurfsmustern, was auch von den verwendeten CASE-Werkzeugen unterstützt wird.
- Wir hatten Gelegenheit, die Entwurfsarbeit an einem typischen Projekt von Anfang an mitzuverfolgen.

Ziel des Softwareprojekts war die Erstellung des eMail-Clients *keyMail/S*, der außer den Standardfunktionen, wie Senden, Empfangen, Verwalten von Nach-richten und Adressen (Kontakten) eine Konfigurierbarkeit für mehrere Benutzer, Unterstützung für Verschlüsselung und Signatur von Nachrichten, sowie Zertifi-katsverwaltung bereitstellt.

Analyse und Entwurf des Projekts wurden weitgehend in UML erstellt. *key-Mail/S* besteht im wesentlichen aus den fünf Paketen Benutzer-, Nachrichten-, Konto-, Kontakt- und Zertifikatsverwaltung. Die Benutzerverwaltung kontrol-liert den Zugang. Wer *keyMail/S* benutzen will, muß sich über die Benutzerver-waltung anmelden. Ein Benutzer kann mehrere Konten besitzen. Jedes Konto ist einem Mail-Server zugeordnet und wird von der Kontoverwaltung gepflegt. Die Kontaktverwaltung stellt jedem Benutzer ein Adreßbuch zur Verfügung, in dem er seine Kontakte hierarchisch ordnen und gruppieren kann. Die Nachrichtenver-waltung stellt eine ähnliche Funktionalität für die Archivierung von Nachrichten in hierarchischen Ordnern zur Verfügung.

2.2 Analyse der UML-Modellierung

Das Analysemodell von *keyMail/S* umfaßt 47 Klassen, wobei die einzelnen Pake-te zwischen 5 und 11 Klassen beinhalten. Wir konzentrieren uns auf die Kontakt-verwaltung, weil diese die meisten Aspekte umfaßt und zum Zeitpunkt unserer Untersuchung hauptsächlich vorangetrieben wurde.

Das Analysemodell der Kontaktverwaltung umfaßt 11 Klassen. In der Ana-lysephase wurden keine OCL-Constraints verwendet. Einzelne Klassen wurden umgangssprachlich beschrieben. Methoden wurden zum Teil nur durch Wahl ein-schlägiger Bezeichner, wie *addElement()*, *removeElement()*, dokumentiert. Das verfeinerte Entwurfsmodell der Kontaktverwaltung umfaßt 48 Klassen. Insge-samt wurden 11 verschiedene Entwurfsmuster aus [3,1] verwendet (Abstract Factory, Builder, Bureaucracy, Composite, Counted Pointer, Iterator, Observer, Proxy, Serializer, Singleton, Strategy). Jede Klasse war Teil mindestens eines Musters.

2.3 Erhebung von Constraints

Während der Verfeinerung des Entwurfsmodells wurden die Entwickler dazu aufgefordert, ihre bislang schriftlich oder auch nur mündlich ausgedrückten Einschränkungen in Form von OCL-Constraints auszudrücken, insbesondere im Zusammenhang mit der Verwendung von Entwurfsmustern. Dabei wurden sie von uns unterstützt. Hier ist festzuhalten, daß zunächst der Sinn des Vorgehens in Frage gestellt wurde. In diesem Zusammenhang ist erwähnenswert, daß nur ein Teil der Systementwickler eine Informatik-Ausbildung hinter sich hat, während, wie derzeit für kleinere Unternehmen typisch, viele einen Hintergrund in den Natur- oder Ingenieurwissenschaften haben und keinerlei Erfahrung mit formalen Sprachen besitzen.

Die zögerliche Haltung zu den Formalisierungsversuchen änderte sich rasch, nachdem es uns gelang, Unklarheiten und Mehrdeutigkeiten im Entwurf mit Hilfe der präziseren OCL-Notation aufzuzeigen. Danach stieß OCL als formale Spezifikationssprache auf weitgehende Akzeptanz, was u.E. zu einem großen Teil auf die an OO-Programmiersprachen angelehnte Syntax zurückzuführen ist.

Es zeigte sich jedoch auch deutlich, daß Entwickler trotz guten Willens erhebliche Schwierigkeiten mit der korrekten Verwendung von OCL haben, was zum Teil gerade durch die Nähe zur OO-Syntax bedingt ist. Zum Beispiel wurde mehrfach versucht, in einem OCL-Ausdruck den Zustand eines Objekts zu modifizieren, was durch die Seiteneffektfreiheit von OCL ausgeschlossen ist. Die Formalisierung komplizierter Sachverhalte überforderte die meisten Entwickler.

Zusammenfassend ist zu sagen, daß auch Entwickler ohne Hintergrund in formalen Methoden den Sinn und die Vorteile von präziseren Modellierungen durchaus schätzengelernt haben und gerne anwenden würden. Das bestätigt die Erfahrung anderer Wissenschaftler bei der Etablierung formaler Methoden im Bereich industrieller Softwareentwicklung [5]. Für die Anwendung der OCL brauchen Systementwickler eine grundsätzliche Einführung in OCL, die im Rahmen eines OOM-Kurses mit UML erfolgen kann, und CASE-Werkzeuge, die eine (richtige) Verwendung von OCL unterstützen durch:

- integrierte OCL-Parser und -Editoren;
- Bibliotheken mit OCL-Idiomen;
- Verknüpfung von Entwurfsmustern mit typischen OCL-Constraints.

Im folgenden versuchen wir zu zeigen, daß dies in realistischer Weise möglich ist.

3 Auswahl und Verwendung von OCL-Constraints

3.1 OCL-Idiome

In allen Systemteilen von *keyMail/S* werden Daten in diversen Graphen- und Listenstrukturen verwaltet. Die jeweiligen Methoden zum Löschen und Einfügen von Elementen beinhalten regelmäßig solche Einschränkungen, die in UML-Diagrammen höchstens in Form von unstrukturierten Kommentaren auftauchen.

Ubiquitär sind Forderungen, wie zum Beispiel, daß bestimmte Elemente nicht in einer Liste auftauchen dürfen oder, umgekehrt, auftauchen müssen, etc. Folgendes Constraint[1] legt fest, daß die Variable *collection* vom OCL-Typ *Collection*, was sowohl eine Menge, Mehrfachmenge oder Folge sein kann, tatsächlich eine Menge ist:

```
collection->forAll(e | collection->count(e) = 1)
```

Solche Forderungen stehen nicht im Zusammenhang mit einem bestimmten Muster. Wegen ihrer Häufigkeit ist es dennoch angebracht, sie in allgemeiner Form zu formalisieren und in einer Bibliothek bereitzustellen. Wegen der starken Abhängigkeit von den in OCL vorgefundenen Konstrukten, nennen wir solche Constraints **OCL-Idiome**. Außer ihrer universellen Verwendbarkeit empfehlen sich OCL-Idiome als übersichtliche und praxisrelevante Formalisierungsbeispiele. Eine längere Liste mit von uns entdeckten und formalisierten OCL-Idiomen ist in [9] zu finden.

3.2 Mustergesteuerte OCL-Constraints

Als nächstes wurden systematisch die mit der Verwendung von Mustern einhergehenden Einschränkungen gesammelt und in OCL-Constraints umgesetzt.

Zum Beispiel findet bei rekursiven Datenstrukturen, wie Bäumen oder gerichteten Graphen-Strukturen, das Composite Muster Anwendung. Neben den OCL-Idiomen gibt es nun zusätzliche Einschränkungen, die an die *Struktur des Musters* geknüpft sind, wie zum Beispiel die Forderung nach Zyklenfreiheit der Instanzen.

Etliche Daten sollen dem Benutzer in verschiedener Sicht angeboten werden. Das Observer Muster realisiert einen effizienten Mechanismus, der die Daten und deren Sichten konsistent hält. Die Forderung nach Konsistenz kann im Rahmen dieses Musters allgemein in OCL formalisiert werden.

Teile der Daten müssen über die Laufzeit des Systems hinaus erhalten bleiben. Daher ist es notwendig, die Daten in eine linearisierte Form zu bringen, die z.B. in einer Datei abgelegt werden kann. In diesem Zusammenhang findet das Serializer Muster Anwendung. Dabei wird im wesentlichen gefordert, daß die Linearisierung umkehrbar ist.

Eine vollständige Liste der aus dem *keyMail/S*-Entwurf extrahierten und als OCL-Constraint formalisierten Anforderungen ist in der Arbeit [9] enthalten. Bei der weiteren Verfeinerung des Entwurfs traten von den formalisierten Entwurfsmustern besonders Composite, Singleton und Observer häufiger auf. Die Formalisierung ergab zwischen 4 (Observer) und 16 (Composite) Constraints, die mit einem Muster verknüpft werden konnten, wobei diese nicht notwendigerweise alle Aspekte des Musters abdecken.

---

[1] Das Constraint für die Methode *isUnique()* in der OCL-Sprachdefinition soll zwar dasselbe leisten, ist jedoch fehlerhaft formuliert, vgl. [9, Abschnitt 4.4].

3.3 Von Constraints zu Constraint-Schemata

Ein Constraint, das mit einem Muster verknüpft wird, muß wie dieses auf verschiedene Diagramme anpaßbar sein. Weiterhin sollten sich alle Anpassungsschritte von einem Muster zu einem Diagramm in uniformer Weise auf das Constraint übertragen lassen. Die Analyse der in der Praxis vorkommenen Anpassungsschritte eines Musters ist deshalb ein erster Schritt, um die Struktur und Verwendung der mit Mustern verknüpften Constraints zu motivieren. Moderne CASE-Werkzeuge wie GDPro, TogetherJ, etc. bieten dem Softwareentwickler bereits eine Muster-Bibliothek an. Aus einem ausgewählten Muster kann sich der Entwickler sein gewünschtes Diagramm generieren lassen. Bei diesem Vorgang, den wir Musterinstanziierung nennen, bieten die Werkzeuge folgende Möglichkeiten der Einflußnahme:

Strukturanpassung: Die mit einem Muster assoziierte Klassenstruktur stellt nur in seltenen Fällen hundertprozentig die Lösung für das aktuelle Entwurfsproblem dar. Notwendig sind üblicherweise strukturelle Anpassungen wie das Hinzufügen von Klassen, Attributen, Methoden.

Signaturanpassung: Die im Muster verwendeten Bezeichner charakterisieren zwar die Rollen der bezeichneten Entitäten innerhalb des Musters prägnant, als Bezeichner im resultierenden Entwurf eignen sie sich allerdings kaum. Der Entwickler wird durch Umbenennung eine Anpassung vornehmen.

Variantenbildung: Ein Muster beinhaltet den Lösungsansatz für eine Vielzahl ähnlicher Probleme, die sich in Details unterscheiden. Oft wird in der Beschreibung des Musters auch darauf eingegangen, wie zusätzliche Details bei der Problemstellung sich auf die Ausgestaltung des Lösungsansatzes auswirken (zum Beispiel im Abschnitt *Implementation* der Muster aus [3]). CASE-Werkzeuge reflektieren diesen Sachverhalt und geben dem Softwareentwickler die Möglichkeit, über zusätzliche Parameter die Generierung des Diagramms zu steuern. Ein typisches Beispiel ist die Entscheidung darüber, ob eine Assoziation zwischen zwei Muster-Klassen in dem resultierenden Entwurf als Aggregation oder Komposition realisiert werden soll.

Diese Techniken zur Musterinstanziierung, Strukturanpassung, Signaturanpassung und Variantenbildung, spielen auch bei der Anpassung der an ein Muster annotierten Constraints eine wichtige Rolle. Es hat sich für annotierte Constraints als zweckmäßig erwiesen eine spezielle Syntax zu verwenden. Deshalb verwenden wir für die mit Mustern vor ihrer Instanziierung bzw. Anpassung verbundenen Constraints den Begriff **Constraint-Schema**. Die formale Syntax von Constraint-Schemata, ihre Anpassung und Instanziierung zu Constraints sowie ihre praktische Verwendung sind Thema des folgenden Abschnitts.

4 Constraint-Schemata

4.1 Syntax

Um eine flexible Anpassung an Diagramme zu erreichen, haben Constraint-Schemata eine verglichen mit normalen OCL-Constraints leicht erweiterte Syntax. Wie bei diesen beziehen sich auch Constraint-Schemata auf ein Klassendiagramm, welches die verwendbaren Bezeichner festlegt. Im Falle von Constraint-Schemata ist dies das zum entsprechenden Muster P gehörende Klassendiagramm D_P.

Definition 4.1 (Syntax Constraint-Schema). Sei D_P ein gegebenes Klassendiagramm. Ein Ausdruck der Form

> schema *Name* (*Parameters*)
>   [precond: *Guard*]
>   ocl: *OCLConstraint*

wird **Constraint-Schema** genannt. Dabei ist *Name* ein eindeutiger Bezeichner für das Constraint-Schema im Kontext von D_P; *Parameters* ist eine Liste von formalen Parametern der Form „*PType   PName*". Dabei muß *PType* ein gültiger OCL-Typbezeichner sein und *PName* ein noch nicht verbrauchter Bezeichner. *Guard* gibt die Vorbedingung für die Anwendbarkeit des Constraint-Schemas in OCL-Syntax an. Es expliziert Annahmen über die Struktur des Entwurfs. Die Angabe ist optional. *OclConstraint* ist ein unter Berücksichtigung von D_P und *Guard* syntaktisch korrekter OCL-Ausdruck, der zusätzlich die in *Parameters* eingeführten formalen Parameter gemäß ihrer Typisierung verwenden kann. Von großer praktischer Bedeutung ist weiterhin eine informelle Beschreibung dessen, was mit dem Constraint-Schema inhaltlich ausgedrückt werden soll. Dieser Kommentar hat für die Instanziierung des Constraint-Schemas formal gesehen keine Relevanz und wurde aus diesem Grunde nicht in der Syntax berücksichtigt. Bei der Verwendung der Constraint-Schemata in der Praxis erfolgt die Auswahl der benötigten Schemata durch den Softwareentwickler in starkem Maße jedoch auf Grundlage des zusätzlichen, beschreibenden Kommentars.

Zur Illustration betrachten wir das Singleton Muster, welches nur die eine Klasse *Singleton* enthält.

> **Singleton**

Abbildung1. Klassendiagramm des Musters Singleton

Die in der Beschreibung des Musters informell formulierte Anforderung, daß es von der Klasse *Singleton* nie mehr als eine Instanz gibt, läßt sich durch ein Constraint-Schema folgendermaßen formalisieren:

```
schema isSingleton()
    ocl: context Singleton inv:
        Singleton.allInstances->size <= 1
```

Manchmal wird Singleton leicht abgewandelt verwendet, wobei die Anzahl der erlaubten Instanzen durch eine größere Zahl als Eins beschränkt ist. Dies läßt sich einfach durch ein Constraint-Schema formulieren; die Obergrenze der Instanzenanzahl wird durch den formalen Parameter *MAX* angezeigt:

schema boundInstances(Integer MAX)
 ocl: context Singleton inv:
  `Singleton.allInstances->size <= MAX`

Bei der Instanziierung dieses Schemas (siehe Abschnitt 4.2) muß der Softwareentwickler den formalen Parameter *MAX* durch einen aktuellen Wert ersetzen.

Neben der Variantenbildung durch Parameter ist die Fähigkeit zur Erweiterung des im Muster vorgegebenen Klassendiagramms eine weitere wichtige Eigenschaft von Constraint-Schemata. Zur Illustration betrachten wir einen zu *boundInstances* alternativen Vorschlag *boundInstancesAlt*. Informell ausgedrückt besteht dieser darin, daß die Klasse *Singleton* um ein Attribut *id* vom Typ *Integer* erweitert wird. Als äquivalentes Constraint zu *boundInstances* kann man formulieren, daß der Wert von *id* in jeder Instanz von *Singleton* eindeutig und kleiner als *MAX* ist.

Um das Constraint für *boundInstancesAlt* zu formalisieren, muß die Klasse *Singleton* um das Attribut *id* erweitert werden. Eine scheinbare Lösung wäre, das Muster Singleton selbst zu erweitern und das Attribut *id* in die Klasse *Singleton* aufzunehmen. Das hätte aber zur Folge, daß bei jeder Anwendung des Musters das genannte Attribut erzeugt würde, auch wenn es die Situation nicht erfordert. Mit Hilfe von Constraint-Schemata kann man dies auf flexiblere Weise lösen:

schema boundInstancesAlt(Integer MAX)
 precond:
  `Singleton.attributes->includes('id') and`
  `Singleton.allInstances->`
     `forAll(x | x.id.oclIsKindOf(Integer))`

 ocl: context Singleton inv:
  `Singleton.allInstances->`
   `forAll(x | 0 < x.id and x.id <= MAX and`
    `forAll(y | x <> y implies x.id <> y.id))`

Das Muster bleibt erhalten, aber wenn das Constraint-Schema sich auf zusätzliche Elemente (wie das Attribut *id*) bezieht, wird dies in der Bedingung, die auf das Schlüsselwort **precond:** folgt, festgehalten. Diese Bedingung muß garantieren, daß das eigentliche OCL-Constraint des Schemas nach der Instanziierung für ein gegebenes Klassendiagramm syntaktisch korrekt ist.

4.2 Instanziierung

Die Instanziierung von Constraint-Schemata lehnt sich an die Instanziierung von Mustern an, siehe Abschnitt 3.3. Im folgenden wird sowohl die Instanziierung von Mustern als auch die Instanziierung von Constraint-Schemata formal definiert.

Wir benutzen hierbei die Begriffe *Diagramm* und *Term* in der Bedeutung „UML-Diagramm" und „Term einer formalen Sprache".

Instanziierung von Mustern Diagramme werden üblicherweise in graphischer Form dargestellt, haben jedoch auch eine Termrepräsentation, zum Beispiel [10]. Dadurch kann das Verfahren der Musterinstanziierung uniform auf die Instanziierung von Constraint-Schemata, die ebenfalls Terme sind, übertragen werden. Die genaue Art der Termrepräsentation von Diagrammen spielt für unsere Untersuchungen dabei keine Rolle.

Unter der Signatur eines Terms wird im allgemeinen die Menge aller vorkommenden Funktionssymbole und Variablen verstanden. Wir benutzen im folgenden den Begriff der Signatur in adäquater Weise für Termrepräsentationen von Diagrammen. Die Signatur eines Diagramms ist somit das in ihm vorkommende Vokabular oder, präziser ausgedrückt, die Gesamtheit aller vorkommenden Bezeichner (z.B. für Klassen, Attribute, Methoden, Assoziationsenden, etc.).

Der Prozeß der Musteranpassung, so wie er in vielen CASE-Werkzeugen realisiert ist, kann grob wie folgt beschrieben werden (wobei die in einigen CASE-Werkzeugen realisierte Form der Variantenbildung unberücksichtigt bleibt). Gegeben sei ein Muster P, das strukturell durch ein Klassendiagramm D_P beschrieben ist.

Schritt 1: Strukturanpassung: Änderung von D_P zu D'_P
In diesem Schritt paßt der Softwareentwickler das Diagramm des Musters seinen Erfordernissen an. Ein Beispiel ist im Singleton Muster das Hinzufügen eines Attributes *id* in der Klasse *Singleton*.
Schritt 2: Definition der Signaturabbildung σ
In diesem Schritt paßt der Softwareentwickler das im Muster verwendete Vokabular durch Umbenennung seinen Wünschen an. Formal gesehen handelt es sich bei der Umbenennung um eine Signaturabbildung, die wir mit σ bezeichnen.
Schritt 3: Generierung des resultierenden Entwurfs D
Der resultierende Entwurf D entsteht durch Anwendung der Signaturabbildung σ auf das strukturell angepaßte Diagramm D'_P. Dieser Schritt wird automatisch vom CASE-Werkzeug auf Grundlage der Beziehung $D = \sigma'(D'_P)$ durchgeführt. Dabei ist σ' die kanonische Erweiterung der Signaturabbildung σ auf Terme.

Instanziierung von Constraint-Schemata Die Instanziierung eines Constraint-Schemas vollzieht sich in analoger Weise zur Instanziierung von Mustern, erfordert jedoch zusätzlich die Behandlung der mit ihm verknüpften Vorbedingung und der formalen Parameter.

Gegeben sei wiederum ein Muster P, das zugehörige Klassendiagramm D_P und ein an Muster P annotiertes Constraint-Schema CS_P. Der Instanziierungsvorgang vollzieht sich in folgenden Schritten:

Schritt 1.1: Strukturanpassung von D_P zu D'_P

Schritt 1.2: Prüfung der Anwendbarkeit von CS_P auf D'_P
Die in CS_P formulierten Vorbedingungen müssen von D'_P erfüllt werden.
Dazu muß der **precond:** – Teil von CS_P entweder leer sein oder der angegebene Guard sich bzgl. D'_P zu *true* evaluieren lassen. Falls das nicht der Fall ist, wird der Prozeß der Instanziierung an dieser Stelle abgebrochen.

Schritt 1.3: Bindung der formalen Parameter an aktuelle Werte
In diesem Schritt wird der Softwareentwickler nach konkreten Werten für die im Constraint-Schema CS_P aufgeführten formalen Parameter gefragt. Im **ocl:** – Teil von CS_P werden anschließend die formalen Parameter syntaktisch durch die entsprechenden konkreten Werte ersetzt und man erhält einen OCL-Ausdruck C_P.

Schritt 2: Definition der Signaturabbildung σ

Schritt 3: Erzeugung des resultierenden Entwurfs D mit Constraint C durch Anwendung der Signaturabbildung σ auf D'_P und C_P wobei gilt:
$D = \sigma'(D'_P)$ und $C = \sigma'(C_P)$

Anpassungsschritte am einfachen Beispiel Zur Illustration passen wir das Singleton Muster aus Abschnitt 4.1 für ein denkbares Szenario an. Ziel ist ein Entwurf mit einer Klasse *StandardFolder*, die ein Attribut *nthNumber* besitzt und von der höchstens 7 Instanzen existieren dürfen, was mit Hilfe von *boundInstancesAlt* ausgedrückt werden soll. In diesem Fall sind folgende Anpassungsschritte vonnöten:

Schritt 1.1: Strukturanpassung des Musters durch Einfügung des Attributs *id*

$$D'_P = \boxed{\begin{array}{l} \textbf{Singleton} \\ \hline \texttt{id: Integer} \end{array}}$$

Schritt 1.2: Test der Vorbedingung
Die in *boundInstancesAlt* enthaltende Vorbedingung
```
Singleton.attributes->includes('id') and
Singleton.allInstances->
            forAll(x | x.id.oclIsKindOf(Integer))
```
muß für das Diagramm D'_P ausgewertet werden. Diese Auswertung ergibt *true*. Somit kann mit dem Schritt 1.3 fortgefahren werden.

Schritt 1.3: Bindung der formalen Parameter
Für den formalen Parameter MAX wird vom Softwareentwickler ein aktueller Wert erfragt, in diesem Beispiel der Wert 7. Nach syntaktischer Ersetzung im **ocl:** – Teil von *boundInstancesAlt* ergibt sich für C_P:
```
context Singleton inv:
    Singleton.allInstances->
        forAll(x | 0 < x.id and x.id <= 7 and
          forAll(y | x <> y implies x.id <> y.id))
```

Schritt 2: Angabe der Signaturabbildung

Der Benutzer wählt $\sigma = \{$*Singleton* $\mapsto$ *StandardFolder*, *id* $\mapsto$ *nthNumber*$\}$.

Schritt 3: Automatische Generierung des resultierenden Diagramms mit gewünschten Constraints:

StandardFolder
nthNumber: Integer

```
context StandardFolder inv:
    StandardFolder.allInstances->
        forAll(x | 0 < x.nthNumber and x.nthNumber <= 7 and
        forAll(y | x <> y implies
                        x.nthNumber <> y.nthNumber))
```

4.3 Ein reales Anwendungsbeispiel

Constraint-Schemata haben sich im *keyMail/S*-Projekt vielfach bewährt. In diesem Abschnitt wird ein Ausschnitt daraus vorgestellt. Die hierbei verwendeten Constraint-Schemata sind in ihrem Aufbau typisch. Sie verwenden mit den sogenannten *Metakonstrukten* fortgeschrittene Konzepte der OCL. Die Anwendung der Metakonstrukte wird in Abschnitt 4.4 näher diskutiert.

Das folgende Beispiel basiert auf dem Composite Muster. Es dient zur Realisierung graphenartiger Datenstrukturen bestehend aus Knoten und Kanten. In der Beschreibung des Musters werden die Knoten in innere Knoten (*Composite*) und Blattknoten (*Leaf*) unterteilt.

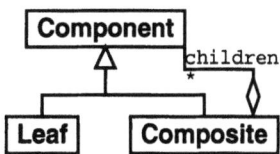

Abbildung2. Klassendiagramm des Musters Composite

In *keyMail/S* wird eine Datenstruktur „Geschichteter Baum" für die Realisierung eines Adreßbuches benötigt. Ein Adreßbuch besteht aus Verzeichnissen, jedes Verzeichnis aus sogenannten Kontakt-Gruppen, jede Kontakt-Gruppe aus Kontakten. Diese strenge Hierarchisierung soll bei Bedarf etwas abgeschwächt werden, indem auch Sprünge zu weiter unten liegenden Knotentypen erlaubt sind.

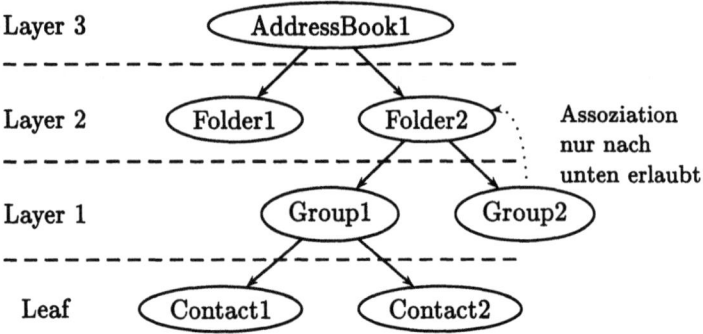

Die Spezifikation der informell beschriebenen Datenstruktur gelingt sehr elegant mit folgendem Constraint-Schema. Dabei wird *layer* als neues Klassenattribut von *Component* mit Typ *Integer*, welches die Hierarchiestufe einer Klasse codiert, vorausgesetzt. Die Hierarchiestufe *layer* ist zwar inhaltlich nur für Unterklassen von *Composite* relevant, aber aus Gründen der Typkorrektheit als Klassenattribut von *Component* und nicht von *Composite* realisiert. Der formale Parameter *flavour* legt fest, ob es sich um eine strenge Hierarchisierung handelt.

```
schema isLayeredGraph(String flavour)
    precond:
        Component.attributes->includes('layer') and
        Component.allInstances->
                    forAll(x | x.layer.oclIsKindOf(Integer))

    ocl: context Composite inv:
        let subtypes = OclType.allInstances->select( c |
            c.allSupertypes->includes(Composite)) in
            subtypes->collect( c | c.layer ) =
                Bag { 1 .. subtypes->size} and
            if (flavour = 'strong') then
              self.children->forAll( x |
                  (x.layer = self.layer - 1 ) or
                  (self.layer = 1 and x.oclIsKindOf(Leaf)))
            else
              self.children->forAll( x |
                  x.layer <= self.layer or
                  x.oclIsKindOf(Leaf))
            endif
```

Der Softwareentwickler muß das Composite Muster und das Constraint-Schema *isLayeredGraph* geeignet instanziieren. Wir verzichten an dieser Stelle aus Platzgründen auf die Beschreibung der Schritte 1.1 – 3 und präsentieren nur das Ergebnis der Anpassung:

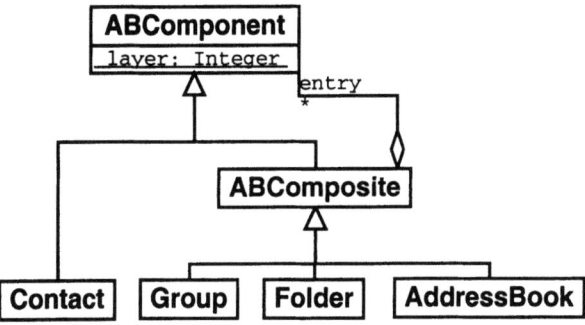

```
context ABComposite inv:
let subtypes = OclType.allInstances->select( c |
   c.allSupertypes->includes(ABComposite)) in
   subtypes->collect( c | c.layer ) =
       Bag { 1 .. subtypes->size} and
   if ('strong' = 'strong') then
    self.entry->forAll( x |
        (x.layer = self.layer - 1 ) or
        (self.layer = 1 and x.oclIsKindOf(Contact)))
   else
    self.entry->forAll( x |
        x.layer <= self.layer or
        x.oclIsKindOf(Contact))
   endif
```

4.4 OCL als Schema-Sprache

Entwurfsmuster sind auf das Wesentliche reduziert und das ist ein wichtiger Grund für ihren Erfolg. Dies macht es allerdings notwendig, Entwurfsmuster durch strukturelle Veränderungen (z.B. Hinzufügen von Unterklassen) auf die aktuelle Situation anzupassen.

Ein überraschendes Ergebnis unserer Untersuchung ist, daß es einer solchen *strukturellen* Anpassung für Constraint-Schemata nicht bedarf. Der im **ocl** Abschnitt eines Constraint-Schemas aufgeführte Spezifikationstext kann strukturell unverändert, d.h. lediglich durch Anpassung von Signatur und Einsetzen aktueller Parameter modifiziert, in den resultierenden Entwurf übernommen werden. Es wäre nicht abwegig zu vermuten, daß zur Formulierung von Constraint-Schemata neben OCL auch metasprachliche Erweiterungen vonnöten sind, die den Mechanismus der Anpassung eines Musters reflektieren. In der Tat favorisierten wir zunächst einen solchen Ansatz [9].

Überraschenderweise ist dies jedoch überflüssig, da OCL schon durch den Typ *OclType* und den darauf definierten Attributen *attributes*, *operations*, *supertypes* und *allInstances* den Zugriff auf die Metaebene ermöglicht. Somit lassen sich für eine beliebige Klasse des UML-Modells ihre Attribute, Methoden, Subklassen und Instanzenmenge bestimmen. Dies erlaubt eine Formulierung von Constraints relativ unabhängig von der Anwendung in einem konkreten UML-Modell. Das Beispiel in Abschnitt 4.3 nutzt diesen Umstand aus.

4.5 Optimierungen

Ist ein UML-Modell strukturell fixiert, so können die generierten Constraints syntaktisch vereinfacht werden. Diese Vereinfachung dient lediglich dazu, die Constraints für den Softwareentwickler übersichtlicher aufzubereiten. Eine Änderung der Semantik ist damit nicht verbunden. Wir diskutieren zwei offensichtliche Vereinfachungen:

Tote Zweige in `if-then-else`. Ausdrücke wie `if X = X then E1 else E2` entstehen häufig durch Variantenbildung von Mustern. Der `if`-Ausdruck läßt sich durch `E1` ersetzen. Ein Beispiel dafür ist der Teilausdruck mit der Bedingung `'strong' = 'strong'` im letzten Constraint von Abschnitt 4.3. Schwieriger ist die Vereinfachung von `if X = Y then E1 else E2` bei syntaktisch unterschiedlichen `X` und `Y`. Oftmals kann man aber `X <> Y` aufgrund ihrer Typisierungen folgern, z.B., wenn `X`, `Y` vom Typ *String* sind. In diesen Fällen kann man den `if`-Ausdruck durch `E2` ersetzen.

Auflösung von Meta-Konstrukten. Die generierten Constraints enthalten eine Reihe von OCL-Meta-Konstrukten. Typisch ist folgende Struktur[2]:

```
context ClassA inv:
    ClassA.allSubtypes()->
        forAll(type | type.allInstances->
        forAll(inst | inst.expr))
```

Wenn im endgültigen Entwurf alle Subklassen von `ClassA` feststehen, angenommen dies seien `SubClass1` und `SubClass2`, so kann man obige Struktur in zwei Schritten vereinfachen:

Schritt 1: Einsetzung der Untertypen:

```
context ClassA inv:
    SubClass1.allInstances->forAll(inst | inst.expr) and
    SubClass2.allInstances->forAll(inst | inst.expr)
```

Schritt 2: Auflösen von **context ClassA**

```
context SubClass1 inv:
    expr

context SubClass2 inv:
    expr
```

---

[2] Der Ausdruck `Class.allSubtypes()` ist eine Abkürzung für
`OclType.allInstances->select(type| type.allSupertypes->includes(Class))`

5 Zusammenfassung und Ausblick

Wir haben in dieser Arbeit unser Konzept vorgestellt, den Entwickler von UML-Spezifikationen bei der Erstellung von OCL-Constraints zu unterstützen. Damit ist ein leichterer Zugang zu formalen Methoden und die Nutzung der damit verbundenen Vorteile wie größere Klarheit des Entwurfs, Anwendung von Verifikationstechniken, etc. möglich.

Die Methode, OCL-Schemata an Entwurfsmuster zu koppeln, hat sich in einer Reihe von Beispielen bewährt. OCL-Schemata müssen mögliche Erweiterungen des Musters berücksichtigen. Deshalb ist es entscheidend, daß die Sprache OCL nicht nur die Formulierung von Constraints für eine konkrete Modellierung, sondern, dank der Metakonstrukte in OCL, auch für eine Klasse von Modellierungen erlaubt.

Uns sind keine anderen Arbeiten bekannt, die eine mustergesteuerte Erzeugung von OCL-Constraints im Softwareentwurf vorschlagen. Am nächsten verwandte Arbeiten sind *Spezifikations*-Muster [2] zur Formalisierung von Eigenschaften endlicher Zustandssysteme. Hier werden formale Spezifikationen selber zum Bestandteil von Mustern und der Kontext ist System- nicht Softwareverifikation. Der bekannte Design-by-Contract Ansatz [6] umfaßt auch die Erzeugung formaler Constraints, ist jedoch auf der Implementierungsebene angesiedelt und es gibt keine systematischen Hinweise, wie man zu Constraints kommt.

Wir haben uns in dieser Arbeit konzentriert auf Entwurfsmuster, die in der Klassifikation von [3] erzeugende oder strukturelle Muster (creational or structural patterns) heißen. In [9] werden auch Verhaltensmuster (behavioural patterns) betrachtet. Die Erweiterung dieser Kategorie von Mustern durch Constraint-Schemata stellt neue Anforderungen, die noch nicht ausreichend untersucht sind.

Viele CASE-Werkzeuge unterstützen den Anwender bei der Einbindung von Entwurfsmustern in eine UML-Modellierung. Der hier vorgestellte Ansatz der Constraint-Schemata geht über diese Möglichkeiten hinaus und wurde im Rahmen des KeY-Projekts[3] bereits prototypisch als Erweiterung des Entwicklungswerkzeugs TogetherJ implementiert.

Eine langfristige Aufgabe wird sein, die Erfassung weiterer OCL-Schemata zu Entwurfsmustern in zusätzlichen Anwendungsstudien voranzutreiben. Entwurfsmuster fassen die im Laufe der Zeit von kompetenten Spezialisten gemachten Erfahrungen bei der Lösung wiederkehrender Entwurfsprobleme zusammen, wir hoffen, daß man von OCL-Schemata, als Ergänzung zu Entwurfsmustern, einmal dasselbe wird sagen können.

Danksagung

Wir danken der Firma *fun communications* GmbH, Karlsruhe für ihre Zusammenarbeit bei der Durchführung der hier vorgestellten Untersuchungen sowie für die freundliche Erlaubnis zur Veröffentlichung von Teilentwürfen des Projekts *keyMail/S*. Unser persönlicher Dank gilt den Mitarbeitern Thomas Fuchß

---

[3] http://i12www.ira.uka.de/~key/

und Dirk Arnold, bei denen wir für unsere Fragen immer ein offenes Ohr und
großzügige Unterstützung gefunden haben.

Die Arbeiten, über die hier berichtet wurde, wurden von der Deutschen Forschungsgemeinschaft im Rahmen des Projektes *Integrierter Deduktiver Softwareentwurf*, Kennzeichen Ha 261/2-1, gefördert.

Literatur

1. BUSCHMANN, F., R. MEUNIER, H. ROHNERT, P. SOMMERLAD und M. STAL:
   Pattern-Oriented Software Architecture: A System of Patterns. John Wiley &
   Sons, New York, 1996.
2. DWYER, M. B., G. S. AVRUNIN und J. C. CORBETT: *Patterns in Property Specifications for Finite-State Verification*. In: *Proc. 21st International Conference
   on Software Engineering*, S. 411–420. IEEE Computer Society Press, ACM Press,
   1999.
3. GAMMA, E., R. HELM, R. JOHNSON und J. VLISSIDES: *Design Patterns: Elements
   of Reusable Object-Oriented Software*. Addison-Wesley, Reading/MA, 1995.
4. HOLLOWAY, C. M. und K. J. HAYHURST (Hrsg.): *Fourth NASA Langley Formal
   Methods Workshop*, Nr. 3356 in *NASA Conference Publication*, Hampton, Viginia,
   1997.
5. KNIGHT, J. C., C. L. DeJONG, M. S. GIBBLE und L. G. NAKANO: *Why Are
   Formal Methods Not USED More Widely?*. In: HOLLOWAY, C. M. und HAYHURST
   [4], S. 1–12.
6. MEYER, B.: *Applying "Design by Contract"*. IEEE Computer, 25(10):40–51, Okt.
   1992.
7. OBJECT MODELING GROUP: *Unified Modelling Language Specification, version 1.3*,
   Juni 1999. URL: uml.shl.com:80/docs/UML1.3/99-06-08.pdf.
8. RUMBAUGH, J., I. JACOBSON und G. BOOCH: *The Unified Modeling Language
   Reference Manual*. Object Technology Series. Addison-Wesley, Reading/MA, 1999.
9. SATTLER, T.: *Einbindung formaler Constraints in UML Spezifikationen*. Interner
   Bericht 2000-16, Fakultät für Informatik, Universität Karlsruhe, Juni 2000.
10. UNISYS CORP. ET AL.: *XML Metadata Interchange (XMI)*, Okt. 1998. URL:
    ftp://ftp.omg.org/pub/docs/ad/98-10-05.pdf.
11. WARMER, J. und A. KLEPPE: *The Object Constraint Language: Precise Modelling
    with UML*. Object Technology Series. Addison-Wesley, Reading/MA, 1999.

Interaktionsdiagramme mit Datenspezifikation zur Darstellung verteilter Systeme⋆

Thomas Gehrke

Technische Universität Braunschweig
Institut für Software, Abteilung Programmierung
Gaußstraße 11, 38106 Braunschweig
gehrke@ips.cs.tu-bs.de

Zusammenfassung Wir definieren *n-Agenten-Diagramme* zur graphischen Spezifikation verteilter Systeme. Diese Diagramme basieren auf den Sequenzdiagrammen von UML, erweitern diese aber um die Darstellung von Datentransformationen und Gültigkeitsbereichen von Bezeichnern. Weiterhin enthalten sie spezielle Varianten von Auswahloperationen und Schleifen für die Verwendung in verteilten Systemen.

1 Einführung

Interaktionsdiagramme wie die Sequenzdiagramme aus UML [BRJ98,OMG99] und *Message Sequence Charts* [ITU96a,ITU99] werden häufig zur Spezifikation des Verhaltens von Systemen eingesetzt. Hierbei werden zwei Betrachtungsweisen von Diagrammen unterschieden: *Exemplarische* Diagramme zeigen einen möglichen Systemablauf, während *generische* Diagramme eine Menge von möglichen Systemabläufen definieren. Die Angabe generischer Diagramme wird durch komplexe Diagrammelemente wie Schleifen und Alternativen unterstützt.

Da die Interaktionsdiagramme kein konkretes Systemmodell vorgeben, können sowohl verteilte Systeme, in denen die Komponenten als parallel ablaufende Prozesse realisiert sind, als auch sequentielle prozedurale Systeme spezifiziert werden. Durch die Konzentration auf die Darstellung des Systemverhaltens abstrahieren Interaktionsdiagramme im allgemeinen von den während des Systemablaufs durchgeführten Datenberechnungen. Daher muß zur ergänzenden Spezifikation der Daten oft eine zusätzliche Darstellungsart herangezogen werden. Weiterhin sind die komplexen Sprachelemente wie Schleifen und Alternativen nur in einer sehr allgemeinen Weise angegeben. Zum einen abstrahieren diese Kontrollstrukturen vom zugrundeliegenden Systemmodell (z.B. verteilt oder prozedural), so daß keine Sprachelemente zur Zuordnung von Entscheidungen an Instanzen existieren. Dies erschwert die Angabe einer formalen Semantik für Diagramme. Zum anderen wird durch die fehlende Definition von Gültigkeitsbereichen nicht festgelegt, welche Elemente in den Ausdrücken der komplexen Kontrollstrukturen auftreten dürfen.

⋆ Gefördert im Rahmen des Projekts Go 671/2-2 *Entwurf reaktiver Systeme* der Deutschen Forschungsgemeinschaft.

Im vorliegenden Papier führen wir eine neue Variante von Interaktionsdiagrammen ein, die wir *n-Agenten-Diagramme* nennen. Sie sind speziell für die Spezifikation verteilter Systeme vorgesehen, die aus parallelen Komponenten (genannt *Agenten*) bestehen und die durch das Versenden von Nachrichten interagieren. Wir nennen diese Systeme *n-Agenten-Systeme*. Die n-Agenten-Diagramme basieren auf den Sequenzdiagrammen von UML, erweitern diese aber um die Spezifikation von Daten. Die Syntax der UML-Sequenzdiagramme wurde aus Gründen der Kompatibilität zu existierenden Entwicklungswerkzeugen gewählt. Weiterhin sind die komplexen Sprachkonstrukte wie Alternativen und Schleifen an das Systemmodell der verteilten Komponenten angepaßt. Hierbei diskutieren wir die Nachteile der in Sequenzdiagrammen enthaltenen Konstrukte bzgl. der Verwendung für die Darstellung verteilter Systeme mit Daten.

In Abschnitt 2 erläutern wir das Modell der n-Agenten-Systeme und definieren die Sprachelemente, die wir aus den Sequenzdiagrammen übernehmen. Anschließend erweitern wir die Diagramme in Abschnitt 3 um die Beschreibung von Datenoperationen und Bindungen. In Abschnitt 4 definieren wir als komplexe Sprachelemente Alternativen und Schleifen. Abschnitt 5 enthält die Spezifikation eines kleinen Beispiels. Abschließend diskutieren wir in Abschnitt 6 die vorgestellten Ergebnisse und geben einen Ausblick auf weitere Forschungsarbeit.

2 Systemmodell

In diesem Abschnitt erläutern wir das Systemmodell der n-Agenten-Systeme und geben an, welche Elemente wir aus den Sequenzdiagrammen übernehmen.

Instanzen. Ein *n*-Agenten-System besteht aus einer Menge von n Komponenten, genannt *Instanzen*, die parallel ausgeführt werden. Die Instanzen verfügen über lokalen Speicher; ein globaler Speicher, auf den alle Instanzen zugreifen können, ist nicht vorgesehen. Der Austausch von Informationen zwischen den Instanzen findet durch Kommunikation statt. Hierzu verfügt jede Instanz über eine Menge von *Toren*, über die Nachrichten an die Instanz gesendet werden können. Diese Tore fungieren als Schnittstelle für die Interaktion mit der Instanz. Tore besitzen einen Typ, der angibt, welche Art von Parametern bei der Kommunikation über dieses Tor übertragen werden können. Wir geben Instanzen und die von ihnen bereitgestellten Tore in Form von Instanzen der UML-Klassendiagramme an. In Abbildung 1(a) ist die Deklaration einer Instanz I_1 angegeben, die die Tore m_1 und m_2 zur Interaktion mit ihrer Umwelt verwendet. Die Nachrichten an das Tor m_1 verwenden einen Parameter des Typs *int*. Das Tor m_2 ist ein Tor für Anfragen (s.u.). Beim Aufruf wird ein Parameter des Typs *int* übertragen. Ebenso enthält die Antwort an den Aufrufer einen Parameter des Typs *int*. Die in der Instanzdeklaration aufgeführten Tore sind zu Beginn des Systemablaufs global bekannt. Zusätzlich besteht die Möglichkeit, während des Systemablaufs weitere Tore zu erzeugen[1].

---

[1] Diese Eigenschaft ist z.B. für die Spezifikation von Sicherheitseigenschaften wünschenswert.

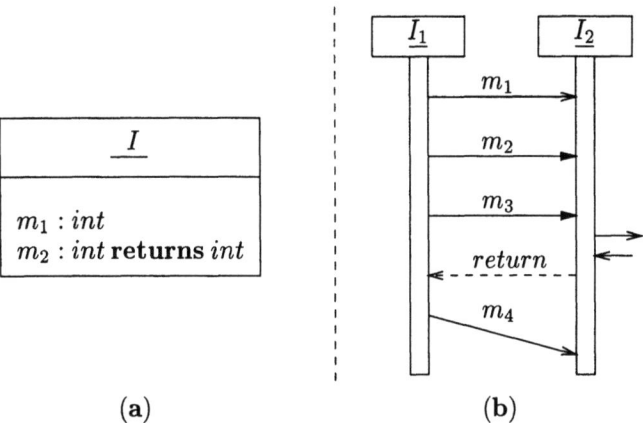

(a)   (b)

Abbildung 1. Instanzen und Nachrichten.

Kommunikation. Für die Darstellung der einzelnen Nachrichtenarten durch Pfeile verwenden wir die Notation von UML. Als Namen einer Nachricht verwenden wir das Tor, an das sie geschickt wird. Pfeile mit einer nicht ausgefüllten Spitze repräsentieren Nachrichten, bei denen Sender und Empfänger direkt nach dem Senden bzw. dem Empfangen der Nachricht in ihrer Ausführung fortfahren können (siehe die Nachricht m_1 in Abbildung 1(b)). Pfeile mit ausgefüllten Spitzen stellen Nachrichten dar, bei denen der Sender auf eine Antwort des Empfängers warten muß. Solche Paare aus Nachricht und Antwort nennen wir *Anfragen.* Führt der Empfänger zwischen dem Empfang der Nachricht und dem Senden der Antwort keine weiteren Aktionen durch, kann die Darstellung der Antwort entfallen (m_2 in Abbildung 1(b)). Andernfalls wird die Antwort als gestrichelter Pfeil dargestellt und erhält den Namen *return* (Nachricht m_3).

Nachrichten können synchron und asynchron ausgetauscht werden. Horizontale Pfeile kennzeichnen synchrone Nachrichten, während diagonale Pfeile asynchrone Nachrichten repräsentieren (siehe m_4 in Abbildung 1(b)). Bei synchronen Nachrichten müssen Sende- und Empfangereignis gemeinsam durchgeführt werden, während bei asynchronen Nachrichten der Sender nach dem Senden der Nachricht unabhängig vom Empfänger weiter ausgeführt werden kann. Bei asynchronen Anfragen muß auch die Antwort asynchroner Natur sein; wie bei synchronen Anfragen ist der Sender ist so lange blockiert, bis die Antwort eintrifft.

3   Beschreibung von Daten

Wir erweitern die in Abschnitt 2 eingeführten Diagramme um Elemente zur Beschreibung von Datentransformationen. Hierbei soll die Syntax von Sequenzdiagrammen möglichst nicht verändert werden, da die Einsetzbarkeit der Erwei-

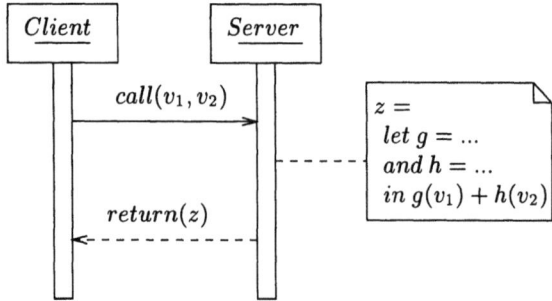

Abbildung 2. Datenbeschreibung mit Annotationen.

terungen von der Kompatibiltät zu existierenden Entwurfswerkzeugen abhängig ist.

Um eine möglichst problemorientierte Systembeschreibung zu ermöglichen, geben wir keine konkrete Datensprache an, sondern beschreiben generelle Ansätze zur Integration von Daten in Interaktionsdiagramme. Da auch die Integration nicht-imperativer Sprachen ermöglicht werden soll, verwenden wir im folgenden den Begriff *Bezeichner* statt *Variable*.

Annotationen. In UML ist vorgesehen, Elemente von Systemen, die nicht graphisch spezifiziert werden können, in Form von Annotationen (engl. *notes*) in den Diagrammen anzugeben. Annotationen sind graphische Elemente, die textuelle Informationen beinhalten. Typische Inhalte von Annotationen sind Kommentare, Bedingungen und Informationen bzgl. des Metamodells von UML.

In unserem Ansatz verwenden wir Annotationen zur Angabe von Datendeklarationen und -berechnungen. In Abbildung 2 ist ein Diagramm angegeben, in dem ein *Client* eine Anfrage an einen *Server* sendet. Der Aufruf, hier *call* genannt, enthält zwei Werte v_1 und v_2. Die Annotation im Server enthält einen Ausdruck in einer funktionalen Sprache, der v_1 und v_2 verwendet. Das Ergebnis der Berechnung wird an den Bezeichner z gebunden und anschließend mit der Antwort *return* an den *Client* gesendet.

Gültigkeit von Bezeichnern. Wir ordnen den in Diagrammen definierten Datenbezeichnern Gültigkeitsbereiche zu. In einem verteilten System ohne globalen Speicher ist die Verwendung globaler Bezeichner nicht sinnvoll, daher beschränken wir den Gültigkeitsbereich von Bezeichnern auf die Instanz, in denen sie definiert wurden. Ebenso dürfen die Parameter von Nachrichten nur die im jeweiligen Sender zum Zeitpunkt des Sendens bekannten Bezeichner enthalten.

Bindung empfangener Werte. Zur Angabe der Bezeichner, an die die Parameter einer empfangenen Nachricht gebunden werden sollen, kann eine Annotation an die Spitze des die Nachricht repräsentierenden Pfeils angefügt werden. Diese Annotation enthält nach dem Schlüsselwort **bind** eine Liste der Bezeichner, an

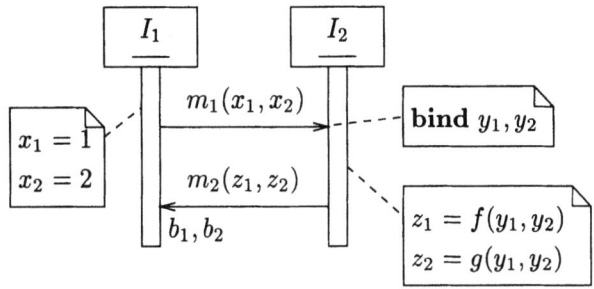

Abbildung 3. Bindung von gelesenen Werten an Bezeichner.

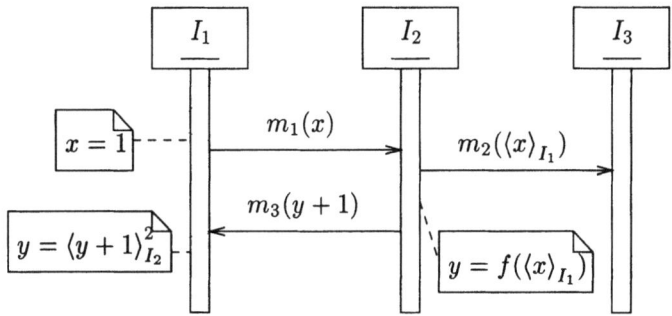

Abbildung 4. Verwendung impliziter Bezeichner.

die die Werte der Parameter gebunden werden sollen. In Abbildung 3 werden die von der Instanz I_1 gesendeten Werte von x_1 und x_2 in der Instanz I_2 an die Bezeichner y_1 bzw. y_2 gebunden, die dann in I_2 in Ausdrücken verwendet werden. Da das Binden gelesener Werte an Bezeichner in Diagrammen häufig vorkommt, erlauben wir eine abkürzende Schreibweise, bei der die Bezeichner ohne Annotation direkt an die Pfeilspitze geschrieben werden (siehe b_1, b_2 für die Nachricht m_2 in Abbildung 3). Eine explizite Typangabe für die Bezeichner ist nicht notwendig, da ihr Typ dem des jeweils zugehörigen Parameters entspricht.

Implizite Bezeichner. Für eine übersichtliche Darstellung des Datenflusses in einem System erlauben wir die Verwendung *impliziter Bezeichner*. Ein impliziter Bezeichner $\langle E \rangle_I$ repräsentiert den Wert des Ausdrucks E in Instanz I. In Abbildung 4 sendet I_1 den Wert von x an I_2. Diese sendet den empfangenen Wert an I_3 weiter. Anstelle einer expliziten Bindung an einen Bezeichner wird in I_2 der implizite Bezeichner $\langle x \rangle_{I_1}$ verwendet. Anschließend berechnet I_2 einen Wert für y und sendet den Wert $y + 1$ an I_1. Dort wird das Quadrat des Werts an den lokalen Bezeichner y gebunden. Die Verwendung der impliziten Bezeichner ermöglicht eine Darstellung des Übertragungswegs von Werten während des Systemablaufs, ohne daß in jeder beteiligten Instanz lokale Bezeichner verwen-

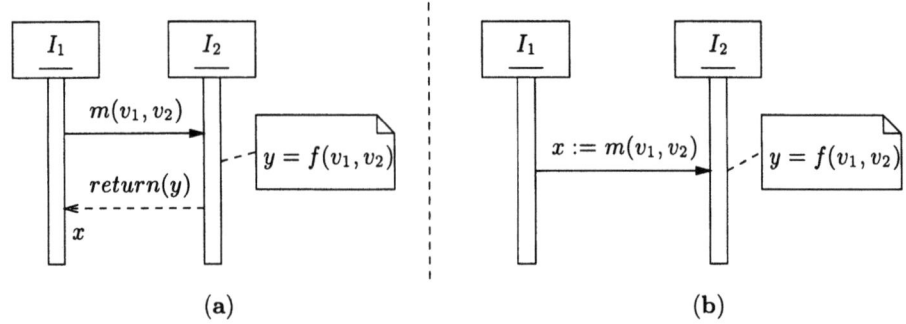

Abbildung 5. Abkürzende Notation für Anfragen.

det werden müssen. Ist die Zuordnung eines impliziten Bezeichners zu einer Instanz eindeutig, kann der Index I weggelassen werden (siehe Abbildung 12). Die Gültigkeitsregeln expliziter Bezeichner gelten analog für implizite Bezeichner; wir nehmen an, daß sie beim Empfangsereignis der entsprechenden Nachricht definiert werden (also $\langle x \rangle_{I_1}$ beim Empfang von m_1 bzw. m_2, und $\langle y + 1 \rangle_{I_2}$ beim Empfang von m_3).

Anfragen. In Systemen mit parallelen Komponenten treten häufig Anfragen auf, bei denen die aufrufende Komponente nach dem Senden auf den Erhalt eines Ergebnisses wartet. Führt die Instanz, an die die Anfrage gesendet wurde, zwischen dem Empfang der Anfrage und dem Senden der Rückantwort nur Datenoperationen aus, kann für die Darstellung der Anfrage eine abkürzende Notation verwendet werden. In Abbildung 5(a) sendet I_1 eine Anfrage an I_2. I_2 berechnet aus den Parametern der Nachricht einen neuen Wert und sendet diesen als Ergebnis des Anfrage an I_1, wo er an den Bezeichner x gebunden wird. Da I_2 zwischen dem Empfang von m und dem Senden der Antwort keine Aktionen ausführt, kann die Anfrage, wie in Abbildung 5(b) angegeben, verkürzt dargestellt werden. Wir legen fest, daß in der abkürzenden Schreibweise die Werte aller Bezeichner, die seit dem Erhalt der Anfrage definiert wurden, in der Antwortnachricht als Parameter an den Aufrufer gesendet werden (in Abbildung 5 der Bezeichner y).

Dynamische Erzeugung von Toren. Wie bereits in Abschnitt 2 angeführt, erlauben wir die dynamische Erzeugung von Toren zur Laufzeit eines Systems. Die Erzeugung eines neuen Tores wird in einer Annotation dargestellt, die das Schlüsselwort **gate**, gefolgt von einer Liste aus Tornamen und zugehörigen Typen, enthält.

In Abbildung 6 wird in der Instanz I_1 dynamisch ein neues Tor m erzeugt, über das Nachrichten mit einem ganzzahligen Parameter gesendet werden können. Mit der Nachricht m_2 wird das neue Tor der Instanz I_2 bekanntgemacht (der Name wird als Wert übertragen), die dann den Tornamen an I_3 weitersendet.

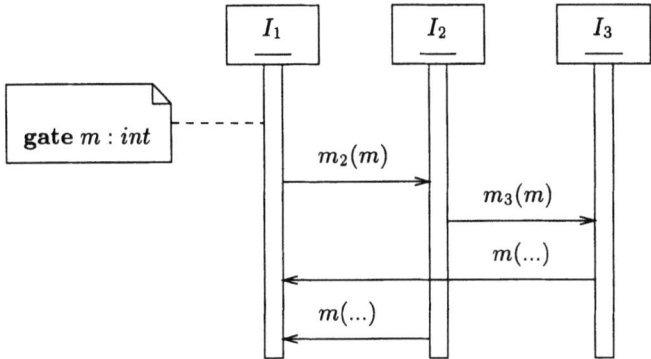

Abbildung 6. Dynamische Erzeugung von Tornamen.

Anschließend senden sowohl I_2 als auch I_3 Nachrichten über m an I_1. Obwohl Tornamen als Werte verschickt werden, können sie nicht wie Werte anderer Datentypen in Datenstrukturen abgelegt oder an Bezeichner gebunden werden. Andernfalls müssten wir anstelle des Tornamens in einer Nachricht einen Ausdrucke zulassen, der den zu verwendenden Tornamen berechnet. Dies würde zu einer Reduzierung der Lesbarkeit der Diagramme führen. Daher nehmen wir an, daß empfangene Tornamen direkt ohne die Bindung an Bezeichner verwendet werden können.

Um Tore, die Nachrichten mit Toren als Parameter erhalten können, zu typisieren, führen wir den Typkonstruktor *gate* ein. Die Tore m_2 und m_3 in Abbildung 6 besitzen somit den Type *int gate*. Während das Recht, Nachrichten an ein Tor zu senden, durch die Weitergabe des Tornamens an andere Instanzen übertragen werden kann, ist das Empfangen von Informationen über ein Tor nur der Instanz möglich, die das Tor erzeugt hat. Daher können I_2 und I_3 in Abbildung 6 keine Nachrichten über m empfangen.

4 Komplexe Sprachelemente

In diesem Abschnitt führen wir als komplexe Sprachelemente Alternativen und Schleifen ein. Diese Konstrukte unterscheiden sich von den entsprechenden Elementen in [BRJ98,OMG99], da sie besser an das in Abschnitt 2 vorgestellte Systemmodell und Datenbehandlung angepaßt sind, während die Konstrukte in UML eher allgemeiner Natur sind.

Auswahl zwischen Alternativen. In UML werden Alternativen durch das bedingte Versenden von Nachrichten realisiert. In Abbildung 7 sendet I_1 die Nachricht m nur an I_2, wenn die Bedingung $x > 0$ erfüllt ist. Dieses Konzept der bedingten Nachrichten ist für parallele Systeme nur bedingt geeignet (siehe auch [GGW99]). Zum einen muß I_2 als aktiver Prozeß auch dann fortfahren können, wenn die Nachricht m nicht gesendet wird. Daher muß I_2 entweder wissen, ob

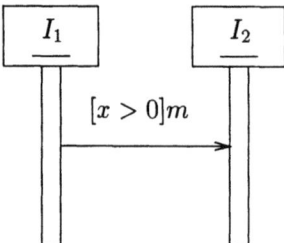

Abbildung 7. Sequenzdiagramm mit Bedingung.

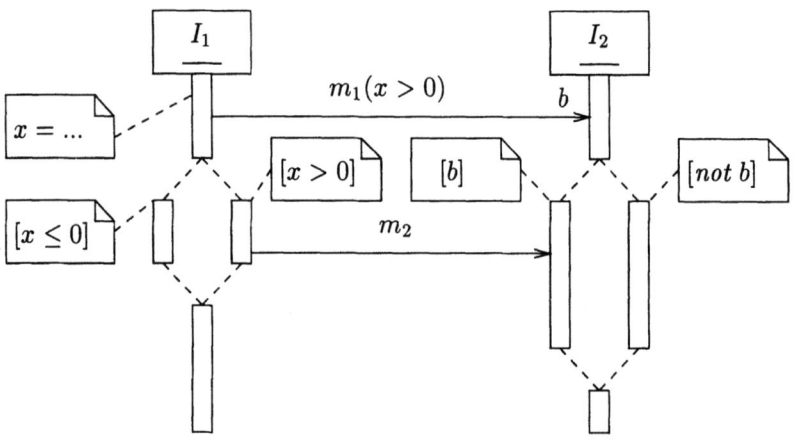

Abbildung 8. n-Agenten-Diagramm mit Auswahloperatoren.

m gesendet wird, oder es muß eine Zeitbeschränkung (*time out*) für m gesetzt werden. I_1 und I_2 besitzen keinen gemeinsamen Speicher, daher kann I_2 nicht auf den Wert von x in I_1 zugreifen, um das Resultat von $x > 0$ zu ermitteln. Wird eine Zeitbeschränkung für das Warten auf m eingeführt und die Nachricht trifft nicht ein, können die Bezeichner, an die die Parameter von m gebunden werden sollten, nicht mit Werten belegt werden. Daher können in I_2 offene Ausdrücke entstehen, die nicht auswertbar sind. Eine mögliche Abhilfe besteht in der Angabe von *default*-Werten für die Bezeichner, was aber von vielen Programmiersprachen nicht unterstützt wird.

Wir definieren eine eigene Notation zur Darstellung von alternativem Verhalten, bei der die Auswahl der Alternative lokal innerhalb einer Instanz getroffen wird. Syntaktisch wird eine Auswahl durch eine Aufspaltung der Lebenslinie dargestellt. Die Bedingungen der Alternativen werden in Annotationen in der gewohnten UML-Notation in eckigen Klammern angegeben. Aus Gründen der Übersichtlichkeit kann die Bedingung auch direkt ohne den Annotationsrahmen an den Beginn der Lebenslinie der Alternative geschrieben werden. Gelten in ei-

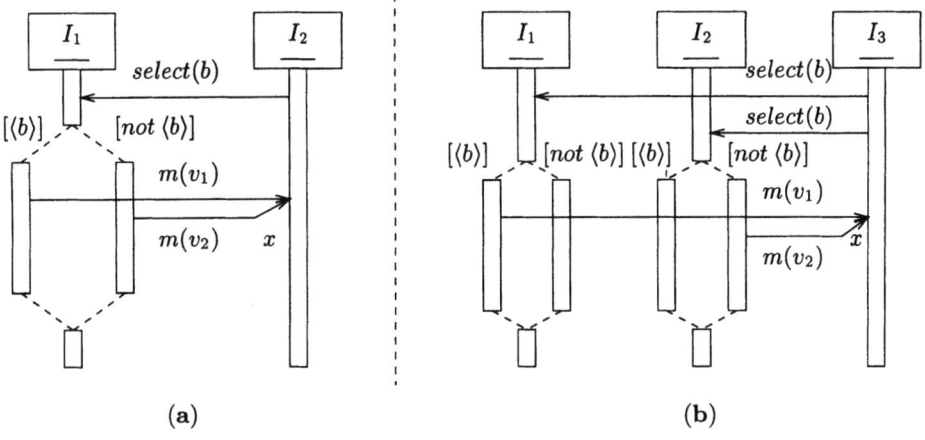

Abbildung 9. Diagramm mit alternativen Eingabeaktionen.

ner Auswahl mehr als eine Bedingung, wird eine Alternative nichtdeterministisch ausgewählt.

In Abbildung 8 wird in beiden Instanzen eine Auswahl zwischen zwei Alternativen getroffen. Zuerst wird in I_1 ein Bezeichner x definiert, an den das Ergebnis einer Berechnung gebunden wird. Das Resultat der Bedingung $x > 0$ wird mit der Nachricht m_1 an I_2 übermittelt, wo es an den Bezeichner b gebunden wird. Gilt $x > 0$, wird eine Nachricht m_2 an I_2 gesendet, andernfalls findet keine weitere Kommunikation statt.

Der Gültigkeitsbereich von Bezeichnern, die innerhalb einer Alternative definiert werden, erstreckt sich nur bis zum Ende der Alternative. Würde er über das Ende der Auswahl hinausreichen, müßte gewährleistet sein, daß in allen Alternativen der Auswahl dieselbe Menge von Bezeichnern definiert wird, da andernfalls offene Ausdrücke entstehen können. Ebenso muß die Antwort auf eine in einer Alternative empfangenen Anfrage innerhalb der Alternative gesendet werden.

Alternative Eingabe. Wir führen als weiteres Konstrukt die Auswahl zwischen mehreren Möglichkeiten zum Empfang einer Nachricht ein. In Abbildung 9(a) trifft I_1 eine Auswahl zwischen zwei Alternativen. In jeder Alternative sendet I_1 die Nachricht m an I_2, wobei unterschiedliche Werte übertragen werden. Den alternativen Empfang von $m(v_1)$ bzw. $m(v_2)$ stellen wir durch einen gemeinsamen Endpunkt der beiden Pfeile dar. Je nach Wahl der Alternative in I_1 erhält x in I_2 den Wert v_1 bzw. v_2. Alternative Instanzen einer Nachricht können auch von verschiedenen Instanzen gesendet werden. In Abbildung 9(b) wird eine Interaktion spezifiziert, bei der I_3 in Abhängigkeit des booleschen Werts von b entweder einen Wert von I_1 oder von I_2 anfordert. Alternative Nachrichten müssen das selbe Tor verwenden, müssen einheitlich synchron bzw. asynchron übertragen werden, und es muß gewährleistet sein, daß genau eine der möglichen Nachrich-

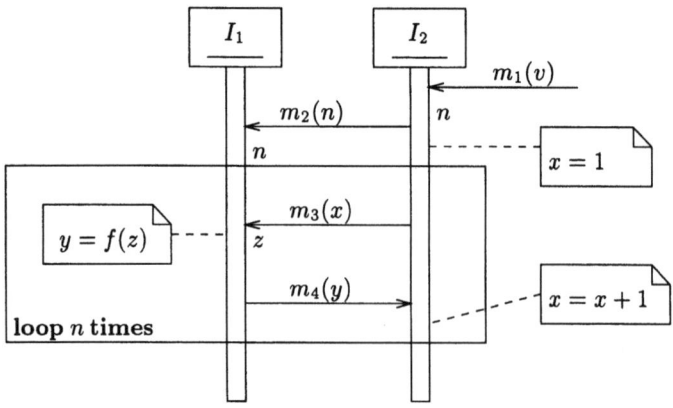

Abbildung 10. *loop*-Schleifen.

ten gesendet wird. Wir erlauben nicht die Spezifikation alternativer Anfragen, da dies die Modellierung alternativer Antworten erfordern würde. In diesem Fall würde bei den möglichen Empfängern der Antworten dieselben semantischen Probleme wie in Abbildung 7 auftreten.

Schleifen. In UML wird die Verwendung von Schleifen nicht explizit behandelt; in [OMG99] wird nur angegeben, daß die wiederholte Ausführung von Teilen einer Interaktion durch das Einrahmen der entsprechenden Nachrichten mit einem Kasten dargestellt werden soll. Am Boden dieses Kastens soll dann die Schleifenbedingung angegeben werden.

Bei der Verwendung des allgemeinen Schleifenkonstrukts für verteilte Systeme treten ähnliche Probleme wie bei Alternativen auf. Da die Schleifenbedingung global für alle an der Schleife beteiligten Instanzen definiert wird, ist nicht klar, wie die einzelnen Instanzen die Bedingung ohne die Existenz eines gemeinsamen globalen Speichers überprüfen können.

Wir führen zwei Arten von Schleifen ein. Der erste Schleifentyp ist eine *loop*-Schleife, bei der die Anzahl der Schleifendurchläufe vor Beginn der ersten Iteration bekannt ist. Zudem muß dieser Wert in allen beteiligten Instanzen vor Eintritt in die Schleife an den selben Bezeichner gebunden sein. Da die Anzahl der Iterationen bekannt ist, kann dann jede Instanz lokal die Durchführung der Schleife steuern. In Abbildung 10 ist eine *loop*-Schleife angegeben. Die Instanz I_2 erhält aus der Systemumgebung die Anzahl der Iterationen, bindet diesen Wert an n und übermittelt ihn an I_1, wo er ebenfalls an n gebunden wird. Die Schleife wird nun n-mal durchlaufen.

Der zweite Schleifentyp ist die *while*-Schleife. Bei diesem Schleifentyp wird eine Instanz als Kontrollinstanz ausgewählt. Diese spezielle Instanz überwacht die Gültigkeit der Schleifenbedingung, indem sie den entsprechenden Ausdruck lokal auswertet. Das Resultat der Auswertung wird dann durch *implizite Nachrichten* den anderen Instanzen mitgeteilt, so daß diese über die Durchführung

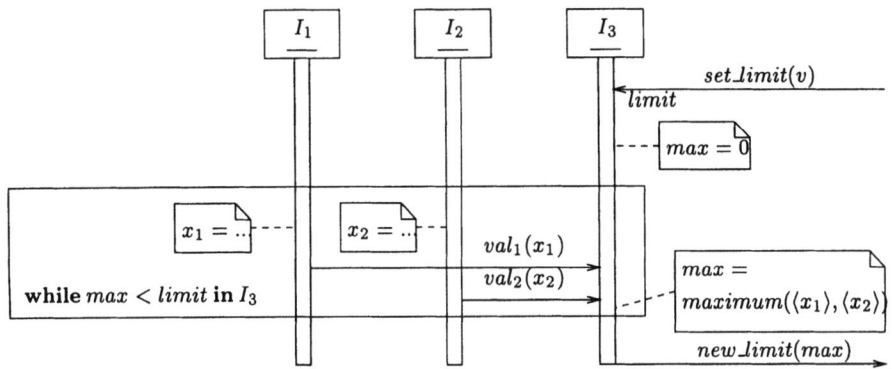

Abbildung 11. *while*-Schleife.

einer weiteren Iteration informiert sind. Die impliziten Nachrichten und die zugehörigen Tore werden nicht explizit im Diagramm graphisch dargestellt, um die Lesbarkeit nicht zu beeinträchtigen.

Abbildung 11 enthält ein Diagramm mit *while*-Schleife, bei der I_3 als Kontrollinstanz fungiert. Die Systemumgebung sendet zu Beginn der Ausführung einen Wert, der als Limit verwendet wird. In jeder Iteration werden von I_1 und I_2 Werte an I_3 gesendet. Ist das Maximum der beiden Werte kleiner als das Limit, wird die Schleife erneut ausgeführt; andernfalls wird das Maximum als neues Limit an die Umgebung gesendet.

Beide Schleifentypen überprüfen die Gültigkeit der Schleifenbedingung zu Beginn der Schleife; die Angabe der Bedingung am Boden des Schleifenrahmens wurde nur aus Kompatibilität zu [OMG99] gewählt. Nach Ausführung einer Schleife gelten alle Bezeichner, die in der letzten Schleifeniteration bekannt waren, also auch alle Bezeichner, die in der Schleife definiert wurden.

5 Beispiel

Als Beispiel für die Darstellung eines Systems spezifizieren wir das aus der Spieltheorie bekannte *Gefangenendilemma* (z.B. in [Hof88]). An diesem Spiel sind zwei Spieler beteiligt. Zu Beginn wird eine feste Anzahl von Spielrunden festgelegt. In jeder Runde können die Spieler aus zwei verschiedenen Alternativen wählen: Ein Spieler kann mit seinem Gegner kooperieren oder ihn betrügen. Entscheiden sich beide Spiele für Kooperation, erhalten beide 3 Punkte. Betrügt ein Spieler und der andere kooperiert, erhält der Betrüger 5 Punkte, während sein Gegner keinen Punkt erhält. Betrügen beide, erhalten sie jeweils einen Punkt. Die Spieler müssen nun versuchen, durch eine möglichst optimale Strategie die größte Anzahl von Punkten zu erhalten. Das Spiel wird durch einen Schiedsrichter koordiniert, der die Züge der Spieler entgegennimmt und die Punktekonten verwaltet.

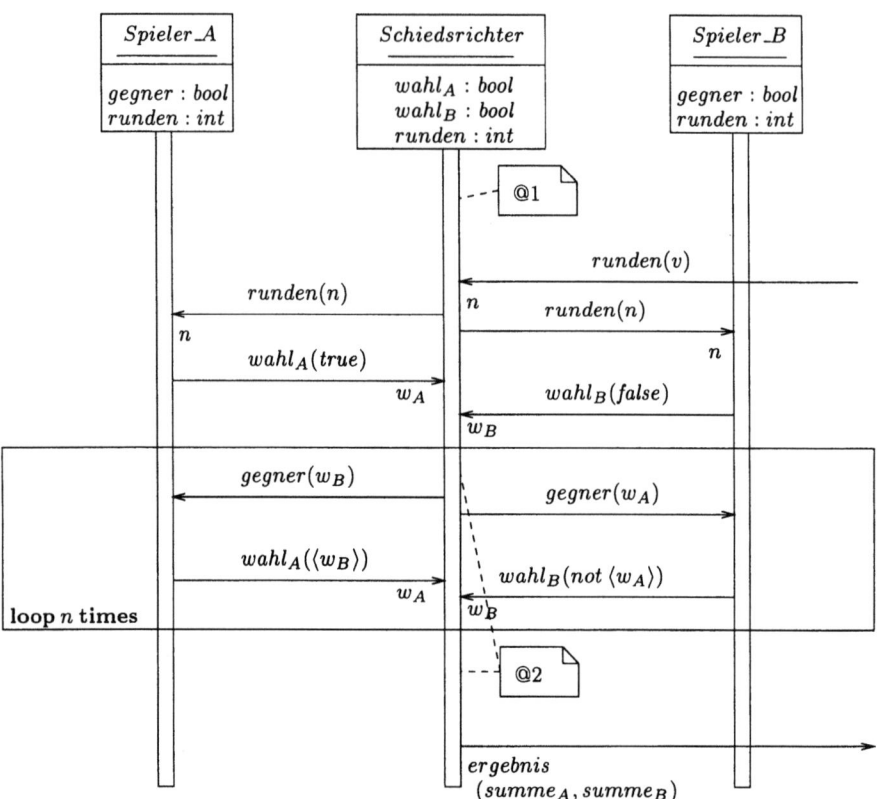

Abbildung 12. Beispiel: Gefangenendilemma.

Das Spiel ist in Abbildung 12 als Diagramm dargestellt. Die Systemumgebung sendet anfänglich die Anzahl der zu spielenden Runden an den Schiedsrichter, der diese an die Spieler weiterleitet. Dann machen die Spieler ihren ersten Zug. In der anschließenden Schleife wird die jeweils vorherige Spielrunde ausgewertet und die Punktekonten der Spieler aktualisiert. Dann wird den Spielern der vorherige Zug des jeweiligen Gegners mitgeteilt. Anschließend erhält der Schiedsrichter die neuen Züge der Spieler. Nach Beendigung der Schleife wird der letzte Zug ausgewertet und das Ergebnis an die Umgebung gesendet. *Spieler_A* spielt die Strategie *Tit for Tat* [Hof88], d.h., er kooperiert in der ersten Spielrunde und führt in jeder weiteren Runde den vorhergehenden Zug des Gegners aus. *Spieler_B* betrügt in der ersten Runde und führt in jeder weiteren Runde das Gegenteil vom vorherigen Zug des Gegners aus.

Die Datentransformationen geben wir in einer abstrakten Programmiersprache an. Aus Gründen der Übersichtlichkeit tragen wir in Abbildung 12 in die Annotationen nur Verweise auf ein *Datenverzeichnis* ein, das die Datentransformationen tabellarisch zusammenfaßt (vergleichbar dem *data dictionary* aus [DeM79]). Hierbei bezieht sich @i auf den i-ten Eintrag des Verzeichnisses.

6 Diskussion

In diesem Artikel haben wir eine graphische Notation für die Darstellung des Verhaltens und der Datentransformationen verteilter Systeme vorgestellt. Die Notation basiert auf den Konzepten der Sequenzdiagramme von UML, erweitert diese aber um die Beschreibung von Daten und Bindungen. Weiterhin enthält die Notation alternative Konstrukte zur Darstellung von Auswahloperatoren und Schleifen, die mehr als die allgemeinen Konstrukte in UML an die Spezifikation verteilter Systeme angepaßt sind. Dabei legen wir keine konkrete Datensprache fest, sondern erlauben die Verwendung beliebiger Datensprachen. Die Verwendung einer graphischen Notation erlaubt eine übersichtliche Darstellung des Systemverhaltens. Zudem ermöglicht die kombinierte Spezifikation von Kontroll- und Datenfluß die umfassende Beschreibung von Systemen innerhalb eines Diagrammtyps.

Message Sequence Charts. In den neuen Standard der *Message Sequence Charts* (MSC) [ITU99] wurde ebenfalls die Spezifikation von Daten aufgenommen. In Abbildung 13 ist ein MSC angegeben, in dem die Instanz I_1 eine Nachricht m_1 mit einem Parameter v_1 an I_2 sendet. Dort wird der empfangene Wert der Variablen x zugewiesen. Anschließend wird in einer internen Aktion eine Funktion auf x angewendet und das Resultat z zugewiesen. Dieser Wert wird an I_1 gesendet und dort an den Bezeichner y gebunden.

Wie in unserem Ansatz wird keine konkrete Datensprache festgelegt. Ebenso sind Bezeichner nur in der Instanz bekannt, in der sie definiert wurden. Allerdings werden in [ITU99] keine weiteren Informationen über die Bindung von Bezeichnern in bezug auf Schleifen oder Alternativen angegeben. Weiterhin unterstützen MSC auch nicht die dynamische Erzeugung von Toren.

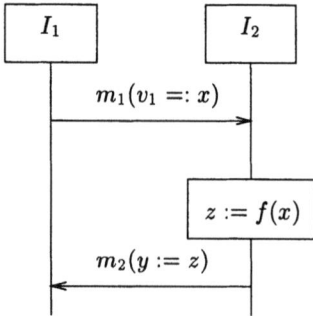

Abbildung 13. Message Sequence Chart mit Daten.

Semantik. Analog zur textuellen Darstellung von MSC wurde für die n-Agenten-Diagramme eine textuelle Notation entwickelt. Diese vereinfacht die Definition einer formalen Semantik für die Diagramme, da die Darstellung der Diagramme in textueller Form die Angabe von Übersetzungsfunktionen unterstützt. Wir haben eine Semantik definiert, die die textuelle Form der Diagramme in Terme einer Prozeßalgebra [Hoa85,Mil89,Fok00] übersetzt. Da die Semantik sowohl die Behandlung von Daten als auch das dynamische Erzeugen von Toren modellieren können muß, wurde die Prozeßalgebra $\mathcal{P}$ aus [GR99] verwendet, die das aus dem π-Kalkül [MPW92] bekannte Konzept der Mobilität mit der Beschreibung von Daten verbindet. Die bisherigen Ansätze zur Definition einer Semantik für Interaktionsdiagramme auf der Basis von Prozeßalgebren [ITU96b,MR97,GHRW98] konzentrieren sich auf das in den Diagrammen beschriebene Verhalten und erlauben keine Modellierung der Daten.

Tore werden durch Kommunikationskanäle realisiert. Das Senden eines Datentupels $v_1, ..., v_n$ an ein Tor m wird durch die Sendeaktion $m!v_1, ..., v_n$ auf dem gleichnamigen Kanal dargestellt. Das zugehörige Empfangen von Werten wird durch den Term

$$m?\_val; \{x_1 \leftarrow \#1 \_val, ..., x_n \leftarrow \#n \_val\}; t$$

realisiert: Der Tupel der Parameter wird an den Hilfsbezeichner $\_val$ gebunden; anschließend werden die Komponenten des Tupels an die nach **bind** angegebenen Bezeichner $x_1, ..., x_n$ gebunden, die dann im Term t, der die Übersetzung der nachfolgenden Lebenslinie des Empfängers darstellt, definiert sind[2]. Anfragen werden definiert, indem im Sender ein neuer Kanal für die Antwort erzeugt und als zusätzliches Element im Parametertupel übertragen wird. Der Empfänger verwendet dann diesen Kanal zum Übertragen der Antwortdaten. Alternativen werden durch Auswahloperatoren modelliert, Schleifen durch rekursive Prozeßdefinitionen. Die Definition der textuellen Notation und der Semantik wird in [Geh00] angegeben.

---

[2] Die Funktion $\#i$ liefert den Wert der i-ten Komponente eines Tupels.

Ausblick. Gegenstand weiterer Forschung ist die Erweiterung der n-Agenten-Diagramme um die aus den *High-level Message Sequence Charts* bekannten Mechanismen zur Komposition von einzelen Diagrammen zu einer umfassenden Systembeschreibung [MR97]. Hierzu muß untersucht werden, in welcher Weise die Kompositionsoperatoren um die Beschreibung von Daten erweitert werden können. Ebenso planen wir die Analyse der Dekomposition von einzelnen Instanzen in ihre Komponenten unter Einbeziehung von Daten.

Literatur

[BRJ98]   Grady Booch, James Rumbaugh, Ivar Jacobson. *The Unified Modeling Language User Guide.* Addison-Wesley, 1998.

[DeM79]   Tom DeMarco. *Structured Analysis and Systems Specification.* Prentice Hall, 1979.

[Fok00]   Wan Fokkink. *Introduction to Process Algebra.* Springer, 2000.

[Geh00]   Thomas Gehrke. *Dynamische Modelle für reaktive Systeme mit Daten.* Dissertation, Technische Universität Braunschweig, Institut für Software, Abteilung Programmierung, 2000.

[GGW99]   Thomas Gehrke, Ursula Goltz, Heike Wehrheim. Zur semantischen Analyse der dynamischen Modelle von UML mit Petri-Netzen. In E. Schnieder (Hrsg.), *Tagungsband der 6. Fachtagung "Entwicklung und Betrieb komplexer Automatisierungssysteme"*, S. 547–566. Braunschweig, 1999.

[GHRW98]   Thomas Gehrke, Michaela Huhn, Arend Rensink, Heike Wehrheim. An Algebraic Semantics for Message Sequence Chart Documents. In Stan Budkowski, Ana Cavalli, Elie Najm (Hrsg.), *Proceedings of FORTE/PSTV '98*, S. 3–18. Kluwer Academic Press, 1998.

[GR99]   Thomas Gehrke, Arend Rensink. A Mobile Calculus with Data. Technischer Bericht 99-04, Technische Universität Braunschweig, Institut für Software, Abteilung Programmierung, Oktober 1999. Erhältlich unter http://www.cs.tu-bs.de/ips/gehrke/publications.html.

[Hoa85]   C.A.R. Hoare. *Communicating Sequential Processes.* Prentice Hall, 1985.

[Hof88]   Douglas R. Hofstadter. *Metamagicum – Fragen nach der Essenz von Geist und Struktur.* Klett–Cotta, 1988.

[ITU96a]   International Telecommunication Union ITU. Message Sequence Chart (MSC). Standard ITU-T Z.120, 1996.

[ITU96b]   International Telecommunication Union ITU. Message Sequence Chart (MSC). Standard ITU-T Z.120 (Annex B), 1996.

[ITU99]   International Telecommunication Union ITU. MSC 2000. Standard ITU-T Z.120, November 1999.

[Mil89]   Robin Milner. *Communication and Concurrency.* Prentice Hall, 1989.

[MPW92]   Robin Milner, Joachim Parrow, David Walker. A Calculus of Mobile Processes, Part I+II. *Information and Computation*, 100, 1992.

[MR97]   S. Mauw, M.A. Reniers. High-level Message Sequence Charts. In *Proceedings of SDL '97:Time for Testing – SDL, MSC and Trends*. Elsevier, 1997.

[OMG99]   Object Management Group OMG. Unified Modeling Language Specification. Technischer Bericht, Version 1.3 R9, 1999.

Weiterentwicklung objektorientierter Softwaresysteme: Risiken und deren Vermeidung

Jens Uwe Pipka

Daedalos Consulting GmbH
Ruhrtal 5, D-58456 Witten, Germany
Tel.: (49) +2302 979 0
jens-uwe.pipka@daedalos.com

Mira Mezini

Universität-GH Siegen
Fachbereich Elektrotechnik und Informatik
Hölderlinstr. 3, D-57068 Siegen, Germany
Tel.: (49) +271 740 2316
mira@informatik.uni-siegen.com

Zusammenfassung. Vererbung gehört zu den wichtigsten Mechanismen objektorientierter Programmierung. Durch Vererbung können vorhandene Implementierungen spezialisiert und an bestimmte Aufgaben angepasst werden. Doch während der Zugriff auf Instanzen über eine klar definierte Schnittstelle erfolgt, existiert für die Vererbung kein äquivalenter Mechanismus. Deshalb können Änderungen innerhalb der Vererbungshierarchie nicht abschätzbare Auswirkungen auf das Verhalten des Gesamtsystems haben. Insbesondere Änderungen in Basiskomponenten können dazu führen, dass das Gesamtsystem syntaktisch korrekt und damit übersetzbar ist, aber semantische Konflikte ein Fehlverhalten des Gesamtsystems zur Folge haben.

In aktuellen Entwicklungsumgebungen wird die Weiterentwicklung objektorientierter Systeme durch Versionsverwaltungen unterstützt. Änderungen unterschiedlicher Entwicklungsstände können verfolgt werden, wobei allerdings ausschließlich einfache Werkzeuge zur Arbeit auf Quelltextebene zur Verfügung stehen. Die Zusammenhänge des Gesamtsystems bleiben dabei unberücksichtigt. Da dieser Ansatz zu restriktiv ist, stellen wir mit „JaMB für Java" ein Analysewerkzeug zur Erkennung semantischer Konflikte vor. Durch Analyse des Java-Bytecodes werden Konfliktsituationen zur Integrationszeit erkannt. So wird der Entwickler auf mögliche Verhaltensänderungen in einem Softwaresystem hingewiesen, die sonst unerkannt bleiben.

0. Einleitung

Bei der Weiterentwicklung objektorientierter Softwaresysteme mit Hilfe der Vererbung können semantische Konfliktsituationen entstehen, die das Verhalten einer realisierten Anwendung in unvorhersehbarer Art und Weise beeinflussen und Fehler hervorrufen. Im Rahmen dieses Artikels werden im ersten Teil Konfliktsituationen und deren mögliche Auswirkungen vorgestellt, die durch den Austausch bereits spezialisierter Basisklassen entstehen. Im zweiten Teil untersuchen wir, welche Schritte zur Erkennung dieser semantischen Konflikte notwendig sind und welche Hilfsmittel klassische Programmierwerkzeuge dem Programmierer dazu zur Verfügung stellen.
Ausgehend von diesen Überlegungen wird im dritten Teil das Analysewerkzeug JaMB für Java vorgestellt, das innerhalb von Java-Projekten diese Konfliktsituationen

lokalisiert. Es wird dabei sowohl die Architektur als auch die Anwendung des Werkzeugs innerhalb des Software-Entwicklungsprozesses erläutert. Abschließend wird der aktuelle Stand von JaMB für Java im Kontext der Konflikterkennung bei der Weiterentwicklung objektorientierter Systeme betrachtet sowie auf mögliche Erweiterungen ausgeblickt.

1. Konfliktmöglichkeiten bei der Weiterentwicklung objektorientierter Softwaresysteme

Bei der Entwicklung von Softwaresystemen erhält die Weiterverwendung vorhandener Komponenten eine immer größere Bedeutung. Teile der Software müssen nicht neu implementiert werden, sondern können durch den Einsatz und die Spezialisierung vorhandener Implementierungen realisiert werden. Das Verhalten existierender Klassen wird durch Vererbung an die Anforderungen des neuen Systems angepasst.

Wir gehen von folgendem prinzipiellen Aufbau eines objektorientierten Systems aus: Ein Basismodul besteht aus einer oder mehreren Basiskomponenten, die extern oder intern entwickelt werden. Das Erbmodul stellt die anwendungsspezifische Implementierung für das Gesamtsystem bereit, indem mit Hilfe von Vererbung die im Basismodul enthaltenen Klassen spezialisiert werden. Daneben existieren weitere Klassen, die unabhängig vom Basismodul sind und weitere anwendungsspezifische Funktionalitäten realisieren. Für die im Rahmen dieser Arbeit betrachten Konflikttypen ist es nicht notwendig, diese Klassen näher zu untersuchen. Der Aufbau eines solchen Systems ist in Abbildung 1 dargestellt.

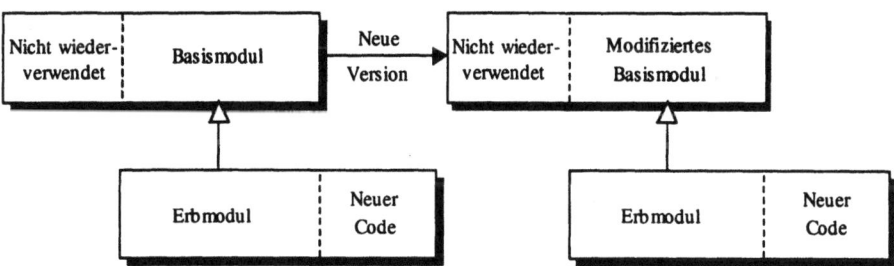

Abbildung 1: Weiterentwicklung objektorientierter Systeme

Bei der Weiterentwicklung, der Wartung und der Migration objektorientierter Softwaresysteme spielt die oben vorgestellte Struktur eine entscheidende Rolle: Sobald eine neue Version des Basismoduls vorliegt, wird die ursprüngliche Implementierung gegen die der neuen Version ausgetauscht. Dazu ist eine Integration des modifizierten Basismoduls in das Gesamtsystem notwendig. Aber auch wenn sich das Gesamtsystem ohne syntaktische Fehler übersetzen lässt und scheinbar erfolgreich ausgeführt werden kann, ist nicht garantiert, dass das derart realisierte Verhalten korrekt ist. Durch Änderungen innerhalb des Basismoduls können bei der Kombination mit dem Erbmodul semantische Fehler entstanden sein, die das Gesamtverhalten beeinflussen und zur Integrationszeit unentdeckt bleiben [KicLam92, Lam93, Mez97, MPDB99, Min96].

Man spricht in diesem Fall auch vom *Fragile Class Problem* [MiSe98]: Eine Ober-klasse wird verändert, wohingegen die Unterklasse in ihrer ursprünglichen Form erhalten bleibt. Diese Kombination führt dazu, dass sich das Verhalten ändert. Im Folgenden werden Konfliktsituationen vorgestellt, die durch den Austausch des Basismoduls gegen eine modifizierte Variante entstehen.

1.1 Konflikte durch Änderung innerhalb des Aufrufgraphen

Zunächst werden semantische Konflikte untersucht, die durch Änderungen innerhalb des Aufrufgraphen (Calling Graph) zustande kommen. In einem Aufrufgraphen wer-den die Kommunikationsstrukturen zwischen Klassen und Aktivierungsreihenfolgen von Methoden untereinander festgehalten. Mit diesen Informationen kann überblickt werden, welche Teile des Systems miteinander kommunizieren und welche anderen Teile der Implementierung von Änderungen innerhalb einer Klasse bzw. Methode betroffen sind.

Änderungen innerhalb des Basismoduls können dazu führen, dass der Aufrufgraph verändert und damit die Abhängigkeiten von Klassen zueinander beeinflusst werden. Dadurch können semantische Konfliktsituationen ausgelöst werden, die wir nun näher betrachten.

1.1.1 Accidental Method Capture

Eine kritische Änderung ist das Hinzufügen einer neuen Operation in einer Klasse des Basismoduls, die innerhalb der modifizierten Klasse von anderen vorher existierenden Methoden aufgerufen wird. Ein Problem tritt auf, falls in einer Klasse des Erbmoduls, die direkt oder indirekt von der modifizierten Klasse des Basismoduls erbt, zufällig eine Methode mit gleicher Signatur bereits existiert. In diesem Fall wird die im Erb-modul definierte Methode an Stellen innerhalb des modifizierten Basismoduls einbe-zogen, an denen dies nicht vorgesehen ist. Die im Erbmodul definierte Methode wird unvorhergesehen in einem anderen Kontext verwendet, was dazu führen kann, dass das Verhalten des Gesamtsystems fehlerhaft wird. Dieser Effekt wird als das *Acci-dentally Captured Methods* Problem bezeichnet [SLMDH96].

Das folgende Beispiel macht die Problematik anhand der Realisierung eines einfa-chen Geldautomaten deutlich. Innerhalb des Basismoduls ist die Klasse **Bankomat** definiert. Diese enthält die Methoden **gibGeldeinheit()** und **gibGeldeinheit(int)**, über die ein bestimmter Geldbetrag abgehoben werden kann. Das Erbmodul spezialisiert die Klasse **Bankomat** durch die Definition der Unterklasse **BankomatX**. Diese sorgt dafür, dass ein Kunde nicht mehr als drei Mal Geld abheben darf und protokolliert zusätzlich die Abhebezeiten. Dazu werden die Methoden **gibGeldeinheit()** und **gib-Geldeinheit(int)** überschrieben sowie die Methode **initialisiere()** neu eingeführt, die vom Konstruktor aufgerufen wird. Das Basismodul wird später geändert, um die Anschaltzeit des Automaten zu protokollieren und so etwaige Garantieansprüche eines Kunden prüfen zu können. Dazu wird in der Klasse **Bankomat** ebenfalls die Methode **initialisiere()** eingeführt, die neben der Anschaltzeit gleichzeitig auch den Ausgabebetrag auf Null setzt.

Basismodul

```
public class Bankomat {
  protected double geldeinheit;
  protected double ausgabeBetrag;
  public Bankomat(double einheit) {
    super();
    geldeinheit = einheit;
    ausgabeBetrag = 0;
  }
  public void gibGeldeinheit() {
    ausgabeBetrag += geldeinheit;
  }
  public void gibGeldeinheit(int anzahl) {
    ausgabeBetrag += geldeinheit * anzahl;
  }
}
```

Modifiziertes Basismodul

```
public class Bankomat {
  protected double geldeinheit;
  protected double ausgabeBetrag;
  protected long anschaltzeit;
  public Bankomat(double einheit) {
    super();
    geldeinheit = einheit;
    initialisiere();
  }
  public void gibGeldeinheit() {
    ausgabeBetrag += geldeinheit;
  }
  public void gibGeldeinheit(int anzahl) {
    ausgabeBetrag += geldeinheit * anzahl;
  }
  public void initialisiere() {
    ausgabeBetrag = 0;
    anschaltzeit = new java.util.Date().getTime();
  }
}
```

Erbmodul

```
public class BankomatX extends Bankomat {
  protected int abhebungen;
  private java.util.Vector abhebungsZeiten;
  public BankomatX(double einheit) {
    super(einheit);
    initialisiere();
  }
  public void gibGeldeinheit() {
    super.gibGeldeinheit();
    abhebungsZeiten.addElement(new Long
      (new java.util.Date().getTime()));
  }
  public void gibGeldeinheit(int anzahl) {
    super.gibGeldeinheit(anzahl);
    abhebungsZeiten.addElement(new Long
      (new java.util.Date().getTime()));
  }
  public void initialisiere() {
    abhebungsZeiten = new java.util.Vector();
  }
}
```

Tabelle 1: Beispiel für Accidental Method Capture

Die Kombination des modifizierten Basismodul mit dem Erbmodul beeinflusst das Verhalten von **BankomatX**. Grund dafür: Bei Einbeziehung des **Bankomat()** Konstruktors durch den **super**-Aufruf innerhalb des **BankomatX()** Konstruktors wird nicht die Methode **initialisiere()** aus der Klasse **Bankomat** aufgerufen, sondern die gleichnamige Methode aus der Klasse **BankomatX**. Dadurch wird weder der Ausgabebetrag auf null gesetzt noch die Anschaltzeit protokolliert. Damit befindet sich das System in einem nicht vorhergesehenen Zustand, was zu einem fehlerhaften Verhalten des Systems führt.

1.1.2 Regular Method Capture
Dieser Konflikttyp beruht darauf, dass eine Methode, die bereits innerhalb des ursprünglichen Basismoduls existiert, im modifizierten Basismodul an weiteren Stellen aufgerufen wird. Dies ist deshalb problematisch, da im Erbmodul Klassen existieren können, die diese Methode überschrieben haben. Durch Hinzufügen von Aufrufen wird die Definition der Methode im Erbmodul an Stellen innerhalb des modifizierten

Basismoduls einbezogen, an der dies nicht vorgesehen war. Diese Art von Konflikt wird als *Regular Method Capture* bezeichnet [SLMDH96]. Im Vergleich zum *Accidental Method Capture* tritt dieser Konflikt nur für Methoden auf, die bereits im ursprünglichen Basismodul vorhanden sind und innerhalb des Erbmoduls überschrieben werden.

Basismodul

```
public class Bankomat {
  protected double geldeinheit;
  protected double ausgabeBetrag;
  public Bankomat(double einheit) {
    super();
    geldeinheit = einheit;
    ausgabeBetrag = 0;
  }
  public void gibGeldeinheit() {
    ausgabeBetrag += geldeinheit;
  }
  public void gibGeldeinheit(int anzahl) {
    ausgabeBetrag += geldeinheit * anzahl;
  }
}
```

Modifiziertes Basismodul

```
public class Bankomat {
  protected double geldeinheit;
  protected double ausgabeBetrag;
  public Bankomat(double einheit) {
    super();
    geldeinheit = einheit;
    ausgabeBetrag = 0;
  }
  public void gibGeldeinheit() {
    ausgabeBetrag += geldeinheit;
  }
  public void gibGeldeinheit(int anzahl) {
    for (int i=0; i<anzahl; i++)
      gibGeldeinheit();
  }
}
```

Erbmodul

```
public class BankomatX extends Bankomat {
  protected int abhebungen;
  private static int maxAbhebungen = 3;
  public BankomatX(double einheit) {
    super(einheit);
  }
  public void gibGeldeinheit() {
    if (abhebungen < maxAbhebungen) {
      super.gibGeldeinheit();
      abhebungen += 1;
    }
  }
  public void gibGeldeinheit(int anzahl) {
    if (abhebungen < maxAbhebungen) {
      super.gibGeldeinheit(anzahl);
      abhebungen += 1;
    }
  }
}
```

Tabelle 2: Beispiel für Regular Method Capture

Um diese Konfliktsituation zu verdeutlichen, greifen wir wieder das Beispiel des Geldautomaten auf. Als Basismodul kommt erneut die Klasse **Bankomat** zum Einsatz. Das Erbmodul realisiert wiederum mit **BankomatX** eine Klasse, die einen Geldautomaten der Bank X darstellt und maximal drei Abhebungen zulässt. Dazu wird diesmal die Methode **gibGeldeinheit(int)** in **BankomatX** unter Einbeziehung der Definition der Elternklasse implementiert. Die ursprüngliche Methode **gibGeldeinheit(int)** aus der Klasse **Bankomat** ist im Basismodul unabhängig von der Methode **gibGeldeinheit()** definiert. Beim Austausch gegen das modifizierte Basismodul ändert sich folgendes: Die Methode **gibGeldeinheit(int)** ruft nun die Methode **gibGeldeinheit()** auf.

Bei der Kombination des modifizierten Basismoduls mit dem vorhandenen Erbmodul ergibt sich dadurch die fatale Situation, dass für die Klasse **BankomatX** das ursprünglich realisierte Verhalten verändert wird. Grund dafür ist, dass bei Aufruf von **gibGeldeinheit(int)** die in **BankomatX** überschriebene Methode **gibGeldeinheit()**

aufgerufen wird. Dadurch wird die Anzahl der Abhebungen nicht mehr wie vorgesehen um eins, sondern um den an **gibGeldeinheit(int)** übergebenen Parameter erhöht. Dies führt dazu, dass nach der dritten Geldeinheit die Auszahlung verweigert wird.

1.1.3 Unanticipated Recursion

Unter bestimmten Voraussetzungen kann *Regular Method Capture* dazu führen, dass eine unendliche Rekursion entsteht. Dazu muss im Basismodul innerhalb einer Methodendefinition der Aufruf einer Methode hinzukommen, die innerhalb des Erbmoduls überschrieben wurde und selbst wieder direkt oder indirekt auf die modifizierte Methode zugreift. Dadurch entsteht ein Zyklus, der beim Aufruf einer enthaltenen Methode nicht mehr terminiert.

Basismodul

```
public class Bankomat {
  protected double geldeinheit;
  protected double ausgabeBetrag;
  public Bankomat(double einheit) {
    super();
    geldeinheit = einheit;
    ausgabeBetrag = 0;
  }
  public void gibGeldeinheit() {
    ausgabeBetrag += geldeinheit;
  }
  public void gibGeldeinheit(int anzahl) {
    ausgabeBetrag += geldeinheit * anzahl;
  }
}
```

Modifiziertes Basismodul

```
public class Bankomat {
  protected double geldeinheit;
  protected double ausgabeBetrag;
  public Bankomat(double einheit) {
    super();
    geldeinheit = einheit;
    ausgabeBetrag = 0;
  }
  public void gibGeldeinheit() {
    gibGeldeinheit(1);
  }
  public void gibGeldeinheit(int anzahl) {
    ausgabeBetrag += geldeinheit * anzahl;
  }
}
```

Erbmodul

```
public class BankomatX extends Bankomat {
  protected int abhebungen;
  private static int maxAbhebungen = 3;
  public BankomatX(double einheit) {
    super(einheit);
  }
  public void gibGeldeinheit() {
    if (abhebungen < maxAbhebungen) {
      super.gibGeldeinheit();
      abhebungen += 1;
    }
  }
  public void gibGeldeinheit(int anzahl) {
    if (abhebungen < maxAbhebungen) {
      for (int i=0; i< anzahl; i++)
        super.gibGeldeinheit();
      abhebungen += 1;
    }
  }
}
```

Tabelle 3: Beispiel für Unanticipated Recursion

Dieser Konflikt wird in der Literatur als *Unanticipated Recursion* bezeichnet [SLMDH96]. Das gesamte System kann durch diesen Effekt zur Laufzeit zum Absturz gebracht werden, ohne dass dies zur Integrationszeit entdeckt wird. Ursache ist, dass sich Methoden aus modifiziertem Basis- und Erbmodul gegenseitig aufrufen, die ursprünglich unabhängig voneinander implementiert waren.

Zur Verdeutlichung wird wiederum auf das bekannte Basismodul zurückgegriffen. Das Erbmodul realisiert mit der Klasse **BankomatX** als Unterklasse von **Bankomat** wiederum einen Geldautomaten, der maximal drei Abhebungen erlaubt. Dazu werden die Methoden **gibGeldeinheit()** und **gibGeldeinheit(int)** überschrieben, wobei beide die Methode **gibGeldeinheit()** der Elternklasse einbeziehen. Das modifizierte Basismodul enthält eine neue Definition der Klasse **Bankomat**, in der die Methode **gibGeldeinheit()** unter Einbeziehung der Methode **gibGeldeinheit(int)** realisiert ist. Dies führt bei der Kombination von modifiziertem Basismodul und Erbmodul für Instanzen der Klasse **BankomatX** nun zu einem Konflikt im Sinne der *Unanticipated Recursion*: Sobald die Methode **gibGeldeinheit()** oder **gibGeldeinheit(int)** ausgeführt wird, ruft diese die Methode **gibGeldeinheit()** aus der Elternklasse **Bankomat** aus. Dies wiederum hat zur Folge, dass die Methode **gibGeldeinheit()** aufgerufen wird, die in diesem Kontext an die Definition der Klasse **BankomatX** gebunden ist. Aufgrund dieses gegenseitigen Aufrufs ist die Anwendung blockiert.

1.1.4 Inconsistent Methods (Specialization Negation)

Eine andere problematische Änderung innerhalb des Basismoduls ist das Entfernen von Methodenaufrufen. Dies kann dazu führen, dass innerhalb des Erbmoduls vorgenommene Verhaltensanpassungen nach der Integration des modifizierten Basismoduls unberücksichtigt bleiben und somit das ursprünglich vorgesehene Verhalten nicht mehr gewährleistet ist. In der Literatur wird in diesem Zusammenhang von *Inconsistent Methods* gesprochen [SLMDH96]. Unserer Ansicht nach ist dieser Begriff zu allgemein gehalten. Deshalb sprechen wir von *Specialization Negation*. Dies bringt zum Ausdruck, dass durch die Änderung innerhalb des Basismoduls die vorgenommene Spezialisierung des Erbmoduls unberücksichtigt bleibt.

Basismodul

```
public class Bankomat {
  protected double geldeinheit;
  protected double ausgabeBetrag;
  public Bankomat(double einheit) {
    super();
    geldeinheit = einheit;
    ausgabeBetrag = 0;
  }
  public void gibGeldeinheit() {
    ausgabeBetrag += geldeinheit;
  }
  public void gibGeldeinheit(int anzahl) {
    for (int i=0; i<anzahl; i++)
      gibGeldeinheit();
  }
}
```

Modifiziertes Basismodul

```
public class Bankomat {
  protected double geldeinheit;
  protected double ausgabeBetrag;
  public Bankomat(double einheit) {
    super();
    geldeinheit = einheit;
    ausgabeBetrag = 0;
  }
  public void gibGeldeinheit() {
    ausgabeBetrag += geldeinheit;
  }
  public void gibGeldeinheit(int anzahl) {
    ausgabeBetrag += geldeinheit * anzahl;
  }
}
```

Erbmodul

```
public class BankomatX extends Bankomat {
  private static int maxEinheiten = 20;
  public BankomatX(double einheit) {
    super(einheit);
  }
  public void gibGeldeinheit() {
    if (ausgabeBetrag / geldeinheit < maxEinheiten) {
      super.gibGeldeinheit();
    }
  }
}
```

Tabelle 4: Beispiel für Specialization Negation

Diesmal wird innerhalb des Beispiels eine andere Implementierung des ursprünglichen Basismoduls verwendet. Dabei steuern die Methoden **gibGeldeinheit()** und **gibGeldeinheit(int)** wiederum die Geldausgabe des Geldautomaten. Die Methode **gibGeldeinheit(int)** ruft **gibGeldeinheit()** auf. Innerhalb des Erbmoduls ist ein Geldautomat realisiert, der einen maximalen Auszahlungsbetrag definiert. Dazu stellt das Erbmodul durch die geeignete Implementierung der Methode **gibGeldeinheit()** aus der Klasse **BankomatX** sicher, dass ein Kunde insgesamt maximal 20 Geldeinheiten abheben darf. Im modifizierten Basismodul wird die Methode **gibGeldeinheit(int)** derart verändert, dass der Ausgabebetrag direkt berechnet wird: Die Methode **gibGeldeinheit()** wird nicht mehr aufgerufen. Bei der Kombination mit dem Erbmodul ergibt sich die Situation, dass auch dann eine Auszahlung zustande kommt, wenn das Limit von maximal 20 Geldeinheiten bereits überschritten ist. Dies ist deshalb möglich, weil die Überwachung des Limits in der überschriebenen Methode **gibGeldeinheit()** realisiert ist, diese aber nicht mehr von der Methode **gibGeldeinheit(int)** aufgerufen wird, da der entsprechende Aufruf innerhalb des modifizierten Basismoduls entfernt wurde.

1.2 Konflikte durch Änderung von Methodensignaturen

Diese Art von Konflikt tritt nur in statisch typisierten Programmiersprachen wie Java auf. Ausgehend von Änderungen innerhalb der Methodensignaturen des Basismoduls bleiben Spezialisierungen bzw. Generalisierungen des Erbmoduls unberücksichtigt.

1.2.1 Reverse Method Capture

Dieser Konflikttyp beruht darauf, dass innerhalb einer Klasse des Basismoduls eine Methodensignatur generalisiert oder spezialisiert wird, d.h. mindestens einer der übergebenen Parameter der Methodensignatur generalisiert oder spezialisiert wird. Ist die ursprüngliche Methodendefinition innerhalb des Erbmoduls überschrieben worden, so führt die Kombination mit dem modifizierten Basismodul dazu, dass diese Definition unberücksichtig bleibt und somit das ursprünglich realisierte Verhalten nicht mehr gewährleistet ist. Es wird zwischen zwei unterschiedlichen Arten des Konflikttyps *Reverse Method Capture* unterschieden, nämlich der *Generalisierung* und der *Spezialisierung*.

Bei der *Generalisierung* wird eine Methodensignatur beim Übergang vom ursprünglichen auf das modifizierte Basismodul derart manipuliert, dass ein oder mehrere Parameter generalisiert werden. Wird das System neu übersetzt, so deckt die generalisierte Methode einen größeren Wertebereich ab als in der ursprünglichen Implementierung. Kritischer ist allerdings, dass die Implementierung der ursprünglichen Methode innerhalb des Erbmoduls möglicherweise nicht mehr berücksichtigt wird. Dies ist beispielsweise dann der Fall, wenn ein Objekt einer spezialisierten Klasse des Erbmoduls im Kontext der Elternklasse verwendet wird. Der gleiche Effekt ist ebenso bei der *Spezialisierung* einer Methodensignatur innerhalb des modifizierten Basismoduls möglich. Durch die Spezialisierung eines oder mehrerer Parameter bleibt eine innerhalb des Erbmoduls vorgenommene Spezialisierung der ursprünglichen Methode unberücksichtigt [MPDB99].

Basismodul

```
public class S {}
public class T extends S {}
public class Base {
  public void test(S s) {
    System.out.println("base.test(S)");
  }
  public void test(T t) {
    System.out.println("base.test(T)");
  }
}
```

Modifiziertes Basismodul

```
public class S {}
public class T extends S {}
public class Base {
  public void test(S s) {
    System.out.println("base.test(S)");
  }
}
```

Erbmodul

```
public class Sub extends Base {
  public void test(T t) {
    System.out.println("sub.test(T)");
  }
}
public class Tester {
  public static void main(String[] args) {
    Base tester = new Sub();
    tester.test(new T());
  }
}
```

Tabelle 5: Beispiel für Reverse Method Capture (Generalisierung)

Die durch die Generalisierung einer Methodensignatur entstandene Konfliktsituation wird im folgenden Beispiel deutlich. Im ursprünglichen Basismodul wird die Klasse **Base** implementiert, welche die Methoden **test(S)** und **test(T)** enthält. S und T sind dabei zwei Klassen mit **T** Unterklasse von **S**. Das Erbmodul spezialisiert die Klasse **Base** durch **Sub**, in der die Methode **test(T)** überschrieben ist. Die ausführbare Klasse **Tester** erzeugt ein Objekt von **Sub**, verwendet diese im Kontext von **Base** und schickt an dieses Objekt die Nachricht **test(T)**. Im Beispiel führt dies zur Ausgabe des Strings „**sub.test(T)**", d.h. es wird die Methode **test(T)** aus der Klasse **Sub** verwendet. Im modifizierten Basismodul wird nun die Methodendefinition **test(T)** entfernt. Ansonsten bleibt die Implementierung gleich. Kombiniert man diese Version des Basismoduls mit dem Erbmodul, so wird nun „**base.test(S)**" statt „**sub.test(T)**" ausgegeben. Der Grund: Der Aufruf **test(T)** im Kontext von **Base** ist an die Methodendefinition **test(S)** gebunden. Wird nun ein **Sub**-Objekt in diesem Kontext verwendet, so bleibt aus diesem Grund die dort vorgenommene Spezialisierung von **test(T)** unberücksichtigt. Dies führt dazu, dass sich beim Austausch des Basismoduls das Verhalten ändert und nicht mehr den ursprünglich realisierten Anforderungen entspricht.

2. Realisierung eines Werkzeugs zur Konflikterkennung als Plug-In für aktuelle Entwicklungsumgebungen am Beispiel von JaMB für Java

Im Folgenden soll untersucht werden, ob heutige Entwicklungsumgebungen ausreichende Mechanismen zur Erkennung und Vermeidung semantischer Konflikte bei der Weiterentwicklung objektorientierter Systeme zur Verfügung stellen.

Ein zentraler Mechanismus im Hinblick auf die Weiterentwicklung von Softwareprojekten innerhalb einer Entwicklungsumgebung ist die Versionsverwaltung. Diese ermöglicht es, unterschiedliche Entwicklungsstände zu verwalten und stellt darüber hinaus Werkzeuge zur Nachverfolgung des Entwicklungsprozesses an. Wird eine neue Version des Basismoduls in das Projekt integriert, so können mit Hilfe der in der Versionsverwaltung enthaltenen Werkzeuge die vorgenommenen Änderungen nachverfolgt werden.

Die Möglichkeiten dieser Werkzeuge reichen nicht aus, um den Entwickler bei der Weiterentwicklung objektorientierter Projekte ausreichend zu unterstützen. Speziell die Erkennung und Vermeidung der im ersten Teil vorgestellten semantischen Konflikte verlangen besondere Techniken und Werkzeuge. Anhand von JaMB für Java wird eine mögliche Realisierung eines geeigneten Analysewerkzeugs zur Erkennung dieser Konfliktsituationen vorgestellt.

2.1 Hilfsmittel klassischer Entwicklungsumgebungen beim Übergang auf eine neue Version einer Basiskomponente

Durch die Verwendung von Versionsverwaltungen wie Envy oder PVCS innerhalb des Entwicklungsprozesses wird die Entwicklung von Softwareprojekten unterstützt. Es können beliebige Entwicklungsstände verwaltet werden, wobei die unterschiedlichen Versionen der Projektdaten in einer gemeinsamen Datenbank abgelegt werden. Versionsverwaltungen bieten dabei die Möglichkeit, jederzeit wieder auf eine ältere Version zurück zu greifen sowie Änderungen in der Implementierung zu verfolgen. Für die Weiterentwicklung objektorientierter Systeme bedeutet dies, dass beim Austausch des ursprünglichen Basismoduls gegen eine neue Version innerhalb der Versionsverwaltung die alten Basismoduldateien durch die neuen ausgetauscht und innerhalb eines Projektes verwendet werden. Innerhalb der Datenbank sind allerdings weiterhin beide Versionen vorhanden, so dass der Austausch auch wieder rückgängig gemacht werden kann.

Versionsverwaltungen bieten über das reine Speichern und Verwalten der Projektdateien hinaus zusätzliche Funktionen an, um unterschiedliche Versionen miteinander vergleichen zu können. Allerdings wird dazu zumeist ausschließlich ein rudimentärer Vergleich zweier unterschiedlicher Implementierungen auf Quelltextebene durchgeführt. Grund dafür ist, dass Versionsverwaltungen ausschließlich Werkzeuge für den Vergleich reiner Textdaten unabhängig von der Implementierungssprache anbieten, die sich entsprechend nur für eine Quelltextanalyse eignen. Die einzelnen Projektdaten werden dabei wie einfache Textdaten behandelt und verarbeitet. Die unterschiedlichen Versionen werden ausschließlich auf Grundlage von textuellen Unterschieden miteinander verglichen. Auf dieser Ebene können nur syntaktische Analysen durchgeführt werden.

Zudem beschränkt die Sicht auf die Klassenebene den Blick für die Zusammenhänge des Gesamtsystems: Jede Klasse wird für sich betrachtet, ohne dass die vorhandenen Querbeziehungen mit einbezogen werden. Ob etwaige Vererbungs- oder Delegationskonflikte entstehen, muss der Entwickler selbst beurteilen. Abhängigkeiten wie Vererbungshierarchien und semantische Änderungen bleiben unberücksichtigt, obwohl die zugehörigen Informationen aus den innerhalb der Versionsverwaltung gespeicherten Daten extrahiert werden könnten.

Liegt eine modifizierte Komponente nicht als Quelltext vor, so ist bei dieser Vorgehensweise eine weitergehende Verfolgung der Änderungen nicht möglich. Diese

Einschränkung gilt insbesondere für Fremdkomponenten, die von einem externen Anbieter bezogen werden und zumeist ohne Quelltext vorliegen. Gerade hier ist aber eine zusätzliche Prüfung notwendig, um überhaupt Änderungen auf das Verhalten des Gesamtsystems erkennen zu können.

Dies zeigt, dass der Vergleich von Quelltextdaten auf Klassenebene mit Hilfe rein textbasierter Werkzeuge nicht ausreicht, um Entwicklern die benötigten Informationen zur Integration neuer Modulversionen zu verschaffen. Viel mehr ist es notwendig, dass zusätzlich eine Analyse im Hinblick auf Zusammenhänge des Gesamtsystems integriert wird. Nur so ist man in der Lage, auf mögliche Verhaltensänderungen durch semantische Konflikte zumindest hinzuweisen.

2.1.1 Integration einer neuen Version des Basismoduls am Beispiel von VisualAge für Java

Als Beispiel für die Möglichkeiten einer Entwicklungsumgebung wird im Folgenden VisualAge für Java verwendet. Die Erfahrungen sind auch auf andere Entwicklungsumgebungen respektive Versionsverwaltungen wie MS SourceSafe oder PVCS übertragbar. Anhand des bereits im ersten Teil vorgestellten Konflikts *Regular Method Capture* wird untersucht, welche Analysemöglichkeiten in VisualAge für Java bei der Integration einer neuen Version des Basismoduls zur Verfügung stehen. VisualAge für Java bietet dazu nach dem Einspielen des modifizierten Basismoduls innerhalb der Projekt- und Versionsverwaltung den Punkt „Compare with..." an. Damit können zwei beliebige Versionen auf Projekt-, Paket-, Klassen- oder Methodenebene miteinander verglichen werden. Als Ergebnis des Vergleichs der beiden unterschiedlichen Versionen des verwendeten Basismoduls wird folgendes Ergebnis ausgegeben:

```
Differences:

    Bankomat
      gibGeldeinheit(int): Source changed
```

Die genauen Änderungen in der Methode **gibGeldeinheit(int)** werden dabei über einen textuellen Vergleich des Quelltextes ermittelt. Der Entwickler wird darauf hingewiesen, dass in der ursprünglichen Implementierung die Zeile

```
    ausgabeBetrag += geldeinheit * anzahl;
```

durch

```
    for (int i=0; i< anzahl; i++)
      gibGeldeinheit();
```

ersetzt wurde. Darüber hinaus werden keine weiteren Informationen oder Werkzeuge für eine umfassendere Analyse der unterschiedlichen Versionen des Basismoduls zur Verfügung gestellt.

An diesem Beispiel wird deutlich, dass der Vergleich ohne Berücksichtigung der Klassenhierarchie sowie des Aufrufgraphen nicht ausreicht. Die im Basismodul vorgenommenen Änderungen erscheinen für sich genommen unkritisch. Bei einem Integrationstest wird aufgrund dieser vorliegenden Informationen kein Fehler gefunden. Die von der Entwicklungsumgebung bereitgestellten Informationen reichen nicht aus, um das Problem zu erkennen. Die beim Vergleich der unterschiedlichen Versionen des Basismoduls ermittelten Unterschiede lassen die Eigenheiten des Gesamtsystems unberücksichtigt. Der Konflikt kann deshalb nur von demjenigen erkannt werden, der mit der Struktur des Gesamtsystems vertraut ist. Im aufgeführten Beispiel ist der Konflikt nur dann erkennbar, falls zusätzlich zur Klasse **Bankomat** die Implementierung der Unterklasse **BankomatX** zusammen mit den enthaltenen Aufrufstrukturen betrachtet wird. Je komplexer ein System ist, um so unwahrscheinlicher ist es, dass solche Konflikte überhaupt während der Integration erkannt werden.

2.2 Notwendige Schritte zur Erkennung semantischer Konflikte

Um die Weiterentwicklung objektorientierter Softwareprojekte zu vereinfachen und die vorgestellten Konfliktsituationen zu vermeiden, müssen die Änderungen in der neuen Version einer Basiskomponente unter Berücksichtigung der bereits vorhandenen Implementierungen auf semantische Konflikte überprüft werden. Das dazu geeignete Vorgehen zur Erkennung von Konfliktsituationen kann in folgende Schritte gegliedert werden: Im ersten Schritt werden zunächst die für die Konfliktanalyse benötigten Informationen aus der ursprünglichen sowie der modifizierten Version des Basismoduls extrahiert. Zu diesen Informationen gehören Informationen zu den enthaltenen Klassen- und Methodendefinitionen und zum Aufrufgraph. Diese Daten werden aus den Java-Bytecode-Dateien ermittelt und in eine Metastruktur überführt, die eine Erweiterung der Java Reflection API darstellt.

Im Anschluss daran wird das Konfliktpotential ermittelt, indem die Implementierung des ursprünglichen Basismoduls mit der des modifizierten Basismoduls verglichen wird. Das Konfliktpotential enthält als Ergebnis alle Konfliktmöglichkeiten, die bei der Kombination des modifizierten Basismoduls mit einem beliebigen Erbmodul möglich sind. Zur Ermittlung des Konfliktpotentials werden unterschiedliche Analyseschritte auf Grundlage der Änderungen innerhalb der Klassen- und Schnittstellendefinitionen sowie des Aufrufgraphen des Basismoduls durchgeführt. Da je nach Konflikttyp zur Erkennung des Konfliktpotentials unterschiedliche Analyseschritte notwendig sind, wird für jeden Konflikttyp ein eigener Konfliktpotentialdetektor definiert, der die spezifischen Analyseschritte zur Erkennung des jeweiligen Konflikttyps enthält. Wir werden die Funktionsweise eines Konfliktpotentialdetektors im folgenden Abschnitt exemplarisch für *Regular Method Capture* erläutern.

Im danach folgenden Schritt werden die zur Konfliktanalyse benötigten Daten des Erbmoduls analog zum Basismodul aus den Java-Bytecode-Dateien gewonnen. Zusammen mit dem ermittelten Konfliktpotential werden diese Daten im Hinblick auf konkrete Konfliktsituationen untersucht. Dazu werden die Klassen- und Schnittstellendefinitionen sowie der Aufrufgraph des Erbmoduls im Hinblick auf die im Konfliktpotential enthaltenen Konfliktsituationen geprüft. Das Ergebnis dieses Schritts liefert die Konflikte, die bei der Kombination aus modifiziertem Basismodul und Erbmodul auftreten. Analog zu Konfliktpotentialen steht zur Erkennung konkreter Konflikte pro Konflikttyp ein eigener Konfliktdetektor zur Verfügung. Die Implementierung eines Konfliktdetektors beruht dabei auf der Konflikttyp-spezifischen Analyse des Konfliktpotentials in Verbindung mit dem Erbmodul.

Bei der Analyse von Java-Projekten werden die beschriebenen Konflikte unabhängig davon erkannt und gemeldet, ob sie tatsächlich das Verhalten des Gesamtsystems beeinflussen. Grund für das Auftreten eines Fehlalarms ist, dass eine tatsächliche Änderung des Verhaltens nicht zur Integrations-, sondern erst zur Laufzeit entdeckt werden kann. Zur Integrationszeit ist teilweise keine eindeutige Zuordnung für das Ziel eines Methodenaufrufs möglich. Die Ursache liegt darin, dass Instanzen einer Klasse innerhalb des Kontext einer implementierten Schnittstelle bzw. einer Elternkasse verwendet werden können. Um zum einen sowohl Fehlalarme zu vermeiden als auch zum anderen alle Konfliktsituationen zuverlässig zu erkennen, sind Erweiterungen innerhalb des Analyseprozesses im Hinblick auf die exakte Auflösung der Ziele von Methodenaufrufen denkbar, wie sie z.B. in der Literatur von Palsberg und Schwartzbach diskutiert werden [PaSchw95]. Eine andere Möglichkeit wäre, zusätzliche Analyseschritte zur Laufzeit durchzuführen, um das Ziel kritischer Methodenaufrufe bei Ausführung eindeutig bestimmen zu können.

Als Beispiel für den Aufbau eines Analyseprozesses werden wir im nächsten Abschnitt auf die Erkennung des Konflikttyps *Regular Method Capture* eingehen. Danach wird anhand von JaMB für Java exemplarisch eine Umsetzung der Konfliktanalyse für Java Projekte vorgestellt. JaMB basiert auf den vorgestellten Analyseschritten und ermöglicht eine automatische Konfliktanalyse und -erkennung in Java Projekten. Basierend auf diesen Konzepten ist eine Umsetzung für andere objektorientierte Programmiersprachen wie Smalltalk oder Eiffel leicht möglich.

2.3 Ermittlung potentieller und konkreter Konflikte am Beispiel von Regular Method Capture

Bei einer konkreten Implementierung müssen als erstes Informationen z.B. über Klassen- und Schnittstellendefinitionen sowie Aufrufgraph aus den zu analysierenden Daten extrahiert werden. Die Vorgehensweise ist davon abhängig, in welcher Programmiersprache die zu analysierenden Daten vorliegen. Deshalb wird an dieser Stelle zunächst davon ausgegangen, dass die benötigten Informationen zur Verfügung stehen. Bei der Implementierung von JaMB beschäftigen wir uns in Abschnitt 3 am Beispiel von Java genauer mit dieser Problematik.

2.3.1 Ermittlung des Konfliktpotentials
Um das Konfliktpotential für *Regular Method Capture* zu erkennen, müssen alle Methodenaufrufe gefunden werden, die in der neuen Version des Basismoduls hinzugekommen sind. Dazu werden die Methoden der Klassen verglichen, die sich zwischen ursprünglichem und modifiziertem Basismodul geändert haben. Es wird untersucht, ob neue Aufrufe bereits vorhandener Methodendefinitionen hinzugekommen sind. Ist dies der Fall, so sind die Voraussetzungen für einen potentiellen Konflikt im Sinne von *Regular Method Capture* erfüllt.

In unserem Beispiel trifft dies für die Methode **gibGeldeinheit()** aus der Klasse Bankomat zu. Im modifizierten Basismodul erfolgt ein zusätzlicher Aufruf von **gibGeldeinheit()** in der Methode **gibGeldeinheit(int)**.

```
Konfliktpotential für Regular Method Capture

    ⇒ Zusätzliche Aufrufer von Banko-
    mat.gibGeldeinheit():
        Bankomat.gibGeldeinheit(int) aufgerufen
```

2.3.2 Ermittlung der konkreten Konflikte

Die Ermittlung der konkreten Konflikte im Sinne von *Regular Method Capture* beruht auf der Analyse des Konfliktpotentials in Kombination mit einem vorhandenen Erbmodul. Ausgehend vom ermittelten Konfliktpotential wird für jede betroffene Klasse untersucht, ob sie eine direkte oder indirekte Unterklasse besitzt, die eine der im Konfliktpotential enthaltenen Methodendefinitionen überschreibt. In diesem Fall sind die im modifizierten Basismodul neu hinzugekommenen und von der Unterklasse geerbten Methodenaufrufe an die von der Unterklasse bereitgestellte Definition gebunden. Sobald die Implementierung basierend auf dem ursprünglichen Aufrufgraphen vorgenommen wurde oder implizit zusätzliche Methodenaufrufe als ausgeschlossen betrachtet wurden, verändert dieser Effekt das Verhalten des Systems. In unserem Beispiel ist die Klasse **BankomatX** betroffen, die von der Klasse **Bankomat** erbt. Analysiert man, welche Methoden dort überschrieben werden, so wird die Methode **gibGeldeinheit()** gefunden. Da diese Methode zum ermittelten Konfliktpotential gehört, liegt ein konkreter Konflikt im Sinne von *Regular Method Capture* vor.

```
Konkrete Konflikte für Regular Method Capture

    ⇒ BankomatX.gibGeldeinheit() überschreibt Banko-
mat.gibGeldeinheit()
        Zusätzliche Aufrufer: Banko-
mat.gibGeldeinheit(int)
```

Wir haben uns dafür entschieden, dass ein konkreter Konflikt auch dann gemeldet wird, falls die kritische Methodendefinition innerhalb des Systems nicht an eine Instanz der Klasse **BankomatX** gesendet wird. In diesem Fall hat der gefundene Konflikt keine Auswirkungen auf das Verhalten des Systems, sondern es handelt sich um einen Fehlalarm. Hier greift allerdings das schon beschriebene Problem der Typinterferenz: Um die Zahl möglicher Fehlalarme zu verringern ist es möglich, eine zusätzliche Prüfung im Hinblick darauf durchzuführen, ob die betroffene Methode überhaupt innerhalb des Systems an eine Instanz der Klasse **BankomatX** gesendet wird. Es werden dabei auch die Fehlersituationen ignoriert, die durch das Benutzen einer Instanz einer betroffenen Klasse innerhalb des Kontexts einer Schnittstelle bzw. Elternkasse entstehen.

3. Konflikterkennung in Java-Projekten: Das Werkzeug JaMB für Java als Plug-In für Integrierte Entwicklungsumgebungen

Die Implementierung von JaMB für Java orientiert sich an den im vorigen Abschnitt vorgestellten Schritten zur Konflikterkennung. Um auf neue Anforderungen eingehen und neue Konfliktsituationen erkennen zu können, wurde JaMB als erweiterbares Framework implementiert. So können zur Erkennung weiterer Konfliktsituationen neue Detektoren innerhalb des Frameworks implementiert werden, die automatisch in den Analyseprozess integriert werden.

3.1 Die Architektur von JaMB für Java

Als Eingabe benötigt JaMB folgende Daten:
- Ursprüngliches Basismodul (Java Bytecode Dateien bzw. JAR Archiv)
- Modifiziertes Basismodul (Java Bytecode Dateien bzw. JAR Archiv)
- Erbmodul (optional; Java Bytecode Dateien bzw. JAR Archiv)
- Aktivierte Konfliktdetektoren (optional)
- Gewünschte Ausgabe: Potentielle und/oder konkrete Konflikte (optional, Boolesche Werte)

Als Ausgabe stellt JaMB folgende Daten bereit:
- Potentielle Konflikte (JaMBStream, variabel)
- Konkrete Konflikte (optional, JaMBStream, variabel)

Das Framework ist in verschiedene Funktionseinheiten unterteilt, die jeweils einen bestimmten Aufgabenbereich abdecken (siehe Abbildung 2).

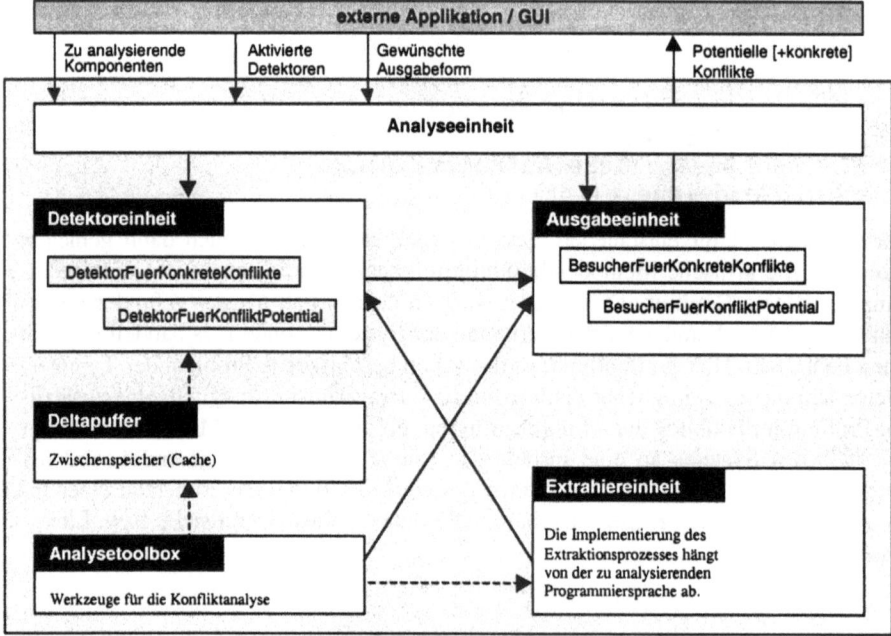

Abbildung 2: Architektur des JaMB für Java Framework

Die *Analyseeinheit* nimmt die zu analysierenden Daten entgegen und steuert den Analyseprozess unter Einbeziehung weiterer Funktionseinheiten. Über die Analyseeinheit können Daten auch direkt an JaMB übergeben werden: So kann eine Integration von JaMB in einer Entwicklungsumgebung erfolgen, indem die zu analysierenden Daten direkt aus der Versionsverwaltung heraus an JaMB übergeben werden.

Die Aufgabe, die zur Konfliktanalyse benötigten Daten aus den Eingabedateien zu gewinnen, übernimmt die *Extrahiereinheit*. Für Java gibt es dazu zwei Alternativen: Zum einen können diese Informationen aus den Quelltextdateien (.java-Dateien) entnommen werden. Zum anderen kann der Aufrufgraph durch eine Analyse der Bytecodedateien (.class-Dateien) aufgebaut werden, da die Spezifikation des Java

Bytecodeformats offen gelegt ist ([LinYel96], [GosSte96]). JaMB nutzt die zweite Alternative, da so auch Komponenten berücksichtigt werden, die ausschließlich als Bytecode vorliegen. Darüber hinaus können Referenzen direkt aus dem Java Bytecode extrahiert werden, da diese bereits bei der Übersetzung durch den Java Übersetzer aufgelöst werden. Bei einer Analyse der Quelltextdateien müssen hingegen die Mechanismen zur Auflösung von Referenzen selbst realisiert werden. Die durch die Extrahiereinheit gewonnenen Daten werden in einer Metastruktur abgelegt, die eine Erweiterung der Java Reflection API darstellt. Diese Erweiterung ist notwendig, da zusätzliche Informationen über den Aufrufgraphen notwendig sind, die nicht von der Java Reflection API zur Verfügung gestellt werden.

Die Erkennung potentieller und konkreter Konflikte übernimmt die *Detektoreinheit*. Es stehen zwei parallele Vererbungshierarchien für Konfliktpotential- und Konfliktdetektoren zur Verfügung. Durch Spezialisierung der dort definierten, abstrakten Oberklassen können neue Detektoren zur Erkennung weiterer Konfliktsituationen implementiert werden. Alle Detektoren, die innerhalb dieser Vererbungshierarchie definiert sind, werden automatisch von JaMB erkannt und können bei der Durchführung des Analyseprozesses entsprechend berücksichtigt werden. Dazu werden die von Java bereitgestellten Mechanismen zum dynamischen Laden von Klassen zur Laufzeit benutzt.

Wiederkehrende Teilschritte wie die Bestimmung geänderter Methodensignaturen einer Klasse sind in der *Analysetoolbox* implementiert und können damit allen Detektoren zur Verfügung gestellt werden. So können wiederkehrende Analyseschritte gemeinsam genutzt werden. Durch Nutzung der *Deltapuffereinheit* können die Ergebnisse der einzelnen Analyseteilschritte zwischengespeichert und dadurch die Verarbeitungsgeschwindigkeit gesteigert werden.

Die *Ausgabeeinheit* stellt die Ergebnisse der Analyse zusammen und gibt sie an den Aufrufer weiter. Sie stellt die zentrale Schnittstelle für die Integration in Fremdanwendungen dar. Über diese Schnittstelle können die ermittelten potentiellen und konkreten Konflikte aus JaMB an die aufrufende Anwendung übergeben werden. Dabei kann das Übergabeformat der Analysedaten mit Hilfe des Besucher-Musters anwendungsspezifisch definiert werden. Mit Hilfe der durch die Ausgabeeinheit realisierten, flexiblen Schnittstelle kann JaMB zur Unterstützung einer Versionsverwaltung in eine klassische Entwicklungsumgebung integriert werden. Dies ermöglicht die Durchführung der Konfliktanalyse direkt aus der Entwicklungsumgebung heraus.

3.2 Konflikterkennung in der Praxis: Das JaMB für Java GUI

Neben der Integration in Entwicklungswerkzeuge zur Unterstützung der Versionsverwaltung oder des Debuggers existiert JaMB auch als eigenständiges Werkzeug, das als Ergänzung zum Java Development Kit (JDK) eingesetzt werden kann. Die Konflikterkennung kann dabei zur Integrationszeit durchgeführt werden. Sobald eine neue Version des Basismoduls eintrifft, kann diese zusammen mit dem vorhandenen Erbmodul analysiert werden. Dazu kann JaMB über eine entsprechende GUI Anwendung mit einer graphischen Oberfläche aktiviert werden, die als Java Applikation in Swing realisiert ist (siehe Abbildung 3). Daneben steht ebenfalls noch eine Version für das Abstract Window Toolkit sowie eine Textvariante zur Stapelverarbeitung auf der Kommandozeile zur Verfügung.

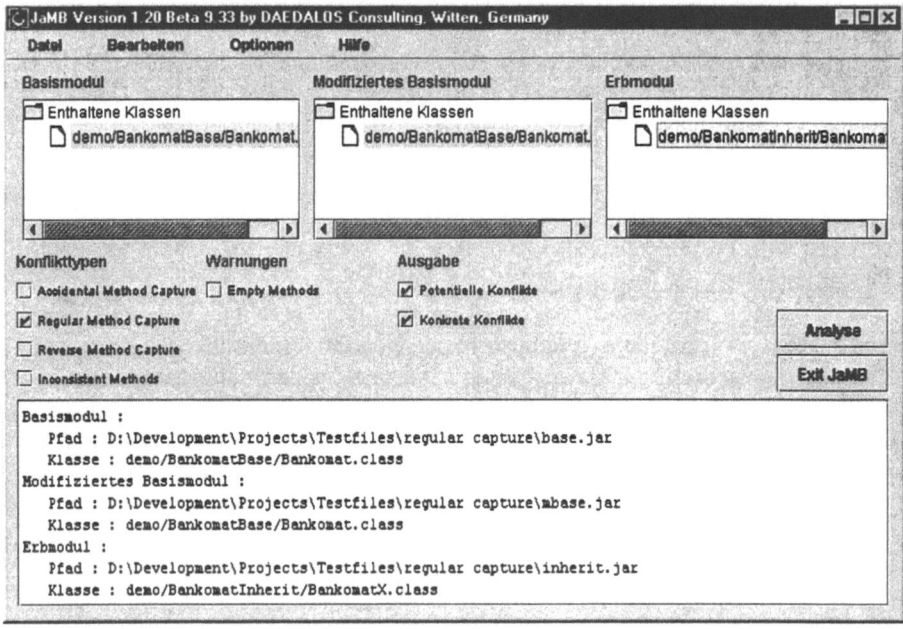

Abbildung 3: GUI Oberfläche für JaMB für Java

Diese GUI Anwendung übernimmt dabei die Aufbereitung der Ein- und Ausgabedaten, die von JaMB erwartet werden, und ersetzt somit die Anbindung an eine externe Entwicklungsumgebung. Es wird dabei über die gleiche Schnittstelle auf die Basisfunktionalität des JaMB Kerns zugegriffen, die im vorigen Abschnitt vorgestellt wurde. An der Funktionsweise des JaMB Kerns orientiert sich auch der Aufbau der GUI Anwendung: Zunächst werden die Eingabedaten in Form der zu untersuchenden Module ausgewählt. Es können dabei einzelne Bytecodedateien, Verzeichnisse oder JAR-Archive ausgewählt werden. Der Entwickler kann darüber hinaus die zu erkennenden Konflikttypen sowie die gewünschte Ausgabe als Konfliktpotential bzw. als konkrete Konflikte auswählen.

Nach Durchführung der Konflikterkennung werden die Ausgabedaten in Form des Analyseergebnisses ausgegeben. Die gefundenen Konflikte werden dabei durch die Oberflächenanwendung nach Klassen sortiert angezeigt. Für jeden Konflikt wird dabei erläutert, durch welche Zusammenhänge er ausgelöst wird. Dies ist in Abbildung 4 für das Beispiel *Regular Method Capture* dargestellt.

Mit Hilfe der durch JaMB zusammengestellten Informationen kann ein Entwickler schnell erkennen, in welchen Klassen Konflikte auftreten und welche Methoden betroffen sind. Zusammen mit der Konfliktbeschreibung geht daraus hervor, welche Verhaltensänderungen durch diese Konflikte möglich sind. Er ist somit in der Lage, das vorhandene Erbmodul an die neue Version des Basismoduls anzupassen und Konfliktsituationen gezielt zu korrigieren. Durch diese zusätzlichen Informationen wird die Gefahr reduziert, dass semantische Konflikte bei der Integration einer neuen Basiskomponente unentdeckt bleiben und erst dann bemerkt werden, wenn es bereits zu spät ist: Zur Laufzeit, wenn das System bereits im Einsatz ist und es dabei in einen nicht definierten Zustand gerät.

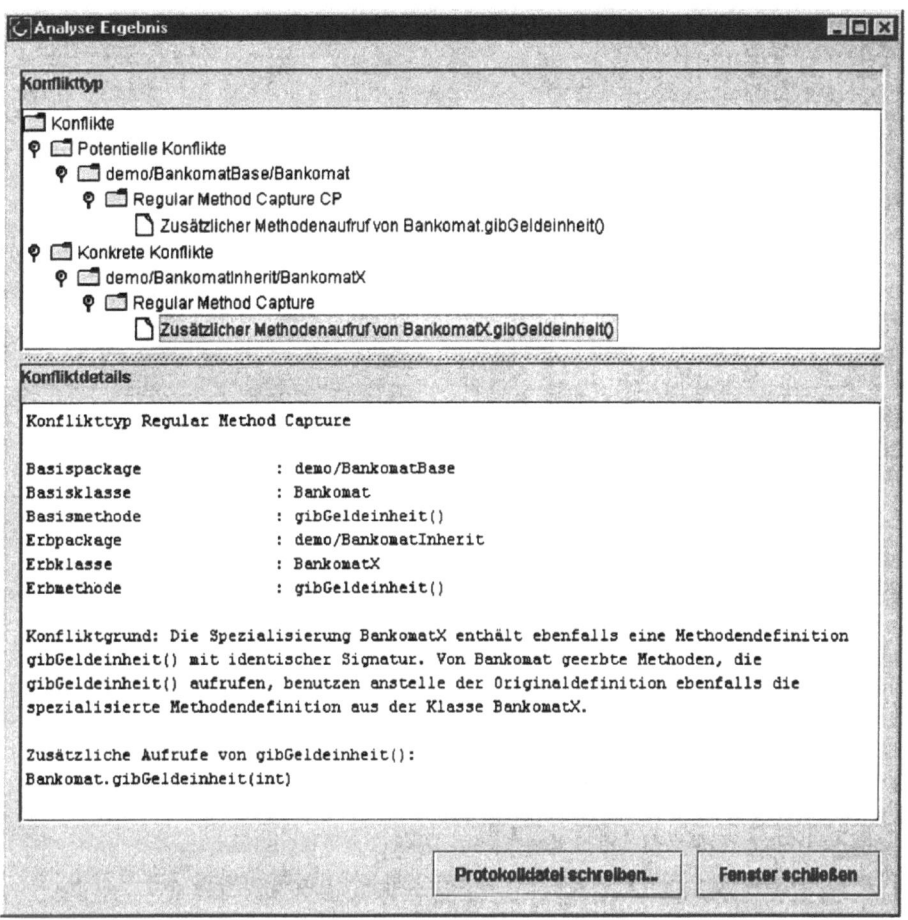

Abbildung 4: Ausgabe des Analyseergebnisses durch JaMB für Java

3.3 Fallstudien

Die Relevanz des vorgestellten Themas zeigt sich insbesondere bei der Analyse umfangreicher Klassenbibliotheken. Insbesondere bei Klassenbibliotheken, die am Anfang ihrer Entwicklung stehen und sich rasch weiterentwickeln, sind Änderungen die Regel, die zu potentiellen Konfliktsituationen führen. Inwieweit diese sich tatsächlich auf eine Anwendung auswirken hängt von der Struktur der Anwendung ab. Die Zahl möglicher konkreter Konfliktsituationen hängt auch davon ab, wie stark bei der Realisierung der Anwendung von Vererbung Gebrauch gemacht wird.

Mit Hilfe von JaMB für Java haben wir verschiedene Java Klassenbibliotheken bzgl. potentieller Konfliktsituationen untersucht, so z.B. das JDK 1.0.x im Vergleich zu den nachfolgenden Versionen (JDK 1.1.x und höher). Da die Analyse der kompletten Klassenbibliothek hohe Anforderung an Performance- und Speicher stellt, haben wir einzelnen Teile im Hinblick auf potentielle Konflikte geprüft. Um einen kurzen Überblick zu bekommen sei hier als Beispiel die Analyse des Pakets **java.awt.*** beim Übergang vom JDK 1.0.x auf das JDK 1.1.x erwähnt. Zur Analyse der rund 50 Klassen benötigt JaMB für Java auf einem Arbeitsplatzrechner knapp 3 Minuten. Es werden insgesamt 498 potentielle Konflikte gefunden, davon 351x *Accidental Method Capture*, 39x *Regular Method Capture*, 108x *Specialization Negation* und 0x *Reverse Methode Capture*. Ob diese potentiellen Konflikte auch tatsächlich konkrete Konflikte verursachen, hängt davon ab, wie die jeweilige Anwendung unter Verwendung der betroffenen Klassen realisiert ist.

Nicht berücksichtigt in dieser Analyse sind Änderungen, die durch das Umbenennen einer Klasse oder das Verschieben in ein anderes Paket hervorgerufen werden, da diese bei der Umstellung der Anwendung auf die neue Version in jedem Fall vom Programmierer angepasst werden müssen. In zukünftigen Versionen von JaMB für Java ist vorgesehen, den Entwickler bei dieser Anpassung zu unterstützen und die betroffenen Klassen entsprechend in der Konfliktanalyse zu berücksichtigen.

4. Fazit und Ausblick

Bei der Weiterentwicklung objektorientierter Systeme stellen semantische Konflikte einen bedeutenden Risikofaktor dar. Unsere Untersuchungen haben gezeigt, dass bei der Verwendung von Basiskomponenten sowie der Weiterentwicklung bestehender Systeme eine Vielzahl an potentiellen Konflikten auftreten können, die bei Kombination mit existierendenden Anwendungen zu konkreten Fehlersituationen führen und das Verhalten in unabsehbarer Art und Weise verändern. Die Gefahr, die von semantischen Konflikten ausgeht, blieb lange Zeit unbeachtet, so dass aktuelle Entwicklungsumgebungen noch keine Werkzeuge anbieten, die den Entwickler bei der Suche nach semantischen Konflikten unterstützen. Auch die Möglichkeiten, die Versionsverwaltungen bieten, reichen bei weitem nicht aus, obwohl prinzipiell alle benötigten Daten durch zusätzliche Analyseschritte ermittelt werden können. Insbesondere die Gefahr, dass semantische Konflikte bei der Integration einer neuen Version einer Basiskomponente zunächst unerkannt bleiben und im laufenden Betrieb Schäden verursachen, erhöht die Notwendigkeit, entsprechende Werkzeuge zur Integration in den Entwicklungsprozess anzubieten.

Aus diesen Erfahrungen heraus ist JaMB für Java entstanden, ein Werkzeug zur Erkennung semantischer Konflikte in Java Projekten. Ausgehend von der Analyse des Java Bytecodes werden semantische Konfliktsituationen erkannt, die zu einem Fehlverhalten des Softwaresystems führen können. Aktuell werden von JaMB für Java alle im ersten Abschnitt beschriebenen Konfliktsituationen erkannt, allerdings sind dabei Situationen möglich, in denen eine erkannte Konfliktsituation nicht zu einem Fehlverhalten des Systems führt. Deshalb ist ein wichtiger Punkt für die zukünftige Weiterentwicklung, dass die Bindung eines Methodenaufrufs an genau eine Methodendefinition ermittelt wird. Darüber hinaus sind weitere Detektoren zur Erkennung neuer Konflikttypen geplant, die unter Verwendung der vorgegebenen Schnittstelle der Detektoreinheit implementiert und automatisch in den Analyseprozess mit einbezogen werden.

Für die Zukunft weiterhin eine Umsetzung von JaMB für Smalltalk anhand von VisualAge Smalltalk geplant, die direkt in die Entwicklungsumgebung integriert ist und auf die Daten der zugehörigen Versionsverwaltung Envy zugreifen kann.

5. Literaturverzeichnis

[GosSte96] Gosling J, Joy B. und Steele G. The Java Language Specification. Addison-Wesley, 1996.

[KicLam92] Kiczales G. und Lamping J. Issues in the Design and Documentation of Class Libraries. In Proceedings of OOPSLA '92, ACM SIGPLAN Notices, Vol. 27, No. 10, S. 435-451, 1992.

[Lam93] Lamping J. Typing the Specialization Interface. In Proceedings of OOPSLA '93, ACM SIGPLAN Notices, Vol. 28, No. 10, S. 201-214, 1993.

[LinYel96] Lindholm T. und Yelling F. The Java Virtual Machine Specification. The Java Series, Addison Wesley, 1997.

[Mez97] Mezini M. Maintaining the Consistency of Class Libraries During their Evolution. In Proceedings of OOPSLA '97, Sigplan Notices Vol. 29, No. 10, S.1-22, 1997.

[MPDB99] Mezini M., Pipka J.U., Dittmar T. und Boot W. Detecting Evolution Incompatibilities by Analyzing Java Binaries. In Proceeding of TOOLS USA '99, IEEE Press.

[MiSe98] Mikhajlov L. und Sekerinski E. A Study of The Fragile Base Class Problem. In Proceedings of ECOOP '98, LNCS 1445, S. 355-382, Springer Verlag.

[Min96] Minsky N. Law-Governed Regularities in Object Systems. In Theory and Practice of Object Systems (TAPOS), Vol. 2, No. 4, John Wiley, 1996.

[PaSchw95] Palsberg J. und Schwartzbach, M.I. Safety Analysis versus Type Interference. In Information and Computation 118(1), S.128-141, 1995.

[SLMDH96] Steyaert P., Lucas C., Mens K. und D'Hondt T. Reuse Contracts: Managing the Evolution of Reusable Assets. In Proceedings of OOPSLA '96, ACM SIGPLAN Notices, Vol. 31 No. 10, S. 268-286, 1996.

[Szy97] Szyperski C. Component Software. Beyond Object-Oriented Programming. Addison Wesley, 1997

Generatorunterstützte objektorientierte Entwicklung multimedialer Lehr- und Lernsysteme zur Effizienzsteigerung und Qualitätsverbesserung

Christian Weidauer

Lehrstuhl für Software-Technik
Ruhr-Universität Bochum
Universitätsstr.150, D-44780 Bochum, Germany
Tel: +49 234-32-26794
E-Mail: weidauer@swt.ruhr-uni-bochum.de

Zusammenfassung. Die Entwicklung von Multimedia-Anwendungen und multimedialen Lehr- und Lernsystemen (MMLLS) gewinnt zunehmend an Umfang und Bedeutung. Systematische Methoden und Werkzeuge zu ihrer Erstellung sind erforderlich, um Produktivitäts- und Qualitätssteigerungen zu erreichen.

Dieser Artikel stellt eine Entwicklungsmethode für MMLLS vor, die auf objektorientierter Modellierung aufsetzt, und durch Generierung eines Großteils des MMLLS die Produktivität und Qualität verbessert. Die Methode schließt die werkzeugunterstützte Erfassung und Verwaltung der Inhalte ein. Mit dieser Methode sind bereits Projekte erfolgreich realisiert worden. Die gewonnenen Erfahrungen werden ebenfalls dargestellt.

Schlüsselwörter: Entwicklungsmethode für multimediale Lehr- und Lernsysteme, Generierung, CASE, Modellierung von Übungsaufgaben

Abstract. Development of multimedia applications and Computer Based Training (CBT) systems is getting increasingly important. A systematic method and tools are necessary to increase productivity and quality. This paper shows a method to develop CBTs. The method bases on object oriented modelling and improves productivity and quality by generating most parts of CBTs. The method supports both computer-aided acquisition and computer-aided administration of the CBT content. Some projects were already realized successfully by using this method. The gained experiences will be presented as well.

Key words: Method for CBT development, generation, CASE, modelling of exercises

1 Einleitung

1.1 Multimedia-Entwicklung im Kontext der Software-Technik

Wie in der modernen Software-Technik üblich beginnt auch die Entwicklung multimedialer Lehr- und Lernsysteme (MMLLS) mit der Anforderungsanalyse und der Definition des MMLLS. In diesem Artikel wird die Bezeichnung *multimediale* Lehr- und Lernsysteme verwendet, und ist so zu verstehen, dass die Systeme multimedial sein können, aber nicht sein müssen. Die Anforderungsanalyse und der Definition des MMLLS geschieht vor dem Hintergrund, dass die MMLLS-Entwicklung als Software-Entwicklung betrachtet wird. Anhand der Spezifikationen kann das MMLLS realisiert werden. In der Regel geschieht dies mit Hilfe von Autorensystemen. Die Realisierung erfolgt derzeit in erster Linie manuell. Dieses entspricht weitestgehend dem frühen Stand der Software-Technik, als Anwendungen noch ohne Werkzeugunterstützung programmiert wurden. Es ergeben sich vergleichbare Effekte: So treten leicht Fehler bei der Umsetzung auf und die Umsetzung ist sehr aufwendig.

Das Ziel muss es daher sein, den Entwicklungsstand der Multimedia-Entwicklung dem Entwicklungsstand der modernen Software-Technik anzugleichen.

Für die Spezifikation multimedialer Systeme gibt es zahlreiche Ansätze, wie die Relationship Management Methode RMM [8], die Object Oriented Hypermedia Development Methode OOHDM [16] oder auch der HyDev (von Hypermedia Development)-Ansatz [12]. Diese Ansätze befassen sich mit dem authoring-in-the-large (vgl. [6]). Es stellt sich nun die Frage, wie eine Angleichung des Entwicklungsstandes auch bei der Implementierung erreicht werden kann.

In [1] wird dieses Problem aufgegriffen und die folgende Lösungsskizze formuliert: »Ein erster Schritt kann darin bestehen, das Multimedia-Anwendungsspektrum in Anwendungskategorien zu gliedern und die Charakteristika pro Kategorie herauszuarbeiten. Je gleichartiger sich die Anwendungen innerhalb einer Kategorie darstellen, desto einfacher wird es sein, Konzepte, Methoden und Werkzeuge zur Entwicklung zu erstellen. Alle Möglichkeiten der Generierung – insbesondere bei der Benutzerinteraktion – sollten genutzt werden.«

Aus den Erfahrungen bei der Entwicklung eines MMLLS zur objektorientierten Analyse [3] benennen wir in [1] folgende Probleme: »

- Die Programmierung der Benutzerinteraktion durch verschiedene Teams ist **fehleranfällig,** und die Sicherstellung der Einheitlichkeit ist schwierig.
- Der Einsatz eines Autorensystems ist **aufwendig.** Komplexe Interaktionen müssen programmiert werden.
- Für Autoren ohne Programmiererfahrung sind **nur Standardfälle** erstellbar, z. B. einfache Grafiken erstellen, farbige Grafiken importieren, Grafiken und Texte positionieren und animieren, einfache Interaktionen erstellen.
- Umfangreiche Anwendungen sind ohne Software-Ingenieure nicht zu erstellen.
- **Änderungen sind aufwendig** durchzuführen, da teilweise auf Pixelebene gearbeitet wird.

- Problematisch ist die **Verwaltung, Versionierung** und **Konfigurierung** der vielen Komponenten, da die Autorensysteme in der Regel keine Versions- und Konfigurationsverwaltung unterstützen.
- Gefährlich ist die **Abhängigkeit vom Hersteller** des jeweiligen Autorensystems. Jeder Wechsel zu einem anderen Autorensystem oder einer üblichen Programmiersprache wie Java erfordert eine vollständige Neuimplementierung.
- Ein Lehr- und Lernsystem enthält gewisse, immer ähnlich wiederkehrende Elemente, die es nahe legen, dafür einen **allgemeinen Rahmen** bereitzustellen.«
- Darüber hinaus sind die Aspekte der **Wiederverwendung** sowohl von **Inhalten** als auch von **technischen Komponenten** zu berücksichtigen.

Wadsack und Schäfer gelangen in [14] zu einer vergleichbaren Einschätzung und fordern zur Entwicklung von MMLLS: »Um solche komplexen Systeme zu realisieren werden Werkzeuge gebraucht, die den Entwicklungsprozess von der Planung bis hin zur Wartung unterstützen. Werkzeuge erhöhen die Produktivität und verbessern die Qualität von Softwaresystemen, durch den Einsatz von modernen Techniken wie Objektorientierung, graphische Architekturbeschreibung und Generierung von Code. Außerdem werden Werkzeuge immer wichtiger, um die Arbeit im Team zu koordinieren und die Konsistenz des Systems während der Entwicklung und darüber hinaus zu sichern.«

Ein Großteil des Aufwandes bei der Erstellung multimedialer Lehr- und Lernsysteme ist auf die Erstellung der Übungsaufgaben für den Benutzer zurückzuführen. In [15] wird die Gestaltung der Aufgaben und des Feedbacks als die schwierigste Aufgabe für den Lernprogramm-Autor angesehen. Die Aufgabentypen, die in diesen Systemen eingesetzt werden, sind größtenteils standardisiert und lassen sie daher für die Generierung interessant erscheinen, um so den Implementierungsaufwand um Größenordnungen zu reduzieren. Bei der Methodendarstellung wird im folgenden ausführlich auf die Integration und Modellierung der Aufgaben eingegangen. Die Spezifikation von Aufgaben fällt in den Bereich des authoring-in-the-small (vgl. [6]).

Im folgenden stelle ich meine Methode vor, die die Generierung eines Großteils eines MMLLS ermöglicht. Exemplarisch wird sie anhand der Entwicklung eines MMLLS dargestellt, das zum Thema »Objektorientierte Analyse« entwickelt wurde,.

Die Methode basiert auf der komponentenbasierten Struktur von MMLLS. Sie greift die dargestellten Probleme auf und löst sie.

Insbesondere werden durch das generatorgestützte Verfahren

- der Aufwand und die Fehleranfälligkeit erheblich reduziert,
- Teamentwicklungen vereinfacht,
- Fachautoren ohne Programmierkenntnisse in die Lage versetzt MMLLS zu erstellen,
- Verwaltung und Wiederwendung von Inhalten unterstützt und
- die partielle Unabhängigkeit von einem einzelnen Hersteller erreicht.

1.2 Die modulare Architektur von MMLLS

MMLLS als Anwendungsrahmen. Der modulare Charakter von MMLLS ergibt sich zum einen aus der Gliederung in die zentralen Bestandteilen eines MMLLS (vgl. [13]):

- Didaktikkomponente,
- Lernermodell,
- Wissensmodell und
- Benutzungsschnittstelle.

Zum anderen stellt auch eine fachlich-inhaltliche Gliederung in Lerneinheiten und Lernobjekte eine Zerlegung in einzelne Lernmodule dar. Somit sind Lernelemente (z. B. Aufgaben, Simulationen, Präsentationen), die sich aus Medienobjekten (Text, Video, Audio etc.) und weiteren Modulen zusammensetzen können, ihrerseits auch Module. Lernelemente lassen sich weiter zu Lerneinheiten zusammenfassen. Die Module eines MMLLS verfügen über unterschiedliche Granularität und Komplexität. MMLLS bestehen somit bei dieser Sichtweise aus einem Anwendungsrahmen, der eine Vielzahl von unterschiedlichen Modulen enthält, verwaltet und zugänglich macht.

Möglichkeiten der Objektorientierung. Module lassen sich mit den Mitteln zur objektorientierten Analyse und Entwurf beschreiben. Da das MMLLS einen Anwendungsrahmen für Lernmodule darstellt, ist es sinnvoll, auch einen technischen Anwendungsrahmen zu verwenden, in dem die Lernmodule technisch als Klassen und Objekte abgebildet werden. Da diese Module Informationen und Ereignisse untereinander bzw. mit dem Anwendungsrahmen austauschen, bietet es sich an, existierende Komponentenarchitekturen (wie z.B. JavaBeans) hierzu zu verwenden. Komponentenarchitekturen definieren u.a. das Zusammenwirken ihrer Komponenten. Die Lernmodule werden dann als technische Komponenten realisiert.

Die Möglichkeiten der Objektorientierung unterstützen die (komponentenbasierte) MMLLS-Entwicklung, indem

- durch Vererbung einzelne Klassen und Komponenten spezialisiert werden können, ohne sie vollständig neu entwickeln zu müssen,
- sich generierte Klassen und Komponenten verwenden lassen,
- vorgefertigte Klassen und Komponenten adaptiert werden,
- Darstellung und Inhalt getrennt werden,
- Komponenten leicht zu kombinieren, zu ergänzen und auszutauschen sind,
- bestehende Anwendungsrahmen wiederverwendbar und
- einzelne kleinere Einheiten entwickelbar, testbar und wartbar sind.

2 Methode zur werkzeuggestützten Generierung von MMLLS

2.1 Überblick

Für die Modellierung multimedialer Systeme gibt es verschiedene Methoden (vgl. Einleitung). Der im folgenden vorgestellte Generierungsansatz greift zur Inhaltsmodellierung auf das objektorientierte Analysemodell zurück, wie es sich bei OOHDM [16] ergibt. Dieses OOA-Modell stellt den Ausgangspunkt des anschließenden Generierungsprozess dar. Ein Überblick über den gesamten Entwicklungsprozess ist in Abb. 1 dargestellt.

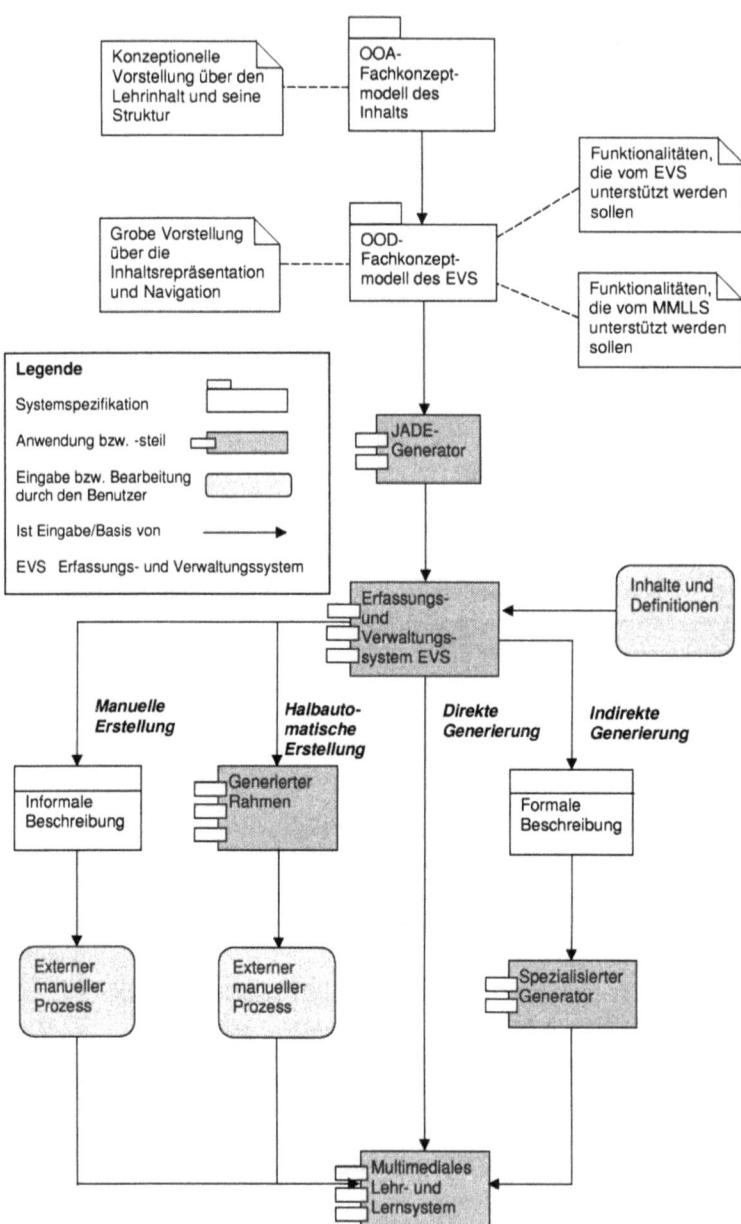

Abb. 1. Überblick über die werkzeuggestützte Entwicklungsmethode

Dieser Prozess beginnt mit der Analyse der Inhalts- und Wissensstruktur, der mit dem MMLLS zu vermittelnden Inhalte. Hierdurch gelangt man zum dem Fachkonzept-Modell, wie es von OOHDM her bekannt ist. Die generierbaren Komponenten werden identifiziert. Anschließend werden Unterstützungskomponenten wie Datenbank und Statistik, verschiedene Aufgabentypen und spezielle Generierungsfunktionen hinzugefügt. Diese Komponenten sind individuell anzupassen bzw. zu entwickeln. Die Implementierung des Erfassungs- und Verwaltungssystems für die MMLLS-Inhalte wird durch die Verwendung des JADE-Applikationsgenerators (Janus Application Development Environment) [4] unterstützt. Der JADE-Generator implementiert aus dem OOD-Modell automatisch das individuelle Erfassungs- und Verwaltungssystem (EVS) für das MMLLS mit Benutzungsoberfläche (s. [7], [9]), Anwendungsserver und relationaler oder objektorientierter Datenbankanbindung. Exportschnittstellen und spezielle Funktionalitäten werden in dem generierten EVS implementiert. Hierbei kann entwickelter Code leicht wiederverwendet und angepasst werden.

Um das MMLLS zu generieren, muss eine Transformation der Wissensfakten und Inhalte in die multimediale Gesamtrepräsentation definiert werden. So muss beispielsweise definiert werden, wie und wo einzeln vorliegende Sound- und Grafikdateien oder Textinformationen in das MMLLS integriert werden. Morris [11] betrachtet den gesamten Entwicklungsprozess von Multimedia-Anwendungen, von denen MMLLS ein Teilbereich sind, als eine Folge von Medien-Transformationen. Teilweise können diese Transformationen automatisch durchgeführt werden. Andere Transformationen müssen manuell bzw. halbautomatisch durchgeführt werden. Ziel ist es, so viele dieser Transformationen wie möglich automatisch durchzuführen, wodurch sich der Aufwand und die Fehleranfälligkeit bei der Implementierung reduzieren. Ein Teil eines MMLLS lässt sich direkt generieren, z. B. die Definitionsdatei für einen Navigationsbaum. Andere Komponenten werden indirekt generiert, d. h. es werden Zwischendefinitionen in einer definierten Sprache in eine Datei geschrieben. Diese Zwischendefinitionen werden dann von speziellen Generatoren verwendet, um die Ziel-Komponenten zu erzeugen, wie z. B. verschiedene Aufgabentypen. Durch die Verwendung dieser Zwischensprache wird es möglich, verschiedene Realisierungen einer Multimedia-Komponente für unterschiedliche Entwicklungsumgebungen (z. B. Java und Macromedia Director) aus einer Spezifikationsdatei zu generieren. Hierdurch wird erreicht, dass man von einer bestimmten Entwicklungsumgebung unabhängig wird, so dass es bei einem Wechsel der Zielplattform nicht notwendig ist, alle Definitionsdateien neu zu schreiben, sondern lediglich ein Generator für die entsprechende Umgebung entwickelt werden muss.

Das Gesamtsystem besteht daher sowohl aus dem Erfassungs- und Verwaltungssystem als auch den Generatoren für die Transformationen in das jeweilige Entwicklungssystem.

Für die verschiedenen Entwicklungssysteme lassen sich generische Standard-Komponenten entwickeln, die für die Erstellung unterschiedlicher MMLLS verwendet werden können.

Die Konzepte, Strukturen und Komponenten von MMLLS sind sich über Fachbereichsgrenzen hinweg ähnlich, so dass die Komponenten, die entwickelt und für die Generierung eingesetzt werden, in der Regel fachbereichsunabhängig eingesetzt werden können. Hierdurch wird ein hoher Grad an Wiederverwendbarkeit erreicht. Die vorgestellte Methode wurde sowohl für die Generierung eines MMLLS für den Bereich Software-Technik als auch für den Bereich Dermatologie erfolgreich angewendet.

Diese Methode ermöglicht eine parallele Eingabe und Entwicklung durch mehrere Benutzer, weil das Erfassungs- und Verwaltungssystem als verteilte Client/Server-Anwendung realisiert werden kann.

Spezielle Informationen für Implementierer, Layout-Designer, Sprecher usw. können individuell aufbereitet exportiert werden. Konfigurations- und Prozess-Management können integriert werden. Die Inhalte können in mehreren Sprachen eingegeben werden, so dass die Entwicklung mehrsprachiger MMLLS, bzw. die Entwicklung eines MMLLS in verschiedenen Sprachen unterstützt wird.

Im folgenden werden die einzelnen Schritte genauer betrachtet und an einem Beispiel verdeutlicht.

2.2 Modellierung des Fachkonzeptes des Verwaltungs- und Erfassungssystems für das MMLLS

Strukturmodellierung. Bei MMLLS ist eine horizontale und vertikale Strukturierung des Inhalts üblich. Die vertikale Dimension entspricht der fachsystematischen Gliederung wie die Unterteilung eines Fachbuches in Kapitel und Unterkapitel oder der Ontologie des jeweiligen Fachbereichs. Die horizontale Dimension entspricht der Binnengliederung. Diese gibt an, welche Informationsbausteine für jede Kategorie der fachsystematischen Gliederung angeboten werden sollen. Das OOA-Modell des Kerns des MMLLS ist in Abb. 2 dargestellt. Die fachsystematische Strukturierung kann aus der sukzessiven Aggregation von Themenkomplex, Themengruppe und Lernobjekt bestehen. Auf Ebene der Kategorien Themenkomplex und Themengruppe sollen Fallstudien möglich sein. Zu jedem Lernobjekt sollen Synonyme, Notationen, Beispiele, eine Einführung, Definitionen, Literaturhinweise, Aufgaben und Lernziele angeboten werden. Dieses Modell ist das Kernmodell des MMLLS und Ausgangspunkt für den weiteren Entwicklungsprozess. Die Kardinalitäten in dem Modell berücksichtigen, dass bei der späteren Eingabe der MMLLS-Inhalte in das generierte Erfassungssystem nicht die gesamte Struktur auf einmal eingeben werden muss. So ist es beispielsweise möglich zunächst Themenkomplexe ohne Themengruppen zu erfassen und diese erst später hinzuzufügen (Kardinalität 0..*). Im entwickelten System sollten sinnvollerweise jedoch zu jedem Themenkomplex auch Themengruppen existieren (entspräche Kardinalität 1..*).

Identifizierung der generierbaren Komponenten und Spezifikation der Kernklassenattribute. Das Kernmodell ist definiert. Über diesen Kern hinaus muss definiert werden, welche zusätzliche Information benötigt wird, um über die inhaltliche Definition hinaus, die multimediale Präsentation zu spezifizieren. Dieses bedeutet, dass zusätzliche Attribute eingefügt bzw. neue Klassen hinzugefügt werden müssen. Wie die Umsetzung in die Präsentation erfolgen soll, kann beispielsweise im Vorfeld anhand von Skizzen oder Storyboard festgelegt werden. Für Literaturhinweise sollen Autor, Titel, etc. angeboten werden. Es ist notwendig zu entscheiden, wie die Zielkomponenten des MMLLS erzeugt werden sollen. Die Attribute hängen von dieser Entscheidung ab. Hierbei gibt es fünf Möglichkeiten:

- **Direkte Generierung** aus den gespeicherten Informationen. Hierfür ist in dem Erfassungssystem eine detaillierte, vollständige und systematische Definition erforderlich. Die Komponente wird direkt im Erfassungs- und Verwaltungssystem festgelegt.
- **Indirekte Generierung** aus den gespeicherten Informationen. Hierfür ist in dem Erfassungssystem eine detaillierte und systematische Definition erforderlich und Exportinformationen müssen zur Verfügung gestellt werden. Das Erfassungssystem definiert lediglich den Inhalt. Das Layout wird über den Generator definiert.
- **Halbautomatische Erstellung** der MMLLS-Komponenten aus den gespeicherten Informationen ermöglicht die Generierung eines Teils der Komponente, die dann aber noch manuell weiter bearbeitet werden muss.
- **Manuelle Erstellung** der MMLLS-Komponenten mittels einer genauen strukturierten informalen internen Beschreibung. Anhand dieser Beschreibung lässt sich die Komponente manuell genau entwickeln.
- Die **ungenaue Beschreibung** der zu erstellenden MMLLS-Komponente erfordert weitere externe Informationen, anhand derer die Komponente entwickelt werden kann.

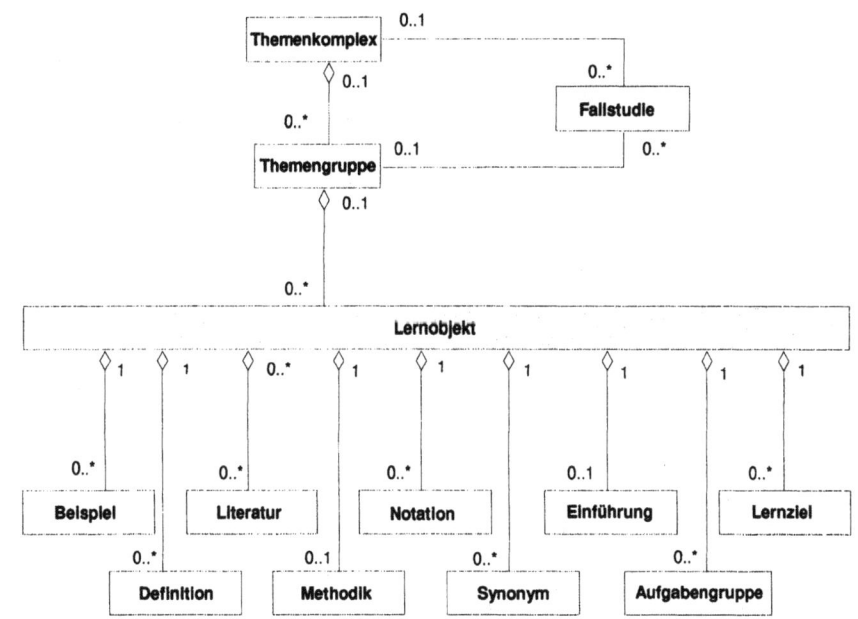

Abb. 2. OO-Modell der Kernstruktur des Fachkonzeptes der Inhaltsstruktur

Ein Beispiel für die direkte Generierung ist die Generierung von Literaturlisten für jedes Lernobjekt. Die Aufgaben werden indirekt generiert, indem sie in eine spezielle Aufgabendefinitionssprache in eine Datei exportiert werden (s. [17]). Diese Dateien werden dann von Generatoren verwendet, um die Aufgaben gemäß ihrer Spezifikation zu generieren. Grafische Notationen lassen sich textuell beschreiben, die Umsetzung in eine Grafik erfolgt aber manuell. Für die Anzeige der Notationen und Beispiele lassen sich die Rahmen generieren, in die die Grafiken noch manuell eingebunden werden müssen. Die Einführungsanimationen lassen sich inhaltlich gut, von Ablauf her aber nur ungenau beschreiben. Für eine umfassende Definition ist daher ein externes Drehbuch erforderlich.

Die Entscheidung, ob bzw. auf welche Weise eine Komponente generierbar ist, hängt von ihrem Charakter und der Art und Weise der Informationsrepräsentation ab.

Wenn eine Komponente häufig oder systematisch benutzt wird, signalisiert dies, dass es sinnvoll erscheint, diese Transformation von einem Generator durchführen zu lassen. Eine Animation zur Einführung in ein Thema ist so einzigartig, dass ein generischer Weg sehr kompliziert ist. Diese Transformation kann derzeit noch nicht vollständig automatisiert werden, da es keinen definierten Prozess für diese Transformation von einer Definition über Entwurf bis zur fertigen Animation gibt. Teilaspekte von Animationen lassen sich spezifizieren; so liegen dem Autorensystem FMAD [18] Modelle zugrunde, die die Synchronisation multimedialer Ausgaben und Interaktionen ermöglichen.

Bei diesem Schritt ist es noch nicht notwendig, das komplette Layout-Design des MMLLS festzulegen, aber eine ungefähre Vorstellung ist erforderlich, um über die Generierbarkeit der Komponente und die dafür erforderlichen Attribute entscheiden zu können.

Die Hauptattribute des Kernmodells sind an dieser Stelle definiert und können im weiteren Verlauf noch inkrementell geändert werden. Die Operationen »generiere()« und »exportiere()« müssen noch den jeweiligen Klassen hinzugefügt werden.

2.3 Objektorientierte Modellierung unterschiedlicher Aufgabentypen

Standard-Aufgabentypen sind über vielfältige Anwendungsgebiete hinweg von ihrem Aufbau her unverändert. Diese Aufgabentypen lassen sich daher allgemein modellieren und wiederverwenden. Abb. 3 zeigt die Modellierung der Hierarchie der entsprechenden Klassen. Zunächst werden generierbare und nicht generierbare Aufgaben unterschieden. Aufgaben, die von ihrer Bedienungsart her sehr individuell sind und sich daher nicht allgemein abstrahieren lassen, können lediglich textuell oder grafisch beschrieben werden. Da sie nicht formal spezifiziert werden können, sind sie nicht generierbar. Es ist somit eine manuelle Erstellung dieser Aufgaben notwendig. Die Modellierung nicht generierbarer Aufgaben dient daher ausschließlich der Beschreibung und Verwaltung dieser Aufgaben des MMLLS.

Generierbare Aufgabentypen. Die generierbaren Aufgaben verfügen über gemeinsame Attribute, die für das jeweilige MMLLS vorbelegt werden können (s. Abb. 4). Zu jeder generierbaren Aufgabe lässt sich eine Rückmeldungsgruppe bestimmen, die die Reaktionen auf korrekte und falsche Antworten definiert (s. Abb. 5). Über die Reihenfolge der Rückmeldungen lassen sich die Rückmeldungen je nach Anzahl der unternommenen Lösungsversuche individualisieren.

Die generierbaren Aufgaben werden in die **assoziativen Aufgaben** und die **Auswahlaufgaben** unterteilt.

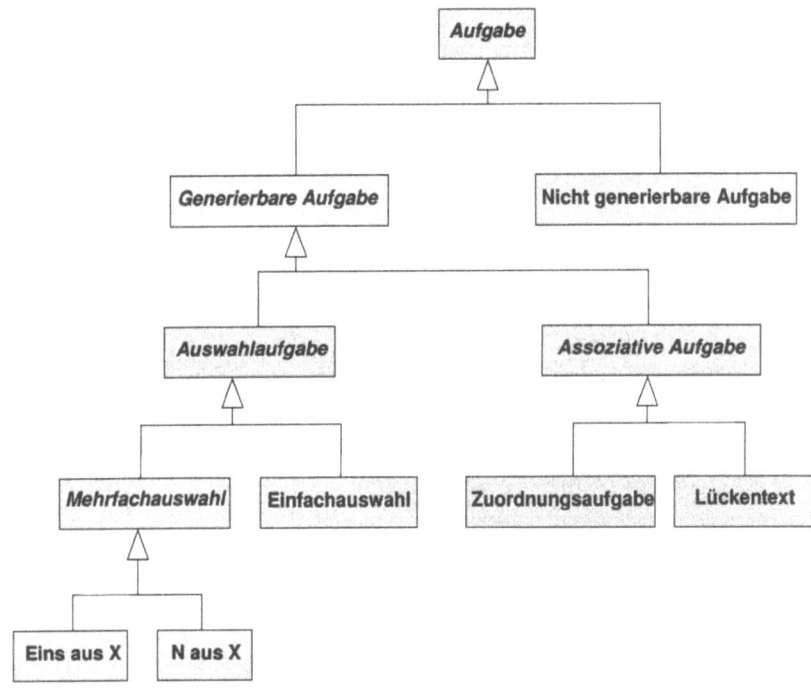

Abb. 3. Klassenhierarchie der unterschiedlichen Aufgabentypen

Auswahlaufgaben. Die Auswahlaufgaben sind dadurch gekennzeichnet, dass die angebotenen Lösungsalternativen entweder richtig oder falsch sein können. Bei der **Einfachauswahlaufgabe** werden die Lösungsalternativen (EFA-Lösungsalternative) voneinander unabhängig zeitlich nach einander angeboten, wobei zu jeder Alternative der Aufgabe auch noch eine individuelle Fragestellung vorliegen kann. Bei den **Mehrfachauswahlaufgaben** werden gleichzeitig mehrere Lösungsalternativen (MFA-Lösungsalternative) angeboten. Die getroffene Auswahl der richtigen Alternativen muss als abgeschlossen bestätigt werden. Hierbei sind »**1 aus X**« - und »**N aus X**« – Aufgaben zu unterscheiden. Bei den ersteren ist lediglich das Auswählen einer Alternative als richtig möglich, wohingegen bei letzteren mehrere oder keine Alternative als richtig ausgewählt werden können. Abb. 6 zeigt das Klassendiagramm der Auswahlaufgaben.

    Assoziative Aufgaben. Bei den assoziativen Aufgaben werden Elemente einer Menge definierter Wahlobjekte Elementen einer Menge von Zielobjekten zugeordnet. Dieses ist allgemeiner als die auf richtig und falsch beschränkten Zielobjekte (Lösungsalternativen) der Auswahlaufgaben. Zu den assoziativen Aufgaben zählen die Aufgabentypen **Lückentext** und **Zuordnungsaufgaben** (s. Abb. 7). Bei den Zuordnungsaufgaben werden häufig auch Grafiken verwendet, wohingegen bei Lückentextaufgaben die Wahl- und Zielmengen i. d. R. aus Texten bestehen. Es werden Zuordnungen vorgenommen. Bei der Lückentextaufgabe werden die angebotenen Wörter in die Textlücken eingefügt. Bei den Zuordnungsaufgaben können diese Objekte aus Grafik und Text bestehen.

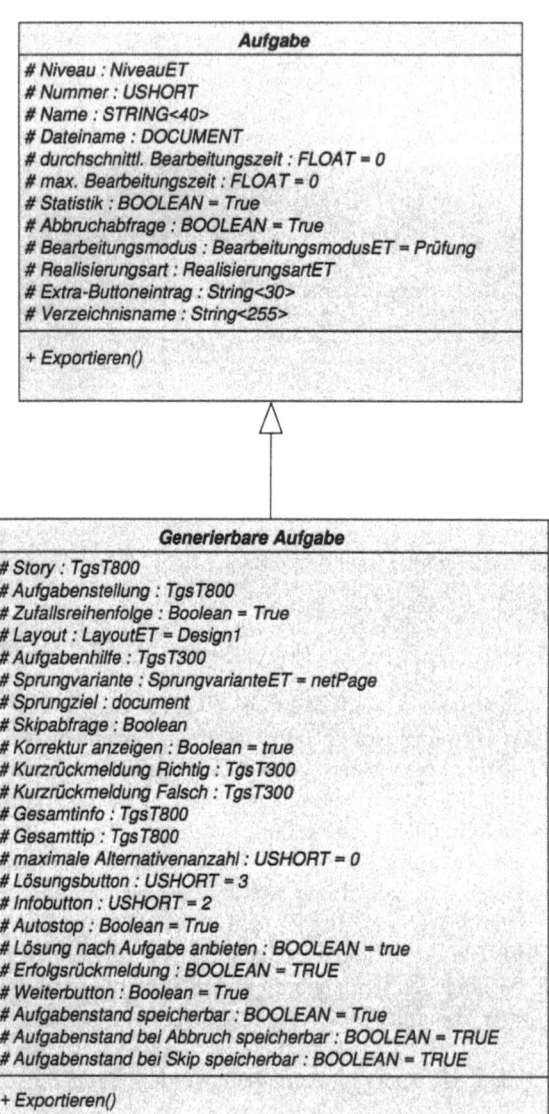

Abb. 4. Die Attribute der generierbaren Aufgabentypen

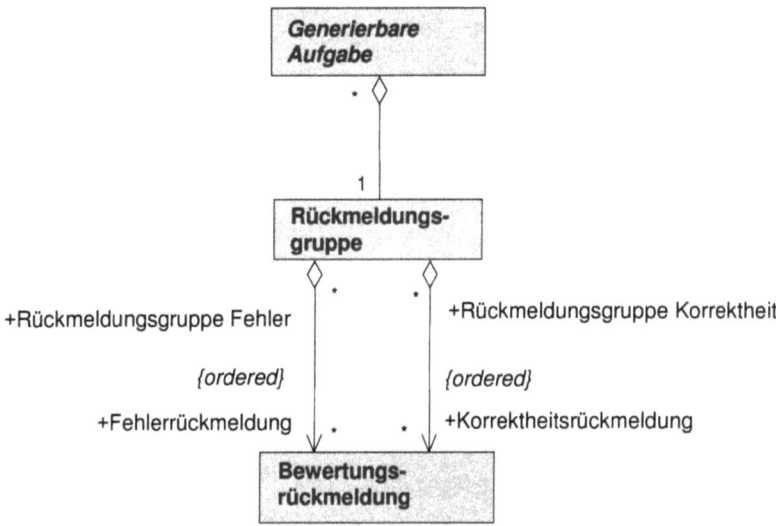

Abb. 5. Die Rückmeldungen generierbarer Aufgaben

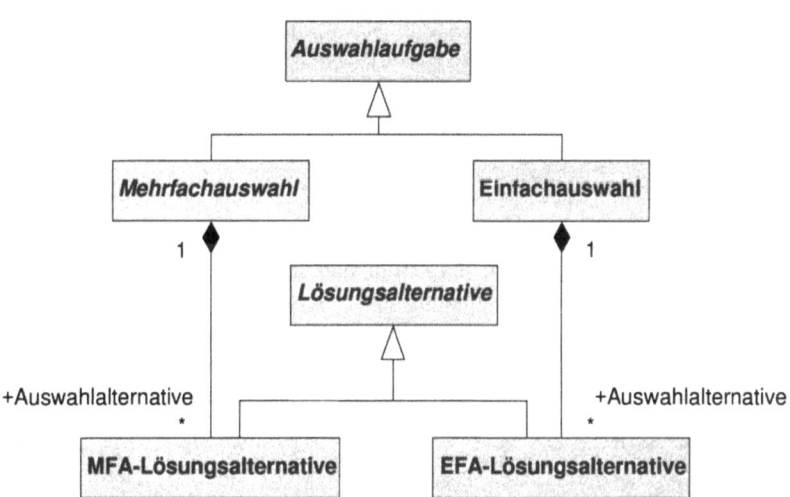

Abb. 6. Auswahlaufgaben und ihre Lösungsalternativen

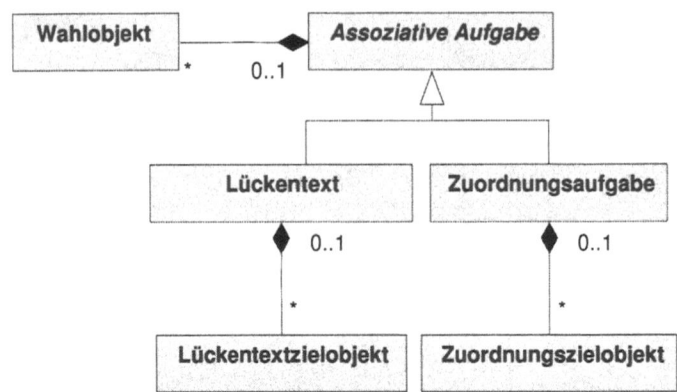

Abb. 7. Assoziative Aufgaben mit Wahl- und Zielobjekten

2.4 Hinzufügen der Systemkomponenten zum Modell

Zu der genauen Beschreibung der Inhaltsstruktur und der Transformation in eine multimediale Form werden konzeptionelle Komponenten hinzugefügt. Diese sind typischerweise

- Navigation,
- Datenbank und Statistik,
- geführte Tour,
- Tutor
- etc.

Der Entwickler muss entscheiden, welche dieser Komponenten in das MMLLS integriert werden sollen, ihre Aufgaben definieren und festlegen, welche Informationen hierfür notwendig sind. Zur Unterstützung dieser Komponenten, die zur Erledigung ihrer Aufgaben auf die Kernklassen zugreifen müssen, werden dem Modell die entsprechenden Klassen hinzugefügt. Auch diese Klassen verfügen über Operationen zur Exportierung und Generierung, um den System-Komponenten die notwendigen Informationen zur Verfügung zu stellen.

2.5 Hinzufügen spezieller Fähigkeiten und Funktionalitäten

Neben der Unterstützung der Komponenten, die das MMLLS betreffen, können weitere Klassen dem Modell hinzugefügt werden, die die Arbeit mit dem Verwaltungs- und Erfassungssystem sowie seine Implementierung unterstützen. In der realisierten Version wurden Elemente zur Versionierung und Prozesskontrolle ergänzt. Darüber hinaus ist die zielgruppenspezifische Exportierung von Informationen möglich oder auch die Generierung einer Übersicht über die eingegebenen Inhalte. In der Abb. 8 sind alle beteiligten Subsysteme mit ihren Abhängigkeiten dargestellt.

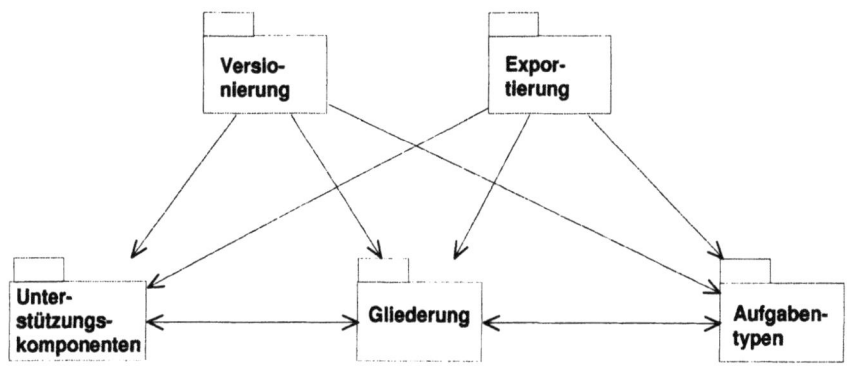

Abb. 8. Die Subsysteme des Erfassungs- und Verwaltungssystems

2.6   Generierung des Inhaltserfassungs- und Verwaltungssystems

Dieses OOD-Modell des Gesamt-Fachkonzepts verwendet der JADE-Generator, um das Erfassungs- und Verwaltungssystem für das MMLLS zu generieren. Das generierte System ist in Abb. 9 abgebildet. Dieses System kann auch als Client/Server-Anwendung generiert werden. Die Autoren können unmittelbar nach der Generierung mit der Eingabe der Inhalte für das MMLLS in das Erfassungs- und Verwaltungssystem beginnen. Die Exportierungs- und Generierungsfunktionen müssen noch implementiert werden. Dieses kann von Software-Ingenieuren parallel oder später geschehen. Die weiteren Funktionalitäten wie die Versions- und Prozesskontrolle müssen auch noch implementiert werden. Da dieses jedoch Standardprobleme sind, können bereits existierende Lösungen wiederverwendet werden.

2.7   Generierung des MMLLS

Die Abb. 10 zeigt das generierte MMLLS. Im folgenden wird beschrieben, wie sich die einzelnen Komponenten dieses Systems direkt oder indirekt generieren ließen.

Direkte Generierung. Direktes Generieren bedeutet, dass die Information aus dem Erfassungs- und Verwaltungssystem direkt in die endgültige Form transformiert wird, die im MMLLS benötigt wird. Eine weitere Transformation in der MMLLS-Komponente ist noch möglich, wie es z. B. bei der Transformation des Inhaltsverzeichnisses in die Baumansicht der Fall ist. In dem MMLLS-Beispiel zur Objektorientierung, das in der Abb. 10 dargestellt ist, sind die folgenden Komponenten direkt generiert worden:

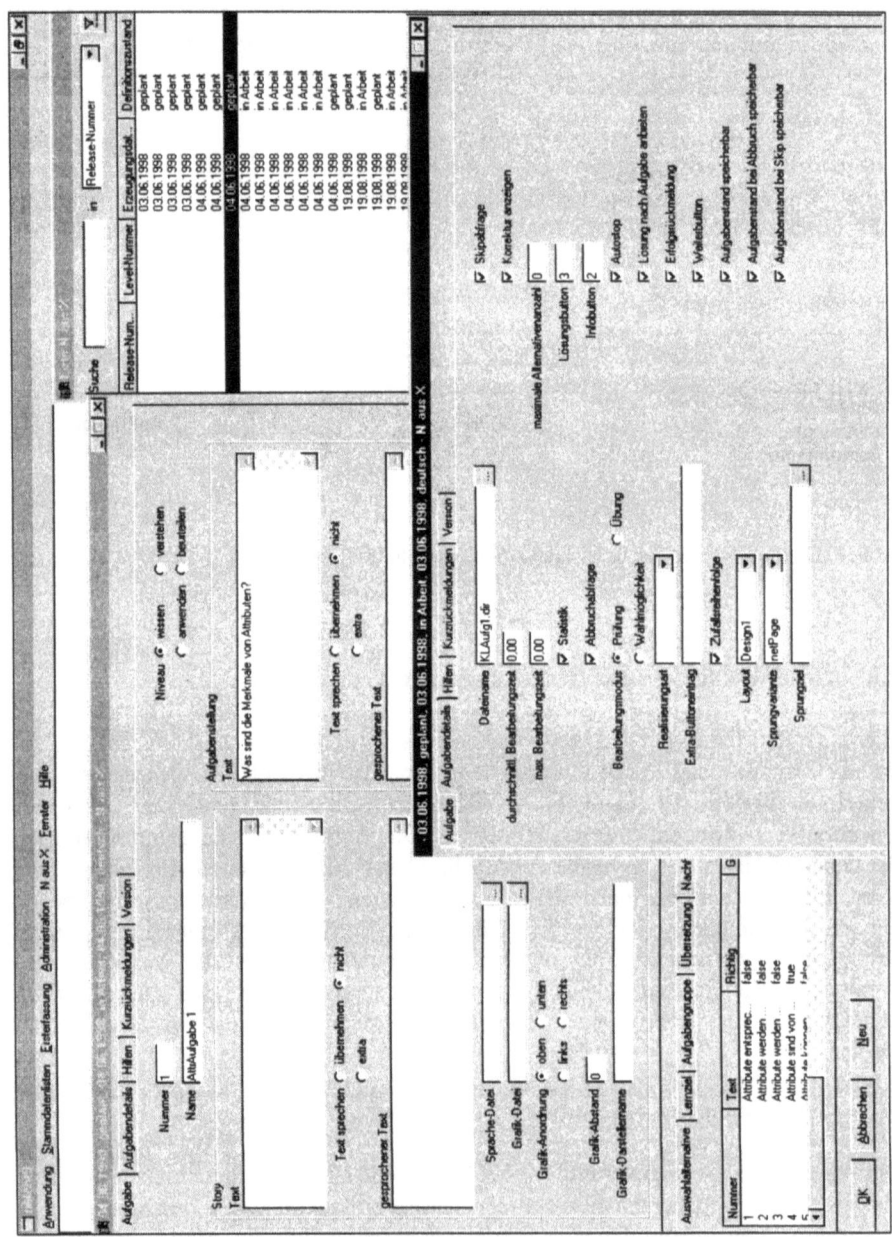

Abb. 9. Das mit dem Janus-Generator erzeugte Erfassungs- und Verwaltungssystem

- Die systematische Dateistruktur des MMLLS
- Das Rahmensystem *(framesets)* in HTML

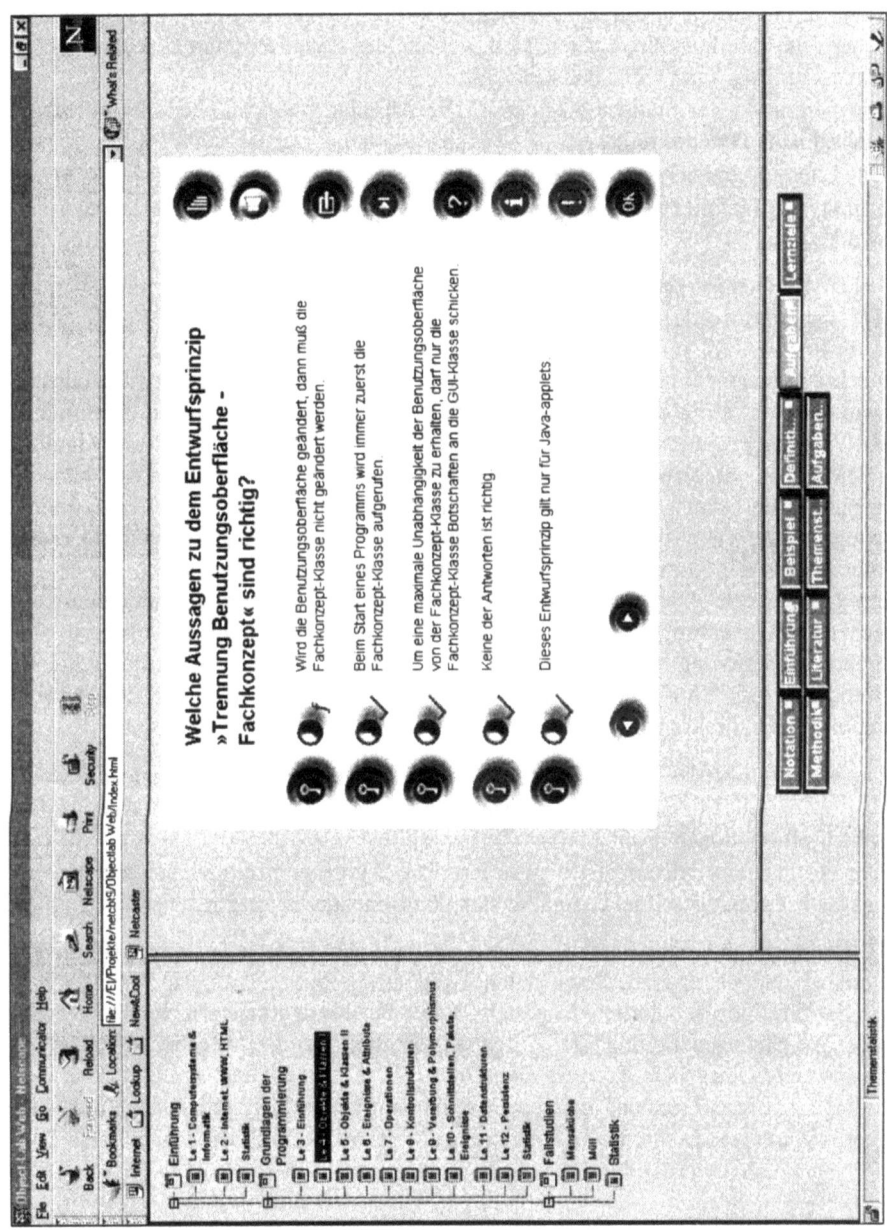

Abb. 10. Das generierte MMLLS »Olab Web«

- Die Definitionsdatei für die Inhaltsbaumansicht in einer proprietären Sprache für das TOC-Applet *(Table of Contents)*

- Die Definitionsdateien für die Auswahlleiste in HTML. Die Leiste ist als generischer Film mit dem Director realisiert worden, der seine Informationen als Shockwave-Film aus der HTML-Datei erhält.
- Die Definition der Statistik-Ansichten. Die Ansichten wurden ebenfalls mit dem Macromedia Director realisiert.
- Das Literaturverzeichnis ist in HTML generiert worden.
- Synonyme, Definitionen und Lernzielkataloge sind ebenfalls in HTML generiert worden.

Die HTML-Seiten, in die die Einführungsanimationen integriert werden, sind auch in HTML generiert worden.

Indirekte Generierung. Indirekte Generierung bedeutet, dass eine Spezifikationsdatei generiert wird, die dann von einem Generator benutzt wird, um die eigentliche MMLLS-Komponente zu generieren. Die Spezifikationsdatei wird von dem endgültigen MMLLS nicht verwendet. Sie kann von verschiedenen Generatoren unabhängig voneinander für unterschiedliche Zielumgebungen benutzt werden. Die Generatoren scannen aus der Datei die relevanten Informationen heraus und generieren die Ziel-Komponente. Alle Komponenten, die man direkt generieren kann, lassen sich auch indirekt generieren. Allerdings benötigt man hierfür ein Exportformat und einen entsprechenden Generator, um die MMLLS-Komponente zu erzeugen. Daher ist die indirekte Generierung aufwendiger als die direkte. Indirekte Generierung kann notwendig sein. In dem gewählten Beispiel-MMLLS sind die folgenden Komponenten indirekt generiert worden:

- Die Generierung des Datenbankschemas und der Tabellen. Die Datenbanken werden für die allgemeinen Informationen über das MMLLS und die benutzerspezifischen Informationen benötigt.
- Die Aufgaben werden indirekt generiert. Die Aufgabeninformationen werden in das EDF-Format geschrieben, und dienen den Generatoren als Eingabe.

In [14] wird die indirekte Aufgabengenerierung mit dem ExerGen-Konzept (Exercise Generator) und der hierzu entwickelten Exercise Definition Language (EDL) zur Aufgabendefinition ausführlich dargestellt. Die Abb. 11 zeigt das prinzipielle Vorgehen der Aufgabengenerierung: Der Aufgabengenerator liest die Aufgabendefinition in EDL aus einer Datei, dem *Exercise Definition File (EDF)*, ein und erzeugt daraus die lauffähige Aufgabe. Eventuell müssen einzelne Grafiken bzw. Bereiche noch manuell angeordnet werden. Bisher sind Generatoren für Java [10] und den Macromedia Director [5] realisiert worden für die Aufgabentypen:

- "1 aus X" -Aufgabe
- "N aus X"-Aufgabe
- "Ja-Nein"-Aufgabe
- "Zuordnung gleichzeitig"-Aufgabe
- "Zuordnung nacheinander"-Aufgabe
- "Reihenfolge"-Aufgabe

In die Aufgaben lassen sich Texte, Grafiken, Sound und Piktogramme einbinden und kombinieren.

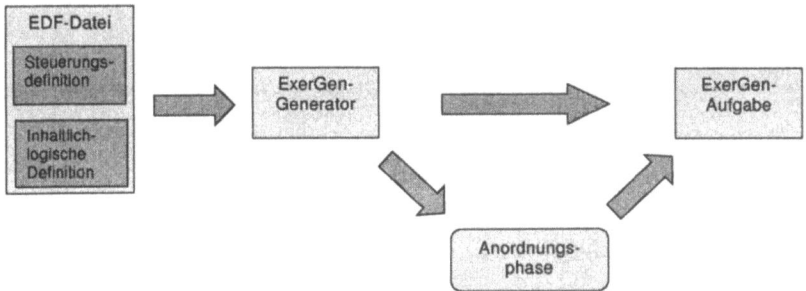

Abb. 11. Die Aufgabengenerierung mit dem ExerGen-Konzept

2.8 Anmerkungen zur Methode

Die Verwendung von HTML, wie in dem Beispiel, ist nur eine Möglichkeit. Die Methode ist unabhängig von HTML und lässt sich mit beliebigen Beschreibungsformaten anwenden.

Bisher werden Animationen nur durch den Weg der ungenauen Beschreibung und manuellen Erstellung unterstützt. Dass die Generierung von Animationen bisher nicht erfolgt, ist ein Spezifikationsproblem. Mit einem entsprechenden formalen Spezifikationsansatz lassen sich auch Animationen und ihre automatische Erstellung direkt in die Methode integrieren.

Kommerzielle Produkte wie beispielsweise Pathware von der Fa. Macromedia bieten eine komfortable Verwaltung von Online-Kursen an. Die eigentliche Erstellung der Inhaltsobjekte muss jedoch manuell mit Autorenwerkzeugen vorgenommen werden. Der in diesem Artikel vorgestellte Ansatz ist weiter gehender, da auch die Erstellung dieser Inhaltsobjekte (zumindest teilweise) automatisiert wird, wie beispielsweise bei der Aufgabenschnittstellengenerierung. Die generierten Aufgaben lassen sich jedoch auch in so eine kommerzielle Online-Kursverwaltung als Kursinhalt integrieren.

3   Mit der Methode realisierte Projekte

Der exemplarisch dargestellte Prototyp ist realisiert worden. Der Bereich der Aufgaben wurde hieraus extrahiert und über 100 Wissens- und Verstehensaufgaben sind begleitend zu dem Lehrbuch »Grundlagen der Informatik« [2] erstellt worden. Sie ergänzen dieses Lehrbuch. Bei dieser umfangreichen Erstellung hat sich die vermutete Effizienz bestätigt. Die Arbeit reduzierte sich im wesentlichen auf die inhaltliche Konzeption der Aufgaben. Insbesondere ist hervorzuheben, dass bei den Auswahlaufgaben zu jeder Lösungsalternative eine individuelle Information (Tipp) und eine individuelle Begründung angeboten werden können. Der Lernende kann sich so gezielt über die einzelnen Alternativen informieren. Zur Unterstützung der Dokumentation und damit der inhaltlichen Korrektheit wurden die Aufgabeninhalte übersichtlich in

HTML exportiert (s. Abb. 12). Die Implementierung der Aufgaben ließ sich wie erwartet in unerheblich geringer Zeit realisieren.

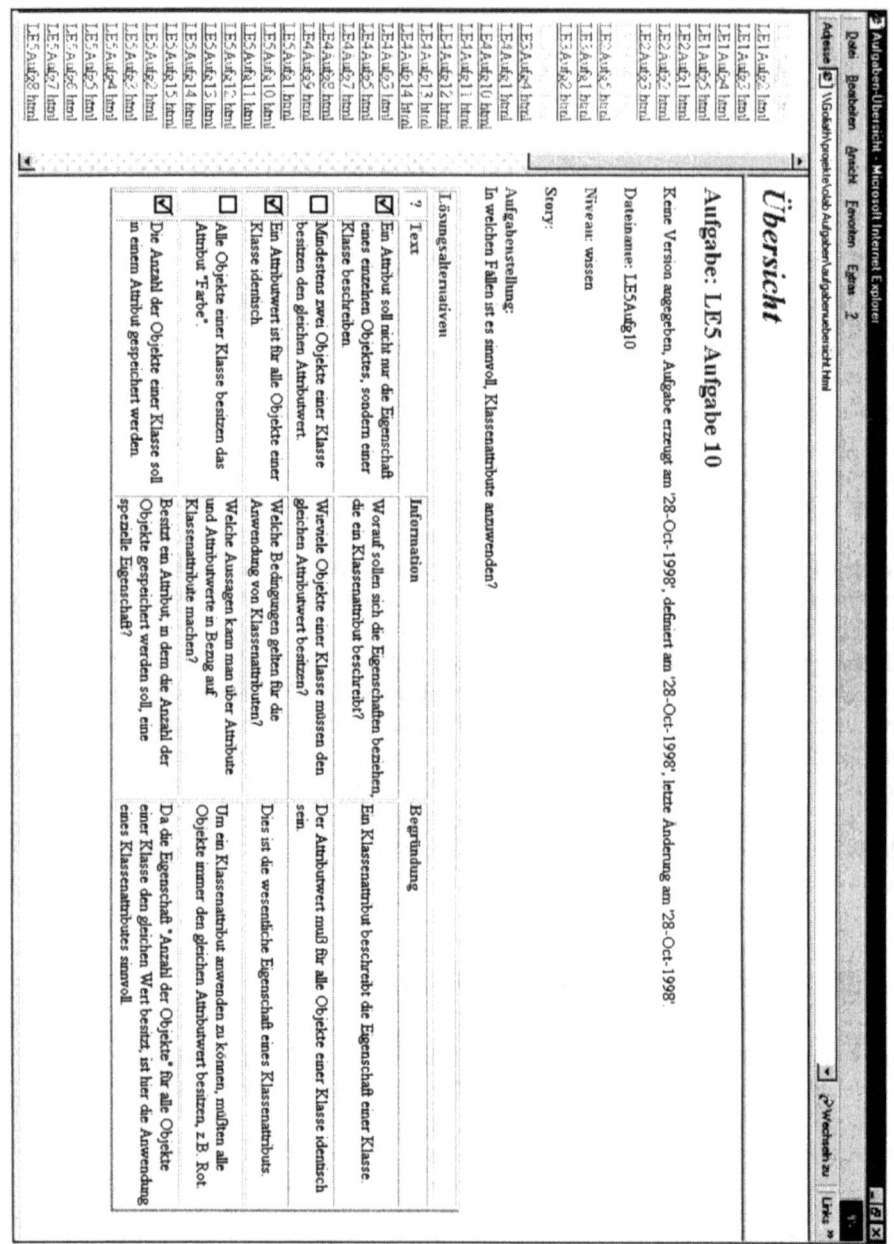

Abb. 12. Übersicht über die Aufgabenspezifikationen

Desweiteren ist die Methode zur Erstellung einer multimedialen Aufgabensamm-
lung zum Thema »Dermatologie« in Zusammenarbeit mit der Universitätsklinik St.
Josefs-Hospital in Bochum angewendet worden. Bei den Aufgaben handelt es sich um
Aufgaben des sogenannten Medizinertests. Zunächst wurde ein Modell der verwendeten Aufgaben entwickelt, wodurch das Erfassungssystem maßgeschneidert wurde für
die konkrete Anwendung. Bei diesen Aufgaben handelt es sich um drei Spezialisierungen einer »1 aus X«-Aufgabe. Es zeigte sich, dass die am Projekt beteiligten Me-
diziner, obwohl in der Erstellung von MMLLS sie unerfahren waren, direkt problemlos mit den generierten Erfassungssystem arbeiten konnten. Die Exportschnittstellen
wurden parallel zur Inhaltseingabe entwickelt. Obwohl die Aufgabentypen bei der
Erfassung auf die speziellen Medizinertest-Aufgaben abgestimmt waren, ließ sich der
allgemeinere Aufgabengenerator problemlos verwenden.

Zur Verdeutlichung der **Maßschneiderungseffektes** lässt sich der Umfang der allgemeinen Aufgabendefinition, die die Möglichkeit des Generators widerspiegelt, mit
dem Umfang der maßgeschneiderten Definition vergleichen:

Für eine allgemeine »1 aus X«-Aufgabe können 67 Attribute definiert werden. Jede Lösungsalternative hierzu kann 57 weitere Attribute enthalten. Eine solche Aufgabe mit fünf Lösungsalternativen kann daher durch bis zu 352 Attribute definiert werden. Für 100 Aufgaben sind daher bis zu 35200 Attributspezifikationen möglich.
(Diese Spezifikationen sind i. Allg. nicht vollständig nötig, da es Vorbelegungen
gibt). Diese Anzahl zeigt, dass der Einsatz eines Erfassungs- und Verwaltungssystems
bei so anspruchsvollen Aufgabenrealisierungen sinnvoll bzw. sogar notwendig ist.
Durch das Maßschneidern innerhalb des Medizinerprojektes ließ sich die Attributan-
zahl für die Aufgaben auf neun und für die Lösungsalternativen auf sieben reduzieren,
so dass pro Aufgabe nur noch 44 Attribute zu spezifizieren waren. Die weiteren Attribute waren konstant, so dass sie nicht individuell für jede Aufgabe definiert werden
mussten. Dieses Projekt hat bestätigt, dass es mit dieser Methode leicht möglich ist,
Fachautoren ohne MMLLS-Erfahrungen in die Lage zu versetzen, ihr Wissen direkt
in die MMLLS-Entwicklung einzubringen und Fehler durch die Umsetzung zu vermeiden.

4   Ausblick

Mit der Methode zur Erstellung multimedialer Lehr- und Lernsysteme sollen weitere
multimediale Lehr- und Lehrsysteme unterschiedlicher Fachbereiche entwickelt
werden. Sowohl das Gesamtsystem als auch die Aufgabengeneratoren sollen weiterentwickelt werden.

Vorhandenes soll hierbei wiederverwendet und ergänzt werden, wie beispielsweise
schon durch die Erweiterung um die drei Medizinertest-Aufgabentypen geschehen. Es
ist zu erwarten, dass mit zunehmender Realisierungsanzahl der Grad der Wiederverwendung bei der MMLLS-Entwicklung steigt und Neu- bzw. Weiterentwicklungen
reduziert werden.

5 Literatur

1. Balzert H., Weidauer C.: Multimedia-Systeme – ein neues Anwendungsgebiet für die Software-Technik, in Softwaretechnik-Trends, Band 18, Heft 4, S. 4-9., Gesellschaft für Informatik, November 1998
2. Balzert H.: Grundlagen der Informatik, Spektrum Akademischer Verlag, Heidelberg, Berlin 1999
3. Balzert H., Balzert H.: Object-lab light – Interaktives multimediales Lernsystem zur objektorientierten Softwareentwicklung, Lehrstuhl für Software-Technik, Ruhr-Universität Bochum, 1997
4. Balzert H., Hofmann F., Kruschinski V. und Niemann C.: Vom Programmieren zum Generieren - Auf dem Weg zur automatisierten Anwendungsentwicklung, in Computer-Aided Design of User-Interfaces (CADUI'96, Namur, 5-7 June 1996)
5. Eismann M.: Generierung verschiedener Aufgabentypen als multimediale Realisierung in Java, Studienarbeit am Lehrstuhl für Software-Technik an der Ruhr-Universität Bochum
6. Garzotto F., Paolini P., Schwabe D.: HDM-A Model Based Approach to Hypermedia Application Design, in ACM Trans. Inf. Syst., Jan. 1993, Volume 11, Number 1
7. Hofmann F.: Grafische Benutzungsoberflächen – Generierung aus OOA-Modellen, Spektrum Akademischer Verlag Berlin, Heidelberg 1998
8. Isakowitz T., Stohr E. A., Balasubramanian P., RMM: A Methology for Stuctured Hypermedia Design, in Communication of the ACM, August 1995-Volume 38, Number 8
9. Kruschinski V.: Layoutgestaltung grafischer Benutzungsoberflächen – Generierung aus OOA-Modellen, Spektrum Akademischer Verlag Berlin, Heidelberg 1999
10. Mittmann L.: Generierung verschiedener Aufgabentypen als multimediale Realisierung im Director, Diplomarbeit 99/02 am Lehrstuhl für Software-Technik an der Ruhr-Universität Bochum
11. Morris S. J.: Media Transformations for the Representation and Communication of Multimedia Production Activities, in Proc. of the IFIP Working Group Conference on Designing Effective and Usable Multimedia Systems (Stuttgart, Germany, Sept. 1998), Kluwer Academic Publishers, pp. 73-87.
12. Pauen P., Voss J., Six H.-W.: Modelling Hypermedia Applications with HyDev, in: Designing effective and usable multimedia systems, Kluver Academic Publishers, 1998
13. Puppe F.: Intelligente Tutorsysteme, in: Informatik-Spektrum 15, S. 195-207, Springer-Verlag 1992
14. Schäfer W. , Wadsack J.: Zusammenfassung, Teil IV, S. 193 f. in : Balzert H., Behle A., Kelter U., Nagl M., Pauen P., Schäfer W., Six H.-W., Voss J., Wadsack J., Weidauer C., Westfechtel B., Studie über Softwaretechnische Anforderungen an multimediale Lehr- und Lernsysteme der Forschergruppe SofTec NRW, September 1999
15. Schanda F.: Computer-Lernprogramme, Beltz-Verlag, 1995
16. Schwabe D., Rossi G., Barbosa S.: Systematic Hypermedia Application Design with OOHDM, in: Conference Proceedings of ACM Hypertext 1996, ACM Conference Proceedings 1996, pp. 116-128
17. Weidauer C.: Generierung multimedialer Aufgaben mit ExerGen, in: Euler B., Kreutz R., Spitzer K. (Hrsg.) Multimedia in der Medizin, Proceedings zum Workshop, Aachen 27.-28. Oktober 1999
18. Boles D., FMAD - Ein objektorientiertes Autorensystem für interaktive multimediale Anwendungen, in: Proceedings GI-Fachtagung '95, Braunschweig Oktober 1995, S. 24-34

Workshops

Sicherheit in Mediendaten

Markus Schumacher[1], Ralf Steinmetz[1,2,3]

[1] IT Transfer Office (ITO) - TU Darmstadt
[2] Industrial Process and System Communications (KOM) - TU Darmstadt
[3] Integrated Publication and Information Systems Institute (IPSI) - GMD
Markus.Schumacher@ITO.tu-darmstadt.de,
Ralf.Steinmetz@KOM.tu-darmstadt.de

In immer mehr Bereichen des öffentlichen und privaten Lebens werden die neuen Möglichkeiten, die sich durch die weltweite Vernetzung eröffnen, genutzt. Immer mehr Menschen nehmen aktiv an der neuen, digitalen Welt Teil, das Sammeln, Verarbeiten und Verteilen von Informationen rückt immer stärker in den Mittelpunkt.

Allerdings haben jüngste Vorfälle, wie etwa die *Distributed Denial-of-Service* Angriffe im Februar oder der *I Love You* E-Mail Virus im Mai 2000 verdeutlicht, wie verletzbar die Infrastruktur Internet ist; die Konzeption und Durchsetzung eines adäquaten Sicherheitsniveaus steckt leider noch in den Anfängen. Es hat sich außerdem gezeigt, daß eine einzelne Sicherheitslösung nicht unabhängig von der Sicherheit aller anderen Systeme betrachtet werden kann.

Die rasche Evolution auf dem Gebiet des Internet erfordert es, daß traditionelle Sicherheitskonzepte überdacht werden müssen. Neue Technologien führen zu anderen Sicherheitsanforderungen und stellen höhere Ansprüche an entsprechende Sicherheitslösungen: in vielen Bereichen muß die Sicherheit "neu erfunden" werden.

Kommunikationsprotokolle und Ende-zu-Ende Sicherheit

Die Authentizität von Daten und der Nachweis der Unverfälschtheit können nur dann gewährleistet werden, wenn dem Aspekt der Ende-zu-Ende Sicherheit durch geeignete infrastrukturelle Komponenten und die Integration in bestehende Systeme Rechnung getragen wird. Die Verarbeitung von multimedialen Informationen erfordert die Anpassung und Weiterentwicklung von traditionellen Sicherheitslösungen und Kommunikationsprotokollen.

Die klassischen Grenzen von Telekommunikationsnetzen und dem Internet verschwimmen zunehmend. Große Teile des Internet verwenden Telefonleitungen als physikalisches Transportmedium, umgekehrt gibt es vermehrt Ansätze, das Internet für Dienste wie die Telefonie einzusetzen. Das daraus resultierende Netzwerk ist sicherlich flexibler und vielseitiger, aber auch deutlich komplexer, insbesondere hinsichtlich des Aspektes Sicherheit. [1]

---

[1] siehe u.a. hierzu die Übersichten in: S. Fischer, A. Steinacker, R. Bertram, und R. Steinmetz. Open Security. Springer Verlag, 1998. ISBN 354064654X
und: S. Fischer, C. Rensing, und U. Roedig. Open Internet Security - Von den Grundlagen zu den Anwendungen, Springer Verlag, 2000. ISBN 3540668144

In diesem Zusammenhang werden hier aktuelle Arbeiten u.a. auf den Gebieten *Multimedia Firewalls*, *IPSec und IP Multicast* sowie *IP Telefonie* vorgestellt. Die Schleusentechnologie *Lock-Keeper* stellt einen Ansatz für den hochsicheren Datenaustausch dar. Am Beispiel des *CORBA Security Service* wird gezeigt, daß ein mächtiges Werkzeug für die Entwicklung verteilter, objekt-orientierter Systeme weitgehend transparent abgesichert werden kann und welche Probleme dabei noch zu lösen sind.

Digitale Wasserzeichen

Digitale Medien haben in den letzten Jahren ein gewaltiges Wachstum erfahren und sind dabei, die analogen Medien abzulösen. Allerdings gelten im digitalen Zeitalter Urheberrechte nicht viel: Musik, Videos, Bücher - alles, was in digitalisierter Form im Internet zu finden ist, wird raubkopiert. Auch Fotografen und Bildjournalisten sind davon betroffen. Und oft können sie nicht einmal nachweisen, daß es sich um ihr Eigentum handelt, wenn sie eins ihrer Bilder auf einer Website entdecken: Das Foto in seiner digitalen Form ist beliebig manipulierbar, der Fotograf hat keinen Beweis. Daß er das Foto in seiner Digitalkamera gespeichert hat, zählt an dieser Stelle nicht, da es auch aus dem Internet heruntergeladen sein könnte.

Seit Anfang der 90-er Jahre beschäftigt sich Wirtschaft und Wissenschaft intensiver mit digitalen Wasserzeichen zur Prüfung von Authentizität und Integrität für Mediendaten, viele Arbeiten zu geeigneten Protokollen wurden durchgeführt. Eine Vielzahl von Publikationen und Lösungen sind bereits entstanden, allerdings sind die existierenden Verfahren oft anwendungsspezifisch, haben sehr uneinheitliche Verfahrensparameter und teilweise sehr geringe Sicherheitsniveaus. [2]

Ausgehend von einer Klassifizierung von Wasserzeichen, werden in dem Workshop u.a. einige neue Verfahren diskutiert, wie z.B. *Wasserzeichen für polygon basierte 3D-Modelle* oder *Asymmetrische Schemata für Wasserzeichen*. Interessant sind auch Kombinationen traditioneller Konzepte mit dem Ansatz des Watermarking, wie einem Beitrag über Biometrie und Wasserzeichen. Die Audio-Industrie ist bereits heute sehr daran interessiert, ihre Produkte entsprechend zu schützen, insbesondere auf dem Vertriebsweg über das Internet. Interessant dürften daher die Konzepte des Audio-Watermarking, aber auch dem Watermarking von MIDI Daten sein.

Zielsetzung des Workshops

Im Rahmen des Workshop *Sicherheit in Mediendaten* werden aktuelle Ansätze auf dem Gebiet vorgestellt und und Fragen der Anwendbarkeit, Sicherheit und Qualitätsgüte zu diskutiert. Unsere Zielsetzung ist es, erfahrene Wissenschaftler, Entwickler und Anwender aus Industrie und Forschung zu einer State-of-the-Art Bestandsaufnahme der Situation Multimedia und Security zusammenzubringen und die Ergebnisse in diesem Tagungsband zu präsentieren. Unser besonderer Dank gilt Jana Dittmann, die viel zu der Bewertung und Auswahl der Beitrage zu dem Vertiefungsthema *Digitale Wasserzeichen* beigetragen hat.

---

[2] siehe hierzu die Übersicht: J. Dittmann, Digitale Wasserzeichen, Springer-Verlag, 2000, ISBN: 3540666613

Workshop über
Rigorose Entwicklung software-intensiver Systeme[1]

M. Wirsing[2], M. Gogolla[3], H.-J. Kreowski[3], T. Nipkow[4], W. Reif[5]

1. Einleitung

In den letzten Jahren hat sich gezeigt, dass die rigorose, systematische und sogar formale Entwicklung für kleine sequentieller Programme mittlerweile gut beherrscht wird und in die praktische Software-Entwicklung Einzug nimmt. Offen ist dagegen die Frage der rigorosen Entwicklung software-intensiver Systeme, bei denen sequenzielle und nicht-sequenzielle Komponenten nebeneinander stehen und die heterogen aufgebaut sein können. Nichtsequenzielle Systeme beinhalten schwierige Aspekte wie Nebenläufigkeit, Verteilung oder Zuverlässigkeit, die für existierende Formalismen eine Herausforderung darstellen. In heterogenen Systeme kann man Software nicht mehr isoliert untersuchen, sondern muss gleichzeitig z.B. ein Nebeneinander von diskretem und kontinuierlichem Verhalten betrachten. Deshalb werden heute einerseits die existierenden Methoden für sequenzielle Systeme erweitert und andererseits neue Formalismen und Methoden entwickelt, um diese neuen Fragestellungen behandeln zu können. Es ist zum heutigen Zeitpunkt unklar, welche Ansätze sich für die Konstruktion software-intensiver Systeme als geeignet erweisen und sich durchsetzen werden.

Ziel dieses Workshops war es, aktuelle Ansätze zur Entwicklung software-intensiver Systeme vorzustellen und Fragen der Spezifikation, Semantik, Verifikation bei Analyse und Entwurf solcher Systeme sowie bei Modellierung und Interoperabilität (heterogener) Komponenten zu diskutieren. Die im Folgenden kurz vorgestellten 10 Beiträge des Workshops können in [1] nachgelesen werden.

2. Rigorose Analyse- und Validierungstechniken

Im ersten Beitrag "Techniken der Rigorosen Analyse" stellen J. Burghardt, F. Kammüller, C. Sühl und K. Winter (GMD First, Berlin) verschiedene Techniken der rigorosen Analyse, wie z.B. Model Checking und Theorembeweisen, vor und geben eine Klassifikation von Integrationsansätzen. S. Helke, T. Santen und D. Sokenou (TU Berlin) zeigen in ihrem Beitrag "Scaling up von V&V Techniken durch

---

[1] Veranstalter: GI-Fachgruppe 0.1.7 "Spezifikation und Semantik",
   http://www4.informatik.tu-muenchen.de/~fg017/
[2] Institut für Informatik, LMU München, email: wirsing@informatik.uni-muenchen.de
[3] Fachbereich Mathematik - Informatik, Universität Bremen,
   email: {gogolla, kreo}@informatik.uni-bremen.de
[4] Institut für Informatik, TU München, email: nipkow@in.tum.de
[5] Fakultät für Informatik, Universität Ulm, email: reif@informatik.uni-ulm.de

Integration und Abstraktion" wie durch Integration und Abstraktion formale und semi-formale Verifikations- und Validierungstechniken auch bei großen Systemen erfolgreich eingesetzt werden können. Die nächsten beiden Beiträge entwickeln neue Ansätze, um UML-Modelle frühzeitig in der Entwurfsphase zu validieren. M. Richters und M. Gogolla (Universität Bremen) präsentieren in ihrem Beitrag "Validierung von UML-Modellen und OCL-Constraints" einen Ansatz zur Validierung von UML-Diagrammen mit OCL-Constraints, der auf Animation basiert. H. Störrle und M. Wirsing (LMU München) zeigen in "Analysing ROOM Designs using Petri-Nets", wie Entwurfskomponenten, geschrieben in ROOM, mit Hilfe von Petri-Netzen analysiert und validiert werden können.

3. Modellierungskonzepte

In dieser Sitzung wurden verschiedene Ansätze zur Modellierung verteilter heterogener Systeme vorgestellt. N. Aoumeur und G. Saake (Universität Magdeburg) schlagen in ihrer Arbeit "Concurrent Object Systems Modelling and Verification on the Basis of Maude and TLA+" eine Integration der ausführbaren objekt-orientierten Spezifikationssprache Maude mit der temporalen Logik TLA zur Modellierung nebenläufiger Objektsysteme vor. H. Ehrig und G. Taentzer (TU Berlin) zeigen in ihrem Beitrag „Semantics of Distributed System Specifications based on Algebraic Graph Transformation", wie Graph-Transformationssysteme zur Definition der Semantik visueller Spezifikationssprachen für verteilte Systeme eingesetzt werden können. In ihrem Beitrag "Suggestions on the modularization of rule-based systems" schlagen H.-J. Kreowski und S. Kuske (Universität Bremen) Transformationsmodule als neues Konzept zur Modularisierung großer Systeme mit heterogenen Komponenten vor.

4. Entwicklung von hybriden und echtzeitabhängigen Systemen

In dem Beitrag "Heterogeneous development of hybrid systems" von I. Peter, A. Pretschner und T. Stauner (TU München) wird die hybride Beschreibungstechnik HyROOM vorgestellt, die UML-RT um kontinuierliche Aktivitäten erweitert. T. Stauner (TU München) zeigt in seinem Beitrag 'Extending HyCharts with State-Invariants", wie HyCharts, eine graphische, formale Beschreibungstechnik für die Spezifikation hybrider Systeme, um Zustandsinvarianten angereichert werden kann. J. Fischer (Universität Magdeburg) und S. Conrad (LMU München) führen in ihrer Arbeit "Representing Timing Diagrams by Causal Dependencies" eine neue Semantik für Zeitdiagramme ein.

References

1. M. Wirsing (Hrsg.): *Rigorose Entwicklung software-intensiver Systeme*. Technischer Bericht, Institut für Informatik, LMU München, 2000.

Workshop
Internet-Datenbanken
der GI-Fachgruppe Datenbanken (FG 2.5.1)
mit Unterstützung des GI-Arbeitskreis Grundlagen von Informationssystemen
im Rahmen der GI-Jahrestagung 2000

Berlin, 19.09.2000

Gunter Saake   Kai-Uwe Sattler
{saake|kus}@iti.cs.uni-magdeburg.de

Die rasante Entwicklung des Web hat gerade im Datenbankbereich einerseits eine Vielzahl neuer Anwendungsfelder eröffnet, andererseits aber auch neue Herausforderungen geschaffen. So ist über das Web der Zugriff auf Datenbestände möglich, ohne daß sich der Nutzer der Komplexität von Anfragesprachen und -schnittstellen ausgesetzt sieht. Datenbanken und Datenbanktechnologien bilden damit das Rückgrat aktueller Internet-Anwendungen, wie Informationsdienste und Portale sowie E-Commerce-Anwendungen.

Zur Entwicklung von Internet-Datenbanken sind bereits eine Vielzahl von Techniken und Werkzeugen vorhanden, beginnend bei einfachen CGI-Skripten mit Datenbankschnittstelle bis hin zu kompletten Applikations- und Portalservern der führenden Datenbanksystemhersteller. Neue Anwendungsbereiche fordern aber immer wieder neue Lösungen, so daß hier ein ständiger Forschungsbedarf besteht.

Die Herausforderungen sind neben der Überwindung der Einschränkungen und Begrenzungen der ursprünglichen Web-Protokolle und -Sprachen u.a. die Unterstützung transaktionaler Anwendungen, die Integration existierender Datenbestände und -quellen, die Verbindung von strukturierten Daten mit unstrukturierten, textuellen und Multimedia-Daten sowie die Suche und Navigation in diesen integrierten Beständen.

Vor diesem Hintergrund soll der Workshop eine Plattform für Forscher und Praktiker bilden, um Ergebnisse der Datenbanktechnologie und -theorie mit Anforderungen und Erfahrungen aus Internet-Anwendungen abzustimmen. Die angenommenen Beiträge spiegeln die aktuellen Trends auf dem Gebiet der Internet-Datenbanken wider:

– *Verbindung von Datenbankanfragetechniken und Information Retrieval*
Die Zusammenführung von Suchmechanismen für strukturierte Datenbanken und unstrukturierte Texte verspricht eine Verbesserung der Retrievalfunktionalität und -qualität bei der Recherche im Internet. So sind dieser Thematik zwei Beiträge gewidmet, die aktuelle Projekte vorstellen.
– *XML als Basistechnologie für Internet-Datenbanken*
XML ist zumindest auf Server-Seite als eine Kerntechnologie für die Entwick-

lung von Internet-Datenbank-Anwendungen etabliert. In den Beiträgen zu diesem Schwerpunkt werden daher verschiedene Aspekte des Einsatzes von XML untersucht, beginnend bei einem Dokumentenmodell, über die Verbindung mit Techniken der deduktiven Datenbanken bis hin zur Integration mit relationalen Strukturen.

— *Aufbau föderierter Informationssysteme*

Die Integration von Internet-Quellen in föderierten Informationssystemen ist aufgrund der Heterogenität der Quellen sowie der eingeschränkten Schnittstellen und der Datenrepräsentation in Form von HTML nach wie vor ein aktuelles Problem. So widmet sich ein Beitrag der Einbindung von Quellen mit eingeschränkten Anfragemöglichkeiten, in einem weiterer Beitrag werden Fragen der Transaktionssynchronisation für solche Anwendungen untersucht.

— *Erfahrungsberichte*

Kurzbeiträge zu praktischen Aspekten sowie zu Erfahrungen bei Entwicklung und Einsatz von Internet-Datenbank-Anwendungen runden das Programm ab.

Die Proceedings des Workshops werden als Technischer Report der Universität Magdeburg veröffentlicht. Das konkrete Programm stand zur Drucklegung dieses Beitrages noch nicht fest.

Programm- und Organisationskomitee

Gunter Saake	Uni Magdeburg (Vorsitz)
Wolfgang Benn	TU Chemnitz
Stefan Conrad	LMU München
Andreas Heuer	Uni Rostock
Hans-Joachim Klein	Uni Kiel
Holger Riedel	Uni Konstanz
Kai-Uwe Sattler	Uni Magdeburg
Harald Schoening	Software AG
Marc Scholl	Uni Konstanz
Mechtild Wallrath	EDV-Beratung Westernacher GmbH

Electronic Government

Workshop des Fachausschusses 6.2 Verwaltungsinformatik
Leitung: Klaus Lenk, Universität Oldenburg

Informatik als Schlüsssel zur Modernisierung von Staat und Verwaltung

Im jetzt beginnenden Jahrzehnt avanciert die Informatik zum wichtigsten Mittel für die Modernisierung von Staat, Politik und öffentlicher Verwaltung. Die Herausforderungen, die mit dem neuen Leitbild eines Electronic Government angesprochen werden, sind mindestens so groß wie jene des Electronic Commerce. Mit Sicherheit sind sie aber angesichts der großen Aufgabenfülle von Staat und Verwaltung wesentlich vielgestaltiger. Aus Sicht der Bürger können Verwaltungskontakte künftig über Internet-Portale und Serviceläden zeitsparender und reibungsloser abgewickelt werden. Das wird schon eingefordert. Noch nicht genügend ins Bewußtsein gedrungen ist jedoch, dass die Verbesserung der Beziehungen zwischen Bürger und Verwaltung über neue Zugangswege nur die Spitze eines Eisbergs darstellt. Der Informatik kommt heute die Schlüsselrolle bei einer umfassenden Reform von Staat und Verwaltung zu, welche wesentlich tiefer reicht: in die Geschäftsprozesse, die Organisationsformen und die institutionelle Verankerung öffentlich verantworteter Handlungs- und Leistungsprozesse. Ein grundlegender Neubau unserer staatlichen Strukturen durch Electronic Government in diesem weit verstandenen Sinne ist nahegelegt.

Memorandum Electronic Government

Um diese Möglichkeiten breit ins öffentliche Bewusstsein zu tragen, stellt der Fachausschuss 6.2 (Verwaltungsinformatik) auf diesem Workshop ein Memorandum Electronic Government vor, welches in einem gemeinsamen Arbeitskreis des Fachausschusses und des Fachbereichs 1 der Informationstechnischen Gesellschaft im VDE (Leitung: Dr. Dieter Klumpp) erarbeitet wurde. Seine wesentlichen Aussagen können wie folgt zusammengefasst werden.

1. Electronic Government führt zu einem neuen Schub der Verwaltungsmodernisierung, der dringend erforderlich ist, um die Leistungsfähigkeit von Staat und Verwaltung angesichts neuer Herausforderungen zu bewahren und zu stärken.

2. Electronic Government ist ein umfassendes Konzept. Neue Bürgerdienste, Elektronische Demokratie und Sicherheitsfragen bilden nur die Spitze eines Eisbergs. Angesichts des gerade in Deutschland erreichten Standes von mehr als vier Jahrzehnten Informatikanwendung in der Verwaltung kann es und muss es nunmehr zu einer

grundlegenden Umgestaltung der Verwaltungsarbeit kommen. Die technischen und konzeptionellen Voraussetzungen hierfür sind gegeben.

3. Ein umfassendes Engineering der Verwaltungsarbeit unter weitestgehender Nutzung der Informationstechnik ist jetzt möglich und erforderlich. Es ist unabdingbare Voraussetzung dafür, dass das Potential der Informationstechnik zum Tragen kommt.

4. Verwaltungsarbeit ist fast ausschließlich Umgehen mit Information. Der wichtigste Rohstoff der Verwaltung ist ihr Wissen. Daher stellt die bessere Nutzung von Information bzw. Wissen die eigentliche Triebkraft ihrer Modernisierung dar.

5. Erfolge sind nur zu erzielen, wenn die Lern- und Innovationsfähigkeit von Politik und Verwaltung um Größenordnungen gesteigert wird. Rechtliche Beschränkungen des IT-Einsatzes und der Kooperation zwischen Verwaltungseinheiten sind so bald wie möglich zu überdenkgen. Darüber hinaus sind nachhaltig wirksame Anreizstrukturen für die Nutzung des Potentials der Informatik zu etablieren.

Zu den Vorträgen

Die Vorträge auf dem Workshop behandeln einzelne Aspekte der im Memorandum behandelten Thematik. In ihrem Eröffnungsvortrag wird Staatssekretärin Brigitte Zypries, Bundesministerium des Innern, Electronic Government als Motor der Verwaltungsmodernisierung im Lichte der auf Bundesebene begonnenen Ansätze darstellen. Gründe für die Erarbeitung eines fachlich abgesicherten Memorandums Electronic Government neben anderen schon laufenden Initiativen werden im Beitrag von Prof. Dr. Klaus Lenk, Universität Oldenburg, Sprecher des Fachausschusses Verwaltungsinformatik, erörtert. Sodann wird Electronic Government aus drei Perspektiven näher beleuchtet: aus der Sicht der Verwaltung (Dr. Erhard Klotz, Städtetag Baden-Württemberg), aus der Sicht der Industrie (Dietmar H. Pfähler, SAP AG), sowie der Sicht der Verwaltungsberatung (Jobst Fiedler, Oberstadtdirektor a.D., Roland Berger & Partner). Abschliessend geht Univ.-Prof. Dr. Heinrich Reinermann, Deutsche Hochschule für Verwaltungswissenschaften Speyer, Sprecher des Fachbereichs 6 (Informatik in Recht und Verwaltung), auf weiterführende Perspektiven ein und zieht Folgerungen für das Engagement der Gesellschaft für Informatik auf diesem zukunftsweisenden Feld.

Workshop „Molekulare Bioinformatik"

Organisation
Ralf Hofestädt, Otto-von-Guericke-Universität Magdeburg
Hans-Peter Lenhof, MPI Saarbŕccken

In den vergangenen Monaten hat das Human Genome Projekt mehrfach in der Weltpresse Aufmerksamkeit erzielen können. Das Projekt steht kurz vor dem Abschluss und am Ende hat sich ein Zweikampf mit den industriellen Aktivitäten herausgestellt. Für die Menschheit ist es letztlich egal, ob C. Venter oder das Konsortium die Sequenz in wenigen Monaten vollständig präsentiert.

Noch vor 10 Jahren hat J. Watson – der Leiter des Genomprojektes – nur mit größten Anstrengungen für dieses Projekt werben können. Nicht wenige Wissenschaftler hatten sich gegen dieses Projekt ausgesprochen, weil es nach ihren Aussagen nur *Junk-Daten* liefern würde. Das Genomprojekt wurde angegangen und die Vision steht nun kurz vor der Vollendung. Die Initiatoren des Genomprojektes vergaßen aber bei aller Euphorie, dass diese enorme Datenmenge (ca. $3,2 * 10^9$ Basenpaare) der vollständigen elektronischen Analyse bedarf. Hier ist heute die Bioinformatik gefordert, die sich in den 90er Jahren ganz wesentlich im Fahrwasser dieses Projektes entwickelt hat. Die Bioinformatik wird neben der Sequenzanalyse u. a. vom Protein-Design und von der Analyse der metabolischen Prozesse (Metabolic Engineering) geprägt.

Die Methoden der Molekularen Biologie erlauben die systematische Erforschung der metabolischen Prozesse. Die hier anfallenden und bereits angefallenen experimentellen Daten werden systematisch elektronisch gespeichert und über das Internet weltweit der Analyse zugänglich gemacht. Heute sind über 200 „Molekulare Datenbanken" im Internet verfügbar, die letztlich verschiedene Abstraktionsebenen der molekularen Prozesse erfassen.

Mit dem nun drohenden Ende des Genomprojektes steht auch die Frage nach dem Sinn dieser Datenbestände auf der Tagesordnung. Die gesamte weitere Analyse der Daten beruht letztlich auf Algorithmen, die bestimmte Strukturen erkennen (z. B. Promotoren) und die Funktion im Rahmen der metabolischen Kontrolle erklären können. Die computergestützte Vorhersage von DNA-Strukturen steht erst am Anfang der Diskussion. Dabei konzentrieren sich die Aktivitäten auf die computergestützte Erkennung der Promotorsequenzen, weil diese Strukturen die Identifikation von Strukturgenen ermöglicht. Letztlich sind Algorithmen erforderlich, die das gesamte Genom analysieren und die DNA-Strukturkarte erstellen. Von diesem Ziel sind wir heute sehr weit entfernt. Die andere große Aufgabe besteht darin, den Sequenzen ihre Funktion im Rahmen des Metabolismus zuschreiben zu können. Diese Aufgabe ist noch schwieriger zu bewältigen. Die Bioinformatik kann durch Modellierung und Simulation einen wesentlichen Beitrag liefern

In Deutschland hat sich in den vergangenen Jahren eine starke Bioinformatik entwickelt. Die USA und Deutschland sind auf diesem Forschungsgebiet derzeit dominierend. Dazu haben u. a. auch Förderinstrumente beigetragen, die von der DFG und dem BMBF gezielt eingebracht werden konnten. Ganz wesentlich war dabei der Biotechnologie-2000-Report vom BMBF, der auf die große Bedeutung der Informatik in den Biowissenschaften erstmals mit Nachdruck hingewiesen hat. Den Worten folgten dann auch zu Beginn der 90er Jahre Taten, indem das BMBF die Förderung der Molekularen Bioinformatik vollzog.

Das Genomprojekt geht nun in die letzte Phase und damit wird im Prinzip erst die eigentliche Arbeit angestoßen. Diese *Post-Genomics*-Phase hat bereits begonnen und auch hier sind die Deutschen Wissenschaftler durchaus gut vertreten. Der Workshop diskutiert aktuelle Aspekte der Molekularen Bioinformatik, um erfolgreich in die Post-Genomics-Phase übergleiten zu können.

Grafiktag 2000

Workshop über Trends und Höhepunkte der Grafischen Datenverarbeitung

Mit dem Titel *Trends und Höhepunkte der Grafischen Datenverarbeitung* hat der GI Fachausschuss 4.1 schon 1998 in Bonn ein Seminar veranstaltet, das im folgenden Jahr als *Grafiktag 1999* in Rostock erfolgreich fortgesetzt wurde.

Im Grafiktag 2000 sind elf Beiträge aus vier Bereichen vertreten und stellen den methodischen Zusammenhang der Computergrafik als Ganzes heraus. *1. Geometrische Modellierung:* Progressive Transmission von komplexer geometrischer Struktur sowie deren adaptive Visualisierung erfordern neue Repräsentierungsformen, die sich z. B. auf Wavelets stützen. Mittels partieller Differentialgleichungen lassen sich Flächen und Kurven der Anwendung entsprechend glätten. *2. Rendering:* Photorealistisches Rendering wird sich immer am Rande der noch machbaren Komplexität bewegen, daher sind adaptive Partitionierungsmethoden ein aktuelles Forschungsthema.

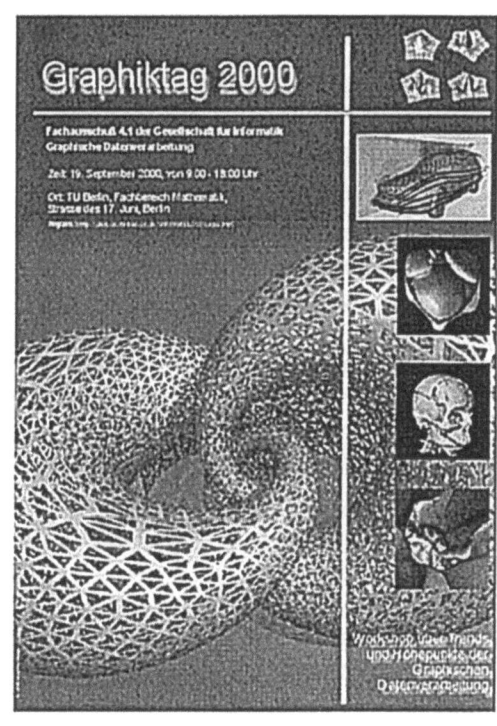

Von speziellem Interesse sind auch Algorithmen zum Einsatz in neuer Grafik-Hardware. Light Fields sind ein "hot topic" zur Repräsentierung von Szenen aus allen Blickwinkeln. *3. Visualisierung/Animation:* Wie bei Light Fields ist auch das Volumenrendering auf immense Datenmengen angewiesen, was neben der Lösung von Komplexitätsproblemen raffinierte Samplingverfahren erfordert. Volumendaten kann man auch mittels Isoflächen visualisieren, wobei eine Herausforderung in der effizienten Berechnung der Volumenteile liegt, die für die Isofläche relevant sind. Bei der Computeranimation kommt die Komplexität durch die Einbeziehung der Zeitdimension. Hier bieten Partikelsysteme ein Werkzeug zur interaktiven Modellierung deformierbarer Objekte.

4. Interaktion: Standardisierung und Modularisierung sind für interaktive 3D-Grafikanwendungen in E-commerce, Lehr- und Spielsoftware wichtig. Animationsagenten sind Systemkomponenten, die beim Erstellen und Präsentieren von Computeranimationen helfen. Industrielle Anwendungen in Produktentwicklungsprozessen ("virtual prototyping") erfordern dagegen komplexe nummerische Algorithmen und deren Einbettung in Visualisierungssysteme.

Session 1 – Geometrische Modellierung

Martin Bertram (U Kaiserslautern, UC Davis und LLNL Livermore)
Generalizing tensor-product wavelets to irregular meshes

Robert Schneider (MPI Informatik Saarbrücken)
Geometric fairing of arbitrary polygonal meshes

Session 2 – Rendering

Robert Garmann (U Dortmund)
Spatial partitioning for hierarchical radiosity

Jan Kautz (MPI Informatik Saarbrücken)
Hardware acceleration for interactive rendering with arbitrary materials

Hartmut Schirmacher (MPI Informatik Saarbrücken)
Warping techniques for light fields

Session 3 – Visualisierung/Animation

Michael Doggett and Michael Meissner (U Tübingen)
Ray casting: Antialiasing using multiresolution datasets

Olaf Etzmuß, Michael Hauth (U Tübingen)
Schnelle Animation deformierbarer Objekte mit Partikelsystemen

Jürgen Toelke (U Leipzig)
Speicher- und Zeitbedarf von Methoden der Isoflächenextraktion

Session 4 - Interaktion

Andreas Braig, Raimund Dachselt (TU Dresden)
Ein abstraktes Komponenten-Framework für interaktive 3D-Grafikanwendungen

Ralf Dörner (U Frankfurt)
Erstellung und Präsentation von Animationen für Trainingszwecke: Das Konzept der Animationsagenten und seine Umsetzung

Martin Schulz, Thomas Ertl (U Stuttgart)
Interaktive Visualisierungssysteme zur beschleunigten Analyse von Simulationsergebnissen im Fahrzeugentwicklungsprozess

Workshop Leitung
Dietmar Saupe, U Leipzig
Dietmar Jackél, U Rostock

Programm- und Organisationskomitee
Ralf Böse, FH Schmalkalden
Dietmar Jackél, U Rostock
Andreas Kolb, FH Wedel
Detlef Krömker, U Frankfurt
Dietmar Saupe, U Leipzig

UNTERNEHMEN HOCHSCHULE

Berlin, 19. September 2000

Mit der zunehmenden Autonomie der Hochschulen, ihrer Eingliederung in eine globale Umwelt und dem dadurch wachsenden Wettbewerb ist auch die Qualität ihrer Verwaltungsdienstleistungen ("Kundenorientierung") kontinuierlich zu verbessern. Dies führt zu neuen Anforderungen an die Informationssysteme für das "Unternehmen Hochschule". Die Gesellschaft für Informatik (GI) setzt sich seit einiger Zeit intensiv mit diesem Thema im Rahmen der Workshop-Reihe "Unternehmen Hochschule" auseinander, die seit 1996 jeweils im Rahmen der GI-Jahrestagungen Informatik durchgeführt wird. Anläßlich der Informatik 2000 in Berlin werden die Entwicklungen auf dem Weg zur virtuellen Universität und deren Auswirkungen auf die Organisations- und Infrastrukturen der Hochschulen sowie die Öffnung operativer Informationssysteme in Richtung Supply Chain Management (Unterstützung unternehmensübergreifender Geschäftsprozesse) ins Blickfeld rücken.

Dazu kommen Beiträge zum Aufbau einer Kosten- und Leistungsrechnung, eines darauf aufsetzenden hochschulspezifischen Controlling, sowie die Nutzung von Workflow-Systemen und Electronic Business-Systemen zur Beschleunigung und Leistungsverbesserung der Arbeitsabläufe in der Hochschulverwaltung. Der Workshop UH-2000 wird verschiedene Modellierungsansätze, Architekturkonzepte, Systemplattformen, Leistungsportfolios- und Oberflächenparadigmen für den Aufbau eines modernen, vernetzten Hochschulmanagements diskutieren und dafür verfügbare Informationssysteme vorstellen. Er ist somit eine Plattform für den Austausch von Erfahrungen mit der Einführung und Nutzung entsprechender Systeme.

Wie in den Vorjahren wendet sich dieser Workshop an einen Teilnehmerkreis, der sich nicht nur aus Informatik-Sicht sondern auch aus der Sicht des Hochschulmanagements mit Fragen der Planung, der Entwicklung und des Einsatzes von Informationssystemen beschäftigt.

Das Programm findet sich unter
http://www.ifi.uni-klu.ac.at/Conferences/UH2000.

Programmkomitee:

Prof. Dr. Hans-Jürgen Appelrath (Uni Oldenburg)
Uwe Marquardt (MSWWF NRW)
Prof. Dr. Heinrich C. Mayr (Uni Klagenfurt)

Information und Organisation

Dr. Claudia Steinberger
IWAS, Universität Klagenfurt
Universitätsstraße 65-67
A-9022 Klagenfurt

e-Mail: claudia.steinberger@ifit.uni-klu.ac.at
Tel.: +43 463 2700 578
Fax: +43 463 2700 5055

Workshop Lehrerbildung Informatik

Sigrid Schubert
Universität Dortmund
schubert@cs.uni-dortmund.de

Andreas Schwill
Universität Potsdam
schwill@cs.uni-potsdam.de

Anforderungen an das Lehramt Informatik

Die Diskussion um die Greencard für ausländische Fachkräfte im IT-Bereich zeigt den großen Nachholbedarf der informatischen Bildung auf allen Ebenen der Ausbildung.

Das Lehramt Informatik existiert an allgemeinbildenden und beruflichen Schulen seit mehr als 30 Jahren, wurde aber lange Zeit und zum Teil heute noch ohne grundständiges Studium der Informatik zuerkannt. Dies änderte sich erst langsam in den letzten Jahren mit vermehrten Studiengängen zum Lehramt Informatik für die Sekundarstufen I und II. Dennoch wird auch heute noch die weit überwiegende Zahl der Informatiklehrer durch Weiterbildungsmaßnahmen ausgebildet. Der Mangel an gut ausgebildeten Lehrenden existiert aber weiter. Gründe sind die viel zu geringe Zahl an Studienanfängern, unzureichende Einstellungskorridore, die ein Studium für Interessenten schwer planbar machen, die Abwanderung von Absolventen in attraktive Bereiche der Wirtschaft, aber auch ungeeignete Studienkonzepte. Schwachpunkte im zuletzt genannten Feld möchte der Workshop aufzeigen und diskutieren. Erkannte Mängel sind:

- Die Notwendigkeit von Mathematikleistungen erschwert eine Kombination des Fachs Informatik mit nicht-mathematischen Fächern und beeinträchtigt damit den Transport des interdisziplinären Charakters der Informatik in die Schule.
- Die Fachzentrierung für ein Lehramtsstudium – zumindest der Sekundarstufe II – ist zwar allgemein akzeptiert, dennoch kommt es durch die Definition des Studienangebots des Lehramtes als Teilmenge des Diplomstudiengangs entweder zu gravierenden Brüchen in den Vorkenntnissen oder zu einer Betonung der Tiefe in Teilgebieten anstelle von notwendiger Breite.
- Auf gewisse berufliche Anforderungen des Lehramtes Informatik wird im Studium nur unzureichend oder gar nicht vorbereitet, z.B. auf die Bewertung von Hard- und Softwaresystemen hinsichtlich ihres pädagogischen Nutzens, auf Gestaltung und Management von Rechnernetzen und verteilten Systemen.

Um informatische Bildung in Schulen zu gestalten, müssen die Lehrenden in die Lage versetzt werden, attraktive und zeitgemäße Lehrpläne, Unterrichtsreihen und -entwürfe zu gestalten und entsprechend der dynamischen Entwicklung der Informatik fortzuentwickeln. Ferner müssen sie die Fähigkeit erwerben, das interdisziplinäre Potential der Informatik in Zusammenarbeit mit den anderen Schulfächern freizusetzen. Das kann mit wissenschaftstheoretischen Erkenntnissen zur Charakteristik des Faches und seinen Innen- bzw. Außenbeziehungen (Fundamentale Ideen) gefördert werden. Bisher finden sich dazu Ansätze in der Didaktik der Informatik. Dies genügt aber noch nicht, vielmehr müssen zentrale curriculare Normen, Strukturbeziehungen der Wissenschaft und methodische Vorgehensweisen den gesamten Lehramtsstudiengang selbst durchsetzen. Denn nach einem bekannten Bonmot unterrichten Lehrkräfte ja nicht nur so, wie man es sie lehrt, sondern auch so, wie sie selbst ausgebildet und unterrichtet worden sind.

Ein Lehramtsstudium besteht aus Studienleistungen in zwei Fächern. Während jedoch bei den meisten Diplomstudiengängen Informatik zur Förderung der Anwendungskompetenz ein Neben-/Anwendungsfach studiert werden muß, das mehr oder weniger mit dem Informatikstudium verknüpft ist, stehen im Lehramtsstudium beide Studiensäulen lose nebeneinander. Chancen, die sich aus der Verknüpfung der beiden Fächer und der jeweils studierenden Lehrkräfte ergeben können, werden kaum wahrgenommen. Dazu bieten sich Praktika und Projekte mit Teilnehmern beider Fächer an, die für die Lernenden beider Disziplinen den Charakter von success stories einnehmen und zur späteren Übertragung auf den Schulunterricht befähigen und ermutigen.

Beiträge zum Workshop

Ziel des Workshops war es, den Erfahrungsaustausch zu allen Formen der Lehrerbildung Informatik zu fördern. Der Schwerpunkt lag auf Konzepten zur grundständigen Ausbildung von Lehrkräften in Informatik. Daneben wurden auch Aspekte der Lehrerfort- und -weiterbildung behandelt.

Zum Workshop wurden insgesamt 10 Beiträge eingereicht, die zu zwei Schwerpunkten zusammengestellt wurden:

Informatik für alle Lehrämter

- *Informatik - Allgemeinbildung für alle Lehrkräfte*, P. Hubwieser, TU München
- *Informatische Gesamtbildung für die Lehreraus- und Lehrerfortbildung*, B. Koerber, R. Marschall, I.-R. Peters, FU Berlin
- *Neue Medien in der Lehramtsausbildung in Hamburg*, W. Kielas, K. Malon, T. Otto, M. Seiffert, Universität Hamburg
- *Bezüge zum Arbeitsprozess in der Schulinformatik*, F. Stuber, Universität Bremen

Lehramt Informatik

- *Einsatzmöglichkeiten von "LEGO MINDSTORMS" in der Ausbildung von Informatiklehrern*, V. Hinz, Otto-von-Guericke-Universität Magdeburg
- *Modellbildung und Simulation in der Lehramtsausbildung*, H. Herper, Otto-von-Guericke-Universität Magdeburg, I. Ståhl, Handelshochschule Stockholm
- *Programmierung in der Lehrerausbildung*, B. Timmermann, TU Dresden
- *Grundlegende Unterrichtskonzepte der Informatik und ihre Umsetzung in der zweiten Phase der Lehrerinnenausbildung. Zur Verzahnung von Theorie und Praxis*, S. Nuttelmann, M. Rux, J. Danicic, M. Emonts-Gast, V. Grubert, L. Humbert, Universität Dortmund
- *Projekt MUE: Multimediale Evaluation in der Informatiklehrerausbildung*, L. Humbert, Universität Dortmund, J. Magenheim, Universität Paderborn, S. Schubert, Universität Dortmund

Kurzfassungen der Beiträge können unter http://didaktik.cs.uni-potsdam.de/WorkshopLehrerbildung2000 nachgelesen werden. Ausgewählte Beiträge werden darüber hinaus nach Begutachtung in überarbeiteter Form in der elektronischen Zeitschrift „informatica didactica – Zeitschrift für fachdidaktische Grundlagen der Informatik" (http://didaktik.cs.uni-potsdam.de/InformaticaDidactica) erscheinen.

Workshop
"Technologien zur virtuellen Ausbildung für wirtschaftlich schwache Länder"

Dr. Nazir Peroz

Technische Universität Berlin, Fachbereich Informatik, Franklinstr. 28/29
10587 Berlin
nazir@cs.tu-berlin.de

1 Einleitung

Technologien zur virtuellen Ausbildung sind aktuelle Bestrebungen wie z.B.: Email, Chat, WWW usw. Der Bildungsbedarf steigt in der heutigen Gesellschaft. Neue Paradigmen wie "Lernen ein Leben lang" werden zunehmend relevanter. Die "Ausbildung virtuale" bedeutet nicht nur einen Medienwandel hin zum Internet, sondern auch ein neues Verständnis von akademischer Bildung.

Es wird erhofft mittels dieser neuen Technologien, Defizite der Bildung, des Bildungspersonals, Fehlen von Bildungspersonal, Mangel an Bibliotheken etc in wirtschaftlich schwachen Ländern wie in den Staaten Afrikas südlich der Sahara zu beseitigen [1].

2 Bildungssituation in wirtschaftlich schwachen Ländern

Die Alphabetisierungsrate - Grundvoraussetzung für jede Art von höherer Bildung - betrug in Schwarzafrika 47%, Frauen sind dabei benachteiligt: nur 36% können lesen und schreiben. Die Bildungsausgaben der Sub-Sahara Staaten gehen trotz dieses Mißstands immer mehr zurück:

Nigeria gibt 3% seines Staatshaushalts für Bildung aus, Zaire 5%, Mali 8%. Andere Staaten weisen ähnliche Zahlen aus [3].

73% der Jungen und 60% der Mädchen besuchen in Schwarzafrika zunächst die Grundschule, nur 17% davon dann die weiterführenden Schulen und 2% schließlich die Universität.

3 Neue Bildungskonzepte

Um die Kosten zu senken und mehr Menschen Zugang zu einer Hochschulbildung zu gewährleisten, wurden in vielen afrikanischen Ländern sogenannte Distance

Education Programme geschaffen. Typische Beispiele sind Zimbabwe Open University (ZOU) [6] und African Virtual University (AVU) [4]. Das Konzept der AVU ignoriert allerdings die bisherigen Strukturen in den Hochschulen Afrikas, indem sie US-amerikanische Bildungsinhalte ohne nennenswerten Rückkanal in eigens errichtete Hörsäle überträgt.

4 Technologische Voraussetzungen

Beim Einsatz von neuen virtuellen Lehrwerkzeugen in wirtschaftlich schwachen Ländern ist eine Technologie-Ausstattung Grundvoraussetzung.

Herr Grimsehl stellte im Rahmen seiner Studie fest, daß die Computerhardware in den afrikanischen Universitäten ausschließlich aus nicht multimedial tauglichen 486 und Pentium basierten PCs besteht.

Zugang erhalten neben den Professoren bis auf eine Ausnahme nur post-graduierte Studenten. Die Rechner sind in der Regel nicht vernetzt. Internet ist für die Dozenten noch nicht vom eigenen Schreibtisch aus verfügbar. Online-Surfen ist nur an dedizierten Rechnern, etwa in der Bibliothek, möglich.

Für Studenten ist das Internet normalerweise nicht kostenfrei. Zur Reduzierung der Telefonkosten besteht nur innerhalb festgelegter Zeiten eine Verbindung zum Internet [3].

Die Computerkomponenten sind aufgrund hoher Einfuhrzölle oftmals doppelt so teuer wie in den USA. Die hohe Luftfeuchtigkeit und hohe Temperaturen erfordern klimatisierte Räume.

Die Rechner erweisen sich als sehr empfindlich gegenüber Sand und Staub.

Hohe Spannungsschwankungen des Stromnetzes können Rechner zerstören bzw. führen oft zu Datenverlusten. Deshalb sind besonders eingerichtete, geschlossene Räume Grundvoraussetzung für einen stabilen Betrieb.

Aufgrund fehlenden Know-hows ist die Wartung der Hardware problematisch, Ersatzteile sind schwer erhältlich.

5 Konsequenzen

Die afrikanische Forschung und Lehre ist unter anderem wegen der Nicht-Erreichbarkeit von wissenschaftlichen Inhalten und Büchern, sowie der Unmöglichkeit international zu publizieren, schwer gelähmt. Eine Veränderung dieser Situation ist möglich, wenn man die Ausbildungsstätten mit Informations- und Kommunikationstechnologie (IuK) ausrüstet und gleichzeitig mit entsprechenden Schulungen der Lehrenden deren Kompetenz im Umgang mit den neuen Technologien vermittelt. So kann wissenschaftlicher Austausch, wissenschaftliches Recherchieren und Veröffentlichungen gefördert werden. Als logischer Schritt können dann die Technologien in die Lehre einbezogen werden. Bei der Einrichtung von Fernuniversitäten sind Lernzentren notwendig, da kein Student "zu Hause" oder von der Arbeit aus Zugang zu den notwendigen IuK hat. Wegen der zu hohen Kosten für die Internet-Infrastruktur dieser Lernzentren können aber vorerst nur Offline Technologien, möglicherweise in Kombination mit den traditionellen Medien Post, Radio und TV eingesetzt werden.

Ausländische Studierende, die im Ausland ausgebildet wurden oder werden, insbesondere Stipendiaten, müssen als Potential zur Beseitigung des Kompetenzmangels in wirtschaftlich schwachen Ländern eingesetzt werden. Hier ist es Aufgabe der Auslandsuniversitäten Lehrinhalte auch Entwicklungsland-orientiert zu gestalten und diese Studierenden für den Aufbau ihres Herkunftslandes zu motivieren. Zwischen Universitäten der Herkunftsländer und den Auslandsuniversitäten soll per Internet ein Wissensaustausch stattfinden, in den die ausländischen Studierenden eingebunden sind.

Im Rahmen des Workshops [http://bas.cs.tu-berlin.de/Workshopberlin.html] sollen neben den Beiträgen der Referenten folgende Fragen diskutiert werden:

In wieweit ist die Qualität der Ausbildung mit Internet für wirtschaftlich schwache Länder zu verbessern? Welche Technologien sind dafür notwendig? Welche pädagogischen Konzepte sind zu beachten? Wie können ländliche Gebiete mit IuK erschlossen werden?

Quellen

1. BUTCHER, N.: The Possibilities and Pitfalls of Harnessing ICTs to Accelerate Social Deve/opment: A South African Perspective" in: www.saide.org.za/worldbank/, April 1998
2. HEYNENIAN, S.P.: "How Large Is the International Market for Educational Technologies and Services" in: TechKnowLogia, November 1999, oAdS.
3. MARTIN GRIMSEHL: Technologien virtueller Universitäten unter besonderer Berücksichtigung des Standorts Afrika, März 2000 TU Berlin
4. WELTBANK: AVU Project Concept in: http://www.avu.org, 07.11.1997
5. http://www.unesco.org
6. ZIMBABWE OPEN UNIVERSITY: A Project Proposal For Capacity Building, ICT Infrastructural And Socioeconomic Development in Zimbabwe And The Region, 1999

If you have any concerns about our products,
you can contact us on
ProductSafety@springernature.com

In case Publisher is established outside the EU,
the EU authorized representative is:
Springer Nature Customer Service Center GmbH
Europaplatz 3, 69115 Heidelberg, Germany

Printed by Libri Plureos GmbH
in Hamburg, Germany